Jahrbuch Europäische Eisenbahnen 2008

Richard Latten

Die Originalausgabe ist erschienen unter den Titel: Spoorwegen 2008
ISBN 987 90-6013-474 0

ISBN 978-3-935909-08-2

Printed in the Netherlands

Fotos Umschlag:

Oben links: Arriva nahm für den Länderbahn-Verkehr München – Regensburg neue *Taurus*-Elloks in Betrieb. Foto: Siegfried Neubert.

Oben rechts: Viele EVU's in Polen setzen gebrauchte Diesel- und Elloks ein. Aus Tschechien und der Slowakei wurden Elloks inportiert die u.a. von CTL Logistics und PCC eingesetzt werden. Foto: Richard Latten.

Unten links: In Frankreich haben die neuen Autorail à Grande Comfort die Altbautriebwagen nahezu völlig verdrängt. Foto: Richard Latten.

Unten rechts: Die *Herkules*-Diesellok ER20 von Siemens wird zum Verkaufsschlager. Die österreichische RTS erwarb eine Lok. Foto: Richard Latten.

Foto Seite 3:
Der Lötschberg-Basistunnel ist das teuerste Infrastrukturprojekt, das 2007 in Europa in Betrieb genommen wurde. Damit verliert die alte Lötschberg-Strecke ihre Bedeutung im internationalen Nord-Süd-Verkehr. Eines der markantesten Bauwerke auf dem Südabschnitt der alten Lötschberg-Strecke ist der Bietschtal-Viadukt, der am 30. Juni 2007 von EC 134 *Cisalpino Val d'Ossola* auf dem Weg nach Basel überquert wird. Zuglok ist eine an Cisalpino vermietete E.484. Foto: Richard Latten.

Inhaltsverzeichnis

VORWORT

Im Jahr 2007 sollten in den Niederlanden zwei infrastrukturelle Großprojekte abgeschlossen werden, die Milliarden verschlungen haben. Zum einen sollte die erste Hochgeschwindigkeitsstrecke in den Niederlanden in Betrieb genommen werden. Darüber hinaus stand die Inbetriebnahme des ersten Güterverkehrskorridors zwischen Deutschland und den Niederlanden bevor. Doch die Realität sah anders aus: Am 16. Juni 2007 wurde die BetuweRoute, die zweigleisige Güterbahn von Kijfhoek über Zevenaar nach Deutschland von Königin Beatrix offiziell eröffnet. Doch zu diesem Zeitpunkt war die 105 km lange und mit 25kV elektrifizierte Strecke vom Betreiber KeyRail (der ehemaligen BREM – BetuweRoute Betriebsgesellschaft) für den Regelverkehr noch nicht freigegeben. Als Ursache wird das nicht fehlerfrei funktionierende ETCS Level 2 genannt. Bis zur Beseitigung der Störungen wird die BetuweRoute betrieblich als eine Blockstrecke geführt, so dass ein Zug nach Zevenaar erst aus Kijfhoek abfahren kann, wenn der vorherige Zug in Zevenaar angekommen ist. Zwischen der Eröffnung und Ende August verkehrten weniger als 20 Züge über die neue Strecke. Das Debakel wäre zu vermeiden gewesen, hätte man sich an anderen europäischen Ländern orientiert. Es ist hinlänglich bekannt, das ETCS Level 2 erhebliche Kinderkrankheiten hat, die noch nicht behoben sind. So wurde in anderen Ländern neben ETCS ein zweites Signalsystem eingerichtet, welches parallel laufen kann. Doch selbst mit einem funktionsfähigen ETCS Level 2 wäre die Eröffnung der Betuweroute gescheitert, da erst wenige Lokomotiven mit ETCS ausgerüstet sind. Die technischen Hindernisse auf der Betuweroute bringen Güterverkehrsanbieter in erhebliche Schwierigkeiten, da alternative Trassen nicht angefragt werden. Die zur Verfügung stehenden Trassen wurden ab Dezember 2007 für den Ausbau des Personenverkehrs genutzt. Um ein großflächiges Chaos im Güterfernverkehr zu verhindern, konnten einige Trassen wieder rückgängig gemacht und dem Güterverkehr angeboten werden.
Ein Debakel weit größeren Ausmaßes stellt die HSL Zuid dar. Auch hier musste man die Feststellung machen, dass die Ausrüstung mit ATB neben ETCS Level 2 die Möglichkeit eröffnet hätte, bereits heute einen Schnellverkehr über die Hochgeschwindigkeitsstrecke anzubieten. In Spanien, der Schweiz und in Frankreich hatte man sich für diese Übergangslösung entschieden, während man in den Niederlanden auf die Funktionsfähigkeit von ETCS hoffte und am falschen Ende gespart hat. Doch auch hier muss man sich die Frage nach den Fahrzeugen stellen, die mit ETCS hätten fahren sollen. Die bei AnsaldoBreda bestellten Hochgeschwindigkeitstriebwagen sind bislang nicht ausgeliefert. Als Grund führt der Hersteller Schwierigkeiten beim Einbau von ETCS an. Experten haben jedoch zwischenzeitlich bestätigen können, dass dies nur ein Teil der Wahrheit ist. AnsaldoBreda hat eine Vielzahl von Aufträgen angenommen und ist mit der termingerechten Auslieferung der Fahrzeuge erheblich in Verzug. Davon betroffen sind auch Bahnverwaltungen, die Fahrzeuge ohne ETCS beim italienischen Lieferanten bestellt haben. Als Übergangslösung hat man sich entschieden, TRAXX-Elloks bei Angel Trains anzumieten, die mit aufgearbeiteten ICR-Wagen zwischen Amsterdam und Brüssel pendeln werden. Die verspätete Zulassung der Lokomotiven hatte jedoch zur Folge, dass die Aufnahme des Planbetriebs auf das Frühjahr 2008 verschoben werden musste. Unkommentiert soll an dieser Stelle der unangemessene Umgang mit Steuergeldern bleiben.
Zwei bedeutende europäische Eisenbahnprojekte konnten jedoch nach den Vorgaben fertig gestellt und dem Betrieb übergeben werden: Die Neue Alpentransversale mit dem Lötschberg-Basistunnel sowie die *Ligne à Grande Vitesse* Est Paris – Baudrecourt – Strasbourg. Die Inbetriebnahme der NAT erfolgt schrittweise, so dass die Unregelmäßigkeiten mit ETCS im laufenden Betrieb behoben werden können. Auf der französischen LGV Est wird parallel ein klassisches Signalsystem eingesetzt.
Ein Meilenstein im europäischen Eisenbahnverkehr war die vollständige Liberalisierung des europäischen Güterverkehrs zum 1. Januar 2007. Nachdem der Netzzugang für private EVU im internationalen Güterverkehr bereits seit dem Jahr 2003 möglich ist, können ausländische EVU seit Januar 2007 auch Binnenverkehre (Kabotageverkehre) innerhalb eines Drittlandes durchführen. Das Wachstum im Schienengüterverkehr ist in erheblichem Maße auf den freien Netzzugang und die Liberalisierung zurückzuführen. Nach Angaben der Union Internationale des Chemins de fer (UIC) ist im Schienengüterverkehr im Jahr 2006 ein Plus von 4,9% zu verzeichnen. Im nächsten Schritt erfolgt die Liberalisierung des internationalen Personenverkehrs, dem wichtigsten Bestandteil des sogenannten "Dritten Eisenbahnpakets", den EU-Gesetzen, die im Juni 2007 von der Europäischen Kommission verabschiedet wurden. Gemäß diesem "Dritten Eisenbahnpaket" wird der Markt für den internationalen Personenverkehr im Jahr 2010 vollständig geöffnet. Im Rahmen des "Vierten Eisenbahnpakets" erfolgt schließlich die Liberalisierung des nationalen Personenverkehrs, der bislang noch den Widerstand zahlreicher EU-Mitgliedsländer hervorruft. Aus diesem Grund wurde die Umsetzung der Gesetze ein weiteres Mal auf 2017 verschoben. Im Rahmen des "Dritten Eisen-

bahnpakets" werden darüber hinaus eine "Reisenden-Charta" (Schadensersatzverpflichtungen bei Zugverspätungen) sowie der europäische Lokomotivführerschein eingeführt. In zahlreichen Ländern sind Triebfahrzeugführer Mangelware. Während die ehemaligen Staatseisenbahnen über eigene Ausbildungseinrichtungen verfügen, stehen *open access operators* oft keine Ausbildungsmöglichkeiten zur Verfügung. In den Niederlanden können aktuell rund 400 bis 500 Planstellen nicht besetzt werden. Aus diesem Grunde haben Railion Nederland BV und ACTS Nederland BV im Frühjahr 2007 in Eigenregie eine Ausbildungseinheit für Triebfahrzeugführer eingerichtet. In Deutschland hat die MEV Eisenbahn-Verkehrsgesellschaft mbH – bislang vorwiegend als Personaldienstleister im Eisenbahnverkehr aktiv - im Juli 2007 mit einem eigenen Ausbildungsprogramm für neue Triebfahrzeugführer begonnen. In Belgien - ein Land, das die Liberalisierung des Schienengüterverkehrs zum Schutz der eigenen SNCB/B-Cargo nach wie vor auf politischer Ebene torpediert - wollte Dillen & Le Jeune NV (DLC) ebenfalls mit einem eigenen Ausbildungsprogramm für Triebfahrzeugführer beginnen. Dies wurde jedoch durch das belgische Verkehrsministerium verhindert, welches eine Ausbildung von Triebfahrzeugführern lediglich dem SNCB-Ausbildungszentrum gestattet hat. Eine deutliche Maßnahme zum Schutz der SNCB, die jedoch später vom belgischen Staatsrat als nichtig erklärt wurde.
Im Frühjahr 2007 machte die EU deutlich, dass an der Umsetzung der EU-Eisenbahngesetzgebung festgehalten wird. Die Europäische Kommission kündigte an, gegen zehn Mitgliedsstaaten Verfahren wegen verzögerter Umsetzung der EU-Richtlinien 2004/49 und 2004/50 in nationales Recht einzuleiten. Diese Richtlinien sind Teil des "Zweiten Eisenbahnpakets": Die erste verpflichtet die EU-Länder zur Gründung eines unabhängigen Organs für die Eisenbahnsicherheit und die Vergabe von Sicherheitszertifikaten an EVUs. Die zweite Richtlinie zielt auf die Harmonisierung der Regeln für die Zulassung von Fahrzeugen. Die Niederlande, Deutschland, Griechenland, Italien, Luxembourg, Portugal, Slowenien, die Slowakei und Schweden sind unter Androhung von hohen Geldstrafen verpflichtet, die Gesetzgebung auf nationaler Ebene umgehend einzuführen. Noch vor einer landesweiten Umsetzung unterzeichneten fünf Länder im Juni 2007 ein "Memorandum of understanding", in dem die vereinfachte Zulassung von Schienenfahrzeugen geregelt wird. Im Rahmen des Memorandums haben sich die Niederlande, Deutschland, Italien, Österreich und die Schweiz übereinstimmend darauf verständigt, eine in einem Land bereits zugelassene Baureihe ebenfalls zu akzeptieren. Diese Vereinbarung stellt jedoch kein Novum dar. Bereits im März 2006 haben sich Frankreich und Deutschland im Rahmen eines bilateralen Abkommens auf die gegenseitige Zulassung von Triebfahrzeugen zur Kostenreduzierung verständigt.
Eine neue Initiative soll den internationalen Schnellverkehr für Länder und Kunden attraktiver machen. Im Juli 2007 gründeten NS Internationaal, Eurostar, die Deutsche Bahn, SNCF, ÖBB, SBB und die SNCB Railteam. Das Joint Venture sollte im Dezember 2007 an den Start gehen und hat sich zum Ziel gesetzt, die Schnellverkehre in den Ländern aufeinander abzustimmen und die Tarifstruktur zu harmonisieren. Als Vorbild dienen die bereits vor Jahren im Luftverkehr geschaffenen Allianzen wie StarAlliance oder OneWorld.

Das Jahrbuch 2008 unterscheidet sich vom Umfang und der Gliederung nicht von der Ausgabe 2007. Auf Grund von Veränderungen im Layout konnten die Länderkapitel zum Teil ausführlicher behandelt werden.
An der Entstehung des Jahrbuchs 2008 haben erneut zahlreiche Menschen mitgewirkt. Der Autor bedankt sich bei Michiel ten Broek (Niederlande, außer Güterverkehr), Sicco Dierdorp (Belgien) und Raymond Kiès (Deutsche Bahn AG). Inhaltlich wurden die Kapitel in der niederländischen Originalausgabe von Antoon Hermans (Frankreich), Maarten Kroes (Großbritannien), Marijn Vocke und John Krijgsman überarbeitet. Besonderen Dank spricht der Autor an Ludger Baack für seine informativen Beiträge aus. Für die deutsche Ausgabe des Jahrbuchs war wie in den vergangenen Jahren das Team des LOK Reports verantwortlich. Die Übersetzung vom Niederländischen ins Deutsche erfolgte durch Diemut und Claus Strunden. Die Korrekturen haben Roland Beier (Österreich), Helge Deutgen (Spanien), Martin Deutgen (Portugal), Michael Geuckler (Schweden), Markus Seebold (Großbritannien, Irland), Joachim Weißer (Griechenland), Dirk Übbing (Leasing-Firmen, Industrie, Deutschland, Rumänien, Italien, Niederlande), Martin Stertz (Dänemark, Norwegen), Markus Rabanser (Bulgarien), Hans-Georg Löwe (Belgien, Luxemburg), Daniel Trescher (Tschechien, Slowakei), Peter Wilhelm (Polen) sowie Joachim Piephans (Schweiz, Finnland, süosteuropäische Länder) übernommen. Die Aufnahmen stammen - wenn nicht anders angegeben - von Autor des Jahrbuchs. Das Manuskript für die niederländische Originalausgabe wurde am 1. Oktober 2007 redaktionell abgeschlossen; in der deutschen Ausgabe sind darüber hinaus teilweise Ergänzungen bis zum März 2008 berücksichtigt.

Richard Latten

INDUSTRIE

Alstom Transport hat im Frühjahr 2007 die Werke im britischen Pringburn (Glasgow) und Wolverton (London) an die Investmentgesellschaft Railcare Ltd. verkauft. In der Schweiz hat Alstom 51% an dem Joint Venture mit SBB Cargo (49%) erworben. Teil des Joint Ventures ist das SBB-Werk Biel, in dem ein Großteil der SBB Cargo-Güterwagen gewartet werden. Mit dem Verkauf der Werke kann sich Alstom nun auch um Wartungsaufträge anderer Eisenbahngesellschaften bewerben.
Die Ostmecklenburgische Bahnwerk GmbH, Teil der PE Arriva AG, firmiert seit Mai 2007 als **Arriva Werk Nord AG**.
Der rumänischen Regierung ist es nach langen Verhandlungen gelungen, das Staatsunternehmen **Electroputere Craiova**, Hersteller von Eisenbahnfahrzeugen, zu verkaufen. Die Al Arab Contracting Company, Teil der MADA-Gruppe (Saudi-Arabien) hat 62,82% des Unternehmens übernommen. Zuvor hat die Regierung sechs Mal versucht, eine Veräußerung zu lancieren, was jedoch Mangels geeigneter Interessenten wieder abgebrochen werden musste. Um den Zuschlag im Rahmen des letzten Angebotes bewarben sich darüber hinaus die rumänische Investorengruppe A5 Invest Caransebes sowie der rumänische *open access operator* Grup Feroviar Roman.
Zwei ehemalige Betriebsteile von Statens Järvägar, die Wartungsbetriebe **Euromaint AB** und **Swemaint AB**, wurden im Juni 2007 verkauft. Euromaint wurde von der schwedischen Investorengruppe Ratos AB, Swemaint vom Güterwagenhersteller Kockums Industrier AB übernommen.
Der serbische Hersteller **Goša** wurde im Januar 2007 an die slowakische ŽOS Tr̂nava verkauft. Das Goša-Werk in Smederevska Palanka soll jedoch nach wie vor Bahnfahrzeuge und Wagen instand setzen. Die Grup Feroviar Roman übernahm 70% der serbischen Zelvoz, die früher zur Serbischen Staatsbahn gehörte.
Die belgische **Rail Services International NV** (RSI), zu der das ehemalige Wagon-Lits-Werk in Oostende gehörte, stellte im Oktober 2006 mangels Aufträgen alle Aktivitäten ein. Der Großaktionär Colony, ein britischer Pensionsfonds, war nicht bereit, 5 Millionen € in die Modernisierung des Werks zu investieren.
Die **Škoda Holding a.s.** (Tschechien) hat 50% an der ungarischen Gánz Transelektro Traction Electrics erworben. Das Unternehmen hat sich auf den Bau von Antriebssystemen für Straßenbahn- und Metrofahrzeuge spezialisiert. Die andere Hälfte ging an die ungarische Investmentgruppe Resonator. Das Unternehmen firmiert nach dem Verkauf unter dem Namen Gánz-Škoda.
Nach der Übernahme der ehemaligen PFA Partner für Fahrzeugausstattung GmbH in Weiden (D) durch die **Stadler Rail Group SA** in 2006, hat der neue Eigentümer beschlossen, das Werk mangels Auslastung zum Jahresende 2007 zu schließen.
Die **Vossloh AG** (D) hat sich entschlossen, für den Bau von Neubau-Diesellokomotiven in Kiel (D)und Valencia (ES) einen Partner zu suchen, um somit schlagkräftiger auf dem Markt reagieren zu können. Das Unternehmen will sich zukünftig auf den Bahnbau und den Bau von Komponenten für Eisenbahnfahrzeuge zu konzentrieren. Der IT-Zweig Vossloh Information Technologies GmbH steht ebenfalls zum Verkauf. Mit dieser Sanierungsmaßnahme erhofft sich das Direktorium, den seit Jahren andauernden Gewinnrückgang der Vossloh-Gruppe einzudämmen. In den Vereinigten Staaten übernahm die Vossloh-Gruppe in 2006 den Weichenhersteller Pohl Corporation. Das Unternehmen, welches innerhalb der neuen Unternehmensstruktur als Vossloh Track Materials Corp. Firmiert, ist der zweitgrößte Anbieter von Weichenanlagen in den USA.

LEASINGGESELLSCHAFTEN

Alstom Lokomotiven Service GmbH (ALS) in Stendal (D) ist nach wie vor auf die Modernisierung von Diesellokomotiven der Baureihen V100-Ost und V100-West spezialisiert. Die von der DB AG ausgemusterten Lokomotiven haben bei ALS üblicherweise eine Hauptuntersuchung erhalten, bevor diese auf dem Leasingmarkt interessierten EVU angeboten wurden. Zum Teil wurden die Maschinen auch mit leistungsstärkeren und moderneren Dieselmotoren ausgerüstet. Im Juni 2007 präsentierte ALS in Kooperation mit Gmeinder einen auf Basis einer V100 konzipierten Neubau einer Diesellokomotive, die als Baureihe 214 eingereiht und für die Nordbayerische Eisenbahngesellschaft mbH (NbE) bestimmt ist. Die Lokomotive entstand aus 212 197. Von der Spenderlokomotive wurden lediglich Rahmen und Drehgestelle verwendet, während Lokkasten, Antrieb und Motoren neu sind. Die Maschine verfügt über einen 970 kW starken Dieselmotor der Bauart Caterpillar. ALS kündigte an, sich zukünftig ebenfalls auf den teilweisen Neubau von Diesellokomotiven auszurichten, da man hier entsprechende Marktchancen sieht. Die auf Innotrans 2006 in Berlin vorgestellte Hybrid-Lokomotive, die aus 203 701 entstanden ist, wurde in 2007 bei der DB auf ihre Betriebstauglichkeit getestet. Eine Zulassung wurde bislang jedoch nicht erteilt. Bislang ist nicht bekannt, ob ALS bereits Interessenten für diese Lokomotivgattung gewinnen konnte. Die Lokomotive verfügt neben einem Dieselmotor über zahlreiche Akkumulatoren.

Angel Trains Cargo GmbH (ATC) ist der größte Anbieter von Leasinglokomotiven in Europa. Eigentümer des Unternehmens ist die Royal Bank of Scotland, die im September 2007 den Verkauf von ankündigte. ATC ist ein wichtiger Kunde der Lokomotivschmiede Bombardier. Im März 2005 hat ATC bei Bombardier zwölf Lokomotiven der Gattung TRAXX2 F140AC2, ausgestattet für 15/25kV (baugleich zu den Railion-Lokomotiven der Baureihe 185.2). Der Auftrag wurde im März 2007 um weitere neun Lokomotiven erweitert. Seit März 2006 wurden 185 575-577 an ATC ausgeliefert, die zunächst an die Häfen und Güterverkehr Köln AG (575) und BLS Cargo AG (576, 577) vermietet wurden. Die übrigen 16 Lokomotiven werden bis Ende 2008 erwartet. Darüber hinaus

Bei Gmeinder präsentiert sich am 3. Juni 2007 die erste im Auftrag der ALSTOM Lokomotiven Service GmbH auf dem Rahmen der 212 197 neu gebauten Diesellokomotive, die an die Nordbayerische Eisenbahngesellschaft mbH geliefert werden soll. Foto: Karl Arne Richter.

wurden für den italienischen Markt zehn Gleichstromlokomotiven (3 000V) bestellt. Im Juni 2006 hat E.483 001 als Vorauslokomotive das Bombardier-Werk in Kassel verlassen, während die übrigen Maschinen im Werk Vado Ligure (I) montiert werden. Eine formelle Zulassung liegt jedoch bislang nicht vor. Die als E 186 bezeichnete Viersystemvariante (15/25kV und 1 500/3 000V) wird in 35 Exemplaren an ATC geliefert. Der Auftrag gliedert sich in zehn Lokomotiven der Gattung TRAXX3 F140MS (Baureihe E 186 101-110, Güterverkehrsvariante) und 15 Lokomotiven der Bauart TRAXX3 F160MS (Baureihe E 186 110-125, NS Highspeed für HSL Zuid). Bei den verbleibenden zehn Lokomotiven handelt es sich wiederum um Maschinen der Gattung TRAXX3 F140MS (E186 126-136), die für den grenzüberschreitenden Einsatz in Deutschland, Österreich und Polen vorgesehen sind. Zahlreiche E 186 waren im zurückliegenden Jahr im Rahmen von Zulassungsfahrten unter anderem in der Schweiz (s. Seite 256), Österreich (s. Seite 285), Polen (s. Seite 366), Belgien (s. Seite 190) und in den Niederlanden (s. Seite 145) zu Gast. Auf Grund der steigenden Nachfrage an leistungsfähigen Elektrolokomotiven hat ATC Ende September 2007 weitere 60 TRAXX-Lokomotiven unterschiedlicher Versionen bestellt. Für den europäischen Markt hat ATC bei Vossloh im Januar 2007 19 Diesellokomotiven bestellt. Der Auftrag umfasst eine MaK1000 für den Einsatz in Italien, zwei MaK1206 für den Einsatz in Deutschland/Frankreich, acht MaK2000 für den Einsatz in Deutschland/Frankreich und acht MaK2000 für den Einsatz in den Niederlanden /Belgien/ Frankreich. Einige Lokomotiven waren bereits verfügbar und konnten unmittelbar im Anschluss ausgeliefert werden. 5001515 und 5001516 (MaK2000) wurden im Frühjahr 2007 übergeben und anschließend an SNCF Fret vermietet (s. Seite 162). 5001517, 5001618, 5001632, 5001633 und 5001641 verließen ebenfalls im Frühjahr 2007 die Werkshallen und sind für EuroCargorail S.A. vorgesehen. Im September 2007 waren diese Lokomotiven jedoch noch nicht im Einsatz. Darüber hinaus wird Vossloh im Werk Valencia (ES) 18 Diesellokomotiven der Gattung *Euro 4000* montieren, deren Auslieferung im Februar 2008 beginnt. Siemens hat in 2007 zwölf ER20 an ATC geliefert. Elf Lokomotiven sind derzeit bei der Vogtlandbahn GmbH als 223 061-071 im Einsatz (s. Seite 134). Die zwölfte Lokomotive mit der Betriebsnummer 223 072 ist an die Regental Bahnbetriebs GmbH vermietet und wird dort im Güterverkehr eingesetzt. EMD lieferte in 2007 sieben *Class* 66 (JT42CRWM) an ATC, die an die polnische Freightliner PL vermietet sind (s. Seite 366).

Die australische **Allco Finance Group Ltd**, ein börsennotiertes Leasing- und Versicherungsunternehmen, tritt seit 2007 mit der Gründung einer Niederlassung in Großbritannien auch im Leasingmarkt für Schienenfahrzeuge auf. In 2007 hat Allco bei Bombardier die ersten Fahrzeuge für den Aufbau einer Leasingflotte bestellt. Der Auftrag umfasst zwölf Lokomotiven der Bauart TRAXX F140 AC, die mit den Zugsicherungseinrichtungen für Deutschland, die Schweiz und Österreich ausgestattet sind. Die Lokomotiven werden zwischen Mai und Dezember 2008 ausgeliefert. Bislang ist nicht bekannt, an wen die Lokomotiven ausgeliefert werden sollen.

Ein neuer Stern am europäischen Leasinghimmel die die niederländische **Ox Traction NV**. Das in Roosendaal ansässige Unternehmen wurde von einem ehemaligen Mitarbeiter aus dem Hause Angel Trains Cargo Ltd. gegründet. Ziel ist es, mit Diesellokomotiven aus der Produktreihe von Voith Turbo GmbH & Co. KG einen entsprechenden Marktanteil zu erhalten. Zu diesem Zweck wurde mit Voith ein Kooperationsvertrag geschlossen. Voith wird an Ox Traction sowohl die sechsachsige *Maxima 40CC* als auch die vierachsige *Gravita 10BB* und 15BB zur Verfügung stellen. Wann die Lokomotiven auf dem Markt angeboten werden, hängt vor allem von der Produktion der Lokomotiven im Voith-Werk Kiel sowie deren Zulassung in den jeweiligen Ländern ab. Der im September 2006 auf der Innotrans vorgestellte Prototyp der *Maxima 40CC* war in 2007 zu Test- und Zulassungsfahrten in Deutschland im Einsatz. Im Oktober 2007 erfolgte ein mehrwöchiges Testprogramm im tschechischen Cerhenice. Voith beabsichtigt, die Zulassung für die Maxima Anfang 2008 zu erhalten, so dass anschließend Zulassungsfahrten in den Niederlanden, Belgien und Polen stattfinden können. Eine zweite *Maxima 40CC* ist bereits in der Fertigung und soll Ende Dezember 2007 fertig sein. Anfang 2008 sollen zwei weitere Lokomotiven in die Fertigung gehen. Die ersten beiden Lokomotiven der kleineren *Gravita* sind ebenfalls in der Produktion. Die Prototypen werden auf Basis einer Vereinbarung mit der Häfen & Güterverkehr Köln AG im HGK-Werk Brühl-Vochem gewartet.

186 113 gehört zu einer Serie von zwölf Lokomotiven, die ATC für den Einsatz auf der HSL Zuid an NS Hispeed vermietet. Im Rahmen einer Katastrophenschutzübung im *Groene-Hart-Tunnel* war 186 113 am 1. September 2007 mit einer Garnitur Beneluxwagen im Einsatz. Foto: Joost de Waal.

Im Rahmen eines Versuchsprogramms wartet die erste für CB Rail bestimmte TRAXX3 F140 DE am 3. September 2007 im tschechischen Velim auf weitere Testrunden. Bombardier hat die als 285 001 bezeichnete Maschine erst wenige Wochen vor der Aufnahme ausgeliefert. Foto: Petr Kadeřavek.

Die schwarze ES 64 F4-029 soll als Versuchsträger zu einer Einsystemlokomotive der Gattung ES 64 F1 umgebaut werden. Am 17. August 2007 hatte Albert Hitfield das Glück, die Lokomotive gemeinsam mit der Siemens-Vorführlokomotive 223 081 (ER 20 *Eurorunner*) und dem Urahn der *Eurosprinter*-Familie 127 001 bei Stockstadt am Main aufzunehmen.

Dispolok hat zwischenzeitlich zehn *Taurus*-Lokomotiven der Gattung ES 64 U2 mit dem so genannten *Bosporus-Paket* ausgestattet. In WLB-Diensten war ES 64 U2-060 mit einem Containershuttle von Wien nach Hamburg am 21. Februar 2007 bei Nörten-Hardenberg unterwegs. Foto: Raymond Kiès.

Im August 2007 hat Bombardier die erste von insgesamt 25 TRAXX3-Lokomotive der Gattung F140 MS an **CB Rail Ltd** ausgeliefert. Der Auftrag umfasst die Lieferung von Viersystemlokomotiven (15kV und 25kV sowie 1 500V und 3 000 V), von denen zehn Maschinen eine Zulassung für Deutschland, Österreich und Polen erhalten sollen. Die übrigen 15 Lokomotiven werden für den Einsatz in Deutschland, Österreich, der Schweiz, Italien und den Niederlanden ausgerüstet. Von den zehn Diesellokomotiven der Bauart TRAXX3 F140 DE hat Bombardier im August 2007 mit 285 001 ebenfalls bereits die erste Lokomotive ausgeliefert. Die Lokomotive wurde unmittelbar nach der Auslieferung nach Tschechien überführt, wo umfangreiche Test- und Zulassungsfahrten durchgeführt wurden. Die Auslieferung der sieben im März 2006 bestellten TRAXX2-Lokomotiven (Bauart F140 AC2) erfolgte deutlich schneller. Vier Lokomotiven konnten bereits im Juni 2007 die Werkshallen in Kassel verlassen und wurden direkt an CB Rail übergeben. Die Lokomotiven werden seitdem von Crossrail als 185 578-581 eingesetzt (s. Seite 253). Die übrigen drei Maschinen werden im Frühjahr 2008 erwartet und ebenfalls an Crossrail vermietet. Alle TRAXX-Elloks verfügen über eine Motorleistung von 5 600 kV. Die Güterzugvariante ist für eine Höchstgeschwindigkeit von 140 km/h ausgelegt. Für den Einsatz im polnischen Markt investiert CB Rail in die Modernisierung von 20 bei der PKP ausgemusterten Diesellokomotiven der Baureihe ST44. Die Lokomotiven erhalten neue Fahrmotoren der Bauart Caterpillar. Äußerlich fallen die modernisierten Lokomotiven durch den neuen Lokkasten auf (s. Seite 355).

Mitsui Rail Capital Europe BV (MRCE) erhielt im Oktober 2006 grünes Licht für die bereits vor längerer Zeit angekündigte Übernahme der Siemens Dispolok GmbH, die unter der neuen Eigentümerschaft als Dispolok GmbH firmiert. Für eine deutliche Positionierung beider Unternehmen im hart umkämpften Leasingmarkt wurde der Wirkungsbereich neu definiert. Während beide Unternehmen in Deutschland nach wie vor tätig sind, wird sich Dispolok auf die Märkte Österreich, Italien, Polen und den Balkan konzentrieren. MRCE wird die Märkte Frankreich, Benelux und Skandinavien bedienen. MRCE hat im September 2006 die Railion Lokomotiven 189 090-099 übernommen und anschließend an den früheren Eigentümer zurückvermietet. In diesem Zusammenhang hat 189 095 die für MRCE typische schwarze Farbgebung erhalten. In 2007 hat MRCE neue TRAXX-Lokomotiven in Betrieb genommen. 185 569, 570 und 574 (TRAXX2 F140 AC2, ausgerüstet für 15kV und 25kV) wurden im September/Oktober 2006 übernommen und an die schweizerische Rail Traction Services GmbH vermietet. Im Oktober/November 2006 folgten die für rail4chem bestimmten 185 571-573. Im Januar/Februar 2007 lieferte Bombardier die TRAXX2 F140MS-Lokomotiven E.484 901-905 an MRCE, die als Viersystemlokomotiven für 15 und 25 kV sowie für 1 500 und 3 000V ausgerüstet sind. E.484.901 und 902 werden zunächst bei der italienischen SerFer SpA eingesetzt. Sobald alle Lokomotiven in Italien zugelassen sind, wird die schweizerische Crossrail AG die Maschinen für den italienischen Markt übernehmen.

Im November 2006 lieferte Vossloh zwei Lokomotiven der Gattung MaK 1000 (5001577 und 5001578) an MRCE, die anschließend an Railion Deutschland vermietet wurden (s. Seite 75). Parallel lieferte Vossloh zwei G 1206 (5001514 und 5001664), die eine Zulassung für Frankreich erhalten haben. Die im November 2006 ausgelieferte 5001510 wird bei ACTS Nederland BV als 7106 eingesetzt. Im Januar 2007 folgte 5001513, die bei ACTS als 7107 im Bestand geführt wird. 5001513 traf zusammen mit 5001648 in den Niederlanden ein, die wechselweise von MRCE an Veolia und ACTS vermietet wird. Anfang 2007 hat MRCE bei Vossloh sieben G 1206 bestellt, die bis Mitte 2008 ausgeliefert werden sollen.

Ende 2006 nahm die MRCE zehn *Class 66* in Betrieb. Die als JT01-10 bezeichneten Lokomotiven wurden wie folgt vermietet: JT01 an Veolia Cargo Nederland BV (8653-01), JT02, 03, 06, 07 an ERS Railways BV (6615, 6614, 6616, 6617), JT04 an ACTS Nederland BV (653-4), JT05 an die Rurtalbahn GmbH (653-05), JT08 an rail4chem Benelux BV (653-08) und JT09 an Dillen & Lejeune Cargo NV (DE 6305). JT10 steht derzeit noch zur Vermietung.

Die **Dispolok GmbH**, Tochtergesellschaft der MRCE, hat weitere Taurus-Lokomotiven mit dem so genannten Bosporus-Paket ausgerüstet. Nachdem 2006 ES 64 U2-060-064 entsprechend umgerüstet wurden, folgten im vergangenen Jahr die Lokomotiven 065-069, bei denen es sich um die ehemaligen Lokomotiven mit den Betriebsnummern 045-049 handelt. 065 und 067 (die ehemaligen

Vossloh hat einige G 1206 an MRCE geliefert. Die bei der Veolia Cargo Nederland BV eingestellte 5001648 bespannte am 3. August 2007 den Containershuttle 60702 Blerick – Maasvlakte, aufgenommen nach dem Verlassen der *Moerdijkbrücke*. Foto: Marijn Vocke.

043 und 045) wurden an die boxXpress.de GmbH vermietet, die somit über vier Bosporus-Lokomotiven verfügt. 066 und 068 (ex 044 und 046) wurden an die WLB Cargo AG vermietet, die somit ebenfalls über vier Bosporus-Lokomotiven verfügt. Die 069 (ex 067) ist derzeit nicht vermietet und dient als Reservelokomotive. Die Lokomotiven werden vorwiegend im internationalen Verkehr auf der Achse Nordsee – Österreich – Ungarn eingesetzt (s. Seite 394).
20 Lokomotiven der Baureihe 189, die Dispolok im Jahr 2006 bei Siemens bestellt hat, werden nicht als Viersystemvariante ES 64 F4, sondern lediglich als Einsystemlokomotive für 3 000 V ausgeliefert. Von den als ES 64 F1 bezeichneten Lokomotiven werden zehn Maschinen für den Einsatz in Italien und Polen ausgerüstet, während die übrigen zehn Lokomotiven ausschließlich für den Einsatz in Polen bestimmt sind. Als Prototyp soll die Ende Juni 2007 ausgelieferte ES 64 F4-029/189 929 in 2008 als ES 64 F1-001 umgebaut werden. Für die ehemalige ES 64 F4-029 wird Siemens eine Ersatzlokomotive stellen. Bis zum Umbau dient die in den MRCE-Farben gehaltene Maschine als Vorführlokomotive. Die übrigen 30 von Dispolok bestellten Maschinen werden als ES 64 F4 ausgeliefert. MRCE/Dispolok erwartet eine große Nachfrage an Leasinglokomotiven in Polen, da sich der dortige Markt weiter öffnet. Als erste Lokomotive wurde ES 64 F4-011 (189 911) im Juli 2007 befristet in Polen zugelassen. Die Lokomotive kommt im Auftrag von CTL Logistics regelmäßig im grenzüberschreitenden Güterverkehr zwischen Polen und Deutschland zum Einsatz (s. Seite 366).
Vossloh Locomotives GmbH stellte dem Leasingmarkt zwei Diesellokomotiven der Gattung G 2000 für den Leasingmarkt zur Verfügung. Bereits seit Ende 2006 steht 1001459 (MaK2000 4BB) interessierten EVU zur Verfügung. Im März 2007 folgte mit1001456 (MaK2000 3BB) eine zweite Lokomotive.

NORWEGEN

Die Norwegische Staatsbahn NSB BA konnte das Geschäftsjahr 2006 mit einem Nettogewinn in Höhe von 511 Millionen Kronen (64,5 Millionen €) abschließen – 69 Millionen Kronen (8,7 Millionen €) mehr im Vorjahr. Das gute Ergebnis konnte vor allem durch die gestiegenen Fahrgastzahlen im Personenverkehr erreicht werden. Im Berichtszeitraum nutzten 49 Millionen Reisende die Eisenbahn (2005 = 47 Millionen). Die Beförderungsleistung lag mit 2,517 Milliarden Personenkilometern um 3,15% über dem Wert des Vorjahres. Mit der Amtseinführung der neuen sozialdemokratischen Regierung im November 2005 werden deutlich höhere Investitionen in den Ausbau und die Instandhaltung des Netzes getätigt. Die vorherige rechte Regierung hatte die Gelder für das Eisenbahnwesen drastisch reduziert und hat somit die Umsetzung des Nationalen Transport Plans (NTP) 2002-2011 gefährdet. Für 2007 wurde das Budget um mehr als 50% im Vergleich zu 2006 aufgestockt.
Zum 1. Januar 2007 hat NSB BA weitere 50% der schwedischen Tågkompaniet AB übernommen und somit ihren Anteil auf insgesamt 85% ausgebaut. Drei der insgesamt vier Gründungsmitglieder der schwedischen Privatbahn haben ihre Anteilspakete veräußert. Neben NSB BA ist nunmehr nur noch die Investmentgesellschaft Fylkinvest an Tågkompaniet beteiligt (s. Seite 23).

Infrastruktur
Das größte Infrastrukturprojekt in Norwegen ist der viergleisige Ausbau der Hauptstrecke Oslo – Drammen. Im März 2007 wurden die Arbeiten im Abschnitt Lysaker – Sandvika (2,8 km) aufgenommen, für die ein Budget von 498 Millionen Kronen (63 Millionen €) zur Verfügung steht. Die beiden neuen Streckengleise sollen in 2011 dem Betrieb übergeben werden. Darüber hinaus wird der Bahnhof Lysaker bis 2009 umgebaut.
Am 23. Oktober 2006 wurden die Arbeiten zum zweigleisigen Ausbau der Strecke Stavanger – Sandnes (15 km) aufgenommen. Das Projekt ist mit 106 Millionen Kronen (13,4 Millionen €) veranschlagt und soll bis 2009 fertig gestellt werden. Der Abschnitt ist Teil der *Sørlandsbane* Oslo – Kristiansand – Stavanger, die neben dem Fernverkehr auch den Regionalverkehr zwischen Stavanger und Egersund aufnehmen muss. Bei Ganddal südlich von Sandnes wurde ein neuer Containerterminal gebaut, welches im November 2007 in Betrieb genommen wurde.
Im Abschnitt Alvdal – Elverum – Kongsvinger, Teil der *Røros-* und *Solørbane*, wurde die Strecke für höhere Achslasten ausgebaut. Seit Juni 2007 ist die Strecke für Züge mit einer Achslast von 25 Tonnen ertüchtigt. Auf den elektrifizierten Hauptstrecken Kongsvinger – Lillestrøm – Oslo und Oslo – Sarpsborg – Kornsjø (*Østfoldbanen*) wird die Achslast ebenfalls um 2,5 auf 25 Tonnen erhöht. Erwogen wird die *Meråkerbane* Hell – Storlien (S) bis 2010 zu elektrifizieren. Darüber hinaus wird die Strecke für Güterzüge mit einer Achslast von 22,5 Tonnen ertüchtigt. Die Arbeiten zum Ausbau wurden bereits in 2006 aufgenommen.
Die Regierung hat den Netzbetreiber Jernbaneverket mit der Erstellung einer Machbarkeitsstudie zum Bau eines ringförmigen Netzes von Hochgeschwindigkeitsstrecken beauftragt. Geplant sind Schnellfahrstrecken von Oslo über Drammen nach Bergen, von Bergen über Haugesund nach Stavanger und von Stavanger über Kristiansand nach Oslo. Diese Ringverbindung mit einer Länge von rund 1 000 Kilometern wird ein Gebiet erschließen, in dem etwa ¾ der norwegischen Bevölkerung lebt.

Personenverkehr
Seit dem 7. Januar 2007 bietet SJ AB erstmals seit 2004 wieder tägliche Reisezüge in der Relation Oslo – Charlottenberg – Stockholm an. Nachdem Linx die Verkehre im Dezember 2004 eingestellt hatte, haben SJ und NSB lediglich montags-donnerstags zwei Zugpaare angeboten, die aus X2-Triebwagen der SJ gebildet wurden. Die neuen Direktverbindungen - zwei Zugpaare

täglich - werden aus lokbespannten Wagenzügen gebildet und bedienen deutlich mehr Bahnhöfe als zuvor. Dies hat zur Folge, dass die Reisezeit um 75 Minuten auf nunmehr sechs Stunden gestiegen ist. Neben den Direktverbindungen bietet SJ BA montags bis freitags zwei Zugpaare Oslo – Karlstad (S) an, die aus *Regina*-Triebwagen der Baureihe X53 gebildet werden. In Karlstad besteht Anschluss von und nach Stockholm. Neben den Tagesverbindungen verkehrt unverändert in den Nächten von Donnerstag auf Freitag und von Sonntag auf Montag ein Nachtzugpaar Oslo – Stockholm.
Der Tageszug 471/472 Trondheim – Bodø auf der *Nordlandsbanen* wird seit dem 7. Januar 2007 wieder ganzjährig als Wagenzug gefahren. Die Traktion obliegt wie in den früheren Zeiten einer Henschel-Diesellokomotive der Baureihe Di.4. Zuvor wurden lediglich in den Sommermonaten lokbespannte Züge eingesetzt, während in den Wintermonaten Dieseltriebwagen der Baureihe BM93 in den Umläufen zum Einsatz kamen. Die Reisenden beklagten sich über den mangelnden Komfort der sonst überwiegend im Regionalverkehr eingesetzten Triebwagen, worauf die Fahrgastzahlen deutlich gefallen sind. Zwischen dem 7. Januar 2007 und Ostern hat NSB BA erstmals seit 15 Jahren einen Wintersportzug auf der *Bergensbanen* angeboten. Der Zug verkehrte an Freitagen von Bergen nach Al, die Rückfahrt erfolgte sonntags.

Güterverkehr

Die **CargoNet AS** entstand im Januar 2002 durch die Übernahme der ehemaligen NSB Gods durch die schwedische GreenCargo. In den fünf Jahren ihres Bestehens war CargoNet sehr erfolgreich. Zunächst konzentrierte sich die Unternehmensführung auf die Gesundschrumpfung der Verkehre – beibehalten wurden 2004 lediglich die Container- und Klv-Verkehre. Nach dem erwarteten Einbruch der Transportleistung stieg das Aufkommen jedoch wieder an. In 2006 wurden 2,492 Millionen Tonnen Güter per Bahn transportiert, was einer Steigerung um 70% im Vergleich zu 2002 entspricht. Die Containerverkehre erwiesen sich als sehr erfolgreich, so dass die Verkehre weiter ausgebaut werden sollen. Dies ist jedoch zum Teil erst nach der Bereitstellung neuer Fahrzeuge möglich. Zwischen 2007 und 2008 werden 300 neue Wagen für den Transport von Containern, Wechselbrücken und LKW-Trailern geliefert, die in Tschechien gebaut werden. Am 26. September 2006 wurde ein neues Zugpaar Alnabru (Oslo) – Bodø eingerichtet, welches täglich außer sonntags verkehrt. Neu ist ebenfalls ein dienstags bis freitags verkehrender Güterzug Alnabru – Åndalsnes. Für den Transport von Holz wurden Verkehre in den Relationen Notodden/Bø – Braskereidfoss/Elverum/Koppang eingerichtet. Das Vorhaben, den Transport von Neuwagen ab April 2007 aus den Containerzugsystemen heraus zu lösen, wurde nicht umgesetzt, da der Auftraggeber Auto-Link AS die Verkehre kurzfristig von CargoNet abzog und an die Ofotbanen übertragen hat (s. Seite 15). Einer der erfolgreichsten Verkehre betreibt CargoNet mit dem Arctic Rail Express (ARE) Alnabru – Narvik (N). Im Jahr 2006 konnte die Transportleistung des ARE um 30% gesteigert werden. Jede Woche verkehren pro Richtung zehn bis elf Züge, die über Charlottenberg und Hallsberg geführt werden.
Die schwedische **Inlandsgods AB** konnte einen Auftrag zur Bereitstellung von Holzverkehren zwischen Norwegen und Schweden gewinnen. Pro Woche sind zehn Ganzzüge von unterschiedlichen Verladebahnhöfen in Norwegen und Schweden zur Papierfabrik in Moss disponiert. Das Angebot von Inlandsgods lag um 50% unter der Offerte von CargoNet, die bislang die Hoheit über diese Verkehre hatte. Vertragsbestandteil ist darüber hinaus, dass die Leerwagen in Moss mit Seecontainern beladen werden, die im Auftrag der Spedition Hangartner (Deutsche Bahn AG) nach Halden gebracht werden. Dieser Verkehr entwickelt sich sehr positiv, so dass die Frequenz der Verkehre zum 1. Januar 2008 auf wöchentlich 20 Zugpaare ausgeweitet werden konnte.
Die **Ofotbanen AS** (OBAS) stand 2006 kurz vor dem Ende. Das Unternehmen hatte das Angebot im Rahmen der Ausschreibung für die Norske Skog-Holzverkehre so niedrig kalkuliert, dass OBAS Verluste mit eigenen Mitteln ausgleichen musste. Als das Unternehmen im Herbst 2006 die Gehälter nicht auszahlen konnte, mussten die Banken eingreifen. Aus finanziellen Gründen

CargoNet konnte die Transportleistung in den zurückliegenden fünf Jahren um 1/3 steigern, obgleich das Unternehmen den Schwerpunkt auf Container- und Wagenladungsverkehre gesetzt hat. Am 11. Mai 2007 überquert El.14.2180 mit Zug 5256 Trondheim – Alnabru (Oslo) bei Minnesund den *Mjøsa*-See.

Für Autolink fährt OBAS hat seit 2007 Neuwagen. Am 10. Juni 2007 warten El.13.2124 und Di.3.632 mit ihrem Autolink-Ganzzug in Støren (*Dovrebanen* Oslo – Trondheim) auf die Weiterfahrt. Foto: Hans-Ole Sveia.

musste die Wartung der Fahrzeuge ebenfalls auf ein Minimum reduziert werden. Dies führte zu einem vorübergehenden Entzug der Betriebsgenehmigung durch die norwegische Aufsichtsbehörde Statens Jernbanetilsyn zwischen dem 11. und 14. November 2006. Die Rettung des Unternehmens kam in Form des schwedischen Schiffsmagnaten Mons Bolin, der 40% der OBAS übernommen hat und entsprechendes Kapital in das angeschlagene Unternehmen gegeben hat. OBAS konnte im Januar 2007 einen Verkehrsvertrag über den Transport von Neuwagen im Auftrag der Auto-Link AS gewinnen. Der Vertrag hat ein Auftragsvolumen von 65 Millionen Kronen (7,95 Millionen €). Die Fahrzeuge werden in Drammen von Hochseeschiffen auf die Bahn verladen. OBAS fährt seit März 2007 drei Mal pro Woche Güterzüge nach Bergen, Trondheim und Narvik. Darüber hinaus verkehrt wöchentlich ein Zugpaar in der Relation Drammen – Trondheim – Bodø. Die Neuwagenverkehre - 55 000 Fahrzeuge pro Jahr - wurden zuvor von CargoNet in Containerzügen durchgeführt, was zu erheblichen Störungen führte. Auto-Link hat bei Kockums Industrier (Malmø) 70 neue geschlossene, doppelstöckige Autotransportwagen bestellt, die zwischen 2008 und 2009 ausgeliefert werden. Der verlustbringende Vertrag mit Norske Skog nach Halden wurde beendet. Für Norske Skog werden lediglich noch Holzzüge von Skogn gefahren: fünf Züge pro Woche Östersund – Hell – Skogn, drei Züge pro Woche Formofoss – Skogn und ein Zug pro Woche Koppang – Skogn. Der Vertrag für OBAS endet jedoch Ende 2007.

Fahrzeuge

Lokomotiven

Neben neuen Güterwagen hat CargoNet dringend Bedarf an Elloks. Von den elf El.16, die seit Anfang 2006 unter der Regie des Unternehmens laufen, brannten zwei Lokomotiven aus. Während El.16.2210 wieder aufgebaut werden konnte, musste ihre Schwestermaschine ausgemustert werden. In 2007 wurden die 2003 nicht von CargoNet übernommenen El.16 nachträglich aufgekauft. Die Lokomotiven waren zuvor bei der schwedischen Tågkompaniet im Einsatz. Vier Lokomotiven wurden von der TGOJ übernommen (2202, 2203, 2205 und 2208), zwei von Tagkompaniet (2201 und 2209). Die TGOJ setzte die El.16 im Güterverkehr ein, während Tågkompaniet die Lokomotiven bis Juni 2007 im *Mittlinjen*-Verkehr Östersund – Sundsvall eingesetzt hat (s. Seite 23). Neben den Elloks der Baureihe El.16 verfügt CargoNet über 30 Elloks der Baureihe El.14, die in den nächsten Jahren ersetzt werden müssen. CargoNet wird bei der Fahrzeugindustrie 60 neue Elektrolokomotiven bestellen. Favorisiert werden TRAXX 140 AC (Bombardier), ES 64 F4 (Siemens) und Prima (Alstom).
Im Winter 2008/2009 soll eine Euro4000-Diesellokomotive auf der *Nordlandsbanen* Trondheim – Bodø im Hinblick auf eine mögliche Serienbestellung getestet werden.
OBAS hat auf Grund des Vertrags mit Auto-Link dringenden Bedarf leistungsfähigen Elektrolokomotiven. Die drei im Einsatz befindlichen El.13, die 2004 von der NSB übernommen wurden, sind seit April 2007 ausschließlich in den Autoverkehren anzutreffen. Noch vor Ende 2007 stellt OBAS nach erfolgter Hauptuntersuchung eine vierte El.13 (2161) in Dienst. Die fünfte und sechste Lokomotive (2155 und 2160) sollen so schnell wie möglich folgen. Als Ersatzteilspender hält OBAS zusätzlich El.13.2157 vor. Es gibt Überlegungen, einige Lokomotiven der Baureihe Rc3 aus dem Bestand der SJ für die Auto-Link-Züge anzumieten. Von der schwedischen Green Cargo hat die OBAS sechs Rangierlokomotiven der Baureihe Z70 für die Zusammenstellung und Auflösung der Auto-Link-Züge angemietet. Die beiden Diesellokomotiven der Baureihe Di.8, die CargoNet an ihr schwedisches Schwesterunternehmen CargoNet AB für Rangierarbeiten in Stockholm und Malmö ausgeliehen hatte, kehrten im Oktober 2006 nach Norwegen zurück.

Triebwagen

Die Triebwagen der Baureihe BM69 A/G/B/D erhalten eine silbergrau-rote Farbgebung. Die Garnituren entsprechen den Schwesterfahrzeugen der Baureihe BM 69D, die nach ihrem Umbau als Unterbaureihe G geführt und von NSB Anbud auf der *Gjøvikbanen* Oslo –

Im Frühjahr 2007 übernahm CargoNet die vier zuvor bei TGOJ eingestellten Elloks der Baureihe El.16. TGOJ hatte die Lokomotiven im Jahr 2003 über TKAB von der NSB erworben. In den neuen CargoNet-Farben ist El.16.2203 mit Zug 5503 Alnabru – Bergen am 12. Mai 2007 bei Hakadal unterwegs.

Flytoget AS hat für die 16 BM 72-Triebwagen Mittelwagen bestellt, so dass zukünftig vierteilige Garnituren gebildet werden können. Am 12. Mai 2007 ist ein dreiteiliger BM 72 bei Frogner auf dem Weg nach Sandviken.

Jaren/Gjøvik eingesetzt werden. Mit dem Anstieg der Fahrgastzahlen im Vorortverkehr von Oslo entsteht ein Mangel an Triebwagen der Baureihe BM69. Bereits abgestellte Triebwagen der Unterbaureihe A wurden daher reaktiviert und in Betrieb genommen. Bombardier wurde beauftragt, 26 der insgesamt 35 A-/B-Triebwagen und 13 C-Garnituren aufzuarbeiten. Die Triebwagen erhalten neue Fenster, eine Aufpolsterung der Inneneinrichtung sowie eine silbergrau-rote Farbgebung.
Die 16 im Jahr 1998 an Flytoget AS für den Flughafenzubringer Asker – Gardermoen ausgelieferten Triebwagen der Baureihe BM71 reichen auf Grund der gestiegenen Fahrgastzahlen nicht aus. Aus diesem Grund hat Flytoget bei Bombardier weitere 16 Mittelwagen bestellt, so dass aus den bislang dreiteiligen Einheiten vierteilige Garnituren gebildet werden können. Die neuen Mittelwagen werden zwischen Dezember 2008 und August 2009 ausgeliefert. Ein vierteiliger BM71 verfügt über 244 Sitzplätze (+40%). Im April 2007 lieferte Svensk Tågteknik AB den Triebwagen YF 1325 an die NSB. Der graue Triebwagen wird von der NSB bei Unregelmäßigkeiten im Schienenverkehr eingesetzt.

Wagen

Die zwischen Oslo und Halden eingesetzten B3-Wagen werden modernisiert. Die Wagen erhalten eine neue Inneneinrichtung und, ein geschlossenes Toilettensystem. Bei Euromaint (Malmø) werden 59 Wagen der Gattung AB/B/FR7 modernisiert. Die ersten Wagen rückten bereits im April 2007 ein. Der letzte Wagen wird die Werkshallen im Juni 2009 verlassen. Die Reisezugwagen erhalten eine neue Inneneinrichtung, eine neue Klimaanlage, neue Türen sowie das neue silbergrau-rote Farbkleid. Ihr Einsatz erfolgt mit Lokomotiven der Baureihe El.18 in Zügen von Oslo nach Bergen und Trondheim.
Bombardier erhielt im Oktober 2007 den Auftrag zur Modernisierung von 56 Wagen der Gattung B5. Sie erhalten eine neue Inneneinrichtung, neue Drehgestelle, neue Fenster sowie eine neue Farbgebung. Die Umbauten erfolgen zwischen Januar 2008 und Juni 2010.

Die Triebwagen der Baureihe BM 69 B-D erhalten wie ihre Schwesterfahrzeuge der Baureihe BM 69 E eine neue silbergrau-rote Farbgebung. Im neuen Design ist ein BM 69 am 12. Mai 2007 auf dem Weg von Dal nach Skøyen bei Frogner unterwegs.

FINNLAND

Die Finnische Eisenbahnen VR konnten die Fahrgastzahlen in 2006 um 2,8% auf 65 Millionen Reisende steigern, was vor allem auf die Eröffnung der NBS Kerava – Lahti zurückzuführen ist und der wachsende Verkehr zwischen Helsinki und Ost-Finnland. Zwischen den beiden Ländern stiegen die Fahrgastzahlen um 26,1% auf 337 000 Reisende. Im Güterverkehr konnte die Transportleistung um rund 7% auf 43,6 Millionen Tonnen ausgebaut werden. Dieses Wachstum ist vor allem auf den Transitgüterverkehr zurückzuführen, der im Vergleich zum Vorjahr um 25,3% gewachsen ist. Im Gegensatz zum Personenverkehr ging die Transportleistung im Verkehr mit Russland jedoch um 2,7% auf 12,6 Millionen Tonnen zurück. Im Geschäftsjahr 2006 konnte die VR einen Gesamtumsatz von 1,26 Milliarden € erwirtschaften, aus dem ein Gewinn von 63 Millionen € resultierte. Das Ergebnis lag um 17 Millionen € über den Zahlen aus 2005.
Obgleich das finnische Netz seit Anfang 2007 liberalisiert ist und somit privaten Güterverkehrsgesellschaften offen steht, sind diese Verkehre nach wie vor fest in der Hand von VR. Es ist jedoch davon auszugehen, dass in Kürze bereits erste private EVU in Finnland anzutreffen sind. Die russische Spacecom, die derzeit bereits in Estland anzutreffen ist, beantragte Anfang 2007 eine Zulassung für das finnische Netz, zog den Antrag dann nach einigen Wochen wieder ein. Mit Teollisuuden Raideliikenne Oy TR Group wurde eine neue Gesellschaft gegründet, die eine Zulassung in Finnland beantragt hat. In 2009 sollen erste Ganzzüge im finnischen Netz gefahren werden.
Unter dem Namen Oy Karelian Trains haben VR und die Russische Staatsbahn RŽD ein Joint Venture gegründet. Das Unternehmen wird zukünftig die Schnellzüge zwischen Helsinki und St. Petersburg betreiben. Darüber hinaus wurde ein Joint Venture für Containerverkehre zwischen Finnland und Russland gegründet.
Die Reederei Finnlines hat die Eisenbahn-Trajekt-Verkehr Turku – Travemünde (Lübeck) am 1.1.2008 eingestellt. Auf dieser Route wurden bislang die Fährschiffe „Rider" und „Runner" eingesetzt. Während die „Rider" bereits verkauft wurde, wartet das Schwesterschiff noch auf einen Interessenten.

Infrastruktur
Die derzeit für eine Höchstgeschwindigkeit von 140 km/h ausgelegte Hauptstrecke Seinäjoki – Oulu (335 km) soll für eine Streckengeschwindigkeit von 200 km/h ertüchtigt werden, so dass der Einsatz von Pendolinos der Baureihe Sm3 möglich wird. Die Arbeiten zum Ausbau sollen bereits 2008 beginnen. Gleiches ist für die Strecke Lahti – Luumäki vorgesehen, die sich in Luumäki in einen Ast nach Imatra und einen Ast zur russischen Grenze bei Vainikkala gabelt. Der Ausbau steht in Zusammenhang mit dem Einsatz neuer Pendolino-Triebwagen zwischen Helsinki und St. Petersburg, die unter der Regie von Oy Karelian Trains fahren werden.
In 2009 soll mit den Arbeiten zur Anbindung des internationalen Flughafens von Helsinki begonnen werden. Geplant ist eine 18 km lange Neubaustrecke als Verlängerung der heutigen Linie Helsinki – Vantaakoski, die weiter nach Tikkurila führen wird. In Tikkurila wird an die Hauptstrecke Helsinki – Riihimäki angeschlossen. Somit ist der Flughafen aus zwei Richtungen an den finnischen Schienenverkehr angebunden. Die Strecke soll 2013 dem Betrieb übergeben werden. Zum 1. Dezember 2006 wurde der elektrische Zugbetrieb auf der Strecke Oulu – Kontiomaki – Vartius und Kontiomaki – Iisalmi (365 km) aufgenommen. Die Strecken sind mit der in Finnland üblichen Fahrspannung von 25kV elektrifiziert. Mit der Aufnahme des elektrischen Zugbetriebs ging die Bespannung der schweren Erzzüge zwischen Kostamus (Russland) und den Hafen von Kokkola von den Diesellokomotiven der Baureihe Dr16 in Dreifachtraktion auf Elektrolokomotiven der Baureihe Sr2 über. Seit 1. April 2007 bezieht die Ruukki-

Am 1. Dezember 2006 wurde der elektrische Zugbetrieb auf den Strecken Oulu – Kontiomaki – Vartius und Kontiomaki – Iisalmi aufgenommen. Am 31. März 2007 wartet P704 Oulu – Kajani – Kouvola in Kajani auf den Abfahrauftrag. Foto: Markku Nummelin.

Seit Juni 2007 wird das Zugpaar P83/84 *Repin* Helsinki – St.Petersburg aus modernisierten RŽD-Wagen gebildet. Bei Hakosilta ist P84 am 12. Juli 2007 auf dem Weg nach Helsinki. Es führt Sr1 3020. Foto: Markku Nummelin.

Zum Juni 2007 haben die Triebwagen der Baureihe Dm12 die Umläufe auf der Strecke Jyväskylä – Haapamäki – Seinäjoki verloren. Am 15. Mai 2007 begegnen sich in Jyväskylä S84 nach Helsinki (links) und H481 nach Seinäjoki, gebildet aus zwei Dm12. Foto: Markku Nummelin.

Stahlfabrik das Eisenerz nicht mehr aus Russland, sondern von der schwedischen LKAB. Erzzüge aus russland fahren jedoch unverändert nach Kokkola, nur wird das Erz dort in Seeschiffe für den Überseetransport verladen.
Im Hafen von Turku wurde fur Stockholm-Fähren am 17.April 2007 ein neues intermodales Eisenbahnterminal in Betrieb genommen, das von Schenker betrieben wird.

Fahrzeuge

Oy Karelian Trains, das Joint Venture von VR und RŽD, hat im Januar 2007 die Fahrzeugindustrie zur Abgabe eines Angebotes für die Lieferung von Neigetechnik-Triebwagen aufgefordert. Um den Auftrag haben sich Alstom, Siemens, Bombardier, Talgo und CAF beworben. In der letzten Bieterrunde konnte Alstom das Vergabeverfahren für sich entscheiden und wird zunächst vier Triebwagen ausliefern. Im Herbst 2009 soll der erste Triebwagen nach Finnland geliefert werden. Der Planbetrieb mit diesen Sm6-Neubaufahrzeugen soll Ende 2010 aufgenommen werden. Alstom wird siebenteilige Triebwagen mit 352 Sitzplätzen liefern, die für eine Höchstgeschwindigkeit von 220 km/h ausgelegt sind. Technisch basieren sie auf den Cisalpino Due, die an Trenitalia und Cisalpino geliefert werden. Im Gegensatz zu den schweizerisch/italienischen Schwesterfahrzeugen sind sie jedoch für Breitspur (1 520/1524 mm) und 25kV sowie 3000V ausgerüstet. Im Design ähneln die Triebwagen der Baureihe Sm3. Mit dem Einsatz der Neubaufahrzeuge wird die Reisezeit zwischen Helsinki und St. Petersburg um zwei Stunden auf 3 Stunden 30 Minuten reduziert. Täglich sollen ab 2010-2011 vier Zugpaare zwischen den beiden Metropolen verkehren. Bis zur Umstellung wird die RŽD auf allen Verbin-

Seit 5. Februar 2007 fahren die IC2-Züge zwischen Helsinki und Tampere mit einer Höchstgeschwindigkeit von 200 km/h. Im Jahr 2007 hat die VR unter anderem 20 neue IC2-Wagen in Betrieb genommen. Am 13. August 2006 war Sr2 3243 mit IC 44 Seinäjoki – Helsinki bei Kalvola unterwegs.

dung die bereits seit Juni 2007 im Zugpaar P33/34 Repin eingesetzten modernisierten Wagen einsetzen. Die 32 Breitspur-*FLIRT*-Triebwagen, die die Junakalusto Oy (das Joint Venture von VR und YTV für den ÖPNV von Helsinki) im August 2006 bei Stadler bestellt hat, sollen als Baureihe Sm5 eingereiht werden. Die vierteiligen Triebwagen werden über 236 Sitzplätze verfügen und erreichen eine Höchstgeschwindigkeit von 160 km/h. Ihre Motorleistung beträgt 2 600kW. Die Auslieferung der Fahrzeuge ist zwischen 2009 und 2010 vorgesehen. Bereits Ende 2008 werden zwei Prototypen zur Verfügung stehen, die auf ihre Wintertauglichkeit getestet werden. Somit können bei Bedarf Änderungen an den folgenden Serienfahrzeugen vorgenommen werden.

Die 16 Dieseltriebwagen der Baureihe Dm12, die zwischen 2005 und 2006 von ČKD Vagónka an die VR geliefert wurden, kommen seit Juni 2007 nicht mehr auf der Strecke Jyväskylä – Seinäjoki zum Einsatz. Mit dem Einsatz der Neubautriebwagen sind die Fahrgastzahlen derart gestiegen, dass die VR wieder lokbespannte Züge einsetzen muss, um jedem Reisenden einen Sitzplatz anbieten zu können.

Wagen

In den Jahren 2007-2008 liefert Transtech 20 Doppelstockwagen für den InterCity-Verkehr, die baugleich zu den 92 Wagen sind, die ab 2000 von damaligen Talgo an die VR ausgeliefert wurden. Die Wagen bleiben Eigentum von einer Bank und werden an VR vermietet. Talgo hat in Finnland keine Werke mehr. Das damalige Werk in Otanmäki, wo die Doppelstockwagen hergestellt werden, gehört mittlerweile Transtech.

SCHWEDEN

Im Geschäftsjahr 2006 erzielte die ehemalige Staatsbahn SJ AB einen Umsatz von 6,9 Milliarden Kronen (739 Millionen €). Daraus resultierte ein Gewinn in Höhe von 368 Millionen Kronen (39,5 Millionen €). Mit 6,16 Milliarden Personenkilometern lag die Beförderungsleistung um rund 9% über dem Wert des Vorjahres (5,673 Milliarden Personenkilometer). Mit attraktiven Tarifen konnte die SJ sowohl den Fernbuslinien als auch den aggressiven Low-Cost-Carriern die Stirn bieten. Ein Modell, das Schule machen sollte. Die seit 2006 amtierende konservative Regierungspartei kündigte eine Erhöhung der Investitionsmittel um 14% auf 14,2 Milliarden Kronen (1,52 Milliarden €) an. Die Gelder sollen vor allem in den Ausbau und die Instandsetzung der Infrastruktur fließen. Im Rahmen des Vergabeverfahrens für Øresundtåg hat die SJ in Kooperation mit MTR Corporation Ltd (Metro Hongkong) ein Angebot abgegeben. Neben SJ/MTR haben sich vier weitere Unternehmen für den Verkehr zwischen Dänemark und Schweden beworben. Der Zuschlag ging letztendlich an das Joint Venture DSB First (s. Seite 40).

Privater Personenverkehr

Die 1999 gegründete **Tågkompaniet AB** (TKAB) wurde im Januar 2007 an die norwegische NSB BA verkauft. Das Unternehmen wurde mit der Übernahme der Nachtzüge von Stockholm und Göteborg nach Nordschweden in 2000 bekannt. NSB BA war bereits zu 34% an TKAB beteiligt. Mit der Übernahme eines zweiten Aktienpaketes von 51% ist NSB BA nun Mehrheitseigner der schwedischen Privatbahn. Die verblieben 15% sind nach wie vor im Besitz der Investmentgesellschaft Fylkinvest. Mit der Übernahme machte die SJ von der Option Gebrauch, das Aktienpaket von TKAB an dem Joint Venture Stockholmståg AB zu übernehmen. Die SJ war mit 68% Mehrheitsaktionär und konnte mit der Abgabe ihres TKAB-Anteils alleiniger Eigentümer werden. Im Rahmen eines Fünfjahresvertrags ist Stockholmståg seit Juni 2006 für den gesamten Vorortverkehr von Storstockholms Lokaltrafik verantwortlich. Zum Sommerfahrplan am 18. Juni 2007 musste TKAB den Regionalverkehr zwischen Östersund und Sundsvall (*Mittlinjen*) abgeben. Das Unternehmen hatte für diese Verkehre zwei ehemalige NSB-Lokomotiven der Baureihe El.16 (19 und 24) sowie eine bunte Sammlung unterschiedlicher Reisezugwagen der Gattungen B3 (Norwegen) und B1/B7 (Schweden) eingesetzt. An Werktagen wurden drei, an Wochenenden zwei Zugpaare gefahren. Neuer Betreiber ist Veolia, die Triebwagen der Baureihe X52 (Regina) einsetzt. Da für die beiden El.16 keine weiteren Einsätze vorhanden sind, wurden die Lokomotiven an die norwegische CargoNet verkauft. Am 18. Juni 2007 hat TKAB die Verkehre Örebro – Hallsberg – Motala – Mjölby von der SJ übernommen. Zum Einsatz kommen *Regina*-Triebwagen der Baureihe X52. Die Personenzüge wurden in das Tåg i Bergslagen-Netz nördlich von Örebro integriert, so dass an Werktagen acht, samstags vier und sonntags fünf direkte Zugpaare in der Relation Gävle – Örebro – Mjölby angeboten werden. In der Vergangenheit hat SJ täglich fünf Zugpaare zwischen Örebro und Mjölby angeboten. Der Verkehrsvertrag mit Rikstrafiken läuft über fünf Jahre.

Nach dem Wegfall des Fernverkehrsmonopols für SJ zum 1. Januar 2007 hat **Veolia Transport AB** als erste Gesellschaft auf eigene Rechnung einen Nachtzug Göteborg – Storlien eingeführt. Das Zugpaar verkehrte zwischen dem 29. Januar und dem 4. März 2007 zwei Mal pro Woche. Für den Verkehr wurden bei SSRT Schlaf- und Liegewagen der Gattungen WL6 und BC4 angemietet, die um einen eigenen Restaurant-/Barwagen (Gattung R7 und BS7, ehemals NSB) ergänzt wurden. Für die Bespannung wurde bei Hector Rail eine Ellok der Baureihe 142 angemietet. Veolia hat von SSRT zehn Liegewagen der Bauart BC2 gekauft. Nach ihrer Modernisierung sollen die Wagen vor allem im Nachtverkehr Göteborg/Stockholm – Luleå/Kiruna eingesetzt werden. Diese Verkehre werden im Auftrag von Rikstrafiken noch bis Juni 2008 gefahren. Nach einem Vergabeverfahren in 2007 konnte sich SJ für diese Verkehre als Gewinner behaupten und wird den Fernverkehr nach Nordschweden nach acht Jahren zum 14. Juni 2008 wieder übernehmen. SJ konnte

TKAB musste den *Mittlinjen*-Verkehr Sundsvall – Östersund am 18. Juni 2007 an Veolia abgeben. Am 23. Februar 2007 konnte noch die TKAB-El.16 24 mit P 7624 nach Östersund bei Skallböle aufgenommen werden.

Im Januar 2007 musste SJ das Monopol im schwedischen Fernverkehr aufgeben. Bereits vier Wochen vorher nahm Veolia den Nachtfernverkehr von Göteborg über Stockholm nach Storlien auf. Das Triebfahrzeug wird von der schwedischen Hector Rail AB gestellt. Am 25. Februar 2007 ist 142 005 mit Zug 7080 bei Tångböle auf dem Weg nach Storlien.

Im Juni 2007 übernahm Veolia von TKAB die *Nabo*-Verkehre Trondheim – Östersund. Die bislang eingesetzten BM 92 werden jedoch auch unter dem neuen Betreiber zum Einsatz kommen. Im verschneiten Storlien wartet ein BM 92 am 27. Februar 2007 als P 382 Östersund – Trondheim auf die Weiterfahrt nach Trondheim.

sich gegen die preisaggressive Veolia Transport mit einer entsprechenden Qualität durchsetzen. Rikstrafiken musste pro Jahr 87 Millionen Kronen (9,3 Millionen €) an Veolia zahlen, 27 Millionen Kronen (2,8 Millionen €) mehr als zunächst budgetiert. Der Fahrplan bleibt unverändert. SJ wird den Nordschwedenverkehr für fünf Jahre durchführen.

Am 1. Juni 2007 übernahm Veolia von BK Tåg Sverige den Personenverkehr Östersund – Trondheim (Nabotåg). Der Verkehrsvertrag wurde über fünf Jahre geschlossen. Zum Einsatz kommen wie in den Vorjahren Triebwagen der Baureihe BM 92 (ex NSB), die den Gesamtverkehr von zwei Zugpaaren bestreiten.

Am 18. Juni 2007 übernahm Veolia von Tågkompaniet den Personenverkehr Sundsvall – Östersund (Mittlinjen). Im neuen Fahrplan werden sechs Zugpaare angeboten, die mit *Regina*-Triebwagen der Baureihe X52 (SSRT) gefahren werden. Die Verkehre Sundsvall – Östersund und Östersund – Trondheim werden bei Veolia als Mittnabo-Verkehre bezeichnet.

Der Verkehrsvertrag für die Nachtzüge zwischen Göteborg, Malmö und Stockholm nach Nordschweden wurde für den Zeitraum 16. Juni 2008 bis Juni 2013 ausgeschrieben. Rikstrafiken hat darüber hinaus den Personenverkehr Linköping – Oskarshamn (*Stångadålsbana*) und Linköping – Västervik (*Tjustbana*) zum Juni 2008 ausgeschrieben. Bei den letztgenannten Verkehren war SJ vorübergehend als Betreiber eingesetzt, nachdem BK Tåg AB im März 2005 Insolvenz angemeldet hatte. Als neuer Betreiber konnte sich Veolia durchsetzen, die bis Juni 2014 den Personenverkehr bestreiten wird. Veolia wird die bereits vorhandenen Fahrzeuge (Triebwagen der Baureihe Y1/YF1 auf der *Tjustbana* sowie Triebwagen der Baureihe Y2 auf der *Stångadålsbana*) übernehmen. Im Rahmen des Vertrages sollen direkte Züge Stockholm – Linköping – Kalmar gefahren werden. Dies war in dem ursprünglichen Vertrag mit BK Tåg nicht vorgesehen.

Veolia lässt zehn Liegewagen der Gattung BC2K modernisieren. Für das heutige Einsatzgebiet ist dies jedoch wenig sinnvoll, da Veolia den Verkehr nach Narvik zum Juni 2008 an SJ abgeben muss. Am 1. Juni 2007 konnte Hans-Ole Sveia einen modernisierten BC2K in Narvik fotografieren.

Personenverkehr

Zum 7. Januar 2007 wurde das Fahrplanangebot zwischen Stockholm und Oslo erweitert. Neben den zwei Mal pro Woche verkehrenden Nachtzügen werden montags bis freitags vier Tageszüge angeboten. Nach dem Scheitern von Linx AB, dem Joint Venture von SJ und NSB, werden somit wieder Tageszüge zwischen den beiden Hauptstädten angeboten. Linx stellte die letzen Tageszüge im Dezember 2004 ein, da mit den vergleichsweise kostspieligen X2000, die darüber hinaus kaum Unterwegshalte hatten, keine Konkurrenz zu den Billigfluggesellschaften aufgebaut werden konnte. Der neue Verkehr basiert auf einem anderen Konzept. Zwei der vier Direktverbindungen werden mit wirtschaftlicheren Fahrzeugen gefahren. Darüber hinaus halten die Züge an den großen Unterwegsbahnhöfen. Weitere zwei lokbespannte Züge beginnen/enden in Karlstad, wo Anschluss an zwei Züge nach Oslo besteht, die von Värmlandstrafiken mit Regina-Triebwagen der Baureihe X52 gefahren werden. Hierbei handelt es sich um die ersten planmäßigen Regina-Leistungen in Norwegen. An den Wochenenden ist das Angebot um drei auf lediglich ein Zugpaar reduziert.

Zwischen dem 1. März und dem 15. April 2007 musste der Personenverkehr zwischen Borlänge und Malung eingestellt werden. Der Betreiber Tåg i Bergslagen hatte auf Grund von technischen Unregelmäßigkeiten an den *Itino*-Triebwagen keine geeigneten Triebfahrzeuge zur Verfügung. Bombardier wurde aufgefordert, untern anderem die Bremswirkung der Triebwagen zu verbessern.

Zum Fahrplanwechsel am 17. Juni 2007 wurden nachstehende Änderungen im Personenverkehr wirksam, die bis zum 5. Januar 2008 gültig waren:

In den Sommerferien wurde der Nachtzug Malmö – Oslo wieder angeboten. Das Zugpaar verkehr-

te bis zum 2. September 2007. Der Nachtzug Malmö – Åre verkehrt künftig ganzjährig. Bislang war das Zugpaar auf die Sommermonate sowie auf die Wintersportsaison beschränkt.
Mit der Aufnahme des elektrischen Zugbetriebs auf der *Blekinge Kustbana* konnte ein Stundentakt eingerichtet werden. Zwischen Karlskrona und København verkehrt Øresundtåg in einem Zweistundentakt, der in den Verkehrsspitzen um zusätzliche Züge Karlskrona – Hässleholm ergänzt wird, so dass ein Stundentakt entsteht.
Zwischen Stockholm und Åre verkehrt ein täglicher X2000. Bislang kam der X2000 lediglich an Wochenenden auf dieser Relation zum Einsatz.
Zum 19. August 2007 wurde ein Direktzug Stockholm – Linköping – Hultsfred – Kalmar eingeführt.
Zum 20. August 2007 wurden weitere X2000-Leistungen eingerichtet: ein zusätzlicher X2000 Uppsala – Göteborg, ein Zugpaar Örebro – Göteborg, ein Zugpaar Stockholm – Göteborg sowie ein Zugpaar Stockholm – Härnösand (werktags). Zwischen Stockholm und Malmö werden einige X2000-Leistungen als Doppeleinheit gefahren.

Güterverkehr

Im Mai 2007 wurde die letzte Eisenbahnfähre von Finnlines auf der Strecke Malmö – Travemünde zur Modernisierung in die Werft gebracht. Im Rahmen der Verjüngungskur werden die Trajektmöglichkeiten entfernt, so dass keine Eisenbahnwagen zwischen Travemünde und Malmö verladen werden können.
Spätestens 2013 soll eine neue Eisenbahnfähre zwischen Karlskrona und Gdynia (Polen) ihren Betrieb aufnehmen. Der Verkehr wird zum Teil aus EU-Mitteln finanziert. Das Projekt mit dem Namen Baltic Link wird von zahlreichen polnischen und schwedischen Institutionen sowie von Stena Line unterstützt. In beiden Häfen müssen Anleger für die Fährschiffen gebaut werden. Welche Schiffe zum Einsatz kommen war bei Drucklegung unklar.
Polska Zegluga Moska, Muttergesellschaft von Unity Line, ist Betreiber der Eisenbahnfähre Trelleborg – Świnoujście. Das Unternehmen übernahm im Frühjahr 2007 von Silja das Fährschiff Sea Wind. Unter dem neuen Namen Wolin wird die Eisenbahnfähre (Kapazität: 50 Eisenbahnwagen) zwischen Stockholm und dem finnischen Turku eingesetzt.
Green Cargo AB hat von Railion Deutschland einen Teil der Railion Danmark übernommen. Die Transaktion ist Teil einer engeren Kooperation zwischen Green Cargo und Railion. Unter der Regie von Railion Danmark soll zukünftig der Transitgüterverkehr zwischen Deutschland und Schweden koordiniert werden. Unter der Regie eines Betreibers sollen die Transitzeiten deutlich reduziert werden. Green Cargo und Railion Deutschland wollen sich mit dieser Strategie auf den Wettbewerb auf der Achse Schweden – Deutschland (Hector Rail, s. Seite 30) vorbereiten. Railion Deutschland stellt 23 Lokomotiven der Baureihe 185 für den Transitgüterverkehr zur Verfügung (s. Seite 46). Green Cargo erzielte im Geschäftsjahr 2006 einen Umsatz von 1,43 Milliarden Kronen (153 Millionen €). Der daraus resultierende Gewinn von 81 Millionen Kronen (8,68 Millionen €) lag um 13 Millionen Kronen (1,39 Millionen €) über dem Ergebnis des Vorjahres. Die Transportleistung von Green Cargo lag in 2006 bei 32 Milliarden Tonnenkilometern. Seit Herbst 2006 fährt Green Cargo Kerosinzüge zwischen Gävle und dem Flughafen Arlanda (Stockholm). Als zweiter Neuverkehr werden Autoteile für Volvo gefahren. Im Rahmen dieser Verkehre wurde in Hallsberg ein Knoten eingerichtet. Darüber hinaus konnte Green Cargo einen Neuverkehr von Billesholm nach Arlandsbro und Älvsbyn gewinnen. Die Züge transportieren Isolationsmaterial. Als Gewinner der Ausschreibung für die Rangierdienste im Güterbahnhof Hallsberg konnte sich Green Cargo gegen den Wettbewerb durchsetzen.
Green Cargo hat Bombardier Transportation im Juli 2007 mit der Modernisierung von 80 Elloks der Baureihe Rc2/3 (Baujahr 1969-1975) und von 100 Diesellokomotiven der Baureihe T44 (Baujahr 1968-1987) beauftragt. Die Lokomotiven sollen nach der Verjüngungskur weitere 20 Jahre eingesetzt werden. Im Rahmen der Modernisierung wird eine Vielfachsteuerung eingebaut. Die Elloks werden im Västerås, die Diesellokomotiven in Randers (Dänemark) modernisiert. Im September 2008 sollen die ersten Lokomotiven an Green Cargo übergeben werden. Das gesamte Programm

soll 2014 angeschlossen sein. Zwischenzeitlich hat Green Cargo hat eine Option zur Modernisierung weiterer 76 Lokomotiven eingelöst. Die Diesellokomotiven werden mit emissionsarmen und energiesparenden Dieselmotoren ausgestattet. Bei beiden Baureihen werden die Führerstände sowie das Bremssystem erneuert. Die Lokomotiven erhalten darüber hinaus eine neue Steuerungselektronik sowie eine radiografische Steuerung. Aus wirtschaftlichen Gründen wird Green Cargo vorläufig keine Neubaulokomotiven beschaffen. Über die Kooperation mit Railion Deutschland werden 23 Lokomotiven der DB-Baureihe 185 mit den dänischen und schwedischen Zugsicherungseinrichtungen ausgerüstet. Die erste skandinavientaugliche 185 soll im Januar 2008 an Railion übergeben werden. In Schweden werden die Maschinen unter der Zulassung von Green Cargo eingesetzt. Es sind Umläufe bis Hallsberg geplant.

Bantåg Nordic AB, Teil der Railcare Group AB, wurde von Weda Skog AB beauftragt, zwischen September 2007 und Februar 2008 Holzzüge in Mittel- und Südschweden zu fahren. Für die Verkehre stand Bantåg Nordic Anfang 2007 lediglich die NoHAB-Diesellok TMX 1015 zur Verfügung. Sie erwarb jedoch aus der Konkursmasse von Nya Inlandsgods AB im September 2007 die Ellok Ma 882, sowie die dieselloks TMY 1105, 1150 und 1157.

Im November 2006 übernahm **Inlandsgods AB** alle Anteile von **BK Tåg Sverige AB**. Das Unternehmen sollte zunächst als Tochterunternehmen von Inlandsgods bestehen bleiben. Mit einem Jahresumsatz von rund 25 Millionen Kronen (2,69 Millionen €) war das Unternehmen zu klein, um eigenständig im hart umkämpften Güterverkehrsmarkt bestehen zu können. Mutter von Inlandsgods ist Jämtfrakt-Härjelast Holding AB, die in 2007 in Reaxcer AB umbenannt wurde. In der Holding sind darüber hinaus zwei große Speditionen in Mittelschweden aufgehängt. Die alte Inlandsgods wurde neu als Nya Inlandsgods, BK Tåg als Inlandsgods Syd bezeichnet. Lange währte die neue Kombination nicht. Im Juli 2007 wurde über Nya Inlandsgods AB das Konkursverfahren eröffnet. Wenig später wurde Inlandsgods Syd AB verkauft an private Leute die auch die Aktien von Svensk Tåg Technik AB halten. Aus der Konkursmasse von Nya Inlandsgods wurden vier Loks an Bantåg Nordic verkauft, die TMY 1132 en 1156 wurden an **Tågåkeriet i Bergslagen AB** veräussert.

Die Wodka-Verkehre von Åhus nach Göteborg, die über mehrere Jahre in der Verantwortung von BK Tåg/Inlandsgods Syd lag, wurden im Dezember 2005 vorübergehend wieder auf das Schiff verlagert. Seit 16. September 2006 findet ein Teil der Verkehre wieder auf der Schiene statt. BK Tåg/Inlandsgods Syd fährt ein Mal pro Woche ein Zugpaar in der bekannten Relation. Neu sind seit Dezember 2006 Holzverkehre zwischen Boxholm und Oskarshamn. Seit März 2007 wird ein Containershuttle Falköping – Göteborg angeboten, der aktuell drei Mal pro Woche disponiert ist. Unverändert blieb der von BK Tåg /Inlandsgods Syd gefahrene Containerzug Karlstad – Göteborg (*Vänerexpressen*). Nya Inlandsgods war vor allem in Mittelschweden tätig. Das Unternehmen hatte im Dezember 2006 mit Torfverkehren zwischen unterschiedlichen Verladepunkten in Tallåsen und Landeryd nach Örebro begonnen. Im Rahmen eines neuen Verkehrsvertrages mit einer ortsansässigen Papierfabrik wurden seit Mai 2007 von verschiedenen Abgangsbahnhöfen in Schweden nach Moss (Norwegen) gefahren. Pro Woche verkehrten durchschnittlich zehn Züge. Um Leerfahrten zu vermeiden, wurden in der Gegenrichtung Container von Moss nach Halden gebracht. Die Container wurden im Auftrag der Hangartner AG, einer Tochter der DB AG, gefahren. Nya Inlandsgods setzte für die Traktion bei SJ angemietete Elloks der Baureihe Rc3 ein. Aus dem Bestand von Railion Denmark wurde in 2006 die nicht betriebsfähige MZ 1409 übernommen, die nach einer entsprechenden Ausbesserung Ende 2006 als MZ 1409 wieder in Betrieb genommen werden konnte. Die Lokomotive fällt durch ihre weiß-blau-rote Farbgebung im Reaxcer-Design auf. STT hat die ehemalige DSB-TMY 1111 mit einem Cummins-Dieselmotor (1 390 kW) ausgerüstet. Die Lokomotive wird unter der Regie von Inlandsgods Syd eingesetzt.

Seit 3. September 2007 fährt die norwegische **CargoNet AS** täglich ein Containerzugpaar in der Relation Göteborg – Luleå. Hierbei handelt es sich um den dritten Linienverkehr, den CargoNet in Schweden durchführt, nachdem bereits vor geraumer Zeit die Verkehre Göteborg – Sundsvall und Göteborg – Stockholm – Sundsvall eingerichtet wurden. Für die Bespannung werden Elloks der Gattung Rc eingesetzt, die bei GreenCargo angemietet wurden.

Am 19. Juli 2007 rangiert die bei Inlandsgods eingestellte TMZ 1409 (ex Railion Danmark) im Reaxcer-Design in Varberg Wagen für ihren Güterzug. Foto: Allan Støvring-Nielsen.

Bevor die ehemaligen ÖBB-Lokomotiven der Baureihe 1012 zu Hector Rail nach Schweden verkauft wurden, mussten sie in Österreich einer Abnahmefahrt unterzogen werden. In den Farben des neuen Eigentümers hat 141 002 (1012 002) mit Unterstützung der ÖBB-Lokomotiven 1044 016 und 124 den Güterzug 44504 am 6. Juli 2007 von Linz nach Summerau gebracht. Foto: Martin Oswald.

Für die im Auftrag von Follum gefahrenen Papierzüge Hallsberg – Hønefoss (Norwegen) ist nach wie vor **Hector Rail AB** verantwortlich. Die Insolvenz der Beteiligung Euroshuttle im Jahr 2006 hatte keine negativen Auswirkungen auf die Geschäftsentwicklung des Unternehmens. Seit Januar 2007 fährt Hector Rail im Auftrag des Papierherstellers SCA Holzzüge in Mittelschweden, nachdem die Verkehre ausgeschrieben wurden. Hector Rail konnte sich gegen den Mitbewerber GreenCargo durchsetzen. Das Holz wird in Hoting, Krokom, Bensjöbacken und Östavall verladen. Zielbahnhöfe sind Töva, Östrand, Iggesund und Domsjö. In 2007 konnte Hector Rail einen Verkehrsvertrag von Stora Enso gewinnen. Ab 1. Januar 2008 werden über einen Zeitraum von fünf Jahren Holzzüge von Norwegen nach Schweden gefahren. Die Züge beginnen in der Regel in Tynset, Koppang, Otta, Lillehammer, Sørli, Elverum und Kongsvinger. Ziele sind die Stora Enso-Papierfabriken in Skoghall und Billerud. Für die Neuverkehre mussten neue Triebfahrzeuge beschafft werden.
Die Holzzüge Forsmo – Hoting werden in der Regel mit einer Vossloh-G 2000-5 BB bespannt, die als 941 001 eingereiht wurde und Eigentum von Hector Rail ist. Aus dem Bestand der ÖBB wurden weitere Elloks der Baureihe 1141 übernommen, die als Baureihe 142 im Hector Rail-Design in Betrieb genommen wurden. Nachdem in 2005 drei 1142 mit den Betriebsnummern 142 001–003 übernommen und 1142 588 angemietet wurden, folgten 1142 541, 551, 558, 563 und die 629 im November 2006. Die Lokomotiven verfügen neben der schwedischen ATC auch über eine Funkfernsteuerung für den Rangierbetrieb und sind daher als Unterbaureihe 142 104-108 eingereiht. 1142 551, 558 und 563 haben ihre ursprünglichen großen Scheinwerfer behalten. Die Führerstände wurden jedoch den Bedürfnissen von Hector Rail angepasst. Unter anderem wurde pro Führerstand eine Einstiegstür entfernt.
Ende März 2007 konnte sich Hector Rail mit der ÖBB über den Kauf von drei Elloks der Baureihe 1012 einigen. SGP hat die drei Maschinen 1996 an die ÖBB ausgeliefert. Nach nur acht Jahren mussten die Einzelgänger in 2004 den Plandienst quittieren, nachdem ausreichend Taurus-Lokomotiven der Baureihe 1016/1116 zur Verfügung standen. Im Planeinsatz haben sich die mit einem Designpreis versehenen Maschinen leider nicht bewähren können. Zu viele Kinderkrankheiten und Mängel haben den nicht ausgereiften Vorauslokomotiven ein schnelles Ende bereitet. Mit dem Verkauf der Lokomotiven an Hector Rail haben sich die ÖBB verpflichtet, Konstruktionsänderungen bei den Traktionsmotoren (dem Schwachpunkt dieser Maschinen) zu finanzieren. Die Lokomotiven haben in Österreich eine Hauptuntersuchung erhalten. Die erste dieser als Baureihe 141 bezeichneten Maschinen traf im Mai 2007 in Schweden ein. Die Zulassung erfolgte jedoch erst im Juli 2007. Die Baureihe 141 ist als Planlok in den Umläufen von Hallsberg nach Göteborg und Norrköping anzutreffen. Mit einer Leistung von 6 400 kW handelt es sich um die stärksten Lokomotiven im Bestand von Hector Rail. Die ursprünglich 230 km/h schnellen Maschinen sind in Schweden jedoch nur für eine Höchstgeschwindigkeit von 160 km/h zugelassen. Als ursprüngliche Reisezugmaschinen sind die Lokomotiven regelmäßig für andere EVU im Charterverkehr unterwegs.
Im Februar 2007 hat Hector Rail bei Bombardier zehn TRAXX-Lokomotiven der Gattung F140AC bestellt, die zwischen 2008 und 2009 ausgeliefert und als Baureihe 241 eingereiht werden sollen. Das Unternehmen hat somit die Option für weitere zehn Lokomotiven eingelöst. Die Zweisystemmaschinen (15 und 25 kV) sind mit den Zugsicherungseinrichtungen für Schweden, Dänemark und Deutschland ausgerüstet, so dass durchgehende Verkehre zwischen Schweden und Deutschland gefahren werden können. Die ersten Lokomotiven sollten bereits im Januar 2008 zur Verfügung stehen, um die im Auftrag von Van Dieren im Rahmen eines Fünfjahresvertrages übernommenen Klv-Züge Norrköping – Duisburg bespannen zu können. Für diese Verkehre wird Hector Rail neben dem Traktionsmittel auch die Tragwagen zur Verfügung stellen. In Zusammenhang mit den Neuverkehren hat Hector Rail eine Zulassung als EVU in Dänemark und Deutschland beantragt. Aktuell fährt Railion im Auftrag von Van Dieren zwei Klv-Zugpaare pro Woche in der Relation Duisburg – Norrköping, die in Malmö an GreenCargo übergeben werden. Da im Januar 2008 lediglich die Anfang August 2007 ausgelieferte 241 001 zur Verfügung stand, werden die Van Dieren-Züge

Im Januar 2007 übernahm Hector Rail die zuvor von Green Cargo gefahrenen SCA-Holzzüge in Mittelschweden. Oben: Für die Bespannung der Holzzüge im Abschnitt Forsmo – Hoting wurde die 941 001 (Vossloh G 2000) in Betrieb genommen. Am 22. Februar 2007 konnte die Maschine mit Zug 41753 nach Forsmo bei Hoting aufgenommen werden. Unten: Mit einem leeren Holzzug ist 142 007 am 23. Februar 2007 mit Zug 41746 Iggesund – Ånge bei Boda unterwegs.

Im Depot Hallsberg konnte Jürgen Hörstel am 15. September 2007 mit 241 001 die erste TRAXX-Lokomotive für Hector Rail fotografieren. Foto: Jürgen Hörstel.

MTAB lässt drei der vier Diesellokomotiven der Baureihe T46, die in Kiruna für das Rangieren der Erzzüge eingesetzt werden, modernisieren. Am 21. April 2003 konnte T46-4 in Kiruna Malmbangård bei der Arbeit beobachtet werden.

TGOJ hat ihre vier El.16 im März 2007 an CargoNet verkauft. Mit einem ICS-Containerzug ist El.16 22 am 6. Mai 2006 bei Slätte auf dem Weg von Eskilstuna nach Göteborg.

Die im Herbst 2006 angemietete TMZ 1421 präsentiert sich in den Hausfarben des Mieters TX Logistik. Am 3. April 2007 wartet die Maschine in Vislanda auf die Beladung ihres Holzzuges. Foto: Johnni Lassen.

in Padborg an die Mittelweserbahn (MWB) übergeben, die als Frachtführer in Deutschland eingesetzt wird. Die Baureihe 241 übernimmt den Zuglauf zwischen Padborg und Norrköping.
Nach dem Konkurs von Nya Inlandsgods AB im Juli 2007 wurde der Vertrag für den Holzschnitzelverkehr Varberg – Halden/Sarpsborg (NO) von Hector Rail übernommen. Für diesen Verkehre mietete Hector rail erneut einige Elloks der Baureihe Rc3 von SJ AB.
MTAB, Tochterunternehmen des schwedischen Erzminenbetreibers LKAB, hat STT mit der Modernisierung von drei der vier im Bestand befindlichen T46 beauftragt. Die Diesellokomotiven werden im Rangierbetrieb in den Werksbahnhöfen von Kiruna, Svappavaara, Vitåfors und Narvik eingesetzt. Der GM-Motor wird durch einen Cummins-Dieselmotor ersetzt. Darüber hinaus erhalten die Maschinen einen neuen Aufbau, bei dem der Mittelführerstand durch zwei Endführerstände ersetzt wird. Mit einer Inbetriebnahme der modernisierten Lokomotiven wird zwischen 2008 und 2010 gerechnet. Um den Fahrzeugmangel während des Umbaus auszugleichen, hat MTAB bei STT die Diesellokomotive TMZ 1413 angemietet. Im August 2007 hat MTAB bei Bombardier acht weitere IORE bestellt, aus denen vier Doppelloks gebildet werden können. Die Maschinen sind baugleich zu den zwischen 2002 und 2003 ausgelieferten IORE. Mit der Auslieferung der Neubaulokomotiven zwischen 2008 und 2009 ist eine verstärkte Abstellung der betagten Dm3 geplant. Eine IORE-Doppellok (Achsfolge Co'Co' + Co´Co´) verfügt über eine Motorleistung von 2 x 5 400 kW.
Die erste Garnitur von 68 neuen Erzwagen der Bauart Fanoo, die K-Industrier zwischen 2005 und 2006 an MTAB ausgeliefert hat, bewährt sich im harten Betriebsalltag hervorragend. Die Auslieferung der 680 weiteren Wagen begann im Dezember 2006. Mit einer Kapazität von 125 Tonnen können die neuen Erzwagen 25 Tonnen mehr Ladung gegenüber den bislang eingesetzten Wagen aufnehmen. Aus den Neubauwagen werden Garnituren zu jeweils 68 Wagen mit einer Gesamtkapazität von 8 500 Tonnen gebildet. Im Vergleich: ein heutiger Erzzug mit 52 Wagen hat eine Ladekapazität von 5 200 Tonnen. Somit kann der Fahrplan nach heutigem Aufkommen um rund 40% reduziert werden.
Seit Oktober 2006 fährt **TGOJ AB** im Auftrag von Boliden Mineral sechs statt bislang fünf Kupfererzzüge pro Woche zwischen Skellefteå und Helsingborg. Im März 2007 wurde ein siebtes Zugpaar eingerichtet. Seit März 2007 fährt TGOJ im Auftrag von Intercontainer Skandinavia (ICS) ein Mal pro Woche Container zwischen Eskilstuna und Helsingborg.

Vägverket hat ihre sämtliche Eisenbahnverkehre an Stena Gotthard AB abgetreten. Die bei Motala Verkstad geleasten TMZ wurden in diesem Zusammenhang ebenfalls an Stena Gotthard übertragen. Im dänischen Køge wartet TMZ 1419 am 17. Juni 2007 auf Ausfahrt.

TGOJ hat im März 2007 die vier im Jahr 2004 von Tågkompaniet übernommenen Elloks der Baureihe El.16 an Cargonet zurückgegeben. Die Lokomotiven wurden in den aktuellen Cargonet-Farben lackiert und sind zwischenzeitlich wieder in Norwegen im Einsatz. Als Ersatz hat TGOJ von GreenCargo vier Elloks der Baureihe Rc2 (1112, 1127, 1128 und 1132) übernommen. Darüber hinaus wurden aus dem Bestand von SJ zehn Diesellokomotiven der Baureihe T44 gekauft, die in den TGOJ-Hausfarben lackiert sind.
Der seit Juni 2005 verkehrende DSV-Intermodalzug (ex DFDS Transport) von **TX Logistik Sverige AB**. zwischen Malmö und Eskilstuna entwickelt sich sehr gut. TX Logistik fährt aktuell fünf Zugpaare pro Woche. Für die Bespannung stehen fünf Elloks der Baureihe Rc zur Verfügung, die bei SJ und SSRT angemietet wurden. Bei STT wurde seit Herbst 2006 die Diesellok TMZ 1421 (ex DSB) angemietet, die im TXL-Design vorwiegend im Holzverkehr eingesetzt wird.
Die seit 2004 als *open access operator* im Güterverkehr tätige Vägverket Produktion AB hat diesen Geschäftsbereich an die **Stena Gotthard AB** verkauft, die bislang lediglich als Schrotthändler tätig war. In den ersten Wochen hat Vägverket Produktion lediglich Salz- und Schotterzüge für den Eigenbedarf gefahren. Nachdem das Unternehmen im April 2006 SCA als neuen Kunden gewinnen konnte, wurde ein Containershuttle Sundsvall – Göteborg eingerichtet. Parallel sah sich das Staatsunternehmen einer erheblichen öffentlichen Kritik ausgesetzt, da es Anzeichen für einen unlauteren Wettbewerb gegeben hatte. Aus diesem Grund hat man sich für den Verkauf des Geschäftsbereichs Eisenbahn entscheiden.
Die bei Motala Verkstad AB eingestellten Leasinglokomotiven (je fünf TMZ und TMY) wurden an Stena Gotthard übertragen. Der neue Besitzer plant, neben den ehemaligen Vägverket Produktion-Verkehren auch Schrottzüge in Eigenregie zu fahren. Bislang werden Triebfahrzeuge bei GreenCargo und TGOJ angemietet. Motala Verkstad hat aus dem Bestand von Railion Denmark die Diesellokomotive MZ 1416 übernommen.

Infrastruktur

Der schwedische Netzbetreiber Banverket hat angekündigt, 17 Strecken in den kommenden Jah-

Bombardier liefert die *Contessa*-Triebwagen der Baureihe X31 für den Regionalverkehr in Südschweden und Dänemark. Ein X31-Triebwagen war am 10. April 2004 als P 1075 Göteborg – København bei Halmstad unterwegs.

Nach Konstruktionsänderungen können die X40-Triebwagen nun ohne Einschränkungen im Plandienst eingesetzt werden. Am 5. Mai 2006 ist ein dreiteiliger X40 bei Vallstanäs auf dem Weg von Uppsala nach Nykøping unterwegs.

ren auf Grund von Rückständen in der Instandhaltung stilllegen zu müssen. Das Unternehmen beklagt das geringe Budget, dass Banverket vom Verkehrsministerium für das Netz zur Verfügung gestellt wird. Obgleich es sich vorwiegend um Strecken mit geringem Güterverkehr handelt (z.B. Bollnäs – Edsbyn – Furudal und Hanaskog – Karpalund), werden auch Strecken mit Personenverkehr betroffen sein. So ist der Personenverkehr auf den Strecken Halmstad – Nässjö und Munkedal – Strömstad gefährdet. Die Alarmsignale wurden im Verkehrsministerium offensichtlich erkannt, so dass mit den in 2007 zusätzlich budgetierten Mitteln eine Stilllegung in letzter Minuten abgewendet werden konnte. Dennoch wird Banverket die geplanten Infrastrukturprojekte mangels ausreichender Finanzmittel nicht fristgerecht durchführen können. So verzögern sich unter anderem folgende Projekte: der zweigleisige Ausbau der Strecken Göteborg – Trollhättan, Torebo – Falkenberg – Heberg, Södertälje – Eskilstuna (Baubeginn war für 2010 geplant) und Motala – Mjölby, die Neubaustrecke *Botniabana* Sundsvall – Umeå, die Eisenbahntunnel in Malmö (Citytunneln) und Stockholm (*Citybana*) sowie die Fertigstellung des Tunnels durch Hallandsåsen im Zuge der *Västkustbana* Helsingborg – Göteborg. Verschoben wurden darüber hinaus die im Planungsstadium befindliche *Norrbotniabana* Umeå – Haparanda (Baubeginn war für 2010 geplant) sowie der Bau einer Flughafenanbindung des Flughafens Landvetter (Göteborg).
Am 7. November 2006 wurde der ausgebaute Abschnitt Trollhättan – Öxnered (12 km, Strecke Göteborg – Oslo) in Betrieb genommen. Die Strecke wurde begradigt und zweigleisig ausgebaut. Darüber hinaus ist die Strecke für eine Höchstgeschwindigkeit von 200 km/h ertüchtigt. Der Abschnitt Torbacken – Pråssebo soll Ende 2008 dem Betrieb übergeben werden. Bis 2012 wird die gesamte Strecke Göteborg – Trollhättan zweigleisig ausgebaut sein.
Am 4. September 2006 wurde die Strecke Malmö – Tomelilla – Simrishamn nach einer mehrmonatigen Streckensperrung im Rahmen von Modernisierungsarbeiten wieder in Betrieb genommen. Im Rahmen der Elektrifizierung sowie dem Ausbau für Geschwindigkeiten bis 160 km/h war die *Blekinge Kustbana* Kristianstad – Karlskrona für rund zwei Jahre für den Gesamtverkehr gesperrt. Am 15. Juni 2007 konnte die Strecke für den elektrischen Regelbetrieb eröffnet werden. Nach einem

Die Auslieferung von 71 Triebwagen der Baureihe X60 für den Vorortverkehr von Stockholm wird in 2008 abgeschlossen sein. Für Storstockholms Lokaltrafik ist X60 07 am 7. Mai 2006 nach Kungsängen unterwegs, aufgenommen bei der Ausfahrt aus Södertälje C.

Erdrutsch musste die Strecke Uddevalla – Strömstad bis 24. Februar 2007 gesperrt werden.
Storstockholm Lokaltrafik (SL) beabsichtigt, in Södertälje ein neues Ausbesserungswerk zu bauen. Hierbei handelt es sich neben Älvsjö und Bro um das dritte Werk für die SL-Triebwagen. Im Mai 2007 wurde in Eskilstuna ein neues Containerterminal in Betrieb genommen, dass vorwiegend von TX Logistik und TGOJ genutzt wird.
Im Mai 2008 konnten die Arbeiten zum zweigleisigen Ausbau der Umgehung von Falkenberg (*Västra Stambana* Malmö – Göteborg, 13 km) abgeschlossen werden.
Im April 2007 begannen die Tests für den Einsatz von ETCS „Level 2“ im 20 Kilometer langen Abschnitt Arnäsvall – Husum der *Botniabana*. Die *Botniabana* soll durchgehend mit ECTS „Level 2“ in 2010 in Betrieb genommen werden. In einer reduzierten Version soll ECTS auch im Stammnetz eingerichtet werden. So ist eine Umstellung zunächst auf der Strecke (Borlänge –) Repbäcken – Malung geplant. Bombardier wurde beauftragt, zwischen 2008 und 2016 insgesamt 13 Hauptstrecken umzurüsten.

Fahrzeuge

Elektrische Triebwagen

Transitio AB, der Leasinggeber von Bombardier in Schweden, hat beim Mutterkonzern im Dezember 2006 fünf dreiteilige Triebwagen der Baureihe X31 bestellt. Die Triebwagen sollen zum Teil aus Mitteln der Region Kronoberg finanziert und der SJ für den Verkehr Göteborg – Kalmar (*Kust-till-Kust*) zur Verfügung gestellt werden. Die Triebwagen sind baugleich zu den 39 an Øresundtåg gelieferten X31-Triebwagen. Die bislang im *Kust-till-Kust*-Verkehr eingesetzten X31 wurden im Juni 2007 nach der Aufnahme des elektrischen Zugbetriebs zur *Blekinge Kustbana* abgezogen.

Die Uhr der X1-Triebwagen läuft langsam ab. Seit dem 1. September 2007 verfügt Storstockholms Lokaltrafik nur noch über einen Reservepark von 20 Triebwagen der Baureihe X1. Am 5. Mai 2006 war eine vierteilige X1-Garnitur bei Upplands Väsby auf dem Weg nach Märsta.

Bis zur Auslieferung der bestellten X31 kommen im *Kust-till-Kust*-Verkehr lokbespannte Züge zum Einsatz. Die ersten X31 werden ab Mai 2008 im Anschluss an die laufende Produktion der für Skånetrafiken bestimmten 40 Triebwagen ausgeliefert. Die Montage der Triebwagen wurde in 2006 von Schweden in das Bombardier-Werk nach Hennigsdorf (Berlin) verlagert. Die sieben für Skånetrafiken bestimmten X32 sind baugleich zu den X31-Triebwagen, werden jedoch mit einer hochwertigeren Inneneinrichtung ausgestattet.

Ein Großteil der Doppelstock-Triebwagen der Baureihe X40 musste im Juni 2006 nach erheblichen Mängeln abgestellt werden, so dass es im Schnellzugverkehr Göteborg – Västerås – Stockholm (*här och där*-Verkehr) zu zahlreichen Zugausfällen kam. In den Ersatzplänen werden soweit wie möglich lokbespannte Züge eingesetzt, die mit zwei Rc-Lokomotiven in Doppeltraktion bespannt werden. Trotz der Doppeltraktion kam es bei den Ersatzgarnituren zu Verspätungen, da die Fahrpläne auf Basis der 200 km/h schnellen X40 berechnet wurden. Bei den 16 zweiteiligen und 27 dreiteiligen Triebwagen musste Bombardier im Herbst 2006 zahlreiche Nachbesserungen zur Behebung der aufgetretenen Kinderkrankheiten vornehmen. Nach Abschluss dieser Arbeiten kehrten die X40-triebwagen jedoch nicht im *här-och-där*-Verkehr zurück.

Mit einem umgebauten *Regina*-Triebwagen der Baureihe X52 wurden im Juli 2007 Hochgeschwindigkeits-Testfahrten zwischen Töreboda und Skövde (Hauptstrecke Stockholm – Göteborg) durchgeführt. In diesem Zusammenhang wurden Geschwindigkeiten bis zu 282 km/h erreicht. SJ AB plant, mittelfristig einen Ersatz für die vergleichsweise alten X2000-Triebwagen zu beschaffen.

Skånetrafiken hat im Dezember 2006 bei Alstom-LHB 49 elektrische Triebwagen der Bauart *Coradia Lirex* bestellt. Hierbei handelt es sich eine vierteilige Version der als Baureihe X60 bei Storstockholms Lokaltrafik im Einsatz befindlichen Triebwagen. Die Vierteiler werden als Baureihe X61 in Betrieb genommen und unterscheiden sich von den Schwesterfahrzeugen durch die geänderte Kopfform sowie eine Flurhöhe von 670 mm. Die Neubautriebwagen sollen zwischen 2009 und 2011 ausgeliefert werden und verfügen über 248 Sitzplätze. Mit einer Leistung von 2 880 kW erreicht ein X61 eine Höchstgeschwindigkeit von 160 km/h. Mit der Inbetriebnahme der X61 können die heute im Einsatz befindlichen X11-Triebwagen (Baujahr 1980-1989) ersetzt werden. Die

Nicht nur in Deutschland sind schwarze Lokomotiven im Einsatz. In schwarzer Farbgebung ist SJ-Rc6 1338 am 1. Juli 2007 mit IC 183 Stockholm – Göteborg bei Vretstorp unterwegs. Foto: René de Vries.

71 für Storstockholms Lokaltrafik vorgesehenen X60 werden bis April 2008 ausgeliefert. Die sechsteiligen Triebwagen verfügen über 374 Sitzplätze und erreichen mit einer Leistung von 3 000 kW eine Höchstgeschwindigkeit von 160 km/h. Sie ersetzen die 104 zwischen 1967 und 1975 in Betrieb genommenen X1-Triebwagen, für die seit 1. September 2007 kein eigener Umlauf aufgestellt wurde. 20 Triebwagen werden als Reserve vorgehalten. Nach Auslieferung der X60 wird SL noch über einen Bestand von 52 X10-Triebwagen verfügen.

Dieseltriebwagen

Västtrafik hat bei Bombardier drei *Itino*-Triebwagen der Baureihe Y31 bestellt, die für den Personenverkehr auf der *Kinnekullebana* (Göteborg –) Herrljunga – Mariestad – Gårdsjö – Hallsberg vorgesehen sind. Sie ergänzen die von Västtrafik eingesetzten *Itino* (ein zweiteiliger Y31 und ein dreiteiliger Y32), die 2006 in Betrieb genommen wurden. Die drei zusätzlichen Triebwagen werden bis 2009 ausgeliefert und ersetzen die fünf aktuell eingesetzten Y1-Triebwagen. Mit den Neubautriebwagen kann das Fahrplanangebot an durchgehenden Zügen von und nach Göteborg ausgebaut werden.

Wagen

Die SJ hat Euromaint Rail mit der Modernisierung aller im Einsatz befindlichen Reisezugwagen aus den Jahren 1980-1994 (Gattungen A7, A8, B2, B4, B7, BFS9, BC4, R4, AFM7, S12 und WL6) beauftragt. Die drei zwischen Malmö und Kristianstad eingesetzten Steuerwagen der Bauart AFM7 sowie die sechs Kinowagen der Bauart S12 (Einsatz zwischen Malmö und Stockholm) konnten als erste Wagen übergeben werden. Die modernisierten Wagen fallen durch das neue SJ-Design in Schwarz auf. SSRT hat Euromaint Rail beauftragt, 20 Liegewagen der Bauart BC4 zu modernisieren. Mit der Modernisierung der 20 SSRT-Schlafwagen (Gattung WL6) wurde Bombardier Transportation beauftragt. Die Wagen erhalten eine neuen Inneneinrichtung sowie eine neue Farbgebung im SSRT-Design.

DÄNEMARK

Die Dänische Staatsbahn Danske Statsbaner (DSB) konnte die Fahrgastzahlen in 2006 um 1,7% auf 166 Millionen Reisende steigern. Das Geschäftsjahr 2006 konnte mit einem Gewinn von 1 008 Millionen Kronen (135 Millionen €) abgeschlossen werden. Das Ergebnis lag somit um 15 Millionen Kronen (2 Millionen €) über dem Wert des Vorjahres.
Die Aufsichtsbehörde Trafikstyrelsen hat in 2007 gemeinsam mit der schwedischen Skånetrafiken AB den Personenverkehr auf der *Kystbane* Helsingør – København und die *Øresund*-Verkehre København – Malmø – Helsingborg sowie København – Malmø – Hässleholm – Karlskrona ausgeschrieben. Um die attraktiven Verkehre haben sich zahlreiche Unternehmen beworben: Kystbanen A/S – Öresundtrafiken AB (ein Joint Venture aus DSB und der britischen First), DB Regio AG, ein Joint Venture von Arriva Danmark A/S und Veolia Sverige AB sowie Ørelink AB (ein Joint Venture aus SJ und MTR, dem Betreiber der Metro Hongkong). Das Vergabeverfahren konnte Kystbanen für sich entscheiden, was für die DSB ein Glücksfall ist, da etwa 10% des DSB-Umsatzes durch die *Kystbane*-Verkehre generiert werden. Im schwedischen Abschnitt hat das Joint Venture *Öresundtrafiken AB* den Zuschlag erhalten. Der Verkehrsvertrag von Kystbanen A/S und Öresundtrafiken AB beginnt am 1. Januar 2009 und läuft bis 2016. Für die Kooperation wird ein neues Unternehmen mit dem Namen DSBFirst AB entstehen. Zwischen København und Helsingør werden 20 DSB-Triebwagen der Baureihe ER, zwischen Dänemark und Schweden 23 DSB-Triebwagen der Baureihe ET eingesetzt. Aus dem Bestand von Skånetrafiken werden 55 Triebwagen der Baureihe X31K übernommen.
Am 1. Januar 2007 gab es in Dänemark eine Gebietsreform auf Gemeinde- und Provinzebene. Die bisher 271 Gemeinden wurden zu 98 zusammengefasst, die 14 "Amter" sind durch fünf neue Regionalverwaltungen ersetzt worden, die jeweils eine eigene Verwaltungsstelle für die Organisation des öffentlichen Verkehrs innerhalb ihrer Region eingerichtet haben. Die sieben "privaten" Eisenbahngesellschaften wurden den Regionen unterstellt. In Nordjütland wurde die Organisation Nordjyllands Trafikselskab (NT) gegründet, in Mitteljütland Madtrafik und in Südjütland Sydtrafik und Fynbus. Die Regionen Sjælland und Hovedstaden haben unter dem Namen Movia eine neue Gesellschaft gegründet.
Scandlines A/S, Betreiber der Eisenbahnfähren Rødby Færge – Puttgarden (*Vogelfluglinie*), Rostock – Trelleborg, Gedser – Ventspils (Lettland) und Sassnitz – Trelleborg, wurde im Juni 2007 von ihren Eigentümern Deutsche Bahn AG und DSB für 1,56 Milliarden € an das Konsortium Allianz Capital Partners AG, 3i Group A/S und Deutsche Seereederei AG verkauft.

Infrastruktur

Am 6. Januar 2007 wurde das letzte Teilstück der *Ringbane* westlich von København zwischen dem derzeitigen Endbahnhof Ny Ellebjerg und dem zukünftigen Zielbahnhof Ny Ellebjerg an der Kreuzung der *Ringbane* mit der Strecke København – Køge in Betrieb genommen.
Im April 2007 wurde das LOKO-Projekt abgeschlossen, an dem seit 2001 gearbeitet wurde. Ziel des Projektes war die Kapazitätserweiterung zwischen København H und Østerport, die somit zu einer Entlastung des Hauptbahnhofs führt. Zukünftig werden die Züge nur noch in Østerport die Fahrtrichtung ändern. Zu diesem Zweck wurden neue Abstellbereiche geschaffen. Die Streckengleise zwischen Østerport und dem Hauptbahnhof sind darüber hinaus im Gleiswechselbetrieb befahrbar.
Der schlechte Zustand des dänischen Schienennetzes infolge nachlässiger Instandhaltung hält weiterhin an. Der Staat hat Banedanmark 12 Milliarden Kronen (1,61 Milliarden €) zur Beseitigung der Instandhaltungsrückstände auf den meist befahrenen Strecken zur Verfügung gestellt. Mit der Bereitstellung weiterer 4 Milliarden Kronen (537 Milliarden €) können auch die übrigen Strecken instand gesetzt werden. Da 42% aller Verspätungen, die auf das Konto von Banedanmark gehen, durch Störungen in den Zugsicherungsanlagen verursacht werden, wird Banedanmark auch erhebliche Investitionen in die Modernisierung der Signalanlagen tätigen.

Im Juli 2007 haben sich die Verkehrsminister von Dänemark und Deutschland über den Bau einer Brücke über den Fehmarnbelt zwischen Puttgarden und Rødby Færge geeinigt. Die Arbeiten zum Bau der 19 km langen Verbindung sollen 2011 aufgenommen werden. Das Projekt ist nach heutigen Schätzungen mit 5,6 Milliarden € budgetiert, von denen Dänemark 4,6 Milliarden € und Deutschland 800 Millionen € bereitstellt. Im Rahmen des Projektes übernimmt Deutschland die Elektrifizierung der 89 km langen Strecke Lübeck – Puttgarden sowie die Rampe zur Brücke. Dänemark wird für die Finanzierung und den Bau der Brücke die Verantwortung tragen, wobei rund 30% der Baukosten aus EU-Mitteln finanziert sind. Die verbleibenden 70% der Baukosten sollen aus Privatkapital finanziert werden, das mit Staatsgarantien abgesichert wird. Die zweigleisige Brücke soll 2018 dem Betrieb übergeben werden. Mit der Fertigstellung des Bauvorhabens wird die Reisezeit zwischen Hamburg und København um 60 Minuten reduziert.

Fahrzeuge

Lokomotiven

Die DSB hat sechs Elloks der Baureihe EA (3002, 3003, 3005, 3006, 3008 und 3009) an Bulmarket DM (Bulgarien) verkauft (s. Seite 411). Die Lokomotiven wurden im Juli 2007 an den neuen Eigentümer übergeben. Anfang der Achtziger Jahre hat Henschel/Scandia (heute Bombardier) insgesamt 22 Lokomotiven der Baureihe EA an die DSB geliefert. Zehn Lokomotiven wurden nach der Privatisierung der Bahn an Railion Danmark übertragen. Mit der Auslieferung elektrischer Triebwagen für den Personenverkehr in den Neunziger Jahren wurde das Betätigungsfeld der ersten elektrischen Streckenlokomotiven des Landes immer kleiner. Die nach dem Verkauf noch verbliebenen sechs EA sollen die Bespannung des Nachtzuges EN 483/482 København – Padborg – München übernehmen sowie Regionalzüge im Berufsverkehr auf der København – Århus bespannen. Die bei Railion eingestellten EA werden vor allem in Güterverkehr auf der Achse Padborg – Fredericia – Glostrup eingesetzt.
Im Februar 2007 hat die DSB weitere fünf Diesellokomotiven der Baureihe MZ III an die australi-

Die letzten von der DSB eingesetzten Elloks der Baureihe EA erhalten eine neue Farbgebung. Mit EN 482 München – København ist die bereits in den neuen DSB-Farben gehaltene EA 3001 am Morgen des 19. Juni 2007 bei Farris auf dem Weg in die dänische Hauptstadt. Foto: Andreas Legler.

sche Lachlan Valley Rail Freight (LCRF) verkauft. Hierbei handelt es sich um die Lokomotiven mit den Betriebsnummern 1429, 1431, 1435, 1436 und 1440, die ihre alte Heimat per Schiff verlassen haben. Somit befinden sich nur noch zwei Lokomotiven dieser Baureihe im Bestand der DSB: die für Dienstzüge vorgehaltene MZ 1425 sowie die von DSB Museumstog betreute MZ 1401. Bei Railion Danmark sind noch 13 Lokomotiven der Baureihe MZ IV im Betriebsdienst. Mit dem fortschreitenden Einsatz von Triebwagen im Personenverkehr sinkt auch der Stern der Diesellokomotiven der Baureihe ME. Zum Fahrplanwechsel am 9. Dezember 2007 wird die Baureihe die Bespannung des letzten hochwertigen Fernzugs Eurocity 370/371 Århus – Padborg (– Praha hl. n. verlieren, der durch einen DB-Triebwagen der Baureihe 605 (ICE-TD) im Laufweg Århus – Berlin ersetzt wird. Im August 2007 wurde die bereits seit 2005 wegen eines Brandschadens abgestellte ME 1510 ausgemustert.

Elektrische Triebwagen

Am 6. Januar 2007 wurden die letzten S-Bahn Triebwagen der Baureihe MM abgestellt. Die S-Bahn København hat zwischen 1966 und 1975 insgesamt 213 Triebwagen der zweiten Generation bei Scandia bestellt. 65 zweiteilige Triebwagen wurden zwischen 1975 und 1978 zu vierteiligen Garnituren umgerüstet. Eine vierteilige Einheit wird der Nachwelt durch DSB Museumstog erhalten bleiben. Mit der Abstellung der Baureihe MM wurde bekannt, dass die Triebwagen zwischen 1988 und 1998 mit Asbest als Isoliermaterial im Einsatz waren. Untersuchungen haben ergeben, dass das Material nicht ausreichend abgedichtet war. Der Vorfall war bereits 1998 festgestellt worden, dennoch hatte das damalige Direktorium der S-Bahn nichts unternommen. In den vergangenen Jahren kam es zu überdurchschnittlich häufigen Krebserkrankungen bei Mitarbeitern in S-Bahn Ausbesserungswerk, die auf Asbest zurückzuführen sind, worauf das Direktorium der S-Bahn zurückgetreten ist. Im Oktober 2006 wurden die ersten vierteiligen S-Bahn Triebwagen der Baureihe MC/FC (dritte Generation) ausgemustert. 1979 lieferte Scandia zunächst vier Prototypen ab,

In Januar 2007 hat die DSB den letzten Triebwagen der Baureihe MM bei der S-Bahn København ausgemustert. Am 28. November 2006 war MM 7787 als einer der letzten Vertreter seiner Gattung auf dem Weg nach Ballerup, aufgenommen im Bahnhof Charlottenlund. Foto: Jan Lundstrøm.

bevor 1986 eine kleine Serie von insgesamt acht Triebwagen folgte. Die Vorserie wurde bereits 1995 abgestellt. Auf Grund der kleinen Stückzahl wurde beschlossen, diese Splittergattung nicht weiter zu unterhalten. Seit 2007 hat die DSB bei SJ sieben Triebwagen der Baureihe X31 angemietet, die als Verstärkerzüge auf der *Kystbane* København – Helsingør eingesetzt werden.

Dieseltriebwagen

Die bei AnsaldoBreda bestellten 83 IC/4-Dieseltriebwagen (Baureihe MG) und 23 IC/2-Triebwagen der Baureihe MP sind noch immer nicht in Betrieb. Obgleich die ersten Triebwagen bereits 2003 im Plandienst eingesetzt werden sollten, waren die wenigen in Dänemark eingetroffenen IC/4 Anfang 2007 immer noch nicht zugelassen. Mit der Ablieferung des ersten Triebwagens im August 2004 waren immer wieder Mängel festgestellt worden, so dass die Fahrzeuge nicht abgenommen wurden. Im Zusammenhang mit der Beschaffung neuer Triebwagen im Dezember 2000 für rund 5 Milliarden Kronen (671 Millionen €) wurde der Beschluss gefasst, vorläufig nicht in die weitere Elektrifizierung des dänischen Schienennetzes zu investieren. Doch zwischenzeitlich kommen Zweifel an dieser Entscheidung. Gestiegene Ölpreise und die Diskussion um Klimaschutz und Senkung des CO^2-Ausstoßes könnten diese Beschlussfassung mittelfristig wieder in Frage stellen. Zwischen dem 19. September 2006 und Ende November 2006 wurden erste Zulassungsfahrten mit den IC/4-Triebwagen auf freier Strecke (Vojens – Rødekro – Tinglev) durchgeführt. Zu diesem Zeitpunkt waren lediglich acht Triebwagen in Dänemark, die nach wie vor Eigentum des Herstellers sind. Im Juni 2007 waren bereits zwölf MG in Dänemark, so dass erste Fahrten mit Fahrgästen durchgeführt wurden. Seit August 2007 sind einige MG-Triebwagen versuchsweise im Regionalverkehr zwischen Århus und Fredericia anzutreffen. Der politische Streit um die verzögerte Lieferung ebbte mit einem Bericht des dänischen Rechnungshofes ab. Dieser bestätigt die Entscheidung der DSB, den Auftrag an AnsaldoBreda gegeben zu haben und führt die Verzögerungen ausschließlich auf den Hersteller zurück. Dieser erhielt inzwischen eine Schadensersatzforderung von der DSB in Höhe von 250 Millionen Kronen (25 Millionen €).

13 Dieseltriebwagen der Baureihe MR/MRD (Uerdingen/Scandia 1978 bis ’85) hat die DSB an Arriva Plc verkauft. Die Triebwagen werden im Arriva-Werk Neustrelitz aufgearbeitet (s. Seite 362).

Zum Fahrplanwechsel am 9. Dezember 2007 wird die Deutsche Bahn in Kooperation mit der DSB die Dieseltriebwagen der Baureihe 605 (ICE-TD) erstmals im grenzüberschreitenden Verkehr ein-

Im Oktober 2006 hat sich die DSB von den 25 Jahre alten S-Bahn-Triebwagen der Baureihe MC/FC getrennt. Ein Triebwagen dieser kleinen Serie wartet am 2. Juni 1991 in Østerport auf den Abfahrauftrag.

Die Inbetriebnahme der von AnsaldoBreda gelieferten IC/4 verzögert sich weiter. Im Rahmen einer Testfahrt war der IC/4-Triebwagen MG 07, geführt von MZ 1425, am 17. April 2007 bei Kolding auf dem Weg nach Vojens. Foto: Jan Lundstrøm.

setzen. Zu diesem Zweck wurden 13 der insgesamt 19 Triebwagen mit dem dänischen Zugsicherungssystem ausgerüstet. Die Fahrzeuge werden zum Fahrplanwechsel zunächst in zwei Zugpaaren auf der Vogelfluglinie (EC 32/33 und EC 37/38) sowie in der Relation Århus – Padborg – Hamburg eingesetzt (EC 380/381 und EC 386/387). Mit der Umstellung auf ICE-TD entfällt der EuroCity 371/370 Århus – Prag nördlich von Berlin. Sobald ausreichend Triebwagen der Baureihe 605 zur Verfügung stehen, werden auch die übrigen EC auf der Vogelfluglinie die bislang eingesetzten dänischen IC/3 ablösen.

Personenverkehr - DSB

Mit der Inbetriebnahme des letzten Abschnitts der *Ringbane* am 6. Januar 2007 wird ein Fünfminutentakt zwischen Ny Ellebjerg und Hellerup angeboten, der alle 20 Minuten bis Klampenborg durchgebunden ist. Zum 23. September 2007 wurde der Fahrplan der S-Bahn København geändert: alle "+"-Verkehre zu den Hauptverkehrszeiten wurden eingestellt. Die Linie A fährt neu zwischen Hundige und Farum statt zwischen Hundige und Hillerød. Die Linie H endet nicht mehr in Frederikssund, sondern ist auf den Abschnitt Farum – Østerport reduziert. Die Linie C wurde von Ballerup bis Frederikssund verlängert. Die Linie E endet neu in Hillerød. Neu angeboten wird die Linie Bx, die in den Verkehrsspitzen ab/bis Farum statt von Holte) nach Høje Taastrup fährt. Bei der Linie F (*Ringbane*) konnte der Fünfminutentakt beibehalten werden. Die bis Klampenborg durchgebundenen Züge wurden jedoch bis Hellerup verkürzt.
Wie im Vorjahr hat die DSB auch im Sommer 2007 (1. Juli-26. August 2007) einen Alternativfahrplan für die Zeit zwischen 12 und 20 Uhr aufgestellt, der im Fall von Gleisverwerfungen greifen sollte. Jeden Vormittag wurde festgelegt, ob der Ersatzfahrplan mit deutlich längeren Reisezeiten

Für den Einsatz im grenzüberschreitenden Verkehr zwischen Deutschland und Dänemark wurde ein ICE-TD am 24. April 2007 eine Probetrajektierung zwischen Puttgarden und Rødby Færge durchgeführt. Die DB-Baureihe 605 kommt seit dem 9. Dezember planmäßig zwischen Deutschland und Dänemark zum Einsatz. Foto: Allan Støvring-Nielsen.

angewandt werden sollte. Dieser Ersatzfahrplan zeigt den dringlichen Bedarf, Instandsetzungen am dänischen Netz voran zu treiben.

Privatgesellschaften – Personenverkehr

Arriva Danmark A/S, die im Dezember 2002 für einen Zeitraum von sieben Jahren den Personenverkehr auf einigen Strecken auf der Halbinsel Jütland von der DSB übernommen hatte, beabsichtigt, Reisezüge zwischen København und Århus anzubieten. Über die Fahrzeuge und den Zeitpunkt wollte das Unternehmen bislang keine Auskunft geben.

Am 7. Januar 2007 übernahm die **Hovedstadens Lokalbaner A/S** (HL) von der DSB den Personenverkehr auf der Strecke Hillerød – Helsingør (*Lille Nord*). Zwischen Hillerød und Helsingør wird ein Halbstundentakt angeboten. Die bislang eingesetzten *Lynetter*-Triebwagen der Baureihe ML der DSB wurden abgestellt und durch *CoradiaLint41* der HL ersetzt. Im vergangenen Jahr hat die HL insgesamt 27 dieser Triebwagen in Dienst gestellt. Die letzten Fahrzeuge konnten im Juni 2007 übernommen werden. Es ist beabsichtigt, weitere fünf Triebwagen bei Alstom-LHB zu bestellen, die für die Verkehre von Køge nach Fakse und Rødvig vorgesehen sind. Die noch im Bestand der HL befindlichen *Lynetter*-Triebwagen wurden ebenfalls ausgemustert. Die letzten Vertreter verschwanden im Juni 2007 aus dem Plandienst. Die sechs bei der HL eingestellten IC/2-Triebwagen wurden im Dezember 2006 an die LB übertragen, so dass seit Juni 2007 bei der HL nur noch Neubautriebwagen der Gattung *CoradiaLint41* eingesetzt werden. 20 *Lynetter*-Triebwagen der Bauart Ym, neun Mittelwagen der Baureihe Yp und 18 Steuerwagen der Baureihe Ys konnten an Arriva Plc verkauft werden. Die Fahrzeuge wurden im Frühjahr 2007 nach Neustrelitz überführt, wo sie im Arriva-Werk modernisiert werden. Die Triebwagen werden ab Dezember 2007 von Arriva/PCC Rail in Polen eingesetzt (s. Seite 362).

Im Dezember 2006 wurden die sechs bei der HL eingestellten IC/2-Triebwagen an die **Lollandsbanen A/S** (LB) übertragen, was zur Abstellung der letzten *Lynetter*-Triebwagen bei der LB führte. Somit endete bei der LB eine mehr als 40jährige Tradition. Im Jahr 1965 war die LB die erste dänische Privatbahn, die *Lynetter*-Triebwagen in Betrieb genommen hat. Mit der Ausmusterung bei der LB werden die beliebten Triebwagen nur noch bei der VLTJ und bei Arriva Tog auf der Strecke Varde – Nørre Nebel eingesetzt. Die LB verfügt nun über zehn IC/2-Triebwagen, die den Gesamtverkehr zwischen Nykøbing Falster und Nakskov bestreiten.
Die **Vemb-Lemvig-Thyborøn Jernbane A/S** (VLTJ) beabsichtigt, die Personenzüge zukünftig mit wasserstoffangetriebenen Fahrzeugen durchzuführen, deren Kraftstoff durch Windenergie produziert wird.
Im Juni 2006 bestellte die **Vestsjællands Lokalbaner A/S** bei Alstom neun *CoradiaLint41*, deren Auslieferung Ende August 2007 begann. Gemeinsam mit den drei IC/2 werden die Neubautriebwagen den Gesamtverkehr auf den VL-Strecken Holbæk – Nykøbing Sjælland und Tølløse – Slagelse abzudecken. Alle bei der VL eingestellten *Lynetter* wurden im Herbst 2007 abgestellt.

Güterverkehr
Railion Danmark A/S (RD) musste das Geschäftsjahr 2006 mit einem Verlust von 30 Millionen Kronen (4 Millionen €) abschließen. Das Ergebnis lag jedoch 13 Millionen Kronen (1,75 Millionen €) unter dem Wert des Vorjahres. Im Januar 2007 übernahm die schwedische Green Cargo AB ein Aktienpaket an RD von Railion Deutschland. Die Transaktion ist Bestandteil der engeren Zusammenarbeit zwischen Green Cargo und Railion, die sich auf Wachstum im Transitgüterverkehr zwischen Deutschland und Schweden ausrichtet. Mit der Steuerung des gesamten Güterverkehrs durch ein Unternehmen sollen die Transitzeiten deutlich reduziert werden. Ab Januar 2008 sollen erstmals Railion-Lokomotiven der Baureihe 185 auf der Achse Padborg – Schweden eingesetzt werden. Zu diesem Zweck wurden 23 Lokomotiven dieser Baureihe für den Einsatz in Dänemark und Schweden umgerüstet. Ende September 2006 kündigte RD den für unwirtschaftlichen Vertrag mit Carlsberg für den Transport von Mineralwasser von Fredericia nach Høje Taastrup. RD war nicht bereit, die hohen Betriebskosten für das Terminal in Høje Taastrup zu bezahlen. Dieses Terminal ist - ebenso wie die Terminals in Taulov, København Frihavn und Århus - Eigentum der DSB. Die beiden letztgenannten Umschlagbahnhöfe werden ebenfalls bereits seit geraumer Zeit nicht mehr von RD angefahren. Nachdem RD drohte, den Gesamtverkehr zu den DSB-Terminals

Mit der Inbetriebnahme der *CoradiaLint41* hat sich die Hovedstadens Lokalbaner von den letzten *Lynetter*-Triebwagen verabschiedet. Im Bahnhof Hillerød treffen sich am 28. November 2006 Ym 7/Ys 54 (links) und ein ehemaliger DSB-Triebwagen der Baureihe ML, der soeben aus Helsingør angekommen ist. Foto: Jan Lundstrøm.

Hovedstadens Lokalbaner A/S hat 29 neue *CoradiaLint 41* in Betrieb genommen. Am 12. September 2006 sind Triebwagen 114 und 101 bei Lille Skensved auf dem Weg von Helsingør nach Hillerød. Foto: Johnni Lassen.

Die *CoradiaLint41*-Triebwagen 24 und 25 der Vestsjællands Lokalbaner warten gemeinsam mit dem IC/3-Triebwagen MF23 und der Diesellokomotive MY 105 am 4. Oktober 2007 im Ausbesserungswerk Holbæk auf die weitere Behandlung. Foto: Allan Støvring-Nielsen.

Railion Danmark hat sich von den letzten Diesellokomotiven der Baureihe MZ II getrennt. Mit einem Güterzug von Køge nach Næstved passiert MZ 1420 am 12. September 2006 den Bahnhof Tureby. Foto: Johnni Lassen.

einzustellen, lenkte die DSB ein und die Parteien konnten sich über einen um 40% reduzierten Kostensatz für die Nutzung der Terminals in Taulov und Høje Taastrup verständigen. Somit war die Basis für einen neuen Verkehrsvertrag mit Carlsberg gegeben und die ersten Züge rollten bereits im März 2007. Der 15. Dezember 2006 war der letzte Verkehrstag des Mærsk-Kühlcontainerzugs, der neue Kühlcontainer von Mærsk Container Industrie A/S (MCI) in Tinglev nach Århus gebracht hat. Das Werk wurde Ende Dezember 2006 geschlossen.
Im Oktober 2006 hat RD die Diesellokomotive MZ 1416 an Motala Verkstad (Schweden) verkauft. Neben den bereits vorhandenen MZ 1403, 1404, 1408 und 1409 ist MZ 1416 die fünfte Lokomotive dieser Baureihe bei Motala Verkstad. Sie dient jedoch ihren Schwesterlokomotiven nur als Ersatzteilspender. Mit der Ausmusterung von MZ 1412, 1418 und 1420 verabschiedeten sich die letzten MZ II im Bestand von RD. Für den Binnenverkehr hält das Unternehmen jedoch noch einige Maschinen der Baureihe MZ IV vor. MZ IV 1447 und 1455 wurden im Juni 2007 mit Unfallschäden ausgemustert und als Ersatzteilspender an die schwedische Tågåkeriet i Bergslagen AB verkauft. Sechs Rangierlokomotiven der Baureihe MK wurden in 2007 an CFL Cargo S. A. (Luxembourg) verkauft (s. Seite 201).
Dansk Jernbane ApS, ein Tochterunternehmen der deutschen NEG Niebüll, die wiederum zur CFL Cargo S. A. gehört, hat ihren Namen am 1. Januar 2007 in **CFL Cargo Danmark ApS** geändert. Das Unternehmen beabsichtigt sich stärker auf den internationalen Güterverkehr in den Achsen Padborg – Frederikshavn und Esbjerg – Nyborg ausrichten. Einzige Aktivität von CFL Cargo Danmark im Osten des Großen Belts - die Papierzüge Næstved – Fruens Bøge im Auftrag von Dalum - endete am 13. Juni 2007. Einige Inlandsverkehre wurden eingestellt, so unter anderem die Aluminiumzüge Grenaa – Tønder, die im Auftrag der Hydro Aluminium letztmalig im Dezember 2006 gefahren wurden. Nachdem Railion Danmark im März 2006 die Bedienung von Esbjerg eingestellt hat, fährt CFL Cargo Danmark seit September 2006 bei Bedarf Güterzüge ab/bis Esbjerg. Am 17. Januar 2007 konnte das Unternehmen erstmals einen Zementzug von Aalborg Østhavn nach Padborg fahren, wo der Ganzzug an CFL Cargo Deutschland übergeben wurde. Der Ganzzug ist aktu-

CFL Cargo Danmark hat die Papierverkehre von Næstved nach Fruens Bøge im Juni 2007 aufgegeben. Wenige Wochen vor der Einstellung war CFL-MY 1154 am 23. Mai 2007 als „Straßenbahn" in Næstved unterwegs. Foto: Allan Støvring-Nielsen.

ell einmal pro Woche disponiert. Im Januar 2007 wurden Spanplattenverkehre von Padborg nach Århus aufgenommen. Seit April 2007 verkehren die Züge neu in der Relation Padborg – Herning. CFL Cargo Danmark hat aus dem Bestand der Vestsjællands Lokalbaner (VL) die Diesellokomotive MY 105 zwischen dem 9. Oktober und 7. Dezember 2006 angemietet. Im Januar 2007 wurde MX 101 aus dem Bestand der VL übernommen. Die MX 1029 hat eine Revision erhalten und wieder in Betrieb genommen, während die bislang als Ersatzteilspender dienenden MX 1030 verschrottet wurde. Von Hovedstadens Lokalbaner A/S wurden die Diesellokomotiven MX 41 und 43 übernommen. Im Juni 2007 traf die erste Diesellokomotive der Baureihe 1800 aus dem Bestand von CFL Cargo S. A. in Dänemark ein. Da der luxemburgische Kartoffelkäfer mit der Betriebsnummer 1806 nicht mit der dänischen Zugsicherung ausgerüstet ist, erfolgt der Einsatz nur in Kombination mit einer MY in Doppeltraktion.
2007 hat die schwedische **Hector Rail AB** eine Zulassung als EVU in Dänemark beantragt. Das Unternehmen beabsichtigt, zum 1. Januar 2008 durchgehende Güterzüge in der Achse Schweden – København – Padborg – Deutschland in Eigenregie zu fahren (s. Seite 30). Hector Rail wird für diese Verkehre TRAXX F140 AC-Lokomotiven aus dem Hause Bombardier einsetzen (Baureihe 241). Somit wären dies die ersten Einsätze dieser Lokomotivgattung in Dänemark. Im August 2007 war 241.001 im Rahmen von Zulassungsfahrten in Dänemark zu Gast. Die Zulassung dieser Baureihe wurde im September 2007 erteilt.
Die Dansteel-Stahlzüge, die **Hovedstadens Lokalbaner A/S** (HL) im Auftrag von Railion Danmark aus dem Walzwerk Frederiksværk nach Høje Taastrup bringt, wo sie von Railion Danmark übernommen wurden, mussten zum 19. Dezember 2006 eingestellt werden. Als Konsequenz hat HL die für diese Verkehre beschafften Diesellokomotiven MX 17, 18 und 19 (ex-HFHJ) abgestellt und zum Verkauf angeboten. Die schwedische Netrail AB konnte die Maschinen als Zwischenhändler übernehmen. Die HL-Diesellokomotiven MX 41 und 43 (ex-ØSJS) wurden an CFL Cargo Danmark A/S verkauft. Somit verfügt die HL nur noch über MX 16 (ex-HFHJ) und MX 42 (ex- ØSJS), die vorwiegend als Schneepflug in den Wintermonaten eingesetzt werden.

06 hat CFL Cargo Danmark eine vom luxemburgischen Mutterbetrieb stammende Diesellokomotive der Baureihe 1800 übernommen. Im Grenzbahnhof Padborg treffen sich am 24. Juni 2007 MY 1154 und 1806. Foto: Allan Støvring-Nielsen.

Ende Dezember 2007 hat Hovedstadens Lokalbanen die Stahlzüge Frederiksværk – Høje Taastrup eingestellt. Mit vereinten Kräften ziehen MX 17 und MX 19 ihren Stahlzug am 11. Mai 2006 aus Frederiksværk. Foto: Johnni Lassen.

DEUTSCHLAND

Nachdem die Deutsche Bahn AG (DB) bereits im Geschäftsjahr 2005 ein sehr gutes Ergebnis erwirtschaftet hat, konnten die Erwartungen in 2006 nochmals übertroffen werden. Das Unternehmen erzielte einen Umsatz in Höhe von 30 Milliarden €, was einer Steigerung von 19,9% entspricht. Aus dem Umsatz konnte ein Gewinn vor Steuern in Höhe von 2,5 Milliarden € erwirtschaftet werden, was einer Steigerung um 1,1 Milliarden € entspricht. Die Passagierzahlen kletterten um 3,9% auf 1,854 Milliarden Reisende. Die Beförderungsleistung lag jedoch mit 74,8 Milliarden Personenkilometern nur um 3,1% über dem Wert des Vorjahres. Wichtigste Ertragsquelle war wie in den Vorjahren der Regionalverkehr mit einem Umsatz von 6,5 Milliarden €, während der Fernverkehr lediglich 3,2 Milliarden € erwirtschaftete. Die Transportleistung von Railion Deutschland AG (RD) lag im Geschäftsjahr 2006 bei 307 Millionen Tonnen (Vorjahr 274 Millionen). In Tonnenkilometer stieg die Transportleistung auf 96,3 Milliarden. In 2006 wurden 89 Schienenkilometer stillgelegt, so dass das Netz einen Umfang von 34 122 km hat. Im Geschäftsjahr 2006 wurden jedoch 23 neue Bahnhöfe bzw. Haltepunkte eingerichtet, so dass die DB AG 5 730 Stationen betreibt. Erstmals seit mehreren Jahren wurden neue Mitarbeiter von der DB eingestellt. Zum Stichtag 31. Dezember 2006 standen 229 200 Mitarbeiter auf der Gehaltsliste, während es in 2005 noch 216 389 Mitarbeiter waren. Zum 1. Januar 2007 wurden die Tarife um durchschnittlich 2,9% erhöht. Die Ländertickets und das Schöne Wochenende-Ticket wurden um ein bis drei Euro teurer.

Über den geplanten Börsengang der DB konnte mit der Bundesregierung eine Einigung erzielt werden. Die Anteile des Unternehmens sollten in mehreren Schritten an private Investoren veräußert werden. Im ersten Schritt sollen 25% verkauft werden, zu einem späteren Zeitpunkt weitere 24%. Der Staat soll jedoch größter Anteilseigner der Eisenbahn bleiben. Die DB rechnet mit einem Ertrag von rund 16 Milliarden € aus dem Verkauf der Unternehmensanteile. Das Netz wird für die kommenden 15 Jahre exklusiv in der Verantwortung der DB AG bleiben. Nach Ablauf dieser Frist stehen derzeit zwei Optionen zur Wahl: Wird der Vertrag mit DB Netz nicht verlängert, so muss das Netz innerhalb von drei Jahren privatisiert und an den Staat verkauft werden.

Die Landesregierungen fürchten trotz entsprechender Garantien eine Qualitätsverschlechterung des Netzes vor allem im Regionalverkehr. Darüber hinaus gibt es nach wie vor Bedenken hinsichtlich der Neutralität. In der Vergangenheit gab es verschiedentlich Zweifel an der Vergabepraxis der Trassen für private Anbieter im Schienenverkehr. Für ein Unternehmen, das einen Börsengang plant, ist das Verhältnis zwischen Umsatz und Gewinn bei der DB AG nicht ausgewogen. Es wird erwartet, dass sich der Marktanteil von DB Regio durch den Verlust weiterer Ausschreibungen in den nächsten Jahren weiter reduzieren wird. Darüber hinaus trägt der Konzern eine Schuldenlast in Höhe von 18 Milliarden € mit den entsprechenden Zinsbelastungen. Ein Teil der Einnahmen aus dem Börsengang will die DB zur Tilgung der Schulden nutzen. Ein weiterer Teil soll für weitere Akquisitionen verwendet werden. Die DB beabsichtigt vor allem in Osteuropa zu expandieren. Der Konzernvorstand hat sein Interesse an der slowenischen Slovenske Železnice (SŽ) bekundet. Darüber hinaus hat man sich um die Übernahme der privatisierten ungarischen MÁV Cargo Zrt. Beworben. Im britischen Markt wurde die English Welsh & Scottish Railway Holding Limited (EWS) übernommen (s. Seite 180). Mit dieser strategischen Übernahme hat die DB sowohl in britischen Güterverkehr als auch in Frankreich einen Fuß in die Tür bekommen. EWS ist über die in Frankreich und Belgien zugelassene Euro Cargo Rail S.A. (ECR) in den dortigen Märkten aktiv. Darüber hinaus hat die DB die Mehrheit an der spanischen Transportes Ferroviarios Especiales S.A. (Transfesa) und an Spain-TIR S.A. (s. Seite 332) übernommen. Um die Transaktionen teilweise zu finanzieren, haben DB und das dänische Ministerium für Verkehr und Energie die Reederei Scandlines für 1,56 Milliarden € verkauft. Im Rahmen eines Beratungsprojektes unterstützt die DB die Bulgarische Staatsbahn (BDZ) bei der Privatisierung, dem Marketing und in Wettbewerbsfragen. Am 16. Juni 2007 übernahm die DB zehn Prozent an der französisch/belgischen Thalys. Die französische SNCF und die belgische SNCB reduzierten ihre Anteile um acht bzw. zwei Prozent, um der DB den Einstieg zu ermöglichen. Die DB hat sich darüber hinaus für eine Kooperation innerhalb von Railteam verpflichtet (s. Seite 4).

Die DB hat sich in 2007 um die *Øresund*-Verkehre Helsingør – København – Malmö beworben, blieb jedoch ohne Erfolg. Das dänisch/britische Joint Venture DSBFirst AB konnte das Vergabeverfahren für sich entscheiden (s. Seite 40). DB hat die auf den Transport von Nuklearabfällen spezialisierte DB Nuclear Cargo + Services (NCS) an die französische Compagnie Daher S.A. (Marseille) verkauft. NCS war in Deutschland für die *Castor*-Transporte verantwortlich.

Ausschreibungen regionaler Personenverkehr

Die Vergabe des Netz-Ost verlief entgegen den Erwartungen nicht ohne Zwischenfall. Das aus den Strecken Lübeck – Hamburg, Lübeck – Travemünde-Strand, Lübeck – Kiel, Lübeck – Neustadt – Puttgarden, Lübeck – Lüneburg und Büchen – Aumühle bestehende Netz war nach dem ersten Vergabeverfahren an die DB Regio-Tochter DB Regionalbahn Schleswig-Holstein GmbH gegangen. Kurze Zeit später stellte sich heraus, dass DB Regio nach der Abgabefrist eine Veränderung vorgenommen hat, da bei der kalkulierten Anzahl der Züge ein Berechnungsfehler unterlaufen war. Der Mitbewerber Veolia klagte gegen die Vergabe und forderte die Neuabgabe des Angebotes. Im August 2007 wurde wiederum DB Regionalbahn Schleswig-Holstein GmbH als Gewinner ermittelt. Eigentlicher Sieger der Ausschreibung ist das Land Schleswig-Holstein, da die Angebote der zweiten Vergaberunde deutlich unter den Werten der ersten Ausschreibung lagen. DB Regio wird die Verkehre im Dezember 2009 für zehn Jahre bis 2019 weiterführen. Auf der Rennstrecke zwischen Hamburg und Lübeck kommen Doppelstockwagen zum Einsatz, die mit Elloks der Baureihe 143 bespannt werden. Für die übrigen Strecken sind bei Alstom 25 Dieseltriebwagen der Gattung *CoradiaLint-41* bestellt. Die Baureihe 218 wird jedoch weiterhin einzelne Leistungen nach Kiel, Bad Kleinen und Puttgarden fahren. Brandenburg und der Zweckverband für den Nahverkehrsraum Leipzig haben die Verkehre Cottbus – Falkenberg (Elster) – Leipzig für den Zeitraum Dezember 2009 bis Dezember 2022 ausgeschrieben. Den Zuschlag bekam DB Regio, die elektrische *Talent*-Triebwagen einsetzen wird (s. Seite 77).

Am 10. Dezember 2006 nahm DB Regio den Regionalverkehr auf der NBS Nürnberg – Ingolstadt – München auf. Am 27. Mai 2007 legt sich RE 4048 München Hbf – Nürnberg Hbf bei Groß-Günzenhofen in die langgezogene Kurve. Die Züge werden in der Regel als Wendezüge mit Wagen der Gattungen Apmz und Bpmz und einer Ellok der Baureihe 101 gefahren.

Fünf Strecken werden als Niers-Rhein-Emscher-Netz ausgeschrieben. Hierbei handelt es sich um die Strecken Kleve – Düsseldorf Hbf, Duisburg Hbf – Xanten, Dorsten – Dortmund Hbf, Oberhausen Hbf – Duisburg-Ruhrort und Oberhausen Hbf – Dorsten. Die letztgenannten beiden Strecken werden aktuell von der Prignitzer Eisenbahn GmbH (PEG) bedient und erst ab Dezember 2010 neu vergeben. Die übrigen Strecken sollen bereits im Dezember 2009 an einen möglichen neuen Betreiber übergehen. Beide Verkehrsverträge laufen bis Dezember 2025.
Das West- und Südpfalznetz wurde an DB Regio vergeben. Das Wespfalznetz umfasst die Strecken Bingen – Bad Kreuznach – Pirmasens, Pirmasens – Saarbrücken, Kaiserslautern – Lauterecken-Grumbach und Kaiserslautern – Kusel (bislang: Transregio Deutsche Regionalbahn GmbH, TRDR) und ist ab Dezember 2010 für 13 Jahre vergeben. Das Südpfalznetz umfasst die Verkehre Neustadt – Landau – Karlsruhe, Neustadt – Wissembourg (F), Winden – Bad Bergzabern, Wörth – Lauterbourg (F), Landau – Pirmasens und Hinterweidenthal – Bundenthal. Im Gegensatz zur Westpfalz wird dieses Netz bereits im Dezember 2008 für 15 Jahre an DB Regio übertragen. Demnach laufen beide Verträge zeitgleich aus und können als Gesamtpaket erneut ausgeschrieben werden.
DB Regio konnte in 2007 weitere an TRDR verlorene Verkehre zurückgewinnen. Die Verkehre Bullay – Traben-Trarbach und Andernach – Kaisersesch wurden gemeinsam mit der Strecke Koblenz – Trier – Perl an DB Regio übertragen. Der Verkehrsvertrag mit einer Laufzeit von 17 Jahren wird schrittweise in Kraft treten. Während Koblenz – Trier – Perl bereits im Dezember 2007 von DB Regio übernommen wurde, folgen die beiden TRDR-Strecken erst im Dezember 2008.
Im Saarland wurden die Strecken Saarbrücken – Lebach – Jabach, Saarbrücken – Sarreguemines (F) sowie die Köllertalbahn Riegelsberg – Lebach ausgeschrieben. Experten gehen davon aus, dass die Stadtbahn Saar GmbH den Verkehrsvertrag gewinnen wird.
Die *Taunusbahn* Frankfurt Hbf – Niedernhausen – Limburg bleibt bei DB Regio. Nach einer Ausschreibung wurde der Gesamtverkehr ab dem 14. Dezember 2008 für weitere zwölf Jahre an DB Regio übertragen. DB Regio konnte darüber hinaus Ausschreibungserfolge in Bayern erzielen. Der Regionalverkehr auf der 191 km langen Strecke München – Passau bleibt bis Dezember 2021 in der Hand des heutigen Betreibers. Gleiches gilt für das elektrische Netz im Großraum Würzburg. Ab Dezember 2009 werden die Strecken von Würzburg nach Gemünden – Schlüchtern, Bamberg, Nürnberg und Treuchtlingen für weitere zwölf Jahre in verkehrsrot befahren. In beiden Netzen sollen *CoradiaLirex*-Triebwagen zum Einsatz kommen. Aktuell läuft in Bayern das Vergabeverfahren für das elektrische Netz in Regensburg. Der Verkehrsvertrag für die Strecken Neumarkt – Regensburg – Plattling und Landshut – Regensburg – Ingolstadt beginnt im Dezember 2010 und endet 2012. Der Vertrag für den Regionalverkehr Ulm – Donauwörth – Ingolstadt läuft bis Ende 2022.
Doch nicht in allen Ausschreibungen konnte sich DB Regio gegen den Wettbewerb durchsetzen. Zum 9. Dezember 2007 hat DB Regio die Unterelbebahn Hamburg – Cuxhaven sowie den Regionalverkehr Lüneburg – Hamburg und Tostedt – Hamburg an die Metronom Eisenbahngesellschaft mbH abgeben müssen (s. Seite 128). Die zum Ruhr-Sieg-Netz und dem Westfalen-Netz gehörenden Strecken gingen an Abellio Rail NRW GmbH (s. Seite 123) bzw. an die Westfalenbahn GmbH (s. Seite 125). In Bayern verliert DB Regio den Regionalverkehr München – Regensburg – Schwandorf – Hof/Furth an die Länderbahn-Gruppe. In Brandenburg wurden zum 9. Dezember 2007 zwei Verkehre an die Ostseeland Verkehr GmbH (s. Seite 132) abgegeben. Die Ausschreibungen der S-Bahn-Netze sind auf den Seiten 60-62 beschrieben.

Personenverkehr

Im Dezember 2006 hat DB Regio die Verkehre Göttingen – Kassel – Bebra – Fulda, Göttingen – Eschwege – Bad Hersfeld und Bebra – Eisenach an Cantus abgeben müssen. Im Westen übernahm die NWB den Verkehr im Emscher-Münsterland-Netz. Hierbei handelt es sich um die Strecken von Dorsten nach Borken, Coesfeld, Dortmund und Essen.
Mitte 2006 hat die Bundesregierung die Kürzung der Zahlungen für Regionalverkehrsleistungen an die Bundesländer beschlossen. Einige Länder sahen sich daraufhin gezwungen, Verkehre

DB
612 481-2

abzubestellen. Die Entwicklung war in Brandenburg am deutlichsten zu spüren. Die Strecken Pritzwalk – Putlitz, Neustadt/Dosse – Neuruppin (beide von der Prignitzer Eisenbahn GmbH (PEG) betrieben), Templin – Joachimsthal (ODEG) und Neuruppin – Herzberg (DB Regio) mussten eingestellt werden. Das Fahrplanangebot auf anderen Strecken wurde zum Teil erheblich ausgedünnt. Zwischen Löwenberg (Mark) und Rheinsberg wurde der Personenverkehr von Oktober bis April auf die Wochenenden reduziert. Zwischen Mai und September hingegen fahren weiterhin an sieben Tagen in der Woche Personenzüge. In Thüringen mussten die Strecken Sondershausen – Bretleben und Schönberg – Schleiz-West (Vogtlandbahn) stillgelegt werden. Das Land Sachsen musste den Personenverkehr zwischen Artern und Nebra (BLB) einstellen. Die Liste der stillgelegten Strekken wird durch die Strecke Eibau – Seifhennersdorf im Südosten des Landes vervollständigt. Die von Niedersachsen angekündigte Einstellung des Personenverkehrs auf den Strecken Lüneburg – Dannenberg Ost, Hildesheim – Braunschweig (über die Schnellfahrstrecke), Northeim – Bodenfelde und Uelzen – Langwedel wurde in letzter Minute wieder zurückgenommen.
Im Dezember 2007 wurden weitere Strecken im Personenverkehr stillgelegt. Es handelt sich um die Verkehre Lutherstadt Wittenberg – Bad Schmiedeberg, Köthen – Aken und Merseburg – Buna-Werke – Halle-Nietleben. Die Abbestellung des Personenverkehrs von Merseburg nach Schafstädt (BLB) konnte kurzfristig wieder zurückgezogen werden. Mit einem reduzierten Fahrplanangebot hat die Strecke für die kommenden zwei Jahre eine Gnadenfrist erhalten. Bereits seit längerem wurde die Stilllegung der Strecke Wolfenbüttel – Jerxheim – Helmstedt angekündigt. Die Strecke fällt dem Braunkohletagebau zum Opfer. Auf zahlreichen anderen Strecken wurde das Fahrplanangebot zum Teil erheblich ausgedünnt. Dies betrifft unter anderem die Strecken Teuchern – Naumburg Ost, Berga-Kelbra – Stolberg, Annaburg – Falkenberg und Magdeburg – Genthin. Die erst kürzlich modernisierte Strecke Berga-Kelbra – Stolberg wird künftig nur noch an Wochenenden bedient.
Am 10. Dezember 2006 wurde der Personenverkehr auf der Strecke Hörpolding – Traunreut wieder aufgenommen. Die SüdOstBayernBahn bietet einen Stundentakt an, was zu Lasten der Strecke Hörpolding – Trostberg ging, die nun lediglich ein Mal pro Tag bedient wird.
Die Schnellfahrstrecke München – Ingolstadt – Nürnberg wurde zum Fahrplanwechsel im Dezember 2006 vollständig in den Fahrplan integriert. Zwischen den beiden Städten wird ein ICE-Halbstundentakt angeboten. Die Züge laufen weiter bis Berlin, Hamburg oder Köln. Darüber hinaus wird die Strecke auch im Regionalverkehr bedient. DB Regio fährt in einem Zweistundentakt mit umgebauten InterCity-Wagen 200 km/h schnelle Wendezüge zwischen Nürnberg und München. Die mit einer Ellok der Baureihe 101 bespannten RegionalExpress-Züge legen die 171 km lange Strecke in 102 Minuten zurück. Das Konzept scheint erfolgreich: Im ersten Betriebsjahr konnten die Fahrgastzahlen um 20% gesteigert werden.
Die InterCity-Züge Dresden – Nürnberg (Sachsen-Franken-Magistrale) wurden durch den sog. *Sachsen-Franken-Express* ersetzt. Die bislang von Diesellokomotiven der Baureihe 218 bespannten Wagenzüge mussten Triebwagen der Baureihe 612 weichen, die im Zweistundentakt verkehren. Neu aufgenommen wurde eine durchgehende Verbindung Lindau – Nürnberg über Kempten und Augsburg, die ebenfalls mit Triebwagen der Baureihe 612 gefahren wird. Zwischen Stuttgart und Zürich wurden die bislang eingesetzten Cisalpino-Züge (Baureihe 470) durch ICE-T der Baureihe 411 ersetzt.
Weitere Änderungen im ICE-Netz sind ein Zweistundentakt zwischen Köln und Leipzig sowie ein Stundentakt zwischen Frankfurt /M und Leipzig. Die Fichtelgebirgsbahn Bayreuth – Weidenberg wurde am 8. Januar 2007 wiedereröffnet. Die Infrastruktur, Eigentum der Deutschen Regional Eisenbahn, wurde in den vergangenen Jahren vollständig saniert. An Werktagen fährt DB Regio sieben Zugpaare.

Zum 10. Dezember 2006 wurden die lokbespannten IC-Züge zwischen Nürnberg und Dresden durch IRE-Züge von DB Regio ersetzt. Am 27. Mai 2007 sind zwei Triebwagen der Baureihe 612 als IRE 3086 bei Velden auf dem Weg nach Nürnberg.

Mit der Inbetriebnahme der französischen LGV Est nach Paris kommt der TGV drei Mal täglich über Strasbourg nach Stuttgart. Am 14. Juli 2007 durcheilt der aus einem TGV POS gebildete TGV 9571 Paris Est – Stuttgart Hbf. den Bahnhof Kork (Strecke Kehl – Appenweier). Die OSB-*RegioShuttles* rechts sind als Regionalbahn auf dem Weg von Offenburg nach Strasbourg, während die r4c-Ellok am Morgen einen Kesselwagenzug zum Tanklager Kork gebracht haben und nun auf die Rückleistung wartet.

Die ICE-TD der Baureihe 605 wurden im Jahresfahrplan 2007 von DB Fernverkehr als Verstärker zwischen Köln und Hamburg eingesetzt. Ab Dezember 2007 werden die Triebwagen planmäßig zwischen Deutschland und Dänemark eingesetzt. Am 6. Mai 2007 ist eine Doppelgarnitur bei Ostercappeln auf dem Weg in die Hansestadt.

Mit der Aufnahme des Schnellverkehrs zwischen Deutschland und Frankreich wurden die EC-Züge von Frankfurt über Saarbrücken und Metz nach Paris eingestellt. Somit endete auch der planmäßige Einsatz der französischen *Corail*-Wagen in Deutschland. Am letzten Betriebstag ist 181 212 mit EC 54 bei Erzheim auf dem Weg vom Main an die Seine. Foto: Raymond Kiès.

Am 8. Dezember 2007 verkehrte EN 348/349 *Jan Kiepura* letztmalig ab/bis Frankfurt am Main. Seit dem Fahrplanwechsel verkehrt das Zugpaar in der Relation Amsterdam CS – Warszawa. Am Abend des 25. August 2007 ist 120 128 mit EN 349 nach Warszawa auf der *Rechten Rheinstrecke* bei Lorch auf dem Weg in die Nacht. Hinter der Lok laufen die Kurswagen nach Minsk und Moskwa.

Die Eröffnung des Hauptbahnhofs und des Tiergartentunnels in Berlin haben zu höheren Fahrgastzahlen ab/bis Berlin geführt. Auf den Fernverbindungen von Berlin nach Hamburg und Leipzig konnten bis zu 50% mehr Fahrgäste gezählt werden.
Am 10. Juni 2007 wurde der Hochgeschwindigkeitsverkehr auf der LGV Est aufgenommen. Die Schnellfahrstrecke verbindet Paris mit dem Osten des Landes und stellt Anschlüsse nach Süddeutschland und in das Rhein-Main-Gebiet her (s. Seite 204). Mit der Eröffnung der LGV Est wurde der internationale Fernverkehr zwischen Frankreich, Deutschland und der Schweiz neu strukturiert. Die lokbespannten EuroCity-Züge von Frankfurt/M über Metz nach Paris wurden eingestellt. Gleiches gilt für einen Großteil der lokbespannten Züge auf der Achse Stuttgart – Karlsruhe – Strasbourg – Paris. Zwischen Stuttgart und Paris werden seit Mitte 2007 TGV angeboten, während auf der Achse Frankfurt – Paris ICE3M der DB eingesetzt werden. Ab Dezember 2007 wird Paris aus Stuttgart heraus mit vier Zugpaaren, von Frankfurt/M heraus mit fünf durchgehenden Zugpaaren bedient. Ein TGV-Paar ist über Stuttgart heraus bis München durchgebunden.
Seit 10. Juni 2007 wird sonntags bis freitags ein ICE-Zugpaar Leipzig – Berlin – Rostock angeboten. Die ostdeutsche Hansestadt ist somit erstmals an das ICE-Netz angebunden.
Der Jahresfahrplan 2008, der am 9. Dezember 2007 in Kraft getreten ist, beinhaltet einige Änderungen im internationalen Reiseverkehr. Die bislang zwischen Deutschland und Dänemark eingesetzten DSB-Triebwagen der Gattung IC/3 werden teilweise durch ICE-TD ersetzt. EC 371 (Århus – Dresden – Praha) und EC 370 (Wien – Dresden - Århus) werden zwischen Berlin und Århus durch ICE-TD mit neuer Zugnummer gefahren. Das Zugpaar EC 370/371 besitzt als neuen nördlichen Endpunkt Stralsund und ist in den Sommermonaten bis Binz durchgebunden.
Zwischen dem Rhein-Main-Gebiet und Wien wird ein Zweistundentakt mit ICE-T angeboten. Die lokbespannten Wagenzüge gehören somit der Vergangenheit an. Beim Ruhr-Flügel der ICE-Linie 10 enden künftig einige Zugpaare nicht mehr in Köln Hbf oder am Konrad-Adenauer-Flughafen Köln/Bonn, sondern bereits in Düsseldorf Hbf. Die ICE-Linie 28 Hamburg – Berlin – München wird alle zwei Stunden in Berlin gebrochen. Somit können ICE-T für die neue Linie 91 (Dortmund – Köln –) Frankfurt/M – Wien freigemacht werden. Die heutige IC-Linie 31 beginnt/endet bereits in Frankfurt/M. Auf der ICE-Linie 45 (Köln – Wiesbaden – Mainz) wird das Angebot auf drei Zugpaare reduziert, an den Wochenenden verkehrt lediglich ein Zugpaar. Die ICE-Linie 51 (Stralsund – Berlin – Kassel – Düsseldorf) wird durch einen IC-Verkehr in gleicher Zeitlage Die Verlängerung der ICE-Züge Amsterdam – Frankfurt/M bis München entfällt.
Der EN 347/346 *Jan Kiepura* wird sich nach einem zweijährigen Intermezzo aus dem Rhein-Main-Gebiet verabschieden. Nachdem das Zugpaar zunächst Brüssel als Start-/Zielbahnhof und anschließend nach Frankfurt/M verkehrte, wird seit 9. Dezember 2007 Amsterdam CS angefahren. Der Zugteil nach Amsterdam hat Kurswagen ab/bis Moskau und Praha. In Dortmund werden Wagengruppen Dortmund – Hannover – København beigestellt. In Hannover werden Kurswagen mit EN 482/483 München – København getauscht, so dass östlich von Hannover auch Wagengruppen Basel – Moskwa und München – Moskwa beigestellt sind. NZ 1449/1448 *Saturn* Dortmund – Berlin – Rügen wurde zum Fahrplanwechsel eingestellt. Das Zugpaar D 246/247 *Moskwa Express* Berlin – Moskwa verliert die Kurswagen ab/bis Kazan (Russland). Das Zugpaar NZ 301/300 Dortmund – Duisburg – Basel – Milano C beginnt neu in Amsterdam CS und verliert die Wagengruppen München – Milano C. Einzige Nachtzugverbindung zwischen München und Italien ist somit EN 388/389 München – Roma Termini, der zwischen Bologna und Roma Termini mit EN 234/235 Wien – Roma Termini gefahren wird. Die CNL 478/479 Berliner Zürich – Berlin wird durch CNL 458/459 *Semper* Zürich – Fulda – Dresden ersetzt. Das Zugpaar führt Wagengruppen Zürich – Berlin mit, die zwischen Fulda und Hannover als CNL 1242/1243 gefahren werden und in Hannover auf NZ 243/242 Paris – Berlin übergehen. Das Zugpaar EN 352/353 *Johannes Kepler* Praha – Leipzig – Wiesbaden wird bis Basel durchgebunden. Wiesbaden wird hingegen nicht mehr bedient. Das Zugpaar führt zwischen Hannover und Basel Wagengruppen København – Basel mit, die zuvor als CNL 473/472 *Aurora* København – Basel liefen. Darüber hinaus werden Kurswagen Moskwa – Basel mitgeführt. Die CNL 363/362 *Orion* München – Praha werden aufgegeben.
Ab 9. Dezember 2007 wurde die 1. Klasse in den ICE-Zügen aufgewertet. Passagiere der

Am 10. Dezember 2007 wurden die bislang zwischen Hamburg und København eingesetzten dänischen IC/3 teilweise durch ICE-TD der DB ersetzt. In wenigen Minuten werden die beiden dänischen IC/3 als EC 36 aus København kommend den Zielbahnhof Hamburg erreichen. Die Aufnahme entstand am 5. Mai 2007 im Bahnhof Berliner Tor.

DB Regio hat die RE-Züge zwischen München und Praha zum 9. Dezember 2007 eingestellt, nachdem die *Länderbahn* den Verkehr München – Furth im Wald (– Praha) übernommen hat. Am 1. April 2007 ist 110 344 mit dem aus D-Wagen gebildeten RE 454 Praha Hl.n. – München Hbf. bei Ergoldsbach unterwegs. Foto: Patrick Rudin.

1.Klasse können in den großen Bahnhöfen spezielle Lounge-Bereiche nutzen. Im Frühjahr 2007 verkehrte der letzte Tagesautoreisezug bei der DB. Am 29. April 2007 verkehrte das Zugpaar AZ 1421/1420 *Christophorus Express* Düsseldorf – München Ost zum letzten Mal und schloss somit ein seit den sechziger Jahren zum gewohnten Angebot der DB gehörendes Kapitel Bahngeschichte. Parallel wurden die Verladeterminals in Troisdorf und Kornwestheim geschlossen. Die Einstellung der Tagesautoreisezüge war notwendig, da die bislang eingesetzten Wagen Fristablauf hatten und das Unternehmen nicht bereit war, in neue Fahrzeuge zu investieren.

S-Bahnen

Die Ausschreibung für das S-Bahn Netz in **Hamburg** konnte S-Bahn Hamburg GmbH für sich entscheiden. Es gab keine Mitbewerber. Der Verkehrsvertrag mit dem Bundesland Hamburg läuft bis Ende 2017 und hat ein jährliches Volumen von 70 Millionen €. Zum Fahrplanwechsel am 9. Dezember 2007 wurde die Linie S3 Pinneberg – Neugraben bis Stade verlängert. Auf der Strecke kommen Zweisystem-Triebwagen der Baureihe 474.3 zum Einsatz (s. Seite 79), die sowohl mit Stromschiene als auch unter Fahrdraht fahren können. Für die Zukunft ist geplant, mit den Zweisystemfahrzeugen auch Bad Oldesloe, Kaltenkirchen, Elmshorn und Itzehoe anzufahren.

Am 2. September 2007 feierte die S-Bahn Hamburg einhundertjähriges Jubiläum. Das Netz wurde am 1. Oktober 1907 mit der Strecke Altona – Ohlsdorf feierlich in Betrieb genommen. Die Bezeichnung S-Bahn wird in Hamburg seit 1938 gebraucht; ein Jahr später begann der Gleichstrombetrieb über Stromschiene. Im Jahr 1955 fuhr der letzte S-Bahnzug mit Wechselstrom unter Fahrdraht. Mehr als 50 Jahre später knüpft man an diese Verkehre am Beispiel der S-Bahn nach Stade wieder an.

Das zukünftige Regio-S-Bahn-Netz im Großraum **Bremen** wird ausgeschrieben. Es umfasst die Strecken Bremerhaven-Lehe – Bremen Hbf. – Twistringen, Bremen Hbf. – Oldenburg (– Bad

Die S-Bahn-Triebwagen der Baureihe 474, die ab dem 9. Dezember 2007 auf der S3 Pinneberg – Stade zum Einsatz kommen, wurden bereits vor dem offiziellen Einsatz im Hamburger S-Bahn Netz eingesetzt. Die Triebwagen unterscheiden sich von ihren Schwesterfahrzeugen durch den wahlweisen Einsatz mit Pantograph oder Stromschiene. Am 6. Mai 2007 ist ein Triebwagen der Baureihe 474.3 auf der S21 im Einsatz, aufgenommen bei der Einfahrt in den Hamburger Hauptbahnhof. Deutlich ist der Pantograph auf dem Mittelwagen zu erkennen. Foto: Cor Engelbert.

Zwischenahn), Bremen Hbf. – Nordenham und Bremen-Farge – Bremen Hbf – Verden. Der S-Bahn-Betrieb auf den ersten drei Linien soll im Dezember 2010 aufgenommen werden, während die Strecke nach Verden ein Jahr später folgen wird. Der Betreiber verpflichtet sich, neue elektrische Triebwagen für die Verkehre bereit zu stellen, während das Land für die Modernisierung der Bahnhöfe einschließlich der notwendigen Bahnsteigerhöhungen sorgen wird. In 2007 wurden die Arbeiten zur Modernisierung der zehn Kilometer langen Farge-Vegesacker Eisenbahn (FVE) begonnen. Zum Fahrplanwechsel im Dezember 2007 wird die Strecke von Triebwagen der NordWestBahn GmbH (NWB) bedient. Zu einem späteren Zeitpunkt erfolgt die Elektrifizierung, so dass durchgehende Züge zwischen Bremen Hbf und Frage angeboten werden können. Die Strecke wird 2011 in das S-Bahn-Netz integriert. Der Güterverkehr wird nach wie vor von der TWE Bahnbetriebs GmbH abgewickelt. Die FVE ist weiterhin Eigentümerin der Strecke.
Die S-Bahn **Berlin** konnte sich über gestiegene Fahrgastzahlen freuen. Im Geschäftsjahr 2006 nutzten 375 Millionen Reisende das Verkehresmittel, was im Wesentlichen auf die kürzeren Fahrzeiten auf der Ringstrecke sowie den verdichteten Fahrplan zurückzuführen ist. Im Jahr 2007 wurde mit dem Bau des im Zweiten Weltkrieg zerstörten Bahnhofs Kolonnenstraße (zwischen Yorkstraße und Schöneberg) begonnen. Der Umbau des Bahnhofs Ostkreuz wird sich voraussichtlich bis 2014 ziehen. Im Mai 2007 wurde die Linie S8 bis Hohen Neudorf verkürzt. Auf Grund des Neubaus eines Viaduktes über die Nordbahn kann zwischen Hohen Neudorf und Birkenwerder nur ein Streckengleis genutzt werden. Die Verkürzung der S8 bis Hohen Neudorf ist hingegen endgültig.
Das Fahrplanangebot der S-Bahn **Rhein-Ruhr** wird aus Kostengründen reduziert. Zwischen Düsseldorf-Wehrhahn und Düsseldorf Hbf werden lediglich neun statt bislang zwölf Zugpaare angeboten. Die S7 (Düsseldorf Flughafen – Solingen) entfällt. Der nördliche Abschnitt wird von der S11 übernommen, der südliche von der S1. Der Fahrzeugeinsatz soll weiter optimiert werden. Darüber hinaus ist die Beschaffung neuer Fahrzeuge geplant (s. Seite 77).
Die Verkehre Kaiserslautern – Homburg/Saar und Speyer – Germersheim sind seit Dezember 2006 in das Netz der S-Bahn **Rhein-Neckar** integriert. Die Personenzugleise von Speyer nach Germersheim wurden hierfür elektrifiziert. Das Netz wird im Dezember 2009 von Heidelberg nach Sinsheim, Aglasterhausen und Eppingen ausgebaut. Eppingen ist bereits an das S-Bahn Netz Karlsruhe angebunden, so dass eine Umsteigemöglichkeit zwischen beiden Netzen geschaffen wird. Aglasterhausen wird derzeit noch durch die Südwestdeutsche Verkehrs-Aktiengesellschaft bedient. Mittelfristig sollen die Strecken nach Bruchsal (über Graben-Neudorf) und Mannheim – Worms – Mainz in das S-Bahn-Netz Rhein-Neckar integriert werden.
Die S-Bahn erhält zwischen Mannheim und Heidelberg eine eigene Trasse. Zwischen Mannheim Hbf. und Mannheim-Friedrichsfeld wird ein drittes Streckengleis, zwischen Heidelberg Hbf. und Wieblingen werden zwei zusätzliche Streckengleise gebaut. Für den Ausbau werden die ehemaligen Gütergleise zwischen Mannheim und Heidelberg genutzt. Das Angebot in der 1.Wagenklasse wird bei den Triebwagen der Baureihe 425.2 zu Gunsten der 2.Klasse halbiert.
Im Dezember 2006 wurde die mit Zweisystem-Straßenbahnfahrzeugen betriebene S-Bahn **Karlsruhe** um den 30 km langen Abschnitt Freudenstadt – Eutingen/Gäu erweitert. Die Strecke wurde zu diesem Zweck mit 15 kV elektrifiziert. Der Kreis Germersheim unterstützt die Elektrifizierung der Strecke Wörth – Germersheim. Die 27 km lange Strecke soll 2010 in das S-Bahn-Netz eingebunden werden. Für den Neuverkehr müssen neue Straßenbahnwagen beschafft werden.
Im November 2006 wurde das Netz der S-Bahn Stuttgart einschließlich einiger Regionalstrecken im Großraum **Stuttgart** ausgeschrieben. Der Verkehrsvertrag sieht eine jährliche Zugleistung von 9,8 Millionen Zugkilometern vor. Das Netz soll in zwei Paketen vergeben werden. Das erste Paket umfasst die S1 (Herrenberg – Plochingen einschließlich der geplanten Verlängerung bis Kirchheim/Teck), die S5 (Stuttgart-Schwabstraße – Bietigheim-Bissingen) und die Regionalverkehre Wendlingen – Oberlenningen und Kornwestheim – Stuttgart-Untertürkheim. Das zweite Paket umfasst die S2 (Filderstadt – Schorndorf), die S3 (Stuttgart-Flughafen – Backnang), die S4 (Stuttgart-Schwabstraße – Marbach), die S6 (Stuttgart-Schwabstraße – Weil der Stadt), die zukünftige S40 (Verlängerung der S4 bis Backnang) und die S60 (Renningen – Sindelfingen –

Böblingen). Der Verkehrsvertrag hat eine Laufzeit von 19 Jahren, von denen vier Jahre für die Vorbereitungen zur Verfügung stehen. Die Region Stuttgart für das erste Paket 54 Triebwagen zur Verfügung (17 Baureihe 420 und 37 Baureihe 423). Der Planbedarf liegt bei 43 Triebwagen. Für das zweite Paket muss der künftige Betreiber in Eigenregie neue Fahrzeuge beschaffen. Im Gegensatz zu anderen Verkehrsverträgen schreibt das Land hier keine Richtlinien vor, so dass auch gebrauchte Fahrzeuge zum Einsatz kommen können. Um das S-Bahn-Netz haben sich neben DB Regio auch Veolia, Arriva und KEOLIS beworben. Alle Anbieter kamen in die zweite Runde. Außer DB Regio haben zwischenzeitlich alle übrigen Anbieter ihre Gebote zurückgezogen. Unter der Voraussetzung, dass eine geeignete Finanzierung gefunden wird, kann die S1 von Plochingen nach Kirchheim/Teck (zwölf Kilometer) zum Jahresende 2009 verlängert werden. Da der Fahrdraht bereits bis Wendlingen verlegt ist, sind die Anpassungsarbeiten vergleichsweise gering. Der Abschnitt Wendlingen – Kirchheim/Teck muss hingegen noch elektrifiziert werden. Die S1 wird bis Kirchheim/Teck vier zusätzliche Haltepunkte erhalten.
Die Realisierung der S60 ist ebenfalls in greifbare Nähe gerückt. Der zweigleisige Ausbau bei Sindelfingen ist wie der Umbau des Bahnhofs sind beschlossen. Der S-Bahn-Verkehr soll 2010 aufgenommen werden. Die Strecke zum Stuttgarter Flughafen wird auf Grund verkürzter Blockabstände leistungsfähiger, so dass die Züge der S3 ab 2008 an den Wochenenden über Vaihingen hinaus bis zum Flughafen durchgebunden werden können. Montags bis freitags wird der Flughafen lediglich durch die S2 bedient.
In **Nürnberg** wird das S-Bahn-Netz um drei Zielorte erweitert. Neu sind die Strecken nach Ansbach, Neumarkt und nach Hartmannshof. Darüber hinaus wird an der Integration von Forchheim seit 2006 gebaut.
Die Linie S6 der S-Bahn **Basel** wurde zum 10. Dezember 2006 von Basel Badischer Bahnhof bis Basel SBB verlängert. Somit werden Übergangsmöglichkeiten zum französischen und schweizerischen Regional- und Fernverkehr geschaffen.
Am 1. Juli 2007 feierte die S-Bahn **München** ihr 35-jähriges Jubiläum. In München-Laim wird an einer niveaufreien Kreuzung der Linien S1 und S8 gearbeitet. Die Arbeiten sollen Ende 2008 abgeschlossen sein. Zum 9. Dezember 2007 wurde eine Express S-Bahn eingeführt. Zwischen Markt Schwaben und München Ostbahnhof fahren im morgendlichen Berufsverkehr fünf Züge, die bis zum Ostbahnhof nur in Riem halten. Die S7 wird um sieben Kilometer bis Geretsried verlängert. Die Züge nutzen dabei die Gütergleise. Die DB beabsichtigt, die Nebenstrecke Dachau – Altomünster zu elektrifizieren. Zukünftig ist geplant, die Züge der S2 in Dachau zu flügeln. Ein Zugteil soll bis Petershausen, der zweite Zugteil bis Altomünster fahren.

Infrastruktur

Anfang 2007 veröffentlichte der Bundesrechnungshof einen Bericht über den Zustand des deutschen Schienennetzes. Das Ergebnis ist für DB Netz vernichtend. Bekannte Mängel werden nicht oder nur unzureichend behoben, was zu zahlreichen Langsamfahrstellen führt. Das Verkehrsministerium wurde aufgefordert, die Instandhaltung des Netzes stärker zu überwachen. Darüber hinaus wurde die Empfehlung ausgesprochen, Bemessungsgrundlagen für die Qualität einzurichten. Der Bundesrechnungshof hat festgestellt, dass die DB zwischen 2001 und 2005 entgegen der Zusagen rund 1,5 Milliarden € weniger in die Instandhaltung des Netzes investiert hat. Gleiches gilt für die Leistungen von DB Bahnhof & Service. Unmittelbar nach der Veröffentlichung des Berichtes und einer anschließenden Sondersitzung des Bundestags reagierte DB Netz. Der Netzbetreiber hat angeboten, die Beseitigung der Langsamfahrstellen mit einer Kapazitätserweiterung zu kombinieren, um somit das Verkehrswachstum kompensieren zu können. Darüber hinaus sollen die Wartungsintervalle verkürzt werden. Die letzten großen Maßnahmen im Hauptnetz liegen zum Teil schon 30 Jahre zurück. Für notwendige Instandsetzungsarbeiten im Hauptnetz werden zwischen drei und fünf Milliarden € zur Verfügung gestellt. Für Regionalstrecken soll zusätzlich eine Summe von 600 Millionen € investiert werden. DB Netz beabsichtigt, die Trassenpreise um durchschnittlich 4,2% anzuheben. Die Tarifanpassung fällt bei langsameren Strecken höher aus als bei den Hochgeschwindigkeitsstrecken, die entgegen der Entwicklung günstiger werden. Diese Tarifänderung wird sich auf das Ergebnis von DB Fernverkehr positiv auswirken.

Neue Projekte

Schritt für Schritt wird an der Fertigstellung der Verbindung Erfurt – Leipzig gearbeitet. Die Strekke ist Teil der Schnellfahrstrecke München – Berlin. Die 190 km lange Strecke besteht aus zwei Abschnitten: eine 106 km lange Neubaustrecke (NBS) zwischen Ebensfeld und Erfurt sowie die Ausbaustrecke Nürnberg – Ebensfeld. Zwischen Bamberg und Großgrünlach wird die Strecke viergleisig ausgebaut. Die Arbeiten wurden im April 1996 aufgenommen, jedoch auf Grund einer Intervention der rot/grünen Regierung im Jahr 1999 eingestellt. Nach zahlreichen Debatten konnten die Arbeiten im Jahr 2002 wieder aufgenommen werden. Ende 2006 konnte die Saubachtalbrücke bei Bad Bibra fertig gestellt werden. Die Arbeiten zum Bau des 8,3 km langen Bleßbergtunnels bei Truckenthal, dem längsten der insgesamt 22 Tunnels im Abschnitt Ebensfeld – Erfurt zählen wird, wurde ebenfalls bereits aufgenommen.

In Stuttgart wurde mit der Realisierung des Projekt *Stuttgart 21* begonnen. Der heutige Kopfbahnhof wird durch einen unterirdischen Durchgangsbahnhof, der rechtwinklig zum heutigen S-Bahn-Tunnel ersetzt. Der neue Tiefbahnhof wird über neue Verbindungsstrecken, die zum Teil ebenfalls unterirdisch verlaufen, im Westen an Feuerbach/Bad Cannstatt und im Osten an Ober- und Untertürkheim angebunden. Der Südosten wird bei Wendlingen angebunden. Die Züge Richtung Singen werden über den Flughafen Stuttgart fahren und folgen der heutigen S-Bahn-Strecke über Leinfelden. Südlich von Vaihingen wird eine Verbindungskurve in Richtung Böblingen gebaut. Das Projekt *Stuttgart 21* beinhaltet darüber hinaus eine 90 km lange Schnellfahrstrecke nach Ulm. Die Arbeiten werden den heutigen Planungen zu Folge in 2010 aufgenommen und voraussichtlich 2020 dem Betrieb übergeben.

Im Jahr 2011 sollen die Arbeiten zum Bau der NBS Rhein/Main-Rhein/Neckar aufgenommen werden. Die 85 km lange Strecke soll die Schnellfahrstrecken Köln – Frankfurt/M und Mannheim – Stuttgart verbinden und für eine Höchstgeschwindigkeit von 300 km/h zugelassen werden. Die Strecke soll in 2017 dem Betrieb übergeben werden und dient vor allem der Entlastung der heutigen Main-Neckar-Bahn Mannheim – Frankfurt/M, über die täglich rund 650 Zugfahrten gezählt werden. Ob ein Bypass um Mannheim realisiert wird, ist bislang unklar. Die Anbindung von Darmstadt soll über eine 13 km lange Verbindungskurve gewährleistet sein.

In Berlin wird bis 2011 am Flughafen BerlinBrandenburg International (BBI) gebaut. Der neue internationale Flughafen soll über eine Verbindungskurve an den Berliner Außenring und die Görlitzer Bahn angebunden werden. Der Flughafenbahnhof wird sechs Bahnsteiggleise erhalten, von denen zwei für die S-Bahn und vier für den Regional- und Fernverkehr vorgesehen sind. Die DB hat sich verpflichtet, die Verbindungskurve rechtzeitig zur Inbetriebnahme des neuen Flughafens fertig zu stellen. Andernfalls hat sich die DB zu einer Konventionalstrafe verpflichtet.

Die Y-Trasse zwischen Hannover, Bremen und Hamburg soll gebaut werden. Als Baubeginn wird das Jahr 2010 angestrebt. Über die neue Strecke sollen Geschwindigkeiten bis 300 km/h gefahren werden können. Die Achse durch die Lüneburger Heide dient vor allem dem Güterverkehr und schafft eine Entlastung für die Güterachse Hamburg – Hannover – Kassel.

Der Abschnitt Laufach – Heigenbrücken (Strecke Aschaffenburg – Würzburg) wird neu trassiert. Die heutige Spessartrampe wird über eine Länge von sieben Kilometern neu trassiert und erhält vier eingleisige Tunnel. Die Höchstgeschwindigkeit wird 140 km/h betragen. Die größte Steigung liegt bei 14,2 ‰, so dass der Schiebebetrieb eingestellt werden kann. Die Arbeiten sollen bereits 2009 aufgenommen werden. Mit einer Fertigstellung wird in 2014 gerechnet.

Im Dezember 2006 haben sich die Bundesregierung, das Land Nordrhein-Westfalen und die DB über den zukünftigen *Rhein-Ruhr-Express* (RRX) verständigt. Bei dem RRX handelt es sich um einen beschleunigten Regionalverkehr zwischen Köln und Dortmund. Die Züge sollen bis zu 160 km/h schnell sein. Ab 2009 wird die Infrastruktur schrittweise angepasst, wobei die bestehende Infrastruktur genutzt wird. Hingegen sollen die Bahnhöfe entsprechend angepasst werden. Der Abschnitt Duisburg –Düsseldorf soll sechsgleisig ausgebaut werden, während zwischen Köln-Mülheim und Düsseldorf-Benrath vier Streckengleise zur Verfügung stehen sollen. Die Baukosten werden auf 1,4 Milliarden € geschätzt.

Tunnels

Neben dem 1879 gebauten Kaiser-Wilhelm-Tunnel bei Cochem (Strecke Koblenz – Trier) wird ein neuer, 4,2 km langer eingleisiger Tunnel gebaut, der 2012 dem Betrieb übergeben werden soll. Anschließend wird der alte Tunnel für den Zugverkehr gesperrt und saniert. In diesem Zusammenhang wird das zweite Streckengleis entfernt. Das Projekt soll 2015 abgeschlossen sein.

Zwischen Frankfurt/M und Fulda wird eine zweite Tunnelröhre zum heutigen Schlüchtener Tunnel gebaut. Die zweite, zunächst zweigleisige Tunnelröhre soll 2008 dem Betrieb übergeben werden. Anschließend wird mit der Sanierung des aus dem Jahre 1914 stammenden alten Tunnels begonnen. Nach der Sanierung wird pro Tunnelröhre lediglich ein Streckengleis zur Verfügung stehen. Die Profilfreiheit der Tunnelröhren ist jedoch nach der Sanierung auch für Lademaßüberschreitungen zugelassen. Das Projekt soll 2011 abgeschlossen sein.

Der aus dem Jahre 1871 stammende Ramholz-Tunnel bei Sterbfritz (Strecke Fulda – Gemünden/Main) soll durch einen neuen 474 Meter langen Tunnel ersetzt werden. Der Neubau ermöglicht darüber hinaus eine Begradigung der heutigen Trasse.

Die beiden südlich des Mainzer Hauptbahnhofs verlaufenden Tunnelröhren aus dem Jahr 1884 werden saniert. In diesem Zusammenhang wird das Lichtraumprofil um rund 30 m^2 erweitert. Bis zur Fertigstellung der beiden Tunnelröhren verkehren alle Züge durch den in 2003 in Betrieb genommenen neuen Tunnel.

Der neue 9 400 m lange Katzenbergtunnel bei Efringen-Kirchen (Strecke Freiburg – Basel) steht unmittelbar vor der Fertigstellung. Im Jahr 2007 wurde damit begonnen, die zuführenden Streckengleise (12 km) zu verlegen. Die ersten Planzüge sollen 2012 durch den neuen, 500 Millionen € teuren Tunnel fahren.

Der Kasseler Hauptbahnhof hat einen neuen Tunnelbahnhof erhalten, der für die RegioTram vorgesehen ist. Der neue Tunnel stellt die Anbindung des DB-Netzes an die Stadtbahn Kassel her. Im Bahnhof wurde ein neuer Tiefbahnsteig angelegt. Am 19. August 2007 wurde der Tunnel mit einem Festakt in Betrieb genommen. Schrittweise sollen die bislang in Kassel Hbf. endenden Strecken in das Stadtbahnnetz integriert werden. Somit hat Kassel nach Karlsruhe ebenfalls ein Schnellbahnnetz, bei dem zwischen DB- und Straßenbahnnetz gewechselt werden kann. In Leipzig wurde mit dem Bau des City-Tunnels zwischen dem Hauptbahnhof und dem Bayerischen Bahnhof begonnen. Pro Fahrtrichtung wird eine eingleisige Tunnelröhre gebaut. Die Arbeiten sollen 2010 abgeschlossen sein. Das Projekt ist wegen der hohen Baukosten (rund 1 000 €/Einwohner) und des zweifelhaften Nutzens umstritten. Der Fahrzeitengewinn für den Fernverkehr steht offensichtlich in keinem Verhältnis zu den Baukosten.

Übrige Infrastruktur

Die eingleisigen Abschnitte der *Marschbahn* Hamburg – Westerland (Sylt) werden nördlich von Niebüll ersetzt. DB Netz hatte zunächst eine Machbarkeitsstudie vorgelegt, die einen zweigleisigen Ausbau als nicht wirtschaftlich abgelehnt hat. Die heutige Betreibergesellschaft Nord-Ostsee-Bahn GmbH (NOB) hat eine eigene Studie in Auftrag gegeben, die eine deutlich günstigere Kostensituation vorsieht. Auf Grundlage dieser Studie wird die NOB den zweigleisigen Ausbau in Eigenregie finanzieren.

Ein weiteres Projekt in Norddeutschland ist die Elektrifizierung der 85 km langen Strecke Hamburg – Lübeck – Travemünde. Die Arbeiten sollen im Dezember 2008 abgeschlossen sein. Nach vierjähriger Bauzeit konnte die neue Bahnhofshalle des Lübecker Hauptbahnhofs im Juni 2007 in Betrieb genommen werden. Die neue Wandelhalle wurde 60 cm höher angelegt, um genügend Freiraum für den Fahrdraht zu schaffen.

Der Rangierbahnhof Maschen wird ab 2008 für 400 Millionen € modernisiert. In diesem Zusammenhang wird der Rangierbahnhof neue Abfertigungsgleise erhalten. Maschen feierte im Jahr 2007 sein 30-jähriges Bestehen.

Am 18. Juni 2007 erfolgte der erste Spatenstich für den Bau des neuen vier Kilometer langen Abschnitts Eschweiler-Weilweiler – Langerwehe (Strecke Aachen – Köln). Der Abschnitt, Teil der euregiobahn Aachen, soll 2009 in Betrieb genommen werden. Die Züge werden im Halbstundentakt verkehren, wobei jeder zweite Zug in Düren endet.

Die Strecke Frankfurt/M – Passau wird für das bogenschnelle Fahren mit Neigetechnik-Triebwagen ausgebaut. Das Projekt soll im Dezember 2007 mit der Einführung der ICE-T zwischen Frankfurt/M und Wien abgeschlossen sein. Die Reisezeit zwischen Frankfurt/M und Passau konnte mit dem Ausbau um zehn Minuten reduziert werden.
Am 18. März 2007 wurde der erste Bauabschnitt des Projekts Neu-Ulm in abgeschlossen werden. Im Bahnhof Neu-Ulm wurden vier unterirdische Tunnelgleise in betrieb genommen, unter denen eine Tiefgarage gebaut wurde. Der neue Bahnhof wurde im November 2007 feierlich eröffnet.
Die Strecke München – Mühldorf – Freilassing wird zwischen Ampfing und Mühldorf zweigleisig ausgebaut. Für den acht Kilometer langen Abschnitt sind rund 64 Millionen € veranschlagt. Im Großraum München sind darüber hinaus eine Verbindungskurve Erding – Freising und eine Verbindungskurve von Erding zur Strecke München – Mühldorf geplant. Darüber hinaus wird die Strecke Neufahrn – Freising viergleisig und die Strecke Erding – Markt Schwaben zweigleisig ausgebaut. Ferner ist eine Anbindung der Münchener Börse geplant. Ziel der Projekte, die auch unter dem Arbeitstitel *Erdinger Ringschluss* bekannt sind, ist eine bessere Anbindung des internationalen Flughafens von München. Die Linie S2 kann nach Abschluss der Projekte bis zum Flughafen durchgebunden werden.
Die Strecken Nürnberg – Fürth und München – Augsburg werden viergleisig ausgebaut. Die Projekte sollen 2010 abgeschlossen sein. DB Regio hat in Dresden-Altstadt ein neues 16 Millionen € teures Betriebswerk in Betrieb. In Dresden-Altstadt werden die 55 Triebwagen, 46 elektrische Lokomotiven und 147 Wagen der Region Südostsachsen gewartet. Der aus dem Jahr 1898 stammende Bahnhof Dresden-Altstadt konnte am 10. November 2006 nach sechsjähriger Renovierung wieder vollständig in Betrieb genommen werden. Die Modernisierungskosten, die auch den Einbau eines neuen Signalsystems umfasst, belaufen sich auf 250 Millionen €. 2002 mussten die Arbeiten nach Wassereinbruch unterbrochen werden.
Die Hauptstrecke Leipzig – Hof wird aufgewertet. Zunächst soll der Abschnitt Leipzig – Crimmitschau modernisiert werden. Der Abschnitt Hof – Reichenbach wird elektrifiziert. Die Arbeiten werden jedoch frühestens 2013 aufgenommen.

Die Hauptstrecke Hamburg – Lübeck wird elektrifiziert. Am 5. Mai 2007 waren entlang der Strecke bereits zahlreiche Oberleitungsmasten aufgestellt, als 218 430 mit ihrer RegionalBahn bei Ahrensburg auf dem Weg nach Hamburg ist.

Die Strecke Halberstadt – Wernigerode wurde nach umfangreichen Modernisierungsarbeiten am 3. Juni 2007 wieder in Betrieb genommen. Im Rahmen der Baumassnahmen wurde die gesamte Infrastruktur erneuert. Der Umbau des Bahnhofs Halberstadt dauert an. Das Verkehrsministerium hat ihre finanzielle Unterstützung zur Wiederaufnahme des elektrischen Zugbetriebs auf der *Rübelandbahn* Blankenburg – Elbingerode zugesagt. Die Havelländische Eisenbahn AG (hvle) setzt für die Kalkzüge derzeit Diesellokomotiven der Baureihe 250 *BlueTiger* ein, was bei der örtlichen Bevölkerung zu Unmut führt. Die *Rübelandbahn* ist als einzige Strecke in Deutschland mit 25 kV elektrifiziert.

Grenzfälle

Zwischen Puttgarden und dem dänischen Rødby soll eine Brücke über den Fehmarnbelt gebaut werden. Die Arbeiten sollen im Jahr 2012 aufgenommen werden. Mit einer Fertigstellung wird in 2018 gerechnet. Die 19 km lange kombinierte Straßen- und Eisenbahnbrücke wird vier Fahrsteifen für Kraftfahrzeuge und zwei elektrifizierte Streckengleise für den Eisenbahnverkehr erhalten. Dänemark trägt die Baukosten und wird Eigentümer der Fähre, während Deutschland für die Elektrifizierung und den zweigleisigen Ausbau der 81 km langen Strecke Lübeck – Bad Schwartau – Puttgarden verantwortlich ist. Die Strecke soll ab 2019 durchgehend zweigleisig befahrbar sein.

Die als *Eiserner Rhein* bezeichnete Eisenbahnverbindung zwischen Antwerpen und dem Ruhrgebiet sorgt auch in anderen (Bundes-) Ländern für Gesprächsstoff. Nordrhein-Westfalen stellte eine Alternative zu der bis heute umstrittenen Strecke vor. Die 34 km lange Alternative soll ab dem niederländischen Roermond über Mönchengladbach parallel zur Autobahn A52 verlaufen.

DB und die SNCB haben sich auf die Elektrifizierung des Abschnitts Gemmenich – Montzen verständigt. Der Abschnitt ist Teil der Güterstrecke von Aachen West nach Belgien. Die Systemtrennstelle (15 kV / 3 000 V) wird westlich des Viadukts von Moresnet eingerichtet.

Die Strecke zwischen Kehl und Strasbourg wird zweigleisig ausgebaut. Die Arbeiten haben bereits in 2007 begonnen. In diesem Zusammenhang wird die aus dem Jahre 1956 stammende eingleisige Brücke über den Rhein durch eine Neukonstruktion ersetzt. Die neue Brücke, die 2010 in Betrieb genommen werden soll, ist die Schnittstelle zwischen dem deutschen und französischen Hochgeschwindigkeitsnetz. Darüber hinaus wird der Bahnhof Kehl umgebaut.

Im Jahr 2010 sollen die Arbeiten zur Elektrifizierung der Hauptstrecke München – Lindau aufgenommen werden. Die Baukosten in Höhe von 200 Millionen € werden zu 25% von der Schweiz getragen. Für die Schweiz hat dieses Projekt eine große Bedeutung im Hinblick auf den Fernverkehr zwischen Deutschland und der Alpenrepublik.

Die Grenzstrecke Freilassing – Salzburg (Österreich) wird dreigleisig ausgebaut. Darüber hinaus wird die bisherige Brücke über die Salzach durch einen Neubau ersetzt. Für das Projekt sind 33 Millionen € vorgesehen, von denen Deutschland 40 % tragen wird.

Das gestiegene Verkehrsaufkommen zwischen Polen und Deutschland macht einen Ausbau der Grenzübergänge notwendig. Im Oktober 2007 wurde der Grenzübergang Ahlbeck (Usedom) – Świnoujście für den Schienenverkehr wiedereröffnet. Der Grenzübergang Angermünde – Szczecin (PL) soll zweigleisig ausgebaut und elektrifiziert werden. Darüber hinaus soll die Streckengeschwindigkeit auf 160 km/h erhöht werden. Der Ausbau soll im Jahr 2011 beginnen. Die Ostbahn Berlin – Kostrzyn (PL) wird mit einem neuen Signalsystem ausgerüstet. In diesem Zusammenhang kann die Streckengeschwindigkeit auf 120 km/h heraufgesetzt werden, so dass eine bessere Durchlässigkeit erreicht wird. Die Hauptstrecke Berlin – Cottbus – Forst – Tuplice (PL) wird für 160 km/h ausgebaut. Der Abschnitt Lübbenau – Cottbus soll zweigleisig ausgebaut werden. Der nur im Güterverkehr befahrene Grenzübergang Hoyerswerda – Horka – Węgliniec (PL) wird zwischen 2011 und 2013 elektrifiziert und zweigleisig ausgebaut. Darüber hinaus wird die Streckengeschwindigkeit auf 120 km/h heraufgesetzt. Die Strecke Dresden – Görlitz – Zgorzelec (PL) wird ebenfalls elektrifiziert und für eine Geschwindigkeit von 160 km/h ausgebaut.

Fahrzeuge

Die Frankfurter Allgemeine Zeitung veröffentlichte im Juni 2007 einen Bericht über die Fahrzeug-

planung der Deutschen Bahn. Das Unternehmen verfolgt die Strategie, durch eine weitgehend standardisierte Flotte Unterhaltungskosten einsparen zu können. Splittergattungen sollen wo möglich vermieden werden.
Zwischen 2017 und 2019 werden die bislang lokbespannten Fernzüge durch Triebwagen im Fernverkehr ersetzt. Die Nachfolge der InterCity-Züge nennt sich ICE-X. In 2008 wird die Deutsche Bahn das Pflichtenheft für 100 achtteilige Triebwagen der Fahrzeugindustrie zur Verfügung stellen. Eine Auftragsvergabe ist für 2009 geplant, so dass die ersten Triebwagen 2014 eingesetzt werden können. Unklar ist bislang die Zukunft der 145 Elloks der Baureihe 101, die eigens für den Fernverkehr beschafft wurden. Die Ausmusterung der zwischen 1996 und 1999 beschafften Lokomotiven ist für 2027 vorgesehen, so dass Experten derzeit von einem ICE-X vergleichbar dem österreichischen Railjet ausgehen (s. Seite 286).
Das zweite Projekt betrifft Triebwagen für Geschwindigkeiten über 250 km/h. Die heute im Einsatz befindlichen 59 ICE1 sollen spätesten 2020 abgestellt werden, fünf Jahre später sollen die 44 ICE2-Halbzüge folgen. Die ICE3 sollen nach heutigem Planungsstand bis 2030 im Planbetrieb eingesetzt werden.
Der Wagenpark im Regionalverkehr soll in den nächsten Jahren deutlich verjüngt werden. In den kommenden fünf bis sechs Jahren werden pro Jahr rund 130 bis 150 neu Doppelstockwagen in Betrieb genommen, die schrittweise die bislang noch eingesetzten n-Wagen ersetzen werden. In 2008 ist darüber hinaus eine Ausschreibung für die Beschaffung neuer Dieseltriebwagen geplant.
Im Güterverkehr sind ebenfalls weitere Beschaffungen geplant. Zwischen 2009 und 2025 sollen 600 neue Rangierlokomotiven in der Leistungsklasse 1 000 kW in Betrieb genommen werden. Darüber hinaus sollen rund 200 neue Streckendiesellokomotiven beschafft werden, die unter anderem die Lokomotiven der V160-Familie aus dem Plandienst verdrängen wird. Für den grenzüberschreitenden Verkehr beabsichtig Railion Deutschland 335 Elloks mit einer Leistung von 6 000 kW in Betrieb zu nehmen.
Kurzfristig ist ein Auftrag für zehn Triebwagen im grenzüberschreitenden Verkehr mit Frankreich zu erwarten. Unklar ist, ob es sich über ICE oder TGV handeln wird.
Alle Triebfahrzeuge der DB werden schrittweise mit den neuen 12-stelligen UIC-Nummern versehen.

Elektrische Lokomotiven
Am 10. Dezember 2006 wurde für die letzten vier betriebsfähigen Lokomotiven der Baureihe 141 (400-402 und 439) kein eigener Umlauf aufgestellt. Die zuletzt in Frankfurt beheimateten Lokomotiven kamen jedoch bis Juni 2007 im Plan der Baureihe 143 vorwiegend zwischen Kassel und Melsungen als Ersatz für die verzögerte Inbetriebnahme der RegioTram-Triebwagen zum Einsatz. Zum 1. Juni 2007 erfolgte jedoch die endgültige Abstellung der Knallfrösche, die lediglich noch als Reserve vorgehalten wurden. Im November 2007 gab es für die beim Eisenbahnmuseum Darmstadt-Kranichstein hinterstellte grüne 141 228 nochmals eine unerwartete Renaissance, nachdem DB Regio die Maschine für einige Wochen im Plandienst eingesetzt hatte. Die Deutsche Bundesbahn hat zwischen 1957 und 1969 insgesamt 451 Lokomotiven der Baureihe 141 in Betrieb genommen. Die Lokomotiven wurden von Henschel, Krupp, AEG, BBC und SSW gebaut und erreichten mit einer Motorleistung von 2 400 kW eine Höchstgeschwindigkeit von 120 km/h. Ihr Einsatzschwerpunkt waren leichte Reise- und Güterzüge. Mit der Baureihe 141 verabschiedete sich die zweite Baureihe der so genannten Einheitslokomotiven, nachdem sich die sechsachsige Baureihe 150 bereits 2003 aus dem Plandienst verabschiedete.
Zur Gattung der Einheitslokomotiven zählt auch die Baureihe 110, die aktuell noch von den Betriebshöfen Braunschweig, Dortmund, Frankfurt/M, Köln-Deutzerfeld, München, Stuttgart und Trier eingesetzt wird. Mit dem Verlust zahlreicher Ausschreibungen im Regionalverkehr wird das Einsatzgebiet der einstigen Schnellzuglokomotiven immer kleiner, so dass mit einer weiteren Dezimierung des Bestands zu rechnen ist. Neben DB Regio setzt auch die DB BahnCharter Lokomotiven der Baureihe 110 ein. Das Unternehmen verfügt über elf Lokomotiven, die beim Bh Dortmund beheimatet sind. DB AutoZug setzt ebenfalls Lokomotiven der Baureihe 110 ein, die

Die *Einheitslokomotiven* der Baureihe 140 halten sich bei Railion Deutschland beständig, da das Unternehmen auf Grund von Mehrverkehren Bedarf an Triebfahrzeugen hat. Mit einem Kohleganzzug ist 140 443 am 21. April 2007 bei Priort unterwegs. Foto: René de Vries.

DB AutoZug hat von DB Regio einige Lokomotiven der Baureihe 110 übernommen und diese als Baureihe 115 eingereiht. Mit einem Autoreisezug ist 115 459 am Morgen des 21. Mai 2007 bei Prien am Chiemsee unterwegs. Foto: Marcel van Ee.

als Unterbaureihe 115 in den Bestandslisten geführt sind. Da zahlreiche Maschinen in den nächsten Wochen und Monaten Fristablauf haben und DB Regio weitere 110er abstellen wird, ist mit einer Bestandsveränderung bei DB AutoZug zu rechnen. Einige Lokomotiven der Baureihe 115 wurden wider Erwarten einer Hauptuntersuchung unterzogen. Die von DB BahnCharter eingesetzten Lokomotiven der Baureihe 115 sind in Berlin-Rummelsburg beheimatet. Fünf Lokomotiven der Baureihe 110 wurden zusammen mit 143 069 und 874 Mitte 2007 an Railion vermietet, da das Schwesterunternehmen unter akutem Triebfahrzeugmangel leidet. Zwei 110er sind als Schiebelokomotiven zwischen Kreuztal und Altenhundem disponiert. Im Rahmen einer Marketingaktion der Bahn-Tochter Ameropa hat die bei DB BahnCharter eingestellte 110 325 Ende August 2007 ein blau/weißes Farbkleid erhalten. Mit entsprechenden Wagen war die Lok für einige Monate im gesamten Bundesgebiet anzutreffen. Nach Abschluss der Promotion kam die Lokomotive bis Ende Januar 2008 in den Ameropa-Farben im Charterverkehr zum Einsatz, bevor sie ihrer Werbefolien wieder entledigt wurde.
Die in der Unterbaureihe 113 geführten Lokomotiven werden nach wie vor im Plandienst eingesetzt. Für die letzten beiden Exemplare ist DB AutoZug verantwortlich, so dass die Lokomotiven in Berlin-Rummelsburg beheimatet sind. Im Vergleich zu den Schwesterlokomotiven der Baureihe 115 ist die Baureihe 113 für eine Höchstgeschwindigkeit von 160 km/h zugelassen.
RD kann auf die letzten Maschinen der Baureihe 139/140, die ebenfalls zu den Einheitslokomotiven gehören, nicht verzichten. Die Ausmusterungswelle scheint auf Grund der Wachstumszahlen im Güterverkehr zunächst gestoppt. So haben 25 Lokomotiven in 2007 eine Fristverlängerung einschließlich einer Hauptuntersuchung erhalten. Zur Freude vieler Eisenbahnfreunde kann auch die letzte ozeanblau/beige 140 423 noch für einige Jahre eingesetzt werden. 140 543 und 139 260 wurden an die DB-Beteiligung Lokomotion Gesellschaft für Schienentraktion GmbH übertragen und dienen als Ersatzteilspender für die so genannten „Zebras“ 139 133, 177 und 312.
Railion leidet nach wie vor unter einem akuten Triebfahrzeugmangel, der aus der in den letzten Jahren verfolgten Ausmusterungs- und Verschrottungsstrategie des Konzerns resultiert. So mussten im Herbst 2006 erneut Lokomotiven angemietet werden. Über Mietverträge freuten sich diesmal MRCE (Baureihe 185.5), Dispolok (Typ ES 64 F4) und die ÖBB (Baureihe 1116 *Taurus*).

Bombardier hat im Jahr 2007 die 300-ste TRAXX-Ellok der Baureihe 185 an Railion Deutschland übergeben. Mit einem Kohleganzzug ist 185 264 am 22. April 2007 auf der *Nord-Süd-Strecke* zwischen Kassel und Fulda unterwegs. Foto: René de Vries.

Auch Railion Deutschland folgt dem Trend der Werbelokomotiven. Seit Anfang 2007 wirbt 185 152 für das Unternehmen K+S. Am 6.Juni 2007 ist die Lokomotive mit TEC 42153 Rostock Seehafen – München nahe des Grünauer Kreuzes auf dem Berliner Außenring unterwegs. Foto: Sebastian Schrader.

Seit Dezember 2006 kommen die Lokomotiven der Baureihe 146.2 in den RE-Verkehren auf der *Schwarzwaldbahn* Singen – Villingen – Offenburg zum Einsatz. Am 27. Dezember 2006 ist ein RegionalExpress mit einer unbekannten 146.2 auf der *Schwarzwaldbahn* bei Singersbach unterwegs.

Seit August 2007 trägt 152 005 eine Ganzreklame des Landmaschinenherstellers Claas. Am 29. August 2007 erfolgte die offizielle Präsentation. Bereits einen Tag zuvor konnte Sebastian Schrader die Lokomotive in Berlin Grunewald fotografieren - wahrscheinlich die erste Aufnahme von dieser Lokomotive nach der Beklebung.

Der Bestand der Baureihe 180 schwindet langsam, obgleich Railion Deutschland auf die Einzelstücke bislang noch nicht verzichten möchte. Im neuen Railion-Design ist 180 012 am 28. April 2007 mit einem Containerzug nach Tschechien auf ihrer Hausstrecke im Elbtal bei Rathen unterwegs.

Railion hat 26 Lokomotiven der Baureihe 189 an für den Einsatz auf der *Betuweroute* zum Rotterdamer Hafen umgerüstet. Die Lokomotiven unterscheiden sich von ihren Schwestern äußerlich durch die große weiße Kontrastfläche auf der Front. Am 25. August 2007 ist die bereits umgerüstete 189 070 mit einem Güterzug auf der *Rechten Rheinstrecke* bei St.Goarshausen in Richtung Norden unterwegs.

Die 189 095 ist eine der Lokomotiven, die über das Lease-Back-Verfahren von Railion Deutschland an MRCE verkauft und anschließend wieder zurückgemietet wurden. Bislang ist diese Maschine jedoch die einzige ihrer Gattung, die in den neuen Hausfarben des jetzigen Eigentümers im Einsatz ist. Bei Potsdam Rehbrücke ist 189 095 am 10. Juni 2007 auf dem Weg in Richtung Westen. Foto: René de Vries.

Im Dezember kehrten die Mietloks zu ihren Eigentümern zurück. Eine weitere Maßnahme ist die Fristverlängerung bei den sechsachsigen Lokomotiven der Baureihe 151 (Baujahre 1972-1978) und 155 (Baujahre 1977-1984). Bereits abgestellte Maschinen wurden darüber hinaus wieder reaktiviert.

In der Auslieferung für Railion befindet sich nach wie vor die zweite Serie der Baureihe 185. Im Juli 2007 wurde 185 300 von Bombardier an RD übergeben. Bis Anfang 2009 sollen weitere 100 Lokomotiven folgen. 23 Lokomotiven der zweiten Serie werden für den Einsatz in Schweden und Dänemark vorbereitet, da ein zukünftiger Einsatz bis ins schwedische Hallsberg geplant ist (s. Seite 46). Neben DB Fernverkehr hat auch Railion die Lokomotive als Werbefläche entdeckt. Während 185 001 bis 003 bereits seit längerem für die TRAXX-Familie werben, folgten im Jahr 2007 zwei neue Werbelokomotiven: 185 152 wirbt für das Kasseler Unternehmen K+S, während 185 142 auf die Railion-Aktivitäten in der Schweiz aufmerksam macht. Der Vollständigkeit halber sei zu erwähnen, dass 152 005 ebenfalls seit 2007 für den Maschinenbauer Claas in einer auffälligen grünen Werbefolie unterwegs ist.

Am 20. Oktober 2006 wurde die letzte für den Regionalverkehr bestimmte 146 von Bombardier ausgeliefert. Hierbei handelt es sich um 146 228, die mit weiteren zehn Schwestermaschinen beim Bh Freiburg/Breisgau für den Einsatz auf der *Schwarzwaldbahn* Karlsruhe – Konstanz stationiert ist. Die Baureihe 146 umfasst bei DB Regio 31 Lokomotiven der Baureihe 146.0, 32 Lokomotiven der Baureihe 146.1 und 47 Maschinen der Baureihe 146.2. Während die 146.0 über eine Leistung von 4200 kW verfügt, haben 146.1 und 146.2 stärkere Motoren mit einer Leistung von 5 600 kW. Die 160 km/h schnellen Lokomotiven sind in Braunschweig (146.1), Dortmund (146.0), Frankfurt/M (146.1), Freiburg/Breisgau (146.1 und 146.2), Köln-Deutzerfeld (146.0), Nürnberg-West (146.2) und Stuttgart (146.2) beheimatet.

Die letzten Maschinen der Baureihe 189 wurden bereits im Dezember 2005 in Betrieb genommen. Zehn Lokomotiven (189 090-099) wurden 2006 über ein sales-and-lease-back Verfahren an MRCE übertragen. MRCE zog einen Teil der Loks im Frühjahr 2008 ab und vermietete sie an private Bahngesellschaften In diesem Zusammenhang hat 189 095 ihr verkehrsrotes Farbkleid gegen die Corporate Identity von MRCE eingetauscht. Im Sommer 2007 wurden 26 Lokomotiven der Baureihe 189 für den Einsatz in den Niederlanden sowie auf der *Betuweroute* vorbereitet. Als erster Vertreter wurde 189 023 nach München-Allach gebracht, bevor 189 065-089 folgten. Die

103 245 wurde im Jahr 2007 regelmäßig von DB AutoZug eingesetzt. Am 15. August 2007 war diese Lok mit AZ 1367 München – Salzburg bei Bernau am Chiemsee unterwegs. Foto: René de Vries.

Die im Thüringer Wald eingesetzten Diesellokomotiven der Baureihe 204 werden mit Fristablauf spätestens im Jahr 2009 ausgemustert. Als Nachfolger wird unter anderem eine Vossloh G 1000 getestet. Am 27. März 2007 ist 261 578 mit einem Güterzug bei Hockeroda unterwegs. Foto: Jörg Boeisen.

DB Fernverkehr verzichtet seit Dezember 2007 auf den Einsatz von Diesellokomotiven der Baureihe 234 im Fernverkehr. Am 19. August 2006 war 234 346 mit einem über die *Ostbahn* (Berlin – Küstrin) umgeleiteten EuroCity Warszawa – Berlin unterwegs. Foto: Jörg Boeisen.

Lokomotiven erhalten neben ATB und ETCS auch zwei zusätzliche Stromabnehmer. Die "niederländischen" Maschinen sind an dem großen weißen Latz auf Fahrzeugfront zu erkennen.
2006 wurden 143 171 und 143 120 für höhere Geschwindigkeiten umgebaut. Während 143 171 für 160 km/h zugelassen ist, hat 143 120 eine Zulassung für 140 km/h erhalten. Die beiden vormals 120 km/h schnellen Maschinen werden in den Bestandslisten als 114 101 und 114 301 geführt und sind beim Bh Madgeburg beheimatet. Es ist davon auszugehen, dass es sich bei 114 101 um ein Einzelstück handelt wird, während der Umbau auf 140 km/h bei einigen Maschinen der Baureihe 143 bereits begonnen hat. Da für die Lokomotiven bis zum Redaktionsschluss noch keine Zulassung durch das Eisenbahn-Bundesamt vorlag, werden die umgebauten Lokomotiven bis auf weiteres mit ihrer ursprünglichen Triebfahrzeugnummer eingesetzt. Mit der Elektrifizierung der Strecke Hamburg – Lübeck – Travemünde hat DB Regio Bedarf an schnell laufenden Elloks im Regionalverkehr. 143 257 wurde als dritte Lokomotive an die DB-Tochter Mitteldeutsche Eisenbahn GmbH (MEG) übertragen.
Die Zweisystemlokomotiven der Baureihe 180 (3 000 V und 15 kV) sind baugleich zu den ČD-Lokomotiven der Baureihe 372 und werden vorwiegend im grenzüberschreitenden Verkehr mit Tschechien eingesetzt. Einige Lokomotiven haben in 2007 eine Fristverlängerung erhalten. Dennoch hat sich RD nach 180 001 auch von 180 014 getrennt. Die Lokomotive wurde als Dauerleihgabe an einen Thüringer Eisenbahnverein übertragen und hat den Status einer Museumslokomotive.
Mit der Aufnahme des Hochgeschwindigkeitsverkehrs zwischen Deutschland und Frankreich ist das Aufgabengebiet der Baureihe 181.2 kleiner geworden. Die für 15 kV und 25 kV ausgerüsteten Maschinen sind zum 10. Juni 2007 von der Achse Frankfurt – Saarbrücken – Metz (F) verschwunden. Dennoch erhalten einzelne Lokomotiven eine Fristverlängerung. Der aktuelle Umlauf sieht nach wie vor die Bespannung der InterCity-Züge zwischen Koblenz und Luxembourg vor. Darüber hinaus werden EC 60/61, CNL 260/261 und EN 264/265 zwischen Karlsruhe und Strasbourg bespannt. Die Anbindung der Lokomotiven an den Bh Frankfurt/M wird über ein Leerreisezugpaar zwischen Karlsruhe und Frankfurt/M sowie über IC 2020/2021 zwischen Frankfurt/M und Koblenz erreicht. Erstmals in der Geschichte der Mehrsystemlokomotiven wird Saarbrücken als langjährige Heimat planmäßig nicht mehr angefahren.
DB AutoZug setzt seit 2006 die bei Dispolok angemietete ES 64 F4-020 (Baureihe 189) für die Bespannung der Autoreisezüge Hamburg – Rijeka bzw. Dortmund – Villach ein. Die Lok wendet in den Umläufen stets in Villach. Im vergangenen Jahr wurde mit ES 64 F4-032 eine zweite Lokomotive angemietet, die zeitweise als Ersatz für die defekte ES 64 F4-020 diente.
Die Baureihe 103 wird planmäßig auf den Gleisen der DB nicht mehr eingesetzt. Dennoch sind die letzten betriebsfähigen Lokomotiven häufig im gesamten Bundesgebiet sowie im benachbarten Österreich und in der Schweiz anzutreffen. 103 222 ist nach wie vor vom Forschungs- und Technologiezentrum der DB (FTZ) in Minden beheimatet und wird ausschließlich für Messfahrten eingesetzt. Die zeitweise ebenfalls vom FTZ eingesetzte 103 235 wurde im Herbst 2006 durch 752 004 (ex 120 004) ersetzt und steht nun dem Charterverkehr zur Verfügung. Nach einer Hauptuntersuchung in Dessau hat DB Museum die Lokomotive gegen 103 001 getauscht, die nach Fristablauf nun im DB Museum Koblenz zu bewundern ist. Für den Charterverkehr stehen dem DB Museum darüber hinaus 103 184 und 245 zur Verfügung. Während die in München beheimatete 103 245 häufig vor Regelzügen anzutreffen ist - so wird in Wintermonaten gerne die *CityNightLine* zwischen München Ost und Garmisch-Partenkirchen oder ein Autoreisezug nach Salzburg bespannt - ist 103 184 ausschließlich im Charterverkehr anzutreffen. Im Jahr 2007 hat die Maschine für den Einsatz in der Schweiz einen Stromabnehmer mit schmalem Schleifstück erhalten.

Diesellokomotiven
Railion beabsichtigt, 600 neue Rangierlokomotiven bei der Fahrzeugindustrie zu bestellen. In einer ersten Ausschreibung wurde die Industrie zur Abgabe eines Angebotes über 130 Lokomotiven aufgefordert. Die Maschinen sollen mit einem Mittelführerstand ausgerüstet und für eine Höchstgeschwindigkeit von 100 km/h zugelassen sein. Im Vorfeld der geplanten Ausschreibun-

gen hat Railion unterschiedliche Gastlokomotiven im Einsatz gehabt. Von der Westfälische Landeseisenbahn GmbH (WLE) war Lok 51 (Typ G 1206) für einige Wochen im Rahmen von Testfahrten im Einsatz. Aus dem Bestand der RBH Logistics GmbH werden bereits seit längerem 832 und 834 (G 1206) als 266 832 und 834 bei RD eingesetzt.
Darüber hinaus wurden einige G 1000 BB angemietet. Beim Bh Mainz-Bischofsheim wurden in 2007 drei G 1000 BB für den Güternahverkehr im Rhein-Main-Gebiet eingesetzt. Darüber hinaus wurden Fahrten zwischen Saalfeld und Lobenstein (– Ebersdorf-Friesau) durchgeführt. Die G 1000 BB wird DB-intern als Baureihe 261 geführt.
Neu im Bestand bei Railion Deutschland sind 264 461 und 264 463. Dahinter verbergen sich 6461 und 6463 von Railion Nederland. Beide Lokomotiven, noch in der gelb-grauen Farbgebung, werden beim Bh Hagen-Vorhalle eingesetzt.
DB Services lässt in Cottbus zehn bis zwölf Lokomotiven der Baureihe 212 (V 100 West) einer Revision unterziehen. In 2007 wurden 17 Lokomotiven aus dem Bestand von Railion übernommen, die bereits seit längerer Zeit abgestellt waren. Ein Teil der Maschinen wird als Ersatzteilspender dienen. Im Mai 2007 lieferte Cottbus mit 212 036 die erste hauptuntersuchte Lokomotive an Railion. Weiterhin im Bestand sind zahlreiche V 100 aus LEW-Fertigung. Die Baureihe 204 wird von den Bh Saalfeld, Seddin und Zwickau im Güterverkehr eingesetzt. Von den Rangierlokomotiven der Baureihe 298 sind ebenfalls noch zahlreiche Maschinen im Betriebsdienst. Ein Teil der Lokomotiven erhält weiterhin eine Hauptuntersuchung. In diesem Zusammenhang wird ein neuer Caterpillar-Motor mit einer Leistung von 750 kW eingebaut, obgleich das Werk Cottbus die Remotorisierung von 75 Lokomotiven aus finanziellen Gründen gestoppt hat. 298 102 ging wurde an die MEG übertragen und ist dort als MEG 111 im Einsatz.
Die Lokomotiven der V 90-Familie werden in den nächsten Jahren einigen Konstruktionsänderungen unterzogen. Einige Lokomotiven erhalten eine besondere Funkfernsteuerung für den Einsatz an Ablaufbergen. Diese Lokomotiven werden als Baureihe 296 in den Bestandslisten geführt. Railion beabsichtigt, insgesamt 45 Lokomotiven umzurüsten. Weitergeführt wird die Ausrüstung der Baureihen 290 und 294 mit 1 000 kW starken Motoren. Diese Loks werden als Baureihe 290.5 bzw. 294.5 bezeichnet. Die V 90-Familie, ursprünglich nur aus 290 und 291 bestehend, wurde in den letzten Jahren in zahlreiche Unterbaureihen gegliedert:
290 – ursprüngliche Version (Motorleistung 810 kW);
291 – ursprüngliche Version (Motorleistung 810 kW, aber anderer Motor);
294 – Baureihe 290, später mit Funksteuerung nachgerüstet;
295 – Baureihe 291, später mit Funksteuerung nachgerüstet;
296 – aus der Baureihe 290 umgebaut mit erweiterter Funksteuerung
290 371 trägt als einzige Lokomotive die ursprüngliche „altrote" Farbgebung und ist als Museumslok vorgesehen.
Die Rangierloks der Unterbaureihe 364 (umgebaut aus der 360 mit Funksteuerung und automatischen Kupplung) sind aus dem Plandienst nahezu vollständig verschwunden. Mitte 2007 waren noch sieben Lokomotiven bei RD anzutreffen, die jedoch alle in 2007 Fristablauf hatten. Die von der damaligen Deutschen Reichsbahn übernommenen V 60 D wird noch mit einigen Exemplaren in Deutschland eingesetzt, jedoch nicht bei Railion.
Der Stern der Baureihe 218 sinkt jedoch nach wie vor unaufhaltsam. Im Dezember 2006 mussten die Maschinen den Dienst im Ruhrgebiet quittieren, nachdem die NWB die Verkehre Essen – Borken übernommen hatte. Mit Beginn des Jahresfahrplans 2007/2008 im Dezember 2007 hat die Baureihe 218 das Feld auf der *Unterelbebahn* Hamburg – Cuxhaven für die TRAXX-Lokomotiven der Baureihe 246 des Betreibers metronom Eisenbahngesellschaft mbH räumen müssen. Seit Februar 2007 ist die ehemalige „Touristik-Lok" 218 418 wieder im typischen DB-Design unterwegs. Mit ihrer Schwester 218 416 war die Lokomotive für mehrere Jahre in der auffälligen Farbgebung in Deutschland anzutreffen. Als einzige nicht-verkehrsrote 218 ist die Ulmer 218 156 in orientrot mit "Lätzchen" im Einsatz.
Erstmals in der Geschichte der DB AG hat das Unternehmen Lokomotiven der Baureihe 218 verkauft, wenngleich das begünstige Unternehmen auch eine Tochter der DB ist. So hat die Deutsche Bahn Gleisbau GmbH (DBG) einige Lokomotiven übernommen, die nun ein gelbes Farb-

Die bislang noch bei DB AutoZug zwischen Niebüll und Westerland/Sylt eingesetzten Diesellokomotiven der Baureihe 215.9 werden nach und nach durch Lokomotiven der Baureihe 218 ersetzt. Zahlreiche 215.9 wurden bereits abgestellt und verschrottet. Am 15. April 2006 ist 215 908 gemeinsam mit einer Schwestermaschine bei Klanxbüll auf dem Rückweg nach Niebüll.

kleid tragen. Für die letzten Lokomotiven der Baureihe 215.9, die im Autozugverkehr nach Sylt eingesetzten werden, wird der Stern in den nächsten Monaten sinken. Durch zahlreiche frei gewordene 218er können die letzten Mohikaner im Norden des Landes abgestellt werden. DB-intern geht man von einer Abstellung der Baureihe 215.9 bis spätestens Ende 2008 aus. Neben der im Personenverkehr eingesetzten 218 sind mit der Baureihe 217/225 noch zwei Güterzugvarianten der V160-Familie bei der DB im Einsatz. Die Baureihe 225 entstand aus der Baureihe 215 nach dem Verkauf der Loks von DB Regio an Railion. Es wird vermutet, dass einige 225er in Italien eingesetzt werden sollen, wo bereits mehrere DB-Lokomotiven eine neue Heimat gefunden haben. In Italien wird die Baureihe 225 von der italienischen Railion-Tochter eingesetzt. Im Juni 2007 wurde 225 092 als erste Vertreterin nach Alessandria umbeheimatet. Als zweite Lokomotive soll die ozeanblau/beige 225 091 folgen.
Die Baureihe 217 wird nach wie vor von Mühldorf im „Chemiedreieck" östlich von München eingesetzt. Schwerpunkt sind die Chemiezüge zwischen Mühldorf und Burghausen, die größtenteils in Doppeltraktion gefahren werden. Nachdem bereits seit geraumer Zeit die ozeanblau/beige 217 014 besondere Aufmerksamkeit bei den Eisenbahnfreunden genießt, folgte Ende 2006 die ehemalige FTZ-Lokomotive 753 002, die nun als 217 002 in der gewohnten rot/beigen Farbgebung im Güterverkehr eingesetzt wird. Ein Einsatz der beiden Sonderlinge in Doppeltraktion ist recht häufig, so dass die beiden Farbkombinationen hervorragend auf einem Bild umgesetzt werden können. Dennoch setzt Mühldorf verstärkt auf die Streckenlokomotiven der Baureihe 233. Die *Ludmillas* sind im Vergleich zu den in Doppeltraktion eingesetzten 217er nur geringfügig schwächer, jedoch deutlich schadstoffärmer. Mühldorf wird in den kommenden Jahren den Bestand der Baureihe 233 weiter ausbauen. Darüber hinaus wird über die Übernahme der aktuell zwischen Aachen und dem belgischen Montzen eingesetzten Baureihe 241.8 nachgedacht, die nach der Elektrifizierung frei werden. Mit einer Abstellung der Baureihe 217 ist somit mittelfristig zu rechnen. Die beim FTZ Minden eingesetzten 753 001 hat ebenfalls ihre alte Betriebsnummer 217 001 erhalten, ist jedoch nach wie vor nur im Messzugeinsatz einzutreffen.
Die überflüssig gewordenen Lokomotiven der Baureihe 232 sind verstärkt im Osten anzutreffen.

232 079, 294, 356 und 411 wurden an die polnische PCC Rail S.A. vermietet, die bereits über einige Ludmillas verfügte. Für East-West Railways, das Joint-Venture aus RD und PCC, wurden 20 Lokomotiven für den Verkehr zwischen Polen und Deutschland umgebaut.

Elektrische Triebwagen

DB Regio hat im Juli 2007 bei Alstom weitere 39 elektrische Triebwagen der Gattung *CoradiaLirex* mit einer Höchstgeschwindigkeit von 160 km/h bestellt. Aus der Serie sind sechs vierteilige und sechs fünfteilige Triebwagen für die Strecke München – Passau vorgesehen, während die übrigen 22 dreiteiligen und fünf vierteiligen Triebwagen im Großraum Würzburg eingesetzt werden sollen. Die Fahrzeuge werden zwischen 2009 und 2010 an die DB ausgeliefert. Die erste Serie von 37 baugleichen vierteiligen Triebwagen wird ab Dezember 2008 im Regionalverkehr Augsburg eingesetzt. Die *CoradiaLirex* werden bei der DB als Baureihe 440 geführt und basieren auf den für Storstockholms Lokaltrafik gelieferten X60 (s. Seite 39).
Im Februar 2007 wurde Bombardier mit der Lieferung von 321 elektrischen *Talent 2* beauftragt. Mit einem Bestellwert von rund 1,2 Milliarden € handelt es sich um den größten Auftrag in der Geschichte der DB AG. Die Triebwagen sollen im gesamten Land eingesetzt werden. Der Talent-2 lässt sich ohne großen Aufwand von zwei bis zu sechsteiligen Triebwagen konfigurieren, so dass ein Einsatz sowohl im Regional- als auch im S-Bahn-Verkehr möglich ist. Die Anzahl der angetriebenen Achsen kann variieren. Darüber hinaus können die Triebwagen für unterschiedliche Stromsysteme vorbereitet werden.
Die DB, Alstom und Bombardier unterzeichneten im Dezember 2005 einen Vertrag für die Lieferung von 78 vierteiligen Triebwagen der Baureihe 422 für das S-Bahn-Netz Rhein/Ruhr. Bei der Baureihe 422 handelt es sich um die verbesserte Version der Baureihe 423, die in großen Stückzahlen in verschiedenen S-Bahn-Netzen eingesetzt werden. Neben einer modifizierten Kopfform unterscheiden sich die Neubautriebwagen durch die Inneneinrichtung sowie durch eine Magnetschienenbremse. Die ersten Triebwagen sollen bereits Anfang 2008 ausgeliefert werden und wird sich bis 2010 erstrecken. DB Regio denkt darüber nach, weitere 17 Triebwagen zu bestellen, die für die Restrukturierung der S-Bahn Rhein/Ruhr benötigt werden. Den Planungen zu Folgen sollen außerhalb der Verkehrsspitzen ausschließlich Triebwagen der Baureihen 422 und 423 eingesetzt werden. Lediglich im Berufsverkehr sollen zur Verstärkung Wendezüge mit Elloks der Baureihe 143 gefahren werden.
Im Sommer 2007 lieferte Stadler fünf fünfteilige Triebwagen der Baureihe 427 an DR Regio Rostock. Die Triebwagen werden seit Dezember 2007 im Regionalverkehr zwischen Rostock, Stralsund und Binz eingesetzt und ersetzen die mit der Baureihe 143 bespannten Wendezüge. Die DB ist nach der cantus Verkehrsgesellschaft mbH und der Abellio Rail NRW GmbH das dritte EVU, das in Deutschland *FLIRT*-Triebwagen einsetzt. Parallel hat die Westfalenbahn im Dezember 2007 auf Triebwagen der Gattung *FLIRT* umgestellt.
Im Frühjahr 2007 hat die DB eine Serie von 30 bis 150 elektrischen Triebwagen ausgeschrieben, die vor allem für den S-Bahn-Verkehr vorgesehen sind. Man geht davon aus, dass die Triebwagen für Frankfurt/M als Ersatz für die Baureihe 420 und den Ausbau des S-Bahn-Netzes vorgesehen sind. Zeitpunkt und Auftragsumfang sind bislang nicht bekannt geworden.
DB Regio lässt 60 Triebwagen der Baureihe 420 modernisieren. Für das Programm steht ein Budget in Höhe von 3 Millionen € zur Verfügung. Die Triebwagen erhalten eine neue Inneneinrichtung, die dem Standard der Baureihe 423 entspricht. Die Arbeiten werden im neuen S-Bahn-Werk Frankfurt/M ausgeführt.
Die Auslieferung der für die S-Bahn Hamburg bestimmten Triebwagen der Baureihe 474.3 wurde Mitte 2007 abgeschlossen. Die Baureihe 474.3 wird auf der S3 eingesetzt, die ab Dezember 2007 über Hamburg-Neugraben bis Stade verlängert wird. Die Triebwagen können sowohl im Stromschienennetz (1 200 V) als auch unter Fahrtdraht (Abschnitt Neugraben – Stade) eingesetzt werden. Für die Baureihe 474.3 wurden die 33 Triebwagen 059 – 091 bei Alstom und Bombardier umgerüstet. Die 15 kV-Anlage wurde in die Mittelwagen integriert. Die 33 Triebwagen werden als 474 113-145 geführt. Neun Triebwagen wurden neu gebaut. Die Zweisystem-Triebwagen kamen vor Fahrplanwechsel zeitweilig auf der Linie S1 Wedel – Poppenbüttel zum Einsatz.

Im Juli 2007 verließ der erste Triebwagen der Baureihe 422 die Werkshallen von Alstom in Salzgitter. Die ersten Planeinsätze sind für Mitte 2008 auf der S-Bahn Rhein-Ruhr vorgesehen. Die Aufnahme zeigt 422 028 bei Alstom in Salzgitter. Foto: Alstom.

Für den Regionalverkehr Rostock – Stralsund – Binz hat Stadler fünf fünfteilige *FLIRT*-Triebwagen der Baureihe 427 an DB Regio ausgeliefert. Im Rahmen einer Zulassungsfahrt nach Güstrow verlässt ein DB-*FLIRT* am 8. Oktober 2007 den Rostocker Hauptbahnhof. Foto: Andreas Legler.

Ein ICE3 ist am 15. Juni 2007 bei Schönbrunn auf der NBS Nürnberg – Ingolstadt unterwegs. Foto: Raymond Kiès.

Die ICE1 mit den Ordnungsnummern 072-090 wurden in 2007 mit ETCS ausgerüstet, so dass in der Schweiz die NBS Mattstetten – Rothrist befahren werden kann. Im ersten Schritt hat die Schweiz die Umrüstung finanziert. Die DB hat jedoch die Auflage erhalten, die Kosten anteilig zurückzuzahlen, sobald die ICE1 in Deutschland mit ETCS eingesetzt werden. Rund 90% der insgesamt 59 Fahrzeuge umfassenden Baureihe 401 (ICE1) wurde zwischenzeitlich modernisiert. Die Triebwagen erhalten eine neue Inneneinrichtung sowie technischen Anpassungen. Es werden beispielsweise neue Drehgestellrahmen eingebaut. Die 44 ICE2 sollen einem vergleichbaren Modernisierungsprogramm unterzogen werden. Das Projekt ist zwischen 2009 und 2011 vorgesehen, wobei die Federführung voraussichtlich ebenfalls beim Werk Nürnberg liegt.
Die DB hat die Ausrüstung der zehn ICE3M mit ETCS ausgeschrieben. Vier Triebwagen sind derzeit für Deutschland, Belgien und die Niederlande ausgerüstet, während sechs Triebwagen auch in Frankreich eingesetzt werden können. Der Vertrag enthält eine Option zur Umrüstung weiterer sieben Triebwagen. Siemens hat für den Einsatz in Frankreich sechs ICE 3M umgebaut. Die Triebwagen haben die französischen Zugsicherungseinrichtungen erhalten. Darüber hinaus gab es Anpassungen beim Bremssystem, bei der Türautomatik sowie an der Unterseite des Triebwagens. Bei Testfahrten in Belgien und Frankreich war aufgefallen, dass der ICE 3 Schotter aufwirbelt, was mit entsprechenden Verkleidungen vermieden wird. Die sechs Triebwagen sind in den Bestandslisten als 406 080 – 085 geführt.
Zwei siebenteilige ICE-T der Baureihe 411 wurden im Jahr 2006 von der ÖBB übernommen und in die Baureihe 4011 eingereiht. Ein dritter Triebwagen folgte im Dezember 2007. Die drei Triebwagen werden in einem Fahrzeugpool mit neun baugleichen Triebwagen der DB ab Dezember 2007 im Fernverkehr zwischen Frankfurt/M und Wien eingesetzt.
Im Oktober 2007 hat die DB Fernverkehr AG die Lieferung von sieben bis 15 Hochgeschwindigkeits-Triebwagen, ausgerüstet für 1 500/3 000V und 15/25kV und einsetzbar in Verkehren nach Frankreich, Belgien und in die Niederlande ausgeschrieben.

Die in Nordrhein-Westfalen überflüssig gewordenen Triebwagen der Baureihe 640 (Gattung *CoradiaLint21*) wurden nach Sachsen umbeheimatet, wo sie seit 10. Juni 2007 auf der Strecke Leipzig – Borna – Geithain eingesetzt werden. Am 17. Juni 2007 verlassen zwei Triebwagen der Baureihe 640 den Leipziger Hauptbahnhof mit Fahrtziel Borna.

Am 26. Mai 2007 warten drei von der Kahlgrund-Verkehrs-Gesellschaft angemietete NE 81-Triebwagen in Aschaffenburg auf ihr weiteres Schicksal. DB Regio setzt die Splittergattung auf der *Westfrankenbahn* ein.

Dieseltriebwagen

Im Laufe des Jahres 2007 hat die DB neue Dieseltriebwagen ausgeschrieben. Es sollen drei Serien mit jeweils 60 Fahrzeugen beschafft werden, die sich wie folgt gliedern: Erstes Baulos = einteilige Triebwagen mit 60 bis 100 Sitzplätzen, zweites Baulos = zweiteilige Triebwagen mit 90 bis 150 Sitzplätzen, drittes Baulos = dreiteilige Triebwagen mit 130 bis 200 Sitzplätzen. Lieferzeitpunkt und Umfang der Serie ist derzeit noch nicht bekannt. Experten gehen davon aus, dass die DB diese Ausschreibung vorsorglich gestartet hat, um bei Bedarf kurzfristig an geeignete Fahrzeuge kommen zu können.

Für das so genannte Netz Ost sollen in Kürze 25 *CoradiaLint 41*-Triebwagen bestellt werden (s. Seite 52). Für die Dieselstrecken im Großraum Nürnberg wurden bereits 30 *CoradiaLint 41* der Baureihe 648.3 bestellt, die zwischen Dezember 2007 und September 2008 ausgeliefert werden. Sieben *CoradiaLint 27* der Baureihe 640 wurden nach Leipzig umbeheimatet, nachdem die Triebwagen auf der Strecke Dortmund – Dorsten durch die NWB verdrängt wurden. Aus den Triebwagen werden drei Pärchen gebildet, die zwischen Leipzig und Geithain eingesetzt werden. Zehn der neunzehn Diesel-ICE der Baureihe 605 werden seit 9. Dezember 2007 im grenzüberschreitenden Fernverkehr zwischen Deutschland und Dänemark eingesetzt. Im Dezember 2007 wird mit zwei Zugpaaren zwischen Berlin und København/Århus begonnen. Im März 2008 kommen zwei weitere Zugpaare hinzu, die in Hamburg beginnen bzw. enden. Für den Einsatz in Dänemark hat Siemens die ICE TD mit ATC nachgerüstet, so dass Geschwindigkeiten bis zu 180 km/h möglich sind. Am 1. April 2007 wurde ein ICE-TD zu Testzwecken zwischen Puttgarden und Rødby trajektiert. Bis zum Dänemark-Einsatz wurde in 2007 lediglich ein Verstärkerumlauf zwischen Hamburg und Köln an Freitagen und Sonntagen gefahren. Neben der Baureihe 612 können nun auch wieder einige Triebwagen der Baureihe 611 (Baujahr 1996-1997) mit eingeschalteter Neigetechnik gefahren werden. Im Gegensatz zur Baureihe 612 und dem ICE-TD darf die Baureihe 611 nur auf Streckenabschnitten mit eingeschalteter Neigetechnik fahren, die mit so genannten Koppelspulen ausgestattet sind. Die Fahrzeuge erhalten über eine Elektronik Impulse, wann und in welche Richtung sich der Wagenkasten zu neigen hat. Die Baureihe 612 und der ICE-TD erhalten diese Informationen aus Eurobalisen. Die 50 Triebwagen der Baureihe 611 sollen mittelfristig ebenfalls für den Betrieb mit Eurobalisen ausgerüstet werden. Zum Jahresende 2007 wurden beim Bh Kempten die drei aus dem Jahr 1981 stammenden Triebwagen der Baureihe 628.1 abgestellt. Die Prototypen wurden zuletzt planmäßig zwischen Immenstadt und Oberstdorf eingesetzt. Exoten im DB-Bestand sind die bei der DB-Tochter Westfrankenbahn eingesetzten vier NE81-Triebwagen. Die Fahrzeuge wurden von der Kahlgrundbahn übernommen und werden bei der DB als Baureihe 626/926 geführt. Die verkehrsroten Einzelstücke werden planmäßig auf der Strecke Wertheim – Amorbach eingesetzt.

Wagen

Die DB hat bei Bombardier große Stückzahlen von Doppelstockwagen für den Regionalverkehr bestellt. Neue Doppelstockwagen werden unter anderem von der DB Regio-Tochter SüdostBayernBahn zwischen München und Salzburg, auf der S-Bahn Dresden und zwischen Rostock und Hamburg über Schwerin eingesetzt. 26 IC-Wagen wurden für den Regionalverkehr auf der Schnellfahrstrecke München – Ingolstadt – Nürnberg umgebaut. Die Wagen wurden neben technischen Veränderungen auch in den Hausfarben von DB Regio lackiert.

An die niederländische NS wurden 100 ehemalige InterRegio-Wagen verkauft.

Güterverkehr – Railion Deutschland

Um die Marktposition in der Schweiz auszubauen, hat Railion Deutschland (RD) die schweizerische Brunner Railway Services GmbH (BRS) übernommen (s. Seite 252). BRS hat sich auf Wagenladungsverkehre zwischen Deutschland und der Schweiz spezialisiert.

Mit der polnischen PCC Rail S.A. hat RD das Joint Venture East West Railways Sp. z o.o. (EWR) gegründet. Das Unternehmen soll den grenzüberschreitenden Güterverkehr zwischen Deutschland und Polen ausbauen (s. Seite 369).

Mit dem Ziel, der führende Güterverkehrsanbieter von Deutschland nach Skandinavien zu wer-

Das Stahlwerk Thüringen hat seit Dezember 2006 bei ATC eine Vossloh G 1700-2 BB angemietet. Am 18. Juni 2007 ist die als 1701 bezeichnete Lokomotive bei Oberwellenborn unterwegs. Foto: Rob van Ee.

Die Aschersleben Verkehrsgesellschaft hat bei Bombardier die Diesellokomotive W232.07 erworben. Am 29. März 2007 erreicht die Maschine mit einem Schotterzug den Bahnhof Meuselwitz. Foto: Torsten Barth.

den, hat RD im Oktober 2005 die Zusammenarbeit mit der schwedischen Green Cargo intensiviert. Im Gegenzug hat Green Cargo im Jahr 2007 ein Aktienpaket von Railion Danmark übernommen (s. Seite 27).
Mit der russischen RŽD (Rossiyskye Žheleznye Dorogi) beabsichtigt RD enger zusammen zu arbeiten. Der Fokus liegt vor allem in der Optimierung des Schienengüterverkehrs zwischen Westeuropa, Russland und China. Seit Ende April 2007 fährt RD ein Mal pro Woche von Sassnitz-Mukran nach Baltijsk (s. Seite 349).

Güterverkehr – Operators

Die Entwicklung der Deutschland-Verkehre von **HUPAC SA** ist auf Seite 248-249 beschrieben. Die Verkehre von **Intercontainer Austria GmbH** und **Ökombi AG** sind auf Seite 278 von **Intercontainer-Interfrigo AG** auf Seite 279 dargestellt.
Die deutsche **Kombiverkehr Deutsche Gesellschaft für kombinierten Güterverkehr mbH & Co. KG**, zu 50 % ein Unternehmen des DB-Konzerns, konnte die Transportleistung im Jahr 2006 um 14,6% auf 931 000 Trailer im unbegleiteten Verkehr ausbauen. Kombiverkehr ist mit diesem Ergebnis an der Spitze aller Betreibergesellschaften in Europa. Das gesamte Marktvolumen des kombinierten Verkehrs wurde in 2006 auf rund 2,1 Millionen TEU geschätzt. Größte Wachstumsmärkte sind die Verkehre nach Skandinavien, Spanien/Portugal und Ungarn. Seit 5. Februar 2007 bietet Kombiverkehr eine neue Nachtverbindung von Duisburg nach Nürnberg an, die fünf Mal pro Woche verkehrt. Zum 13. April 2007 wurde das Angebot auf der Achse Ludwigshafen – Granollers (ES) um ein Zugpaar pro Woche erweitert. Seit September 2007 werden zwei weitere zusätzliche Abfahrten angeboten, so dass Kombiverkehr die Strecke mit zehn Zugpaaren pro Woche bedient. Seit 13. September 2007 wird die Strecke Leipzig Wahren – Verona Q.E. (I) vier Mal pro Woche angeboten. Das Angebot wurde am 10. Oktober 2007 um ein fünftes Zugpaar erweitert. Seit 15. September 2007 bietet Kombiverkehr als neue Relation die Strecke Neuss – Wels (A) an, die zwei Mal pro Woche bedient wird.
Die **Kali-Transport Gesellschaft mbH (KTG)**, ein Unternehmen der K+S Aktiengesellschaft, bietet in Deutschland unter dem Namen Baltic Train Containerverkehre an. Seit Anfang Oktober 2007 wird die Strecke Hamburg-Waltershof – Frankfurt/M Intermodal Terminal drei Mal pro Woche angeboten. Für die Züge wird die Mittelweserbahn GmbH (MWB) als Traktionär eingesetzt.

Privatgesellschaften – Güterverkehr

Die ACTS Nederland B.V. fährt seit 14. April 2007 dienstags bis samstags einen Containerganzzug von Veendam/Groningen Vagron über Leer nach Bremen-Roland. Der Zug wird hälftig von ACTS mit Hausmüllcontainern für die Müllverbrennungsanlage in Bremen bestückt, die im Auftrag von Essent Milieu gefahren werden. Die übrigen Kapazitäten des Ganzzuges werden mit Containern von Vos Logistics belegt, die in Bremen-Roland an die Eisenbahnen und Verkehrsbetriebe Elbe-Weser GmbH (EVB) mit den Fahrtzielen Bremerhaven und Hamburg übergeben werden (s. Seite 92). Das Vos-Terminal in Veendam ist somit erstmals an einen deutschen Seehafen angebunden. Obgleich ACTS in Deutschland als EVU zugelassen ist, werden die Züge in Deutschland durch die Veolia-Tochter TWE Bahnbetriebs GmbH gefahren. Zum Einsatz kommt eine ACTS-G 1206.
Die **Ahaus-Alstätter Eisenbahn GmbH** (AAE) hat Anfang März 2007 letztmalig die Diesellokomotive Alstätte II (Gattung V100.1) eingesetzt. Die Lokomotive kommt nun bei LOCON zum Einsatz. Die im Auftrag von RD gefahrenen Güterzüge Lünen – Ahaus werden wieder in Eigenregie von Railion Deutschland gefahren. Die AAE-Strecke Ahaus – Alstätte (9,2 km) wurde im Oktober 2006 stillgelegt.
Als Subunternehmer der schweizerischen RTS RailTraction Service AG (RTS) fuhr die **Albtal-Verkehrs-Gesellschaft mbH** (AVG) seit 10. Dezember 2006 Güterzüge von Basel zu StoraEnso nach Karlsruhe-Maxau. Die Züge beginnen im schweizerischen Luterbach-Attisholz. Die im Auftrag von Railogistics gefahrenen Züge verkehren drei Mal pro Woche in den Nachtstunden. Bis Karlsruhe Gbf wird in der Regel eine der drei RTS-Lokomotiven 185 569, 570 oder 574 einge-

Die Bocholter Eisenbahn GmbH (BEG) fuhr Januar/Februar 2007 für kurze Zeit im Auftrag von RD Kalkzüge in der Relation (Beverwijk –) Emmerich – Flandersbach. Die von der BEG bei TSD angemietete 212 325 übernimmt am 3. Februar 2007 in Emmerich den aus Beverwijk angekommenen Kalkzug, um ihn nach Flandersbach zu bringen. Foto: Raymond Kiès.

Die Brohltalbahn hat von der EVB die Diesellokomotive 417 01 (ex-DB 220 053) übernommen. Die Lokomotive wird als D09 überwiegend vor dem Aluminiumzug Spellen – Koblenz eingesetzt. Karl-Arne Richter war am 8. Juni 2007 bei Linz zur Stelle und konnte die Maschine vor der Ortskulisse in Szene setzen.

DIE-LEI hat im Jahr 2007 drei modernsierte Diesellokomotiven des Typs V 100 des Herstellers LEW in Betrieb übernommen. In Düsseldorf Rath ist 203 005 am 11. August 2007 mit einem Bauzug im Einsatz. Foto: Raymond Kiès.

Die von DLC angemietete SBB Cargo-Lokomotive 482 002 ist am 14. Juli 2007 mit DGS 40165 (Genk –) Aachen – Basel (– Novara) bei Ettlingen unterwegs. Der Zug wird von DLC im Auftrag von Ewals Cargo Care gefahren.

setzt. Seit Herbst 2007 dienen die Eisenbahnbetriebe Mittlerer Neckar GmbH (EMN) in Deutschland als EVU.
Die **Stahlwerk Thüringen GmbH (SWT)**, ist in Deutschland als EVU zugelassen und hat seit Dezember 2006 bei ATC eine Diesellokomotive des Typs G 1700-2 BB angemietet. Die Lokomotive kommt vor den Stahlzügen Unterwellenborn – Bad Salzungen zum Einsatz. Darüber hinaus verfügt SWT über eine ER 20, die bei Dispolok angemietet wurde. Im Januar 2007 wurde die bislang eingesetzte ER 20-015 gegen ER 20-007 getauscht. Im März 2007 wurde das Werk Unterwellenborn an die spanische Alfonso Gallardo-Gruppe verkauft.
Die **A.V.G. Mirko Mockry e.K. - Ascherslebener Verkehrsgesellschaft** (seit 01.08.2007: A.V.G. Ascherslebener Verkehrsgesellschaft mbH) fuhr von 12.06.2006 bis 04.05.2007 Kabelrollen von Hamburg-Waltershof nach Rothenburg (Saale). Seit 1. Mai 2007 hat die AVG von DB Netz die Güterzugstrecke Staßfurt – Egeln – Blumenberg gepachtet. Aus dem ehemaligen Lokpool von Bombardier wurde im gleichen Monat die Diesellokomotive W232.07 übernommen.
Die **Bentheimer Eisenbahn AG** (BE) fährt seit Anfang September 2007 einmal pro Woche einen Zementzug in der Relation Deuna – Coevorden-Heege (NL) im Auftrag des Dyckerhoff-Konzerns.
Die **Bocholter Eisenbahngesellschaft mbH** (BEG) hat vom 26. Januar bis 3. Februar 2007 als Subunternehmer von RD einen Kalkzug von Flandersbach nach Emmerich gefahren. In Emmerich wurden die Wagen aus Flandersbach dem Stahlzug aus Hagen-Vorhalle beigestellt und gemeinsam zum Corus-Werk nach Beverwijk (NL) gefahren. Zum Einsatz kamen die bei TSD angemietete Diesellokomotive 212 325 oder die bei der HWB angemietete 745 502 (ex-202 264) zum Einsatz. Seit Anfang Mai 2007 bedient die BEG zwei Mal pro Woche von Emmerich ausgehend Bocholt. Frachtgut ist vorwiegend Stahl. Parallel hat die BEG die Bedienung des Binnenhafens von Emmerich übernommen. Von der EfW-Verkehrsgesellschaft mbH wurde die Diesellokomotive 360 109 übernommen. Die Lokomotive präsentiert sich in den BEG-Hausfarben grau-orange und dient als Reserve für 360 608, die als Stammlok für die Bedienung von Siebenach und Arnhem eingesetzt wird. Am 19. Juli 2007 hat die ALSTOM Lokomotiven Service GmbH (ALS) die 202 271 an die BEG übergeben. Die Lokomotive wurde zuvor einer Hauptuntersuchung unterzogen. In diesem Zusammenhang erhielt sie einen Caterpillar-Dieselmotor. Es handelt sich um die erste V100-Ost im Bestand der BEG. Sie wurde bis zum Frühjahr 2008 als Stammlok vor den zwei Mal pro Woche disponierten Kupferzügen Lünen – Hettstedt eingesetzt. Die übergansweise bei TSD angemietete 212 325 wurde daraufhin an den Eigentümer zurückgegeben. Die im Auftrag der Railion Deutschland AG seit 07.02.2005 durchgeführten Transporte Emmerich – Zevenaar (British American Tobacco) endeten am 15.11.2007.
Die **boxXpress.de GmbH**, Betreiber der Containerganzzüge Hamburg/Bremerhaven- München, Hamburg/Bremerhaven – Ludwigshafen/Mainz und Hamburg – Budapest, hat zum 1. Januar 2007 die *Taurus*-Ellok ES 64 U2-065 bei Dispolok angemietet. Hierbei handelt es sich um die ehemalige ES 64 U2-043, die mit einem ungarischen Pantografen und den Zugsicherungseinrichtungen für Deutschland, Österreich und Ungarn (sog. „Bosporus"-Paket) ausgestattet ist. boxXpress verfügt somit zusammen mit den baugleichen ES 64 U2-063 und 064 über drei Elloks mit einer Zulassung für Ungarn. Seit dem 1. Januar 2007 bedient boxXpress die Strecke Hamburg – Budapest vier Mal pro Woche. Die von der Mittelweserbahn GmbH (MWB) als Subunternehmer erbrachten boxXpress-Züge Darmstadt-Kranichstein – Mainz wurden zum 1. Januar 2007 eingestellt. Das Netz wurde durch Wagengruppen in den vorhandenen Zügen Hamburg – Regensburg und Hamburg/Bremerhaven – Beimerstetten (Ulm) erweitert. Beide Verbindungen werden fünf Mal pro Woche angeboten. Die Bedienung der letzten Meile in Regensburg erfolgt durch die MWB im Auftrag von boxXpress.
Die **Brohltal-Schmalspureisenbahn Betriebs-GmbH** (BEG) hat die ehemalige DB-Diesellokomotive 220 053 übernommen. Die Lokomotive wurde Anfang der Neunziger Jahre über einen Zwischenhändler an die SBB verkauft, kam jedoch 1997 zurück nach Deutschland, wo sie bei einem Förderverein im Stuttgarter Raum eine neue Heimat gefunden hatte. 1999 hatte die EMN die Lokomotive an die EVB verkauft, wo sie als 417 01 vor Containerzügen zwischen Bremen, Bremerhaven und Hamburg zum Einsatz kam. Im Jahr 2003 musste die schwere Streckenloko-

Seit März 2007 fährt DLC für Hupac einen Containershuttle in der Relation (Verona –) Würzburg – Genk (B). Am 25. August 2007 ist DLC-DE 6303 bei Osterspai auf dem Weg nach Belgien.

Im Jahr 2007 konnte die Mittelweserbahn weitere Leistungen in Einzelwagen- und Wagengruppennetzen übernehmen. Der Verbindung zwischen Köln-Eifeltor und Donauwörth wurde um zwei auf fünf Zugpaare pro Woche ausgeweitet. Am 26. Mai 2007 rollt die von der MWB angemietete ES 64 U2-014 mit dem *Ecco Cargo Austria* Donauwörth – Köln-Eifeltor die *Spessartrampe* bei Laufach herunter.

motive nach einem Schaden an der Antriebsachse abgestellt werden. Bevor sie am 19. April 2007 bei der BEG unter der Nummer D9 in Dienst gestellt wurde, wurde der Schaden an der Antriebsachse behoben und die Lokomotive einer Hauptuntersuchung unterzogen. Seit Mai 2006 kommt die Lokomotive vor dem meist zwei Mal pro Woche verkehrenden Aluminiumzug Spellen – Koblenz zum Einsatz, der zuvor u.a. mit Mietlokomotiven der HGK (DH 31) oder Vulkan-Eifel-Bahn Betriebsgesellschaft (V 100 2091 oder 2299) gefahren wurde.
Für die Verkehre auf der Hausstrecke Brohl – Engeln hat die BEG im Jahr 1998 von der spanischen FEVE die Diesellokomotive 1405 (Henschel, 1966) übernommen. Bei der Lokomotive handelt es sich um die Schmalspurversion der Lokfamilie V 160, die bei der BEG als D05 eingesetzt wird. Anfang 2006 konnten nach erfolgter Hauptuntersuchung erste Testfahrten durchgeführt werden, bei der die Lokomotive jedoch einen Schaden erlitt. Die Lokomotive wartet nun in der Werkstätte Brohl auf ihre Instandsetzung.
Ab Februar 2007 fuhr die **CTL Rail GmbH**, ein Tochterunternehmen der polnischen CTL (s. Seite 363), für mehrere Monate ein Mal pro Woche einen Holzzug in der Relation Rostock-Seehafen – Steyrermühl (Österreich). Für die Bespannung von Mineralöl-, Chemie- und Holzverkehren und hat CTL Rail bei SBB Cargo Lokomotiven der Baureihen Re 421 und Re 482 angemietet. Seit Mitte April setzt CTL Rail zwei von den 13 aus der Insolvenzmasse der Karsdorfer Eisenbahn GmbH (KEG) stammenden Diesellokomotiven der Baureihe ST 43 in Deutschland ein. Die Lokomotiven werden jedoch zunächst im deutsch-polnischen Grenzverkehr eingesetzt. Für die Wartung der Lokomotiven ist u.a. das ARCO Transportation-Ausbesserungswerk in Karsdorf (ex KEG) verantwortlich. Am 5. Juli 2007hat die Dispolok E189.911 eine vorläufige Zulassung für Polen erhalten (s. Seite 366), so dass ein durchgehender Einsatz von Güterzügen zwischen Deutschland und Polen möglich ist. Die Lokomotive präsentiert sich in den CTL-Hausfarben schwarz mit silbergrauem Unternehmenslogo. Für die Bespannung einer Spotleistung mit Getreide zwischen Ungarn und Frankreich setzte CTL seit Mitte Juli 2007 die bei den EMN angemietete Ellok 189 910 ein. In Österreich wurden die Züge unter der Zulassung von LTE gefahren (s. Seite 289). Vereinzelt wurde auch die Rail Transport Service GmbH (RTS Austria) als genutzt. In diesem Falle wurden die Züge von der RTS-Lokomotive 1216 901 bespannt. Ab Juli 2007 führte CTL in Kooperation mit der EMN für einige Monate Holzzüge von Hamm und Schwerte nach Donaueschingen. Am 4. September 2007 erhielt die CTL Rail GmbH eine Zulassung für das niederländische Netz. CTL beabsichtigt, Güterzüge über die *Betuweroute* nach Rotterdam zu fahren.
ALS hat im März 2007 die hauptuntersuchte 202 351 an die **D&D Eisenbahngesellschaft mbH** (D&D) übergeben. Die Lokomotive wird bei D&D als 1701 (VHK-Nummer 9280 1203 110-2) eingesetzt und verfügt über einen 1 305 kW starken Caterpillar-Dieselmotor. Mit dieser Leistungsklasse ist die Lokomotive deutlich stärker als die vier bei D&D eingesetzten V100-Schwesterlokomotiven 1401-1404 (1 082 kW).
DIE-LEI Dienstleistungen für den Gleisbau GmbH hat im Dezember 2006 von der RSE Rhein-Sieg-Eisenbahn GmbH die Diesellokomotive 212-CL 326 (ex DB 212-CL 326) übernommen. Im Jahr 2007 hat ALS 203 003 (ex-GEFA Leasing/NVAG, ex DB 202 732), 203 004 (ex GEFA Leasing/NVAG, ex DB 202 345) und 203 005 (ex GEFA Leasing/NVAG, ex DB 202 461) an DIE-LEI übergeben. Für den Zeitraum von einem Jahr wurde aus dem Bestand der WAB die Ellok 59 (ex-142 133) angemietet, die unter anderem für die Bespannung des Holzzuges Kassel – Magdeburg eingesetzt wird. DIE-LIE fährt diesen ein Mal pro Woche verkehrenden Ganzzug seit dem Frühjahr 2007.
Die belgische **Dillen & Le Jeune Cargo NV** (DLC) verfügt über eine europäische Lizenz und hatte vom 1. Januar
bis Jahresende 2007 bei SBB Cargo die Elloks 482 008 und 014 angemietet. Im März 2007 folgte übergangsweise die *Taurus*-Lok ES 64 U2-066 aus dem Dispolok-Bestand. Die Lokomotiven wurden vorwiegend auf der Achse Aachen West – Basel eingesetzt, wo sie die *Class* 66-Diesellokomotiven ersetzt haben. Seit Juli 2007 hat DLC bei Crossrail AG 185 567 angemietet, die ebenfalls zwischen Aachen und Basel zum Einsatz kommt. Im Jahr 2008 wurden in Deutschland zunehmend Crossrail-E-Loks anstatt der DLC-Class 66 eingesetzt. Für HUPAC fährt DLC seit

21. März 2007 sechs Mal pro Woche einen Containerzug von Genk (B) nach Verona (I). DLC übernimmt die Traktion der Züge zwischen Genk und Würzburg, wo die Züge an die TX Logistik AG (TXL) übergeben werden.
Die zu Veolia Cargo gehörende **Dortmunder Eisenbahn GmbH** (DE) setzte seit 6. Februar 2007 eine Vossloh G 2000-4 BB (VL 1001459/2004) ein. Die neuen Elloks der Baureihe E37500 (Typ *Prima*), die vorwiegend für die Verkehre zwischen Frankreich und Deutschland beschafft wurden, kamen in 2007 auch für Tests und die Personalschulung im deutschen Binnenverkehr zum Einsatz. Ab Anfang September 2007 wurden zum Beispiel regelmäßig Kohleganzzüge zwischen Duisburg und Dortmund Obereving gefahren. Mit Aufnahme der Containerverkehre Ludwigshafen – Dourges (F) im Februar 2008 sind die Prima-Elloks jedoch wieder aus dem Binnenverkehr verschwunden.
Seit 1. August 2007 fährt **duisport rail GmbH** im Auftrag der RRT Rhein-Ruhr Terminal GmbH fünf Mal pro Woche einen Containerzug zwischen Duisburg und Unna. Der als *Ost-Westfalen-Xpress* bezeichnete Ganzzug hat Seecontainer geladen, die in Duisburg von Binnenschiffen aus Rotterdam übernommen werden.
Seit Juni 2006 bieten private Bahnspeditionen und Eisenbahnunternehmen ein Netzwerk für Einzelwagen und Wagengruppen. Den Betrieb der als „buntes Netz“ als Abgrenzung zum „schwarzen Netz“ bezeichneten Verbindungen erfolgt durch die Bahnspeditionen Salzburger Eisenbahn-TransportLogistik GmbH (SETG) unter dem Markennamen „ECCO CARGO“ sowie durch die Log-o-Rail Gesellschaft für Schienenlogistik als „Chemliner“. Im Geschäftsjahr 2006 konnte das ECCO CARGO -Netzwerk rund zwei Millionen Tonnen befördern. Bei den Hauptverkehrsachsen handelte es sich um den ECCO CARGO *Austria* Salzburg – Köln-Eifeltor (zwei Mal pro Woche bis November 2007) und den ECCO CARGO *Hanseat* Hagen-Kabel – Itzehoe (bis zu fünf Mal pro Woche), die zum 1. Januar 2007 von der Mittelweserbahn GmbH (MWB) auf die RTS Rail Transport Service Germany GmbH als Traktionär übergegangen sind. In diesem Zusammenhang wurde der ECCO CARGO *Austria* auf den Laufweg Freilassing – Köln-Eifeltor, der *Hanseat* nach dem Entfall der Kohlestaubtransporte nach Lägerdorf auf den Laufweg Hagen-Kabel – Kirchweyhe verkürzt. Ein dritter ECCO CARGO Austria verkehrte ein Mal pro Woche zwischen Hagel-Kabel und Köln-Eifeltor. Drei Mal pro Woche bespannt die MWB einen Chemliner zwischen Köln-Eifeltor und Donauwörth, der seit Herbst 2007 einen zusätzlichen Ast nach Großkorbetha aufweist. Zum jahresende 2007 ist hingegen die Traktion des ECCO CARGO *Silvanus* Kehl – Niedergörne (ein Mal pro Woche) von der MWB auf die PRESS übergegangen.
Im Januar 2007 wurde der ECCO CARGO *Baltic Gate* Lübbenau Süd – Rostock Seehafen als neuer Verkehr in das ECCO CARGO-Netzwerk integriert. Die Leistung wird bereits seit September 2005 drei Mal pro Woche durch die PRESS erbracht (s. Seite 90). Der Verkehr war zeitweise über die Verlängerung des ECCO-CARGO *Oberfranken* Bamberg – Hof nach Lampertswalde (ein Mal pro Woche) sowie bei Bedarf bis Lübbenau an das weitere ECCO-CARGO Netzwerk angebunden, der jedoch im Juni 2007 aufgegeben wurde. EVU des ECCO-CARGO *Oberfranken* war die Regental Bahnbetriebs GmbH - Regental Cargo GmbH. Die Zubringerzüge, die in Freilassing an den ECCO-CARGO *Austria* anschließen, wurden zum 01.01.2007 zunächst von der Salzburger Lokalbahn (SLB) an die RTS übertragen. Hiervon betroffen war der ECCO-CARGO *Celtic* Freilassing – Salzburg-Liefering (fünf Mal pro Woche) und der ECCO-CARGO *Attergau* Freilassing – Hallein/Frankenmarkt/Vöcklamarkt/Steyermühl (zwei Mal pro Woche). Die SLB ist somit nur noch für den ECCO-CARGO *Pongau* Freilassing – Hüttau (sechs Mal pro Woche) verantwortlich. Unerwartet kündigte RTS die Aufträge für das ECCO-CARGO Netzwerk Ende jedoch März 2007. Als Grund wurden Aufträge für das Mutterunternehmen Swietelsky angeführt, die in den Sommermonaten ausgeführt werden müssten. Tatsächlich konnten sich nach Aussage von Szenekennern die beiden Parteien RTS und SETG nicht über die Tarife verständigen. Vorübergehend verkehrten ECCO-CARGO *Austria* und *Hanseat* wieder in die Verantwortung der MWB zurück. Die Verkehre um Salzburg werden seit Anfang Mai 2007 von der Wiener Lokalbahnen AG (WLB) bzw. deren rechtsnachfolger im Güterverkewhr, der Wiener Lokalbahnen Cargo GmbH gefahren. ECCO-CARGO *Austria* und *Hanseat* wurden vom 23. Juli 2007 bis Dezember von der PRESS gefahren. Nach dem Entfall einiger Leistungen für Stora Enso verkehrt der *Han-*

Die V170 1147 (ex-DSB MY 1147) präsentiert sich nach einer Hauptuntersuchung im Ablieferungszustand von NoHAB. Am 11. März 2007 wartet die ansprechende Maschine mit einem Schotterzug im Bahnhof Schönberg (Vogtland). Rechts leistet V170 1149 Gesellschaft. Foto: Torsten Barth.

PRESS hat die Diesellok 203 505 in den Farben der Deutschen Reichsbahn lackiert. In diesem Zusammenhang hat die Lokomotive ihre alte Reichsbahn-Nummerierung 112 326 erhalten. Am 17. Juni 2006 hat die Lokomotive einen Holzhackschnitzelzug in Ebersdorf-Friesau abgeholt. Foto: Jörg Boeisen.

Die EBW Cargo hat aus der Konkursmasse der TLG zahlreiche Diesellokomotiven übernommen. Eine dieser Lokomotiven ist V300.10 (ex-TLG 10, ex-DR 232 446). Im neuen EBW-Design ist die Lokomotive am 26. Mai 2007 mit einem Bauzug zwischen Mörfelden-Walldorf und Groß-Gerau im Einsatz.

seat meist nur noch ein Mal pro Woche und zwischen Freilassing und Kirchweyhe unter dem EVU Stauden-Verkehrs-GmbH (SVG).

Der zum 1. Januar 2007 auf die Relation Köln-Eifeltor – Kirchweyhe verkürzte ECCO CARGO *Hanseat* hatte zeitweise auch einen Anschluss nach Norden erhalten. Der neu eingerichtete ECCO CARGO *Unterelbe* Kirchweyhe – Tornesch verkehrte bis Herbst 2007 drei Mal pro Woche und wurde von der Weserbahn GmbH (WB) gefahren. Die WB ist darüber hinaus unverändert für den ECCO CARGO *Unterweser* Kirchweyhe – Brake (bis zu fünf Mal pro Woche) verantwortlich. Im November 2006 wurde mit dem *Ecco* ECCO-CARGO *Cargo Sauerland* erneut ein neuer Zubringerverkehr von Köln-Eifeltor nach Brilon eingerichtet. Dieser Verkehr wurde bereits im Jahr 2004 angeboten. Zum 1. Januar 2007 wurden die durch die Log-o-Rail organisierten Zubringerverkehr über den Knoten Donauwörth neu geordnet. Der Zubringer Donauwörth – Stulln, entstanden durch die Verlängerung des *ECCO CARGO Donaumoos* (Donauwörth – Saal, drei Mal pro Woche) und *Kastulus* (Donauwörth – Kastl, drei Mal pro Woche), wird von der MWB als Ablösung für die Rent-a-Rail Eisenbahn-Service AG (RAR) gefahren, die seit Mai 2006 für diese Dienste verantwortlich war. Dem Spot-Holzverkehr diente der 7. März 2007 eingerichtete *ECCO CARGO Bergisches Land* Köln-Eifeltor – Oberwiehl (drei Mal pro Woche), der bis Osberghausen von der MWB, bis Oberwiehl von der Wiehltalbahn GmbH (WB) gefahren wurde. Im November entfielen hingegen die *ECCO CARGO* -Verkehre Fürth – Nürnberg-Langwasser (fünf Mal pro Woche), die von der PRESS gefahren wurde, neu ist die Anbindung *ECCO CARGO Thüringer Wald* Schleusingen – Schweinfurt, der zwei Mal pro Woche von der Rennsteigbahn GmbH & Co. KG (EBG) angeboten wird.

Seit Anfang Mai 2007 fährt der *ECCO CARGO Silvanus* Augsburg – Stendal drei Mal pro Woche. Vor den Leistungen sind Loks der PRESS sowie der MWB eingesetzt. Von Anfang Mai 2007 bis November 2007 wurde ein *ECCO CARGO* -Feeder Hamburg – Lübeck Skandinavienkai gefahren.

Die **Eichholz Eivel GmbH**, ein Tochterunternehmen der STRABAG SE, fährt überwiegend Bau- und Materialzüge im gesamten Bundesgebiet. Zum Einsatz kommen in der Regel Diesellokomotiven der Gattung V170, von denen das Unternehmen zehn Maschinen aus dem bestand der DSB (Baureihe MY) übernommen hat. Seit März 2007 präsentiert sich V170 1147 nach erfolgter Hauptuntersuchung in der GM-Ursprungslackierung, weitere Loks wurden in den Folgemonaten hauptuntersucht und umlackiert

Die **Ei.L.T. GmbH Eisenbahn, Logistik und Transporte** hat seit Dezember 2006 eine weitere Vossloh G 1206 mit der Fabriknummer 2001/1001125 bei ATC geleast. Somit verfügt das Unternehmen über zwei Lokomotiven dieser Gattung. Die im Herbst 2006 bei ACT angemietete Vossloh G 2000 BB (2001/1001034) wurde im Dezember 2006 an ACT retourniert. Für die Bespannung von Sand- und Schotterzügen setzt E.i.L.T. die zudem eine eigene Diesellokomotive V.01 (ex-DB 232 104) ein.

Die **Eisenbahnbau- und Betriebsgesellschaft Pressnitztalbahn mbH** (PRESS) fährt nach wie vor drei Mal pro Woche Holzhackschnitzel von unterschiedlichen Ladestellen nach Niedergörne. Seit Mai 2007 fährt PRESS im Auftrag der Deutschen Bahn Schwellenzüge von Möllenhagen (bei Waren/Müritz) zu unterschiedlichen Zielbahnhöfen in Deutschland. Durchschnittlich verkehren zwei bis drei Ganzzüge pro Woche.

Seit 6. September 2006 hatte die PRESS bei SBB Cargo die Ellok 482 031 angemietet. Neben den bei MRCE angemieteten 481 001 (145 023) und 185 547 stehen dem Unternehmen drei Elloks für die Güterverkehre in Deutschland zur Verfügung. Ab 26. März 2007 wurde bei TXL 185 514 für ein Jahr angemietet. Die Lokomotive hatte in diesem Zusammenhang Werbefolien der SETG erhalten. Übergangsweise stellte die PRESS auch eine Schublok in Probstzella. Die in früheren Jahren als Schiebelokomotive eingesetzte 194 580 der Muldental Eisenbahnverkehrsgesellschaft mbH (MTEG) ist bereits seit geraumer Zeit in Österreich zur Reparatur des defekten Transformators.

Die PRESS-Diesellokomotive 203 505 präsentiert sich seit März 2007 im traditionellen Reichsbahn-Design. Im April 2007 übernahm PRESS von Railion Deutschland die Rangierlokomotiven 345 091 und 346 970. Als 363 006 wurde im Juli 2007 die ehemalige DB-363 714 in Dienst gestellt. Die acht für die serbische Provinz Kosovo bestimmten Diesellokomotiven, die seit 1999

Am 13. Juli 2007 präsentiert sich die für die Eisenbahngesellschaft Potsdam bestimmte 212 272 bei Alstom im Stendal dem Fotografen Karl Arne Richter.

ohne Einsatz im Ausland auf ihr Schicksal warteten, wurden von der PRESS übernommen. Die Lokomotiven haben im Juni 2007 ihre Heimreise nach Deutschland angetreten und dienen als Ersatzteilspender. Es handelt sich um die Lokomotiven 202 318, 432, 516, 613, 615, 637, 658 und 786. PRESS gründete im Jahr 2007 die Anschlussbahn-Servicegesellschaft Pressnitztalbahn mbH (ASP), die als EVU in Deutschland zugelassen ist. Das Unternehmen ist für die Bedienung der Anschlüsse in Lübbenau und Espenhain verantwortlich.

Die **Eisenbahn Service Gesellschaft mbH** (ESG) hat die Diesellokomotive ESG 2 (ex 201 883) an einen österreichischen Zwischenhändler verkauft. Unter der gleichen Betriebsnummer hat die ESG die ehemalige 365 108 in Betrieb genommen. ESG 1 'Chrissie', eine MaK 650 D mit Stangenantrieb, wurde als Museumslok an die Stauden Verkehrsgesellschaft mbH (SVG) verkauft. Die Lokomotive wurde bereits seit geraumer nicht mehr planmäßig eingesetzt.

Die **Eisenbahnen und Verkehrsbetriebe Elbe-Weser GmbH** (EVB) verkaufte die bereits seit längerem wegen eines Antriebsschadens abgestellte Diesellokomotive 417 01 (ex-DB 220 053) im Dezember 2006 an die Brohltalbahn (s. Seite 87). Im April 2007 lieferte Siemens den vierten *EuroRunner* für die EVB aus. Die als 420.14 bezeichnete Lokomotive wird mit ihren Schwestermaschinen vorwiegend im NTT 2000-Containerverkehr zwischen Bremen, Bremerhaven und Hamburg eingesetzt. Die NTT 2000 sowie NeCoSS-Verkehre blieben im Vergleich zum Vorjahr auch in 2007 nahezu unverändert (siehe Jahrbuch 2007, Seite 99). Seit dem 14. April 2007 fährt die niederländische ACTS einen Containershuttle Veendam – Bremen Roland (s. Seite 82), der am Zielbahnhof an das NTT 2000-Netzwerk integriert ist. Somit sind Hamburg und Bremen auch an die Niederlande angebunden. Seit 11. Juni 2007 fährt die EVB zwei Mal pro Woche einen Containerzug Hamburg-Waltershof – Minden (Westf).

Die **EBW Eisenbahnbewachungs GmbH** (EBW), vorwiegend im Bauzugverkehr tätig, hat im Januar 2007 für ein Jahr von der Eisenbahngesellschaft Potsdam mbH (EPG) die Ellok 109 028 angemietet. Die im Jahr 2004 in Betrieb genommene Diesellokomotive V270.06 (ex-DB 221 106) hat seit 2007 Gesellschaft bekommen. Im August 2007 hat die EBW mit der Betriebsnummer V270.07 die ehemalige DB-221 134, im September 2007 mit V270.08 die ehemalige DB-221 105 in Betrieb genommen. Die Lokomotiven haben zuvor bei der Ostmecklenburgischen Bahnwerk GmbH (OMB) (seit Mai 2007: Arriva Werke Nord GmbH (AWN)) eine Hauptuntersuchung sowie neue Dieselmotoren (MTU) erhalten. Sie präsentieren sich seitdem in den EBW-Hausfarben. V270.06 hat einen neuen Deutz-Dieselmotor erhalten. Im Dezember 2006 übernahm die EBW von der insolventen Transport und Logistik AG (TLG) zehn Diesellokomotiven und 35 Wagen. Hierbei handelt sich um die TLG 1 (ex-DB Baureihe 293) , TLG 4 (Bauart V60 Ost, ex-EBG und ex-Buna), TLG 5 (V 100.4, ex-EBG, ex-PEG), TLG 6 (V100.1, ex-EBG, ex-PEG, ex-DB 201 001), TLG 7 (V 100.1; ex-DB 202 279), TLG 8 (ex-DB Baureihe 293), TLG 9 (ex-DR 230 077), TLG 10 (ex-DR 232 446), TLG 12 (V 60 D), TLG 13 (V 100.1, ex-DB 202 531), TLG 18 (V 100.1, ex-EBM Cargo, ex-DB 202 267) und die TLG 19 (V100.1, ex-EBM Cargo, ex-DB 202 379). Die wurden dem Nummernschema der EBW angepasst und sind als V300.09-10 (ex-230/232), V150.11-12 (ex-202), V 130.13-16 (ex-202), V 100.17-18 (ex-201) und V 60.19-20 bezeichnet. Im Juli 2007 übernahm die EBW von ARCO Transportation die Diesellokomotive 5200.04-3 (V180), die sich nach einer Instansetzung bei ARCO seit April 2008 im EBW-Design präsentiert und als V200.21 bezeichnet wird.

Die **Eisenbahnbetriebe Mittlerer Neckar GmbH** (EMN) hatte seit Juli 2007 für einige Monate bei Dispolok die Ellok 189 910 angemietet, die an die CTL untervermietet war (s. Seite 87).

Die **Eisenbahngesellschaft Potsdam GmbH** (EGP), in der die Geschäftstätigkeiten der PE Cargo GmbH im September 2006 aufgegangen waren, fährt seit April 2007 Zementzüge von Deuna zu verschiedenen Bestimmungsbahnhöfen in Deutschland. Damit wurde der bislang durchgeführte Zementverkehr zwischen Deuna und Berlin Greifswalder Strasse deutlich ausgeweitet. EGP setzt für die Zementverkehre die Taurus-Ellok ES 64 U2-002 ein, die zwischenzeitlich EGP-Seitenwerbung erhalten hat. Darüber hinaus kommt die ehemalige PE Cargo-Ellok 109 030 zum Einsatz. Von der PE Cargo wurde ebenfalls 109 028 übernommen, die jedoch an die EBW vermietet ist (s. Seite 92). Am 13. Juli 2007 hat ALS die Diesellokomotive 212 272 an die EGP übergeben. Die Lokomotive hat zuvor eine Hauptuntersuchung sowie einen 1 082 kW star-

Nach den schweren Flurschäden durch den Orkan *Kyrill* konnten sich zahlreiche EVU im Holzverkehr betätigen. Im nordrhein-westfälischen Brilon Wald konnte Carsten Klatt am 19. Juni 2007 EB-Lok 22 im Einsatz für die Erfurter Bahnservice GmbH (EBSG) mit einem beladenen Holzzug fotografieren.

Neu im Bestand der Häfen und Güterverkehr Köln AG (HGK) ist die bei ATC angemietete 185 575. Am 9. Mai 2007 ist die Maschine mit DGS 42441 Köln Eifeltor – Guben auf den *Berliner Innenring* in der Nähe des S-Bahnhofs Landsberger Allee unterwegs. Foto: Sebastian Schrader.

ken Caterpillar-Dieselmotor erhalten. Über ALS wurde darüber hinaus 202 547 beschafft. Seit dem 2. Juli 2007 fährt die EGP im Auftrag von RD einen Containerzug Heiligengrabe – Wustermark.

Im Rahmen der Holzverkehre nach Niedergörne ist die Museumsbahn **Eisenbahnfreunde Wetterau e.V.** (EFW) im kommerziellen Güterverkehr tätig. Das Unternehmen fährt Holzzüge von der Verladestelle Münzenberg über die Butzbach-Licher-Eisenbahn nach Butzbach, wo die Wagen an die LTH/OHE übergeben werden. Für diese Verkehre wurden drei gebrauchte Diesellokomotiven gekauft. Im Jahr 2006 wurde aus dem Bestand der EVB die Lok 281 (MaK, Bauart 650 D) übernommen. Von Vossloh Locomotives wurde eine MaK 450 C gekauft, die zuvor bei Texaco eingesetzt wurde. Bei beiden Lokomotiven handelt es sich um Stangenloks. Im Februar 2007 hat die EFW von der Kali & Salz Heringen eine Krauss-Maffei ML 440C übernommen.

Vossloh lieferte im Mai 2007 die erste von fünf G 1206-2 an die **Eisenbahn und Häfen GmbH** (EH). Diese 920 kW starken Lokomotiven erreichen eine Geschwindigkeit von 45 km/h und sind vorwiegend für den werksinternen Rangierbetrieb vorgesehen. Zwei weitere Lokomotiven werden im Laufe des Jahres 2007 ausgeliefert. Die beiden letzten Lokomotiven sollen Anfang 2008 folgen.

Seit Herbst 2006 fährt die **Erfurter Industriebahn GmbH** (EIB) Getreidezüge zum Heyl-Werk in Bad Langensalza. Die Züge werden in Erfurt von Railion übergeben. Für die Verkehre stehen der EIB zwei V100-Ost zur Verfügung, die als Lok 20 und 22 bezeichnet sind.

Für die Tschechien-Verkehre hatte **ERS Railways B.V.** (ERS) von Anfang September 2006 bis November 2006 die *Taurus*-Leasinglok ES 64 U2-064 bei Dispolok angemietet. Die Ellok war Stammlok des Containerzugpaares (Rotterdam) – Bad Bentheim – Pirna (– Mělnik), da nicht ausreichend *Class* 66 zur Verfügung standen. Mit der Auslieferung von vier neuen *Class* 66 konnte die Leasinglokomotive wieder an den Eigentümer zurückgegeben werden. Darüber hinaus hatte ERS bei ACTS vorübergehend MRCE-513-9 angemietet, die in Deutschland von ERS-Containerzügen eingesetzt wurde. Die in Deutschland vor dem Neuss- und Mainz-Shuttle eingesetzten G 2000 (MRCE 5001607 und 5001608) wurden im Januar 2007 an den Eigentümer

Die vormals bei SBB Cargo eingestellte MRCE-481 005 ist nun ohne SBB Cargo-Logos für die Häfen und Güterverkehr Köln AG im Einsatz. Mit einem Kesselwagenzug konnte die Lokomotive am 29. April 2007 in Bad Kösen beobachtet werden. Foto: Sebastian Schrader.

zurückgegeben, nachdem im Dezember 2006 die *Class* 66-Dieselloks 6614-6617 in Betrieb genommen wurden.

Die **Häfen und Güterverkehr Köln AG** (HGK) hat das Transportaufkommen im Jahr 2006 um 10,2% auf 10,6 Millionen Tonnen ausbauen können. RSB Logistic GmbH, der Speditionsbereich von Rheinbraun und einer der größten Auftraggeber für die HGK, hat die Kölner Kommunalbahn mit dem Transport von 70 000 Tonnen Kohlenstoff pro Jahr von Frechen nach Schelklingen beauftragt. Darüber hinaus sollen 100 000 Tonnen Kohlenstoff von Frechen nach Lägerdorf transportiert werden. Der letztgenannte Verkehr war zuvor in das Ecco Cargo-Netzwerk integriert (s. Seite 89). Zwischen Tornesch und Lägerdorf setzt HGK die CFL Cargo Deutschland als Subunternehmer ein. Seit dem 1. April 2007 bespannt die HGK im Auftrag der Wiener Lokalbahnen AG die Containershuttles Rotterdam – Enns/Wien/Krems zwischen Rotterdam und Passau und stieg somit in den Vertrag der Rurtalbahn ein (s. Seite 112). Für die Bespannung der Züge kommen nach wie vor *Taurus*-Elloks der WLB zum Einsatz. Im laufenden Fahrplan sind sieben Zugpaare pro Woche disponiert. Anfang April 2007 hat die HGK von r4c die Mineralölzüge Würzburg Hafen – Großkorbetha übernommen. In Kooperation mit der belgischen TrainsporT AG werden Autozüge in der Relation Genk (B) – Deutschland (Ford) und Antwerpen – Deutschland (Opel/General Motors) gefahren. Für die Bespannung setzt HGK eine *Class* 66 ein und nutzt in Belgien die Dienste der Trainsport AG.

Seit September 2006 hat HGK bei ATC die Elloks 185 521 und 185 526 angemietet. Die Lokomotiven haben ihre blau-silbergraue Farbgebung behalten, haben jedoch zusätzlich HGK-Aufkleber an den Kabinentüren erhalten. Im Januar 2007 wurde der Bestand an elektrischen Lokomotiven um die bei MRCE angemietete 185 573 erweitert, die schwarzes Farbkleid behalten hat. Darüber hinaus hat HGK bei ATC die silbergrau-türkise 185 575 angemietet. Unverändert bleibt die Anmietung der MRCE-Lokomotiven 481 003, 005 und 006. 481 005 verlor im April 2007 die SBB Cargo-Folie und präsentiert sich seitdem in rot-blauer Farbgebung ohne Eigentumsmerkmale. 185 565 hat im November 2006 Werbefolien für Grill- und Heizprodukte von Rheinbraun erhalten. Im September 2006 hat HGK bei ATC eine G 1000 BB angemietet, die als DH 49 in

Auf Grund einer Bürgerinitiative müssen die vorwiegend auf der *Rübelandbahn* eingesetzten *Blue Tiger* der hvle mit Schalldämpfern und Abgasfiltern ausgerüstet werden. Am 2. August 2007 ist V330.01 mit ihrem Güterzug bei Oberwellenborn im Einsatz. Foto: Jörg Boeisen.

Die ITL konnte im zurückliegenden Jahr einige neue Verkehrsverträge gewinnen. Für ČSKD-Intrans wird neu der *Tulipan*-Shuttle Praha – Rotterdam bespannt. Am 29. April 2007 hatte die bei der ÖBB angemietete 1116 233 - versehen mit ITL- und ČSKD-Intrans-Logos - die Aufgabe, den *Tulipan*-Shuttle DGS 42336 nach Rotterdam durch das Elbtal zu ziehen.

Hamburg Hohe Schaar für Rangierarbeiten eingesetzt wird. Im November 2006 folgte eine zweite MaK 1000, die ebenfalls bei ATC gemietet ist. Die Maschine wird als DH50 im Großraum Köln eingesetzt.

Die bei der **Havelländische Eisenbahn AG** (hvle) eingestellten *Blue Tiger*-Diesellokomotiven 250 002, 010 und 011 werden nach wie vor schwerpunktmäßig auf der Rübelandbahn Elbingerode – Rübeland – Blankenburg (Harz) eingesetzt. Die Lokomotiven werden im Rahmen eines Umweltschutzprogramms umweltfreundlicher und leiser gemacht. Das Projekt wird von der Bundesregierung unterstützt. Am 1. November 2006 hat die hvle die vierte V100 Ost in Betrieb genommen. Bei der als 160.4 bezeichneten Diesellok handelt es sich um die ehemalige 202 814, die bei ALS hauptuntersucht wurde. Für geplante Neuverkehre wird die hvle Ende 2007/Anfang 2008 neue Lokomotiven in Betrieb nehmen. Bei Bombardier wurden sowohl Elloks der Baureihe 185 als auch Diesellokomotiven der Baureihe 285 (TRAXX F140 DE) bestellt. Vom 14. September 2006 bis Ende 2006 fuhr die hvle pro Woche bis zu fünf Ganzzüge mit verunreinigter Erde von Kirchmöser nach Schönerlinde.

Die schwedische **Hector Rail AB** (s. Seite 30) beabsichtigt, in Eigenregie KLV-Züge zwischen dem schwedischen Norrköping und Herne zu fahren. Im Rahmen eines Fünfjahresvertrages mit der niederländischen Spedition Van Dieren Maritime B.V. werden ab Januar 2008 pro Woche fünf KLV-Züge zwischen Schweden und Deutschland gefahren. Bis zur Zulassung als EVU in Deutschland werden die Züge auf dem deutschen Abschnitt durch die MWB gefahren. Für die durchgehenden Verkehre hat Hector Rail bei Bombardier zehn Elloks der Gattung TRAXX F140 AC2 bestellt. Im Januar 2008 waren bereits zwei Lokomotiven ausgeliefert, die aktuell lediglich bis Padborg eingesetzt werden. Für Van Dieren fährt Railion derzeit zwei Mal pro Woche von Duisburg nach Malmö.

Zum 1. Dezember 2006 hat die **Hessische Güterbahn GmbH** (HGB) von der Transport und

Die bei der ITL eingesetzte MRCE-Leasinglok 481 002 ist mit einem Kesselwagenzug von Frankfurt/O nach Duisburg am 8. Oktober 2007 bei Berlin Hirschgarten unterwegs. Foto: Sebastian Schrader.

Logistik AG die Lok 16 (ex-DB 202 488) übernommen. Die V 60.01 (ex V60-BUG-02) präsentiert sich neu in einem roten Farbkleid mit weißen Zierstreifen.
Die **Hochwaldbahn Servicegesellschaft mbH** (HWB) hat am 1. Oktober 2006 zwei Drittel der Gesellschafteranteile der Transport-Schienen-Dienst GmbH (TSD) übernommen. Die fünf TSD-Diesellokomotiven, VL9 (ex-212 325), VL11 (ex-EBM 228 742), VL12 (ex-202 330), VL13 (ex-202 373) und VL14 (ex-361 663) werden zukünftig in einem Pool mit den Lokomotiven der HWB eingesetzt. Als Streckenlokomotiven stehen der HWB VL8 (ex-212 301) und VL 10 (ex-202 530) zur Verfügung.
Die **Hohenzollerische Landesbahn AG** (HzL) fährt seit Oktober 2006 Ganzzüge mit verunreinigter Erde von Bolzano (I) über Ulm und Mengen zur Deponie nach Stetten. Der Verkehrsvertrag wurde über zwei Jahre geschlossen. Die Züge werden zwischen Stetten und dem württembergischen Mengen durch die HzL gefahren, dort an Railion Deutschland übergeben, die als Frachtführer für den Abschnitt Mengen – Ulm – München verantwortlich ist. Zwischen München und Bolzano ist Lokomotion für die Züge verantwortlich.
Seit Dezember 2006 fährt **Infraleuna GmbH** Mineralöl-Züge zwischen Großkorbetha und Hof. Die Züge wurden zuvor durch r4c gefahren. Infraleuna setzt für diese Verkehre eine der beiden modernisierten Diesellokomotiven der Baureihe V180 (204, 205) ein. Seit Dezember 2006 hat Infraleuna bei ALS die Diesellokomotive 202 001 (ex-202 746) angemietet.
Seit dem 7. Dezember 2006 fährt die **ITL-Cargo GmbH** (ITL) im Auftrag von ČSKD Intrans einen Containerganzzug von Praha nach Rotterdam (*Tulipan-Shuttle*). Der zwei Mal pro Woche verkehrende Zug wird zwischen Praha und Bad Schandau durch die ČD Cargo im Auftrag der ITL gefahren. Im deutschen Streckenabschnitt ist ITL in Eigenregie für den Zug verantwortlich. In Emmerich wird der Containerzug an die niederländische ACTS übergeben (s. Seite 156). Seit April 2007 fährt ITL ebenfalls in Kooperation mit ČD Cargo und ACTS Getreidezüge zwischen Praha und Rotterdam. Im Auftrag der Spedition Emons wird seit Dezember 2006 sechs Mal pro Woche ein Containerzugpaar in der Relation Dresden – Leipzig – Hamburg – Dresden gefahren.

Der Orkan *Kyrill* bescherte auch der Leipziger Eisenbahngesellschaft mbH (LEG) sowie deren Schwestergesellschaft WERRA-Eisenbahnverkehrsgesellschaft mbH Anfang 2007 einige Verkehrsverträge aus dem Abtransport von Sturmholz. Am 26. März 2007 stellt die LEG-Wumme 220 295 in Walldorf ihren Holzzug zusammen. Foto: Jörg Boeisen.

Die von ALS modernisierten und zum Teil umgebauten Lokomotiven sind bei zahlreichen privaten EVU im Einsatz. Im Güterbahnhof Frankfurt/M-Ost trafen sich die bei der NbE eingestellte 212 297 sowie LOCON-310 am 26. Mai 2007 zu einem Stelldichein. Beide Lokomotiven waren im Bauzugeinsatz unterwegs.

Seit Ende Februar 2007 wird die Strecke Hamburg – Praha sechs Mal pro Woche bedient. Ebenfalls im Februar 2007 wurden Stahlverkehre von Bad Schandau nach Bochum-Präsident eingerichtet. Die Züge kommen aus dem slowakischen Kosiče und sind für Thyssen-Krupp in Bochum bestimmt. Seit Juli 2007 fährt die ITL Kohle zwischen Tschechien und Singen (Hohentwiel). Neu sind darüber hinaus Zementverkehre von Burglengfeld nach Tschechien, die von RAR als Subunternehmer gefahren werden (s. Seite 112) sowie drei Containershuttle pro Woche von Leipzig-Mockau nach Erfurt-Vieselbach. Die Containerzüge werden von der MTEG gefahren.
Auf Grund der Neuverkehre musste die ITL neue Triebfahrzeuge in Betrieb nehmen. Seit Februar 2007 hat ITL bei MRCE 481 002 angemietet. Im April 2007 folgten aus dem Bestand der ÖBB 1116 233-238, die für zwei Jahre über die Intrans angemietet wurden. Im Januar 2007 wurde bei TXL 185 510 gemietet, die im Februar 2007 durch ES 64 U2-041 von Dispolok verstärkt wurde. Beide Lokomotiven konnten nach Inbetriebnahme der ÖBB-Lokomotiven wieder retourniert werden. Alle Leasinglokomotiven haben ihre ursprüngliche Farbgebung behalten. Lediglich ein Aufkleber weist auf den neuen Besitzer hin. Im Oktober 2006 hatte ITL versuchsweise eine ALS-Diesellokomotive der Baureihe 203 eingesetzt. Es handelte sich um die ehemalige NVAG-203 005 (ex-DB 202 461). Der Probeeinsatz wurde nach einem Monat wieder beendet. Die ITL beabsichtigt, ihre Geschäftsaktivitäten auch auf das Ausland auszuweiten. In den Niederlanden wurde mit ITL Nederland B.V. ein Tochterunternehmen gegründet. Das Unternehmen hat am 17. Juli 2007 das Sicherheitszertifikat erhalten. Parallel dazu wurde in Polen eine Niederlassung gegründet. In beiden Ländern wurde die Zulassung als EVU beantragt. Seit dem 4. September 2007 fährt ITL den *Tulipan-Shuttle* in Eigenregie (s. Seite 161). Im Auftrag von ČSKD Intrans fuhr ITL übergangsweise den Containershuttle Sladkovicovo – Frankfurt/M – Rotterdam Maasvlakte, der zuvor von Railion gefahren wurde. Bei ALS wurden vier V100 Ost bestellt, die eine Zulassung für Deutschland und die Niederlande haben. Die Lokomotiven werden auf den Langstrecken im Laufe des Jahres 2008 durch TRAXX-Elloks abgelöst, die bei CB Rail angemietet und im durchgehenden Verkehr mit den Niederlanden auf der *Betuweroute* eingesetzt werden sollen. In Polen wird ITL mittelfristig die Getreidezüge von und nach Tschechien sowie die bei Bedarf verkehrenden Petrochemie-Züge von und nach Großkorbetha in Eigenregie fahren. ITL ist in Tschechien als EVU zugelassen, nutzt diese Konzession jedoch aktuell nicht. Die Anmietung von *Taurus*-Elloks der ÖBB ist auf das Interesse der ÖBB zurückzuführen, die Marktaktivitäten in Deutschland auszubauen. Eine finanzielle Beteiligung der ÖBB an der ITL wurde in diesem Zusammenhang nicht ausgeschlossen.
Die **Laeger & Wöstenhöfer GmbH & Co. KG** (L&W) übernahm im Dezember 2006 aus dem Bestand der Ostsächsischen Eisenbahnfreunde die Lok 106 642. Die Lokomotive wird als 346-002 in Lünen für örtliche Bedienfahrten eingesetzt.
Die **Leipziger Eisenbahngesellschaft mbH** (LEG) erhielt die in der ursprünglichen Reichsbahn-Farbgebung lackierte 202 425 im Januar 2007 zurück. Die Lokomotive war zu Beginn im Auftrag der **WERRA- Eisenbahnverkehrsgesellschaft mbH** (vormals ASP Plus) für die Bedienung lokaler Anschlüsse eingesetzt. Die WERRA verfügt über eine eigene Diesellokomotive des Typs V 60 D (346 970), die bei der LEG eingestellt sind und auch vor Bauzügen eingesetzt werden. Im November 2006 hat die WERRRA vom EBA eine Zulassung für das DB-Netz erhalten. Seit dem 28. Januar 2007 ist die LEG 202 425 an Railion vermietet. Die Lokomotive wird von Mainz-Bischofsheim vor Nahgüterzügen eingesetzt. Die **Leonhard Weiss GmbH & Co.** KG (LW) hat im August 2006 eine zweite LEW-V 100 aus dem Hause ALS in Betrieb genommen und verfügt somit über 203 001 (ex-DR 202 390) und 203 002 (ex-DR 202 335).
Die **LOCON LOGISTIK & CONSULTING AG** hat auch im Jahr 2007 die Diesellokomotiven 201 und 203 (V180) von der MEG angemietet. Die Lokomotiven waren bereits im Jahr 2006 an die LOCON vermietet. Sie kommen gemeinsam mit der eigenen 301 (ex-DB 228 656) zum Einsatz. Zwischen Januar und Februar 2007 hat Railion Deutschland bei LOCON auf Grund von Triebfahrzeugmangel eine V 100 West angemietet. Die Lokomotive wurde im Raum Itzehoe eingesetzt.
Die LDS GmbH **Logistik Dienstleistungen & Service** (LDS) vermietet vorwiegend Triebfahrzeuge an Bahnbauunternehmen. Das Unternehmen hat eine dritte V100 Ost in Betrieb genom-

Der in der Regel von zwei Elloks der Baureihe 143 in Doppeltraktion gefahrene Zementzug Berlin Nordost – Regensburg wurde am 1. Mai 2007 außerplanmäßig mit der angemieteten Railion-Lokomotive 185 060 und einer MEG-156 bespannt. Die Aufnahme entstand zwischen Bad Hersfeld und Oberhaun in Höhe der bekannten Ortschaft Hermannspiegel.

In einigen Verkehren setzt die Mittelweserbahn mbH (MWB) auf im Betriebseinsatz günstige E-Loks des Typs Re 4/4. Am 26. Mai 2007 ist die bei SBB Cargo angemietete 421 371 mit einem Holzhackschnitzelzug nach Niedergörne im Maintal bei Karlstadt unterwegs. Hinter der Zuglok läuft die V2303 als Wagenlok mit.

Am 18. Juli 2007 ist die bei der MWB eingestellte V1801 mit einem Braunkohlebrikettzug nach Euskirchen bei Köln Eifeltor im Einsatz. Foto: Karl Arne Richter.

Ein neues Gesicht im privaten Güterfernverkehr ist die NIAG. Stammlok des im April 2007 neu eingerichteten Kohleganzzuges Moers – Heilbronn ist NIAG 14, vormals 481 004. Am 24. August 2007 konnte Marijn Vocke den Ganzzug bei Neuwied fotografieren.

men. ALS lieferte am 1. Juni 2007 die 202 524 an LDS. Die Lokomotive ist mit einem 1 305 kW starken Caterpillar-Dieselmotor ausgerüstet und wird als 92 80 1 203 127-6 in den Bestandslisten geführt.

Die **Lokomotion Gesellschaft für Schienentraktion mbH** (Lokomotion) fährt in Kooperation mit Rail Traction Company SpA (RTC) Güterzüge zwischen München und Brennero sowie zwischen München und Tarvisio. An der österreichisch-italienischen Grenze werden die Züge vom Partner RTC übernommen. An Lokomotion sind Railion (30%), RTC (30%), STC Brenner Schienentransport (20%) und die Kombiverkehr AG (20%) beteiligt. Im Auftrag von Kombiverkehr wird seit 16. April 2007 drei Mal pro Woche ein Intermodalzug in der Relation München – Jesenice (– Koper) gefahren, der in Slowenien von der SŽ bespannt wird. Nachdem RTC im April 2006 bereits fünf Elloks der Baureihe ES 64 F4 von Dispolok übernommen hat, musste Lokomotion im Dezember 2006 nachziehen und hat bei MRCE ebenfalls fünf Maschinen angemietet. Hierbei handelt es sich um ES 64 F4-006-010, die mit Ausnahme der 007 zuvor an die ÖBB vermietet waren (s. Seite 282). Mitte 2007 verfügte Lokomotion über sieben *Taurus*-Lokomotiven der Bauart ES 64 U2 (Dispolok), 15 ES 64 F4 (zehn davon bei Dispolok angemietet) sowie über drei ehemalige Railion-Lokomotiven der Baureihe 139 (133, 177 und 312). Im Juli 2007 konnten von Railion Deutschland 139 260 und 140 543 übernommen werden, die jedoch als Ersatzteilspender dienen werden. Ende 2007 sollen zwei weitere Elloks der Baureihe 139 von RD übernommen werden. Seit Oktober 2006 fährt Lokomotion in Kooperation mit RTC zwei Mal pro Woche verunreinigtes Erdreich von Bolzano nach München (s. Seite 312).

Zum 1. März 2007 haben die Uwe Adam Eisenbahnverkehrsunternehmen GmbH und Lotrac Eisenbahnbetriebsgesellschaft mbH (zuvor: Adam & MaLoWa Lokvermietungs GmbH) fusioniert. Die Unternehmen firmieren neu als **Lotrac Eisenbahnverkehrsunternehmen GmbH** und verfügen über eien V 23 B, vier V 60 D, vier LEW-V 100 sowie eine V 180.

Die österreichische **LTE Logistik- und Transport-GmbH** (LTE), die in Deutschland meistens mit der Zulassung des Kooperationspartners r4c fährt, musste zum 10. Dezember 2006 den fünf Mal pro Woche verkehrenden Containerzug Graz – Neuss an die ÖBB abgeben. Dennoch sind die Elloks der Baureihe 185 nach wie vor regelmäßig in Deutschland anzutreffen. Einsatzschwerpunkt sind die Getreidezüge (Ungarn –) Hegyeshalom – Emmerich – Rotterdam, die in Kooperation mit r4c gefahren werden. Aktuell sind acht Zugpaare pro Woche disponiert.

Die **Mindener Kreisbahnen GmbH** (mkb) fährt seit Anfang September 2006 montags bis freitags einen Neuverkehr von Hahlen (mkb-Strecke Minden – Hille) nach Stadthagen. Als Stammlok für diesen Verkehr ist die als V6 bezeichnete ehemalige DB-216 014 eingeteilt, die zuvor eine Hauptuntersuchung erhalten hatte. In diesem Zusammenhang hat die Lokomotive ihre bisherige Farbgebung gegen das aktuelle mkb-Design eingetauscht.

Die **Mitteldeutsche Eisenbahngesellschaft mbH** (MEG), an der Railion Deutschland und Transpetrol beteiligt sind, setzt als Traktion für den Zementzug Berlin Nordost – Regensburg seit 27. August 2006 Elloks der Baureihe 143 ein. Für den Verkehr stehen der MEG die Lokomotiven 601 bis 603 (ehemals DB Regio) zur Verfügung, die in Doppeltraktion zum Einsatz kommen. Für den Rangierdienst in Regensburg wird eine eigene Lok vorgehalten. Die Zustellung der Wagen nach Parkstein-Hütten durch Railion erfolgte letztmalig im April 2007. Die MEG-Lokomotiven 201 und 203 (Gattung V 180) wurden bis Ende 2007 an LOCON vermietet. Im Mai 2007 lieferte ALS die ehemalige 298 102 an die MEG. Die Lokomotive trägt die Betriebsnummer 111 und wurde zuvor bei ALS einer Hauptuntersuchung unterzogen. Im Auftrag von Railion ist die MEG seit September 2006 für die Zustellung von Wagen zwischen Schkopau und Großlehna verantwortlich. Bei Bedarf werden darüber hinaus Wagengruppen von Schkopau nach Braunsbedra und Querfurt gefahren. Im gleichen Monat wurden Flüssiggas-Verkehre von Lutherstadt Wittenberg nach Aken aufgenommen. Im Auftrag der DOW Olefinverbund wird aktuell ein Zugpaar pro Woche gefahren. Seit 1. Februar 2007 fährt die MEG in unregelmäßigen Intervallen Containerzüge von Płock (Polen) über Guben nach Neuss. Die Züge werden im deutschen Streckenabschnitt von einer Ellok der Baureihe 156 (MEG 801 bis 804) bespannt. Es handelt sich um die ersten Einsätze dieser Lokomotiven in Westdeutschland.

Die **Mittelweserbahn GmbH** (MWB) hat im vergangenen Jahr ihren Bestand an Diesellokomoti-

Die nun bei der Nordbayerischen Eisenbahngesellschaft (NbE) eingestellte W232.05 konnte am 29. Mai 2007 in Berlin-Schönefeld beobachtet werden. Foto: Sebastian Schrader.

Für die Bespannung der TX Logistik-Züge Lübeck Skandinavienkai – Hamburg (– Verona) setzt NRS eine bei ATC angemietete Vossloh G 2000 BB als Stammlok ein. Am 5. Mai 2007 ist die Lokomotive mit DGS 43147 auf dem Weg von Lübeck Skandinavienkai nach Hamburg.

ven erweitert. Im August 2006 lieferte ALS V1802 (ex-DB 202 509) an die MWB. Im September 2006 bzw. April 2007 wurden die Vossloh G 1700-2 BB-Lokomotiven V2304 und V2305 in Betrieb genommen. Im Juli 2007 hat die MWB zwei G 1206 in Betrieb genommen (V2106 und die V2107), die beide in Frankreich zugelassen sind. Der Bestand an Diesellokomotiven bei der MWB wird je nach Bedarf durch Leihloks unterschiedlicher Vermieter verstärkt. Der Bestand an Elloks im Eigentum der MWB ist mit den Taurus-Lokomotiven 1116 911 und 912 sowie dem „Krokodil" 1020 041 jedoch recht konstant. Bei Bedarf wird auf Leasinglokomotiven zurück gegriffen. So kommen bereits seit längerem die bei Dispolok angemietete ES 64 U2-014 sowie drei von SBB Cargo angemietete Lokomotiven der Baureihen 421 zum Einsatz. Die MWB ist als EVU sehr stark in das Chemliner und ECCO CARGO-Netzwerk integriert, das im Jahr 2007 weiter ausgebaut wurde. Die Neuverkehre der MWB für das ECCO CARGO-Netzwerk sind auf Seite 89 beschrieben. Zwischen Juni und September fährt die MWB Kunstdüngerzüge von Poppendorf (Rostock) zu verschiedenen Bestimmungsbahnhöfen in Deutschland. Seit 12. Juli 2007 fährt die MWB alle zwei Wochen im Auftrag der IXMODAL Gesellschaft für intermodale Logistik mbH einen Containerzug von Hannover Nordhafen nach Beimerstetten. Im Auftrag der Kali-Transport GmbH wird seit Anfang Oktober 2007 drei Mal pro Woche ein Containerganzzug von Hamburg-Waltershof nach Frankfurt/M gefahren (s. Seite 82).
Die Stahlwerk Thüringen GmbH (SWT) hat ihre Lok 27 (ex-DR 201 070) an die **Muldental-Eisenbahnverkehrsgesellschaft mbH** (MTEG) verkauft. Im Mai 2007 lieferte ALS zwei modernisierte ex-V 100 Ost an die MTEG. Es handelt sich um 204 347 (ex-DR 202 347) und 204 354 (ex-DR 202 354), die 1 082 kW starke Caterpillar-Dieselmotoren erhalten haben.
Die **Mülheimer VerkehrsGesellschaft mbH** (MVG) setzt seit Ende September 2006 die von MRCE angemietete G 1206 mit der Fabriknummer 5001570 ein. Im Gegenzug konnte die bislang bei ATC angemietete MVG 2 an den Eigentümer zurückgegeben werden. Die Lok Bettina (G 1204 BB) konnte an die Kreisbahn Siegen-Wittgenstein GmbH (KSW) abgegeben werden. Von der Rheinischen Eisenbahn GmbH (RE) wird 212 309 weiterhin angemietet. Die Lokomotive hat bei OMB eine Hauptuntersuchung erhalten und präsentiert sich seitdem in der klassischen

Die bei der OHE/TCS eingestellte 185 522 in mit einem Containerzug bei Wellen auf dem Weg von Berlin nach Celle. Foto: Andreas Legler.

altroten DB-Farbgebung. Die MVG ist für den Gesamtverkehr im Mülheimer Hafen verantwortlich.

Ab 30. Juni 2006 fuhr die **Neuss-Düsseldorfer Häfen GmbH & Co. KG**, Neusser Eisenbahn (NE), einen Containerzug in der Relation Hannover-Nordhafen – Beimerstetten (Ulm). Die Züge wurden anfangs von der HGK als Subunternehmer bespannt. Seit 12. Juli 2007 ist die MWB für die Traktion des Zuges verantwortlich. In den ersten Wochen wurde das Zugpaar ein Mal pro Woche gefahren. Seit August 2006 ist das Zugpaar alle 14 Tage eingelegt.

Die **Niederrheinische Verkehrsbetriebe Aktiengesellschaft** (NIAG) hat seit April 2007 bei MRCE die Ellok 481 004 angemietet. Die Lokomotive war zuvor als 145 001 bei der OHE im Einsatz und trägt neu die Bezeichnung NIAG 14. Im Rahmen einer Hauptuntersuchung hat die Lokomotive ein neues blau-grün-weißes Farbkleid erhalten und wird als Stammlok für den Kohlependel Moers – Heilbronn eingesetzt. Das Zugpaar verkehrt seit 1. April 2007 sonntags bis freitags. Der Verkehrsvertrag wurde zunächst bis Ende 2009 geschlossen. In Heilbronn ist eine NIAG-Rangierlok beheimatet, die für die Zustellung der Kohlewagen zum Kraftwerk in Heilbronn eingesetzt wird.

Die **Nordbayerische Eisenbahngesellschaft mbH** (NbE) übernahm am 15. November 2006 die Diesellokomotive W232.05 (ex-231 015) von Bombardier Transportation. Die Lokomotive wurde vor einigen Jahren einer Hauptuntersuchung unterzogen und hat in diesem Zusammenhang einen 1 975 kW starken Caterpillar-Dieselmotor erhalten. Die Lokomotive ist bei der NbE als 232 105 im Bestand und wurde seit 3. Januar 2007 montags – freitags vor einem von rail4chem gefahrenen Petrochemiezug Stendell – Stobno (PL) eingesetzt. Zuvor wurden die Züge von Heavy Haul Power International GmbH (HHPI) bespannt. Bei der 232 handelt es sich um die einzige Streckendiesellokomotive der NbE, die darüber hinaus über zehn Diesellokomotiven der Baureihe 212 verfügt. 2007 hat die NbE ALS vier modernisierte 212 („Baureihe 214“) bei der ALS bestellt. Es handelt sich um 212 066, 196, 197 und 312. Die Lokomotiven werden in Kooperation mit der Gmeinder Lokomotivenfabrik GmbH (GLG) modernisiert und mit einem 970

Die bis Dezember 2006 im schwarzen Farbkleid bei Railion Deutschland eingesetzten 185 557 ist seit Januar 2007 bei der OHE eingesetzt und präsentiert sich in den typischen OHE-Farben. Am 6.Mai 2007 hat die Lokomotive mit einem Holzzug Stendal mit Ziel Rostock Seehafen verlassen.

Seit Anfang Januar 2007 ist die vormals silberne 145-CL 031 an die OHE vermietet. Die nun in den TCS-Farben gehaltene Lokomotive durchfährt am 5. Mai 2007 mit ihrem Containerzug Halle – Hamburg den Bahnhof Radbruch.

Im Juli 2007 hat die OHE den ersten *Eurorunner* in Betrieb genommen. Am 5. August 2007 hat die als 270080 bezeichnete Lokomotive das Depot der OHE in Celle verlassen, um im Güterbahnhof einen Containerzug nach Bremerhaven zu übernehmen.

kW starken Caterpillar-Motor ausgestattet. Die bislang einzige 202 im Bestand der NbE (202 547), die im April 2006 übernommen wurde, konnte ein Jahr später wieder an ALS verkauft werden. Bis zur Inbetriebnahme der neuen 212 hat die NbE zur Überbrückung bei ALS 203 101 (ex-202 850) angemietet. 212 089 wurde im Januar 2007 von der NbE an die Bayerische Oberlandbahn GmbH (BOB) verkauft. Bei der BOB kommt die Lokomotive seit 1. März 2007 als V126 zum Einsatz. Im Januar und Februar 2007 mietete Railion bei der NbE regelmäßig Diesellokomotiven der Gattung V100 an. So kamen NbE-Lokomotiven in Railion-Verkehren im Großraum Aschaffenburg sowie im Westerwald und an der Lahn zum Einsatz. Im Juni 2007 präsentierten ALS und Gmeinder die ehemalige DB-Diesellokomotive 212 197 in neuem Design. Die Lokomotive ist für die NbE bestimmt (s. Seite 7).
Die **Norddeutsche Eisenbahngesellschaft mbH** (NEG) firmiert seit 1. November 2006 als CFL Cargo Deutschland GmbH. Die Namensänderung erfolgte parallel zur Umfirmierung der dänischen Schwester Dansk Jernbane ApS, die nun als CFL Cargo Danmark ApS (s. Seite 121) aktiv ist. CFL Cargo Deutschland fährt regelmäßig Braunkohlestaub von Itzehoe nach Lägerdorf. Die Zustellung der Wagen in Itzehoe wird durch die HGK erbracht (s. Seite 94). Seit Anfang 2007 stellt CFL Cargo das Triebfahrzeug für den ein Mal pro Woche disponierten *Warsteiner-Zug* Warstein – Lippstadt – München Riem. Der im Auftrag der WLE gefahrene Containerzug wird mit der bei ATC angemieteten 185 523 bespannt. Seit Ende Mai 2007 trägt die Lokomotive Logos der CFL Cargo.
Nordic Rail Service GmbH (NRS) konnte seinen Marktanteil in 2006 weiter ausbauen. Seit Juni 2006 werden im Auftrag von TXL bei Bedarf zusätzliche Züge in der Relation Lübeck Skandinavienkai – Hamburg Rothenburgsort gefahren. Im Auftrag von Hupac bespannt NRS seit Anfang Oktober 2006 drei Mal pro Woche einen Intermodalzug zwischen Lübeck Skandinavienkai und Hamburg Rothenburgsort, der anschließend an SBB Cargo zu weiterfahrt nach Novara (I) übergeben wird. Seit 10. Dezember 2006 bespannt NRS im Dieselabschnitt nördlich von Hamburg ein zweites von TXL eingerichtetes Zugpaar Verona (I) – Hamburg – Lübeck Skandinavenkai. NRS verfügte bislang über drei Diesellokomotiven der Gattung LEW-V 100, die als V100 001 - 003 bezeichnet werden sowie eine im Rangierdienst eingesetzt V 60 D sowie eine im Werksverschub verwendete Köf III. Um die Neuverkehre zu bewältigen, wurde Anfang November 2006 bei ATC eine Vossloh G 2000 BB (1001325/2002) angemietet.
Das Land Niedersachsen und die Deutsche Bahn AG haben ihre Anteile an der **Osthannoversche Eisenbahnen AG** (OHE) an Arriva Bachstein GmbH verkauft. Somit ist Arriva Bachstein mit 82,96 % Mehrheitseigner der erfolgreichen Privatbahn. An der Arriva Bachstein GmbH sind Arriva Deutschland mit 86 % und das Busunternehmen Verkehrsbetrieb Bachstein GmbH mit 14 % beteiligt. Um die Übernahme des Aktienpakets haben sich neben Arriva Bachstein auch die DSB, die niederländische Nedbahn sowie Abellio und Rhenus bemüht. Die OHE-Tochter **Rinteln-Stadthagener Verkehrs GmbH** (RStV) wurde im Rahmen der Verkaufs der OHE-Anteile in die Eigenständigkeit entlassen. Die Verselbstständigung führte zu einer Einstellung des Güterverkehrs auf der RStV-Hausstrecke am 30. Juni 2007, da die Verkehre nicht mehr wirtschaftlich durchgeführt werden konnten und eine Quersubventionierung nicht möglich ist. Mit der Übernahme der OHE hat sich deren neuer Eigentümer gegenüber dem Land verpflichtet, im Werk Celle keine betriebsbedingten Kündigungen vorzunehmen. Darüber hinaus wurde eine Reduzierung des OHE-Netzes vertraglich ausgeschlossen. Die Transportleistung der OHE lag im Jahr 2006 bei drei Millionen Tonnen. Dies entspricht einer Steigerung von 700 000 gegenüber dem Vorjahr. Zu dem guten Ergebnis haben vor allem die zahlreichen Holzverkehre in Deutschland sowie die im Auftrag von TCS in Kooperation mit LTH gefahrenen Containerzüge beigetragen. Derzeit werden regelmäßig Containerzüge von Berlin, Bönen, Halle (Saale) und Gütersloh nach Bremerhaven und Hamburg gefahren. Diese Züge verkehren durchschnittlich drei Mal pro Woche. Der Güterverkehr im eigenen Stammnetz bleibt stabil auf einem Niveau von eine Millionen Tonnen Güter pro Jahr.
Mit dem Ausbau der Marktaktivitäten ist der Bedarf an leistungsfähigen Elloks bei der OHE gestiegen. Ende Dezember 2006 hat die OHE bei ATC 185 534, bei MRCE 145 001 (ex-SBB 481 004) und 185 546 angemietet. Bereits zum 3. Januar 2007 wurde der Fahrzeugpark um zwei

weitere Elloks erweitert. Es handelt sich hierbei um 145-CL 031, die neu als 145 002 bezeichnet wird und ihre silberne Farbgebung gegen ein silbergrau/rotes Farbkleid eintauschen musste. Zuvor war die Lokomotive bei den Eisenbahnbetrieben Mittlerer Neckar GmbH (EMN) eingesetzt. Darüber hinaus wurde bei ATC 185 522 angemietet, die im LTH-Design gehalten ist. Zum 1. März 2007 wurde bei MRCE die bis Ende 2006 bei Railion eingesetzte 185 557 angemietet. Die Lokomotive musste ihre schwarze Farbgebung ebenfalls gegen ein rot/silbergraues Farbkleid eintauschen. Mitte März 2007 wurde 145 001 an MRCE retourniert. Nach einer entsprechenden Hauptuntersuchung wurde die Lokomotive zwischenzeitlich an die NIAG vermietet (s. Seite 104).
Die von ATC gemietete Vossloh G 2000-3 BB (1001460/2003), die im Frühjahr 2006 durch einen Brand beschädigt wurde, konnte im Oktober 2006 nach Ausbesserung der Brandschäden wieder bei der OHE in Betrieb genommen werden. Die als Ersatzlok eingesetzte 1001029/2001 (Vossloh G 2000-3) wurde am 20. Dezember 2006 an ATC zurück gegeben. Seit dem 12. Januar 2007 hat die OHE bei ATC zwei Vossloh G 2000 mit asymetrischen Führerständen angemietet. Bei den Lokomotiven handelt es sich um 1001028/2000 und 10010411/2002. Am 1. September 2006 wurde bei MRCE eine Vossloh G 1700-2 BB (5001592) angemietet, die bei der OHE als V19 in Betrieb genommen wurde. Zuvor war die Maschine bei Infraleuna eingestellt. Die Diesellokomotive 140002 (MaK G 1202 BB) wurde mit einem neuen MTU-Dieselmotor ausgestattet und wird nun als 150002 geführt. 150006 ist seit Ende Februar 2007 an Regental Cargo vermietet. Die Maschine wird bei seinem neuen Besitzer als D07 eingesetzt.
Mitte Juli 2007 hat die OHE den ersten von insgesamt drei *Eurorunner*-Diesellokomotiven der Gattung ER 20 in Betrieb genommen. Im August bzw. Oktober 2007 lieferte Siemens bereits die beiden weiteren ER 20, die erst kurz vor Auslieferung der ersten Maschine bestellt wurden. Die Lokomotiven stammen aus einer Serie, die Siemens auf eigene Rechnung produziert hatte und standen dementsprechend kurzfristig zur Verfügung. Die Lokomotiven werden bei der OHE als 2700 80 bis 82 geführt. Im Auftrag von Remondis fährt die OHE seit Februar 2007 Hausmüllzüge zwischen Braunschweig und Bremerhaven. Pro Woche und Richtung sind fünf bis sechs Zugpaare disponiert. Die Wagen werden von TIM gestellt. Stammloks waren zunächst V6 (ex-216 014) und V19 (Vossloh MaK 1700), die bei der Mindener Kreisbahnen GmbH (mkb) angemietet wurden. Übergangsweise wurde bei der Muldental Eisenbahnverkehrsgesellschaft mbH die Diesellokomotive 293 023 für Rangierdienste in Hamburg angemietet.
Seit Mai 2007 fährt die OHE ein Mal pro Woche Baumaterialzüge von verschiedenen Abgangsbahnhöfen in Deutschland nach Guben, wo die Züge an Rail Polska übergeben werden. Neu sind ebenfalls die Ethanol-Verkehre zwischen Polen und den Niederlanden, die von der OHE zwischen Guben und Bad Bentheim bespannt werden. Für den polnischen Abschnitt ist Rail Polska, für den niederländischen Abschnitt Bad Bentheim – Rotterdam Botlek RTB als Frachtführer eingesetzt.
Die **PBSV Verkehrs-GmbH** hat von ALS drei LEW-V 100 gekauft und verfügt somit über acht Lokomotiven dieser Gattung. Als erste Lokomotive dieser Serie wurde 203 503 in Betrieb genommen, die als Lok 18 geführt wird. Die Lokomotive hat in 2007 eine Hauptuntersuchung erhalten. Es wurde jedoch kein neuer Dieselmotor eingebaut. Im Gegensatz dazu erhielten 202 324 (PBSV 19) und 202 610 (PBSV 20) vor der Übergabe an PBSV im Februar/März 2007 einer Vollmodernisierung unterzogen und erhielten dabei neuen Caterpillar-Dieselmotoren. Drei V 60 D wurden verkauft: Lok 01 ging an Stefan Lohr, Lok 04 an die MaLoWa Bahnwerkstatt und Lok 03 an ein bislang unbekanntes Unternehmen. Seit Ende März 2007 bespannt PBSV regelmäßig Kieszüge in der Relation Röderau – Bad Bentheim, wo die Züge an die Bentheimer Eisenbahn zur Weiterfahrt nach Nordhorn übergeben werden. Die Züge wurden zuvor durch die WAB gefahren.
Die im Jahr 2001 von BASF, Bertschin, Hoyer und VTG gegründete **rail4chem Eisenbahnverkehrsgesellschaft mbH** (r4c) hatte sich ursprünglich auf den Transport von chemischen und mineralölhaltigen Produkten spezialisiert. Zwischenzeitlich konnte das Unternehmen seine Marktposition umfangreich erweitern, so dass das ehemalige Kerngeschäft nur noch rund 20% des gesamten Transportaufkommens beträgt. Mit der Verlagerung der Geschäftsfelder kam das Unternehmen im hart umkämpften Güterverkehrsmarkt jedoch in finanzielle Schwierigkeiten, so dass die Anteilseigner mit einer Kapitalspritze den entstandenen Engpass überbrücken mussten.

Die rail4chem-Lok 185 574 ist mit einem Getreidezug auf dem *Berliner Außenring* bei Nudow unterwegs. Die Aufnahme von Sebastian Schrader entstand am 14. März 2007.

Bei Saarmund im Zuge des *Berliner Außenrings* konnte die bei Rail Technology & Logistics eingesetzte 203 123 "Katharina" mit Flachwagen am 24. März 2007 von Sebastian Schrader fotografiert werden.

Parallel wurde die Geschäftsführung des Unternehmens im März 2007 neu strukturiert. Während das Führungsteam im Januar 2007 erst um ein Mitglied auf drei Mitglieder erweitert wurde, folgte im Frühjahr eine Reduzierung auf zwei Geschäftsführer. Bei der Tochter rail4chem Benelux B.V. kam ebenfalls zu Veränderungen in der Geschäftsführung. Rail4chem erwirtschaftete im Jahr 2006 einen Umsatz von rund 100 Millionen €. Die Transportleistung lag bei fünf Millionen Tonnenkilometern.
Der seit 15. September 2006 gefahrene Containershuttle Rotterdam – Bad Bentheim – Hamburg wurde zum 23. Januar 2007 an Veolia Cargo übertragen. Die Züge wurden im Auftrag von Hupac drei Mal pro Woche gefahren. Im Auftrag von Hoyer werden seit 30. August 2007 Chemiezüge in der Relation Antwerpen BASF – Roosendaal – Bad Bentheim – Rehden (D) gefahren. Das Zugpaar verkehrt ein Mal pro Woche und wird bis Diepholz durchgehend mit einer r4c-*Class* 66 bespannt.
Im November/Dezember 2006 hat r4c bei MRCE 185 571 bis 573 angemietet. Im Oktober 2006 folgte 185 555, die eine Zulassung für Frankreich erhalten hat, so dass r4c die Maschine theoretisch im durchgehenden Verkehr zwischen Deutschland und Frankreich hätte einsetzen können.
Im November 2006 wurde bei MRCE die *Class* 66-Diesellokomotive 653-08 (EMD JT42CWRM) angemietet, die eine Zulassung für Deutschland und die Niederlande hat.
Das polnische Eisenbahnverkehrsunternehmen **Rail Polska Sp. z o.o.** (s. Seite 373) hat eine Zulassung als EVU in Deutschland beantragt. Im April 2007 war die Rail Polska-Diesellokomotive M62-14787 (ex-PKP ST44 240, ex-ITL 120 003) für den Einbau der Sifa und Indusi in Deutschland.
Die **Rail Technology & Logistics GmbH** (rt&l), seit Juli 2006 als EVU zugelassen, nahm im März 2007 ihre erste eigene Diesellokomotive in Dienst. Die von ALS gelieferte ehemalige 202 376 wurde nach erfolgter Modernisierung als 92 80 1203 123-5 in Betrieb genommen. Die Lokomotive wurde auf den Namen *Katharina* getauft und hat ein schwarzes Farbkleid erhalten. Im April lieferte ALS mit der ehemaligen 202 719 eine zweite baugleiche Lokomotive, die als 92 80 1203 124-3 in Betrieb genommen wurde. Die Maschine wurde auf den Namen *Alina* getauft. Beide Lokomotiven sind in der Regel im Bauzugdienst anzutreffen.
Die **RAG Bahn und Hafen GmbH**, seit 1. Januar 2005 eine Tochter von Railion Deutschland, firmiert seit Dezember 2006 als **RBH Logistics GmbH**. Lokomotiven von RBH und Railion werden in einem Lokpool eingesetzt. So setzt Railion für Rangierarbeiten in Paderborn zwei Vossloh G 1206 aus dem Bestand der RBH ein, während RBH-Lokomotiven der Baureihe 145 regelmäßig in Railion-Verkehren anzutreffen sind.
Die **Regionalverkehr Ruhr-Lippe GmbH** (RLG) und die **RegionalverkehrMünsterland GmbH** (RVM), beide zur WVG-Gruppe gehörend, haben im vergangenen Jahr ihren Fahrzeugpark erweitert. Im September 2006 wurde bei Vossloh Lokomotives eine G 2000-4 BB mit der Betriebsnummer 2004/1001459 angemietet, die vorwiegend im Güterverkehr auf dem DB-Netz eingesetzt wurde. Die RLG fährt regelmäßig Betonfertigteile im Langstreckenverkehr, 2007 so u.a. nach Köln und Stuttgart. Darüber hinaus werden die Betonfertigteile für den Rotterdamer Randstadrail-Tunnel in Deutschland von der RLG gefahren und in Bad Bentheim an ACTS übergeben. Im November 2006 hat die RLG die im Jahr 2003 bei der MEG verunfallte Vossloh G 1206-Lokomotive mit der Betriebsnummer 211 gekauft. Die Lokomotive wurde im Jahr 2006 bei Voith Lokomotivtechnik instand gesetzt. Parallel wurden die RLG-Lokomotiven 66 und 67 (MaK G 1203 BB) an Voith verkauft. Da die Lokomotiven nicht mit Indusi ausgerüstet sind, konnten diese nicht im DB-Netz eingesetzt werden.
Die **Rent-a-Rail Eisenbahn-Service AG** (RAR) hat zum 1. Januar 2007 die Traktion des *ECCO CARGO Kastulus* Donauwörth – Kastl und *Donaumoos* Donauwörth – Saal an die Mittelweserbahn abgegeben (s. seite 104). Seit 7. April 2007 fährt die RAR Sturmholz von verschiedenen Verladestellen in Nordrhein-Westfalen zu einem holzverarbeitendem Betrieb in Süddeutschland. Der Verkehrsvertrag umfasst rund 100 Züge. Erste Zugleistung war ein Holzzug von Arnsberg nach Herbrechtigen, der in Kooperation mit der LTH und der OHE gefahren wurde. Die RAR-Diesellokomotive V1405.01 (ex-DR 202 822) wurde an SLG vermietet. Im Auftrag von ITL-Cargo fiuhr die RAR Zementzüge der HeidelbergCement AG von Burglengfeld auf dem deutschen

Mit der Zulassung von RTS Germany als EVU kommen die RTS-eigenen Lokomotiven auch in Deutschland zum Einsatz. Am 14. Juli 2007 passiert DGS 90236 (Frankreich-) Kehl – Linz – Hegyeshalom (– Ungarn) den Bahnhof Neumühl. Es zieht RTS-1216 901. Der Zug wird im Auftrag der CTL gefahren.

Am 10. Dezember 2006 führte ICF Shuttlezüge nach Bremerhaven und Hamburg ein, die zwischen Abgangs- und Zielbahnhof keine Wagengruppen aufnehmen. EVU ist in der Regel die SBB Cargo. Am 5. Mai 2007 passiert 482 001 mit einem ICF-Shuttle Hamburg – Rekingen den Bahnhof Radbruch.

Abschnitt Richtung Tschechien. Am 9. Juli 2007 bespannte eine EGP-V 100 West den ersten Zug nach Tschechien, der in Furth im Wald an die ČD übergeben wird. Die Verkehre endeten im Oktober 2007.

Die **Rhein-Sieg Eisenbahn GmbH** (RSE) hat die Diesellokomotive 212-CL 326 (V100.20) im Dezember 2006 an die DIE-LEI verkauft. Nach dem Wegfall der für TXL gefahrenen Tonerdezüge im Westerwald hatte das Unternehmen für die Lokomotive keine Verwendung (s. Seite 116). Seit dem 9. Januar 2007 ist die RSE für die Rangierarbeiten im Industriepark Oberbruch (Kreis Heinsberg) verantwortlich. Zum Einsatz kommt die RSE-Köf 332-CL 109. Ab dem 7. März 2007 fuhr die RSE in Kooperation mit der MWB bei Bedarf den *ECCO CARGO Bergisches Land* Köln-Eifeltor – Oberwiehl, der bis zu drei Mal pro Woche angeboten wurde (s. Seite 89). Aus dem Bestand von Railion Deutschland wurden vier V 60 erworben, die im Dezember 2006 übergeben wurden. Hierbei handelt es sich um die Lokomotiven 364-CL 762 (ex-364 762), 365-CL109 (ex-365 109), 365-CL 131 (ex-365 131) und 365-CL 733 (ex-365 733), die zum Teil Hauptuntersuchungen bei der RSE erhielten.

Die **R.P. Eisenbahn GmbH** (RPE) hat Ende 2006 die Betriebsführung auf der im Güterverkehr durch Railion bedienten Nebenbahn Heimbach – Baumholder übernommen. Nach der Modernisierung der Strecke soll diese weiterhin im Militärverkehr genutzt werden.

Zum 1. April 2007 hat die Wiener Lokalbahnen AG die Kooperation mit der **Rurtalbahn GmbH** (RTB) für die Containershuttles Wien/Enns – Rotterdam gekündigt. Die RTB wurden in Deutschland und den Niederlanden als für diese Züge eingesetzt. Seit 1. April 2007 sind die Containerverkehre in Deutschland und den Niederlanden auf die HGK übergegangen. Die RTB wird weiterhin als Subunternehmer in Deutschland für den Containershuttle Wien – Hamburg/Bremerhaven eingesetzt. Seit Anfang Oktober 2007 ist die RTB im niederländischen Netz als EVU zugelassen. Der Fahrzeugpark umfasst drei modernsierte (DH 1004) ex DB-211, die als V 104, 105 und 107 bezeichnet sind. Darüber hinaus befinden sich eine Vossloh G 1206 (V 151), zwei Vossloh G 2000-3 BB (V201, 202) sowie eine Class 66 (V 261) im Bestand. Während die G 1206 sowie die drei DH 1004 überwiegend im Güterverkehr rund um Düren eingesetzt werden, wer-

Für die *Suppenzüge* zwischen Dillingen Hütte und Völklingen hat SBB Cargo bei ALS zwei V100-Ost bestellt. Am 22. September 2007 konnten beide Lokomotiven friedlich vereint in Völklingen beobachtet werden.

den die *Class* 66 und die beiden G 2000 auch von der belgischen TrainsporT AG, an der die RTB zu 50% beteiligt ist (s. Seite 196) sowohl in Deutschland, als auch in Belgien und den Niederlanden eingesetzt. In Deutschland wird unter anderem der im Auftrag von SBB Cargo gefahrene Zug Veendam (NL) – Mainzlar bis Köln-Eifeltor bespannt.
Die **RTS Rail Transport Service Germany GmbH**, ein Tochterunternehmen der österreichischen Rail Transport Service GmbH, war bis Ende 2006 in Deutschland vorwiegend im Holzverkehr zwischen Rostock-Seehafen und Österreich anzutreffen. Zum 1. Januar 2007 wurde der zwei Mal pro Woche verkehrende *ECCO CARGO Austria* Freilassing – Köln-Eifeltor und der fünf Mal pro Woche verkehrende *ECCO CARGO Hanseat* Hagen-Kabel – Kirchweyhe übernommen. Beide Züge wurden zuvor durch die Mittelweserbahn gefahren. Zum Einsatz kam unter anderem die *Taurus*-Lok ES 64 U2-017. Die Verkehre wurden jedoch bereits zum 1. April 2007 wieder an die MWB übergeben, so dass RTS Germany in Deutschland nur noch für Spotverkehre herangezogen wird. So wurde Anfang 2007 vereinzelt Holz von Flensburg nach Gratwein-Gratkorn (Österreich) gefahren. Seit Mitte März 2007 wird RTS Germany als Frachtführer für die zwei Mal pro Woche verkehrenden Holzzüge Langenhahn (Westerwald) – Wilburgstetten eingesetzt, die im Auftrag von Rettenmaier gefahren werden. Zwischen Nördlingen und Wilburgstetten setzt die RTS die BayernBahn (BayBa) als Subunternehmer ein. Darüber hinaus wurde Anfang 2007 Sturmholz von Langenhahn nach Wilburgstetten gefahren. Die Transporte aus Langenhahn wurden im Juli 2007 eingestellt. Stattdessen wird nun Finnentrop als Verladestelle angefahren. Für die Bespannung der Holzzüge kam zunächst die bei EGP angemietete 109 030 zum Einsatz, die ab April 2007 durch die bei der LTE angemietete 185 524 ersetzt wurde.
Im Juli und August 2007 hat RTS Germany im Auftrag der CTL Getreidezüge in der Relation Kehl – Linz – Heyeshalom (– Ungarn) gefahren. Im April und August 2007 hat der österreichische Mutterbetrieb zwei Elloks der Baureihe ES 64 U4 in Betrieb genommen, die auch in Deutschland für RTS Germany zum Einsatz kommen.
Zum 1. September 2006 hat Hupac einen neuen Intermodalverkehr in der Relation Duisburg – Budapest eingerichtet, der von der Wiener Lokalbahn AG (WLB) gefahren wird. In Deutschland laufen die Züge unter der Verantwortung von **SBB Cargo Deutschland GmbH**. Von den sechs Zügen pro Woche werden zwei Zugpaare mit einer SBB Cargo-Ellok der Baureihe 482 zwischen Duisburg und Wien bespannt. Zu diesem Zweck haben 482 035, 037, 043 und 047-049 eine Zulassung für Österreich erhalten. Zwischen Wien und Budapest setzt die WLB einen für Ungarn zugelassenen Taurus ein. Die übrigen vier Zugpaare werden durchgehen mit einem ungarnfähigen WLB-*Taurus* bespannt. Seit Anfang September 2006 bietet Hupac drei Zugpaare in der Relation Antwerpen – Padova (I) an, die nicht den üblichen Weg über Schweiz nehmen, sondern über den Brenner geführt werden. Für die Bespannung der Züge werden abwechselnd WLB-*Taurus* und SBB Cargo-Maschinen der Baureihe 482 eingesetzt. SBB Cargo Deutschland fährt seit Oktober 2006 im Auftrag von Hupac drei Mal pro Woche einen Intermodalzug von Lübeck Skandinavienkai nach Novara. Zwischen Hamburg und Lübeck setzt SBB Cargo die NRS als Traktionär ein. Parallel wurden die Abfahrten der von SBB Cargo gefahrenen Hupac-Züge in der Relation Hamburg – Gallarate erhöht. Intercontainer-Interfrigo SA (ICF) hat das Hub-Konzept abgeschafft und bietet in Kooperation mit SBB Cargo seit dem 10. Dezember 2006 neue durchgehende Intermodalzüge zwischen Hamburg/Bremerhaven und den ICF-Terminals im schweizerischen Rekingen und Frenkendorf an. Anfang April 2007 verdoppelte SBB Cargo Deutschland die Frequenzen zwischen Duisburg und Basel von fünf auf zehn Zugpaare pro Woche. In Kooperation mit Veolia Cargo bietet SBB Cargo seit Mai 2007 Wagenladungsverkehre zwischen Köln und Rotterdam an. Pro Woche werden drei Abfahrten angeboten, die im Nachtsprung Köln und Rotterdam verbinden. Die Einrichtung dieser Verkehre ist die Antwort von SBB Cargo auf die Einführung von Wagenladungsverkehren durch Railion Schweiz (vormals BRS) in der Schweiz (s. Seite 252). In den Niederlanden ist SBB Cargo der erste Wettbewerber im Wagenladungsverkehr für Railion. Seit 27. Juni 2007 bietet SBB Cargo ein Mal pro Woche einen Güterzug mit Magnesiumcarbonat Veendam (NL) – Mainzlar an, der auf Grund einer fehlenden Zulassung in den Niederlanden von der Rurtalbahn GmbH (RTB) gefahren wird. Die Zuführung Siegen – Mainzlar übernimmt die Kreisbahn Siegen-Wittgensten GmbH.

Parallel dazu hat SBB Cargo seit Juni 2007 Papierzüge von Karlsruhe in die Ostschweiz eingerichtet. Die Züge werden im Auftrag von StoraEnso gefahren. Bereits im Mai 2007 konnte SBB Cargo ebenfalls für StoraEnso einen Neuverkehr Hagen-Kabel – Zofingen (CH) einrichten. Die Wagen wurden zwischen Hagen-Kabel und Köln-Eifeltor dem *ECCO-CARGO Hanseat* beigestellt und endeten im November 2007. Mit den Neuverkehren konnte SBB Cargo ihren Marktanteil in Deutschland weiter ausbauen. Bis Mitte 2007 konnte die Anzahl der Züge in Deutschland von 410 auf 435 Zugleistungen pro Woche erhöht werden. Im Juni 2007 hat ALS 203 652 an SBB Cargo Deutschland ausgeliefert. Im August 2007 folgte 202 558. Beide Lokomotiven kommen vor den „Suppenzügen" Dillingen – Völklingen zum Einsatz. Die bislang eingesetzten Am 843 wurden für andere Verkehre aus dem Saarland abgezogen. Für ICF werden seit dem 9. Dezember 2007 fünf Zugpaare pro Woche in der Relation Ulm – Melzo (I) angeboten. Die Züge verkehren im Nachtsprung ohne Triebfahrzeugwechsel an der Grenze.
Im September 2006 hat **SLG Spitzke Logistik GmbH** die Diesellokomotive V 100-SP-007 (ex-202 536) in Betrieb genommen. Die Maschine hat zuvor bei ALS eine Hauptuntersuchung erhalten. Spitzke verfügt somit über drei V 100 Ost (V 100-SP-001 und 003). V 100-SP-004 - 006 sind der niederländischen Spitzke Spoorbouw B.V. zugeordnet.
Die **Stauden Verkehrs Gesellschaft mbH** (SVG) hat nach 2143 006 im Juni 2007 eine zweite Lokomotive dieser Baureihe in Betrieb genommen. Es handelt sich um 2143 021, die über einen Zwischenhändler von der ÖBB übernommen wurde. Die SVG ist Partner im Ecco Cargo-Netzwerk und erbringt darüber hinaus Leistungen für Railion Deutschland im Großraum Augsburg. Auf der eigenen Strecke Augsburg – Gessertshausen – Markt Wald werden vor allem Holzzüge gefahren. Seit April 2007 fährt die SVG zwei Mal pro Woche einen Holzzug zwischen Augsburg und Asch-Leeder. Bei Bedarf werden Holzzüge in den Relationen Augsburg – Ettringen und Augsburg – Memmingen gefahren.
Im Auftrag von Josera fährt die **Stock -Transport-** seit dem 29. Dezember 2006 ein Mal pro Woche einen Kalkzug in der Relation Blaubeuren – Kleinheubach. Der Vertrag mit einer Laufzeit von fünf Jahren umfasst jährlich 20 000 Tonnen Kalk. Nachdem die bei ALS angemietete Stammlok 203 502 im Dezember 2006 durch einen Brand beschädigt wurde, kamen unterschiedliche ALS-Lokomotiven zum Einsatz. Seit März 2007 ist die ebenfalls von ALS gelieferte 203 507 (ex-DR 202 374) meist Planlok des Josera-Zuges. Hierbei handelt es sich neben 203 506 (ex-DR 202 661) um die zweite V 100 Ost, die bei Stock eingesetzt wird. Beide Maschinen haben zuvor einen neuen CAT-Dieselmotor erhalten, der mit Biodiesel betrieben werden kann.
Die **Südwestdeutsche Verkehrs-AG** (SWEG) fährt seit dem 1. Mai 2007 befristet bis Ende Dezember 2007 im Auftrag von Railion Deutschland Güterzüge von Freiburg/Breisgau nach Heitersheim und Neuenburg/Baden. Bereits seit längerem fährt die SWEG im Auftrag von Railion Nahgüterzüge in der Relation Freiburg/Breisgau – Breisach.
Von September 2006 bis Februar 2007 fuhr die **TWE Bahnbetriebs-GmbH** ein Mal pro Woche Schrottzüge zwischen Wilhelmshaven und den Bremer Stahlwerken. Seit dem 9. Oktober 2006 werden Kohlezüge zwischen Nordenham und den Bremer Stahlwerken gefahren. Beide Verkehre werden mit Elloks der Baureihe 185 bespannt, die dem Lokpool der Veolia Cargo entstammen. Im Auftrag der OHE war die TWE seit Oktober 2006 für das Rangieren von Containerzügen in Gütersloh-Spexard verantwortlich – die Verkehre endeten inzwischen.
Am 9. Oktober 2006 meldete die **Transport und Logistik AG** (TLG) Insolvenz an. Das Unternehmen war vor allem im Bauzugdienst tätig. Im Dezember 2006 wurde ein Großteil der Fahrzeuge an die EBW verkauft (s. Seite 92).
Im Auftrag von ERS fährt **TX Logistik AG** (TXL) seit Oktober 2006 Containerzüge mit BMW-Autoteilen zwischen Bremerhaven und Altenschwand. Die Züge sind zwei Mal pro Woche disponiert und werden zwischen Nürnberg und Altenschwand von der Regental Cargo als Subunternehmer bespannt. Am 17. Dezember 2006 musste TXL die bislang ein Mal pro Woche gefahrenen Tonzüge Limburg – Dinazzano (I) an Railion abgeben. Railion fährt den Zug über Basel und den Lötschberg, während TXL die Leistungen seit Januar 2004 über München und den Brenner geführt hatte. Seit 10. Dezember 2006 bietet TXL eine zweite Abfahrt pro Woche von Lübeck Skandinavienkai nach Verona an. Der Containershuttle Wanne-Eickel – Verona ver-

Der bei TX Logistik eingesetzte Dispolok-*Taurus* ES 64 U2-012 ist am 27. Mai 2007 mit DGS 43143 Lübeck Skandinavienkai– Brennero – Verona bei Wernfeld unterwegs.

Neben eigenen Gesellschaftssonderzügen kommen die Lokomotiven der Centralbahn AG auch vor Leistungen anderer EVU zum Einsatz. Am 14. Juli 2007 waren die beiden ehemaligen SBB-Re 4/4^{I} 10008 und 10019 mit vereinten Kräften vor dem TXL-Autozug Dillingen Ford Werke – Carimate bei Ettlingen West auf dem Weg in Richtung Basel.

kehrt seit Dezember 2006 acht Mal pro Woche. Ebenfalls erweitert wurden die Stahlverkehre aus dem Großraum Berlin nach Norditalien. Seit dem 21. März 2007 fährt TXL im Auftrag von Hupac sechs Mal pro Woche einen Containerzug in der Relation (Genk –) Würzburg – Verona. Hierbei handelt es sich um einen bereits existierenden Verkehr, der zwischen dem belgischen Genk und Würzburg von DLC mit *Class* 66 gefahren wird.
Mit der Zulassung der italienischen Baureihe E.412 für Österreich und Deutschland können die Lokomotiven seit Mai 2006 auch nördlich des Brenners eingesetzt werden. Anfangs kamen die Lokomotiven lediglich bis Regensburg zum Einsatz. Zu Beginn des Jahres 2007 kamen die Maschinen versuchsweise vor dem KV-Zug Verona – Wanne-Eickel zum Einsatz. Obgleich die technischen Voraussetzungen geschaffen sind, blieb es bei einem Test der im Frühjahr 2007 beendet wurde. TXL setzt die Lokomotiven nur in Ausnahmefällen nördlich von Bayern ein, da im Falle notwendiger Reparaturen die Materiallogistik sehr aufwendig ist. In Österreich und Deutschland setzt TXL seit Dezember 2006 fünf von der ÖBB angemietete 1144 ein. Die von TXL bei Dispolok angemieteten *Taurus*-Ellok ES 64 U2-006, 008 und 009 gingen Anfang Dezember 2006 an die boxXpress über, an der TXL beteiligt ist. Vor den Ford-Autozügen Dillingen – Basel (– Carimate) (I) wurde zwischen Januar und Ende März 2007 die von der Centralbahn AG angemietete 1042 520 (ex-ÖBB) eingesetzt.
Veolia Cargo Deutschland GmbH ist die Muttergesellschaft verschiedener zur Veolia-Gruppe gehörenden EVU in Deutschland. Veolia Cargo schließt Transportverträge ab, die von den Tochterunternehmen ausgeführt werden. Darüber hinaus stellt die Mutter geeignete Triebfahrzeuge für die Tochtergesellschaften zur Verfügung, die für die jeweiligen Verkehre übertragen werden. Im September 2006 hat Vossloh eine G 1206 an Veolia Cargo ausgeliefert, die als 1512 in Berieb genommen wurde und anschließend zu Veolia Cargo France überstellt wurde (s. Seite 219). Im Oktober 2006 folgte mit 1509 eine weitere G 1206, die jedoch zusätzlich für den Einsatz in Deutschland und in den Niederlanden vorbereitet ist. Die Maschine wird seit der Ablieferung durch Veolia Cargo Niederlande eingesetzt (s. Seite 164) und bespannt in der Regel den seit dem 20. Dezember 2006 zwei Mal pro Woche im Auftrag von SBB Cargo verkehrenden Autozug Rotterdam – Köln – Säfenwil (CH) im Abschnitt Rotterdam Botlek – Köln-Eifeltor. Seit Mai 2007 ist die Maschine auch vor dem drei Mal pro Woche verkehrenden Güterzug Köln – Rotterdam eingesetzt, der im Auftrag von SBB Cargo gefahren wird (s. Seite 164).
Die sei September 2006 im Auftrag von Hupac durch rail4chem gefahrenen Containershuttle Rotterdam – Bad Bentheim – Hamburg wurden am 23. Januar 2007 an Veolia Cargo übertragen. Seit Januar 2007 ist einer der drei Zugpaare über Hamburg hinaus bis Lübeck Skandinavienkai verlängert. Für diesen Verkehr setzt Veolia Cargo u.a. eine bei ATC angemietete Vossloh G 2000 BB (2002/1001042) ein. In Deutschland wird der Zug von der Veolia Cargo-Tochter **TWE Bahnbetriebs GmbH** gefahren.
Seit Januar 2007 verfügt Veolia Cargo über eine zweite *Class* 66. Neben der 561-5 verfügt das Unternehmen über 8653-01, die beide in Deutschland bei der Veolia Cargo-Tochter **Dortmunder Eisenbahn GmbH** eingestellt sind. Beide Lokomotiven sind bei MRCE geleast und werden hauptsächlich vor den Kohlependeln Rotterdam – Kraftwerk Mark Elverlingsen und den Containershuttles Rotterdam – Blerick (NL) eingesetzt (s. Seite 164).
Für den grenzüberschreitenden Verkehr zwischen Deutschland und Frankreich hat Veolia Cargo sechs Diesellokomotiven an ihre französische Tochtergesellschaft vermietet. Die Lokomotiven fahren in Deutschland unter der Zulassung der Veolia-Tochter Bayerische CargoBahn GmbH (BCB). Hierbei handelt es sich um vier ATC-Leasinglokomotiven des Typs G 1206 (1512, 1545, 1573 und 1574). Darüber hinaus hat die BCB mit V 200 007 und V 200 003 zwei Vossloh G 1206 in Betrieb genommen, die ebenfalls in Deutschland und Frankreich zugelassen sind. Eine dritte Maschine (V 200 008) ist in Deutschland und in den Niederlanden zugelassen, wird aber vorerst durch die BCB lediglich in Deutschland eingesetzt. Die Lokomotive wurde bei MRCE angemietet. V 200 001 ist Eigentum der Riebel Gleisbau GmbH, wird jedoch mit der Zulassung der BCB vor Bauzügen im gesamten Bundesgebiet eingesetzt. V 300 002, eine bei ATC geleaste Vossloh G 2000, wird von der BCB vor Containerzügen eingesetzt.
Die **Bayerische Cargobahn GmbH** hat zum 11. November 2006 im Auftrag der Spedition Streit

TXL hat bei der ÖBB fünf Elloks der Baureihe 1144 angemietet, die überwiegend vor den Autozügen von und nach Bremerhaven eingesetzt werden. Bei Saalfeld war 1144 251 am 6. Juli 2007 mit einem BMW-Autozug auf dem Weg nach Leipzig. Foto: Jörg Boeisen.

Die ursprünglich für die InterConnex-Züge vorgesehenen Elloks der Baureihe 146 werden von Veolia auch im Güterverkehr eingesetzt. Mit einem Quarzsandzug ist 146 522 am 6. August 2007 bei Wellen unterwegs. Foto: Andreas Legler.

Neben zahlreiche EVU hat auch die Westfälische Landes-Eisenbahn (WLE) von den Holzverkehren nach dem Orkan *Kyrill* profitiert. Mit einem Sturmholzzug wartet WLE 72 am 19. Juli 2007 in Rüthen auf die Weiterfahrt nach Lippstadt. Foto: Carsten Klatt.

einen Neuverkehr zwischen Ćeskè Kubice (CZ) und Neuburg an der Donau eingerichtet. Die Kokszüge werden in Kooperation mit der tschechischen OKD Doprava gefahren (s. Seite 379). Aktuell ist ein Zugpaar pro Woche vorgesehen.

Die BCB ist in Deutschland als kooperationspartner für die Containerverkehre Ludwigshafen – Kehl (– Marseille) verantwortlich, die unter der Verantwortung von der französischen Veolia Cargo Link gefahren werden (s. Seite 219). Seit 10. Dezember 2006 wird die Route drei Mal pro Woche gefahren, wobei die Züge in den frühen Morgenstunden Ludwigshafen erreichen und in den Abendstunden die Rückreise nach Franreich antreten. Seit 4. Juni 2007 wird für den gleichen Auftraggeber zwei Mal pro Woche die Relation Le Havre – Dourges (F) – Mannheim gefahren. Die Containerzüge werden durchgehend mit *Prima*-Elloks der Baureihe E37 bespannt.

Die zum Veolia-Konzern gehörende **Bayerische Oberlandbahn GmbH** (BOB) hat im Januar 2007 von der NbE die Diesellokomotive 212 089 übernommen und als V 126 in Dienst gestellt.

Die Unisped Spedition und Transportgesellschaft GmbH firmiert seit November 2006 als **Wincanton Rail GmbH** (WRS).

Die **Wald Holz Forst GbR** (WHF) hat die im Jahr 2006 von der MWB übernommene V1351 (ex-DB 213 339) in den Farben der Rennsteigbahn lackiert, über die die Lok auch eingesetzt wird.

Die **WeserBahn GmbH** (WB) hat ihr Betätigungsfeld im Januar 2007 weiter ausgebaut. Neben den Rangierarbeiten im Hafen von Bremen Neustadt und dem damals fünf Mal pro Woche verkehrenden ECCO CARGO-Zug zwischen Kirchweyhe und Brake (s. Seite 89) fuhr die Weserbahn drei Mal pro Woche zwischen Kirchweyhe und Hagen sowie drei bis vier Mal pro Woche zwischen Kirchweyhe und Tornesch. Der letztgenannte Verkehr ersetzte den *ECCO CARGO Hanseat*, der im Dezember 2006 auf die Relation Köln – Kirchweyhe verkürzt wurde und nicht mehr ab/bis Itzehoe verkehrt. Die Weserbahn verfügt über die Diesellokomotiven 1001 (V 100.4) und 1002 (Vossloh G 1700-2 BB, geleast von MRCE).

energy rail GmbH hatte von Dezember 2006 bis einschließlich Februar 2007 zwei Elloks der

Die WAB hat für die Kalkzüge ab/bis Geseke zahlreiche neue Güterwagen in Betrieb genommen, die aus der Slowakei stammen. Am 15. Juli 2007 waren WAB 61 und WAB 24 (V180) mit einem Kalkzug nach Bernburg/Saale bei Camburg unterwegs. Foto: Jörg Boeisen.

Baureihe 142 an r4c für die Bespannung der Autozüge (Zeebrugge –) Aachen West – Guben (– Polen) vermietet. Im November 2006 übernahm das der energy rail nahestehende Unternehmen **Bad Lautenberger Kleinbahn GmbH** (BLK) von der schweizerischen Transports Publics Fribourgeois (TPF) die Elloks Ae 417 191 und 192 (ex-DR 142 110 und 145). Noch steht nicht fest, ob die BLK die Lokomotiven einer Hauptuntersuchung unterziehen und in Betrieb nehmen wird. Eine Verwendung als Ersatzteilspender für die BLK-Elloks 50 bis 61 (ex-Lokoop Ae 477, ex-DR 142) ist ebenfalls denkbar.

Die **Westfälische Landes Eisenbahn GmbH** (WLE) fährt seit Anfang Februar 2007 im Auftrag von Brühne Baustoff- und Transport GmbH Kalkzüge von Warstein nach Duisburg. Der Kalk ist für die ThyssenKrupp-Hochöfen bestimmt. Der Verkehrsvertrag hat eine Laufzeit von zehn Jahren und sieht eine jährliche Transportleistung von 300 000 Tonnen vor. Pro Woche sind sechs Züge vorgesehen. Bei diesem Verkehrsvertrag handelt es sich um einen klassischen Neuverkehr, der zuvor per LKW erbracht wurde. Die WLE fährt die Züge ab und bis Oberhausen West. Zwischen Oberhausen und Duisburg ist die **Eisenbahn und Häfen GmbH** (EH) als Kooperationspartner eingesetzt.

Der ein Mal pro Woche verkehrende Bierzug Warstein – Lippstadt – München wird seit Anfang 2007 im Abschnitt Lippstadt – München von der bei der CFL Deutschland eingestellten 185 523 bespannt. Die bislang eingesetzte „Bierkiste" WLE 21 (Vossloh G 2000-2 BB) wurde aus dem Verkehr abgezogen.

Am 6. März 2007 hat Siemens den ersten Eurorunner mit den Fabrikdaten 2006/21282 an die WLE geliefert. Die WLE hat die Maschine als WLE 22 in Betrieb genommen und setzt sie vorwiegend im Charterverkehr im gesamten Bundesgebiet ein. So ist die Maschine u.a. Stammlok des Gesellschaftssonderzuges Köln – Neustadt (Holstein), der in der Regel zwischen September und November im Auftrag des Reiseveranstalters Müller Touren gefahren wird. Die Lokomotive war ursprünglich als DE2000-04 für die NOB bestimmt. Seit Anfang Februar 2007 hatte Railion für

Die Westfälische Landes-Eisenbahn (WLE) hat im Jahr 2007 den ersten *Eurorunner* in Betrieb genommen. Die als WLE 22 bezeichnete Maschine bespannte am 6. Mai 2007 einen Gesellschaftssonderzug von Neustadt/Holstein nach Köln, aufgenommen bei Ostercappeln.

Abellio ersetzte nach knapp zweijähriger Betriebszeit die lokbespannten RB-Leistungen Bochum – Hagen durch *FLIRT*-Triebwagen. Der Abellio-*Taurus* ES 64 U2-045 überquert am 19. Mai 2007 mit einer RegionalBahn von Hagen nach Essen die Ruhr bei Wetter-Oberwengern. Die Laufwegänderung erfolgte auf Grund von Bauarbeiten in Wetter/Ruhr.

Seit Anfang August 2007 setzt Abellio auf der RB40 Essen – Hagen (*Ruhr-Lenne-Bahn*) ausschließlich Triebwagen der Gattung *FLIRT* ein. Am 5. August 2007 war ein dreiteiliger *FLIRT* bei Wetter/Ruhr auf dem Weg nach Hagen.

Testzwecke bei der WLE die Diesellokomotive 51 angemietet. Railion setzte die Lokomotive im Kalkverkehr von Hannover-Linden nach Bad Salzdetfurth ein.
Das Bauunternehmen **Wiebe** hat im Juli 2007 eine von Vossloh gelieferte G 1700-2 BB als „Wiebe 12“ in Betrieb genommen.
Abschließend sind Unternehmen aufgeführt, die im vergangenen Jahr eine Zulassung als EVU erhalten haben und somit Güterverkehrleistung in Deutschland auf der Schiene erbringen dürfen. Die Unternehmen sind jedoch bislang nicht mit Verkehrsleistungen in Erscheinung getreten. Das Datum in Klammern gibt den Tag der Zulassung an: **EPB GmbH** (31. Juli 2006), **DUOMobile GmbH** (30. August 2006), **GLV Gesellschaft für Logistik- und Vegetationsdienste mbH** (31. August 2006), **Vattenfall Europe Mining AG Eisenbahnbetrieb GmbH** (1. September 2006) und **BSB-Saugbagger und Zweiwegetechnik Stefan Mattes GmbH & Co. KG** (6. Oktober 2006). Am 3. April 2007 erhielt die **Reuschling Bahn und Service GmbH** eine Zulassung sowohl für den Personen- und Güterverkehr, am 19. April 2007 wurde die **Bad Lauterberger Kleinbahn GmbH** für den Personen- und Güterverkehr zugelassen, am 26. Mai 2007 erfolgte die Zulassung der **Power Rail GmbH** für den Personen- und Güterverkehr und am 21. Juni 2007 wurde die **Eisenbahn-Logistik-Gesellschaft GmbH** nur für den Güterverkehr zugelassen.

Privatgesellschaften - Personenverkehr

Zum 9. Dezember 2007 wurde das Fahrplanangebot auf den zum Ruhr-Sieg-Netz gehörenden Strecken Essen – Hagen – Siegen (RE-Linie 16), Essen – Hagen (RB-Linie 40), Hagen – Iserlohn (RB-Linie 56) und Hagen – Siegen (RB-Linie 91) neu geordnet. Die bislang durch DB Regio erbrachten Regionalverkehre gingen auf den neuen Betreiber **Abellio Rail NRW GmbH** über. Der Verkehrsvertrag zwischen Abellio und dem Land Nordrhein-Westfalen läuft bis Dezember 2017. Die Verkehre Essen – Hagen (RB 40) wurden bereits zum 11. Dezember 2005 an Abellio

Die ersten *FLIRT*-Triebwagen der Westfalenbahn GmbH (WFB) wurden im Juni 2007 einem umfangreichen Testprogramm im Großraum Treuchtlingen unterzogen. Geführt von ET017 konnte Raymond Kiès fünf *FLIRT*-Triebwagen der Westfalenbahn am 15.Juni 2007 in Treuchtlingen fotografieren.

Die LVT/S der Burgenlandbahn werden nach technischen Anpassungen wieder planmäßig eingesetzt. Ein LVT/S erreicht am 29. April 2007 aus Weissenfels kommend den Bahnhof Zeitz.

übertragen und bislang zum Dezember 2007 mit ehemaligen DB-Nahverkehrswagen und den bei Dispolok geleasten *Taurus*-Loks ES 64 U2-045 bis 047 bespannt wurden. Ende Mai 2007 wurde ES 64 U2-046 an Dispolok zurück gegeben und gegen ES 64 U2-095 getauscht. Die ursprüngliche Abellio-Maschine wird für den Einsatz in Ungarn vorbereitet. Mit der Integration der Verkehre Essen – Hagen in das Abellio-Netz Ruhr-Sieg endet der Einsatz der *Taurus*-Lokomotiven im Regionalverkehr. Abellio setzt im Regionalverkehr 17 neue *FLIRT*-Triebwagen ein, von denen acht als Zweiteiler (116 Sitzplätze) und neun als Dreiteiler (181 Sitzplätze) ausgeführt sind. Die Fahrzeuge sind bei der CB Rail GmbH geleast. Im März 2007 verließ der erste zweiteilige *FLIRT*-Triebwagen für Abellio die Werkshallen von Stadler Pankow. Es folgten zunächst umfangreiche Testfahrten, unter anderem im tschechischen Testzentrum Cerhenice. Am 2. August 2007 erfolgte der erst Planeinsatz der *FLIRT*-Triebwagen auf der Strecke Essen – Hagen. Parallel wurden die *Taurus*-Lokomotiven ES 64 U2-045, 047 und 095 retourniert.
Abellio ist darüber hinaus einer der Gesellschafter der **Westfalenbahn GmbH (WFB)**, das am 9. Dezember 2007 von DB Regio die Verkehre auf den zum Teutoburger Wald-Netz gehörenden Strecken übernommen hat: Bad Bentheim – Osnabrück – Bielefeld, Münster – Rheine, Münster – Osnabrück und Herford – Paderborn. An der Westfalenbahn sind darüber hinaus die Mobiel GmbH, die mkb und die Verkehrsbetriebe Extertal GmbH beteiligt. Der Vertrag mit dem Zweckverband SPNV Münsterland (ZVM), dem Verkehrsverbund OstWestfalenLippe (VVOWL), der Landesnahverkehrsgesellschaft Niedersachsen (LNVG) und dem Nahverkehrsverbund Paderborn-Höxter (nph) hat eine Laufzeit von zehn Jahren und endet im Dezember 2017. Die Westfalenbahn wird fünf fünfteilige und 14 dreiteilige *FLIRT*-Triebwagen von Stadler-Pankow einsetzen, die bei Angel Trains Europa (ATE) geleast sind. Der erste Triebwagen wurde im Mai 2007 ausgeliefert. Ein fünfteiliger Triebwagen bietet 300 Sitzplätze, ein Dreiteiler 181 Sitzplätze.
Die zur Veolia-Gruppe gehörende **Bayerische Regiobahn GmbH** (BRB) hat im Rahmen eines Vergabeverfahrens im Jahr 2005 vier Strecken in Bayern gewonnen. Ab Dezember 2008 wird das Unternehmen den Personenverkehr auf der Ammerseebahn Augsburg – Mering – Geltendorf – Dießen – Weilheim und der Pfaffenwinkelbahn Weilheim – Peißenberg – Schongau übernehmen. Im Dezember 2009 folgen die Paartalbahn Augsburg – Aichach – Schrobenhausen – Ingolstadt und die Altmühltalbahn Ingolstadt – Eichstätt Bahnhof – Eichstätt Stadt. Für die Verkehre hat die BRB im Oktober 2006 bei Alstom 20 zweiteilige *CoradiaLint 41* bestellt, die ab 2008 ausgeliefert werden. Das Vergabeverfahren für das Sachsen-Anhalt-Süd-Netz hat die **Burgenlandbahn GmbH** (BLB), eine Tochter von DB Regio, gewonnen. Das Unternehmen hat am 10. Dezember 2006 den Personenverkehr auf den Strecken Berga-Kelbra – Stolberg (Harz) und (Helbra –) Klostermansfeld – Wippra übernommen. Zwischen Klostermansfeld und Wippra hat die BLB als Betreibergesellschaft die **Kreisbahn Mansfelder Land GmbH** (KML) eingesetzt. Die bislang durch die BLB betriebenen Strecken Weißenfels – Zeitz, Naumburg (Saale) – Nebra, Naumburg (Saale) – Zeitz, Merseburg – Schafstädt und Merseburg – Querfurt bleiben ebenfalls im Rahmen des Verkehrsvertrages im Verantwortungsbereich der BLB. Die Strecke Nebra –Artern wurde nicht ausgeschrieben, sondern zum 9. Dezember 2006 stillgelegt.
Seit Mitte Januar 2007 sind die 17 LVT/S-Triebwagen der Baureihe 672 (901-918) bei der BLB wieder in Betrieb. Im Januar 2006 wurden im Rahmen einer Revision bei dem Triebwagen 901 Schäden an den Radreifen festgestellt, so dass die gesamte Baureihe aus Sicherheitsgründen im April 2006 abgestellt wurde. Als Ersatz konnten bei DB Regio Triebwagen der Baureihe 628 und 641 eingesetzt werden. Ein Teil der Verkehre musste jedoch auch mit Bussen durchgeführt werden. Zwei der drei LVT/S-Prototypen, die übergangsweise bei der FKE eingesetzt wurden, sind seit März 2007 in Halle P beheimatet. Parallel hat Halle P die Verantwortung für die Triebwagen 672 001-018 übernommen. Die LVT/S-Prototypen werden jedoch nur als Reserve eingesetzt, da sie auf Grund der Schraubkupplung nicht mit den Serienfahrzeugen kuppelbar sind.
Am 10. Dezember 2006 übernahm die **cantus Eisenbahnverkehrsgesellschaft mbH**, das Joint Venture aus der Hessischen Landesbahn GmbH (HLB) und der Hamburger Hochbahn AG, den Regionalverkehr auf den Strecken Göttingen – Kassel – Bebra –Fulda, Göttingen – Eschwege – Bebra – Bad Hersfeld und Bebra – Eisenach. Die im Nordost-Hessen-Netz zusammengefassten Strecken wurden von der Landesnahverkehrsgesellschaft Niedersachsen mbH (LNVG), dem

Am 10. Dezember 2006 übernahm cantus von DB Regio den Regionalverkehr auf vier Strecken in Nordhessen. Ein *FLIRT*-Triebwagen von cantus ist als RE am 28. April 2007 von Kassel nach Bebra bei Körle unterwegs.

Die bei der HLB eingesetzten VT2E werden einer Hauptuntersuchung unterzogen. In diesem Zusammenhang erhalten die Triebwagen eine neue Farbgebung. Am 26. Mai 2007 ist ein modernisierter VT2E von Grävenwiesbach kommend bei Wehrheim/Taunus auf dem Weg nach Frankfurt am Main.

Rhein-Main-Verkehrsverbund GmbH (RMV) und dem Land Thüringen für zehn Jahre ausgeschrieben. Cantus setzt für die Regionalverkehre 20 *FLIRT*-Triebwagen ein, die bereits im Rahmen eines umfangreichen Praxistests vom 28. Oktober bis zum 3. Dezember 2006 bei der Ostdeutschen Eisenbahn GmbH (ODEG) auf der Strecke Berlin-Lichtenberg – Eberswalde sowie auf der Strecke Friedberg (Hess) – Hanau eingesetzt wurden. Stadler Pankow hat 14 dreiteilige (Baureihe 427) und sechs vierteilige *FLIRT*-Triebwagen (Baureihe 428) ausgeliefert. Ein vierteiliger *FLIRT* verfügt über 219, ein Dreiteiler über 167 Sitzplätze. Beide Baureihen verfügen über eine Motorleistung von 2 600 kW und erreichen eine Höchstgeschwindigkeit von 160 km/h.
Die **Deutsche Regionaleisenbahn GmbH** (DRE) hat am 25. Juni 2007 die DRE Transport GmbH gegründet. Die Tochter wird künftig für den Betrieb verantwortlich sein, während sich die Muttergesellschaft um die DRE-eigene Bahninfrastruktur kümmert. Im Sommer 2007 hat die DRE Transport an den Wochenenden Personenzüge auf der Strecke Luckau – Herzberg Stadt angeboten. Erstmals wurden die Züge bis Müllberg durchgebunden. Der Personenverkehr nach Müllberg wurde bereits 1961 eingestellt.
Seit dem 9. Oktober 2006 bietet die **Döllnitzbahn GmbH** (DBG) auf der Schmalspurstrecke Oschatz – Mügeln - Altmügeln lediglich noch zwei Schülerzüge an Schultagen an. Die übrigen Zugleistungen wurden vom Zweckverband für den Nahverkehrsraum Leipzig (ZVNL) abbestellt.
Die DB-Regio-Marke **ElbeSaaleBahn** (ESA) hat im Rahmen eines Vergabeverfahrens des Nahverkehrsservice Sachsen-Anhalt (NASA) im Jahr 2006 den Personenverkehr auf den Strecken Magdeburg – Loburg, Stendal – Tangermünde, Stendal – Wolfsburg – Braunschweig, Wolfsburg – Haldensleben – Magdeburg, Lutherstadt Wittenberg – Bad Schmiedeberg, Dessau/Magdeburg – Aschersleben, Köthen – Aken und Bernburg – Calbe (– Magdeburg) gewonnen. Die Strecken sind im Altmark-Börde-Anhalt-Netz zusammengefasst und wurden am 10. Dezember 2006 für zwei Jahre an die ESA vergeben. Die ESA setzt 27 von DB Regio gemietete *Desiro*-Triebwagen der Baureihe 642 ein.
Entgegen der Ankündigung im Jahrbuch 2007 musste die **Erfurter Industriebahn GmbH** (EIB), die seit April 2007 als Erfurter Bahn GmbH firmiert, den Personenverkehr zwischen Eichenberg und Kassel Wilhelmshöhe nicht zum 10. Dezember 2006 abgeben. Der Verkehrsvertrag mit dem Verkehrsverbund und Fördergesellschaft Nordhessen mbH (NVV), der im Dezember 2006 auslief, wurde im letzten Moment bis 12. Dezember 2009 verlängert. Täglich werden sechs Zugpaare in der Relation Eichenberg – Kassel angeboten.
Die **Georg Verkehrsorganisation GmbH** (GVG) war zwischen Dezember 2006 und März 2007 für die Bespannung des Wintersportzuges DZ 13227/13226 *Bergland Express* Rotterdam – San Candido/Innichen (I) verantwortlich. Dem Zugpaar waren erstmals Wagengruppen Rotterdam – Zell am See (A) beigestellt. Das Zugpaar verkehrte wie in den Vorjahren in den Nächten von Freitag auf Samstag Richtung Süden und von Samstag auf Sonntag in nördlicher Richtung. Die Triebfahrzeuge wurden im Winter 2006/2007 stets kurzfristig gestellt. An den ersten drei Wochenenden wurde zwischen Aachen und Brennero eine Ellok der Baureihe 482 von SBB Cargo eingesetzt. An den übrigen Wochenenden stellte HGK eine Ellok der Baureihe 185 zwischen Aachen und Innsbruck. Bis Brennero wurde eine ÖBB-1144 eingesetzt.
Am 15. September 2006 lieferte Alstom LHB den ersten von zehn zweiteiligen *CoradiaLint 41* an die Fahrzeugmanagement Region Frankfurt RheinMain GmbH (fahma). Das Unternehmen stellt die als VT201 bis 210 bezeichneten Triebwagen der **Hessischen Landesbahn GmbH** (HLB) für die FKE-Strecke Frankfurt (M) – Königstein und die Taunusbahn Frankfurt (M) – Brandoberndorf zur Verfügung. Die bisher dort eingesetzten VT2E-Triebwagen erhalten eine Hauptuntersuchung sowie eine Verjüngungskur und kommen lediglich noch in den Verkehrsspitzen zum Einsatz. Die bei fahma eingesetzten *CoradiaLint41* verfügen als erste Dieseltriebwagen ihrer Serie über einen MTU-Dieselmotor (2 x 335 kW) mit integriertem Russfilter. Die ersten *CoradiaLint41* wurden am 15. November 2006 im Plandienst eingesetzt. Parallel konnte der Einsatz der bei Bombardier angemieteten LVT/S-Prototypen beendet werden. Die ebenfalls bei der HLB eingesetzten VT 51, 71 und 72, die baugleich zur den DB-Baureihen 628/928 und 628/629 sind, sollten abgegeben werden.
Am 10. Dezember 2006 übernahm die **Hohenzollerische Landesbahn AG** (HzL) von der SBB

GmbH den Personenverkehr auf der *Seehäsle*-Strecke Radolfzell – Stockach. Zum Einsatz kommen seitdem NE 81-Triebwagen, die eine neue Farbgebung erhielten. Es handelt sich um VT41 (HzL), der zuvor von Gammertingen aus eingesetzt wurde sowie um drei von der Bodensee-Oberschwaben-Bahn übernommene Triebwagen (VT 60-62). Darüber hinaus werden vor allem an den Wochenenden vier *RegioShuttle* der Gattung RS1 eingesetzt. Die *Seehäsle*-Verkehre wurden vom Landkreis Konstanz zunächst für zwei Jahre vergeben. Nach einem weiteren Vergabeverfahren gab der Auftraggeber im August 2007 bekannt, dass der Vertrag mit der HzL bis Dezember 2023 verlängert wurde.

Die **Kahlgrund Verkehrs Gesellschaft mbH** (KVG) musste im Dezember 2005 den Personenverkehr auf der Kahlgrundbahn (Frankfurt (M) –) Kahl - Schöllkrippen an die Hessische Landesbahn GmbH - HLB abgeben und verlor somit ihren einzigen Schienenverkehr. Ein Teil der bislang eingesetzten Triebwagen konnten an die DB-Tochter Westfrankenbahn (WFB) vermietet werden. Es handelt sich um einen NE81-Triebwagen (VT 82, neu: 626 982), zwei NE 81-Mittelwagen (VS 83 und 84, neu: 926 983 und 984) sowie einen RS1-Triebwagen (*RegioShuttle*, VT 97, neu: 650 997). Die WFB setzt die ehemaligen KVG-Fahrzeuge in einer vierteiligen Garnitur auf der Strecke Wertheim (Main) – Miltenberg – Amorbach ein. Der NE 81-Triebwagen VT80 konnte bei der Sächsisch-Böhmischen Eisenbahn GmbH (SBE) eine neue Heimat finden. Der Triebwagen kommt als VT 43 auf der Strecke Zittau – Varnsdorf (CZ) – Seifhennersdorf zum Einsatz.

Die als „eurobahn" auftretende SPNV-Sparte der **KEOLIS Deutschland GmbH** wird ab Dezember 2008 im Rahmen eines Zehnjahresvertrages mit fünf Nahverkehrsgesellschaften unter Führung des Zweckverbands SPNV Ruhr-Lippe (ZRL) den Personenverkehr auf dem Hellweg-Netz (Strecken Dortmund – Münster, Dortmund – Soest, Münster – Hamm – Bielefeld und Münster – Hamm – Paderborn – Warburg) von DB Region übernehmen. Für diese Verkehre wurden bei ATE 25 vierteilige elektrische Triebwagen der Bauart FLIRT auf Leasingbasis bestellt. Stadler Pankow wird die Triebwagen ab Juni 2008 an ATE ausliefern. Ein FLIRT verfügt über 217 Sitzplätze, davon 16 in der 1.Klasse. Die Höchstgeschwindigkeit beträgt 160 km/h.

Ende März 2007 hat die eurobahn das Vergabeverfahren für das Maas-Rhein-Lippe-Netz für sich entscheiden können. Das Netz umfasst die Strecken Düsseldorf – Oberhausen – Dortmund – Hamm und Venlo – Mönchengladbach – Düsseldorf – Hagen – Hamm. Der Verkehrsvertrag mit dem Verkehrsverbund Rhein-Ruhr (VRR) hat eine Laufzeit von 16 Jahren und beginnt im Dezember 2009. Die eurobahn beabsichtigt, für das Maas-Rhein-Lippe-Netz neue elektrische Triebwagen zu beschaffen. Neben dem Hellweg- und dem Maas-Rhein-Lippe-Netz ist die eurobahn für den Personenverkehr auf den Strecken Bielefeld – Lemgo, Bielefeld – Rahden und Bünde – Löhne – Hildesheim – Bodenburg verantwortlich. Die eurobahn war bis zum 31. Dezember 2006 Teil des Joint Ventures Rhenus Keolis GmbH & Co. KG. Nachdem das Joint Venture aufgelöst wurde, sind die Verkehrsverträge teilweise auf die KEOLIS Deutschland übergegangen. Rhenus ist seitdem als **Rhenus Veniro GmbH & Co. KG** tätig und hat zum 1. Januar 2007 die Verantwortung für den Personenverkehr auf den Strecken Alzey – Kirchheimbolanden (eurobahn) und Freiberg – Holzau (Freiberger Eisenbahnen GmbH (FEG)) übernommen. Darüber hinaus ist die NIAG im Unternehmensportfolio als Bus- und Güterverkehrsunternehmen aufgehängt. Die von KEOLIS Deutschland betriebene Strecke Lage – Lemgo wurde am 28. Juli 2007 bis Lüttfeld verlängert. Zu diesem Zweck wurden 1 100 Meter der ehemaligen *Begatalbahn* Lemgo – Hameln reaktiviert, die letztmalig im Jahr 1980 von Personenzügen befahren wurde.

Die Landesnahverkehrsgesellschaft Niedersachsen mbH (LNVG) und die Stadt Hamburg haben den Regionalverkehr auf der Unterelbebahn Hamburg – Stade – Cuxhaven ab 10. Dezember 2007 für acht Jahre an die **metronom Eisenbahngesellschaft mbH** übertragen. metronom bietet montags bis samstags einen Stundentakt an. An Sonntagen ist das Angebot auf einen Zweistundentakt reduziert. Im Rahmen des Vergabeverfahrens hat sich lediglich metronom um den Verkehrsvertrag beworben. DB Regio, bislang Betreibergesellschaft auf der Unterelbebahn, hat sich auf Grund der Anforderungen nicht an der Ausschreibung beteiligt. Der Auftraggeber hatte unter anderem festgelegt, dass die von der LNVG zur Verfügung gestellten Fahrzeuge genutzt und im LNVG-Werk Uelzen gewartet werden müssen. Da DB Regio zwischen Hamburg und Uel-

Die HLB hat im Dezember 2006 zehn neue *CoradiaLint 41* in Betrieb genommen, die Eigentum der Fahma sind. Auf der Fahrt von Königstein/Taunus nach Frankfurt erreicht ein *CoradiaLint41* am 26. Mai 2007 Kelkheim-Hornau.

Am 10. Dezember 2006 übernahm die HzL von der SBB den Personenverkehr auf dem *Seehäsle* Radolfzell – Stockach. Am 11.Juni 2007 warten VT 62 und VT 41 in Stockach auf weitere Aufgaben. Foto: Raymond Kiès.

Die für den metronom-Verkehr auf der *Unterelbebahn* Hamburg – Cuxhaven vorgesehene 246 002 absolvierte nach einer Ausbesserung im Herstellerwerk in Kassel am 17. Februar 2007 eine Werksprobefahrt. Die Aufnahme von Rob von Ee entstand bei Nohra.

Die NEB Betriebsgesellschaft übernahm von DB Regio am 10. Dezember 2006 den Personenverkehr auf der Strecke Berlin-Lichtenberg – Kostrzyn (PL). Am 17. September 2007 ist ein NEB-*Talent* bei Alt Rosenthal auf dem Weg nach Kostrzyn.

zen keine Verkehre anbietet, hätten zusätzliche Leerfahrten für die Anbindung der Fahrzeuge an die Werkstatt gefahren werden müssen, die unter wirtschaftlichen Gesichtspunkten nicht durchführbar sind. Auf der Unterelbebahn werden 36 neue Bombardier-Doppelstockwagen eingesetzt, die im Pool mit den bislang auf den Strecken Hamburg – Bremen, Hamburg – Uelzen und Uelzen – Hannover – Göttingen eingesetzt werden. Die Fünfwagen-Züge werden mit Diesellokomotiven der Bauart TRAXX P160 DE bespannt. Bombardier hat insgesamt elf dieser als Baureihe 246 bezeichneten Diesellokomotiven an die LNVG geliefert. Im Rahmen eines Probeeinsatzes kam eine 246 im Mai 2007 für einige Tage unter der Regie der EVB im Güterverkehr im Großraum Hamburg zum Einsatz. Als Vorbereitung für den Planbetrieb kam eine 246 mit einer Garnitur Doppelstockwagen seit dem 3. September 2007 in den Verkehrsspitzen auf der Strecke Bremervörde – Hamburg-Neugraben zum Einsatz. Die TRAXX P160 DE hat die Achsfolge Bo'Bo'. Mit einer Leistung von 2 200 kW wird eine Höchstgeschwindigkeit von 160 km/h erreicht.
Im Januar 2007 hat die LNVG beschlossen, den Personenverkehr auf den Strecken Hamburg Hbf/Harburg – Tostedt und Hamburg-Harburg – Lüneburg zum 9. Dezember 2007 für drei Jahre ebenfalls auf die metronom zu übertragen. Die neuen metronom-Regionalverkehre (MEr) werden mit Doppelstockwagen gefahren, die von Elloks der Gattung TRAXX P160 AC2 bespannt werden. Für die MEr-Verkehre werden neun Steuerwagen der Bauart DABpbkzf, 18 Wagen 2.Klasse (DBpza) und neun Wagen 2.Klasse mit Multifunktionsraum (DBdpza) zur Verfügung gestellt.
Die **NEB Betriebsgesellschaft mbH** (NEB) übernahm am 10. Dezember 2006 im Auftrag des Verkehrsverbunds Berlin-Brandenburg von DB Regio den Personenverkehr auf der Ostbahn Berlin-Lichtenberg – Müncheberg – Küstrin-Kietz – Kostrzyn (PL). Bis zum letzten Moment war unklar, ob die NEB auf dem Grenztrajekt Küstrin-Kietz – Kostrzyn eine Betriebserlaubnis erhalten wird, da die NEB für das PKP-Netz nicht zugelassen war, obgleich die für den Verkehr geplanten Talent-Dieseltriebwagen zugelassen sind. Auf politischen Druck hin konnte für die NEB eine kurzfristige Zulassung erwirkt werden, so dass der Personenverkehr wie geplant zum ersten Betriebstag aufgenommen werden konnte. Im Laufe des Jahres 2006 nahm die NEB vier weitere Talent-Triebwagen (VT735-738) in Betrieb und verfügt somit über acht Triebwagen, die neben der Verkehren auf der Ostbahn auch auf den Strecken Berlin-Karow – Basdorf – Groß Schönebeck und Basdorf – Wensickendorf eingesetzt werden. Am 16. April 2007 wurde der Personenverkehr Basdorf – Wensickendorf versuchsweise bis Zehlendorf verlängert (3,4 km). Die Kosten dieser Verlängerung trägt die NEB selbst; sie erhält dafür keine Fördermittel. Montags bis freitags werden ab/bis Zehlendorf acht Zugpaare angeboten. Nachdem sich der Probebetrieb als erfolgreich erwiesen hat, werden die Verkehre nach Zehlendorf seit dem 13. Juli 2007 nun befristet für ein Jahr angeboten. Der Personenverkehr wurde auf diesem Abschnitt im Dezember 1997 eingestellt.
Die **neg Niebüll mbH** (neg), eine Tochter der Luxembourgischen Staatsbahn CFL, hat die eigenen Strecken Niebüll – Dagebüll Mole (14 km) und Niebüll – Tøndern (DK) (17,3 km) modernisiert. Brücken und Bahnübergänge wurden modernisiert, so dass die Streckenhöchstgeschwindigkeit auf 80 km/h angehoben werden konnte. Parallel wurden die Bahnsteige auf 76 cm angehoben. Auf Grund der Bauarbeiten war die Strecke Niebüll – Dagebüll Mole zwischen dem 6. Februar und dem 28. März 2007, die Strecke Niebüll – Tønder vom 16. April bis zum 16. Mai 2007 für den Gesamtverkehr gesperrt. Der auf der Strecke Niebüll – Dagebüll eingesetzte T4 ÖBB-Baureihe 5047) wurde in den CFL-Hausfarben lackiert.
Die zur Veolia Transport gehörende **Nord-Ostsee-Bahn GmbH** (NOB) hat im Gegensatz zu früheren Planungen den Fahrzeugbestand für die Marschbahn Hamburg-Altona – Westerland nicht verändert. Die *Eurorunner*-Loks DE 2000-01 bis 03 sind Eigentum der NOB, während vier baugleiche Maschinen (ER20-008, 010 bis 012) über Vossloh Locomotives von Dispolok geleast sind. Ebenfalls bei Vossloh Locomotives wurden die zwölf DE 2700 (DE 2700 01-12) angemietet. Zwei ursprünglich für die NOB bestimmte *Eurorunner*, die im Herbst 2006 fertig gestellt wurden, konnten kurzfristig an andere EVU abgegeben werden. Die als DE 2000-05 vorgesehene Lok wurde als 2016 904 an die LTE Logistik und Transport GmbH in Österreich übergeben (s. Seite 289), während die designierte DE 2000-04 als 22 an die WLE (s. Seite 121) ging. Die NOB über-

nahm zum 11. Dezember 2005 von DB Regio den gesamten Regionalverkehr auf der Marschbahn Hamburg – Westerland im Rahmen eines Verkehrsvertrags mit der Landesnahverkehrsgesellschaft Schleswig-Holstein. Für den Betrieb erhält die NOB jährlich Fördermittel in Höhe von 18 Millionen €. Im ersten Betriebsjahr erwirtschaftete die NOB auf Grund verschiedener Umstände im Marschbahn-Verkehr erhebliche Verluste. Sie erwartete daher vom Auftraggeber eine deutliche Erhöhung der Zuschüsse. Als Gründe trägt das Unternehmen unter anderem die erhöhte Zahl von Saisonzügen in den Sommermonaten vor. Darüber hinaus verzögerte sich die Fertigstellung der Brücke über den Nord-Ostsee-Kanal bei Hochdonn erheblich, so dass zahlreiche Züge ausgefallen oder verspätet waren, was zu Mehrkosten geführt habe.
Am 10. Dezember 2006 übernahm die **NordWestBahn GmbH** (NWB) von DB Regio den Personenverkehr auf den Strecken Borken – Dorsten – Essen, Dorsten – Dortmund und Coesfeld – Dorsten. Der Personenverkehr auf diesen zum Emscher-Münsterland-Netz (140 km) gehörenden Strecken wurde im Jahr 2005 durch den Verkehrsverbund Rhein-Ruhr (VRR) und den Zweckverband SPNV Münsterland (ZVM) erneut ausgeschrieben. Der Vertrag mit der NWB hat eine Laufzeit von zwölf Jahren. Auf allen drei Strecken wird ein Stundentakt angeboten, der in den schwach ausgelasteten Zeiten auf einen Zweistundentakt gestreckt ist. Zum Einsatz kommen dreiteilige *Talent*-Triebwagen, die von Bombardier mit den Betriebsnummern VT 739 bis 745 über ATE an die NWB geliefert wurden. Somit verfügt die NWB über 31 *Talent*-Triebwagen. Da zum Fahrplanwechsel am 10. Dezember 2007 nicht alle sieben Neubautriebwagen zur Verfügung standen, hat ATE in den ersten Betriebswochen die Ersatztriebwagen VT643.19 bis 21 zur Verfügung gestellt. In Dorsten wurde ein neues Betriebswerk für die *Talent*-Triebwagen errichtet.
Die zur Veolia-Gruppe gehörende **Farge-Vegesacker Eisenbahn GmbH** (FVE) hat Anfang 2007 mit der Instandsetzung der bereits 1961 im Personenverkehr stillgelegten Strecke Bremen-Vegesack – Bremen-Farge (10,4 km) begonnen. Seit dem 9. Dezember 2007 und befristet bis zur Elektrifizierung im Jahr 2011 bietet die NWB einen Halbstundentakt mit *Talent*-Dieseltriebwagen an. Später ist die Einbindung der Strecke in den Gesamtverkehr Bremen Farge – Bremen Hbf – Verden geplant.
Das Land Meckenburg-Vorpommern hat den Verkehrsvertrag mit der **Ostseeland Verkehr GmbH** (OLA) für den Personenverkehr auf der Strecke Bergen auf Rügen – Lauterbach Mole um drei Jahre verlängert. Die OLA betreibt den Personenverkehr seit dem 1. März 2004. Im Auftrag des Landes Brandenburg soll die OLA ab dem 9. Dezember 2007 im Rahmen eines Zweijahresvertrags die Verkehre Jüterbog – Treuenbrietzen – Beelitz (Stadt) – Berlin-Wannsee und Brandenburg – Rathenow von DB Regio übernehmen. Die OLA wird für diese Verkehre vier *Desiro*-Triebwagen einsetzen.
Im Dezember 2006 gaben die Länder Brandenburg und Sachsen die Vergabe des Spree-Neiße-Netzes an die **Ostdeutsche Eisenbahngesellschaft mbH** (ODEG) bekannt. Der Verkehrsvertrag, der am 13. Dezember 2008 beginnt und eine Laufzeit von zehn Jahren hat, umfasst den Personenverkehr auf den Strecken Cottbus – Görlitz – Zittau, Cottbus – Spremberg, Görlitz – Hoyerswerda, Görlitz – Bischofswerda und Cottbus – Forst. Der erstgenannte Verkehr wird aktuell von Veolia, die übrigen von DB Regio gefahren. Sowohl Veolia als auch DB Regio haben gegen die Vergabe geklagt, scheiterten jedoch im Rahmen eines Berufungsverfahrens im März 2007. Für die Verkehre hat die ODEG Ende Juni 2007 bei Stadler Pankow drei RegioShuttle RS1 bestellt, die im Jahr 2008 ausgeliefert und auf dem Spree-Neiße-Netz eingesetzt werden. Im September 2007 wurden bei Siemens sechs *Desiro*-Triebwagen bestellt, die ab September 2008 ausgeliefert werden.
Die **Prignitzer Eisenbahn GmbH** musste den Personenverkehr auf den Strecken Pritzwalk – Putlitz und Neustadt/Dosse – Neuruppin zum 9. Dezember 2006 einstellen, da das Land Brandenburg keine Finanzmittel für diese Verkehre bereit stellt. Parallel wurde das Fahrplanangebot auf der Strecke Neustadt/Dosse – Pritzwalk – Meyenburg deutlich reduziert. Um den Verlust zu kompensieren, fährt die PEG seit 10. Dezember 2006 in Kooperation mit DB Regio einen Stundentakt auf der Strecke Berlin-Lichtenberg – Löwenberg – Templin. Jedes Unternehmen fährt einen Zweistundentakt, der sich zu einem Stundentakt ergänzt. Seit 27. August 2007 werden zwischen Pritzwalk und Putlitz montags bis freitags wieder Schülerzüge gefahren.

Der zwischen Niebüll und Dagebüll Mole eingesetzte T4 wurde in den CFL-Hausfarben lackiert. Am 21. April 2007 wartet der Triebwagen als neg 16 in Dagebüll Mole auf die Abfahrt nach Niebüll. Foto: Jan Lundstrøm.

Am 10. Dezember 2006 übernahm die NordWestBahn von DB Regio den Personenverkehr auf dem *Emscher-Münsterland-Netz*. Am 19. Mai 2007 erreicht ein *Talent*-Triebwagen aus Coesfeld kommend den Endbahnhof Dorsten.

Am 8. Dezember 2007 fuhr der letzte Allgäu Express München – Oberstdorf des Joint Ventures aus **Regental-Bahnbetriebs-GmbH** (RBG) und SBB GmbH. Am Folgetag übernahm die **Regentalbahn AG** im Rahmen eines Zehnjahresvertrages mit der Bayerischen Eisenbahngesellschaft mbH (BEG) diese Verkehre. Zur zum britischen Arriva-Konzern gehörenden Länderbahn gehört neben der RBG auch die Vogtlandbahn GmbH. Der Allgäu Express-Vertrag beinhaltet darüber hinaus den Personenverkehr auf den Strecken München – Regensburg – Schwandorf – Hof/Furth im Wald. Zwischen München und Schwandorf wird ein Zweistundentakt angeboten, der mit dem Fahrplanangebot von DB Regio zu einem Stundentakt verdichtet wird. Zwei Zugpaare werden in Kooperation mit der ČD durchgehend zwischen München und Praha hl.n. gefahren. Südlich von München weicht das Fahrplanangebot der neuen Betreibergesellschaft von dem ursprünglichen Alex-Konzept ab. Alle zwei Stunden werden die von München kommenden Züge in Immenstadt geflügelt. Ein Zugteil fährt wie gewohnt bis Oberstdorf, der zweite Zugteil wird bis Lindau gefahren. Die bislang beim Allgäu Express eingesetzten Reisezugwagen – Eigentum der SBB GmbH – sollen mittelfristig im neuen Betriebskonzept nicht mehr eingesetzt werden. Die bislang als Zugloks eingesetzten *Eurorunner* ER 20-002, 003, 005 und 015 wurden an Dispolok zurückgegeben. Die RBG wird für den Verkehr 57 ehemalige DB-Wagen einsetzen, die zum Teil aus der Insolvenzmasse der Flex (Hamburg – Padborg) stammen und zuvor vollständig modernisiert wurden. In diesem Zusammenhang wurden die Reisezugwagen für eine Höchstgeschwindigkeit von 200 km/h ertüchtigt. Als Traktion für den Arriva Länder Express (Alex) Oberstdorf/Lindau – Hof / Furth im Wald werden im Dieselabschnitt elf neue *Eurorunner* der Baureihe 223 eingesetzt, die bei ATE geleast sind. Die erste Lokomotive verließ im Mai 2007 die Werkshallen von Siemens in München-Allach. Entgegen zu den bislang beim Alex eingesetzten ER20 sind die neuen Lokomotiven im Design des Betreibers gehalten und präsentieren sich in einer türkis-hellgrau-gelben Farbgebung. Alle elf ER20 wurden zwischen Juli und November 2007 an die RBG ausgeliefert. Eine zwölfte Lokomotive wird für den Güterverkehr der Regentalbahn geliefert. Zwischen September und Dezember 2007 kam eine 223 mit einer neuen Alex-Garnitur im Rahmen von Ausbildungsfahrten als Vogtland-Express zwischen Plauen und Berlin zum Einsatz.

In Kooperation mit der Salzburg AG hat sich die RBG auf die von der BEG ausgeschriebenen Verkehre Freilassing – Berchtesgaden beworben. Der Personenverkehr ist in das Netz der S-Bahn Salzburg integriert. RBG/Salzburg AG hat das Vergabeverfahren für sich entscheiden können und löst somit im Dezember 2010 DB Regio auf dieser Strecke ab. Der Verkehrsvertrag hat eine Laufzeit von zwölf Jahren. Die derzeit eingesetzten ÖBB-*Talent* (Baureihe 4023) werden durch andere Fahrzeuge ersetzt.

Die ebenfalls zur Länderbahn gehörende **Vogtlandbahn GmbH** (VBG) hat am 9. Dezember 2006 den Personenverkehr Schönberg – Schleiz eingestellt. Die Nahverkehrsservicegesellschaft Thüringen hat den Verkehrsvertrag mit der VGB gekündigt und den Personenverkehr abbestellt. Das Fahrplanangebot auf der Strecke Adorf – Zwotental wurde auf vier Zugpaare pro Tag ausgedünnt. Der Ertragsverlust konnte jedoch durch eine Kooperation mit DB Regio Oberfranken für den Personenverkehr auf den Strecken (Hof –) Münchberg – Hembrechts und Lichtenfels – Neuenmarkt-Wirsberg kompensiert werden. Die Verkehre werden ab 10. Dezember 2006 aufgenommen. Zum Einsatz kommen VBG-eigene *Desiro*-Triebwagen sowie übergangsweise von der ODEG angemietete *RegioShuttle* RS1.

Der *Vogtland Express* Plauen – Berlin fährt seit 10. Dezember 2006 über Zwickau, Glauchau, Hohenstein-Ernstthal, Chemnitz, Mittweida, Döbeln und Riesa. In Richtung Süden wurde der Verkehr bis Hof verlängert. Zuvor war die Streckenführung über Werdau, Altenburg und Leipzig. Die Änderung ist in Zusammenhang mit den Bauarbeiten im Großraum Leipzig zu sehen, die im Jahr 2007 erhebliche Einschränkungen im Nah- und Fernverkehr zur Folge hatten. Darüber hinaus hat die DB am 9. Dezember 2006 den letzten Fernzug zwischen Chemnitz und Berlin eingestellt, so dass die VGB eine gleichwertige Alternative anbieten kann.

Zum 9. Dezember 2007 hat die Länderbahn im Rahmen des Verkehrsvertrages mit der BEG den Regionalverkehr München – Regensburg übernommen. Für den Verkehr wurden bei Siemens vier Elloks der Gattung ES 64 U4 (Baureihe 183) bestellt. Die Lokomotiven sind baugleich zu

Da ein Teil der PEG-Verkehre in Mecklenburg-Vorpommern im Dezember 2006 abbestellt wurden, hat das Unternehmen als Ausgleich einige Leistungen auf der Strecke Berlin-Lichtenberg – Löwenberg – Templin erhalten. Zwei *Regioshuttles* verlassen am 17. September 2007 auf dem Weg nach Templin den Bahnhof Nassenheide.

Im Dezember 2007 wurde der von RBG und SBB gemeinsam betriebene *Allgäu-Express* München – Oberstdorf eingestellt. Satt dessen hat die Länderbahn den Verkehr nach entsprechender Ausschreibung im Alleingang übernommen. In der bislang gewohnten Form ist ER20-002 mit ALX 86707 Oberstdorf – München am 13. August 2007 bei Günzach unterwegs. Foto: René de Vries.

Die ab Dezember 2007 in den neuen Länderbahn-Verkehren München – Oberstdorf/Lindau und München – Hof/Furth im Wald eingesetzten Garnituren kamen seit September 2007 zur Ausbildung der Personale im Regelverkehr der Vogtlandbahn zwischen Hof und Berlin zum Einsatz. Am 16. September 2007 war VBG-223 062 mit einer Länderbahn-Garnitur als Leerzug auf dem Weg von Berlin Gesundbrunnen nach Grunewald. Foto: Sebastian Schrader.

Für die RegionalExpress-Züge München – Regensburg hat die Vogtlandbahn vier Elloks der Baureihe 183 in Betrieb genommen. Am 7. Oktober 2007 präsentierte sich 183 001 im Siemens-Werk München Allach dem Fotografen Maik Watzlawik.

den ÖBB-Maschinen der Baureihe 1216, werden jedoch nur für eine Fahrspannung von 15 und 25 kV ausgerüstet. Die Lokomotiven wurden im September/Oktober 2007 ausgeliefert. Die Züge der Relation Regensburg – Hof/Furth im Wald werden durch die RBG mit *Eurorunner*-Diesellokomotiven bespannt.
Das Land Mecklenburg-Vorpommern hat über die Verkehrsgesellschaft Mecklenburg-Vorpommern mbH den Personenverkehr auf der Schmalspurstrecke (750 mm) Putbus – Göhren ausgeschrieben. Nachdem sich in der ersten Runde kein Interessent beworben hat, der die Anforderungen erfüllen könnte, wurde der Verkehr im Juli 2007 unter neuen Voraussetzungen erneut ausgeschrieben. Der Beförderungsvertrag mit der **Rügenschen Kleinbahn GmbH** (RüKB) läuft am 31. Dezember 2007 ab. Der neue Verkehrsvertrag sieht eine Laufzeit von zehn Jahren vor. In der Hauptsaison 2007 (28. April – 3. Oktober) wurde auf dem Rasenden Roland ein Stundentakt angeboten.
Die **Sächsisch-Böhmische Eisenbahngesellschaft mbH** (SBE) hat von der KVG den NE 81-Triebwagen VT 80 übernommen und als VT 43 eingereiht. Das Fahrzeug wird zusammen mit den Triebwagen VT 41 und VT 42 (2005 von der Regental Bahnbetriebgesellschaft übernommen) auf der Strecke Zittau – Varnsdorf (CZ) – Seifhennersdorf eingesetzt. Auf eigene Rechnung fährt die SBE mehrmals pro Jahr planmäßige Reisezüge auf der Strecke Zittau – Liberec – Praha. Da aus dem Fahrzeugpark der SBE lediglich die Schienenbusse der Baureihe 798 eine Zulassung für Tschechien haben, werden ausschließlich diese Fahrzeuge im Verkehr nach Praha eingesetzt. Zum Dezember 2010 sollen die beiden genannten Verkehre in einem Paket neu ausgeschrieben werden.
trans regio Deutsche Regionalbahn GmbH (TRDR) ist eine Tochter der EuRailCo GmbH, einem Joint Venture aus der französischen Transdev (ebenfalls: Mehrheitseigner der niederländischen Connexxion, Seite 152) und RATP (Vorortverkehr Paris). Das Unternehmen hat bei ATE 16 dreiteilige elektrische *Desiro Mainline* von Siemens geleast, die bis Dezember 2008 ausgeliefert werden. Der *Desiro Mainline* ist für den Vorortverkehr (S-Bahn) in Ballungszentren und für Regionalverkehre mittlerer Entfernungen konzipiert und wird sowohl als elektrische Variante sowie als Dieseltriebwagen ausgeführt. Je nach Kundenwunsch werden ein-, zwei-, drei- oder vierteilige Triebwagen mit einem Platzangebot zwischen 120 und 384 Sitzplätzen und einer Einstiegshöhe von 600, 800 oder 1 000 mm geliefert. Die Motorleistung variiert je nach Länge und Antrieb. Die Höchstgeschwindigkeit beträgt 160 km/h. Die Wagenkästen des *Desiro Mainline*-Triebwagens ruhen auf eigenen Drehgestellen. Siemens ist somit erstmals von dem Konzept der Jakobsdrehgestelle abgekommen, die noch bei den DB-Baureihen 423 bis 426 verwendet wurden. Siemens führt als Grund einen höheren Achsdruck sowie kürzere Wagenlängen bei den Mittelwagen beim Einbau von Jakobsdrehgestellen an.
Die *Desiro Mainline*-Triebwagen sollen in den Verkehren Köln-Messe/Deutz – Koblenz (RB-Linie 26, Stundentakt) und Koblenz – Mainz (RB-Linie 32, Stundentakt, zwischen Bingen und Mainz montags – freitags zu einem Halbstundentakt verdichtet) auf der Linken Rheinstrecke eingesetzt werden. TRDR hat die Verkehre im Rahmen einer Ausschreibung ab dem 12. Dezember 2008 für 15 Jahre gewonnen. Auftraggeber sind die Zweckverbände Rheinland-Pfalz Nord und Süd sowie der Verkehrsverbund Rhein-Sieg. Das Vergabeverfahren war nicht reibungslos. Der Wettbewerber DB Regio hat nach Bekanntgabe des Ergebnisses gegen die Entscheidung geklagt. Der Klage wurde jedoch nicht statt gegeben. Im Rahmen eines Vergabeverfahrens für das West- und Südpfalznetz ging TRDR jedoch nur als Zweiter durch das Ziel. Beide Netze wurden zum Dezember 2008 für 15 Jahre an DB Regio übertragen. Aus diesem Grund wird TRDR den Personenverkehr auf der zum Westpfalz-Netz gehörenden Strecke Kaiserslautern – Kusel am 11. Dezember 2008 abgeben. Zum Westpfalz-Netz gehören darüber hinaus die Strecken Bingen – Bad Kreuznach – Kaiserslautern – Pirmasens, Kaiserslautern – Lauterecken-Grumbach und Pirmasens–Saarbrücken. Das parallel ausgeschriebene Südpfalz-Netz ist ab Dezember 2010 für 13 Jahre ebenfalls an DB Regio übertragen. Das Netz umfasst die Strecken Neustadt – Landau – Karlsruhe, Neustadt – Winden – Wissembourg (F), Winden – Bad Bergzabern, Wörth – Lauterbourg (F), Landau – Pirmasens und Hinterweidenthal – Bundenthal. Im Juli 2007 wurde bekannt,

dass DB Regio darüber hinaus den Personenverkehr auf den Strecken Bullay – Traben-Trarbach und Andernach – Kaisersesch gewonnen hat. DB Regio wird den Personenverkehr am 11. Dezember 2008 von TRDR übernehmen.
Für die Wartung der *Desiro Mainline*-Triebwagen hat TRDR im Juni 2006 das Gelände des ehemaligen DB-Werks Koblenz-Mosel gekauft. Hier soll ein neues Betriebswerk für errichtet werden.
Im Herbst 2006 hat die **Usedomer Bäderbahn GmbH** (UBB) die Arbeiten zum Bau der drei Kilometer langen Strecke von Ahlbeck/Grenze ins polnische Świnoujście aufgenommen. Die Strecke verläuft hälftig auf deutschem und polnischem Hoheitsgebiet. Im Stadtzentrum von Świnoujście wird ein neuer Kopfbahnhof mit zwei Bahnsteiggleisen entstehen. Im November 2007 waren die Bauarbeiten abgeschlossen. Die Betriebsaufnahme wurde jedoch von Dezember 2007 auf Januar 2008 verschoben, da Polen erst zum 1. Januar 2008 dem Schengener Abkommen beitritt. In Abstimmung mit den deutschen und polnischen Behörden wollte man bei der UBB auf notwendige Pass- und Zollformalitäten für die wenigen Wochen in 2007 verzichten.
Die **Veolia Verkehr GmbH**, Muttergesellschaft zahlreicher im Personenverkehr tätiger EVU und über die Tochter OLA Betreiber der InterConnex-Züge musste das Geschäftsjahr 2006 mit einem deutlichen Verlust abschließen. Als Ursache trägt das Unternehmen die Unregelmäßigkeiten bei der Nord-Ostsee-Bahn in Zusammenhang mit der Betriebsaufnahme der Marschbahn-Verkehre an (s. Seite 131). Veolia Verkehr hat im Geschäftsjahr 2006 einen Umsatz von 430 Millionen € erwirtschaftet, was einem Plus von 25% entspricht. Der InterConnex wurde am 28. Mai 2006 auf zwei Zugpaare in der Relation Leipzig – Berlin Ostbahnhof reduziert, die montags bis freitags verkehren. Samstags ist ein Zugpaar über Berlin und Rostock bis Warnemünde verlängert, das an Sonntagen wieder zurück fährt. Zum Fahrplanwechsel im Dezember 2006 wurde das Angebot um ein neues Zugpaar zwischen Berlin Hbf. und Leipzig erweitert. Alle InterConnex-Züge fahren künftig durch den Berliner Nord-Süd-Tunnel. Der InterConnex zwischen Leipzig und Gera wurde eingestellt. Mit der Fertigstellung der Strecke Rostock – Lalendorf am 9. Juni 2007 konnte der InterConnex wieder täglich von Warnemünde über Rostock nach Berlin und Leipzig verkehren. Zum 9. Dezember 2006 wurden die bislang im InterConnex eingesetzten Reisezugwagen der Gattungen Tomz, Eomz und Beomz durch die ebenfalls auf der Marschbahn eingesetzten

Die Sächsisch-Böhmische Eisenbahngesellschaft (SBE) hat aus dem Bestand der KVG den VT 80 übernommen und als VT 43 in Dienst gestellt. Am 6. Juni 2007 wurde der Triebwagen in seine neue Heimat Zittau überführt, aufgenommen bei Saalfeld. Foto: Jörg Boeisen.

Wagen der Gattungen ABpm, Bpmdz und Bpmb ersetzt, die von einer Ellok der Baureihe 146.2 bespannt wird.
Der bislang zwei Mal pro Woche verkehrende *OstseelandExpress* Stralsund – Dresden-Neustadt der Veolia/Ostseeland Verkehrs GmbH wurde am 9. Dezember 2006 auf Grund der schlechten Nachfrage aufgegeben.
Die **Connex Sachsen GmbH**, seit Dezember 2004 für den Personenverkehr auf der Strecke Leipzig – Bad Lausick – Geithain im Auftrag des Zweckverbands Nahverkehrsraum Leipzig (ZVNL) verantwortlich, soll im Rahmen eines neuen Verkehrsvertrages den Verkehr am 9. Dezember 2007 für weitere zwei Jahre durchführen. Der neue Vertrag beinhaltet eine Verlängerungsoption für weitere zwei Jahre. Der Verkehrsvertrag für die Strecke Cottbus – Görlitz – Zittau läuft im Dezember 2008 aus. Der Verkehr wurde im Rahmen eines Gesamtpaketes ab Dezember 2008 an die ODEG vergeben (siehe…).
Die **VIAS GmbH** verfügt über 22 zweiteilige Dieseltriebwagen der Bauart Itino (VT101 - 122), die auf den zum Odenwald-Netz gehörenden Strecken Frankfurt/M – Hanau – Wiebelsbach-Heubach – Erbach und Darmstadt – Wiebelsbach-Heubach – Erbach – Eberbach eingesetzt werden. VIAS hat die Verkehre im Rahmen einer Ausschreibung zum 11. Dezember 2005 von DB Regio für zehn Jahre übernommen. Da es vor allem im Berufsverkehr zu erheblichen Engpässen kommt, wurden bei Bombardier drei weitere *Itino*-Triebwagen bestellt. Die Triebwagen konnten zu einem attraktiven Preis erworben werden, da sie der laufenden Produktion für die schwedische Västtrafik entnommen werden können (siehe…). Die Lieferung erfolgt im Jahr 2009.
Der Zweckverband Schienenpersonennahverkehr Rheinland-Pfalz Nord hat den Vertrag für den Personenverkehr auf der *Daadetalbahn* Betzdorf – Daaden mit der **Westerwaldbahn GmbH des Kreises Altenkirchen** (WEBA), der am 31. Dezember 2007 endete, um sieben Jahre bis Dezember 2014 verlängert.

Seit dem Fahrplanwechsel im Dezember 2006 verkehren die InterConnex-Züge von Leipzig nach Berlin wieder täglich über Rostock nach Warnemünde. Am 17. September 2007 ist die bei Veolia eingestellte 146 522 mit InterConnex 80006 Warnemünde – Leipzig bei Nassenheide unterwegs.

NIEDERLANDE

Die NS-Holding konnte das Geschäftsjahr 2006 zum wiederholten Mal mit einem positiven Ergebnis abschließen. Der Umsatz konnte um 7,5% auf 3,846 Milliarden € gesteigert werden. Obgleich die Verbindlichkeiten um 11% auf 3,536 Milliarden € wuchsen, konnte ein Gewinn von 311 Millionen € ausgewiesen werden (+ 8%). Der Personenverkehr konnte sein Unternehmensergebnis im Geschäftsjahr 2006 von 133 Millionen € auf 149 Millionen € steigern, was vor allem auf den Binnenverkehr zurückzuführen ist. Das Beförderungsaufkommen konnte bei einem Umsatz von 1,696 Milliarden € (2005 = 1,592 Milliarden €) um 4,5% auf 15,4 Milliarden Personenkilometer ausgebaut werden. Der Umsatz im internationalen Reiseverkehr ist um 8% auf 75 Millionen € gewachsen. Daraus resultiert ein Return of Investment (ROI) von 3,7% (2005 = 4,2%). Trotz des positiven Ergebnisses ist die NS-Holding noch weit von den angestrebten 7% entfernt. Die Investitionen konnten mit 372 Millionen € auf dem Niveau von 2005 gehalten werden. Die Pünktlichkeitsquote – in den Niederlanden gelten alle Züge, die mit weniger als drei Minuten Verspätung ihren Zielbahnhof erreichen als pünktlich – lag mit 84,8% auf dem Niveau des Jahres 2005, obgleich es Ausreißer sowohl nach oben als auch nach unten gab. Im Laufe des Jahres 2007 pendelte sich der Wert bei rund 87% ein, was jedoch nicht auf den neuen Fahrplan zurückzuführen ist. Zum Erstaunen vieler Kunden wurde die Pünktlichkeitsquote im Laufes des Jahres 2007 sang und klanglos aus den Medien genommen. Stattdessen begann die NS im Rahmen von Meinungsumfragen die Aufmerksamkeit gezielt auf Reisekomfort und den Aufenthalt auf den Bahnhöfen zu lenken.

In Brüssel unterzeichneten Vertreter von NS, DB, SNCF, SNCB, ÖBB, SBB, Eurostar, Thalys und Lyria (Joint Venture von SBB und SNCF) am 2. Juli 2007 eine Absichtserklärung zur Gründung von Railteam. Railteam hat sich zum Ziel gesetzt, die nationalen Hochgeschwindigkeitsnetze zu verknüpfen und somit das schnelle Reisen mit der Eisenbahn in Europa attraktiver zu machen.

Drei Großprojekte

Nachdem sich die drei großen Infrastrukturprojekte der NS im Geschäftsjahr 2006 nur zögerlich entwickelt hatten, hoffte man auf ein erfolgreicheres Jahr 2007. Doch es sollte bei der Hoffnung bleiben. Im April 2007 konnte der viergleisige Abschnitt Amsterdam (Duivendrecht) – Utrecht in Betrieb genommen, nachdem die Inbetriebnahme im Jahr 2006 an der fehlenden Zertifizierung der Signaltechnik - ein Entwurf von Bombardier - gescheitert war. Die Strecke wurde entgegen der ursprünglichen Planung vorerst nicht mit ERTMS ausgerüstet. Dies soll bis 2009 nachgeholt werden. In Abcoude wird die viergleisige Strecke durch eine Galerie mit Aquädukt über den Fluss Het Gein in einen neuen Bahnhof geführt, der 700 Meter nördlich des alten Bahnhofs entstanden ist. Im Oktober 2007 konnte der großzügig angelegte und umgebaute Bahnhof Amsterdam Bijlmer in Betrieb genommen werden, der nun als Amsterdam Biilmer ArenA bezeichnet wird.

Der nördliche Abschnitt der HSL-Zuid wurde am 1. Juli 2007 übergeben, nachdem ein über die Toleranzgrenze abgesackter Abschnitt von einigen hundert Metern wieder hergestellt werden konnte. Im südlichen Abschnitt bei Breda wurden die zu schwach ausgeführten Schallschutzwände ersetzt bzw. verstärkt. Die HSL-Zuid konnte jedoch nicht wie beabsichtigt für den Schnellverkehr von NS Hispeed (eine Kooperation aus High Speed Alliance und NS Internationaal) freigegeben werden, da man ein rechtzeitiges Update von ERMTS auf den aktuellen europäischen Standard (Version 2.3.0) versäumt hatte. Die Einrichtung von ERMTS 2.3.0. wird weitere 30 Millionen € verschlingen und steht voraussichtlich erst im März 2008 zur Verfügung. Somit können erste Test- und Schulungsfahrten frühestens im Frühjahr 2008 stattfinden. Ein Planbetrieb mit

Im April 2007 wurde der viergleisige Abschnitt Amsterdam – Abcoude – Utrecht in Betrieb genommen. Dennoch wurden die Verkehre bei Abcoude am 10. April 2007 noch über die alte Trasse geführt. Foto: Vasco de Cocq.

Ein Güterzug mit Triebfahrzeugen unterschiedlicher Traktionsarten und Eisenbahngesellschaften bildete anlässlich der offiziellen Eröffnung der *Betuweroute* am 16. Juni 2007 den Eröffnungszug. An der Spitze des außergewöhnlichen Gespanns macht sich E 186 116 nützlich, aufgenommen in Kijfhoek. Foto: Guus Ferrée.

ERMTS-fähigen Hochgeschwindigkeitszügen kann demnach voraussichtlich erst zum Fahrplanwechsel im Dezember 2008 aufgenommen werden. Aufgrund dieser Verzögerung, die Hispeed nicht zu vertreten hat, braucht das Unternehmen die an sich fällig gewesenen hohen Konventionalstrafen, die aufgrund von Lieferverzögerungen durch AnsaldoBreda entstanden wären, nicht zu bezahlen. Hispeed hat zur eigenen Sicherheit eine neue Konzession für das Fahren mit geleasten TRAXX-Lokomotiven und entsprechenden ICRm-Wagen ab Dezember 2007 abschließen können. Diese Garnituren sind für eine Geschwindigkeit von 160 km/h zugelassen. Für die Mindereinkünfte hat Hispeed bereits Ausgleichszahlungen in Höhe von 45 Millionen € vom Staat erhalten.
Am 16. Juli 2007 eröffnete Königin Beatrix im Rahmen eines Festaktes die *Betuweroute*, obgleich der Testbetrieb noch nicht abgeschlossen war. Es wurden Mängel am Signalsystem festgestellt, so dass die gesamte Strecke als ein Block betrachtet wird. Demnach kann lediglich ein Zug alle 90 Minuten verkehren. Die Anschlüsse bei Meteren zur Strecke Geldermalsen – Den Bosch sowie bei Elst zur Strecke Arnhem – Nijmegen wurden noch nicht dem Betrieb übergeben. Die größte Achillesferse stellt jedoch der deutsche Abschnitt Emmerich – Oberhausen dar. Trotz umfangreicher Versprechungen wurde die Strecke für eine Kapazitätserweiterung nicht ausgebaut, so dass für den Jahresfahrplan 2008 deutlich mehr Trassen über Brabant gebucht wurden. Im Hinblick auf den nicht erfolgten Ausbau der Strecke Emmerich Grenze – Oberhausen ist jedoch zu berücksichtigen, dass die *Betuweroute* nach ursprünglichen Planungen sowohl über einen nördlichen und eine südlichen Anschluss erreichbar sein sollte. Diese Anschlüsse wurden gestrichen und damit erhöht sich der Druck auf dem abschnitt Emmerich – Oberhausen.

Infrastruktur

Im Jahr 2007 wurde mit dem zweigleisigen Ausbau der Strecke nach Houten begonnen. In diesem Zusammenhang wurde im Bahnhof Houten ein Notbahnsteig errichtet. Das bestehende Bahnhofsgebäude wurde in einer spektakulären Baumaßnahme um 150 Meter verschoben. Die Empfangsgebäude von Arnhem und Rotterdam Centraal mussten hingegen im Rahmen der Umbauarbeiten abgerissen werden. Bis zum Neubau der Bahnhofsgebäude müssen sich die Reisenden mit zahlreichen Behelfsgebäuden und provisorischen Fußgängerbrücken behelfen. Das Bahnhofsgebäude von Alphen am Rhein wurde ebenfalls abgerissen. In den Niederlanden trennt man sich mehr und mehr von kleinen Empfangsgebäuden aus den fünfziger Jahren oder später, die nach der Schließung der Fahrkartenausgabe nicht verkauft werden konnten. Selbiges betrifft rund ein Dutzend älterer, großer Bahnhofsgebäude, die von NS Vastgoed über einen Makler verkauft wurden. Der Hauptbahnhof in Apeldoorn blieb von dieser Verkaufsmaßnahme jedoch verschont und wurde im Rahmen einer Neugestaltung des Bahnhofsvorplatzes renoviert. So wurde unter anderem das bereits vor Jahren zurück gebaute Gleis 1 wieder in Betrieb genommen. Das Gleis wird von den neu eingerichteten Stopzügen Apeldoorn – Deventer – Almelo genutzt.
In Hilversum wurde im Jahr 2007 ein Tunnel mit einem Tiefbahnhof für den Nahverkehr in Betrieb genommen, der einen der letzten handbedienten Bahnübergänge in den Niederlanden ersetzt.
In Almelo wurde mit dem Bau einer Tunnelstrecke zwischen dem Hauptbahnhof und Almelo De Riet begonnen. Die Inbetriebnahme einer eingleisigen Behelfsstrecke, über die der Gesamtverkehr für einige Jahre abgewickelt werden muss, verlief sehr problematisch. Auf Grund eines Fehlers in der Signalanlage war für die ersten zehn Tage kein Zugverkehr möglich. In den folgenden 14 Tagen war lediglich ein eingeschränkter Zugbetrieb möglich. Darüber hinaus wurden geplante Streckensperrungen im Rahmen der Baumaßnamen durchgeführt, die zwischen sieben und zehn Tagen andauerten. Auf Grund der Erneuerung des Unterbaus mussten Teilstücke der *Zeeuwse Lijn* (Roosendaal – Vlissingen) sowie die Strecken Woerden – Alphen a/d Rijn und Zwolle – Deventer zeitweise für den Gesamtverkehr gesperrt werden. Die im Zusammenhang mit dem

Im Rahmen des zweigleisigen Ausbaus zwischen Utrecht und Houten musste das alte Bahnhofsgebäude versetzt werden. Die Aufnahme zeigt die Versetzungsarbeiten am 12. August 2007. Foto: Joost de Waal.

Der neue Bahnhof Amsterdam Beilmer ArenA am 13. Dezember 2006. Foto: René van Lier.

Ausbau der Strecke Budel – Weert eingereichten Klagen konnten ohne Ausnahme abgewehrt werden, so dass ProRail im Januar 2007 mit den Arbeiten beginnen konnte. Unmittelbar nach der Fertigstellung verkehrten die ersten wenn auch eher symbolischen Güterzüge von B-Cargo und DLC über die modernisierte Strecke. Nach einer mehrjährigen Planungsphase konnte im August 2007 mit den Arbeiten zum Wiederaufbau der Strecke Maastricht – Lanaken begonnen werden. Die Strecke wird als Anschluss für die Sappi-Papierfabriken in Lanaken wieder in Betrieb genommen.

Fahrplan

Am 10. Dezember 2006 trat der Jahresfahrplan 2007 in Kraft, der zahlreiche Änderungen im Nah- und Fernverkehr zur Folge hatte. So wurden die Taktzeiten in den Fahrplantabellen von der derzeitigen Systematik 17/47 auf die in Europa gebräuchliche Taktzeit 00/30 geändert. In den Jahresfahrplan 2007 wurden unter anderem die HSL-Zuid, die *Betuweroute*, die viergleisige Hauptstrecke Amsterdam – Utrecht und die Inbetriebnahme des dritten Bahnsteigs in Hilversum integriert. Darüber hinaus erhofft sich die NS durch eine Restrukturierung des Fahrplans eine verbesserte Pünktlichkeit der Züge. Der Jahresfahrplan musste darüber hinaus den stark wachsenden Fahrgastzahlen im Berufsverkehr der Ballungszentren Rechnung tragen. Der Jahresfahrplan zeichnet sich durch ein Zwei Züge-Modell aus, bei dem der klassische Schnellzug entfällt. So wird jeder Reisezug, der einen Unterwegshalt auslässt, als InterCity bezeichnet, was dem ursprünglichen Gedanken einer schnellen Städteverbindung widerspricht. Als zweite Zuggattung wird der Sprinter eingeführt, der alle Stopzüge ersetzt. Diese Zuggattung hat sich jedoch auch bei den NS bislang flächendeckend nicht durchgesetzt, so dass in den Fahrplänen mitunter beide Zuggattungen aufgeführt werden. Der Jahresfahrplan unterscheidet sich mit Ausnahme der Taktzeiten wenig von dem Fahrplan des Vorjahres. Tragende Säule des Fernverkehrs sind nach wie vor die (echten) InterCity-Züge auf den Nord-Ost-Achsen des Landes. Die InterCity-Züge der Relation Amsterdam – Amersfoort wurden jedoch aus dem IC-Konzept des Landes wegen des zusätzlichen Halts in Hilversum herausgelöst. Die InterCity-Züge aus dem Süden des Landes mit Ziel Amsterdam werden nach rund 40 Jahren nicht mehr in Haarlem, sondern in Alkmaar enden. Im Berufsverkehr enden die Züge in Schagen. Die IJssel-Brabant-Achse Zwolle – Roosendaal wurde in die IC-Verkehre Zwolle – Nijmegen und Arnhem – Roosendaal aufgeteilt. Die Stopzug-Verkehre wurden in weiten Teilen des Landes kaum verändert. Die Verlegung der Verkehre über die HSL-Zuid hatte zur Folge, dass der Fahrplan über die *Oude Lijn* und die *Schiphol Lijn* vorläufig unverändert beibehalten wurde. Die späte Eröffnung der *Betuweroute* führte zu einer Beibehaltung aller Güterzugtrassen über die *Brabantroute* sowie über die Strecke Utrecht – Arnhem. Die verspätete Inbetriebnahme des viergleisigen Abschnitts Amsterdam – Utrecht hatte zur Folge, dass pro Stunde zwei Züge weniger angeboten werden. Das neue Fahrplankonzept führte zu deutlich mehr Luft in den Fahrzeiten, längeren Halten sowie ausreichend bemessenen Wendezeiten in den Zielbahnhöfen. Die eingebauten Sicherheiten im Fahrplan führten in Verbindung mit einer gestiegenen Nachfrage und eines erhöhten Angebotes im Nahverkehr in den Verkehrsspitzen zu einem deutlich gestiegenen Bedarf an Fahrzeugen und Personal.

Internationaler Fernverkehr

Am 9. Dezember 2007 stellte NS Internationaal den letzten Nachtzug in den Niederlanden ein, da sich das Unternehmen nach eigenen Angaben ausschließlich auf den Hochgeschwindigkeitsverkehr konzentrieren wird. Die *CityNightLine* CNL 318/319 *Pollux* Amsterdam Centraal – München/Zürich wurde zu diesem Zeitpunkt in die Verantwortung von DB Autozug AG gegeben, die somit erstmals Zugang zum niederländischen Netz erhält. Dieser Zug wird kombiniert mit dem CNL 312/313 *Donau Kurier* Amsterdam – Wien gefahren, der nicht mehr in Dortmund aber in

Amsterdam wendet. DB Autozug hat darüber hinaus zum 9. Dezember 2007 die Verantwortung für den Nachtzug EN 347/346 *Jan Kiepura* Amsterdam Centraal – Warszawa – Moskwa übernommen. Das Zugpaar wird nach zweijähriger Visite in Frankfurt/M künftig in Amsterdam Centraal beginnen/enden (s. Seite 58).

NS-Fahrzeuge

Die Maßnahmen zur Erhaltung des Fahrzeugbestands von NS Reizigers, die ab Anfang 2006 getroffen wurden, erwiesen sich als nicht ausreichend. Nach den Vorgaben sollten Fahrzeuge nicht verschrottet, sondern einer Hauptuntersuchung unterzogen werden. Darüber hinaus sollten abgestellte Fahrzeuge wieder in Betrieb genommen werden. Mit Inkrafttreten des Jahresfahrplans 2007 standen jedoch weniger Fahrzeuge als tatsächlich benötigt zur Verfügung, so dass erneut Reisezugwagen aus den Nachbarländern angemietet werden mussten. Bei der DB AG wurden abgestellte InterRegio-Wagen angemietet, die rechtzeitig vor dem Fahrplanwechsel in den Niederlanden eingetroffen sind. Die Wagen kommen in der Zuggruppe 1500 Amsterdam – Amersfoort (– Deventer) zum Einsatz und werden als Sandwich mit je einer Lok an der Spitze und am Ende des Zuges gefahren. Bis Mitte 2007 waren bereits 50 Wagen im Einsatz. Bis Mitte 2008 werden 143 ehemalige InterRegio-Wagen der DB in den Niederlanden im Einsatz sein. Die Wagen werden in Deutschland auf ihren Auslandseinsatz vorbereitet. So werden unter anderem die Türschließvorrichtungen angepasst und die Wagen in den Farben der NS lackiert. Die Wartung der Reisezugwagen wird ebenfalls in Deutschland durchgeführt. Einige Wagen der Bauart Bimdz erhalten größere Türen, die den Einstieg für Rollstühle erleichtern sollen. Bis diese Wagen verfügbar sind, werden BD-Wagen der Gattung ICK eingesetzt.

Im Frühjahr 2007 übernahm NSR die von NS Internationaal bereits seit einigen Jahren abgestellten zehn Luxus-Wagen der Gattung Avmz. Diese Wagen werden ebenfalls in Deutschland umgerüstet, neu lackiert und gewartet. Nach dem Umbau werden die Wagen ebenfalls der Zuggruppe 1500 zugeordnet. Ein Teil des Fahrzeugmangels ist jedoch auch auf die Unregelmäßigkeiten mit der Betriebsaufnahme von NS Hispeed auf der HSL-Zuid zurück zu führen. Da vorübergehend mit lokbespannten Wagenzügen gefahren werden muss, können rund 70 Reisezugwagen aus den Benelux-Verkehren nicht freigesetzt und im Binnenverkehr eingesetzt werden. Als Ersatz für die Benelux-Steuerwagen muss NSR noch zehn zusätzliche Wagen an NS Hispeed liefern. Die 70 Wagen, die als *HST-Prio* in Dienst gestellt werden, mussten im Jahr 2007 umgebaut werden. 50 Wagen haben ein geschlossenes Toilettensystem mit Bioreaktor sowie eine neue Inneneinrichtung und eine neue Farbgebung erhalten. Ein Großteil der Wagen wird auch nach dem Start der *HST-Prio*-Verkehre bis zur vollständigen Integration der HSL-Zuid im konventionellen Benelux-Verkehr eingesetzt.

Seit Mai 2007 wird pro Monat einer der insgesamt zehn Steuerwagen der Gattung BDs ausgeliefert. Die Wagen werden im Werk Haarlem aus ehemaligen B-Wagen umgebaut und sollen im Binnenverkehr mit Lokomotiven der Baureihe 1700 eingesetzt werden. Die technische Revision der 74 DDM-1 Wagen wurde in September 2007 abgeschlossen, so dass die Wagen in elf Sechswagenstämmen eingesetzt werden können. Im Rahmen der Hauptuntersuchung wurden zwölf Bv-Wagen, die zehn Jahre im InterCity-Verkehr eingesetzt wurden, zurückgebaut. Fünf ABv-Wagen wurden zu reinen 1.Klasse-Wagen umgerüstet und zwei abgestellte Bvk-Steuerwagen wieder in Betrieb genommen.

Elektrische Lokomotiven

Nach einem umfangreichen Testprogramm und einem über einige Monate dauernden Planeinsatz wurde aus der Ellok 1855 im Sommer 2007 das ETCS-Testmodul entfernt und die Lokomotive als letzte ihrer Gattung mit einer Klimaanlage ausgerüstet. Im August 2007 wurde 1838 als

Für die *HST-Prio-Züge* über die *HSL Zuid* werden die im Benelux-Verkehr eingesetzten ICR-Wagen umgebaut. Am 26. September 2007 war SNCB-1187 mit IC 632 auf dem Weg nach Brüssel. Ein Großteil der im Zugverband eingesetzten Wagen ist bereits in den neuen HST-Prio-Farben gehalten.

In den Zugserien 1500 Amsterdam – Amersfoort (– Deventer) werden vorwiegend die bei der DB angemieteten IC-Wagen eingesetzt. Auf dem Weg nach Amsterdam konnte 1837 mit einem IC am 1. Mai 2007 bei Assel aufgenommen werden. Foto: Sicco Dierdorp.

Die ICM-Triebwagen werden modernisiert und verlieren in diesem Zusammenhang die Übergangsmöglichkeit. Der erste modernisierte Triebwagen mit der Betriebsnummer 4011 konnte am 11. März 2007 in Amersfoort Vathorst angetroffen werden. Foto: Rob van Ee.

Nach den dreiteiligen *Sprinter*-Triebwagen (SGM-2) werden auch die zweiteiligen Triebwagen der Baureihen SGM-0 und SGM-1 einer Verjüngungskur in Dänemark unterzogen. Der noch nicht umgebaute 2011 (SGM-0) ist mit dem bereits modernisierten SGM-2 2984 als P 5943 Utrecht – Rhenen am 25. Januar 2007 bei Lunetten im Einsatz. Foto: Jeroen Sprenger.

erste Maschine ihrer Serie verschrottet, nachdem die Lokomotive mit einem Unfallschaden über drei Jahre abgestellt war. Von den neun im Jahr 2005 ausgemusterten Lokomotiven der Baureihe 1800 wurde 1831 im Mai 2007 als letzte Maschine wieder in Betrieb genommen. Die Reaktivierung erfolgte auf Grund des akuten Fahrzeugmangels bei NSR. Bei den Maschinen der Baureihe 1700 sind zwischenzeitlich 1729-1733 für den Einsatz mit DD-AR-Stämmen vorbereitet.

Elektrische Triebwagen

Um den akuten Fahrzeugmangel langfristig ausgleichen zu können, hat die NS im Dezember 2006 weitere 200 VIRM-Triebwagen bei Bombardier bestellt. Der Auftrag VIRM-4 umfasst 50 Vierwagenstämme, von denen der erste bereits Mitte 2008 geliefert werden soll. Der letzte Stamm soll Mitte 2009 übergeben werden. Im Vergleich zu den ersten drei Serien wurden bei der Neubestellung Änderungen bei der Inneneinrichtung sowie bei der Klimatisierung vorgenommen. Im Werk Haarlem wurde einer der vier im Jahr 2005 ausgelieferten Reservetriebköpfe der Gattung mBvk mit Teilen eines im Jahr 2004 verunfallten Triebwagens vervollständigt. Zwei beschädigte Mittelwagen (Gattung ABv) des gleichen Zugstamms wurden im Oktober 2006 per Schiff zur Reparatur nach Halberstadt gebracht. Im August 2007 kehrten die Wagen wieder in die Niederlande zurück.

Im April 2007 wurde Bombardier mit der Modernisierung von 30 *Sprinter* (Baureihe SGM-0 und SGM-1) beauftragt. Die Modernisierung erfolgt entsprechend den zuvor modernisierten Dreiwagen-Zügen im dänischen Randers. Der Auftrag der zum Teil bis zu 34 Jahre alten Triebwagen hat einen Umfang von 42 Millionen € und wird im Juli 2009 abgeschlossen sein. Bis zur Überführung nach Dänemark werden die nicht modernisierten Triebwagen im Verbund mit den dreiteiligen *Sprintern* in den Verkehrsspitzen eingesetzt.

Bei den Mat '64 wurden vier mit Schäden abgestellte Plan V endgültig ausgemustert. Die ältesten Plan V (Teilserien V4 – V6) erhalten seit Oktober 2006 eine Hauptuntersuchung, so dass sie noch ein paar Jahre im Planbetrieb eingesetzt werden können. Die gestiegenen Fahrgastzahlen haben zur Folge, dass die bis zu 40 Jahre alten Triebwagen der Baureihe Plan T ebenfalls eine Hauptuntersuchung erhalten. Man geht davon aus, dass die Plan T-Triebwagen bis zur Auslieferung der neuen *Sprinter Lighttrains* im Einsatz bleiben werden. Diese werden ab Ende 2008 erwartet und sollen spätestens 2009 in den planmäßigen Umläufen eingesetzt werden. Im September 2007 wurde bei Siemens in Krefeld der erste neue *Sprinter*-Triebwagen für NSR vorgestellt. NSR hat in diesem Zusammenhang weitere 64 *Sprinter*-Triebwagen bestellt, so dass insgesamt 99 Triebwagen von Siemens geliefert werden. Die Nachbestellung umfasst 32 vier- und 32 sechsteilige Triebwagen. Seit dem 10. Dezember 2006 werden insgesamt 20 Plan V bei privaten EVU eingesetzt. Bei Connexxion sind die Triebwagen 836-840, bei Veolia 841-845 und 847-849 sowie bei Arriva 864-870 im Einsatz. Die Triebwagen überbrücken die Frist bis zur Auslieferung bestellter Neubautriebwagen. Die im Dezember 2005 ausgemusterten neun SM '90 wurden Anfang 2007 verschrottet.

Dieseltriebwagen

Die DM '90-Triebwagen werden seit 10. Dezember 2006 auch auf elektrifizierten Strecken eingesetzt. Die Triebwagen, die auf der Maaslijn frei wurden, sind größtenteils in die Zuggruppe 9100 Groningen – Zwolle integriert. Zu diesem Zweck mussten in Groningen zusätzliche Abstellflächen geschaffen werden. Vier Triebwagen werden zwischen Hengelo und Enschede eingesetzt. Die Triebwagen 3403 und 3410 haben im Innen- und Außenbereich eine Auffrischung erhalten und werden seither befristet für drei Jahre auf der Strecke Zwolle – Kampen eingesetzt.

Triebwagen 3437 ging in Juni 2007 zu Syntus, wo er als 59 eingereiht wurde. Die Triebwagen 3447 und 3448 wurden nach der Übernahme der nördlichen Nebenstrecken durch NoordNed im

August 2007 von Arriva wieder zurück gegeben, während die Triebwagen 3446 und 3449 noch für einige Wochen bei Arriva eingesetzt wurden. Der bereits im Jahr 2003 verunfallte 3405 wurde ausgemustert.
Die DE3-Triebwagen 125 und 193 traten im Mai 2007 ihre Reise in die Slowakei an, wo sie unter der Regie von Bratislavská regionálna koľajová spoločnosť a.s. eingesetzt werden. Die Überführung verzögerte sich, da der neue Eigentümer die Kaufsumme für die ersten Triebwagen nicht rechtzeitig entrichtet hat. Auf Grund dieser Erfahrung wurde die Aufarbeitung von vier weiteren Triebwagen vorübergehend gestoppt.

Regionale Anbieter

Ende 2006 hat Stadler die ersten der insgesamt 16 zweiteiligen GTW2/6 und 27 dreiteiligen GTW2/8 an **Arriva Personenvervoer Nederland B.V.** (Arriva) ausgeliefert. Der letzte Triebwagen konnte im September 2007 übergeben werden. Die bei Arriva als *Spurts* bezeichneten Triebwagen werden die DH1 und DH2 *Wadloper* mittelfristig aus dem Plandienst verdrängen, so dass diese an die Leasinggesellschaft NS Financial Services zurückgegeben werden können. Am 9. Juli 2007 erfolgte der letzte Planeinsatz eines *Wadlopers* unter der Regie von Arriva im Norden des Landes. Die vier DM'90, die Arriva bei NS angemietet hat, kehrten im August und September 2007 zu ihrem Eigentümer zurück. Die *Wadloper*, die Ende 2006 und Anfang 2007 von Arriva freigesetzt wurden, kommen seitdem auf der *Maaslijn* Nijmegen – Venlo – Roermond unter der Regie von **Veolia Transport Nederland B.V.** (Veolia) zum Einsatz. Veolia hat den Verkehr zum 10. Dezember 2006 übernommen. Die neuen Triebwagen werden jedoch erst Ende 2007 ausgeliefert. Der Auftraggeber NSFS hat den Verkehrsvertrag mit einer Laufzeit von zehn Jahren vergeben. Die vormals bei Arriva eingesetzten *Wadloper* wurden jedoch nicht für die gesamte Vertragslaufzeit angeboten. Nach einem dramatischen Start, bei dem in den ersten Monaten nach dem Betriebsübergang der Berufsverkehrsverstärker Nijmegen – Venraij nicht gefahren werden konnte und die eingesetzten Züge zu kurz und oftmals verspätet waren, standen im Frühjahr ausreichend Triebwagen zur Verfügung, so dass die zugesagten Verkehre - wenn auch nur bis Cuijk - gefahren werden konnten. Darüber hinaus wurde der Fahrplan auf den Einsatz der *Wadloper*

Der erste für NSR bestimmte *Sprinter*-Triebwagen präsentierte sich am 21. September 2007 im Siemens-Werk Krefeld Uerdingen dem Fotografen. Foto: Guus Ferrée.

Arriva hat für den Personenverkehr in den Provinzen Groningen und Friesland neue GTW 2/6 und GTW 2/8 in Betrieb genommen. Am 13. März 2007 verlässt P 8408 Nieuweschans – Groningen den Bahnhof Kropswolde.

Für die Verkehre Maastricht Randwyck – Kerkrade Centrum, die Veolia am 10. Dezember 2006 von NS Financial Services übernommen hat, kamen vorübergehend Plan V-Triebwagen von NS Infraservices zum Einsatz, die später von GTW-Triebwagen abgelöst wurden. Auf dem Weg nach Maastricht Randwyck erreicht ein Plan V am 20. Mai 2007 den Bahnhof Klimmen-Ransdaal. Foto: Leon Pieters.

Am 10. Dezember 2006 übernahm Veolia von NSR den Personenverkehr auf der Strecke Nijmegen – Venlo – Roermond. Bis zur Auslieferung der bestellten GTW 2/6 hat Veolia DH-Triebwagen eingesetzt, die im Norden durch bereits ausgelieferte GTW 2/6 frei wurden. Der weiße Wadloper 3226 ist mit 3224 als Stopzug 32226 auf dem Weg von Roermond nach Nijmegen, aufgenommen am 6. Mai 2007 in Tegelen. Foto: Leon Cuijpers.

Am 10. Dezember 2006 übernahm Connexxion auf der *Vallei*-Strecke Amersfoort – Ede-Wageningen den Personenverkehr von NS Reizigers. Für diesen Verkehr hat Connexxion Plan V-Triebwagen angemietet. Am 11. April 2007 ist ein bei Connexxion eingesetzter Plan V - erkennbar an der blauen Folie - als P 31329 auf dem Weg nach Ede-Wageningen, aufgenommen bei Lunteren.

angepasst. Veolia setzt seit März 2007 15 DH2 und zehn DH1 ein. Die übrigen vormals bei Arriva eingesetzten DH-Triebwagen hat NSFS in einer bei NSR angemieteten Halle des ehemaligen Wagenausbesserungswerks Amersfoort konserviert hinterstellt. ab. Die letzte Serie der DH-Triebwagen wurde betriebsbereit in Zwolle abgestellt. Zwei DH konnten an Veolia für Sonderverkehre während der Weihnachtsfeiertage vermietet werden. Die Triebwagen kommen von Nijmegen aus zum Einsatz. Am 12. Oktober 2007 wurde der erste GTW-Dieseltriebwagen für Veolia von Stadler in der Schweiz fertig gestellt. Veolia hat 10 Triebwagen der Gattung GTW 2/6 bestellt und sechs der Gattung GTW 2/8.

Am 10. Dezember 2006 übernahm **Connexxion Nederland N.V.** (Connexxion) von NSR den Personenverkehr Amersfoort – Ede-Wageningen. Das Unternehmen setzt fünf angemietete Plan V-Triebwagen ein. Im Sommer 2007 hat Connexxion für einige Monate einen Triebwagen der Gattung *Protos* (Fahrzeugtechnik Dessau) im Rahmen von Testfahrten eingesetzt. Bevor die Baureihe in den Niederlanden zugelassen werden kann, mussten jedoch zahlreiche Änderungen vorgenommen werden. Die Lieferung der von Connexxion bestellten fünf Triebwagen (5031-5035) verzögerte sich auf Grund dieser Konstruktionsänderungen so erheblich, dass zum Stichtag 1. September 2007 kein *Protos* im Einsatz war. Gemäß Konzessionsvertrag hat sich Connexxion zum Einsatz der Neubautriebwagen zu diesem Datum verpflichtet, so dass die Provinz Gelderland eine Konventionalstrafe verhängen musste. Parallel hat NSR die Rückgabe der angemieteten Plan V gefordert. Erst nach mehrmaliger Anfrage hat NSR den Mietvertrag mit Connexxion verlängert. Die ersten *Protos* werden planmäßig seit 23. September 2007 eingesetzt.

Syntus B.V. übernahm den Verkehr Almelo – Mariënberg im Juli 2007 mit zwei Triebwagen *CoradiaLint41*, die rotlackierten Triebwagen 44 und 45. Im Laufe des Jahres 2007 verkaufte der niederländische Staat zwei Drittel der Anteile an Connexxion an ein Joint Venture aus der französischen Transdev S.A. und der Bank Nederlandse Gemeenten (BNG). Connexxion hat im Gegenzug die Anteile an Syntus BV (33,3%) an NSR und die französische Cariane Multimodale Internationale (CMI) übertragen.

Die Übernahme der übrigen ausgeschriebenen Verkehre verlief hingegen deutlich ruhiger. Arriva übernahm mit den angemieteten Plan V (864-870) den Personenverkehr auf der Strecke Dordrecht – Geldermalsen (*Merwede-Linge-Lijn*). Veolia setzt die Plan V-Triebwagen 841-849 auf der Strecke Kerkrade – Heerlen – Valkenburg – Maastricht ein. Beide Unternehmen haben für die genannten Verkehre elektrische GTW-Triebwagen bei Stadler bestellt. Veolia wird fünf GTW2/6 und drei GTW2/8, Arriva einen GTW2/6 und sechs GTW2/8 erhalten.

Euro Express Traincharter hat von NS Internationaal einen vierten Fahrrad-/Gepäckwagen für die Lourdes-Pilgerzüge übernommen. Bei dem Wagen handelt es sich um den letzten Reisezugwagen, der bei NS Internationaal eingestellt war. Das Unternehmen fährt darüber hinaus Autoreisezüge sowie den Alpenexpressen. Für den Alpenexpressen hat EETC in der Wintersaison 2006/2007 neben den bei der deutschen Müller-Touristik angemieteten Sitzwagen auch zehn SBB-Liegewagen eingesetzt, die in einem deutlich besseren Zustand als die bislang eingesetzten eigenen Bc-Wagen sind. Die EETC-Liegewagen stehen zum Teil kurz vor dem Fristablauf und müssen kurzfristig einer Hauptuntersuchung unterzogen werden.

Güterverkehr

Der Schienen-Güterverkehr im Geschäftsjahr 2006 hat in den Niederlanden alle Rekorde gebrochen. Das Transportaufkommen lag mit rund 40 Millionen Tonnen um 4,5 Millionen Tonnen über dem Wert des Vorjahres. An diesem Ergebnis waren acht Güterverkehrsunternehmen beteiligt, darunter ein Newcomer aus dem Jahr 2006. Das Verkehrswachstum konnte auch in 2007 weitergeführt werden. Bis Anfang Oktober 2007 wurden drei neue EVU in den Niederlanden zugelas-

Am 23. September 2007- der erste Einsatztag eines *Protos*-Triebwagen von Connexxion - wurde der Triebwagen nördlich von Lunteren aufgenommen.

Connexxion setzt die *CoradiaLint41*-Triebwagen 44 und 45 auf der Strecke Almelo – Mariënberg ein. Bei Geerdijk ist der Triebwagen 45 am 18. August 2008 als Zug 31056 nach Mariënberg unterwegs. Foto: Quintus Vosman.

Im Rahmen einer Hauptuntersuchung haben die Railion-Diesellokomotiven der Baureihe 232.9 eine neue Farbgebung erhalten. Frisch lackiert ist 232 904 am 16. April 2007 mit einem Containerzug bei Dordrecht Zuid unterwegs. Foto: Raymond Kiès.

sen. Jüngster Anbieter ist die deutsche Rurtalbahn GmbH, die somit als zwölftes EVU in den Niederlanden registriert ist.

Mit rund 70% Marktanteil ist **Railion Nederland B.V.** (Railion) der größte Anbieter von Güterverkehrsleistungen in den Niederlanden. Im Geschäftsjahr 2006 konnte das Unternehmen das Transportaufkommen um 6,5% auf 31,1 Millionen Tonnen ausbauen. Railion konnte im Jahr 2006 erstmals einen wenn auch bescheidenen Gewinn ausweisen. Ein nach wie vor kritisches Thema ist das Verhältnis zwischen der DB und der SNCF. Beide Unternehmen haben sich im Rahmen eines "Gentlemen Agreements" darauf verständigt, sich gegenseitig keine Konkurrenz zu machen. Die Realität sieht jedoch anders aus. Railion Nederland hat eine Zulassung in Frankreich beantragt. Wird diesem Antrag statt gegeben, wird die DB AG einen Zugang zum französischen Netz erhalten und somit Güterverkehrsleistungen in Frankreich anbieten können. Die Anfrage wurde Ende 2006 vor der Übernahme der britischen EWS (mit der französischen Tochter ECR) beantragt. Mit Euro Cargo Rail S.A. hat Railion Deutschland somit bereits eine Zulassung für Frankreich und Belgien (siehe hierzu auch Seite 215).

Seit Anfang Oktober 2006 fährt Railion im Auftrag von r4c täglich vier Containershuttles zwischen Blerick und Rotterdam Maasvlakte. Nachdem r4c die Verkehre im Januar 2007 abgeben musste, endete parallel der Vertrag mit Railion.

Seit 10. Dezember 2006 werden die sechs Mal pro Woche verkehrenden Kalkzüge Beverwijk – Hagen-Vorhalle und Beverwijk – Flandersbach gemeinsam gefahren. In Emmerich wird der Zug geflügelt. Im deutschen Abschnitt setzt Railion die Bocholter Eisenbahn GmbH (BEG) als Frachtführer ein. Zwischen Rotterdam und dem italienischen Novara (I) werden vier statt bislang drei tägliche Abfahrten angeboten. Anfang Februar 2007 wurde das Angebot zwischen den Niederlanden und Italien um das Zugpaar Rotterdam – Busto Arsizio (I) erweitert. Zwischen Rotterdam und Mannheim werden neu zwei UnitCargo-Züge (Einzelwagenzüge) angeboten, zwischen Rotterdam und Nürnberg ein Zugpaar. Die Züge verkehren in der Regel montags bis samstags. Die Züge Rotterdam – Seelze wurden bis auf ein Zugpaar aufgegeben. Somit hat der Grenzübergang Bad Bentheim für den UnitCargo-Verkehr von Railion an Bedeutung verloren.

Die Direktzüge zwischen Sloehaven und Deutschland wurden zum 10. Dezember 2006 aufgegeben. Alternativ werden vier Zugpaare zwischen Kijfhoek und Sloehaven angeboten. Zwischen Kijfhoek und Lage Zwaluwe werden fünf Abfahrten pro Tag und Richtung angeboten. Die Gipszüge Delfzijl – Böhlen (D) wurden hingegen aufgegeben.
Im Dezember 2006 hat Railion die letzte Rangierlok der Baureihe 600 ausgemustert. Somit wird diese Baureihe lediglich von RRF im Rangierbetrieb des Rotterdamer Hafens eingesetzt.
Die zwölf in den Niederlanden zugelassenen Diesellokomotiven der Baureihe 232.9 haben im Jahr 2007 eine Hauptuntersuchung erhalten, die im DB-Werk Cottbus durchgeführt wurde. Im Rahmen der Revision haben die Maschinen auch eine neue Farbgebung erhalten. Im März 2007 wurde 6442 als erste Lokomotive dieser Baureihe mit ETCS ausgerüstet, so dass ein Einsatz auf der Betuweroute möglich ist. 6421-6441 werden ebenfalls neben Indusi/Sifa auch mit ETCS ausgerüstet, so dass ein durchgehender Einsatz auf der Achse Deutschland – Betuweroute – Niederlande möglich ist. Im gleichen Monat wurde 6431 nach Cottbus überführt, wo sie als erste Lokomotive ihrer Baureihe eine Hauptuntersuchung erhalten hat. Da Railion einen Überschuss an Lokomotiven der Baureihe 6400 hat, werden die Lokomotiven auch in Deutschland eingesetzt. Als erste Lokomotive wurde 6461 im April 2007 nach Hagen-Vorhalle umbeheimatet. Bei Railion Deutschland wird die Maschine als 264 461 in den Büchern geführt. Zuvor kam es im Februar 2007 zu einem kurzfristigen Einsatz von 6485. Die Maschine kehrte jedoch nach wenigen Wochen wieder in die Niederlande zurück. Seit Frühjahr 2007 hat Railion bei B-Cargo einige Elloks der Baureihe 25.5 angemietet, die vorwiegend zwischen Rotterdam und Venlo eingesetzt werden.
Für den Einsatz auf der Betuweroute hat das Konsortium Siemens/Alstom 26 Elloks der Baureihe 189 mit ETCS ausgerüstet. Die Maschinen sind an den großen Kontrastflächen auf der Lokfront zu erkennen.

Als erste Lokomotive ihrer Baureihe hat 6431 eine Hauptuntersuchung erhalten. Gemeinsam mit den Schwesterlokomotiven 6449 und 6464 konnte die Maschine mit einem Erzzug auf dem Weg von Dillingen nach Rotterdam Maasvlakte am 16. September 2007 bei Horst beobachtet werden. Foto: Quintus Vosman.

Am 31. August 2007 eröffnete der Schweizer Operator **Bertschi AG** ein eigenes intermodales Terminal am Theemsweg in Rotterdam Botlek. Das Terminal hat parallele Be-/Entladekapazitäten für vier Züge. Bertschi hat für die Durchführung seiner Züge Hupac beauftragt, die wiederum unterschiedliche Frachtführer einsetzt.

ACTS Nederland B.V. hatte mit der deutschen ITL Eisenbahn GmbH einen Kooperationsvertrag für einen Containershuttle Praha – Rotterdam geschlossen. Auftraggeber für dieses Zugpaar ist die tschechische ČSKD Intrans. Der sogenannte *Tulipan-Shuttle* verkehrte erstmals am 7. Dezember 2006. Pro Woche waren zwei Abfahrten pro Richtung vorgesehen. Das Angebot wurde im August 2007 auf vier Abfahrten pro Woche und Richtung erweitert. Die Züge wurden in Emmerich an die ITL übergeben. ACTS verlor den Vertrag am 2. September 2007, nachdem ITL Benelux B.V. den Verkehr zwischen Emmerich und Rotterdam übernommen hat.

Seit 14. April 2007 fährt ACTS Dienstag bis Samstag einen Güterzug in der Relation Veendam/Groningen Vagron – Leer – Bremen-Roland via Leer. Der Zug besteht zur Hälfte aus ACTS-Containertragwagen, die Hausmüll im Auftrag von Essent Milieu zu einer Müllverbrennungsanlage bei Bremen bringen. Die andere Zughälfte hat Vos Logistics für eigene Container angemietet. Obgleich ACTS in Deutschland als EVU zugelassen ist, wird der Zug in Deutschland unter der Regie der Teutoburger Wald-Eisenbahn GmbH (TWE, Veolia) gefahren. Der Zug wird durchgehend von einer bei ACTS eingestellten G1206 bespannt.

Die *Class* 66 513-9, eine MRCE-Leasinglokomotive, die ACTS an ERSR vermietet hat, wurde bei einem Unfall in Arnhem am 21. November 2006 schwer beschädigt (s. Seite 159). Die Maschine konnte erst Mitte Juni 2007 wieder eingesetzt werden und präsentiert sich nun in den neuen ACTS-Hausfarben. Bei MRCE wurden zwei neue G 1206 geleast, die als 7106 (8. November 2006) und 7107 (13. Dezember 2006) bei ACTS geführt werden. 7105 wurde im März 2007 als erste Lokomotive mit ETCS ausgerüstet und war in diesem Zusammenhang im Jahr 2007 häufig im Rahmen von Test- und Schulungsfahrten auf der *Betuweroute* im Einsatz. Anfang 2007 hat ACTS eine zweite *Class* 66 in Betrieb genommen. Es handelt sich um die bei MRCE angemietete 563-4.

Am 4. September 2007 hat die **CTL Logistics S.A.** ein Sicherheitszertifikat für das niederländische Schienennetz erhalten. CTL beabsichtigt, Güterzüge über die *Betuweroute* nach Rotterdam zu fahren. Bislang ist unklar, welche Lokomotiven CTL einsetzten wird. Man geht derzeit von geleasten Maschinen der Baureihe 189 aus dem Hause Siemens aus.

Dillen & Le Jeune Cargo NV (DLC) hat im Oktober 2006 einen neuen Containershuttle von Zeebrugge über Roosendaal und Bad Bentheim nach Ruhland (D) eingerichtet. Der Zug verkehrte im Auftrag von Hupac in den ersten Monaten lediglich in Mal pro Woche. Seit April 2007 wird bei Bedarf häufiger gefahren. DLC fährt den vier Mal pro Woche zwischen Antwerpen und Germersheim. Seit 15. März 2007 wird ein Mal pro Woche über Weert und Budel gefahren. DLC ist somit der zweite Nutzer des Eisernen Rheins (s. Seite 144). An den anderen Tagen verkehrt das Zugpaar über Roosendaal – Venlo oder über Montzen. Seit dem 24. September 2007 fährt DLC im Auftrag der Bertschi AG einen neuen Intermodalzug in der Relation Rotterdam Botlek (Bertschi-Terminal) – Frankfurt/M.

Im Juni 2007 hat **European Rail Shuttle B.V.** (ERS), eine Tochter der Containerreederei Maersk AS, einen Containerzug von Shenzhen (China) nach Pardubice (CZ) gefahren. Der Zug benötigte für diese Strecke 17 Tage und war somit doppelt so schnell wie eine vergleichbare Seereise. ERS erwägt, einen Regelverkehr zwischen China und Europa einzurichten. Der am 19. Juli 2007 eingeführte Containershuttle Zeebrugge – Montzen – Bad Schandau – Mělnik (CZ), der drei Mal pro Woche verkehrt, wird vorübergehend B-Cargo, Railion und der ČD gefahren. Der parallel eingerichtete Shuttle Zeebrugge – Neuss wird von TrainsporT S.A. gefahren. **ERS Railways B.V.**, ebenfalls Teil der Maersk-Gruppe, hat das Angebot zwischen Rotterdam und Warszawa zum 10.

Jüngstes Mitglied der ACTS-Lokfamilie ist 7107. Am 28. April 2007 wartet die Lokomotive mit einem Containerzug in 's-Hertogenbosch auf weitere Aufgaben. Foto: Jeroen Sprenger.

Die nach einem Unfall beschädigte 513-9 wurde wieder aufgearbeitet und ist nun weiterhin für ACTS im Einsatz. Am 20. Oktober 2007 war die Maschine mit dem Containerzug 60244 in Rotterdam Zuid auf dem Weg nach Veendam.

Die bislang vor dem von ERSR gefahrenen Athus-Shuttle eingesetzten SNCB-Lokomotiven der Baureihe 55 sollen bis Ende 2007 durch zwei Maschinen der Baureihe 77 in Doppeltraktion ersetzt werden. Am 5. August 2007 ist 5523 mit Zug 41605 nach Athus südlich von Dordrecht unterwegs. Foto: Marijn Vocke.

Im Dezember 2006 hat ERS vier neue *Class* 66 in Betrieb genommen. Bei Dordrecht Zuid zieht die schwarze 6614 mit großem MRCE-Logo den DGS 40113 von Rotterdam Maasvlakte nach Melzo, aufgenommen am 14. Januar 2007.

HGK hat zum 1. April 2007 die K&N-Containershuttles Rotterdam – Österreich von der RTB übernommen. Am 23. Mai 2007 dieselt HGK 673 mit DGS 69400 nach Rotterdam durch den Bahnhof Utrecht Centraal. Foto: Vasco de Cocq.

Dezember 2006 von drei auf fünf Abfahrten pro Woche erhöht. Das Zugpaar Rotterdam – Wrocław wurde parallel auf zwei Zugpaare pro Woche ausgeweitet. Veränderungen gab es beim *Athus-Shuttle* Rotterdam – Athus (B). Die bislang eingesetzte SNCB-Ellok der Baureihe 25.5 wurde durch eine mit ATB ausgestatteten SNCB-Diesellok der Baureihe 55 bespannt, die unter der Zulassung von B-Cargo fährt. Somit entfällt der bisherige Triebfahrzeugwechsel in Kijfhoek. Die 55 ist ab/bis Rotterdam-Maasvlakte vor dem Zug. Seit August 2007 wurde die Maschine jedoch oft durch zwei SNCB-77 in Doppeltraktion ersetzt. Im Dezember 2007 wurde die 55 endgültig von dem Athus-Shuttle abgezogen. Im Februar 2007 erhielt die ERSR die Zulassung für das belgische Schienennetz. Neun *Class* 66 haben parallel eine Zulassung für Belgien erhalten, die jedoch derzeit nicht planmäßig eingesetzt werden. Für den am 19. Juli 2007 eingeführten Shuttle Zeebrugge – Neuss, der zwei Mal pro Woche verkehrt, wurde TrainsportT S.A. als Frachtführer eingesetzt. Die Rurtalbahn GmbH ist für die ERSR-Containerzüge Rotterdam – Neuss verantwortlich.

Die ERS hat im Dezember 2006 vier neue *Class* 66 in Betrieb genommen. Die als 6614-6617 bezeichneten Lokomotiven trafen im Herbst 2006 auf dem Seeweg in den Niederlanden ein. Eine Zulassung erfolgte jedoch erst im Januar 2007. Drei der vier Lokomotiven haben die silbergraublaue ERS-Farbgebung erhalten, während 6616 ein schwarzes Farbkleid des Eigentümers MRCE trägt. Auf Grund der verspäteten Zulassung hat ERSR übergangsweise Triebfahrzeuge anderer EVU eingesetzt. Von ACTS wurde die *Class* 66 513-9 angemietet, die jedoch bei einem Zusammenstoß mit einem Plan V-Triebwagen am 21. November 2006 in Arnhem schwer beschädigt wurde. Seit Ende August 2007 hat ERSR bei ATC eine dritte Vossloh G1206 angemietet, die als 1505 bezeichnet ist. Die Maschine wurde als erste ERSR-Lokomotive mit ETCS ausgerüstet.

Die **Häfen und Güterverkehr Köln AG** (HGK) übernahm am 1. April 2007 von der Rurtalbahn (RTB) den Containershuttle Rotterdam – Enns/Wien/Krems, der im Auftrag der Wiener Lokalbahnen AG für Kühne & Nagel Österreich gefahren wird. HGK ist innerhalb eines Jahres der dritte

In der ersten Oktoberhälfte 2007 hat ITL Benelux zwei V100 Ost in Betrieb genommen, die zuvor bei ALS modernisiert wurden. Die Aufnahme zeigt Lok 102 am 20. Oktober 2007 in Rotterdam Maasvlakte.

Im November 2006 hat r4c bei MRCE die *Class 66*-Diesellok 653-08 (ex JT-8) angemietet. Lediglich die Logos weisen auf den aktuellen Besitzer hin. Mit einem Getreidezug ist die Lokomotive am 25. März 2007 auf dem Weg von Tschechien nach Rotterdam Botlek, aufgenommen bei Nieuwerkerk a/d IJssel.

Frachtführer für diese Containerzüge, die sieben Mal pro Woche verkehren. Die Ursachen, die zu den ständig wechselnden Vertragspartnern führen, sind jedoch bislang nicht aus der Welt geschafft. So kommt es auf Grund von Kapazitätsengpässen in Rotterdam Hafen oft zu mehreren Stunden Verspätung. Darüber hinaus werden betriebliche Gründe in Deutschland und Österreich angeführt, für die die WLB die bisherigen Frachtführer verantwortlich macht. Die nun eingesetzte HGK wird die Containerzüge über Venlo statt bislang über Emmerich fahren. Zwischen Kaldenkirchen und Rotterdam sollen *Class* 66 eingesetzt werden.

Am 17. Juli 2007 hat **ITL Benelux B.V.** (ITL) eine Zulassung in den Niederlanden erhalten. Zum 2. September 2007 hat das Unternehmen des *Tulipan*-Containershuttle Rotterdam – Praha übernommen, der durch die deutsche Mutter bereits seit 7. Dezember 2006 gefahren wurde. Im Gegensatz zu dem bisherigen Frachtführer ACTS verfügte ITL bislang nicht über geeignete Streckenlokomotiven zur Bespannung des Zuges. Somit waren Verspätungen vorprogrammiert. Bei ALS wurde bis zur Auslieferung von vier hauptuntersuchten V100 Ost die 203-2 (V100 Ost) vor dem Containerzug eingesetzt. Ende 2007/Anfang 2008 werden von CB Rail vier TRAXX-Elloks angemietet. Die Güterverkehre zwischen Deutschland und Tschechien beinhalten ein erhebliches Wachstumspotential. Neben dem zwischenzeitlich vier Mal pro Woche verkehrenden *Tulipan*-Shuttle Rotterdam – Praha, der im Auftrag von ČSKD Intrans gefahren wird, ist ITL seit dem 24. September 2007 für die ebenfalls im Auftrag von ČSKD Intrans gefahrenen Züge Rotterdam – Emmerich – Sladkovicovo (CZ) verantwortlich, die zuvor durch Railion gefahren wurden.

Für **rail4chem Benelux B.V.** war das Geschäftsjahr 2006 ein wirtschaftlich schwieriges Jahr. Anfang 2007 hat der bisherige Geschäftsführer von r4c das Unternehmen verlassen und ITL Benelux B.V. gegründet. Die am 4. September 2006 im Auftrag von Hupac gefahrenen Containershuttles Rotterdam – Hamburg (drei Mal pro Woche) musste r4c am 20. Januar 2007 an Veolia abgeben. Parallel verlor das Unternehmen zum 4. Januar 2007 den Vertrag mit dem Rotterdamer Containerterminalbetreiber ECT. Auf Grund der eingeschränkten Kapazitäten in Emmerich ist ein Engpass für den Lokwechsel entstanden. Um dies zu umgehen, werden die Triebfahrzeuge der Shuttles Amsterdam – Duisburg, Rotterdam – Brescia, Ludwigshafen – Rotterdam und Rotterdam – Schkopau seit September 2006 in Bottrop gewechselt.

Im Jahr 2007 konnte der Getreideverkehr zwischen Ungarn und Rotterdam, der in Kooperation

Am 4. August 2007 hat die RRF-Lok 19 mit einem ACTS-Containerzug auf der Fahrt von Tilburg Industrie nach Rotterdam Maasvlakte die Moerdijkbrücke überquert. Im Bestand des Unternehmens befinden sich aktuell vier Diesellokomotiven der Gattung V100 Ost. Foto: Marijn Vocke.

mit der österreichischen r4c gefahren wird, weiter ausgebaut werden. Durchschnittlich werden acht Abfahrten pro Woche und Richtung angeboten. Der Containershuttle Waalhaven Zuid – Mannheim, der seit 10. April 2006 im Auftrag von Hupac AG gefahren wird, musste zum 10. April 2006 an Railion übergeben werden. Am 18. Juni 2007 hat r4c den ersten kommerziellen Güterzug über die Betuweroute gefahren. Seit 30. August 2007 fährt r4c ein Mal pro Woche im Auftrag von Hoyer einen Chemiezug zwischen Antwerpen BASF und dem deutschen Rehden. Der Zug wird durchgehend mit einer r4c-*Class* 66 über Roosendaal/Bad Bentheim gefahren.
Im November 2006 wurden die Lokomotiven 2007 (G2000-3BB) und 1201 (G1206) als erste r4c-Maschinen mit ETCS für den Einsatz auf der *Betuweroute* ausgerüstet. Am 7. November 2006 hat r4c die *Class* 66 653-08 von MRCE angemietet.
Rotterdam Rail Feeding B.V. (RFF) hat im zurückliegenden Jahr drei V100 Ost in Betrieb genommen, die von ALS geliefert wurden. Somit verfügt RFF über vier Lokomotiven dieser Gattung. RRF 17 (ex-DB 202 682) und RRF 18 (ex-DB 202 819) wurden im Dezember 2006 in Dienst gestellt, RRF 19 (ex-DB 202 323) folgte im Juli 2007. RRF fährt samstags einen Shuttle Maasvlakte – Tilburg. Darüber hinaus werden seit Juli 2007 im Auftrag von r4c Verkehre im Rotterdamer Hafen gefahren.
Die **Rurtalbahn GmbH** (RTB) ist seit Oktober 2007 uneingeschränkt in den Niederlanden zugelassen. Die Zulassung soll kurzfristig auf die niederländische Tochter Rurtalbahn Benelux B.V. übertragen werden. Das Unternehmen hat den Vertrag für die im Auftrage der Wiener Lokalbahnen AG (WLB) gefahrenen Containershuttles Rotterdam – Enns/Krems/Wien zum 1. April 2007 nach weniger als einem Jahr an die HGK abgeben müssen. Die hohen Anforderungen des Auftraggebers Kühne & Nagel Österreich konnten durch die RTB nicht erfüllt werden. Ende Juli 2006 wurde der Verkehr von ACTS übernommen, die aus den gleichen Gründen gescheitert war. Der Verlust wurde mit zahlreichen Bauzügen im Auftrag von Strukton kompensiert. Die RTB konnte trotz dem Verlust der Österreich-Verkehre zahlreiche Neuverkehre gewinnen. Seit Mitte Mai fährt die RTB in Kooperation mit der deutschen OHE und der polnischen Rail Polska Baumaterialzüge zwischen Rotterdam und Polen. Die Züge werden in Kombination mit den Ethanol-Zügen zwischen Rotterdam und Polen gefahren und verkehren in der Regel ein Mal pro Woche. Seit Ende Juli 2007 fährt die RTB im Auftrag von ERS Railways die ERS-Containershuttles Rotterdam – Neuss (fünf Mal pro Woche). Neu ist darüber hinaus der ein Mal pro Woche verkehrende Zug Mainzlar (D) – Veendam, der im Auftrag von SBB Cargo Deutschland GmbH gefahren wird. Die RTB setzt in den Niederlanden die beiden von MRCE geleasten Vossloh G 2000-BB (V201 und V202) ein. ERSR hat die Lokomotiven im Dezember 2006 an MRCE retourniert. Darüber hinaus verfügt die RTB über die bei MRCE geleaste *Class* 66 mit der Betriebsnummer 653-5. Die Lokomotive wurde im Oktober 2006 in Betrieb genommen und wird vorwiegend von der belgischen TrainsporT eingesetzt, an der die RTB beteiligt ist (s. Seite 196).
Der von Trimodal Europe NROCC BV im Januar 2006 eingeführte Containershuttle Rotterdam – Lyon erwies sich als nicht erfolgreich. Die eingesetzten Frachtführer Railion, B-Cargo und SNCF Fret waren nicht in der Lage, den Zug gemäß Fahrplan zu fahren, so dass der Verkehr nach weniger als einem Jahr im Dezember 2006 wieder eingestellt wurde. Naviland Cargo S.A. hat diesen Verkehr am 14. Juni 2007 wieder aufleben lassen und bietet einen Shuttle Rotterdam Pernis Combi Terminal – Lyon Vénissieux an, der drei Mal pro Woche verkehrt und von **SNCF Fret** gefahren wird. Dies ist der erste Verkehr von SNCF Fret in den Niederlanden, nachdem das Unternehmen im Dezember 2006 in den Niederlanden zugelassen ist. SNCF Fret setzt für dieses Zugpaar die bei ATC geleasten Diesellokomotiven 500 1615 und 1616 (Vossloh G2000-BB) ein. In Antwerpen-Schijnpoort wird der Zug an eine Ellok der Baureihe BB 36000 übergeben, die den Zug im Abschnitt Antwerpen – Lyon bespannt.
Spitzke Spoorbouw B.V. hat am 29. September 2006 eine vierte V100 Ost in Betrieb genom-

Die Rurtalbahn hat im Dezember 2006 die MRCE-Lokomotiven 5001607 und 5001608 als V201 und V202 in Betrieb genommen. Zuvor waren die Lokomotiven bei ERS eingestellt. Mit vereinten Kräften bespannen die Lokomotiven DGS 43949 auf dem Weg nach Emmerich, aufgenommen am 17. Februar 2007 bei Nieuwerkerk a/d IJssel. Ende März 2007 musste die Rurtalbahn den Linz-Shuttle an HGK abgeben.

Seit Oktober 2006 verfügt die Rurtalbahn mit 653-5 über eine *Class* 66. Am 15. Januar 2007 wartet die Lokomotive mit einem Kesselwagenzug in Rotterdam Pernis auf den Abfahrauftrag. Foto: Maarten van der Willigen.

men. Hierbei handelt es sich um die V100-SP-007 (ex-DB 202 536), die von ALS geliefert wurde. Die Lokomotive ist wie die drei Schwesterlokomotiven mit ATB ausgerüstet und in den Niederlanden zugelassen.

Veolia Cargo Niederlande B.V. (Veolia) fährt seit 20. Dezember 2006 zwei Mal pro Woche im Auftrag von SBB Cargo Autozüge in der Relation Rotterdam Botlek – Köln – Säfenwil. Neben den Kohlezügen Rotterdam Maasvlakte – Mark Elverlingsen handelt es sich hier um den zweiten Vertrag für Veolia in den Niederlanden. Am 4. Januar 2007 übernahm Veolia von r4c die Containershuttles Rotterdam – Blerick, am 23. Januar 2007 wurden die ebenfalls von r4c gefahrenen Hupac-Containershuttles Rotterdam – Hamburg. Seit Ende Januar 2007 ist einer der drei Züge bis Lübeck Skandinavienkai durchgebunden. Seit Mai 2007 fährt Veolia im Auftrag von SBB Cargo drei Mal pro Woche Einzelwagenverkehre zwischen Köln und Rotterdam. Veolia hat im Oktober 2006 eine Vossloh G1206 mit der Betriebsnummer 1509 in Betrieb genommen. Die Lokomotive ist bei MRCE geleast und mit ATB ausgerüstet. Formell wurde die Lokomotive von der Veolia-Tochter Dortmunder Eisenbahn GmbH gemietet. Die 1509 wird hauptsächlich vor den Auto- und SBB Cargo-Einzelwagenzügen Rotterdam – Köln v.v. eingesetzt. Im Januar 2007 wurde die *Class* 66-Lokomotive 8653-01 bei Veolia in Betrieb genommen. Die MRCE-Leasinglokomotive wird vorwiegend vor den Blerick-Shuttles eingesetzt. Ebenfalls seit Januar 2007 hat Veolia bei ATC eine Vossloh G2000 mit der Betriebsnummer 10010142 angemietet, die vorwiegend vor den Hupac-Zügen nach Hamburg und den Blerick-Shuttles eingesetzt wird. Im Februar 2007 wurde die Vossloh G1206 mit der Betriebsnummer 500 1571 in Betrieb genommen, die ebenfalls von MRCE geleast wurde. Formeller Mieter dieser Maschine ist die Veolia-Tochter Teutoburger Waldeisenbahn GmbH (TWE).

Seit 30. Mai 2007 hat **Voest Alpine Railpro B.V.** eine eingeschränkte Zulassung für das niederländische Netz erhalten. Die Gesellschaft darf lediglich in Rangierbahnhöfen und auf nicht-NS Strecken eingesetzt werden. Vorerst wird Voest Alpine Railpro B.V. keine Bauzüge in Eigenregie fahren, sondern die Dienste von Railion in Anspruch nehmen.

Die SNCF setzt vor den Naviland Cargo-Containerzügen Rotterdam – Lyon zwischen Rotterdam und Antwerpen Schijnpoort eine der beiden von MRCE geleasten Vossloh G 2000 ein. Am 25. September 2007 verlässt 5001616 mit ihrem Containerzug Rotterdam Pernis mit Ziel Lyon. Foto: Leon Pieters.

Veolia fährt seit Anfang Januar 2007 im Auftrag von SBB Cargo Autozüge in der Relation Rotterdam – Botlek – Köln (– Säfenwil). Mit dem aus der Schweiz kommenden Leerzug 47060 ist die Veolia-Lok 1509 am 4. April 2007 auf dem Weg nach Rotterdam, aufgenommen bei Heukelom. Foto: Leon Cuijpers.

Die bei Veolia eingestellte schwarze 8653-01 ist mit ihrem Containerzug 60702 am 15. März 2007 bei Berkel-Enschot auf dem Weg von Rotterdam Maasvlakte nach Blerick. Foto: Derk Luijt.

GROẞBRITANNIEN

Die britischen Train Operating Companies (TOC) konnten im Jahr 2006 erneut ein Wachstum der Passagierzahlen verzeichnen. Mit 1,11 Milliarden Reisenden lag der Wert um 3,6% über dem Ergebnis des Vorjahres. Die Beförderungsleistung lag bei 44,9 Milliarden Personenkilometern, was einem Plus von 4,9% entspricht. Die für den Güterverkehr verantwortlichen Freight Operating Companies konnten das Transportaufkommen um 4% auf 108 Millionen Tonnen steigern (22,2 Milliarden Tonnenkilometer).
Die Pünktlichkeit im Personenverkehr konnte ebenfalls verbessert werden, nachdem diese in den vergangenen Jahren erheblich kritisiert wurde. Laut Aussage von Network Rail, dem britischen Netzbetreiber, lag die Pünktlichkeitsquote mit 88,1% auf dem höchsten Wert seit acht Jahren. Network Rail konnte im Geschäftsjahr 2006/2007 einen Gewinn in Höhe von 1 Milliarden £ (1,47 Milliarden €) erzielen, während im Geschäftsjahr 2005/2006 noch ein Verlust in Höhe von 253 Millionen £ (373 Millionen €) ausgewiesen wurde. Die Kosten konnten um 63 Millionen £ (93 Millionen €) reduziert werden, während die Erträge um 3,8 Milliarden £ auf 5,8 Milliarden £ (8,5 Milliarden €) gestiegen sind. Der Gewinn wurde entgegen der üblichen Praxis nicht an die Anteilseigner ausgeschüttet, sondern fließt in das Budget für das Geschäftsjahr 2007/2008. Die von Railtrack übernommenen Schulden konnten von 18,4 Milliarden £ auf 18,2 Milliarden £ (26,9 Milliarden €) reduziert werden. Als Folge des Eisenbahnunglücks von Ladbroke Grove, bei dem 1999 im Berufsverkehr zwei Züge zusammen gestoßen sind und 31 Menschen ihr Leben verloren, wurde Network Rail eine Geldbuße in Höhe 4 Millionen £ (5,9 Millionen €) auferlegt. Die Staatsanwaltschaft hatte nachgewiesen, dass erhebliche Sicherheitsmängel am Signalsystem als Folge von Managementfehlern beim damaligen Netzbetreiber Railtrack zu dem tragischen Unglück geführt hatten.
Das Parlament hat für Infrastrukturprojekte ein Budget in Höhe von sechs Milliarden £ (9 Milliarden €) gebilligt. Unter anderem ist die Modernisierung und der Ausbau der Thameslink-Verbindungen Bedford/Luton – London – Gatwick/Brighton/Wimbledon/Sutton geplant, für die 5,5 Milliarden £ (8,1 Milliarden €) zur Verfügung stehen. Im Rahmen des Projektes werden die Bahnsteige aller Haltebahnhöfe verlängert, so dass längere Züge gefahren werden können. Darüber hinaus sollen mehr Durchbindungen angeboten werden. Ferner sind neue Haltepunkte geplant. Die Durchlässigkeit der Achse durch London soll von heute acht auf 24 Züge pro Stunde und Richtung ausgebaut werden. Network Rail plant, den Thameslink-Ausbau 2015 abschließen zu können, nachdem das Projekt bereits im Jahr 2000 beendet werden sollte. 425 Millionen £ (624 Millionen €) sind für den Ausbau des Knotenbahnhofs Reading vorgesehen. 120 Millionen £ (179 Millionen €) sollen in die Modernisierung des Bahnhofs Birmingham New Street und weitere 150 Millionen £ (223 Millionen €) in den Ausbau von Bahnhöfen in der Greater London Area investiert werden. Für den Ausbau des Schienengüterverkehrs hat Network Rail 200 Millionen £ (298 Millionen €) vorgesehen. Es ist unter anderem geplant, die für den Güterverkehr bedeutende Strecke Gospel Oak – Barking auszubauen. High Cube-Seecontainer sollen von Southampton in den Großraum London gebracht werden, wofür eine Erweiterung des Lichtraumprofils notwendig ist. Darüber hinaus werden die Containerterminals in Tolworth, Brierly Hill, Southampton Docks, Barry Docks und Heysham erweitert.
Neben dem Budget für Network Rail hat das Parlament beschlossen, bis 2014 rund 10 Milliarden £ (15 Milliarden €) in neue Fahrzeuge zu investieren. Für den Regionalverkehr im Großraum London sollen 900 neue Wagen beschafft werden. Weitere 400 Wagen sind für andere Ballungsgebiete vorgesehen. Mit der Beschaffung neuer Wagen sollen vornehmlich bestehende Verkehre ausgebaut werden, da man mit einem erheblichen Wachstum der Fahrgastzahlen im Nahverkehr rechnet. Aktuell geht man von einer Steigerung der Passagierzahlen um 20% in den kommenden sieben Jahren aus.

Die Konzession von SouthWestTrains wurde im Jahr 2007 erneuert. Am 26. Mai 2005 ist ein *Desiro*-Triebwagen *Class* 444 bei Rowlands Castle auf dem Weg von London nach Southampton.

Konzessionen

Im vergangenen Jahr wurden sechs Konzessionen neu vergeben. Der Verkehrsvertrag für die neue South Western-Konzession, in der die South West Trains-Verkehre und die Island Line (Insel Wight) zusammengefasst wurden, konnte **Stagecoach** gewinnen, die Mutter von South West Trains. Die neue Konzession beginnt am 4. Februar 2007 und wurde für zehn Jahre vergeben. Um den Verkehrsvertrag hatten sich neben Stagecoach auch Arriva Trains, die FirstGroup und ein Konsortium aus der MTR Corporation (Metro Hong Kong) und der National Express Group beworben. Ein Großteil der South Western-Verkehre werden im elektrifizierten Netz (750V Stromschiene) im Südwesten der britischen Hauptstadt erbracht. Start- und Zielbahnhof ist die London Waterloo Station. Am 22. Juni 2007 konnte Stagecoach Midland Rail, Teil der Stagecoach Group, das Vergabeverfahren für die East Midlands-Konzession für sich entscheiden. Die Konzession umfasst die Midland Mainline-Verkehre sowie die östlichen Strecken der Central Trains-Konzession, die neu in den East Midlands-Vertrag eingebunden wurden. Die neue Konzession beginnt am 11. November 2007 und läuft bis 31. März 2015. Der Betreiber erwartet während der Laufzeit eine Verdopplung der Einnahmen, zumal der Verkehrsvertrag zum Ende Prämienzahlungen an den Staat vorsieht. Im ersten Betriebsjahr erhält der Betreiber Subventionen in Höhe von 64,3 Millionen £ (95 Millionen €), die bis 2012 reduziert werden. Ab 2013 hat sich **Stagecoach Midland Rail** verpflichtet, an den Staat eine Prämie in Höhe von 43,8 Millionen £ (64,7 Millionen €) zu zahlen, die sich bis 2015 auf 155 Millionen £ (229 Millionen €) erhöht. Stagecoach hat sich darüber hinaus verpflichtet, die Kapazitäten der Züge zu erhöhen, die Fahrzeiten zu verkürzen und neue Verkehre einzurichten. Geplant ist unter anderem die Wiedereröffnung der Stecke Kettering – Corby. Darüber hinaus sollen die Bahnhöfe modernisiert und Pendlerparkplätze geschaffen werden. Bereits im Dezember

Midland Mainline wird als eigenständige Konzession aufgelöst. Am 9. September 2005 ist ein *Class* 222-Triebwagen von London kommende bei Wellingborough auf dem Weg nach Nottingham.

Central Trains wird ebenfalls als eigenständige Konzession aufgelöst. Bei Hope legt sich am 23. September 2006 der *Turbostar*-Triebwagen 170 102 auf der Fahrt von Sheffield nach Manchester in die Kurve. Foto: Sicco Dierdorp.

2008 soll ein neuer Fahrplan in Kraft treten, der erste Maßnahmen aus dem neuen Verkehrsvertrag enthält. Neben der West Midlands-Konzession wurde auch bei den East Midlands-Verkehren erstmals eine Kundencharta eingeführt, die dem Reisenden bei Verspätungen eine Entschädigungszahlung verspricht. Das Regelwerk sieht bei Verspätungen zwischen 30 und 59 Minuten eine Reduzierung des Fahrpreises um 50%, bei einer Verspätung von mehr als 59 Minuten eine volle Erstattung des Fahrpreises für die einfache Fahrt vor. Bei Verspätungen von mehr als zwei Stunden wird der Gesamtfahrpreis für die Hin- und Rückfahrt erstattet.
Am 21. Juni 2007 gab das britische Department for Transport (DfT) die Vergabe der West Midlands-Konzession an **London & Birmingham Railway** bekannt. Das Tochterunternehmen von GoVia, einem Joint Venture aus der Go-Ahead Group und Keolis, ist bereits Betreiber der Southern- und Southeastern-Verkehre. Die West Midlands-Konzession beginnt am 11. November 2007 und läuft bis 19. September 2015. Das DfT hat die Möglichkeit, die Konzession im Falle erheblicher Leistungsmängel erstmals nach sechs Jahren zu kündigen. Neben GoVia hat sich lediglich Serco Ned Railways West Midlands um den Verkehrsvertrag beworben. In der Konzession sind die Verkehre der heutigen Silverlink zwischen London Euston und Northampton sowie die westlichen Netze von Central Trains zusammengefasst. London & Birmingham Railway erhält als Betreibergesellschaft Subventionen in Höhe von 1,12 Milliarden £ (1,67 Milliarden €) und verpflichtet sich, während der Vertragslaufzeit die Bahnhöhe zu modernisieren und mit Park & Ride-Parkplätzen auszustatten. Darüber hinaus soll die Pünktlichkeit der Züge auf 90,7% erhöht und neue Verkehre eingerichtet werden. Geplant sind Neuverkehre London – Crewe über die Trent Valley Line sowie die Einrichtung eines Halbstundentaktes auf der Strecke Northampton – Birmingham – Liverpool. 2009 soll die Fahrzeugflotte um 37 neue elektrische Desiro-Triebwagen erweitert werden. Für 2010 ist die Inbetriebnahme von 27 neuen *Turbostar*-Dieseltriebwagen *Class* 172 als Ersatz für die *Class* 150-Dieseltriebwagen vorgesehen, die derzeit im Großraum Birmingham eingesetzt werden.
Am 10. Juli 2007 hat das DfT die Cross Country-Konzession an **Arriva** vergeben. Der Verkehrsvertrag beginnt am 11. November 2007 und läuft zunächst bis zum 31. März 2016. Im Rahmen des

Virgin musste die Cross Country-Konzession im November 2007 an Arriva abgeben. Die bislang eingesetzten *Class* 220/221 werden jedoch von Virgin übernommen. Bei Atherstone ist ein *Class* 220-Triebwagen am 27. Juni 2007 auf der WestCoastMainline unterwegs.

Vergabeverfahrens hatte der bisherige Betreiber Virgin Trains fest mit einer Verlängerung des 1997 geschlossenen Verkehrsvertrages gerechnet. Bei der Cross Country-Konzession handelt es sich um den umfangreichsten Verkehrsvertrag in Großbritannien. Die Verkehre reichen von Aberdeen im Norden bis Penzance und Bournemouth im Süden und umfassen ein Netz von rund 1 500 Meilen (2 400 km). In die Konzession wurden die Verkehre Birmingham – Stansted Airport und Nottingham – Cardiff aus dem Central Trains-Netz einbezogen, während die Strecke Birmingham – Glasgow (West Coast Mainline) herausgelöst und an Virgin West Coast gegeben wurde. Darüber hinaus ist die Strecke Manchester – Glasgow an First Transpennine Express übertragen worden. Arriva erhält Subventionen in Höhe von 1,056 Milliarden £ (1,560 Milliarden €) und hat sich zu einer deutlichen Qualitätsverbesserung verpflichtet. Spätestens 2009 soll der Online-Ticketverkauf einrichtet werden, der eine kurzfristige Platzreservierung mit Fahrscheinkauf ermöglicht. Im Berufsverkehr soll das Sitzplatzangebot um 35% erweitert werden. Im Großraum Birmingham sollen Züge verlängert und somit Kapazitäten für täglich zusätzlich 20 000 Passagiere geschaffen werden. In diesem Zusammenhang werden ab Juli 2009 sieben modernisierte achtteilige HST die Fahrzeugflotte verstärken. Die Beschaffung weiterer neuer Fahrzeuge ist ebenfalls geplant. Die neuen HST werden auf den stark frequentierten Verkehren eingesetzt, so dass die frei werdenden *Voyager*- und *Turbostar*-Triebwagen als Verstärker verwendet werden können. Das Fahrplanangebot auf den Strecken Edinburgh – Reading, Bournemouth – Newcastle und Penzance – Manchester soll erweitert werden. Darüber hinaus sind zusätzliche Züge zum Londoner Flughafen Stansted in den Abendstunden vorgesehen.

Sea Containers, das Mutterunternehmen von Great North Eastern Railway (GNER), kam 2006 auf Grund von erheblichen Verlusten aus anderen Geschäftsbereichen in finanzielle Turbulenzen. Da die Bürgschaft gegenüber dem Verkehrsministerium nicht gehalten werden konnte, musste der Verkehrsvertrag im Dezember 2006 vorzeitig gekündigt werden. Das DfT hat die Konzession für das **InterCity East Coast Rail Franchise** im März 2007 neu ausgeschrieben. Um den Verkehrsvertrag haben sich Arriva Trains East Coast Ltd (Tochterunternehmen von Arriva Trains), First London Scottish and North East Railways (Tochterunternehmen von First Rail Holdings), Intercity Railways (ein Joint Venture aus Stagecoach Group und Virgin Group) sowie NXEC Trains (Tochterunternehmen von National Express) beworben. Der Zuschlag ging letztendlich an NXEC Trains, die die Verkehre ab 9. Dezember 2007 bis 31. März 2015 übernehmen. Der heutige GNER-Fahrplan soll zunächst in Großteilen durch NXEC übernommen werden. Ab Dezember 2010 soll das Fahrplanangebot auf der East Coast Mainline um täglich 25 Zugpaare erhöht werden, so dass Kapazitäten für zusätzlich 14 000 Reisende geschaffen werden. Zwischen London und Lincoln soll ein Zweistundentakt eingerichtet werden, der alternierend mit einem Zweistundentakt London – York (Halt auf allen Bahnhöfen) einen Stundentakt ermöglicht. Die Intercitys nach Newcastle und Schottland können somit um rund 15 Minuten beschleunigt werden. Für die Neuverkehre sollen ehemalige Virgin West Coast MkIII-Garnituren sowie *Class* 90-Lokomotiven angemietet werden, die auf den Strecken nach York und Leeds die HST ersetzen werden. Die frei gewordenen HST sollen die Dieselverkehre nach Lincoln übernehmen. Spätestens 2010 ist die Einführung einer Chipkarte als Zahlungsmedium geplant. Gegenüber dem Konzessionsgeber hat sich NXEC zu einer Pünktlichkeitsquote von 90% und der Reduzierung des Kraftstoffverbrauchs pro Reisenden um 28% verpflichtet.

Am 19. Juni 2007 hat das DfT die Auflösung der Konzession mit National Express für den **Gatwick Express** zum 22. Juni 2008 bekannt gegeben. Der Verkehr wird in die Southern-Konzession integriert und zukünftig durch GoVia betrieben. Im Dezember 2008 wird der bestehende Viertelstundentakt London Victoria – Gatwick Airport im Berufsverkehr ab/bis Brighton verlängert. Somit verdoppelt sich das Zugangebot nach Brighton. Für die zusätzlichen Verkehre konnten bei SWT frei gewordenen *Class* 442-Triebwagen angemietet werden. Darüber hinaus wird GoVia ab Dezember 2007 Direktzüge zwischen Brighton und Southampton einrichten. Die neue Southern-Konzession endet bereits im September 2009. Während der Laufzeit erhält GoVia Subventionen in Höhe von 104 Millionen £ (153 Millionen €).

GNER verlor im Dezember 2007 das Franchise für die Verkehre auf der EastCoastMainline zwischen London und dem Norden des Landes. Am 24. Mai 2001 war eine *Class* 92 mit Zug 11.37 Bradford – London Kings Cross bei Horsforth unterwegs.

Im Jahr 2008 wird Gatwick Express als eigenständige Konzession aufgelöst. Am 17. August 2003 bringt ein *Juniper*-Triebwagen *Class* 460 Fluggäste vom Flughafen Gatwick nach London Victoria, aufgenommen bei Salfords.

Ein von First Great Western eingesetzter HST überquert am 2. Oktober 2006 den Moorswater-Viadukt. Foto: Allan Støvring-Nielsen.

Im letzten Jahr der GNER-Konzession wurden die bei GNER eingestellten HST mit neuen Dieselmotoren der Bauart MTU ausgerüstet. Bei St. Neots ist ein HST am 9. September 2005 auf der EastCoast-Mainline unterwegs.

Am 20. Juni 2007 wurde die Konzession für die London Overground-Verkehre auf der North London Line Richmond – Stratford, der Strecke Gospel Oak – Barking, die Verkehre London Euston – Watford (heute Silverlink) sowie die East London Line Shoreditch – New Cross (früher London Underground, derzeit im Umbau) neu vergeben. Die Verkehre wurden von **Transport for London** (TfL), dem Aufgabenträger für den Nahverkehr in London, ausgeschrieben. Die Konzession ging an ein Joint Venture aus MTR und Laing Rail. Das Unternehmen wird über 80 neue Electrostar-Triebwagen sowie *Turbostar* Triebwagen *Class* 172 für den Dieselverkehr Gospel Oak – Barking einsetzen.

Personenfernverkehr

First Great Western (FGW) hat 2007 als erste britische TOC modernisierte High Speed Trains (HST) in Betrieb genommen. Der erste Triebzug konnte bereits im Januar 2007 in den Umläufen eingesetzt werden. Die 53 bei FGW eingesetzten HST erhalten eine neue Inneneinrichtung, bei der in der 1.Klasse Ledersitze mit Laptop-Anschluss verwendet werden. Darüber hinaus erhalten die Triebwagen ein neues WC-System sowie eine neue Küche in den Speiswagen. Die bei den 117 HST-Motorwagen *Class* 43 eingebauten 30 Jahre alten Paxman-Dieselmotoren werden durch neue MTU-Dieselmotoren mit einer Leistung von 1 680 kW ersetzt. Mit der Modernisierung der Mittelwagen wurde Bombardier beauftragt, während Brush sich um die Triebköpfe kümmert. Im Dezember 2007 wird der letzte modernisierte Triebzug übergeben.

Im zurückliegenden Jahr hat **Great North Eastern Railway** (GNER) für den Fernverkehr auf der East Coast Main Line 34 *Class* 43-Triebköpfe mit MTU-Dieselmotoren analog zu den HST von FGW einbauen lassen. Der erste Triebkopf wurde im November 2006 übergeben. Im Gegensatz zu den FGW-Fahrzeugen wurden die GNER-Triebköpfe einer umfangreichen Hauptuntersuchung unterzogen. Die Triebköpfe haben eine neue Steuerungselektronik sowie eine neue Bremsanlage (Knorr) erhalten. Mit der Modernisierung der Triebköpfe wurde Brush beauftragt.

Auf Grund der gestiegenen Fahrgastzahlen beabsichtigt Virgin West Coast, die Virgin Pendolino-Triebwagen *Class* 390 um weitere Mittelwagen zu verstärken. Am 27. September 2003 ist ein *Class* 390 bei Rothersthorpe unterwegs (Strecke Manchester – London Euston).

Mit der Einführung von *Virgin Pendolino*-Triebwagen *Class* 390 auf der West Coast Mainline konnten die Fahrgastzahlen erheblich gesteigert werden. Die Neigetechniktriebwagen sorgen mit einer Höchstgeschwindigkeit von 200 km/h für deutlich verkürzte Fahrzeiten. Auf Grund der hohen Fahrgastzahlen müssen die derzeit eingesetzten neunteiligen Triebzüge schnellstmöglich um zwei Mittelwagen pro Triebzug ergänzt werden. Im Januar 2007 sollte Angel Trains 106 Mittelwagen für die 53 Garnituren bei Alstom bestellen, die an **Virgin West Coast** vermietet werden. Im letzten Moment hat die Royal Bank of Scotland (RBS) als Eigentümerin von Angel Train den Auftrag zurückgezogen, so dass eine Erweiterung der Kapazitäten vor Ende 2008 nicht möglich ist. Als Ursache vermuten Experten eine geplante Studie des DfT, in der die Leasingkonditionen für Fahrzeuge der TOC analysiert werden sollen. Die Royal Bank of Scotland fürchtet einen Rückgang der Leasingentgelte nach Bekanntgabe der Studie, was eine Ertragsminderung zur Folge hätte.
Am 23. Februar 2007 entgleiste ein *Virgin Pendolino*-Triebwagen auf der West Coast Mainline bei Grayrigg (Cumbria). Der Triebwagen war auf der Fahrt von London nach Glasgow bei einer Geschwindigkeit von rund 150 km/h aus den Schienen gesprungen. Bei dem Unglück gab es einen Toten und 20 zum Teil schwer Verletzte zu beklagen. Während der Triebwagen nur leicht beschädigt wurde, wurde der Gleiskörper erheblich in Mitleidenschaft gezogen. Die Strecke konnte nach umfangreichen Arbeiten erst am 12. März 2007 wieder in Betrieb genommen werden. Die eingesetzte Untersuchungskommission stellte eine defekte Weiche als Unfallursache fest und machte Network Rail für den Unfall verantwortlich.
Im Sommer 2007 hat Virgin Trains wie im vergangenen Jahr bei Midland Mainline und GNER befristet HST angemietet. Die Triebwagen wurden zwischen dem 7. Juli und 8. September 2007 an Samstagen in den Saison-Umläufen für die Cross Country-Züge Newcastle – Newquay/Paignton und Manchester – Newquay eingesetzt. Am 7. Juni 2007 hat Virgin Trains erstmals in der Geschichte der britischen Eisenbahn ein Dieseltriebfahrzeug mit einem Mix aus handelüblichem Diesel- und Biodieselkraftstoff eingesetzt. Hierbei handelt es sich um einen *Virgin Voyager*-Triebwagen, der im Umlauf zwischen London Euston und Llandudno eingesetzt wird. Der Test lief über einen Zeitraum von sechs Monaten und war laut Aussage von Virgin sehr erfolgreich.
Das Unternehmen kündigte an, bei Erhalt der Cross Country-Konzession alle 78 *Virgin Voyager*-Triebwagen (*Class* 220 und 221) für Biodieselkraftstoff umrüsten zu lassen. Da der Zuschlag letztendlich an Arriva ging, wird es nach heutigen Erkenntnissen bei dem Prototyp bleiben. Ein Großteil der *Virgin Voyager* soll auf Arriva übertragen werden. In diesem Zusammenhang erhalten die Triebwagen nach und nach eine neue Farbgebung. Weitere Fahrzeuge sind für Virgin West Coast vorgesehen. Sie werden die heute in den durchgehenden Verkehren London Euston – Holyhead eingesetzten Pendolino-Triebwagen ersetzen. Ferner werden einige Virgin Voyager für die ehemalige Cross-Country Verbindung Birmingham – Glasgow benötigt.
First Trans Pennine Express (TPE) hat seit Februar 2007 einen vierten *Turbostar*-Triebwagen *Class* 170 angemietet. Alle vier Triebwagen wurden zuvor bei South West Trains eingesetzt und erhalten unter der Regie des neuen Besitzers eine neue Farbgebung. TPE setzt die Triebwagen zwischen Manchester und Hull ein.
Im Dezember 2006 nahm TPE den letzten von insgesamt 51 dreiteiligen Desiro-Dieseltriebwagen *Class* 185 in Betrieb. Die von Siemens gelieferten Triebwagen werden in TPE-Verkehren zwischen Newcastle/Middlesbrough/Scarborough/Hull und Liverpool/Manchester Airport eingesetzt und lösen die von *Arriva Trains Wales* angemieteten *Coradia* Triebwagen *Class* 175 und einen Großteil der *Class* 158-Triebwagen ab.

Personenverkehr London
Chiltern Railways lässt die gesamte Flotte von 19 *Clubman*-Dieseltriebwagen *Class* 168 modernisieren. Die zehn Jahre alten Triebwagen erhalten unter anderem eine neue Inneneinrichtung.
One beabsichtigt, die 78 elektrischen *Class* 321-Triebwagen einer Verjüngungskur zu unterziehen. Im Rahmen des Projektes erhalten die Triebwagen eine neue Inneneinrichtung sowie eine Klimaanlage. Die modernisierten Fahrzeuge werden in den one-Hausfarben zwischen April 2008 und

Ein bei First Trans Pennine Express eingestellter *Desiro* (185 112) ist bei Grindleford auf dem Weg von Sheffield nach Manchester. Foto: Sicco Dierdorp.

Die bei One eingesetzten *Class* 321-Triebwagen werden modernisiert. In diesem Zusammenhang wird die aus den Anglia-Zeiten stammende Farbgebung durch das aktuelle Design ersetzt. In den alten Farben ist ein *Class* 321 am 27. September 2003 bei Rivenhall End auf dem Weg von London nach Colchester.

März 2009 übergeben. Die *Class* 321 werden im Nahverkehr von London unter anderem nach Clacton, Ipswich, Harwich und Southend eingesetzt.
Die 24 elektrischen *Class* 442-Triebwagen, die lediglich auf Strecken mit Stromschiene eingesetzt werden können, sind Eigentum von Angel Trains. Seit ihrer Indienststellung im Jahr 1988 erfolgt ihr Einsatz zwischen London Waterloo und Portsmouth/Southampton/Bournemouth/Poole/Weymouth. Zuletzt wurden die Triebwagen unter der Regie von **South West Trains** (SWT) gefahren. Obgleich die Triebwagen Anfang August 2006 einer Hauptuntersuchung unterzogen wurden und im Januar 2007 bereits 14 der insgesamt 24 Triebwagen fertig gestellt waren, hat SWT beschlossen, sich von den Fahrzeugen zu trennen. Die Verkehre wurden von *Desiro*-Triebwagen *Class* 444 übernommen, die aus den Verkehren London Waterloo – Portsmouth Harbour abgezogen werden konnten. Dort wurden sie durch *Desiro*-Triebwagen *Class* 450 ersetzt. Die zunächst beabsichtigte Kündigung des Leasingvertrages über 30 *Juniper*-Triebwagen *Class* 458 wurde durch SWT wieder zurückgezogen. Die Fahrzeuge werden nach wie vor zwischen London Waterloo und Reading eingesetzt.
Im April 2007 nahm SWT den letzten von insgesamt neun modernisierten ehemaligen TPE-Dieseltriebwagen *Class* 159/1 in Betrieb, die auf den Strecken zwischen London Waterloo, Salisbury und Exeter neun *Turbostar*-Triebwagen *Class* 170 ersetzen. Die dreiteiligen Triebwagen sind bei Porterbrook geleast und bieten im Vergleich zu den zweiteiligen *Turbostars* eine höhere Sitzplatzkapazität. Das größere Sitzplatzangebot ist auf Grund der gestiegenen Fahrgastzahlen notwendig geworden.

Personenverkehr Regional

Arriva Trains Wales (ATW) hat zum 17. März 2007 den Einsatz von lokbespannten Zügen zwischen Rhymney und Cardiff eingestellt. Die von Diesellokomotiven der Baureihen *Class* 37 oder *Class* 50 (angemietet von Museumseisenbahnen) in den Verkehrsspitzen eingesetzten Verstärkerzüge sollten bereits im Dezember 2005 durch Triebwagen abgelöst werden. Auf Grund der gestiegenen Fahrgastzahlen haben die Wagenzüge noch eine Gnadenfrist erhalten. ATW verfügt über 11 *Coradia*-Dieseltriebwagen *Class* 175, die bei Transpennine Express mit der Inbetriebnahme der

SWT hat die Stromschienen-Triebwagen *Class* 442, die von London Waterloo aus in Schnellzugdiensten an die Südküste eingesetzt wurden, durch *Class* 444-Triebwagen ersetzt. Am 20. September 2005 durcheilt *Class* 442-Triebwagen Clapham Junction.

Desiro-Triebwagen *Class* 185 entbehrlich wurden. Darüber hinaus kamen acht *Class* 150/2-Triebwagen von First Great Western zu ATW. Die zwölf angemieteten *Class* 158-Triebwagen konnten wieder abgegeben werden.
Northern Rail hat im zurückliegenden Jahr den Bestand an *Class* 158-Dieseltriebwagen, die bei Angel Trains geleast sind, ausgebaut. Parallel konnte der Bestand an gemieteten *Pacer*-Triebwagen *Class* 142 reduziert werden. Die zuvor bei Arriva Trains Wales eingesetzten *Class* 158 werden unter anderem auf der Strecke Settle – Carlisle eingesetzt.
Grand Central konnte mangels geeigneter Fahrzeuge den Verkehr zwischen London Kings Cross und Sunderland nicht wie geplant zum Dezember 2006 aufnehmen. Für den Verkehr wurden 21 *Mark III*-Wagen und fünf HST-Triebköpfe *Class* 43 gekauft, aus denen zwei sechsteilige Garnituren gebildet werden können. Die *Mark III*-Wagen mussten für den Einsatz mit den *Class* 43-Triebköpfen technisch angepasst werden. Somit handelt es sich nicht um reine HST-Garnituren. Die in den Grand Central-Farben lackierten Triebwagen erhalten eine neue Inneneinrichtung. Am 9. September 2007 begann Grand Central mit der Ausbildung der Personale auf der genannten Strecke. Zu diesem Zweck wurden aus dem bestand von DRS befristet zwei *Class* 47-Diesellokomotiven und fünf *Mark III*-Wagen angemietet, die täglich drei Zugpaare zwischen London King's Cross und Sunderland fahren. Grand Central beabsichtigt, nach einer Konzessionsverlängerung neue Fahrzeuge zu beschaffen, die bei Sovereign Trains geleast werden.
Nachdem einer der insgesamt vier *Pioneer*-Triebwagen *Class* 222 im Rahmen von Wartungsarbeiten bei Bombardier in Crewe im Januar 2007 erheblich beschädigt wurde, musste **Hull Trains** bei Angel Trains einen *Class* 442-Triebwagen als Ersatz anmieten. Der als Reserve vorgehaltene Triebwagen kam bei Bedarf mit einer *Class* 67-Diesellokomotive zwischen London King's Cross und Hull zum Einsatz. Für die beiden beschädigten Mittelwagen wird Bombardier kurzfristig Ersatz stellen.
Wrexham Shropshire & Marylebone Railway Company, ein Joint Venture aus Renaissance Trains und Laing Rail, hat vom Office for Rail Regulation eine Zulassung im Personenverkehr auf der Strecke Wrexham – Wolverhampton – London erhalten. Das Unternehmen wird ab dem Frühjahr 2008 montags bis freitags fünf Zugpaare auf der Strecke Wrexham – London fahren. An den Wochenenden werden drei Zugpaare angeboten. Für die Verkehre wurden bei EWS *Class* 67-Diesellokomotiven, *MkIII*-Mittelwagen sowie DVT-Steuerwagen angemietet. Die Fahrzeuge werden in den Hausfarben des neuen Besitzers lackiert.

Fahrzeuge

Elektrische Triebwagen

Transport for London hat für die Overground-Dienste im Nordwesten der Hauptstadt 80 *Electrostar*-Triebwagen *Class* 378 bestellt. Die drei- und vierteiligen Triebwagen werden ähnlich den an c2c, South Eastern Trains und Southern Railways gelieferten *Electrostar*-Triebwagen sein. Die Höchstgeschwindigkeit beträgt 120 km/h. Bombardier wird neben der Montage im Werk Derby auch die Wartung der Triebwagen für die ersten 7½ Jahre übernehmen. Zu diesem Zweck wurde östlich von London nahe New Cross Gate ein neues Bahnbetriebswerk gebaut. Die Auslieferung der Fahrzeuge wird zwischen März 2009 und Mai 2010 erfolgen. Sie ersetzen die rund 30 Jahre alten Triebwagen der Baureihen 313/1 und 508/3 und erhalten ein weiß-oranges Farbkleid.
Im Mai 2007 hat Southern Railways bei Bombardier weitere 48 *Electrostar*-Triebwagen bestellt, die zwischen Januar 2008 und Januar 2009 an Porterbrook Leasing ausgeliefert werden.
Im August 2007 hat Porterbrook Leasing bei Siemens 37 vierteilige *Desiro*-Triebwagen *Class* 350 bestellt, die für die London & Birmingham Railway (GoVia) vorgesehen sind und im Rahmen der West Midlands-Konzession zwischen London und Birmingham eingesetzt werden. Die Neubautriebwagen werden zwischen Oktober 2008 und Ende 2009 ausgeliefert. Einschließlich dieser Bestellung wird Siemens rund 300 *Desiro*-Triebwagen an britische TOC ausgeliefert haben. Die Neubautriebwagen ersetzen die *Class* 321-Triebwagen, die bislang von Silverlink eingesetzt wurden und anschließend an neue Betreibergesellschaften vermietet werden sollen.

Am 23. August 2007 hat Hitachi (Japan) den ersten von 29 *Class* 395-Triebwagen übergeben. Southwestern wird die sechsteiligen Triebwagen auf der Strecke London St. Pancras – Ashford/Dover/Ramsgate über den Channel Tunnel Rail Link ab Dezember 2009 einsetzen. Die ersten vier Triebwagen werden bis Ende 2007 für Zulassungsfahrten zur Verfügung stehen. Für die Zulassungsfahrten wird Serco Rail verantwortlich sein. Die übrigen 25 Triebwagen werden zwischen 2008 und 2009 ausgeliefert. Eigentümer der Fahrzeuge wird HSBC Rail. Die Triebwagen sind sowohl für den Verkehr unter Fahrdraht (25 kV) als auch mit 750 V Stromschiene vorgesehen. Ein Sechsteiler verfügt über 348 Sitzplätze.

Dieseltriebwagen

Im Rahmen der Vergabe der West Midlands-Konzession hat sich das DfT zur Beschaffung von 27 neuen *Turbostar*-Triebwagen *Class* 172 verpflichtet, die die im Vorortverkehr von Birmingham eingesetzten *Class* 150-Triebwagen ersetzen werden. Obgleich ein Teil der im Einsatz befindlichen *High Speed Trains* eine Hauptuntersuchung erhalten hat, sollen die zum Teil über 30 Jahre alten Triebwagen ab 2014 durch Neubaufahrzeuge ersetzt werden. Im Rahmen der Auftragsvergabe hat das DfT ein Pflichtenheft für die neue Generation von High Speed Trains erstellt. Unter dem Namen Intercity Express Programme soll die Fahrzeugindustrie zur Abgabe eines Angebotes für die Lieferung von bis zu 2000 Wagen aufgefordert werden. Das Vergabeverfahren wird Ende 2007 beginnen und frühestens 2009 abgeschlossen sein. Bereits Anfang 2012 soll eine kleine Vorserie für Testfahrten zur Verfügung stehen, so dass die Auslieferung der Serienfahrzeuge ab 2014 beginnen kann. Die Neubaufahrzeuge sollen in allen drei Traktionsarten (Diesel, Elektro und Hybrid) geliefert werden. Im Mai 2007 hat Hitachi einen *High Speed Train* mit einem Hybrid-Antrieb ausgerüstet. In diesem Zusammenhang wurde ein Mittelwagen des Versuchszuges mit Akkumulatoren versehen, die einen der beiden mit Diesel angetriebenen Triebköpfe mit Energie versorgt. Während des Bremsvorgangs wird die gewonnene Energie in die Akkumulatoren zurückgeführt. Hitachi erhofft sich mit dem Baumusterfahrzeug verbesserte Chancen für einen Teilauftrag im Rahmen des Intercity Express Programme.

Infrastruktur

Am 14. November 2007 wurde der zweite Abschnitt des Channel Tunnel Rail Link (CTRL) zwischen Southfleet Junction und London St. Pancras (39 km) eröffnet. Das Teilstück wird auch als *High Speed 1* (HS1) bezeichnet. Somit sind die *Eurostar*-Züge aus Paris und Brüssel im Bahnhof London Waterloo nach fast 14 Jahren Geschichte. Mit der Inbetriebnahme des zweiten Abschnitts konnten die *Eurostar*-Züge um 20 Minuten beschleunigt werden. Die Strecke London – Paris wird in nur zwei Stunden 15 Minuten, London – Brüssel in einer Stunde 51 Minuten zurückgelegt. Der Oberbau und die Gleise waren bereits Ende 2006 fertig gestellt, so dass im Januar 2007 die ersten Testfahrten stattfinden konnten. Am 6. März 2007 erreichte der erste *Eurostar*-Triebwagen den Bahnhof St. Pancras. Am 4. September 2007 legte ein *Eurostar* die Referenzstrecke Paris – London St. Pancras in nur zwei Stunden drei Minuten zurück. Die mit 25 kV elektrifizierte Schnellfahrstrecke ist für eine Höchstgeschwindigkeit von 330 km/h ausgebaut. Im Regelbetrieb wird jedoch maximal 270 km/h gefahren. Der neue, an der HS1 gelegene Bahnhof Ebbsfleet International, der drei Kilometer lange Themse-Tunnel sowie der 19 km langen Tunnel zwischen Dagenham und Islington dürfen jedoch nicht schneller als mit 230 km/h durchfahren werden. Nördlich des Bahnhofs St. Pancras wurde eine Verbindungskurve zwischen der HS1 und der East Coast Main Line gebaut. Der 74 km lange erste Abschnitt der HS1 zwischen dem Kanaltunnel und Fawkham Junction war bereits am 28. September 2003 in Betrieb genommen worden. Vorerst verkehren auf der HS1 ausschließlich *Eurostar*-Triebwagen. Ab Dezember 2009 werden erstmals Regionalverkehre zwischen London St. Pancras und Ashford, Dover und Ramsgate angeboten, die mit *Class* 395-Triebwagen gefahren werden (s. Seite 177).

Die Cambrian Coast Line Shrewsbury – Aberystwyth/Pwllheli wird als erste Strecke in Großbritannien mit ETCS ausgerüstet. Für den Testbetrieb stehen vier *Class* 37-Diesellokomotiven aus dem

Mit der Inbetriebnahme des CTRL 2 im November 2007 verabschiedeten sich die zum gewohnten Bild gehörenden Eurostar-Triebwagen endgültig aus London Waterloo. Während zwei Eurostar am 10. November 2006 in London Waterloo auf den Abfahrauftrag warten, hat ein aus Paris kommender Eurostar sein Fahrtziel erreicht.

Bestand von Harry Needle zur Verfügung, die entsprechend mit ETCS ausgerüstet sind. Alle 24 von Arriva Trains Wales eingesetzten *Class* 158-Triebwagen, die im Werk Machynlleth gewartet werden, erhalten ebenfalls versuchsweise ETCS.

Im September 2007 wurden erste Testfahrten auf der Flughafenverlängerung zwischen Heathrow Terminals 1 – 3 und dem neuen Terminal 5 (3,4 km) durchgeführt. Mit der Eröffnung des Terminal 5 am 30. März 2008 wird der Heathrow Express (HEx) nach der Abfahrt im Terminal 3 direkt den Terminal 5 anfahren, während der Terminal 4 ausschließlich mit den Heathrow Connect-Zügen (Nahverkehr zwischen London Paddington und Heathrow) erreicht werden kann. Derzeit beginnen und enden die Heathrow Connect-Verkehre im Terminal 3. Der Bahnhof im Terminal 5 wird als Kopfbahnhof über sechs Bahnsteiggleise verfügen, von denen im Plandienst jedoch lediglich vier Gleise genutzt werden. Zwei Gleise sind für den HEx, zwei Gleise für London Underground (Picadilly Line) vorgesehen.

2012 wird London die Olympischen Sommerspiele ausrichten. Größtes Infrastrukturprojekt ist der Umbau des Bahnhofs London King´s Cross. Der Bahnhof erhält ein neues Empfangsgebäude mit einer lichtdurchlässigen Bahnsteighalle. Darüber hinaus wird ein neuer Bahnsteig gebaut, so dass die Kapazität des Bahnhofs um 24 Züge pro Tag erweitert werden kann.

Güterverkehr

Ein neuer Anbieter im britischen Güterverkehr ist **Amec Spie Rail UK**. Das Unternehmen hat bei Virgin *Class* 57/3-Diesellokomotiven angemietet und fährt fünf Mal pro Woche Holzzüge aus verschiedenen Verladebahnhöfen in Schottland nach Chirk (Wales).

Direct Rail Services (DRS) wurde 1997 von der Nuclear Decommissioning Authority gegründet, um Uran für britische Kernreaktoren zu transportieren. Neben diesen Verkehren werden zusätzlich seit 2007 unterschiedliche Güterverkehre gefahren. Von der insolventen FM Rail hat DRS in 2007 *Class* 47-Diesellokomotiven übernommen und somit den Bestand auf acht Maschinen erhöht. Bei EMD wurden zehn weitere *Class* 66 bestellt, die seit August 2007 als 66421-66430 ausgeliefert werden. DRS verfügt somit über einen Bestand von 76 betriebsfähigen Diesellokomotiven unterschiedlicher Baureihen (*Class* 08, 20, 37, 47 und 66).

English Welsh & Scottish Railway (EWS), im Jahr 1996 aus der Fusion von drei British Rail-Güterverkehrsgesellschaften entstanden, die von der amerikanischen Wisconsin Central gekauft wurden, soll verkauft werden. Am 28. Juni 2007 haben die EWS-Anteilseigner Canadian National Railway, die neuseeländische Bank Fay Richwhite, die amerikanische Bank Goldman Sachs und die Investmentgesellschaft Berkshire Partners den Verkauf von EWS an die Deutschen Bahn AG bekannt gegeben. Es ist davon auszugehen, dass das britische Parlament dem Verkauf zustimmen wird. Für den Kauf soll die Deutsche Bahn eine Summe von 460 Millionen € aufbringen. Mit 15 Millionen Tonnen Transportleistung pro Jahr hält EWS rund zwei Drittel des gesamten britischen Güterverkehrsmarktes. Das Unternehmen soll den heutigen Planungen zufolge weiter unter dem Namen EWS im Markt agieren. Eine Corporate Identity mit dem neuen Eigentümer ist ebenfalls nicht vorgesehen. Mit der Übernahme von EWS sichert sich die Deutsche Bahn ein Filetstück im britischen Güterverkehrsmarkt und erhält darüber hinaus über die EWS-Tochter ECS eine Zulassung in Frankreich (s. Seite 215). Parallel mit der Übernahme der EWS kündigte die Deutsche Bahn den Kauf der spanischen Transfesa an (s. Seite 332). Die Deutsche Bahn verfolgt mit diesen strategischen Übernahmen das Ziel, größter Güterverkehrsanbieter in Europa zu werden. Im April 2007 ging EWS eine strategische Allianz mit Riviera Trains ein. Die Unternehmen verfolgen das Ziel, gemeinschaftlichen Güterverkehr auf hohem Niveau anzubieten. In der Vergangenheit hat EWS die DHL-Paketzüge zwischen Walsall und Aberdeen trotz einer Pünktlichkeitsquote von 99,9% verloren. EWS beabsichtigt, den Marktanteil im Intermodalverkehr weiter auszubauen. Zu diesem Zweck wurde eine Business Unit mit den Namen Network gegründet. In dieser Unterneh-

In Bridgewater warten die Direct Rail Services-Lokomotiven 37218 und 20313 am 5. Oktober 2006 auf weitere Aufgaben. Foto: Allan Støvring-Nielsen.

Direct Rail Services im Jahr 2007 weitere *Class* 66 in Betrieb genommen. Mit einem Intermodalzug ist 66 413 am 2. April 2007 bei Winwick Junction auf dem Weg nach Daventry. Foto: Philip Wormald.

Als spektakulären Schachzug gilt die Übernahme von EWS durch Railion Deutschland. Am 21. März 2007 ist die EWS-60 035 mit einem Ganzzug von Washwood Heath nach Peak Forest bei Edale unterwegs (Strecke Sheffield – Manchester). Foto: Philip Wormald.

menseinheit sollen die Intermodalverkehre von und nach Schottland (Strecke Mossend – Aberdeen) zusammengefasst und koordiniert werden.
Die bereits seit geraumer Zeit abgestellten 41 *Class* 47-Diesellokomotiven sollen nun verkauft werden. Gleiches gilt für 30 *Class* 37 und 16 *Class* 08. Ein Großteil der Lokomotiven wurde an Schrotthändler verkauft und hat somit keine weitere Zukunft. Vor dem Schneidbrenner konnten jedoch 19 Lokomotiven gerettet werden. So hat Serco Rail vier *Class* 47 übernommen. Das Unternehmen fährt vorwiegend Bauzüge und ist Teil der französischen Colas-Gruppe, zu der auch Amec Spie Rail (s. Seite 179) gehört. Die DRS hat eine *Class* 47, West Coast Railway Company drei Lokomotiven übernommen. EWS hat 2007 bei der französischen Arbel Fauvet Rail 150 Kalkwagen bestellt.
Fastline Freight Ltd, eine Tochtergesellschaft von Jarvis, fährt seit Mai 2006 fünf Mal pro Woche einen Containerzug von Thamesport nach Doncaster. Für den Ausbau seiner Marktaktivitäten hat das Unternehmen bei EMD fünf *Class* 66 bestellt, die 2008 ausgeliefert werden sollen. Die Lokomotiven sollen in den neu gewonnenen Kohleverkehren eingesetzt werden. Die bislang im Containerverkehr eingesetzten *Class* 56 bleiben in ihren gewohnten Umläufen.
FM Rail Ltd hat im Dezember 2007 Insolvenz beantragt. Das Unternehmen wurde im Januar 2005 nach der Fusion von Fragonset Railways und dem Bahnbauunternehmen Merlin Rail gegründet und hat seit April 2005 eine Lizenz für den Güterverkehr. FM Rail war nach Cotswold Rail die zweite unabhängige freight operating company und verfügt über Diesellokomotiven der Baureihen 31 und 47. Darüber hinaus befinden sich zahlreiche *Mark* II- und *Mark* III-Wagen im Bestand des Unternehmens, die für Charterverkehre eingesetzt werden. Die Geschäftsaktivitäten von FM Rail hat die neue **Victa Rail** übernommen. Für den Charterverkehr vorgehaltene Fahrzeuge wurden an Hertfordshire Rail Tours verkauft. Im zweiten Halbjahr 2006 hat FM Rail einen Intermodalverkehr Hams Halls – Mossend und Long Marston – Mossend eingerichtet. Die beiden Verkehre – mit Gebrauchtwagen – wurden von Victa Rail übernommen und weitergeführt. Darüber hinaus besteht eine Vereinbarung mit Network Rail über die Durchführung von Inspektionsfahrten im britischen Netz.
Unter dem Namen **Freight Europe** hat die französische SNCF in Großbritannien ein Tochterunternehmen gegründet und eine Lizenz für den Güterverkehr beantragt. Bereits Ende 2007 beabsichtigt das Unternehmen, eigene Verkehre durchzuführen.
Freightliner Ltd, 1996 durch Management-buy-out aus dem Intermodalbereich der British Rail entstanden, hat in 1999 als Wettbewerb zu EWS das Tochterunternehmen Freightliner Heavy Haul gegründet. Für 2007 waren erste Aktivitäten auf dem europäischen Festland vorgesehen. Zu diesem Zweck wurde in Polen die Tochtergesellschaft Freightliner PL gegründet. Für die Verkehre wurden bei EMD sieben *Class* 66 bestellt, die im Laufe des Jahres 2007 ausgeliefert und nach Polen gebracht wurden. Darüber hinaus wurden bei der Fahrzeugindustrie 430 Kohlewagen für den polnischen Markt bestellt. Freightliner PL beabsichtigt, in Polen Kohleverkehre für die Industrie durchzuführen (s. Seite 366). Freightliner ist neben EWS die zweite britische TOC, die auf dem europäischen Festland tätig ist. Für den britischen Markt hat Freightliner im März 2007 sechs *Class* 66, im April 2007 weitere acht Lokomotiven in Betrieb genommen. Darüber hinaus sind weitere 16 *Class* 66 bei EMD bestellt, die im Frühjahr 2008 ausgeliefert werden. Parallel sollen Anfang 2008 die noch im Bestand befindlichen *Class* 57 abgestellt werden, obgleich Anfang 2007 bei Porterbrook zwölf *Class* 57 angemietet wurden. Im April 2007 konnten sechs Lokomotiven wieder an den Leasinggeber zurückgegeben werden. Die übrigen Lokomotiven werden im April 2008 abgegeben. Bei der *Class* 57 handelt es sich um ehemalige *Class* 47-Lokomotiven, die bei Brush zwischen 1998 und 1999 modernisiert und remotorisiert wurden. Es ist davon auszugehen, dass die *Class* 57 bei anderen Unternehmen zum Einsatz kommen werden. So haben bereits Cotswold Rail, Serco und West Coast Railway ihr Interesse bei Porterbrook bekundet. Bei Greenbrier wurden 110 neue Kohlewagen für den polnischen Markt bestellt.
GB Railfreight Ltd (GBRf) war der erste *open access*-Anbieter im Güterverkehr, der nicht aus British Rail hervorgegangen ist. Das Unternehmen wurde 1999 gegründet, bevor es 2003 an die First Group verkauft wurde. GBRf ist in allen Güterverkehresmärkten aktiv. Seit 2007 wird für Drax

Freightliner hat die aus *Class* 47 umgebauten *Class* 57 ausgemustert. Am 27. September 2003 war 57 004 mit einem Containerzug Harwich – Southampton bei Rivenhall End im Einsatz.

Um dem gestiegenen Frachtaufkommen gerecht zu werden, muss Freightliner weitere *Class* 66 in Betrieb nehmen. Philip Wormald konnte am 11. April 2007 66 523 mit einem Ganzzug bei Barrow-upon-Soar aufnehmen.

Cotswold Rail ist einer der kleinen EVU in Großbritannien. Im Bahnhof Burngullow stellt 47 813 am 3. Oktober 2006 ihren Kesselwagenzug zusammen und wurde dabei von Allan Støvring-Nielsen beobachtet.

Power Importkohle von Tyne zum Drax-Kraftwerk in Selby gefahren. Alle 48 Stunden werden drei beladene Züge gefahren. Für EDF Energy werden seit 1. Juli 2007 pro Jahr 800 000 Tonnen Steinkohle von Hull zu den Kraftwerken in Cottam und West Burton gefahren. Pro Tag sind zwei beladene Ganzzüge vorgesehen. Darüber hinaus konnte GBRf mit den Associated British Ports einen Vertrag abschließen. Das Unternehmen wird für die kommenden drei Jahre die Hafenbahn im Hafen Hull bedienen. Um die zusätzlichen Kohleverkehre fahren zu können, hat GBRf in Rumänien 72 neue Kohlewagen bestellt. Im Januar 2007 wurden fünf neue *Class* 66 in Betrieb genommen. Für weitere zehn *Class* 66 hält GBRf eine Option. Sämtliche *Class* 66 sind über HSBC geleast.

Für die Bespannung von Bauzügen verfügt **Network Rail** über drei *Class* 31, die in 2007 eine Hauptuntersuchung erhalten haben. Somit können die Maschinen noch bis 2010 eingesetzt werden.

Traditional Traction (TT) ist ein neues Unternehmen im britischen Eisenbahnmarkt, dass sich auf die Vermietung von Triebfahrzeugen spezialisiert hat. Aus dem Bestand von EWS wurden zwölf *Class* 08-Rangierlokomotiven sowie fünf *Class* 47 übernommen, die für private Güterverkehrsanbieter zur Verfügung stehen.

Eurotunnel

Mit einer Verbindlichkeit in Höhe von rund 9 Milliarden € gegenüber den kreditgebenden Banken müsste Eurotunnel plc, Betreiber des Kanaltunnels zwischen Frankreich und Großbritannien, buchmäßig Insolvenz anmelden. Da bei dieser Schuldenlast die Zinsverpflichtungen höher als die

Auf Grund der hohen Trassenpreise gehen die Güterverkehre durch den Kanaltunnel mehr und mehr zurück. Mitte 2007 waren von den 44 zur Verfügung stehenden Trassen lediglich vier belegt. Zwei *Class* 92 erreichen mit ihrem Güterzug am 3. August 1996 die französische Seite des Tunnels bei Coquelles.

Erträge sein werden, ist mit einem Abbau der Zinsverpflichtungen nicht zu rechnen. Nachdem im August 2006 mit den Banken eine Einigung erzielt werden konnte, bis Februar 2007 keine Forderungen geltend zu machen, wurde im Januar 2007 die Restrukturierung des Unternehmens durch den Aufsichtsrat und ein französisches Gericht beschlossen. Im Rahmen des so genannten *Safeguard Restructuring Plan* soll der Erlass von 54% der Verbindlichkeiten erreicht werden, so dass eine Restverbindlichkeit für Eurotunnel plc in Höhe von 4,164 Milliarden € verbleibt. Die Aktionäre wurden aufgefordert, ihre Anteile an Eurotunnel Plc zurückzugeben. Im Gegenzug erhalten sie Anteile an der neu gegründeten Groupe Eurotunnel SA. Die größten Gläubiger erhalten für die Erlassung der Verbindlichkeiten ebenfalls ein Aktienpaket an der neuen Kanaltunnel-Holding.
Im Geschäftsjahr 2006 erwirtschaftete Eurotunnel plc ein Minus in Höhe von 204 Millionen €. Im Vergleich zum Vorjahr konnte das Minus deutlich reduziert werden (2005: 2,8 Milliarden €). Der Umsatz konnte in 2006 um 5% auf 830 Millionen € gesteigert werden. Das Geschäftsjahr 2006 war ein bedeutender Meilenstein in der Entscheidung, den Schienengüterverkehr durch den Kanaltunnel weiter zu betreiben. Im November 2006 lief die durch die französische und die britische Regierung vereinbarte Minimum Usage Charge (MUC) aus, die Eurotunnel plc einen Festbetrag für den Schienenpersonen- und -güterverkehr durch den Kanaltunnel garantierte. Als Folge war eine deutliche Tariferhöhung zu erwarten, worauf EWS ankündigte, bei unveränderten Bedingungen den gesamten Güterverkehr durch den Kanaltunnel einstellen zu wollen. Für einen durchschnittlichen

Güterzug wurden bis 30. November 2006 für eine einfache Fahrt rund 19 000 € Trassenentgelt erhoben, die von Frankreich und Großbritannien übernommen wurden. Aus Sicht der Güterverkehrsanbieter wäre ein Trassenpreis zwischen 443 und 738 € für die einfache Fahrt realistisch, obgleich dieser Tarif im Vergleich zu den Trassenpreisen im britischen Netz noch doppelt so hoch ist. EWS und Rail Freight Group als Lobby für die Güterverkehrsanbieter appellierten an Eurotunnel plc, sich im Rahmen der Liberalisierung des Eisenbahnwesens an die EU-Richtlinien zu halten. Nach den Vorgaben muss der Tunnel grundsätzlich für alle Anbieter zugänglich sein. Darüber hinaus dürfen die Nutzungsentgelte die operativen Kosten zuzüglich eines Faktors für die Finanzierung nicht überschreiten. Im Rahmen der Restrukturierung hatte Eurotunnel beschlossen, die Nutzungsentgelte nach Ablauf der MUC zwischen 5 000 und 15 000 € festzulegen. Kurz vor Ablauf der MUC am 30. November 2006 hat sich das DfT bereit erklärt, einen Teil der Trassenentgelte zu übernehmen. Da die neu festgelegten Entgelte nach wie vor weit von der Vorstellung der EWS abweichen, hat das Unternehmen einen Rechtsstreit mit der Betreibergesellschaft begonnen.
Als Folge der Tariferhöhung gingen die Verkehrszahlen weiter zurück. Im Geschäftsjahr 2006 wurden lediglich 1,5 Millionen Tonnen Güter durch den Tunnel befördert, was einem Einbruch um rund 50% entspricht. Im Februar 2007 kündigte Unilog BV (Belgien) als einer der letzten beiden Großkunden den Vertrag mit Eurotunnel und verzichtete auf die Verladung von Gütern durch den Kanaltunnel. Das Unternehmen hat alle Intermodalverkehre zwischen Muizen und Daventry/Manchester aus wirtschaftlichen Gründen aufgegeben. Parallel hat GTS Transport (Italien) den vier Mal pro Woche verkehrenden Shuttle Bari – Manchester eingestellt. Mit der Einstellung der genannten Verkehre werden von den 40 zur Verfügung stehenden Fahrplantrassen lediglich vier genutzt. Eine Trasse wird für den täglich verkehrenden Transfesa-Autozug (Ford) von Dagenham (GB) nach Silla (ES) vorgehalten. Eine weitere Trasse steht dem vier Mal pro Woche verkehrenden Corus-Stahlzug Scunthorpe – Enbange (F) zur Verfügung. Norfolk Line nutzt weitere zwei Trassen für den vier Mal pro Woche verkehrenden Intermodalzug Wembley – Milano und den Güterzug Wembley – Gremberg (D).
Eurostar, die Betreibergesellschaft der *Eurostar*-Züge Paris/Brüssel – London, blickt auf ein erfolgreiches Geschäftsjahr 2006 zurück. Die Fahrgastzahlen konnten um 5% auf 7,85 Millionen Reisende gesteigert werden. Die Erträge aus dem Schnellverkehr lagen mit 790 Millionen € um 11,7% über dem Wert des Vorjahres. Das positive Ergebnis hat Eurostar unter anderem den verschärften Sicherheitskontrollen an den europäischen Flughäfen zu verdanken, die zahlreiche Reisende zwischen Großbritannien, Belgien und Frankreich auf den Zug umsteigen ließen. Rund 91,5% aller *Eurostar*-Züge erreichten das Ziel pünktlich. Die Quote lag deutlich über dem Wert von 2005 (86,3%). Mit Abschluss der Gleisbauarbeiten im Bereich von Brussel Zuid konnten die *Eurostar*-Züge Brüssel – London zum 10. Dezember 2006 um drei bis vier Minuten beschleunigt werden, so dass die Reisezeit auf zwei Stunden zwölf Minuten reduziert werden konnte. Dennoch verschlechterte sich die Korrespondenz in Brussel Zuid zwischen Thalys und *Eurostar* auf Grund einer Fahrplanverschiebung bei den Thalys-Verkehren von und nach Köln. Das Catering an Bord der *Eurostar*-Züge wurde erneut ausgeschrieben. Den Vertrag mit einer Laufzeit bis einschließlich 2012 konnte Cremonini für sich gewinnen.
Die 6½ *Regional Eurostar*-Triebwagen, die für die bislang nicht eingeführten North of London-Verkehre vorgesehen waren und derzeit als Reserve abgestellt sind, konnten für vier Jahre an die SNCF vermietet werden (s. Seite 220). Eurotunnel hat im Februar 2007 aus dem Bestand von Eurostar (UK) fünf *Class* 92-Elloks übernommen, die bei der Güterverkehrstochter Europorte 2 eingesetzt werden (s. Seite 220). Europorte 2 beabsichtigt, als erster Anbieter eigene Verkehre zwischen Fréthun (F) und Dollands Moor anzubieten, die mit *Class* 92 bespannt werden sollen. Die Lokomotiven waren seit 2001 im Freien abgestellt und mussten zunächst einer Hauptuntersuchung unterzogen werden. Die Revision wird durch Brush Traction durchgeführt. Eurostar (UK) möchte sich von weiteren zwei *Class* 92 trennen und bietet diese zum Verkauf an. EWS hat 27 *Class* 92 über die Halifax Bank geleast, während die SNCF über zwölf Lokomotiven verfügt, die jedoch bis zur Ausstellung einer Lizenz für Großbritannien abgestellt sind.

IRLAND

Der Personenverkehr der Irischen Staatsbahn Iarnród Éireann (IE) entwickelte sich in 2006 sehr gut. Mit 43,2 Millionen Reisenden konnte die Verkehrsleistung um 14,9% gegenüber dem Vorjahr gesteigert werden. Einen erheblichen Einbruch hingegen musste der Güterverkehr hinnehmen. Die Transportleistung ging um 46% auf 164 000 Tonnenkilometer zurück.

Der irische Verkehrsminister hat den ersten Bauabschnitt des sogenannten Western Rail Corridor freigegeben. Das Bauvorhaben umfasst den Wiederaufbau der stillgelegten Nord-Süd-Strecke im Westen des Landes. In der ersten Phase wird eine Neubaustrecke zwischen Athenry (Strecke nach Galway) und Limerick gebaut, die 2008 dem Betrieb übergeben werden soll. Die IE beabsichtigt, täglich sieben Zugpaare in der Relation Galway – Athenry – Limerick anzubieten. In der zweiten Phase erfolgt der Wiederaufbau der Strecke Athenry – Tuam, die bis 2011 fertig gestellt werden soll. Die Verlängerung von Tuam nach Claremorris soll im Jahr 2014 dem Verkehr übergeben werden. Der Verkehrsminister stellte darüber hinaus ein Konzept zur Modernisierung der Strecke Dublin – Kildare vor. Der Abschnitt Cherry Orchard – Hazelhatch soll in diesem Zusammenhang von zwei auf vier Streckengleise ausgebaut werden. Zwischen Inchicore und Cherryville soll eine neue Signaltechnik installiert werden. Dieses Projekt soll bis 2010 abgeschlossen sein.

Am 6. März 2007 trafen die ersten vier Intercity-Dieseltriebwagen der Baureihe 22000 in Dublin ein. Die von den Herstellern Mitsui/Rotem/Tokyu Car (Südkorea) gebauten Fahrzeuge wurden über den Seeweg nach Irland gebracht. Das Herstellerkonsortium wird insgesamt zehn sechsteilige und 20 vierteilige Triebwagen bis Ende 2008 nach Irland liefern. 2007 hat die IE in Südkorea weitere 33 Mittelwagen bestellt. Der Auftrag an Südkorea war die bislang umfangreichste Fahrzeugbestellung in der Geschichte der IE. Aus den Fahrzeugen werden 31 dreiteilige (192 Sitzplätze pro Triebwagen) und 15 sechsteilige Garnituren (378 Sitzplätze per Triebwagen) gebildet. Nach Abschluss der Zulassungsfahrten werden die Neubautriebwagen zunächst ab Oktober 2007 auf der Hauptstrecke Dublin – Sligo eingesetzt. Zu einem späteren Zeitpunkt sollen die Triebwagen auch in den Verkehren Rosslare – Dublin, Waterford – Dublin, Westport – Dublin, Tralee – Dublin, Tralee – Cork, Galway – Dublin und Limerick – Dublin eingesetzt werden.

Der neue Fernverkehr in Irland. Die Aufnahme zeigt den ersten neuen InterCity-Dieseltriebwagen der Baureihe 22000 für die IE. Foto: IE.

BELGIEN

Im Personenverkehr konnte die SNCB-Gruppe im Jahr 2006 ein positives Ergebnis erzielen. Das Beförderungsaufkommen lag bei 8,521 Milliarden Personenkilometern (2005: 8,111 Milliarden). Rund 187,5 Millionen Reisenden nutzten die SNCB, was einer Steigerung um zehn Millionen Passagiere entspricht. Die Güterverkehrssparte B-Cargo konnte das Transportaufkommen 2006 um 1,7% auf 59,4 Millionen Tonnen steigern. Die Verkehrsleistung lag mit 8,442 Tonnenkilometern um 5,9% über dem Vorjahreswert. Der Umsatz der gesamten SNCB-Gruppe konnte im Geschäftsjahr 2006 um 10% auf 2,132 Milliarden € gesteigert werden. Der Umsatzsteigerung standen jedoch gestiegene Kosten in der gleichen Größenordnung gegenüber, so dass der Verlust mit 67,7 Millionen € nur 12 Millionen € niedriger ausfiel als im Vergleichszeitraum 2005.
Obwohl die SNCB 2005 reorganisiert wurde und der freie Zugang für *open access operator* über den Netzbetreiber Infrabel rein formell geregelt ist, macht es die belgische Bürokratie den Neulingen im privaten Güterverkehr nach wie vor schwer, neue Verkehre aufzunehmen. Die Zulassung von Triebfahrzeugen ist außergewöhnlich langwierig und entbehrt nicht einer gewissen Willkür. Eine Initiative der DLC, dem Lokführermangel durch eigene Ausbildung entgegenzuwirken, wurde durch einen Beschluss des belgischen Königshauses torpediert, nach dem die Ausbildung ausschließlich in der Verantwortung der SNCB liegt. Gegen diesen Beschluss legte DLC Widerspruch ein. Eine Entscheidung ist bislang nicht getroffen.

Fahrzeuge

Elektrische Lokomotiven

Im Januar 2007 bestellte die SNCB bei Siemens 60 *Eurosprinter* der Gattung ES 60 U3. Hierbei handelt es sich um vierachsige Lokomotiven mit einer Leistung von 6.000 kW und einer Höchstgeschwindigkeit von 200 km/h. Die Zweisystemmaschinen sind für 3 000V Gleichstrom und 25kV Wechselstrom ausgerüstet. Ein Einsatz auf der mit 15kV elektrifizierten Strecken Montzen – Aachen (D) wird daher nicht möglich sein. Technisch werden die Lokomotiven identisch zu den Maschinen sein, die Siemens an die Portugiesische Staatsbahn CP liefern wird (s. Seite 344). Die SNCB wird die Neubaulokomotiven zwischen Januar 2009 und Juli 2010 als Baureihe 18 in Betrieb nehmen. Einsatzschwerpunkt wird der hochwertige Personenverkehr sein, da die SNCB somit einen Teil der Kaufsumme über EU-Mittel finanzieren kann.
Zwischenzeitlich wurde ein Teil der Reihe 27 (2721-2760) mit MUX-Steuerung für den Einsatz im Wendezugverkehr ausgerüstet. Anfangs wurden die umgebauten Lokomotiven ausschließlich mit M6-Wagen eingesetzt. In diesen Fällen lief am Zugschluss eine Maschine der Reihe 27 mit MUX-Verkabelung mit. Im Juli 2007 wurden die ersten Lokomotiven mit (noch ungenutzten) automatischen Kupplungen in Dienst gestellt, die mit M6-Garnituren einschließlich Steuerwagen eingesetzt wurden. Bevor die Zulassung für die Baureihe 27 mit automatischer Kupplung erteilt wurde, mußten 2742 und 2750 mit einer Garnitur M6-Wagen zahlreiche Testfahrten absolvieren.
Mit Beginn des neuen Jahresfahrplans am 10. Dezember 2006 wurden die Umläufe der Baureihen 22 und 25 weiter reduziert. Im Oktober 2006 hat die SNCB fünf Lokomotiven abgestellt, am 10. Dezember folgten weitere sieben Maschinen. Zum Stichtag 1. Januar 2007 waren lediglich acht 22er im Einsatzbestand, von denen fünf in Charleroi-Sud und drei in Kinkempois beheimatet sind. Mit lediglich fünf Lokomotiven war die Baureihe 25 in den Bestandslisten vertreten, die alle in Antwerpen-Noord beheimatet sind. Da dieser Bestand für einen eigenen Umlauf zu gering ist, liefen in den Einsatzplänen regelmäßig Lokomotiven der Baureihen 23 und 26 mit, die somit wieder vor Reisezügen anzutreffen waren. Die 80 Lokomotiven der Baureihe 23 sollen bis 2010 eine Hauptuntersuchung erhalten. Maschinen, die zwischen 2007 und 2010 Fristablauf haben und ausgemustert werden sollten, erhalten ebenfalls eine weitere Hauptuntersuchung.
Zum 10. Dezember 2006 wurde die Reihe 20 aus den Umläufen vor den EC-Zügen Brüssel – Luxemburg (– Schweiz) genommen und durch die Reihe 27 ersetzt. Als Konsequenz aus der For-

Das Ende der Baureihe 25 rückt unaufhaltsam näher. Am 21. September 2006 legt sich 2506 mit einem Güterzug bei Ekeren in die Kurve. Foto: Michel Heerkens.

Die Diesellokomotiven der Baureihe 55 werden mit der Aufnahme des elektrischen Zugbetriebs zwischen Montzen und Aachen West entbehrlich. Am 14. April 2007 ziehen 5519 und 5503 mit vereinten Kräften einen Kesselwagenzug die Gemmenicher Rampe hinauf nach Montzen. Foto: Sicco Dierdorp.

derung der CFL, daß ab dem 1. Juni 2007 das NMBS-Material in Luxemburg mit Memor 2+ ausgestattet sein muß (eine Ausrüstung, über die ein Teil der Lokomotiven der Reihe 20 verfügt, nicht aber die Reihe 27), kehrten diese aber nach kurzer Zeit in ihr altes Einsatzgebiet zurück. In den Umlauf der Baureihe 20 wurde darüber hinaus das Zugpaar 5857/5888 Luxembourg – Libramont v.v. aufgenommen, der aus I6/I10-Wagen der SNCB und einem Wegmann-Wagen der CFL gebildet wird. Neben den Lokomotiven der Baureihe 20 sind darüber hinaus die Triebwagen der Baureihe AM96 aus dem Depot Stockem sowie die Lokomotiven der Baureihe 13 mit Memor 2+ ausgerüstet.
Zwei im Benelux-Verkehr Amsterdam C – Brüssel Süd eingesetzte Lokomotiven der Reihe 11.8 wurden durch Brände beschädigt. Zunächst fing die 1185 Feuer und brannte völlig aus. Nach der Wiederaufarbeitung ereilte die Schwestermaschine 1190 kurze Zeit später das gleiche Schicksal. Es wird spekuliert, dass die 1190 im Rahmen der Wiederaufarbeitung den Transformator für 1 500V Fahrspannung verlieren und somit als Baureihe 21 lediglich im Binnenverkehr eingesetzt wird.
Seit Dezember 2006 führt Bombardier regelmäßig Test- und Zulassungsfahrten mit Lokomotiven der Gattung TRAXX F 160 MS durch. Die Fahrten erfolgen unter 3 000 V und 25kV. Bei den Lokomotiven handelt es sich um die ersten Maschinen einer Serie von 35 Exemplaren, die Bombardier an Angel Trains Cargo für den Einsatz bei der HSA (High-Speed Alliance, der Betreiber des Benelux-Dienstes über die HSL Zuid) liefert. Die als 186 111 – 125 bezeichneten Lokomotiven kommen bis zur Auslieferung der bei AnsaldoBreda bestellten Hochgeschwindigkeitstriebzügen zwischen Brussel und Amsterdam zum Einsatz.

Diesellokomotiven

Die Reihe 55 musste in 2006 weitere Einsätze abgeben. Von den fünf in den Niederlanden zugelassenen Maschinen musste 5517 als erste im Juli 2007 ihre ATB an eine Lokomotive der Baureihe 77 abgeben. Den übrigen vier Maschinen der Baureihe 55 droht das gleiche Schicksal, so dass noch vor Jahresende 2007 der Einsatz in den Niederlanden vor den Autozügen nach Sloe und dem Athus-Shuttle von ERS Railways BV enden wird. Seit Sommer 2007 erhalten die Lokomotiven der Baureihe 55 keine Hauptuntersuchung mehr. Die 24 in Kinkempois für den Güterverkehr nach Montzen/Aachen vorgehaltenen Lokomotiven werden im Dezember 2008 mit der Elektrifizierung der Strecke entbehrlich.
Im Laufe des Jahres 2006 wurde der Einsatz der Baureihe 62 im kommerziellen Güterverkehr beendet. 6236 und 6306 wurden an Infrabel übergeben bzw. in den Museumsbestand der SNCB überführt. Infrabel hat beschlossen, einige Lokomotiven der Baureihe 62 einer Hauptuntersuchung zu unterziehen. Als erster Vertreter konnte 6278 in 2007 vorgestellt werden. Die Lokomotive fällt durch die großen Infrabel-Logos auf. Die SNCB hat sich von zahlreichen Rangierlokomotiven der Baureihen 73 und 82 getrennt. Darüber hinaus mussten zwei Lokomotiven der Baureihe 74 wegen Fristablauf ihren Dienst quittieren. Einige Lokomotiven konnten bei privaten EVU in Belgien und Italien eine neue Heimat finden. Aufsehen erregte in diesem Zusammenhang der Verkauf von zwei Lokomotiven der Baureihe 80 an Rails & Traction S.A. (Raeren). Der neue Eigentümer hat die beiden Maschinen an die Steinbrüche von Lessines vermietet. Nach einer Hauptuntersuchung verließen die Maschinen im Dezember 2006 bzw. Juni 2007 die Werkshallen und präsentieren sich nun in hellblau mit weißen Zierstreifen.

Triebwagen

Die letzten 40 Triebwagen der Reihen AM66 bis 79 (601-782), die bislang noch keine Revision erhalten haben, werden für das Brüsseler pre-GEN-Netzwerk (CityRail) modernisiert. Bis zur Inbetriebnahme der neuen Doppelstocktriebwagen für das GEN-Netz werden die modernisierten Triebwagen auf den heutigen CityRail-Verbindungen eingesetzt. Neben der üblichen Hauptuntersuchungen erhalten die Fahrzeuge eine neue Inneneinrichtung sowie zahlreiche Extras, unter anderem Fahrgastinformations-Displays sowie Streckenverlaufsanzeiger. Die GEN-Triebwagen werden neu mit den Betriebsnummern 960-999 in den Bestandslisten geführt. Als Prototyp wurde zunächst 978 (ex-707) an die SNCB übergeben. Im weiteren Verlauf der Modernisierung kam es jedoch zu Verzö-

Einige von der SNCB ausgemusterte Rangierlokomotiven der Baureihe 80 fanden bei Rails & Traction eine neue Heimat. Die Maschinen werden vorwiegend in den Steinbrüchen von Lessines eingesetzt. Am 2. April 2007 geht eine Baureihe 80 in den Farben des neuen Eigentümers ihrer neuen Aufgabe nach. Foto: Sicco Dierdorp.

Am 21. April 2007 ist der CityRail-Triebwagen 978 mit zwei Schwesterfahrzeugen als L6458 Leuven – Ottignies bei Pecrot unterwegs. Foto: Michel Heerkens.

Seit August 2007 werden die ersten M6-Steuerwagen im Regelverkehr eingesetzt. Die Aufnahme zeigt einen M6-Steuerwagen im IC 1835 Antwerpen C – Oostende, aufgenommen am 27. September 2007 bei Lokeren. Foto: Kevin von Ruytegem.

Zum Fahrplanwechsel im Dezember 2006 wurde die neue IC-Linie O Brüssel – Liège – Maastricht eingerichtet. Auf dem Weg von der Maas in die belgische Hauptstadt zieht 1357 am 13. März 2007 IC 437 durch Oost-Maarland. Foto: Leon Cuijpers.

gerungen bei der Ersatzteilbeschaffung, so dass weitere Fahrzeuge erst ab Sommer 2007 folgen konnten.
Drei bereits seit mehreren Jahren mit schweren Schäden abgestellte Mittelwagen aus der Triebwagen-Reihe AM 80 Break (301-440) sollen nicht mehr instandgesetzt werden, so dass der Triebwagen mit der Betriebsnummer 321 aus den Bestandslisten gelöscht wird. Die übrigen 139 Break-Triebwagen erhalten ab 2008 im Rahmen fälliger Revisionen eine Modernisierung der Innenausstattung. Vorgesehen ist, pro Jahr 20 Triebzüge zu modernisieren, die äußerlich eine hellgraue Farbgebung erhalten. Baumusterfahrzeug wird der Triebzug mit der Betriebsnummer 384 sein. Neben den Breaks sollen die vierteiligen Triebwagen der Reihe AM 75 (801-844) modernisiert werden.
Zum 10. Dezember 2006 hat die SNCB die ersten Triebwagen der Reihen AM 62, 63 und 65 (151-270) ausgemustert. Ein Fahrzeug soll als Messtriebwagen für TBL umgebaut werden. Im Jahr 2007 wurden weitere Triebwagen auf Grund von Fristablauf ausgemustert.
Bei den Triebwagen der Baureihe 900 wurde Ende 2006 der 1.Klasse-Bereich reduziert. Ein Triebwagen hat versuchsweise den 1.Klasse-Bereich vollständig eingebüßt. Seit dem 1. Januar 2007 werden 20 TGV Réseau-Triebwagen der SNCF im SNCB-Werk Brüssel-Süd gewartet.

Wagen
Im Dezember 2006 hat Bombardier die ersten Doppelstockwagen der Gattung M6 aus der dritten Serie an die SNCB übergeben. Die Lieferung umfasst neben den bekannten Mittelwagen erstmals auch 32 Steuerwagen der Gattung Bx, mit denen die M6-Garnituren in Wendezuge verkehren können. Das dritte Baulos umfasst neben den Steuerwagen auch 19 Wagen der 2.Klasse (B) und 19 Wagen der 1.Klasse (A). 19 Steuerwagen erhalten zusätzlich eine automatische Kupplung, so dass in den Verkehrsspitzen zwei Züge gemeinsam gefahren werden können. Nach Abschluss der dritten Serie im Februar 2008 wird Bombardier im März 2009 mit der Auslieferung der vierten Serie beginnen, die insgesamt 90 Wagen umfasst. Dieses Baulos umfasst 36 Wagen der 2.Klasse (B), 18 Steuerwagen mit 1. und 2.Klasse (ABx), 18 Multifunktionswagen und 18 Wagen 1.Klasse (A). Die SNCB wird insgesamt über 370 M6-Wagen verfügen. Die ersten M6-Steuerwagen werden seit 20. August 2007 im Regelverkehr auf der Strecke Charleroi – Brüssel – Antwerpen eingesetzt.
Mit Bombardier wurde die Modernisierung von 130 Doppelstockwagen der Baureihe M5 vereinbart. In diesem Zusammenhang wird das Oberdeck nach dem Muster der M6-Wagen vollständig erneuert. Die Wagen werden zwischen Oktober 2008 und Ende 2011 das Bombardier-Werk in Brugge verlassen und fallen durch ihre neue graue Farbgebung auf.
Nachdem das Modernisierungsprogramm der M4-Wagen für einige Jahre ins Stocken gekommen war, sollen nun auch die letzten Fahrzeuge dem Umbauprogramm unterzogen werden.
Im Mai 2007 wurde ein Großteil der blauen I5-Liegewagen ausgemustert, die bislang vor allem in den Wintersportzügen (Treski der SNCB und Bergland Express von TTC) eingesetzt wurden. Über einen italienischen Zwischenhändler sollen die Liegewagen nach Kasachstan verkauft werden. Die zuvor ausgemusterten K4-Wagen wurden in 2007 nach Trier gebracht. Ein Teil der Wagen soll ebenfalls über einen italienischen Zwischenhändler nach Afrika verkauft werden. Die übrigen Wagen werden bei Nichtverkauf dem Schneidbrenner zugeführt.

Personenverkehr - Inland
Seit dem Fahrplanwechsel vom 10. Dezember 2006 bietet die SNCB wieder Reisezüge zwischen Virton, Athus und Arlon an. Ein neuer Zweistundentakt (mit acht Verstärkerzügen in den Verkehrsspitzen) verbindet montags bis freitags Virton mit Arlon als Verlängerung der Verkehre aus Libramont. Die Züge verkehren über den CFL-Grenzbahnhof Rodange, wo Anschluss an den luxemburgischen Binnenverkehr gewährt wird. Die SNCB setzt Dieseltriebwagen der Baureihe 41 ein. Im Berufsverkehr fahren zusätzlich sechs durchgehende Zugpaare zwischen Luxemburg, Rodange, Athus und Virton, die aus CFL-Triebwagen gebildet sind. Mit der Aufnahme des Personenverkehrs wurden ebenfalls die Bahnhöfe Aubange, Halanzy und Messancy zum 14. Mai 2007 in Betrieb

Zum 10. Dezember 2006 wurde der Regionalverkehr Libramont – Virton bis Rodange (L) und Arlon verlängert. Am 22. September 2007 wartet 4123 in Virton auf weitere Fahrgäste.

genommen. Zum 10. Dezember 2006 wurde die neue IC-Linie O Brussel – Liège – Maastricht in Betrieb genommen. Montags bis freitags werden in diesen Verkehren I11-Wagenstämme eingesetzt, die von Lokomotiven der Baureihe 13 bespannt werden. Diese Fahrzeuge waren bislang nicht in den Niederlanden anzutreffen. Da die Züge nicht in Randwijck und Eijsden halten, konnten SNCB und NS eine attraktive Verbindung zwischen der belgischen Hauptstadt und der Maas geschaffen werden. Eijsden hat mit der Inbetriebnahme der IC-Linie O sämtliche Reisezughalte verloren. Im Dezember 2006 kam es zu einem außergewöhnlichen Zwischenfall, nachdem die niederländische IVW im Bahnhof Maastricht einem belgischen Triebfahrzeugführer die Weiterfahrt untersagte, da er über nicht ausreichende Holländisch-Kenntnisse verfügte. Dieser Vorfall wurde vor allem in der belgischen Presse ausführlich diskutiert.
Nach einem Brand im Brüsseler Tiefbahnhof Broekzele-Zuid mussten bis zum 25. März 2007 einige Züge zwischen Brussel Zuid und Zottegem und Dendermonde mit Dieseltriebwagen der Baureihe 41 gefahren werden. Ergänzend mußten einige Verbindungen in den Verkehrsspitzen eingestellt oder umgeleitet werden, um somit einen Zusammenbruch der Energieversorgung durch eine hohe Stromentnahme zu verhindern.
Nach vorangegangenen Tests werden die P-Züge Gouvy – Brüssel seit 5. Februar 2007 in den Verkehrsspitzen mit zwei Verstärkerwagen lokomotivseitig an der Wendezuggarnitur gefahren. Die Wagen können somit in Brüssel ohne Zeitverlust und aufwendige Rangiermanöver beigestellt oder abgezogen werden. Als Vorbild für diese Zugkonfiguration diente die Schweiz.
Am 27. April 2007 kam es im Bahnhof Izegem zu einem Zusammenstoss von zwei Personenzügen. Ein geschobener M4-Leerwagenzug prallte mit hoher Geschwindigkeit auf einen ebenfalls aus M4-Wagen gebildeten besetzten Personenzug. Nur einem glücklichen Umstand ist es zu verdanken, dass es bei diesem Unfall keine Toten zu beklagen gab. Der Leerwagenzug prallte auf die Schublok des Personenzuges, die einen Großteil der Kraft aus dem Zusammenstoss auffangen konnte. Infrabel übernahm die volle Verantwortung für den Unfall, nachdem sich herausstellte, dass die Zugbeeinflussung für ein kurz zuvor umgesetztes Signal falsch angeschlossen wurde, so dass der Leer-

Railion Deutschland setzt die Baureihe 225 wieder im grenzüberschreitenden Verkehr westlich von Montzen ein. Am 21. April 2007 sind 225 025 und 023 mit einem Güterzug bei Argenteau südlich von Visé unterwegs. Foto: Sicco Dierdorp.

wagenzug ohne Zwangsbremsung ein rotes Haltesignal überfahren konnte. Bei dem Unfall wurden zwei M4-Wagen sowie die Lokomotive 2132 beschädigt. Nach einer Reparatur ist die Lokomotive jedoch wieder im Plandienst anzutreffen. Im September 2007 sollten die ersten Züge auf dem belgischen Abschnitt der HSL-Strecke nach Breda fahren. Die aus I11-Wagen mit je zwei TRAXX-Lokomotiven gebildeten Züge werden in einem Stundentakt Antwerpen und Noorderkempen verbinden. Auf Grund der fehlenden Zulassung der TRAXX-Lokomotiven wurden die Verkehre zunächst bis zum Fahrplanwechsel am 9. Dezember 2007 ausgesetzt.

Internationaler Personenverkehr

Die Unpünktlichkeit der Benelux-Verkehre auf Grund der schlechten Verfügbarkeit von Lokomotiven der Reihe 11.8 bereitet der SNCB erhebliche Sorgen. Bei den Fernzügen in Richtung Brüssel kam kurz nach der Inbetriebnahme des Antwerpener Eisenbahntunnels zu Behinderungen, da die Reihe 11.8 nicht über die Leistung verfügt, Reisezüge in der vorgegebenen Geschwindigkeit über die Rampen der Tunnelstrecke zu ziehen. Als Konsequenz wurde im Sommer 2007 erneut ein Zugpaar ausgesetzt. Es kursieren Gerüchte, dass die Baureihe 11.8 noch im Jahr 2007 durch TRAXX-Lokomotiven der Baureihe 186 ersetzt werden sollen, sobald diese für Belgien zugelassen sind. Seit Frühjahr 2007 fordern sowohl die Niederlande als auch Belgien den Erhalt der günstigeren und zum Teil auch schnelleren Benelux-Dienst. Nach heutigem Planungsstand soll die Benelux-Verbindung mit der Inbetriebnahme der HSL Zuid vollständig aufgegeben werden.
Das Zugpaar EC 295/296 *Jean Monnet* Brüssel – Basel wird seit dem 10. Juni 2007 aus sechs französischen Corail-Wagen gebildet und ersetzen die bislang eingesetzten I6/I10-Wagen der SNCB. Die Corail-Wagen konnten mit der Inbetriebnahme der LGV Est freigesetzt werden.

Güterverkehr

B-Cargo und SNCF FRET für die Stahlverkehre in Westeuropa die Kooperation Sideros gegründet.

Die Verkehre sollen unter dem neuen Namen effizienter gestaltet werden und konkurrieren zu den bereits bestehenden Verkehren privater Anbieter. B-Cargo stellt sich bislang nicht offensiv dem Wettbewerb mit anderen Anbietern und fährt eine sanfte Kooperationsstrategie. Eine Ausnahme bilden die Kalkzüge Yves-Gomezée – Millingen (D) im Auftrag von Solvay und die Erzzüge Antwerpen – Creutzwald (F). Im Auftrag von ERS Railways BV fährt B Cargo seit dem 1. Januar 2007 unter eigener Lizenz die ERS-Shuttlezüge Rotterdam – Athus. Zu Beginn der Verkehre setzte B-Cargo eine Diesellokomotive der Baureihe 55 bis Waalhaven Zuid ein. Seit dem 1. Juli 2007 fährt B-Cargo dieses Zugpaar jedoch unter eigener Regie ab/bis Rotterdam Maasvlakte. Im Auftrag der französischen Rail Link S.A. (s. Seite 213) fährt B-Cargo in Kooperation mit Veolia Cargo France S.A. seit dem 4. Juli 2007 zwei Mal pro Woche einen Containershuttle in der Relation Antwerpen – Dourges – Lyon sowie seit dem 10. September 2007 drei Mal pro Woche einen Shuttle Zeebrugge – Dourges.
Seit November 2006 fahren die Lokomotiven mit ATB und Indusi ausgerüsteten der Baureihe 77 Güterzüge von Antwerpen via Montzen nach Aachen West (D). Nach einer kurzen Auszeit werden die DB-Lokomotiven der Baureihe 225 seit dem 10. Dezember 2006 wieder westlich von Montzen eingesetzt. Die Railion-Lokomotiven haben wieder die Leistungen nach Genk und Kinkempois übernommen, in denen sie bereits bis 2005 eingesetzt wurden.
Nach einer kleinen Ruhepause hat **Dillen & Le Jeune Cargo NV** (DLC) im Oktober 2006 weitere Verkehre aufgenommen. So wurde ein neuer Containerverkehr von Zeebrugge über Roosendaal und Bad Bentheim nach Ruhland eingerichtet. In der Anfangsphase wurde das Zugpaar ein Mal pro Woche von Hupac gefahren. Seit April 2007 bietet DLC diesen Verkehr bei Bedarf auch mehrmals pro Woche an.
Im Auftrag von Hupac fährt DLC seit dem 21. März 2007 einen neuen Containershuttle von Genk (B) nach Würzburg. In Würzburg wird der Zug an TXL übergeben, die eine Weiterbeförderung nach Verona übernimmt. Das Zugpaar wird sechs Mal pro Woche mit einer Diesellokomotive der Baureihe *Class* 66 gefahren. Der Einsatz der *Class* 66 zwischen Aachen (D) und Basel konnte durch den Einsatz von Elektrolokomotiven reduziert werden (s. Seite 89), so dass diese Fahrzeuge für andere Verkehre zur Verfügung stehen. Im März 2007 nahm DLC eine neue *Class* 66 in Betrieb. Es handelt sich um 653-09 (JT9), die über MRCE geleast ist. Die Lok behält vorerst ihre schwarze MRCE-Farbgebung, hat jedoch bereits die blaue DLC-Kennung erhalten und erhielt nach einigen Wochen die DLC-Betriebsnummer DE 6305. Im Herbst 2007 folgten mit EU08 und EU09 zwei weitere, neue Lokomotiven, die im Werk Tilburg die die notwendigen Zugsicherungssysteme erhalten haben. DLC-intern werden die Lokomotiven als DE 6306 und DE 6307 geführt. Somit verfügt das Unternehmen über 16 *Class* 66.
Rail4chem Benelux B.V. fährt seit 30. August 2007 im Auftrag von Hoyer einen Ganzzug zwischen Antwerpen BASF und Rehden (D). Der Zug wird durchgehend mit einer r4c-Diesellokomotive der Baureihe *Class* 66 bespannt. Neben den seit Mai 2006 zwei Mal pro Woche verkehrenden Autozügen Zeebrugge – Aachen – Polen ist dies der zweite Verkehr des Unternehmens in Belgien. Neu ist darüber hinaus ein wöchentlicher Kohlezug von Schwedt über Montzen zum CBR-Werk im belgischen Visé.
Nachdem **SNCF Fret** bereits seit Dezember 2005 in Belgien zugelassen ist, kann das Unternehmen nun auch in den Niederlanden Verkehre in Eigenregie fahren (s. Seite 213). Seit Januar 2006 fährt SNCF Fret in Belgien mit dem Chemiezug Tessenderlo – Lille seinen ersten *open access*-Verkehr in Belgien. Zum Einsatz kommen Diesellokomotiven der Baureihe BB 67400.
Seit 2. April 2007 fährt SNCF Fret im Auftrag von Hupac vier Mal pro Woche einen Containershuttle zwischen Antwerpen und Perpignan. Für den Verschub im Antwerpener Hafen wird eine der beiden von SNCF Fret geleasten Vossloh G2000 eingesetzt. Den Hauptlauf zwischen Antwerpen Noord und Quévy übernehmen Diesellokomotiven der Baureihe BB 467400, während südlich von Quévy Elloks der Baureihe BB 422200 zum Einsatz kommen. Seit dem 14. Juni 2007 fährt SNCF Fret drei Mal pro Woche einen Containershuttle Rotterdam – Lyon. Der Ganzzug wird im Auftrag der Tochtergesellschaft Naviland Cargo S.A. gefahren und zwischen Pernis Combi Terminal (Rotterdam)

Am Morgen des 12. April 2007 hat die bei DLC eingestellte schwarze 653-09 auf dem Weg von Novara nach Genk den Gemmenicher Tunnel verlassen und passiert die deutsch/belgische Grenze. Im Hintergrund ist der markante Turm des Dreiländerecks bei Vaals zu sehen. Foto: Leon Cuijpers.

SNCF Fret hat im Jahr 2007 weitere Verkehre in Belgien übernommen. Am 2. April 2007 ziehen BB 67597 und 67594 ihren Cementzug auf dem Weg nach Havines durch den Bahnhof Jemappes. Foto: Sicco Dierdorp.

und Antwerpen-Schijnpoort mit einer Vossloh G2000 bespannt. Ab Antwerpen obliegt die Bespannung einer Ellok der Baureihe BB 36000.

Euro Cargo Rail S.A. (ECR), eine Tochter der britischen EWS, die zwischenzeitlich zur Railion-Gruppe gehört, ist bereits seit einiger Zeit in Frankreich zugelassen und konnte im November 2006 eine Zulassung in Belgien erhalten. Seit dem 10. Dezember 2006 hatte ECR Güterzugtrassen in den Relationen Fréthun (F) – Genk und Fréthun (F) – Muizen gebucht, die jedoch nicht in Anspruch genommen wurden - nach eigener Aussage Mangels geeigneter Triebfahrzeuge.

Im Frühjahr 2007 lieferte Vossloh zwei Diesellokomotiven der Bauart G2000 mit den Betriebsnummern 2006/500161 und 2006/5001618 an ECR, die für den Einsatz in Frankreich, Belgien und den Niederlanden vorbereitet sind. Anfang August 2007 war eine G2000 im Rahmen von Zulassungsfahrten in Belgien zu Gast.

Anfang Dezember 2006 konnte **TrainsporT S.A.** eine Zulassung für das belgische Schienennetz erhalten und ist damit neben DLC das zweite in Belgien zugelassene private EVU. Zunächst beschränkte sich TrainsporT auf gelegentliche Zugleistungen. Seit Mai 2007 bringt das Unternehmen Bleierz aus dem Antwerpener Hafen (Lillo) über Montzen nach Stolberg (D). Der bislang von B-Cargo als Bedarfsleistung gefahrene Ganzzug wird unter der Regie von TrainsportT als Planleistung drei Mal pro Woche angeboten. Zweite Verkehrsleistung des Newcomers ist ein Containershuttle Zeebrugge – Montzen – Neuss, den ERS am 19. Juli 2007 eingerichtet hat. Da ERS Railways derzeit unter akutem Triebfahrzeugmangel leidet, wurde die Rurtalbahn Benelux B.V. als Frachtführer eingesetzt, die mit der Zulassung von TrainsporT in Belgien und von RRF in den Niederlanden fährt. Im belgischen Abschnitt obliegt die Traktion des Containerzuges einer *Class* 66 (653-05), die bei der Rurtalbahn eingestellt ist. Ende Juli 2007 kam darüber hinaus die ebenfalls bei der Rurtalbahn eingestellte V201 (Vossloh G2000) zum Einsatz. In Zusammenarbeit mit der deutschen Häfen und Güterverkehr Köln AG (HGK) werden Autozüge in der Relation Genk (B) – Deutschland (Ford) und Antwerpen – Deutschland (Opel/General Motors) gefahren. Für diese Verkehre greift TrainsporT auf HGK-Lokomotiven der Baureihe *Class* 66 zurück.

ERS Railways B.V. ist seit Februar 2007 in Belgien zugelassen. Neun Class 66 sind für die belgischen Verkehre zugelassen, die jedoch auf Grund von Fahrzeugmangel aktuell nicht in Belgien eingesetzt werden. Der seit 19. Juli 2007 drei Mal pro Woche verkehrende Containershuttle Zeebrugge – Montzen – Bad Schandau – Mělnik (CZ) wird zurzeit durch B-Cargo, Railion und ČD gefahren. Die Shuttlezüge Zeebrugge – Neuss werden durch TransporT S.A. als Frachtführer gefahren.

Infrastruktur

Kurz vor Beginn des Sommers 2007 ersetzte das neue Traffic Control Centrum in Brüssel die vier regionalen Verkehrsleitzentralen, die bis dahin den gesamten Zugverkehr landesweit geregelt hatten. Die ebenfalls weiter gebündelten Zugleitzentralen in Belgien werden aus der neu geschaffenen Verkehrsleitzentrale gesteuert. Darüber hinaus beherbergt das Traffic Control Centrum weitere Bereiche des Zugleitdienstes für Personen- und Güterzüge.

Mit Beginn des Jahresfahrplans 2006/2007 wurden einige langfristige Infrastrukturprojekte in Belgien in Betrieb genommen: der viergleisige Ausbau der Hauptstrecke Brüssel – Leuven, die Verbindungskurve zwischen den Strecken Brüssel – Leuven und Leuven – Hasselt, eine niveaufreie Kreuzung der Strecken nach Antwerpen und Leuven bei Schaarbeek und die neue Einfädelung der HSL1 im Bahnhofsbereich Brüssel Süd, die eine kreuzungsfreie Einfahrt der Hochgeschwindigkeitszüge TGV, Thalys und Eurostar nach Frankreich und Großbritannien auf die Schnellfahrstrecke ermöglicht.

Anfang Dezember 2006 haben sich die Landes- und Regionalvertretungen über die Finanzierung von drei Infrastrukturprojekten geeinigt, die schon seit längerem in Planung waren, bislang jedoch nicht in den Investitionsplan 2005-2007 aufgenommen wurden. Die SNCB-Holding kann diese Projekte jetzt vorfinanzieren. Die Projekte umfassen die Modernisierung der Linie 162 zwischen Namur und Luxemburg im Anschluss an die derzeitige Modernisierung der Strecke Brüssel – Namur sowie eine neue Anbindung des Hafens von Brüssel. Darüber hinaus sollen die Anlagen im Rangierbahn-

Die Modernisierung des Bahnhofs Namur konnte abgeschlossen werden. Die Aufnahme vom 22. September 2007 zeigt den Ostkopf des Hauptbahnhofs mit einem ausfahrenden InterCity nach Luxembourg.

Im März 2007 wurde der neue Eisenbahntunnel in Antwerpen in Betrieb genommen. In Antwerpen Centraal ist ein Tiefbahnhof mit insgesamt vier Bahnsteiggleisen entstanden. Die Aufnahme mit Triebwagen 213 entstand im Mai 2007. Foto: René von Lier.

hof sowie im Hafen von Zeebrugge modernisiert werden. In Vorbereitung ist die Finanzierung von drei weiteren Infrastrukturprojekten: die Anbindung des Flughafens von Gosselies (Charleroi), der Bau eines Umsteigebahnhofs in Louvain-la-Neuve sowie die Realisierung der Liefkenshoekbahn - der Über- bzw. Unterquerung der Schelde in Antwerpen.
Bereits im September 2006 verkehrte der erste Personenzug auf einem Teilstück der HSL-Linie 3 zwischen Liège und Aachen. Der Zug wurde zunächst mit einer Diesellokomotive bespannt. Der Bau der Neubaustrecke schreitet zügig voran. Lediglich der Anschluss an die bestehende Infrastruktur auf deutschem Gebiet sowie die Arbeiten am Hergenrather Tunnel sind noch nicht abgeschlossen. Die ersten planmäßigen Züge werden jedoch erst in 2009 über die Neubaustrecke fahren, obgleich die Strecke bereits früher dem Betrieb übergeben wird. Die Ursache hierfür liegt in der verspäteten Ausrüstung der ICE- und Thalys-Triebwagen mit ECTS.
Am 15. März 2007 verkehrte der erste kommerzielle Güterzug über Neerpelt und Weert, dem belgisch-niederländischen Teil des Eisernen Rheins. Es handelte sich um einen kurzen Güterzug von B-Cargo, der mit zwei Diesellokomotiven der Baureihe 77 bespannt wurde. In der Folgewoche haben auch Railion und DLC je einen Güterzug auf dem Eisernen Rhein gefahren. Bislang ist jedoch DLC das einzige Unternehmen, das die geschichtsträchtige Strecke regelmäßig an Montagen befährt.
Im Februar 2007 wurden die Arbeiten an der Ostseite des Bahnhofs Namur mit der Inbetriebnahme des Tunnels für die Strecke nach Liège abgeschlossen. Die Umbauarbeiten in Liège werden jedoch nicht vor 2010 abgeschlossen sein, da derzeit noch umfangreiche Arbeiten am Westkopf des Bahnhofs durchgeführt werden.
Am 26. März 2007 wurde in Antwerpen Centraal der Tunnel auf Ebene -2 in Betrieb genommen. Den neuen Eisenbahntunnel nutzen Benelux-Züge sowie die IR Essen – Jambes, die somit direkt ohne Fahrtrichtungswechsel von der Linie 12 aus den Niederlanden nach Berchem fahren können. Die Thalys Amsterdam – Paris fahren weiterhin über Berchem. Nach den Feierlichkeiten am Eröffnungstag wurde die Tunnelstrecke im Mai 2007 im Rahmen einer Publikumsveranstaltung offiziell eröffnet. Die Ebene -1 ist hingegen bislang noch nicht fertig gestellt.
Am 28. Mai 2007 wurde eine weitere Phase der Modernisierung des viergleisigen Abschnitts zwischen Luttre und Roux in Betrieb abgeschlossen. Künftig sind zwei der vier Streckengleise als eingleisige Hauptstrecken nutzbar. Zu diesem Zweck mussten Weichen und Signalanlagen entsprechend angepasst werden. Die IC-Züge sind auf diesem Abschnitt unabhängiger vom übrigen Personen- und Güterverkehr. Die Modernisierung ist Teil der Aufwertung der Hauptstrecke Brüssel – Charleroi (Linie 161). Auf Brüsseler Seite wurden zwischen der Hauptstadt und Ottignies bereits umfangreiche Baumaßnahmen im Rahmen der GEN-Netzes durchgeführt. Zwischenzeitlich wurden die Arbeiten an der Linie 124 bis Nivelles aufgenommen.
Am 4. Oktober 2006 konnte nach mehr als einjähriger Bauzeit das zweite Streckengleis durch den Veurser Tunnel im Zuge der vielbefahrenen Güterzugstrecke über Montzen nach Deutschland in Betrieb genommen. Im zurückliegenden Jahr wurde der Gleiskörper der Vennbahn Raeren – Sourbrodt abgebaut, nachdem bereits 2001 der letzte Zug die Strecke befahren hat. Darüber hinaus wurde die Strecke nach Genappe und ein Teil der im Jahr 2006 stillgelegten Strecke nach Franseslez-Anvaing zurückgebaut.
Neben den bereits erwähnten Inbetriebnahmen der Haltepunkte Halanzy, Aubange und Messancy wurde im Juni 2007 der Bahnhof Evergem an der Strecke Gent – Eeklo eröffnet. Die Inbetriebnahme des Haltepunkts Hergenrath an der Linie 37 zwischen Liège und Aachen (D) wurde bis zum Fahrplanwechsel am 9. Dezember 2007 verschoben. Der Grund hierfür sind die Bauarbeiten zwischen Welkenraedt und Aachen sowie der Anschluss der Strecke an die neue HSL. Im Dezember 2007 soll darüber hinaus der Halt Diesdellelaan in Sint-Job in Betrieb genommen werden.
Am 4. Juni 2007 wurde der alte Bahnhof von Liège Guillemins stillgelegt. Das Empfangsgebäude wurde im Rahmen der Umbauphase zum TGV-Terminal abgerissen. Der neue Bahnhof soll in diesem Zusammenhang die heutige Ergänzung „Guillemins“ verlieren. Einem Vorschlag, den Zusatz „Limburg“ zu verwenden, konnte die wallonische Bevölkerung jedoch nicht zustimmen.

LUXEMBURG

Die Luxemburgische Staatsbahn Chemins de Fer Luxembourgeois (CFL) konnte in 2006 die Beförderungsleistung im Personenverkehr um 5% auf 14,79 Millionen Reisende ausbauen. Die für den Güterverkehr verantwortliche CFL Cargo S.A. konnte das Transportaufkommen um 10% auf 466 Millionen Tonnenkilometer steigern. Am 10. Dezember 2006 wurden in Kooperation mit der SNCB der Personenverkehr auf den Strecken Arlon – Rodange und Rodange – Virton aufgenommen (s. Seite 193).
Nachdem die Europäische Kommission den Zusammenschluss von Arcelor Mittal und CFL Cargo im Güterverkehr gebilligt hat, konnte das Unternehmen im Dezember 2006 in Luxemburg als EVU zugelassen werden. Für das französische Netz wurde zum gleichen Zeitpunkt eine eingeschränkte Zulassung erteilt. Zu CFL Cargo S.A. gehören EuroLuxCargo S.A., CFL Cargo Deutschland GmbH und die CFL Cargo Danmark ApS (s. Seite 50). Seit Anfang 2007 fährt CFL Cargo Stahlcoils vom Arcelor-Mittal-Werk im französischen Florange (F) nach Bettembourg. Aktuell fahren pro Woche drei Zugpaare. Seit September 2007 fährt CFL Cargo im Auftrag von Arcelor Mittal Stahlzüge in der Relation Luxemburg – Desio/Torino, für die südlich von Basel durch SBB Cargo als Frachtführer gefahren werden. Wöchentlich werden sechs Zugpaare gefahren.
Die Arcelor-Mittal-Diesellokomotiven der Baureihe 300 (MaK G850BB) wurden im Zusammenhang mit der Fusion bei CFL Cargo eingereiht und kommen im Stahlwerk Belval zum Einsatz. Die CFL-Diesellokomotiven der Baureihen 800, 850 und 900 wurden hingegen Opfer der Fusion und bis Ende Dezember 2006 abgestellt. Die Baureihe 800 wurde 1954 in sechs, die Baureihe 850/900 zwischen 1956 und 1958 in 21 Exemplare in Dienst gestellt. Parallel zur Ausmusterung der genannten Baureihen wurden über Angel Trains Cargo (ATC) vier weitere Vossloh-Diesellokomotiven angemietet. Somit verfügt CFL Cargo über insgesamt sechs Lokomotiven der Baureihe 1100 (Vossloh G1000), vier Lokomotiven der Baureihe 1500 (Vossloh G1206) sowie eine Maschine der Baureihe 1700 (Vossloh G1700). Die Baureihe 1500 hat im Gegensatz zu den übrigen Vossloh-Lokomotiven eine Zulassung in Frankreich. Seit Anfang Oktober 2007 mietet CFL Cargo von ATC zwei weitere Lok der Gattung Vossloh G 1206 (1581 und 1582).
Aus dem Bestand von Railion Danmark wurden 2007 sechs Rangierlokomotiven der Baureihe MK (604-608 und 610, Gattung Vossloh G400) übernommen.

CFL Cargo hat die Diesellokomotiven der Baureihen 800, 850 und 900 im Jahr 2007 ausgemustert. Unter kräftiger Abgaswolke wurde 806 am 16. Oktober 2004 im Depot Luxembourg gedreht und dabei von der jüngeren Schwester 910 beobachtet.

FRANKREICH

Die französische Staatsbahn Société Nationale des Chemins de Fer Français (SNCF) konnte den Umsatz in 2006 um 5% auf 21,9 Milliarden € steigern. Daraus resultierte ein Nettogewinn von 652 Millionen €. Die Entwicklung im Personenverkehr zeigt sich stabil. So konnte der Fernverkehr Voyages France Europe, verantwortlich für 52% der Umsätze im Personenverkehr, ein Umsatzplus von 5% in 2006 erreichen, während in den TGV-Verkehren lediglich ein Plus in Höhe von 2% erzielt werden konnte. Die Eurostart-Verkehre liegen mit einem Umsatzplus von 4,9% ebenfalls im Trend, gleiches gilt für den Thalys. Dort konnten die Umsätze um 6% gegenüber dem Vorjahr gesteigert werden. Im Regionalverkehr Transport Public zeichnen sich ebenfalls positive Tendenzen ab, wenngleich das operative Ergebnis nicht den Erwartungen entsprochen hat. Aus einem Umsatzplus in Höhe von 5% resultierte auf Grund gestiegener Kosten ein Verlust von 38,5 Millionen €. Im Regionalverkehr Trains Express Régional (TER) stiegen die Umsätze um 9,6%, im Pariser Vorortverkehr (Transilien) um 4% und im Corail Intercité-Verkehr um 3,3%. Die Beförderungsleistung im französischen Personenverkehr lag in 2006 über alle Bereiche gerechnet mit 78,78 Milliarden Personenkilometern um 3% über dem Wert des Vorjahres. Sorgenkinder der französischen Eisenbahn sind der Güterverkehr SNCF Fret und die logistischen Dienstleistungen, die zusammen für einen Umsatz von 6,6 Milliarden verantwortlich sind. Obgleich der Umsatz gegenüber dem Vorjahr um 2% gewachsen ist, resultierte aus den Zahlen ein Verlust in Höhe von 103 Millionen €. Die Situation stellt sich bei einer exklusiven Betrachtung von SNCF Fret noch dramatischer dar. Das Minus von 215 Millionen € aus dem Jahr 2005 ist im Berichtsjahr 2006 auf 260 Millionen € gestiegen. Das Unternehmen ist mit diesem Ergebnis weit von der Zielvorstellung eines Breakeven entfernt. Als Ursache führt die Unternehmensleitung den anhaltenden Rückgang der Transportleistung (Minus 1,6% auf 34,5 Milliarden Tonnenkilometer) sowie Streiks und unwirtschaftliche Einsatzplanung der Fahrzeuge an. Die Verluste des Netzbetreibers Réseau Ferré France (RFF) werden ebenfalls auf den Rückgang der Frequenzen im Güterverkehr zurückgeführt. Die Verluste von RFF verdoppelten sich in 2006 auf 284 Millionen €. Das Unternehmen ist nach wie vor in großem Umfang von der Mutter SNCF abhängig. Ende 2006 unterzeichneten SNCF und RFF einen neuen Vertrag mit einer Laufzeit von drei Jahren, so dass von einer echten Trennung zwischen Netz und Betrieb nicht gesprochen werden kann. Die RFF ist im Rahmen ihrer Aufgaben nach wie vor auf Fahrzeuge und Personale der SNCF angewiesen und führt jährlich rund 1,8 Milliarden € an die Konzernmutter ab. Für das operative Geschäft muss RFF ebenfalls auf die SNCF zurückgreifen, wofür pro Jahr 800 Millionen € aufgebracht werden müssen. Die schlechte wirtschaftliche Lage von SNCF Fret bereitet dem gesamten SNCF-Konzern große Sorgen. Die schlechte Qualität der Dienstleistung sowie die Planungsunsicherheit auf Grund von Streikmaßnahmen der Eisenbahner sorgten in den zurückliegenden Jahren für einen anhaltenden Kundenverlust. In Verbindung mit gestiegenen Lohnkosten kam die Güterverkehrssparte in diese wirtschaftliche Schieflage. Die Unternehmensführung hat es über Jahre hinweg verstanden, keinen freien Wettbewerb auf der Schiene in Frankreich zuzulassen und verhinderte auf diese Art und Weise den zwingend notwendigen Unstrukturierungsprozess. Somit ist das Unternehmen aus heutiger Sicht in einem freien Markt nicht mehr wettbewerbsfähig. Mit der vollständigen Liberalisierung des Güterverkehrs am 1. März 2006 treten diverse *open access operator* in Erscheinung und haben mit ihren Konzepten Erfolg, so dass SNCF Fret weitere Verkehre angeben musste. Nachdem sich gegen Ende des Jahres 2006 die dramatische Entwicklung belegen ließ, musste Marc Véron, Präsident von SNCF Fret und Urheber des misslungenen Konzeptes zur Gesundung von SNCF Fret (siehe Jahrbuch 2006) seinen Stuhl für Olivier Marembaud räumen. Unter der neuen Führung soll SNCF Fret bis spätestens 2010 in die Gewinnzone gefahren werden. Um dieses Ziel zu erfüllen, muss sich das Unternehmen vor allem von dem vorhandenen Personalüberschuss trennen. Zur Disposition stehen aktuell rund 1 000 Arbeitsplätze. Zukünftig wird es fünf Bereichsdirektoren geben, die für bestimmte

Produktlinien verantwortlich sein werden. Somit soll das Unternehmen näher an seine Kunden kommen um besser und schneller auf die Wünsche reagieren zu können. Im Wagenladungsverkehr sollen die Umlaufzeiten verkürzt und somit wieder attraktiv gestaltet werden. Mit 800 000 Wagenladungen pro Jahr ist dieser Verkehrsbereich mit Abstand der unwirtschaftlichste Verkehr innerhalb des Unternehmens. Bis Dezember 2008 wird ein Konzept erarbeitet, wie diese Verkehre in Zukunft effizient betrieben werden können. Die Grundlage bilden drei große Rangierbahnhöfe: Villeneuve St. Georges (Paris), Woippy (Metz) und Sibelin (Lyon), die an sechs Tagen pro Woche 24 Stunden betriebsbereit sind. Die Knotenbahnhöfe werden mit Shuttlezügen in einem Dreistundentakt verbunden. Aus den Knoten heraus wird es ein Netz zu kleinen Verteilerbahnhöfen in Frankreich geben. Ausländische Bahnhöfe werden zukünftig nur noch über die Knotenbahnhöfe angefahren. Gegenüber seinen Kunden verpflichtet sich SNCF Fret, Wagen spätestens am dritten Tag nach der Abfahrt am Verladebahnhof zuzustellen. Innerhalb des Unternehmens wurde die Tochtergesellschaft Transport & Logistique Partenaires ins Leben gerufen, die zukünftig logistische Komplettlösungen anbieten wird. Bislang hat SNCF Fret diese Möglichkeit ihren Kunden nicht anbieten können. Berits in den ersten Monaten des Jahres 2007 zeigten die neuen Konzepte ihre Wirkung. Im Vergleich zum Vorjahr stiegen die Umsätze um 4%. Im September 2007 kündigte die Unternehmensleitung von SNCF Fret jedoch an, an dem Vorhaben festzuhalten, rund 1 000 Planstellen abzubauen, so dass im Land Streiks im Bahnverkehr zu erwarten sind. Die Arbeitskämpfe in Frankreich haben einen entscheidenden Einfluss auf die Qualität – nicht nur im Güterverkehr. Im Mai 2007 wurde Nicolas Sarkozy als Nachfolger von Jacques Chirac zum neuen französischen Präsidenten gewählt. In der neuen zentrumsrechten Regierung übernahm Alain Juppé das Amt des Verkehrsministers. Auf Grund des schlechten Wahlergebnisses bei den Parlamentswahlen in seinem Heimatwahlkreis Bordeaux hat Juppé den Ministersessel an Jean-Louis Borloo abgeben müssen. Die Regierung kündigte in 2007 umfangreiche Umstrukturierungen innerhalb der SNCF an. Unter anderem soll das Renteneintrittsalter von derzeit 50 bei Triebfahrzeugführern bzw. 55 bei den übrigen Personalen deutlich erhöht werden. Obgleich diese Reform für die weiteren Rentenzahlungen zwingend notwendig ist, müssen Regierung und SNCF in 2008 mit zahlreichen Arbeitskämpfen im Land rechnen. Die Finanzierung des Regionalverkehrs TER (Trains Express Régional) basiert auf einem Vertrag zwischen dem Staat und den 22 Departements, der für sieben Jahre geschlossen wurde und sowohl von Paris als auch von den Kommunen getragen wird. Das Verkehrsministerium beabsichtigt, dieses Modell zukünftig zu ersetzen, da es auf staatlicher Seite zu erheblichen Mehrkosten führt. So sollen unter anderem die Budgets der Kommunen erhöht werden. Das heutige Modell, bei dem die Departements eine große Selbstständigkeit bei der Beschaffung von Fahrzeugen und bei der Bestellung der Verkehre – jedoch nicht bei der Wahl des Betreibers – haben, hat sich als sehr erfolgreich erwiesen. Mit der Einführung dieses Konzeptes vor rund zehn Jahren und der Anbindung der letzten Departements in 2002 stiegen die Beförderungszahlen um bis zu 30%.

Zum 1. Januar 2007 hat RFF die Infrastruktur in den sechs französischen Häfen Marseille, Le Havre, Dunkerque, Rouen, Nantes-St. Nazaire und Bordeaux an die lokalen Hafenbetriebe übertragen. Der Vertrag regelt jedoch die Verantwortlichkeit der Verkehre durch die SNCF bis Ende 2008. Ab 2009 können die Hafenbetriebe die Verkehre am freien Markt vergeben.

Im Januar 2007 haben sich die SNCF und die belgische Staatsbahn SNCB auf ein Joint Venture mit dem Namen Sideros verständigt. Das Unternehmen soll die Effizienz beider Bahnen im wirtschaftlich bedeutenden Stahlverkehr erhöhen. 30% des Umsatzes von B-Cargo und 20% der Umsätze von SNCF Fret resultieren aus den Stahlverkehren. Sideros soll über einen eigenen Wagenpark von rund 15 000 Wagen verfügen. Als Ziel wird ein Umsatzplus von 10% bis 2010 angestrebt. Das Unternehmen wird als direkter Wettbewerber zu CFL Cargo, dem Joint Venture aus CFL und Arcelor-Mittal (s. Seite 201), auftreten.

Nachdem das Joint Venture aus SNCF und der DB AG für den Hochgeschwindigkeitsverkehr zwischen Frankreich und Deutschland auf der LGV Est zunächst nicht zustande gekommen ist, haben sich beide Staatsbahnen im Mai 2007 dennoch auf eine Kooperation unter dem Namen Alleo SA verständigen können. Im Gegensatz zu den Konzepten bei Eurostar und Thalys, wo einheitliche Marktauftritte und Tarif- bzw. Abrechnungsprozesse eingeführt wurden, ist Alleo ein loser Verbund, in dem lediglich Marketingaktivitäten gebündelt werden. Seit 15. Juni 2007 besitzt die Deutsche Bahn AG 10% an der Thalys International SA. Dadurch sanken die Anteile der SNCF von 70 auf 62%; die SNCB hält zukünftig statt bislang 30 nun noch 28% am Thalys-Verkehr. In 2007 hat die SNCF ihre Aktienmehrheit an der Keolis SA verloren. Keolis betreibt in Frankreich 83 Stadtbusbetriebe. Darüber hinaus ist das Unternehmen im Personenverkehr auch in den Niederlanden (Syntus), Großbritannien (Trans-Pennine, Southeastern, Southern) und Deutschland (s. Seite 128) tätig. Neben der SNCF, die aktuell noch 45% an Keolis hält, haben sich im Unternehmen der Versicherungskonzern AXA sowie die kanadische Investmentgruppe Caisse de dépot et placement de Quebec eingekauft.

Hochgeschwindigkeitsstrecken - Ligne à Grande Vitesse
Die Eröffnung der LGV Est im Juni 2007 war der Meilenstein für das Hochgeschwindigkeitsnetz in Frankreich. Nachdem die Fahrleitung zwischen Vaires-sur-Marne (20 km östlich von Paris) und Baudrecourt (östlich von Metz) am 30. Januar 2007 eingeschaltet wurde, konnten die ersten Testfahrten auf dem rund 300 km langen Abschnitt durchgeführt werden. Zuvor waren lediglich kleine Teilstücke für den Testbetrieb freigegeben. Die offizielle Inbetriebnahme erfolgte am 15. März 2007 durch die RFF, jedoch ohne Regelverkehre. Der Planbetrieb wurde schließlich zum Fahrplanwechsel am 10. Juni 2007 aufgenommen (s. Seite 207). Der Sicherheitsstandard auf der Hochgeschwindigkeitsstrecke entspricht dem neusten Stand: TVM430 und ETCS Level 2. Mit einer zulässigen Höchstgeschwindigkeit von 350 km/h können die beiden Paradepferde von SNCF und DB ihre Leistung unter Beweis stellen. Um den ICE-Verkehr Paris – Forbach – Frankfurt/M (D) über die LGV Est zu ermöglichen, wurde in Herny (Strecke Forbach – Metz) eine Verbindungskurve zur Schnellfahrstrecke gebaut. Die Arbeiten zum Bau des 106 km langen Abschnitts Baudrecourt – Vendenheim (Strasbourg) werden in 2010 aufgenommen, da bislang noch nicht alle Grundstücke im Streckenverlauf erworben werden konnten. Mit einer Inbetriebnahme wird in 2014 gerechnet. Kern des zweiten Bauabschnitts ist der vier Kilometer lange Vogesen-Tunnel bei Saverne. Die Baukosten für den ersten Abschnitt beliefen sich auf rund 4 Milliarden €, für den Bau des zweiten Abschnitts werden 1,7 Milliarden € budgetiert. Im Juli 2006 wurden die Arbeiten zum Bau des ersten Abschnitts der LGV Rhin-Rhône aufgenommen. Der erste Bauabschnitt umfasst das 140 km lange Teilstück zwischen Petit-Croix (Mulhouse) und Villers-les-Pots (Dijon). Die anschließenden Strecken Petit-Croix – Lutterbach (Mulhouse, 35 km) und Villers-les-Pots – Genlis (Dijon, 15 km) wurden bislang noch nicht genehmigt. Mit der Inbetriebnahme des östlichen Abschnitts der LGV Rhin-Rhône wird in 2011 gerechnet. Das Projekt ist mit 2,3 Milliarden € veranschlagt und wird für eine Streckenhöchstgeschwindigkeit von 350 km/h ausgebaut. Die Strecke wird wie die LGV Est mit TVM 430 und ETCS Level 2 ausgerüstet. In Méroux wird es eine Übergangsmöglichkeit zur Hauptstrekke Belfort – Delle geben. Darüber hinaus wird bei Miserey (Besançon) ein neuer Bahnhof entstehen. Mit der Inbetriebnahme der LGV Rhin-Rhône wird sich die Reisezeit zwischen Lyon und Mulhouse von derzeit drei Stunden 45 Minuten auf zwei Stunden 25 Minuten reduzieren. Eine Entscheidung über den Bau des westlichen Teilstücks zwischen Dijon und dem Anschluss an die LGV Paris-Sudest wurde bislang keine Entscheidung getroffen. Gleiches gilt für den Südast zur Anbindung an die LGV-SE. Bereits genehmigt und im Bau sind folgende Hochgeschwindigkeitsprojekte:

- Modernisierung und Elektrifizierung (25kV) der Strecke Bourg-en-Bresse – Oyonnax einschließlich der Wiederinbetriebnahme und Elektrifizierung der Strecke La Cluse - Bellegarde. Ab 2009 werden die TGV der Relation Paris – Genève über die Ligne de Haut Bugey. Die Reisezeit wird sich gegenüber dem bisherigen Weg Ambérieu/Culoz um 30 Minuten reduzieren.
- LGV Languedoc-Roussillon: Verlängerung des südwestlichen Astes der LGV Méditerranée von

Manduel bis Lattes, wo Anschluss an die Hauptstrecke Montpellier – Perpignan besteht. Die Strecke soll 2010 in Betrieb genommen werden.
- LGV Perpignan – Figueres (ES), s. Seite 328.

2007 erteilte die französische Regierung im Rahmen einer Déclaration d'Utilisation Publique (Öffentliche Ausschreibung) die Freigabe zum Bau einer Hochgeschwindigkeitsstrecke zwischen Angoulême und Bordeaux (121 km), die als LGV Sud Europe Atlantique bezeichnet wird (LGV SEA). Bei diesem Projekt handelt es sich um die erste Phase der Anbindung von Bordeaux an die LGV Atlantique Paris – Tours. Der zweite Bauabschnitt zwischen Tours und Angoulême ist bislang noch nicht ratifiziert. Im Rahmen der LGV SEA werden erstmals private Investoren in Frankreich zugelassen. Das im März 2007 eröffnete Vergabeverfahren umfasst neben dem Bau der Strecke auch die Unterhaltung der Infrastruktur. Der Vertragsnehmer wird für diese Dienstleistung durch die RFF entlohnt. Mit einem Vertragsabschluss wird Ende 2008 gerechnet, so dass Anfang 2009 mit dem Bau begonnen werden kann. Die Inbetriebnahme soll nach dem heutigen Planungsstand in 2013 erfolgen. Die Déclaration d'Utilisation Publique für den zweiten Bauabschnitt wird in 2008 erwartet, so dass mit den Bauarbeiten in 2011 begonnen werden kann. Die Übergabe an den Betrieb ist für 2016 geplant. Die 300 km lange Strecke Tours – Bordeaux wird für eine Höchstgeschwindigkeit von 320 km/h ausgebaut. Die Reisezeit zwischen Paris und Bordeaux wird sich um 50 Minuten auf zwei Stunden zehn Minuten reduzieren. Das Projekt ist mit 5 Milliarden € budgetiert. Eine Vergabe an private Investoren ist ein Indiz, dass Frankreich keine Eigenmittel für weitere Hochgeschwindigkeitsprojekte aufbringen kann. In der Planungsphase wurde darüber hinaus die Idee geboren, die LGV SEA in Poitiers über eine Stichstrecke Limoges anzubinden, so dass sich die Reisezeit zwischen Frankreichs Hauptstadt und Limoges um eine Stunde reduzieren würde. Dieses Vorhaben wurde jedoch bislang nicht weiter verfolgt.
Am 19. März 2007 genehmigte der französische Verkehrsminister die Finanzierung des französischen Abschnitts der LGV Lyon – Torino einschließlich der entsprechenden Infrastruktur. Kernstück des Projektes ist ein 54 km langer Basistunnel von Saint-Béron (Strecke Lyon – Chambéry) nach Bussoleno (I), der 2020 in Betrieb genommen werden soll. Mit der Finanzierung stehen nun auch die Gelder für den Bau des französischen Abschnitts des Tunnels einschließlich der westlichen Zubringerstrecken für den Güter- und Personenverkehr. Die Ausschreibung für den Bau des französischen Teilstücks wird noch vor Ende 2007 erwartet, so dass mit dem Bau des Tunnels in 2010 begonnen werden kann.
Die französische Regierung denkt über eine Verlängerung der LGV SEA von Bordeaux nach Dax und weiter nach Irún nach, so dass das französische Hochgeschwindigkeitsnetz an das spanische AVE-Netz angebunden wird. Auf spanischer Seite wird der Bau des „Baskischen Y“, einer AVE von Valladolid nach Vitoria, Bilbao und Irún nachgedacht (s. Seite 329). Die LGV soll bis Dax für Geschwindigkeiten bis zu 350 km/h zugelassen sein; die Pyrenäen sollen südlich von Dax mit einer Geschwindigkeit von 220 km/h durchfahren werden. Parallel soll eine LGV nach Toulouse gebaut werden, die südlich von Bordeaux von der LGV Bordeaux – Spanien abzweigt. Eine Vergabe des Auftrags ist jedoch frühestens 2011 vorgesehen, so dass mit einem Bau ab 2013 gerechnet werden kann. Das Projekt soll Kosten in Höhe von drei bis vier Milliarden € verursachen.

Übrige Infrastruktur
Am 6. November 2006 begann Anhörung für den Bau der Tangentielle Nord. Das Projekt umfasst den viergleisigen Ausbau der Pariser Grande Ceinture zwischen Noisy-le-Sec, Le Bourget, Argenteuil und Sartrouville (28 km). Auf den zusätzlichen zwei Gleisen soll ein Vorortverkehr eingerichtet werden, für den sechs Bahnhöfe geplant sind. Die Strecke wird an alle fünf RER-Strecken anschließen. Die Ausschreibung durch die RFF wird in 2008 erwartet, so dass nach Vergabe des Auftrags mit den Arbeiten in 2009 begonnen werden kann. Die beiden zusätzlichen Streckengleise sollen 2016 dem Betrieb übergeben werden. Im Herbst 2007 begann die parlamentarische Anhörung

für den Bau einer 32 km langen Direktanbindung des Flughafens Roissy-Charles-de-Gaulle mit dem Gare de l'Est. Für den so genannten CDG Express muss ein 700 m langer Eisenbahntunnel von La Villette (Gare de l'Est) nach La Chapelle gebaut werden. Ab Villeparisis ist eine neun Kilometer lange Neubaustrecke zum internationalen Flughafen von Paris geplant, die parallel zur bestehenden LGV Interconexxion gebaut wird. Mit einer Aufnahme des Regelbetriebs wird in 2011 gerechnet, nachdem das Vergabeverfahren für den Bau in 2007 abgeschlossen werden konnte. Dieses Bauvorhaben wird vollständig aus privaten Mitteln finanziert. Der Auftragnehmer wird sowohl den Bau als auch den Betrieb für einen festgelegten Zeitraum übernehmen. Ferner sind in Frankreich zahlreiche Investitionen in das bestehende Netz vorgesehen. So wird der Oberbau auf den Hauptstrecken Bordeaux – Cenon (einschließlich dem viergleisigen Ausbau), Clermont-Ferrand – Paris, Rennes – Brest, Rennes – Quimper, Poitiers – La Rochelle, Toulouse – St. Sulpice (einschließlich zweigeleisigem Ausbau) und Marseille – Aubagne (einschließlich dreigleisigem Ausbau) erneuert. Die geplante Neubaustrecke von Pontorson nach Mont-St- Michel ist hingegen jedoch wieder in den Schubladen verschwunden. Ende 2007 wurden die Arbeiten zur Modernisierung der Strecke Dôle – Vallorbe (CH) aufgenommen. Die Strecke wird im gesamten Verlauf begradigt und erhält einen neuen Oberbau. Darüber hinaus sind neue Unterwegsbahnhöfe geplant. Am 26. Oktober 2006 wurde mit der Elektrifizierung (25kV) der Strecke Tours – Vierzon (100 km) begonnen. Der elektrische Zugbetrieb soll bereits zum Fahrplanwechsel zum März 2008 aufgenommen werden. Die Baukosten in Höhe von 107 Millionen € werden zu 50% vom Department Centre getragen. Darüber hinaus laufen die Arbeiten zur Elektrifizierung der Strecke Bourg-en-Bresse – La Cluse – Bellegarde. Die genannten Projekte sind aktuell die einzigen Elektrifizierungsvorhaben in Frankreich. Im Planungsstadium befindet sich die Elektrifizierung der Strecken Mulhouse –Tann Nord („Tram-Train", s. Seite 241), Bourges – Saincaize, Gretz-Armainvilliers – Troyes, Belfort – Delle, Nantes – Les Sables d'Olonne, Valence – Rives und Gières – Montmélian. Die Strecke Belfort – Delle ist derzeit für den Personenverkehr stillgelegt, soll jedoch im Rahmen der LGV Rhin-Rhône (s. Seite 204) wieder in Betrieb genommen werden. Gleiches gilt für die Strecken Avignon – Carpentras, La Brohinière – Mauron und St. Laurent – Blangy (die beiden letztgenannten Strecken werden jedoch nur für den Güterverkehr wieder in Betrieb genommen). Die Wiederaufnahme des Personenverkehrs auf der Strecke Chartres – Orléans ist hingegen in weite Ferne gerückt.

Am 10. Juni 2007 wurde der Schnellverkehr auf der LGV Est zwischen Vondières und Baudrecourt eröffnet. Unweit des TGV-Bahnhofs Lorraine ist TGV 9205 am 11. Juni 2007 auf dem Weg von Paris nach Basel, aufgenommen bei Sécourt. Die Züge werden von dem französisch-schweizerischen Joint Venture Lyria betrieben.

Am 10. Dezember 2006 wurde bei Saint-Germain-des-Fossées eine Verbindungskurve zwischen den Strecken nach Clermont-Ferrand und Lyon in Betrieb genommen. Durchgehende Züge können durch den Wegfall der Fahrtrichtungsänderung um rund zehn Minuten beschleunigt werden. Am 3. Juni 2007 wurde die Strecke Bayonne – St. Jean-Pied-de-Port für unbestimmte Zeit für den Gesamtverkehr gesperrt, da ein Teil der Fahrleitung auf Grund des schlechten Allgemeinzustandes nicht mehr nutzbar gewesen ist. Die Oberleitung muss vor einer Wiederaufnahme des Zugbetriebs vollständig erneuert werden. Darüber hinaus ist eine befristete Stilllegung der Strecke St. Brieuc – Loudeac zwischen dem 2. Oktober 2006 und dem 28. Februar 2007 geplant gewesen, um notwendige Gleisbauarbeiten durchführen zu können. Gleiches gilt für die Strecke Marseille – Aix-en-Provence (36 km), die am 10. Dezember 2006 im Rahmen von Instandsetzungsarbeiten vorübergehend stillgelegt wurde. Die Wiederinbetriebnahme ist für Dezember 2008 vorgesehen. Im Streckenverlauf wird es nach der Modernisierung drei zweigleisige Abschnitte mit einer Gesamtlänge von 12 km sowie drei neue Haltepunkte im Großraum Marseille geben. Darüber hinaus werden alle Bahnhöfe, der Oberbau und die Signaltechnik modernisiert. Das Projekt ist mit 160 Millionen € budgetiert. An den Baukosten beteiligt sich das Departement Provence-Alpes-Côte-d'Azur. Das Departement Nord-Pas-de-Calais beteiligt sich ebenfalls an einigen Infrastrukturprojekten. Unter anderem ist der zweigleisige Ausbau des Abschnitts Don-Sainghin – Béthune (22 km, Strecke Lille-Béthune) vorgesehen, der bereits vor einiger Zeit beschlossen wurde. Darüber hinaus beteiligt sich das Departement an der Elektrifizierung des Abschnitts Boulogne – Rang-du-Fliers (– Abbéville) und der Strecke Calais – Dunkerque. Vorgesehen ist weiterhin der zweigleisige Ausbau der Strekken Douai – Cambrai und Calais – Dunkerque sowie die Wiederaufnahme des Personenverkehrs auf den Strecken Bully-Grenay – Bruay-en-Artois, Armentières – Merville, Dunkerque – De Panne und Valenciennes – Saint-Ghislain. Das Departement Midi-Pyrénées wird sich in den nächsten sieben Jahren mit rund 820 Millionen € an dem Ausbau des Schienennetzes in der Region beteiligen. Alle TER-Strecken werden ausgebaut, so dass die Durchlässigkeit der Strecken erhöht werden kann. Das Departement hat einen erheblichen Anstieg der Fahrgastzahlen im Regionalverkehr zu verzeichnen, so dass dringender Handlungsbedarf im Hinblick auf die Qualität des Angebotes erwartet wird. Von ursprünglich 150 Zugleistungen in 2000 stieg die Zahl der TER-Verkehre bis 2007 auf täglich 348 Fahrten. Die Fahrgastzahlen haben sich mit zehn Millionen Reisenden pro Jahr nahezu verdoppelt.
Die RFF beabsichtigt, einige Hauptstrecken des Kernnetzes mit GSM-R auszustatten. Der Auftrag soll in 2008 vergeben werden.
Das vor einigen Jahren geschlossene Ausbesserungswerk Paris La Villette (östlich des Gare de l'Est) soll wieder in Betrieb genommen werden. Die SNCF beabsichtigt, in La Vilette künftig die AGC-Triebwagen zu unterhalten, die an das Departement Ile-de-France für die Verkehre Paris – Provins – La Ferté-Millon geliefert werden. Das bereits 1968 aufgegebene Depot Nice wurde ebenfalls teilweise nutzbar gemacht. Um Leerfahrten zwischen Nice und Marseille-Blancarde zu vermeiden, werden die sieben X2200 sowie die drei Diesellokomotiven der Baureihe BB 163500, die auf der Strecke Nice – Breil – Tende – Coni eingesetzt werden, künftig in Nice beheimatet. In Nantes soll für die Schnellbahnen der geplanten Tram-Train-Strecke nach Chateaubriant ein neues Depot gebaut werden. In Nantes sollen darüber hinaus die AGC-Triebwagen und TER 2N NG-Triebwagen der Baureihe Z 24500 beheimatet werden. Das traditionsreiche Depot La Chapelle (Paris Nord) soll 2012 geschlossen werden.

Personenverkehr

Zum 27. August 2006 hat Transilien das Netz um die Verbindung Paris-St. Lazare – Ermont-Eaubonne erweitert. In den Verkehrsspitzen wird ein Zehnminutentakt, sonst ein Halbstundentakt angeboten. In Ermont-Eaubonne besteht eine Umsteigemöglichkeit auf die RER-Linie C sowie auf den Regionalverkehr nach Paris-Gare du Nord.

Bereits seit dem 10. Dezember 2006 bietet die SNCF TGV-Verkehre zwischen Paris und Strasbourg an. Bis zur Inbetriebnahme der LGV Est verkehrten die Hochgeschwindigkeitszüge über die alte Hauptstrecke von der Seine an den Rhein. Am 7. April 2007 ist TGV 2494 Strasbourg – Paris Est bei Commercy unterwegs.

Mit der Aufnahme des Schnellverkehrs zwischen Paris und dem Osten des Landes hat SNCF Grande Ligne einen Großteil der Fernverkehrszüge auf der alten Hauptstrecke eingestellt. Am 8. April 2007 zieht BB 115062 *Corail Téoz* 1604 Strasbourg – Paris bei Fontenoy-sur-Moselle am Moselufer entlang.

Zum Fahrplanwechsel am 10. Dezember 2006 wurden im französischen Personenverkehr unter anderem folgende Änderungen wirksam:

- Zwei TGV-Zugpaare der LGV SudEst Paris – Besançon wurden bis Belfort durchgebunden und konkurrieren somit mit den Schnellzügen der Ostbahn Paris – Troyes – Chaumont – Belfort – Basel. Über die Pariser LGV Connexxion verkehren neu ein direkter TGV Lille – Lorient (sechs Mal pro Woche) sowie ein TGV Lille – Brest (hin freitags, zurück sonntags). Neu ist ein TGV Rennes – Lyon, der parallel zum TGV Rennes – Marseille angeboten wird. Der TGV Marseille – Annecy wurde auf den Abschnitt Nice – Annecy verkürzt. Neu angeboten wird ein TGV Lille – Brive-la-Gaillarde, der Brive und Limoges an den internationalen Flughafen Charles-de-Gaulle anbindet.
- In Vorbereitung auf den Schnellverkehr auf der LGV Est wurde zwischen Paris und Strasbourg am 28. August 2006 ein TGV-Zugpaar eingeführt, welches mit modernisierten Réseau-Triebwagen gefahren wird. Am 10. Dezember 2006 wurden weitere drei Zugpaare, am 2. April 2007 weitere zwei Zugpaare eingeführt. Parallel dazu wurde das Angebot an Corail Téoz-Zügen, die aus modernisierten Corail-Wagen gebildet wurden, Zug um Zug reduziert. Der letzte Corail-Téoz zwischen Paris und Strasbourg verkehrte am 9. Juni 2007. Das Zugpaar D 3721/3720 Paris – Rodez wurde zum 10. Dezember 2006 auf den Laufweg Paris – Brive-la-Gaillarde reduziert und verkehrt seitdem als Corail-Téoz. Somit wurde das gesamte Angebot auf der Strecke Paris – Limoges – Toulouse zu Corail-Téoz aufgewertet. Gleiches gilt für das Zugpaar D 3631/3630 Paris – Cerbère/Port-Bou, das seit dem 24. Mai 2007 ebenfalls als Corail-Téoz verkehrt. Die an Sonntagen angebotenen Schnellzüge 5988/5996 und 5979/5997 Clermont-Ferrand – Paris v.v. werden seit dem 10. Dezember 2007 ebenfalls aus Corail Téoz-Wagen gebildet.
- Die grenzüberschreitende Strecke Delle – Boncourt (CH) (1,6 km) wurde für den Personenverkehr wiedereröffnet. In diesem Zusammenhang wurden die SBB-RegioExpress-Verkehre Biel – Moutier – Delémont, die mit NPZ-Triebwagen gefahren werden, ab/bis Delle verlängert. Montags bis freitags wird ein Stundentakt, an den Wochenenden ein Zweistundentakt angeboten. Der letzte Reisezug verkehrte auf dieser Strecke im Jahr 1992.
- Die Verkehre Lyon – Clermont-Ferrand konnten mit der Inbetriebnahme der Verbindungskurve bei Saint-Germain-des-Fossés beschleunigt werden. Der Fahrzeitgewinn beträgt je nach Zuggattung zwischen neun und 24 Minuten.
- Das Departement Alsace hat das Angebot im Regionalverkehr TER um 17% erweitert. Werktags verkehren im Departement 630 TER-Züge – vor zehn Jahren waren es noch rund 300 Züge.
- Der direkte TER-Verkehr Toulouse – Rodez – Millau (Departement Midi-Pyrénées) wurde gebrochen. Künftig muss in Rodez umgestiegen werden. Zwischen Toulouse und Rodez wurde ein drittes Zugpaar eingeführt, welches täglich verkehrt.
- Das Departement Rhône-Alpes hat unter dem Namen Réseau Express de l Áire urbaine de Lyon (REAL) einen Regionalverkehr zwischen Villefranche und Lyon-Perrache sowie zwischen Lyon-Perrache und Vienne eingerichtet. Die Züge verkehren ausschließlich in den Verkehrsspitzen. Zwischen Lyon und Villefranche werden fünf, nach Vienne zwei Zugpaare angeboten. Zwischen Lyon und Givors wurde das Angebot um zwei Zugpaare erhöht.

Die Thalys zwischen Paris und Brüssel wurden zum Fahrplanwechsel am 10. Dezember 2006 um drei Minuten af eine Stunde 22 Minuten beschleunigt. Der Fahrzeitengewinn resultiert auf die Inbetriebnahme des Fly-over bei Brüssel (s. Seite 198).
Am 8. März 2007 musste der 56 km lange Abschnitt Neussargues – Saint-Chély-d'Apcher im Zuge der Ligne des Causses Neussargues – Millau – Béziers auf Grund des schlechten Streckenzustands stillgelegt werden. Nach umfangreichen Instandsetzungsarbeiten konnte das Teilstück am 18. Juli 2007 wieder in Berieb genommen werden. Bis zum 8. März 2007 wurde die Strecke lediglich von dem D 5941/5940 Aubrac Paris – Béziers befahren, der in Zusammenhang mit der Stilllegung auf den Laufweg Paris – Clermont-Ferrand verkürzt wurde. Seit 18. Juli 2007 werden ausschließlich TER-Züge in der Relation Béziers – Millau – Neussargues angeboten.

Zum 1. April 2007 hat Thalys die direkten Züge Brussel-Zuid – Roissy-Charles de Gaulle – Marne-la-Vallée aus wirtschaftlichen Gründen eingestellt. Die Direktverbindungen werden jedoch weiterhin durch die TGV-Verkehre Brüssel – Frankreich gehalten, die über die LGV Interconnexxion fahren. Hierbei handelt es sich um einen täglich verkehrenden TGV Brüssel – Bordeaux, drei TGV Brüssel – Marseille (ein Zugpaar bis Nice Ville), zwei TGV Brüssel – Montpellier sowie ein TGV Brüssel – Marne-la-Vallée. Darüber hinaus verkehrt ein TGV Brüssel – Lille, der jedoch nicht Roissy-CDG anfährt.

Umfangreiche Änderungen brachte der Fahrplanwechsel am 10. Juni 2007 mit der Integration der LGV Est in den Fernverkehr. Über die LGV Est werden folgende Verkehre angeboten:

- Zwei tägliche TGV Paris-Est – Remiremont;
- Neun TGV Paris-Est – Nancy (Montag – Freitag), fünf an Samstagen und sechs an Sonntagen;
- Ein TGV Paris-Est – Saint-Dié, das durch ein zweites Zugpaar an Sonntagen ergänzt ist;
- Neun TGV Paris-Est – Luxembourg (Sonntag – Freitag), ergänzt um ein zehntes Zugpaar an Freitagen. An Samstagen werden sechs TGV angeboten. Im Vergleich zu dem Angebot seit Juni 2006 (Montag – Freitag und Sonntag drei, an Samstagen zwei TGV) hat die Relation deutlich an Attraktivität gewonnen;
- 16 TGV Paris-Est – Strasbourg (Sonntag – Donnerstag), die an Freitagen um drei TGV ergänzt werden. An Samstagen werden 12 TGV angeboten. Drei Zugpaare sind ab/bis Stuttgart durchgebunden, zwei verkehren als Lyria ab/bis Zürich HB über Basel SNCF und Mulhouse, zwei TGV werden ab/bis Mulhouse angeboten;
- Die acht täglichen verkehrenden Zugpaare Paris-Est – Strasbourg sind mit Aufnahme des Schnellverkehrs entfallen. Dies betrifft auch das Nachtzugpaar 1511/1512 Paris – Strasbourg sowie EC 65/64 und 67/66 Paris – München, EC 61/60 Strasbourg – München, EC 265/264 Strasbourg – Stuttgart sowie die Nachtzüge EN 263/262 Orient-Express Paris – Wien (ersetzt durch EN 265/264 Strasbourg – Wien) und NZ 261/260 Paris – München. Die TGV aus den

Nach mehr als 30 Jahren haben sich die DB-Lokomotiven der Baureihe 181 am 9. Juni 2007 von der Strecke Saarbrücken – Forbach – Metz verabschiedet. Parallel hat die DB die EuroCity-Verkehre Frankfurt –Metz – Paris zu Gunsten der ICE-Verkehre nach Paris eingestellt. Am 9. April 2007 passiert 181 204 vor EC 54 Frankfurt/M – Paris das französische Örtchen Herny und wird in wenigen Minuten Metz Ville erreichen.

Lyria-Verkehren Paris-Gare de Lyon – Zürich via Pontarlier wurden auf den Laufweg Paris-Gare de Lyon – Bern verkürzt. Seit 28. August 2007 wird an Freitagen ein zusätzlicher Zug Paris-Est – Strasbourg angeboten, der an Sonntagen in der Gegenrichtung verkehrt. Ein Großteil der TGV Paris-Est – Strasbourg verkehrt ohne Zwischenhalt. Die schnellste Fahrzeit zwischen den beiden Zentren liegt bei zwei Stunden 19 Minuten. Zwischenhalte werden in Sarrebourg und Nancy sowie in Saverne angeboten;

- Die anfangs sechs und später acht TGV zwischen Paris-Est und Reims werden über die LGV-Est bis zur Verbindungskurve bei Reims geführt und verschwenken dort auf die Hauptstrecke Epernay – Reims. Zwei TGV fahren mit einem Halt in Rethel bis Charleville-Mezières. Ein TGV beginnt/endet in Sedan. Zwischen Paris-Est und Bar-le-Duc verkehren zwei TGV-Zugpaare über den Anschluss bei Saint-Hillaire-au-Temple. Im Vergleich zu dem Angebot bis 10. Juni 2007 bedeutet dies eine Verschlechterung des Zugangebotes nach Charleville-Mezières. Da die Züge häufig überfüllt sind, bemüht sich die SNCF, wann immer möglich mit zwei gekuppelten Garnituren zu fahren.
- Die LGV Connexxion nutzen TGV, die nicht Paris als Abgangs- bzw. Zielbahnhof haben. Hierbei handelt es sich um drei TGV Lille – Strasbourg, ein TGV Bordeaux – Strasbourg, ein TGV Rennes – Strasbourg sowie ein TGV Nantes – Strasbourg (freitags und sonntags);
- Mit ICE der DB verkehr ein tägliches ICE-Paar Paris – Forbach – Frankfurt/M, ergänzt durch drei ICE-Paare Paris – Saarbrücken. Sobald ausreichend ICE3 für den Verkehr mit Frankreich zur Verfügung stehen, wird das Angebot auf fünf täglich verkehrende Zugpaare Paris – Frankfurt/M ausgebaut. Somit entfällt der Umstieg in Saarbrücken. Das Angebot zwischen Main und Seine konnte im Vergleich zu den EuroCity um zwei Zugpaare erweitert werden. Die EC Paris – Frankfurt/M sind somit entfallen.

Am 10. Juni 2007 wurde das Zugpaar 4232/3 - 4262/3 Metz – Grenoble auf den Laufweg Metz – Lyon verkürzt. Zwischen Lyon und Grenoble wird alternativ ein TER-Verkehr angeboten. In Zusammenhang mit der Einführung der TGV Paris – Basel über die LGV Est musste die Ostbahn Paris – Troyes – Belfort –Basel erhebliche Einbußen im Fernverkehr hinnehmen. Bis zum 10. Juni 2007

Mit der Inbetriebnahme der LGV Est wurden ebenfalls die EuroCity-Züge Paris – Stuttgart – München aufgegeben. In "En-Voyage"-Farbgebung ist eine BB 15000 am 8. April 2007 mit EC 65 Paris Est – München Hbf. bei Commercy unterwegs, während die Fahrgäste den Blick auf den Canal de l'Est genießen.

Seit Juni 2007 ein gewohntes Bild: ICE-3-Triebwagen 406 081 hat am 11. August 2007 als ICE 9554 Paris Gare de l'Est erreicht und wird flankiert von einem TGV POS (rechts) und einem TGV Réseau (links).

Mit der Inbetriebnahme der LGV Est wurde auch der innerfranzösische Fernverkehr auf der Ostbahn Paris – Culmont – Belfort – Basel neu strukturiert. Die SNCF hat in diesem Zusammenhang die durchgehenden Verkehre nach Basel aufgegeben, so dass alle Fernzüge in Belfort enden. Am 11. Juni 2007 ist CC 172157 bei Conflandey mit D 1045 auf dem Weg von Paris nach Belfort.

wurden sieben Zugpaare Paris-Est – Mulhouse angeboten, von denen zwei bis Basel SNCF durchgebunden waren. Das Angebot wurde um sechs Zugpaare Paris-Est – Culmont-Chalindrey und ein Zugpaar Paris-Est – Troyes ergänzt. Darüber hinaus wurde der Nachtzug D 469/468 Paris-Est – Chur über die Ostbahn geführt. Der Nachtzug wurde zum Fahrplanwechsel aufgegeben. Das Angebot zwischen Paris-Est und Mulhouse wurde auf vier Zugpaare reduziert. Basel SNCF wird über die französische Ostbahn nicht mehr angefahren. Das Angebot zwischen Paris und Troyes wurde um ein Zugpaar auf vier Zugpaare reduziert. Zwischen Paris und Belfort verkehrt lediglich ein Zugpaar.

Das Angebot an TGV über die LGV Nord wurde zum Fahrplanwechsel am 10. Juni 2007 leicht gekürzt. Auf der Verbindung Paris-Nord – Douai – Valenciennes wurden zwei Zugpaare, zwischen Paris Nord und Dunkerque ein Zugpaar aufgegeben. Hierbei handelte es sich um schwach ausgelastete Verbindungen, die auf Grund akuten Mangels an TGV geopfert werden mussten. Seit dem 10. Juni 2007 wird an Wochenenden ein neuer Verkehr zwischen Metz und Trier (D) angeboten. Zunächst verkehren zwei Zugpaare, die mit SNCF-Dieseltriebwagen der Baureihe X73900 gefahren werden.

Mit der Inbetriebnahme des letzten britischen Teilstücks der Hochgeschwindigkeitsstrecke Kanaltunnel – London am 14. November 2007 (s. Seite 184) konnte das Angebot zwischen Paris und London deutlich verbessert werden. Die Eurostar verkehren neu ab/bis London St. Pancras. Die Reisezeit zwischen den beiden Metropolen konnte um 20 Minuten auf zwei Stunden 15 Minuten (Paris – London) bzw. eine Stunde 51 Minuten (Brüssel – London) reduziert werden. Die Frequenzen wurden nicht verändert.

Auf Initiative des Departements Rhône-Alpes haben SNCF und RFF zum 9. Dezember 2007 den Regionalverkehr (TER) sowie die Schnellverkehr auf der LGV Sud-Est vertaktet. Die RFF erhofft sich mit dieser Maßnahme eine höhere Kapazität auf den Strecken. Bislang war lediglich der Verkehr zwischen Lyon und St. Etienne vertaktet. Das Departement Nord-Pas-de-Calais hat die SNCF gebeten, einen TGV-Verkehrs Lille – Amsterdam/Köln einzurichten. Sollte das Vorhaben realisiert werden, ist davon auszugehen, dass die heutigen TGV-Verkehre zwischen Frankreich und Brüssel über Lille bis Amsterdam CS geführt werden. Es ist jedoch nicht davon auszugehen, dass die Verkehre vor Ende 2008 eingeführt werden. Eine Verlängerung der Thalys ab/bis Lille wird hingegen ausgeschlossen.

Elipsos, die Kooperation von SNCF und Renfe für den Fernverkehr zwischen Frankreich und Spanien, beabsichtigt, das Zugangebot mit der Inbetriebnahme der LGV Perpignan – Barcelona im Jahr 2012 neu zu ordnen. So sollen die heutigen Verkehre nach Perpignan (drei ab/bis Paris, einer ab/bis Lyon, einer ab/bis Genève, einer ab/bis Marseille und zwei ab/bis Brussel/Lille) bis Barcelona durchgebunden werden. Das Angebot soll um einen Tageszug Marseille/Toulouse – Barcelona und einen Nachtzug Brüssel – Barcelona ergänzt werden.

Güterverkehr

Am 29. März 2007 verkehrte die erste neue Route Roulante Bettembourg (Luxembourg) – Perpignan. An den Endbahnhöfen wurden neue Terminals in Betrieb genommen, die eine Verladung der LKW-Trailer nach dem Modalohr-System vornehmen können. Zunächst sollen die beiden Städte alle zwei Tage mit durchgehenden Zügen verbunden werden. Mit einer Entfernung von 1 067 km handelt es sich um die längste Rollende Landstraße (Route Roulante) in Europa. Da zum 29. März 2007 nicht ausreichend Modalohr-Wagen zur Verfügung standen, konnte der planmäßige Verkehr erst zum 10. September 2007 aufgenommen werden. Pro Ganzzug sollen 40 Auflieger befördert werden. Mit der Auslieferung weiterer 45 Modalohr-Wagen Ende 2007 soll der Verkehr um ein zweites Zugpaar erweitert werden. Die Züge sollen mit Lokomotiven der Baureihe BB 26000 bespannt werden. Betreiber der Route Roulante ist Lorry Rail, ein Joint Venture aus Caisse des Depots et des Consignations (eine französische Finanzierungsgesellschaft), Vinci Concessions, SNCF, CFL, Modalohr und TLE. Mit dem Neuverkehr Bettembourg – Perpignan handelt es sich neben der in 2003 ins Leben gerufene Autoroute Ferroviaire Alpine (AFA) Aiton – Torino (I) um die zweite Relation, die Lorry Rail in Frankreich gegründet hat und die mit Modalohr-Wagen gefahren werden. Auf der AFA wurden in 2006 insgesamt 19 740 Auflieger befördert. Der Wert lag deutlich unter den prognostizierten 50 000 Trailern pro Jahr. Die Auslastung der Züge lag bei durchschnittlich 65%. Ende 2008 läuft der Vertrag für die Modalohr-Verkehre aus. Bislang ist unklar, ob die Züge weiter angeboten werden.

SNCF Fret beabsichtigt, die Zuglängen im Intermodalverkehr deutlich zu erweitern. Ein durchschnittlicher Intermodalzug hat auf Grund der zur Verfügung stehenden Ausweichgleise eine Länge von rund 750 m und ein Zuggewicht von 1 200 Tonnen. Ein Großteil der bei SNCF Fret eingesetzten Triebfahrzeuge ist für Zuglasten bis 1 800 Tonnen ausgelegt. SNCF Fret und RFF erarbeiten derzeit ein Konzept, das einen Ausbau der Überholbahnhöfe auf den strategischen Intermodal-Routen vorsieht. Es ist damit zu rechnen, dass der Intermodalverkehr ab/bis Frankreich in den kommenden Jahren deutlich wachsen wird. Seit 2. April 2007 fährt Hupac vier Mal pro Woche einen Containershuttle in der Relation Antwerpen – Perpignan. Als Frachtführer wurde SNCF Fret im gesamten Zuglauf eingesetzt. Für den Verschub der Züge im Hafen von Antwerpen setzt SNCF Fret eine geleaste Vossloh G2000 ein (s. Seite 196). Zwischen Antwerpen Noord und Quévy werden die Züge von Dieselloks der Baureihe BB 467400, südlich von Quévy von Elloks der Baureihe BB 422200 bespannt.

Die SNCF-Tochtergesellschaft Naviland Cargo S.A. bietet seit 14. Juni 2007 einen Containershuttle Rotterdam – Lyon Vénissieux an, der drei Mal pro Woche verkehrt. Der Zug wird durchgehend von der SNCF gefahren. Zwischen Pernis Combi Terminal (Rotterdam) und Antwerpen wird der Zug mit einer bei Angel Trains Cargo angemieteten Vossloh G2000 bespannt (s. Seite 162). Ab/bis Antwerpen obliegt die Bespannung einer SNCF-Ellok der Baureihe BB 36000. Im Geschäftsjahr 2006 konnte Naviland Cargo aus einem Gesamtumsatz 65 Millionen € einen Nettogewinn von 1,1 Millionen € erwirtschaften. Neben den Verkehren Rotterdam – Lyon sind Containerzüge in den Relationen Le Havre – Paris, Cognac – Ludwigshafen, Lyon – Clermont-Ferrand und Rotterdam – Bordeaux/

Die erste für ECR bestimmte Vossloh G 2000 war am 17. Januar 2007 im Rahmen einer Werksprobefahrt des Herstellers in Neuwittenbek unterwegs. Im Oktober 2007 waren die Lokomotiven bei ECR immer noch nicht im Einsatz. Foto: Stefan Horst.

Irún geplant. Um vom Mutterkonzern unabhängig zu sein, wird Naviland Cargo mittelfristig 17 Elloks und eine Diesellok aus dem Bestand der SNCF anmieten und mit eigenen Personalen fahren. Naviland Cargo beabsichtigt jedoch nicht, als eigenständiges EVU in Frankreich zugelassen zu werden. Mit der operativen Unabhängigkeit erhofft man sich eine Reduzierung der Betriebskosten, um gegenüber dem Wettbewerber Rail Link (s. Seite 219) auftreten zu können.

Die seit 1998 zur SNCF gehörende VFLI hat sich auf die Bedienung von Anschlußbahnen ausgerichtet. Im August 2006 hat das Unternehmen eine Zulassung im gesamten RFF-Netz erhalten, so dass nun auch Nahgüterzüge im Hauptnetz gefahren werden können. Zunächst sollen Kokszüge von Carling nach Dillingen (D) gefahren werden. Derzeit werden die Ganzzüge bis zum Übergabebahnhof Creutzwald von der VFLI gefahren. In Creutzwald erfolgt die Übergabe an SNCF Fret, die die Beförderung bis Bouzonville übernimmt. Bis Dillingen ist Railion Deutschland für die Bespannung der Züge verantwortlich. Im Gegensatz zu SNCF Fret kann die VFLI die Transportleistung deutlich günstiger anbieten. Darüber hinaus geht man von einer Beschleunigung der Züge durch den Wegfall des Traktionswechsel aus. Die Übertragung der Verkehre auf die VFLI ist die die SNCF-Gruppe eine Möglichkeit, die lukrativen Verkehre zu behalten, da ein Wettbewerb durch *open access operator* wahrscheinlich ist. Der in 2005 auf Grund einer Ausschreibung gewonnene Vertrag mit Arcelor für das Rangieren der Züge in Florange soll aus wirtschaftlichen Gründen durch die VFLI gekündigt werden.

Die Containerreederei CMA-CGM betreibt über das Tochterunternehmen Rail Link S.A. ein gut ausgebautes Netzwerk von Containerzügen in Frankreich und den angrenzenden Ländern. Traditionell setzt Rail Link für die Verkehre von Marseille nach Lyon und Bonneuil (Paris) SNCF Fret als Frachtführer ein. Für den Ausbau des Netzwerkes ist Rail Link eine Allianz mit Veolia Cargo France S.A. eingegangen (s. Seite 219). Das Rail-Link-Netzwerk wurde im Jahr 2007 um die nachstehenden Verkehre ausgebaut:

- Marseille – Ludwigshafen (D); verkehrt seit 10. Dezember 2006 zwei Mal pro Woche; wird von Veolia Cargo France S.A. gefahren;
- Le Havre – Clemont-Ferrand; verkehrte zunächst ein Mal pro Woche, Anfang Mai 2007 auf zwei Mal pro Woche ausgebaut; gefahren von Euro Cargo Rail S.A.; Verlängerung nach Lyon im September 2007;
- Le Havre – Dourges; seit 4. Juli 2007 drei Mal pro Woche; von Veolia Cargo gefahren;
- Dourges – Ludwigshafen (D); seit 4. Juli 2007 zwei Mal pro Woche; von Veolia Cargo gefahren;
- Lyon – Marseille; seit 4. Juni 2007 um ein viertes Zugpaar erweitert; Frachtführer ist Veolia Cargo;
- Antwerpen (B) – Dourges – Lyon; seit 4. Juli 2007 zwei Mal pro Woche; von B Cargo/Veolia Cargo gefahren;
- Fos-sur-Mer – Marseille; seit 10. September 2007; durch Veolia Cargo zwei Mal pro Woche gefahren;
- Le Havre – Bonneuil (bei Paris); seit 10. September 2007 zwei Mal pro Woche gefahren; Frachtführer ist Veolia Cargo;
- Dourges – Zeebrugge (B); seit 10. September 2007 drei Mal pro Woche; von SNCF Fret/B Cargo gefahren;

Open access operators – Güterverkehr

EuroCargoRail S.A. (ECR), Tochterunternehmen der englischen English, Welsh & Scottish Railway (EWS), konnte im zurückliegenden Jahr zahlreiche Neuverkehre in Frankreich gewinnen. Seit 10. Dezember 2006 fährt ECR im Auftrag von Danone Mineralwasser in der Relation Evian – Calais – Neasden (London). In Bourg-en-Bresse werden die Wagengruppen aus Riom aufgenommen. Ebenfalls für Danone wird seit Mai 2007 fünf Mal pro Woche Mineralwasser von Amphion zum Logstikzentrum des Herstellers in Montluel (Großraum Lyon) gefahren. Mit der Inbetriebnahme des neuen Danone-Vertriebszentrums in Amberieu verkehren diese Züge nach Amberieu. Danone beabsichtigt darüber hinaus, ECR als Frachtführer für die Mineralwasserzüge von Riom nach Brétigny (Paris) einzusetzen.

Am 19. April 2007 zieht ECR-66 022 ihren Getreidezug auf dem Weg von Nesles nach Lamballe durch den Bahnhof Vilennes-sur-Seine. Foto: Derk Luijt.

Für Saint-Gobain fährt ECR seit Januar 2007 Sand aus einer Grube bei Roncevaux (Malesherbes) nach Saint-Romain-du-Puy (St Etienne). Zur Probe wurde im Dezember/Januar 2007 für Solvay Kohle von Dunkerque nach Tavaux (Dôle) und Varangéville (Nancy) gefahren. Nach erfolgreichem Abschluss der Probephase konnte ECR mit Solvay einen langfristigen Vertrag abschließen. Die Züge nach Tavaux (zwei Mal pro Woche) wurden von SNCF Fret übernommen, während Varangéville (vier Zugpaare pro Woche) ein Neuverkehr ist und zuvor per Binnenschiff angefahren wurde.
Im Auftrag des Tiernahrungsherstellers Gouessant fährt ECR seit Anfang 2007 Getreide von Nesles (zwischen Amiens und Tergnier) nach Lamballe (Bretagne). Der Verkehr wurde im Mai 2007 um die Relation Blois – Rouen im Auftrag der Firma Sanders ergänzt. Neu sind ebenfalls Schotterzüge von Vignats (bei Montabard, Strecke Caen – Le Mans) nach Motteville und Elbeuf (Rouen). Hierbei handelt es sich um den zweiten Schotterverkehr für ECR in Frankreich. Bereits seit längerem fährt ECR Schotterzüge von Carrière du Boulonnais (Calais) unter anderem nach Montières, Gravenchon, Gaillon und Longueil-Sainte-Marie. Im Süden des Landes ist ECR in Kooperation mit der italienischen Del Fungo Giera (DFG) für Verkehre in der Relation (Italien –) Ventimiglia – Fos-sur-Mer verantwortlich. Neu ist ebenfalls ein Autozug für Fiat von Chivasso (Italien) über Ventimiglia und Port Bou nach Valladolid (Spanien), der seit 9. März 2007 gefahren wird. Die Züge werden von ECR in Kooperation mit TGL und der Renfe gefahren.
Seit dem 18. April 2007 fährt die ECR im Auftrag von Rail Link (s. Seite 213) einen Containerzug Le Havre – Clermont-Ferrand. Das Zugpaar verkehrte zunächst ein Mal pro Woche, bevor die Frequenz Anfang Mai 2007 um ein weiteres Zugpaar pro Woche aufgestockt wurde. Seit Anfang September 2007 verkehren die Züge ab/bis Lyon. In Kooperation mit BLS Cargo und Railion Italia werden seit Juli 2007 zwei Mal pro Woche –Fiat-Autozüge in der Relation Bouchain – Basel (– Torino) gefahren. In Zusammenarbeit mit BLS Cargo und Railion Italia wird ein Mal pro Woche ein Ganzzug mit Haushaltsgeräten von Torino über Basel nach Thionville gefahren. Im Auftrag von Norfolk Line fährt ECR seitdem auch einen am Montag-Fertag eingelegten Zugpaar Basel – Fréthun und im Auftrag von Transfesa einen täglichen Zug Calais – Cerbère.

Im Jahr 2007 hat Seco-Rail 20 Vossloh G 1206 in Betrieb genommen. Am 15. Juni 2007 machten sich einige Lokomotiven bei Bau des neuen Ausbesserungswerks in Saint-Varent nützlich.

Parallel zum Ausbau der Marktaktivitäten musste ECR die Fahrzeugflotte aufstocken. Im Juni 2007 verfügte ECR über 35 *Class* 66 des Mutterbetriebs EWS. Zwischenzeitlich sind 60 Lokomotiven im Einsatz, von denen 20 auch für den grenzüberschreitenden Einsatz nach Deutschland, Belgien und in die Niederlande vorgesehen sind. Die *Class* 66 wird in der Regel für die Schotterzüge, die Mineralwasserzüge sowie im Autoverkehr zwischen Ventimiglia und Port Bou eingesetzt. Die Wagengruppen Riom – Bourg-en-Bresse wurden von Januar bis März 2007 von zwei bei MRCE angemieteten G 1206 (5001514 und 5001664) bespannt. Im April 2007 erfolgte ein Tausch gegen zwei MaK 1000 (FB 1610 und FB 1611), die bei MRCE langfristig angemietet wurden. Die Lokomotiven fallen durch ihre weiße Farbgebung auf. Darüber hinaus verfügt ECR über vier Vossloh G 1206, die bei ATC geleast und dunkelbraun lackiert sind (1544 – 1547). Im Frühjahr 2007 konnten bei MRCE vier werksneue Vossloh G 2000 angemietet werden, die ebenfalls ein weißes Farbkleid tragen. Zwei G 2000 (2006/500161 und 2006/5001618) sind für den Einsatz in Frankreich, Belgien und in den Niederlanden ausgerüstet, während 2006/5001632 und 2006/500163 für einen Einsatz in Frankreich und Deutschland vorbereitet sind. Ein Planeinsatz lässt derzeit jedoch auf sich warten, da die Lokomotiven bislang nicht in Frankreich zugelassen sind. Im August 2007 waren die Lokomotiven im Rahmen der Zulassung in Belgien zu Gast.
Für die Bespannung der Kohlezüge Dunkerque – Varangéville hat ECR bei MRCE die Elloks 185 552 – 554 geleast. Die zuvor in Deutschland eingesetzten Maschinen wurden im März 2007 nach Frankreich überführt und konnten sofort in Betrieb genommen werden, da eine Zulassung bereits im Vorfeld erfolgte. Für die Verkehre von und nach Ventimiglia, die derzeit mit *Class* 66 gefahren werden, sollen mittelfristig Zweisystemlokomotiven eingesetzt werden, die für 1 500V und 25kV ausgerüstet sind.
Europorte 2 S.A., eine in 2004 von Eurotunnel gegründete Tochtergesellschaft, soll als *open access operator* Güterverkehrsleistungen in Frankreich erbringen. Der erste Planverkehr wurde in 2007 mit einem Shuttleverkehr zwischen Dunkerque – Großbritannien aufgenommen, der im Auftrag der Hafenbetriebe von Dunkerque gefahren wird. Während zwischen Calais und Folkestone fünf von Eurostar übernommene *Class* 92 eingesetzt werden, ist die Bespannung zwischen Dun-

Veolia hat Ende 2006 eine sechste Vossloh G1206 in Betrieb genommen, die als erste Vertreterin in den Veolia-Hausfarben gehalten ist. Am 7. April 2007 ist 1512 gemeinsam mit 1545 vor einem leeren Kalkzug bei Fromezey auf dem Weg von Dillingen nach Dugny-sur-Meuse.

Veolia Cargo Link fährt seit 13. Dezember 2006 einen Containershuttle in der Relation Ludwigshafen (D) – Marseille. Am 7. April 2007 ist E37 501 mit DGS 49206 bei Mont-le-Vignoble auf dem Weg nach Marseille.

kerque und Calais bislang unklar. Europorte 2 beabsichtigt, für die *Class* 92 eine Zulassung für Frankreich zu beantragen, um die Güterzüge im Durchlauf bespannen zu können.
Seco-Rail S.A., Teil des Baukonzerns Colas, ist seit Mai 2006 in Frankreich als EVU zugelassen. Seit 8. Januar 2007 werden vorwiegend Bauzüge (Schotter) im gesamten Land gefahren. Die Züge werden in der Regel im Colas-Steinbruch in Saint-Varent (bei Thouars) und Anor beladen. Zunächst verkehrten regelmäßig zwei Schotterzüge von Thouars in den Großraum Paris. Seit März 2007 fahren zusätzlich drei Züge pro Tag von Anor zu diversen Zielbahnhöfen in Nordfrankreich. Mittelfristig sollen weitere Züge aus den Steinbrüchen in Raon l'Etape (Vogesen) folgen. Ziel des Unternehmens ist es, jährlich rund 3 Millionen Tonnen Schotter pro Jahr auf der Bahn zu transportieren. Ein Großteil der Verkehre wird aktuell von SNCF Fret gefahren. Die 20 bei Vossloh bestellten G 1206 sind im Depot Saint-Varent beheimatet. Die erste G 1206 wurde im Januar 2007 an Seco-Rail übergeben, während die letzte Maschine im Juli 2007 folgte. Die orangefarbenen Lokomotiven werden als 1762 – 1781 bezeichnet. Neben den 20 G 1206 verfügt Seco-Rail über rund 50 Diesellokomotiven der Baureihe 211/212 (ex-DB). Im Frühjahr 2007 wurden aus dem Bestand von EWS die *Class* 47-Diesellokomotiven 47635, 47727, 47783 und 47784 übernommen.
Veolia Cargo France S.A. und Rail Link S.A., eine Tochter der Reederei CMA-CGM, gründeten im Herbst 2006 zwei Joint Ventures, die eine Zusammenarbeit beider Unternehmen intensivieren sollen. Veolia Cargo Link S.A., an dem Veolia 51% hält, ist ein Güterverkehresunternehmen, dass sich auf Containerverkehre auf der Schiene ausgerichtet hat. Rail Link Europe S.A., an dem Rail Link 51 % hält, ist für den Vertrieb verantwortlich und soll Kunden für Veolia Cargo Link gewinnen. Seit 13. Dezember 2006 wird ein Containershuttle in der Relation Marseille – Ludwigshafen angeboten, bei dem Veolia Cargo Link als Frachtführer eingesetzt ist. In Deutschland wird das Zugpaar unter der Verantwortung der Veolia-Tochter Bayerische Cargobahn gefahren (s. Seite 118). Der Shuttle Marseille – Ludwigshafen fährt drei Mal pro Woche. Die Ludwigshafen-Verkehre konnten am 4. Juni 2007 um die Relation Le Havre – Dourges (Lille) – Ludwigshafen erweitert werden. Zwei Mal pro Woche wird bis Ludwigshafen gefahren, während ein Mal pro zusätzlich die Relation Le Havre – Dourges angeboten wird. Parallel wurde zum 4. Juni 2007 ein Containerverkehr zwischen Lyon und Marseille eingerichtet, der im Wettbewerb zu den SNCF Fret-Verkehren auf dieser Strekke verkehrt. Seit 4. Juli 2007 fährt Veolia für Rail Link zwei Mal pro Woche einen Containerganzzug von Antwerpen über Dourges nach Lyon. Die Züge werden in Belgien von B-Cargo gefahren. Seit dem 10. September 2007 fährt Veolia im Auftrag von Rail Link zwei Mal pro Woche Containerzüge zwischen Fos-sur-Mer und Marseille sowie in der Relation Le Havre – Bonneuil.
Im Auftrag von Lafarge fährt Veolia drei bis fünf Mal pro Woche Kalkzüge zwischen Bassens und Boussens. Die Verkehre wurden am 26. März 2007 aufgenommen. Parallel konnte für Lafarge ein Zementverkehr zwischen Dunkerque und Le Havre eingerichtet werden.
Für die Rail Link-Verkehre setzt Veolia Elloks der Gattung *Prima* ein, die als Baureihe E 37 bezeichnet werden. Im Herbst 2006 hat Alstom fünf Lokomotiven mit den Betriebsnummern E 37501 – 505 an Veolia Cargo ausgeliefert. Im Juli 2007 folgten zwei weitere Lokomotiven mit den Ordnungsnummern 506 und 507. Die Lokomotiven sind baugleich zu an die SNCF gelieferten BB 37000 und sind als Dreisystemlokomotiven für den Einsatz unter 1 500V, 15kV und 25kV vorbereitet. Im Februar 2007 hat Veolia bei Alstom weitere zehn Lokomotiven bestellt, die zwischen Februar und Oktober 2008 ausgeliefert werden sollen. Im September 2006 hat Veolia die sechste Vossloh G 1206 mit der Betriebsnummer 1512 in Dienst gestellt, die abweichend zu den Schwesterlokomotiven bereits in den Hausfarben des Unternehmens abgeliefert wurde. Während die 1512 über MRCE angemietet wurde, sind 1515, 1544, 1545, 1573 und 1574 bei ATC geleast. Im Herbst 2006 lieferte MRCE zwei Vossloh MaK 1000 an Veolia Cargo (1595 und 1596). Die ebenfalls in den Veolia-Farben gelieferten Maschinen waren zunächst nicht im RFF-Netz zugelassen und bespannten zunächst lediglich Glaszüge zwischen Oberrehnheim und Hausbergen (Strasbourg). Seit 26. März 2007 werden die Lokomotiven nach erfolgter Zulassung in Doppeltraktion vor den Lafarge-Zügen zwischen Bassens und Boussens eingesetzt. Die Lafarge-Züge Dunkerque – Le Havre werden mit einer E 37500 bespannt.

Fahrzeuge

TGV

Seit 22. Februar 2007 least die SNCF buchmäßig von Eurostar für vier Jahre 6,5 der sieben Regional Eurostar-Garnituren für den Einsatz zwischen Paris Nord und Lille. Hierbei handelt es sich um die 14-teilige Eurostar-Variante, die für die Verkehre von Paris und Brüssel zu Zielorten nördlich und westlich von London vorgesehen sind, bislang jedoch nicht eingesetzt wurden. Ein Großteil der Regional Eurostar-Triebwagen wird derzeit nicht im Plandienst eingesetzt. Bei den zwischen Großbritannien und Frankreich/Belgien eingesetzten Eurostars handelt es sich um die 18-teilige Version. Bei den derzeit zwischen Paris Nord und Lille eingesetzten drei Eurostar-Triebwagen handelt es sich ebenfalls um die lange Version, die aktuell im Verkehr nach London nicht benötigt werden und im SNCF-Eigentum sind. Die Anmietung der Eurostar-Triebwagen ist auf Grund eines akuten Mangels an TGV notwendig.

Insgesamt 183 TGV-Triebwagen, davon 105 TGV Atlantique und 78 TGV Réseau, erhalten eine umfangreiche Verjüngungskur, die sich vor allem in der Inneneinrichtung der Triebkopfzüge zeigt. Nach einem Konzept des Designers Christian Lacroix präsentieren sich die modernisierten TGV in der 2.Klasse in den Farben grau und apfelgrün, in der 1.Klasse in den Farben rot und violett. Der Sitzabstand in der 2.Klasse wurde um sieben Zentimeter erweitert. Das Projekt soll bis 2010 abgeschlossen sein. Die sechs Dreisystem-TGV Réseau, die zwischen Paris und Milano eingesetzt werden, sollen für den Einsatz auf den italienischen Hochgeschwindigkeitsstrecken mit der italienischen SCMT ausgerüstet werden. 16 Zweisystem- (1 500V/25kV) und drei Dreisystem- (1 500 V/15 kV/25 kV) TGV Réseau-Triebwagen mussten zu Gunsten anderer TGV geopfert werden. Die Mittelwagen für die Bildung der 19 TGV POS benötigt. Alstom liefert für diese Garnituren 38 Triebköpfe, die den TGV-Duplex ähneln, jedoch für 1 500 V, 15 kV und 25 kV ausgerüstet sind. Somit ist ein durchgehender Einsatz von Paris nach Stuttgart/München und Basel/Zürich möglich. Ende April 2007 hatte Alstom bereits 16 Triebköpfe ausgeliefert, aus denen acht POS-Garnituren gebildet wurden. Seit 15. Juni 2007 sind die TGV-POS in den Relationen Paris Est – Stuttgart und Paris Est – Basel anzutreffen. Seit dem 9. Dezember 2007 ist ein TGV-Paar aus/in Richtung Stuttgart bis/ab München durchgebunden. Der TGV POS mit der Betriebsnummer 4406 wurde an die SBB verkauft (s. Seite 261).

Bis Ende April 2007 standen der SNCF bereits acht von insgesamt 19 Duplex-Triebzügen zur Verfügung. Die Garnituren werden aus acht Duplex-Mittelwagen mit jeweils zwei TGV Réseau-Triebköpfen gebildet. Bis Ende 2007 sollen alle 19 R/D-Triebwagen (Réseau/Duplex) in Betrieb sein. Die in Villeneuve-St. Georges beheimateten Fahrzeuge werden vorwiegend auf der LGV Sudest eingesetzt. Bei den Duplex-Wagen handelt es sich um Neubauten von Alstom. Die Wagen entsprechen jedoch dem Entwurf der TGV-Duplex-Triebwagen. Die Réseau-Triebköpfe erhalten ein den Wagen entsprechendes Design. 16 Triebkopfzüge werden für 1 500 V und 25 kV ausgerüstet, drei Triebkopfzüge erhalten zusätzlich eine Einrichtung für den Einsatz unter 3 000 V. Der Triebwagen 611 (mit den Triebköpfen des ehemaligen 525) ist der einhundertste Duplex-TGV. Entsprechende Aufschriften an den Führerständen des Triebkopfes weisen auf diese Besonderheit hin. Neben den TGV R/D nimmt die SNCF weitere 89 Duplex-TGV in Betrieb, die nach dem gleichen Konzept umgebaut werden. Hierbei handelt es sich um die letzten TGV, die mit der von der SNCF patentierten, jedoch nicht mehr zeitgemäßen Synchronsteuerung ausgerüstet sind. Alle nachfolgenden TGV werden mit der heute üblichen asynchronen Fahrmotorsteuerung ausgerüstet. Diese Fahrzeuge erhalten ein zu den bislang im Einsatz befindlichen TGV-Duplex ein leicht verändertes Farbdesign. Es handelt sich um insgesamt 24 Triebkopfzüge aus der Produktion vor 2007, die zukünftig als Baureihe 701 – 724 eingereicht werden. Zwei Prototyp-Triebköpfe mit dem Spitznamen Dasy (Duplex moteurs asynchrones) waren im Rahmen von Zulassungsfahrten zwischen Januar und Juli 2007 mit einer Garnitur Duplex-Wagen im Einsatz. Die SNCF beabsichtigt, die ersten mit einer asynchronen Fahrmotorsteuerung ausgerüsteten Garnituren ab November 2007 im Plandienst einsetzen zu können. Die Lieferung der übrigen 24 Garnituren wird sich bis Mitte 2009 hinziehen.

Nahe der kleinen Ortschaft Baudrecourt ist die LGV Est an die Hauptstrecken Metz – Saarbrücken und Metz – Strasbourg angebunden. Am 12. Juni 2007 verlässt TGV POS-Triebwagen 4410 als TGV 9547 Paris – Stuttgart die LGV Est bei Baudrecourt. Foto: Antoon Hermans.

TGV Duplex-Garnituren werden mit TGV Réseau-Triebköpfen neu zu TGV R/D-Triebwagen formiert. Am 25. August 2007 überquert ein TGV R/D mit einem TGV Duplex den Viaduc-de-Côtière im Zuge der LGV Rhône-Alpes. Foto: Romain Viellard.

Am 3. April 2007 hat die SNCF mit einem TGV auf der LGV Est einen neuen Geschwindigkeitsweltrekord für Triebwagen aufgestellt. Der eigens für diese Fahrt zusammengestellte Triebwagen, bestehend aus TGV POS-Triebköpfen und drei Duplex-Mittelwagen, erreichte eine Geschwindigkeit von 574,7 km/h. Romain Viellard konnte den "moment suprème" fotografisch für die Nachwelt festhalten . Foto: Romain Viellard.

Am 3. Juli 2007 erfolgte der letzte Planeinsatz einer Ellok der Baureihe CC 6500. In der klassischen Maurienne-Farbgebung war CC 6558 am 12. Mai 2007 mit TER 883313 Lyon – Modane bei Crépieux-la-Pape unterwegs. Foto: Romain Viellard.

Am 27. Juni 2007 hat die SNCF bei Alstom 80 weitere TGV Duplex-Garnituren mit einer Option auf weitere 40 Garnituren bestellt. 25 Garnituren erhalten Dasye-Triebköpfe und sind als Zweisystemfahrzeuge für 1 500 V und 25 kV ausgerüstet (Lieferung: 2009-2011). 55 Garnituren erhalten POS-Triebköpfe (1 500 V, 15 kV und 25 kV), von denen jedoch lediglich 30 Garnituren für einen Einsatz in Deutschland und der Schweiz vorbereitet sind. Die Auslieferung erfolgt zwischen 2011 und 2014. Ende 2007 wird die SNCF den Bau einer neuen Generation von Hochgeschwindigkeitstriebwagen ausschreiben, die ab 2015 ausgeliefert werden sollen. Die Neubaufahrzeuge sollen die ältesten TGV-Triebkopfzüge vom Typ PSE, die seit 1981 in Berieb sind, ablösen. Insgesamt sollen 200 Garnituren beschafft werden, die für eine Höchstgeschwindigkeit von 350 km/h ausgelegt sind.
Im Streben nach höheren Geschwindigkeiten soll die derzeitige Höchstgeschwindigkeit auf den Schnellfahrstrecken von 320 km/h mittelfristig erhöht werden. Zu diesem Zweck fanden zwischen dem 18. September und 20. Oktober 2006 auf der LGV Méditerranée Testfahrten mit einem TGV Duplex-Garnitur statt, bei denen Geschwindigkeiten von 360 km/h erreicht wurden. In 2007 konnte die SNCF ihren eigenen Geschwindigkeitsrekord auf der Schiene zwei Mal einstellen. Am 14. Februar 2007 erreichte ein TGV auf der LGV Est eine Geschwindigkeit von 554,3 km/h. Diese Fahrt diente als Generalprobe für den eigentlichen Geschwindigkeitsrekord am 3. April 2007. Ein eigens zu diesem Zweck umgebauter verkürzter TGV, bestehend aus drei Duplex-Mittelwagen, die von zwei speziell hergerichteten TGV POS-Triebköpfen (384003 und 384004 des POS-Triebwagens 4402) flankiert wurden, erreichte eine Geschwindigkeit von 574,7 km/h. Für den Geschwindigkeitsrekord hatten die Triebköpfe Antriebsräder mit einem größeren Durchmesser erhalten. Die Garnitur verfügte über eine Gesamtleistung von 20 000 kW. Obgleich der TGV POS den im Mai 1990 von einem TGV Atlantique aufgestellten Rekord von 515,3 km/h deutlich überboten hat, ist das „Blaue Band" im Schienenverkehr bei Triebwagen nach wie vor in japanischer Hand, wo ein Maglev-Triebwagen eine Geschwindigkeit von 581 km/h erreicht hat. Unter dem Namen Carex haben sich verschiedene französische Speditionen, darunter Federal Express und Air France Cargo, zusammengeschlossen. Das Joint Venture verhandelt mit der SNCF über die Einführung von Güter-TGV. Federal Express beabsichtigt, Expressgüter über ein sternförmiges Netzwerk ausgehend von Paris nach Brüssel, London, Amsterdam, Köln, Frankfurt/M und Basel zu bringen. An den Wochenenden sollen auch Barcelona und Mailand angebunden werden. Bis Ende 2007 soll eine entsprechende Machbarkeitsstudie erstellt sein, die über die Wirtschaftlichkeit eines derartigen Konzeptes Auskunft geben wird. Im Rahmen des Projektes beabsichtigt Carex, 20 Güter-TGV zu finanzieren, die ab 2010 zum Einsatz kommen sollen. Im November 2006 einigten sich SNCF und die französische La Poste über die Gründung eines Joint Ventures. Seit 1984 werden unter anderem auf der Strecke Paris – Lyon eigens für die Beförderungen Briefen und Paketen umgerüstete TGV La Poste eingesetzt. Die vier Post-TGV sollen ab 2008 dem Joint Venture unterstellt werden. Es ist beabsichtigt, neben Lyon zukünftig auch Aix-en-Provence, Strasbourg, Lille, Rennes und Bordeaux anzufahren. Für die Neuverkehre sollen zehn zusätzliche TGV La Poste beschafft werden.

Elektrische Lokomotiven

Am 3. Juli 2007 verabschiedete sich die letzte Ellok der Baureihe CC 6500 aus dem Plandienst. Zum Stichtag 1. Januar 2007 waren noch fünf Lokomotiven betriebsfähig (6549, 6558, 6559 und 6575). Für die letzten Mohikaner wurde ein eigener Umlauf im Regionalverkehr im Departement Rhône-Alpes aufgestellt. Gefahren wurden unter anderem Reisezüge von Lyon nach Avignon und Chambéry/Modane. Im Mai 2007 fanden zahlreiche Abschiedsfahrten statt, bei denen sich die Bevölkerung von den formschönen Maschinen verabschieden konnte. Mit der Abstellung der letzten Lokomotive endete eine fast 40-jährige Geschichte. Zwischen 1969 und 1972 lieferte Alstom insgesamt 78 Lokomotiven der Baureihe CC 6500 an die SNCF. Mit einer Höchstgeschwindigkeit von 200 km/h und einer Motorleistung von 5 900 kW waren die sechsachsigen Lokomotiven zum

Zeitpunkt der Indienststellung schnellsten und stärksten Triebfahrzeuge im Bestand der SNCF. Die Edelhirsche wurden unter anderem zur Bespannung des *Le Capitole* Paris – Toulouse herangezogen. Stark ausmusterungsgefährdet sind die Lokomotiven der Baureihen BB 9200/9700/16000/16100/25100/25200. Die vierachsigen Lokomotiven wurden von Alstom zwischen 1957 und 1974 an die SNCF ausgeliefert. Mit der Inbetriebnahme neuer Lokomotiven hat sich das Einsatzgebiet der Lokomotiven sowohl im Güter- als auch im Personenverkehr deutlich reduziert. Fünf BB 9200 wurden 1992 für den Wendezugverkehr Laroche-Migennes – Paris Lyon umgebaut und werden neu als BB 9700 geführt. Zum Stichtag 1. Januar 2007 waren noch 33 von ursprünglich 92 BB 9200 im Bestand. Von den 40 BB 9300 waren noch 38 Lokomotiven betriebsfähig. Alle BB 9300 sind dem Depot Toulouse zugeteilt und werden vorwiegend im Südwesten des Landes eingesetzt. Ein Großteil der Baureihe BB 9200 ist in Tours beheimatet und ist vorwiegend auf den Strecken Paris – Le Mans und Paris – Tours anzutreffen. Im Jahr 2006 wurden zehn BB 9200 verschrottet.
Die 25kV-Maschinen der Baureihen BB 16000 und 16100 (Wendezugsteuerung) waren bis zum 10. Juni 2007 noch in Nordwesten Frankreichs anzutreffen. Ihr Einsatz umfasste die Bespannung von Reisezügen auf den Strecken Paris Montparnasse – Deauville-Trouville, Paris St. Lazare – Rouen – Le Havre und Paris Nord – Amiens/Maubeuge. Von den ursprünglich 62 Maschinen waren am 1. Januar 2007 noch 39 BB 16000 und 15 BB 16100 im Betriebsdienst. Die Ausmusterungswelle begann im Dezember 2006 mit der Abstellung von zwölf BB 15000, die aus dem Fernverkehr zwischen Paris und Strasbourg frei wurden. Im Juni 2007 wurden 21 BB 15000 von Strasbourg nach Achères umbeheimatet. Es ist davon auszugehen, dass ein Großteil der Baureihe BB 16000/16100 in der zweiten Jahreshälfte 2007 abgestellt wird. Die Zweisystemvariante BB 25100 (45 Lokomotiven) und BB 25200 (51 Lokomotiven) war zum Stichtag 1. Juli 2007 noch mit elf bzw. 30 Lokomotiven in den Bestandslisten vertreten. Die Lokomotiven waren zu gleichen Teilen an SNCF Fret und SNCF Action Régionale (AR) verteilt. Drei BB 25100 wurden mittlerweile von SNCF Fret an GFR in Rumänien verkauft. Es handelt sich um die BB 425204, 425232 und 425109, die im Oktober 2007 in die neue Heimat gebracht wurden.
Zwischen 1954 und 1964 lieferte Alstom insgesamt 135 Lokomotiven der Baureihe BB 9400 an die SNCF. Ende der Achtziger Jahre wurden 42 Lokomotiven modernisiert und als BB 9600 in den Bestandlisten geführt. Mit der Inbetriebnahme der TER 2N NG und ZGC-Triebwagen ging es mit den noch 15 verbliebenen BB 9600 beim Depot Vénissieux schnell bergab. Bis Juli 2007 trennte sich das EMT Vénissieux von drei Lokomotiven.
Die ersten Elloks der Baureihe BB 27300 wurden am 2. Oktober 2006 im Regionalverkehr auf der Strecke Paris Montparnasse – Dreux im Plandienst eingesetzt. Die Lokomotiven sind mit modernisierten Doppelstockwagen der Gattung VB 2N als Wendezüge im Einsatz. Im April 2007 wurde der Umlauf um die Strecke Paris Montparnasse – Mantes-la-Jolie erweitert. Die ersten 22 Lokomotiven sind beim EMT Montrouge beheimatet und waren zum April 2007 vollständig im Betriebsdienst. Im Mai 2007 trafen die ersten BB 27300 beim EMT Achères ein. Die in Achères stationierten Lokomotiven werden vorwiegend auf der Strecke Paris St. Lazare – Mantes-la-Jolie eingesetzt. Bis 2009 wird Alstom insgesamt 65 BB 27300 an die SNCF ausliefern. Bei der BB 27300 handelt es sich um die Personenverkehrsvariante der *Prima*, die für diesen Zweck mit einem Zugbus und einer Wendezugsteuerung ausgestattet ist. Die Lokomotiven werden bis zur Auslieferung der NAT-Triebwagen im Transilien-Verkehr rund um Paris im Einsatz bleiben und anschließend an SNCF Fret übertragen. Die Auslieferung der BB 27300 hat eine Ablösung der bislang im Transilien-Verkehr eingesetzten BB 8500 und BB 25500 zur Folge. Die ersten Lokomotiven wurden bereits im Dezember 2006 nach Rennes, Thionville und Strasbourg umbeheimatet, wo sie ältere Schwesterlokomotiven der Baureihe BB 16500 ersetzen. Das EMT Montrouge wird jedoch noch zwölf BB 8500 beheimaten, die im TER-Verkehr im Departement Centre zum Einsatz kommen. Zum Stichtag 1. Januar 2007 waren noch 58 BB 8500 im Bestand der SNCF. 2006 wurden drei Lokomotiven verschrottet. Die Beheimatung der BB 27300 in Achères bedeutet die Ablösung der BB 17000, die nach Stras-

Nachdem die Baureihe BB 15000 aus den Verkehren in Ostfrankreich frei geworden sind, wird sich die SNCF von den Lokomotiven der Baureihe BB 16000 trennen. Am 14. April 2007 passiert BB 16055 mit einem Corail-Intercité Le Havre – Paris-Saint-Lazare das markante Stellwerk von Oissel.

Der Bestand an betriebsfähigen Lokomotiven der Baureihe BB 9600 ist rapide zurück gegangen. Am 12. Juni 2007 ist BB 9622 mit einem TER Maçon – Lyon Part-Dieu bei Romanèche-Thorins unterwegs.

bourg umbeheimatet werden. Dort werden wiederum BB 16500 im Plandienst ersetzt. 2006 trennte sich die SNCF von acht BB 16500. Von den ursprünglich 294 Maschinen waren am 1. Januar 2007 noch 117 Lokomotiven auf die Depots Épernay, Thionville, Strasbourg, La Chapelle, Lens und Achères verteilt.

Am 10. Dezember 2006 quittierte die letzte BB 425500 bei SNCF Fret ihren Dienst. Die letzten Lokomotiven waren in Achères beheimatet. Während die zwölf ältesten Maschinen ausgemustert wurden, konnten 15 modernisierte Lokomotiven in Vénissieux eine neue Heimat finden. Ihr Einsatz erfolgt im TER-Verkehr des Departements Rhônes-Alpes. Seit 10. Dezember 2006 sind BB 25547 und die 25550 mit jeweils einer Garnitur RIO-Wagen an die SBB für den Regionalverkehr Genève – La Plaine – Bellegarde (F) vermietet. Die BB 25518 wurde im Dezember 2006 nach Rumänien verkauft. Die Lokomotive ist der Vorläufer einer weiteren Serie vermutlich zehn Lokomotiven, die an Regiotrans verkauft werden (s. Seite 397). Im Jahr 2006 wurden 13 Lokomotiven der Baureihe BB 25500 abgestellt. Von den 194 gelieferten Maschinen waren zum Stichtag 1. Januar 2007 noch 111 Exemplare im Betriebsdienst.

Nachdem im Januar die letzte von insgesamt 60 *Prima*-Lokomotiven an SNCF Fret ausgeliefert wurde, sind die derzeit an die SNCF abgelieferten BB 27300 die letzten Lokomotiven der Gattung *Prima*. Die letzte Serie der Güterverkehrsvariante ist als Dreisystemlokomotive für 1 500V, 25kV und 15kV ausgerüstet. Ihr Einsatz erfolgt von Thionville aus. BB 37001-37014 werden zwischen Luxemburg und Basel eingesetzt, während BB 37015-37029 ihren Einsatzschwerpunkt zwischen Metz/Thionville und Gremberg (D) haben. BB 37030-37060 sind für die durchgehenden Verkehre in die Schweiz vorgesehen. Südlichster Endpunkt in der Schweiz ist Buchs (SG). Die Zulassung der für die Schweiz bestimmten Lokomotiven lies lange auf sich warten, da bei den Lokomotiven zunächst die schweizerische Zugsicherungstechnik eingebaut werden musste und somit eine Neuzulassung auch in Frankreich erforderlich wurde. Am 10. Juni 2007 konnte der Planbetrieb mit den schweiztauglichen Lokomotiven aufgenommen werden. Die BB 37000 verfügt wie die Zweisystem-Version BB 27000 (180 Lokomotiven) über eine Motorleistung von 4 200 kW und erreicht eine Höchstgeschwindigkeit von 140 km/h.

Die noch im Vorortverkehr von Paris eingesetzten Elloks der Baureihe BB 8500 werden durch die frei gewordenen BB 27300 ersetzt. Am 13. September 2003 verlässt BB 8598 auf dem Weg von Paris-Montparnasse nach Chartres den Bahnhof Versailles-Chantiers.

Die Neubaulokomotiven der Baureihe BB 27300 werden seit November 2006 zunächst in den Verkehren Paris-Montparnasse – Dreux eingesetzt. Am 14. April 2007 ist BB 827318 mit bereits modernisierten V2N-Doppelstockwagen bei Richebourg auf dem Weg nach Paris-Montparnasse.

Alstom hat die die letzte Prima im Jahr 2007 an SNCF Fret ausgeliefert. Am 12. September 2006 ist BB 437053 bei Ancerville auf dem Weg nach Forbach. Hinter der Lok läuft eine unbekannte BB 25100 als Wagenlok mit. Foto: Marijn Vocke.

Die 30 Lokomotiven der Baureihe BB 436300, die im grenzüberschreitenden Güterverkehr zwischen Frankreich und Italien eingesetzt werden sollen, erhalten zwischen Januar und Juni 2008 das italienische Zugsicherungssystem SCMT. Für die Zulassungsfahrten hat eine Lokomotive bereits im August 2007 SCMT erhalten, so dass eine rasche Zulassung der Baureihe erwartet wird. SCMT gilt als Vorläufer von ETCS und ist auf einigen Strecken in Italien im Einsatz. Mit der Zulassung der BB 436300 sollen die Lokomotiven in Italien neben Torino auch Novara, Chiasso und Alessandria anfahren.
Mit der Inbetriebnahme von 48 Corail-Steuerwagen (s. Seite 239) ist der Bedarf an wendezugfähigen Elektrolokomotiven gestiegen. Um dieser Entwicklung zu begegnen, werden zahlreiche Lokomotiven mit einer Wendezugsteuerung ausgerüstet. Dies betrifft 30 BB 22200, 14 BB 7200 und 14 BB 26000. Ende April 2007 wurden die ersten fünf BB 7200 beim EMT Dijon-Perrigny beheimatet. Die Lokomotiven haben Regionalverkehre von der Baureihe BB 9700 zwischen Paris Gare de Lyon und Laroche-Migennes übernommen. Im August 2007 waren in Chambéry bereits mehr als zehn umgebaute BB 22200 im Einsatz.
Seit 10. Dezember 2006 werden die für Frankreich zugelassenen Railion-Elloks der Baureihe 185 auch über den Grenzübergang Müllheim/Neuenburg nach Mulhouse eingesetzt. Bislang waren die Railion-Lokomotiven nur in Apach und Metz anzutreffen. Aktuell wird ein Zugpaar bis Mulhouse gefahren.

Diesellokomotiven
1991 hat die SNCF aus dem Bestand der NS 46 Lokomotiven der Baureihe 2400 übernommen und als BB 662400 in Betrieb genommen. Die letzten 24 betriebsfähigen Lokomotiven wurden im Dezember 2006 ausgemustert. Zwölf Maschinen konnten bei VFLI eine neue Heimat finden, während die übrigen Maschinen in Carling auf ihr Schicksal warten. Die Lokomotiven wurden ursprünglich für die Bespannung von Bauzügen auf der LGV Nord eingesetzt. Mit der Inbetriebnahme der Schnellfahrstrecke wurden die Lokomotiven nach Avignon umbeheimatet, um Bauzüge auf der LGV Méditerranée zu bespannen, die 2001 in Betrieb genommen wurde. Zwölf Lokomotiven fanden zwischen 2004 und 2006 eine Beschäftigung beim Bau der LGV Est. Für die Bespannung von Güterzügen zwischen Antwerpen und den Niederlanden hat SNCF Fret seit Dezember 2006 zwei Vossloh G2000-2BB bei ATC angemietet. Die Lokomotiven sind seit 16. April 2007 im Plandienst anzutreffen (s. Seite 162).
Die ersten Neubaulokomotiven der Baureihe BB 460000 sollten bereits Ende 2006 an die SNCF übergeben werden. Vossloh wird insgesamt 160 Lokomotiven ausliefern. Bei werksinternen Probefahrten wurde festgestellt, dass das Rangierverhalten der Lokomotiven nicht den Erwartungen entsprach, so dass Vossloh die Auslieferung verschoben und bereits übergebene Lokomotiven zurückrufen lies. Im Juni 2007 konnten die ersten BB 460000 an SNCF Fret übergeben werden. Die dieselelektrischen Bo'Bo'-Lokomotiven verfügen über eine Leistung von 750 kW und erreichen eine Höchstgeschwindigkeit von 100 km/h. Zum Einbau kam ein Achtzylinder-Caterpillar-Motor der Bauart CAT 3508 B. Die Lokomotiven werden im Vossloh-Werk Valencia montiert. Im Rahmen des Auftrags liefert Alstom die elektrische Anlage sowie die Fahrmotoren und die Steuerungselektronik. Die ersten Maschinen werden seit Ende Juli 2007 in der Normandie eingesetzt und sind in den Depots Le Havre, Sotteville und Nantes beheimatet. Die BB 460000 wird die Rangierlokomotiven der Baureihen BB 463000 und BB 463500 ersetzen. Zum 1. Januar 2007 waren von den ursprünglich 250 BB 463000 lediglich noch 14 Lokomotiven im Plandienst anzutreffen. Die Lokomotiven sind den Depots Villeneuve-St. Georges, Chambéry und Marseille zugeteilt. Von den zwischen 1956 und 1971 ausgelieferten 600 Maschinen der Baureihe BB 463500 waren am zum gleichen Datum noch 424 Lokomotiven betriebsbereit. Die Lokomotiven sind in nahezu allen SNCF Fret-Depots anzutreffen.
Im Gegensatz zu der schleppenden Auslieferung der BB 460000 verläuft die Inbetriebnahme der für SNCF Fret bestimmten BB 475000 planmäßig. Bei der BB 475000 handelt es sich um die die-

Im Dezember 2006 wurden die bereits seit geraumer Zeit in Freyming-Merlebach und Petite Rosselle abgestellten ehemaligen NS-Diesellokomotiven der Baureihe BB 62400 ausgemustert. Mit zahlreichen Schwesterlokomotiven warten 63443 und 62409 in Freyming-Merlebach am 26. Juli 2002 auf ihr weiteres Schicksal. Foto: Marcel von Ee.

Die ersten Diesellokomotiven der Baureihe BB 75000 hat SNCF Fret dem Depot Longueau zugeteilt. Am 15. April 2007 präsentieren sich BB 475018, 475009 und 475021 im Heimatwerk dem Fotografen.

selelektrische Version der *Prima*, die jedoch nicht vollständig bei Alstom gefertigt wird. Im Rahmen der Montage liefert Siemens die Fahrmotoren sowie die Steuerungselektronik und den Lokkasten für 130 der insgesamt 400 Lokomotiven. Die Bo'Bo'-Lokomotive verfügt über eine Motorleistung von 1 600 kW und erreicht eine Höchstgeschwindigkeit von 120 km/h. Am 28. März 2007 wurde der erste Umlauf für die schweren Güterzuglokomotiven aufgestellt. Zu diesem Zeitpunkt waren 23 Lokomotiven an SNCF Fret ausgeliefert, die in Longueau beheimatet sind. Die Lokomotiven bespannen vorwiegend Güterzüge nach Calais und Creil. Seit Juni 2007 wird die BB 475000 beim EMT Chalindrey für die Bespannung von Güterzügen ab/bis Troyes eingesetzt. Die letzte Maschine soll 2015 an SNCF Fret übergeben werden. 25 Lokomotiven erhalten Sifa/Indusi, so dass ein grenzüberschreitender Einsatz nach Deutschland möglich ist. Mit der Auslieferung der BB 475000 wird sich SNCF Fret von den sechsachsigen Diesellokomotiven der Baureihe CC 72000 trennen. Zum Stichtag 1. Januar 2007 waren noch 35 Exemplare dieser legendären Großdiesellok bei SNCF Fret im Planeinsatz. Die Lokomotiven werden beim EMT Nevers gewartet. 2006 wurden acht CC 72000 ausgemustert. Sechs Lokomotiven fanden bei der Marokkanischen Staatsbahn (ONCFM) eine neue Heimat. Die ONCFM verfügt über 14 baugleiche Lokomotiven, die Alstom 1968 ausgeliefert hat. Im August 2007 hat SNCF Fret die Fahrzeugindustrie um ein Angebot für die Lieferung von zwei neuen Diesellok-Baureihen gebeten. Die SNCF beabsichtigt, 160 Rangierlokomotiven mit einer Leistung von 1 100 kW zu beschaffen. Darüber hinaus sollen 80 Streckenlokomotiven mit einer Leistung von mindestens 2 000 kW geliefert werden, die neben einer Zulassung in Frankreich auch in Belgien, den Niederlanden und Deutschland eingesetzt werden können.

Elektrische Triebwagen

Am 13. Februar 2007 hat die SNCF bei Bombardier/Alstom weitere 51 Doppelstock-Triebwagen der Gattung TER 2N NG bestellt. Im Rahmen des Konsortiums übernimmt Alstom die Endmontage der Fahrzeuge, während Bombardier 63 Mittelwagen sowie alle 165 angetriebenen Drehgestelle baut. Der Auftrag umfasst 39 dreiteilige (Z24500) und zwölf vierteilige (Z25500) Triebwagen, die

Seit Juli 2007 werden die ersten neuen Rangierlokomotiven der Baureihe BB 460000 in der Normandie eingesetzt. Im Rahmen einer Schulungsfahrt konnte Romain Viellard am 12. April 2007 BB 460012 im Bahnhof Lisieux fotografieren. Foto: Romain Viellard.

auf die Departements Nord-Pas-de-Calais, Rhône-Alpes, Provence-Côte d'Azur und Picardie verteilt werden. Am 30. März 2007 wurden weitere 16 TER 2N NG, die als fünfteilige Version (Baureihe Z 26500) für das Departement Haute Normandie vorgesehen ist. Die zwischen 2008 und 2010 auszuliefernden Triebwagen sollen im Regionalverkehr auf der Strecke Paris Saint-Lazare – Rouen eingesetzt werden. Somit wird die SNCF bis 2010 insgesamt 219 TER 2N NG in Betrieb nehmen. Die ersten 22 Neubautriebwagen wurden in 2004 übergeben. In 2005 folgten 39 und in 2006 weitere 29 Einheiten. Hierbei handelt es sich um Dreiteiler (Z 24500), Vierteiler (Z 25500) und Fünfteiler (Z 26500). Die TER 2N NG verteilen sich auf die Departements Bretagne, Centre, Haute-Normandie, Lorraine, Nord-Pas-de-Calais, Picardie, Provence-Alpes-Côte d'Azur, Rhône-Alpes und Pays de la Loire. Darüber hinaus werden einige Triebwagen nach Monaco gegeben. Einsatzstellen sind Vénissieux (Rhône-Alpes), Metz (Lorraine), Lille (Nord-Pas-de-Calais und Picardie), Montrouge (Centre), Marseille-Blancarde (Provence-Alpes-Côte d'Azur und Monaco) und Nantes (Pays de la Loire).

Ein TER 2N NG erreicht eine Höchstgeschwindigkeit von 160 km/h. Die Leistung variiert zwischen 2 400 kW (Z24500), 3 200 kW (Z25500) und 4 000 kW (Z26500).

Im Oktober 2006 unterzeichneten SNCF und Bombardier einen Vertrag über die Lieferung neuer elektrischer Triebwagen der Gattung NAT (*Nouvelle Automotrice Transilienne*), die zwischenzeitlich als *Spacium* bezeichnet werden. Die Triebwagen werden vom Departement Ile-de-France finanziert und sollen im Vorortverkehr von und nach Paris eingesetzt werden. Im Rahmen dieses Vertrags hat die SNCF eine Option, bis zu 372 Triebwagen in Auftrag zu geben. Die Erstbestellung umfasst die Lieferung von 172 Garnituren, die zwischen November 2009 und 2015 übergeben werden sollen. Eine Garnitur wird aus sieben oder acht Wagen gebildet und bietet zwischen 800 und 1 000 Sitzplätzen in der Anordnung 2+3. Als Zweisystemfahrzeuge sind sie für eine Fahrspannung von 1 500V und 25kV ausgerüstet. Mit einer Motorleistung von 2 640 kW wird eine Höchstgeschwindigkeit 140 km/h erreicht. Technisch basieren die Triebwagen auf dem Entwurf der *Autorail à Grande Capacité* (AGC). Bombardier wird die Neubaufahrzeuge in den Werken Crespin und Valenciennes montieren. Die Auftragsvergabe an Bombardier wurde vom Wettbewerber Alstom angefochten. Anstatt sich auf eine lange juristische Auseinandersetzung einzulassen, entschieden sich die drei betroffenen Parteien für eine praktische Lösung: Bombardier wird Alstom als Zulieferer für bestimmte Bauteile einschalten, so dass Alstom mit rund 30% an dem Bau der Triebwagen

Das Departement Lorraine setzt nach wie vor Inox-Triebwagen der Baureihe Z6300 im Nahverkehr ein. Am 25. Juni 2007 hat Z6310 den Bahnhof Uckange erreicht. Foto: Sicco Dierdorp.

Im Jahr 2007 wurden weitere TER2N NG-Triebwagen in Betrieb genommen. Ein dreiteiliger Z24500 des Departements Lorraine ist am 9. April 2007 auf dem Weg von Luxembourg nach Nancy und passiert dabei die aufgegebenen Hochöfen von Uckange.

RATP lässt einige MS61-Triebwagen modernisieren. Am 11. August 2007 waren zwei bereits modernisierte MS61 auf der RER-Linie A nach Boissy-St. Léger bei Vincennes im Einsatz.

beteiligt ist. Somit ist die Beschäftigung in den Alstom-Werken Le Creusot und Reichshoffen bis 2015 gesichert. Mit der Auslieferung der NAT-Triebwagen kann sich die SNCF von den betagten Inox-Triebwagen der Baureihen Z 5300 und Z 6100 aus den Sechziger Jahren trenne. Die Triebwagen werden derzeit noch im Pariser Vorortverkehr eingesetzt. Die NAT-Triebwagen werden zukünftig in den Depots Gare du Nord (82 Triebwagen), Gare de l'Est (35 Stück) und St. Lazare (55 Stück) beheimatet.
Von den ursprünglich 145 Inox-Triebwagen der Baureihe Z 5300 waren zum Stichtag 1. Januar 2007 noch 88 Garnituren im Bestand der SNCF. Die Triebwagen werden von den Depots Montrouge (34, Einsatz von Paris St. Lazare), Tours (6), Bordeaux (3) und Villeneuve-St. Georges (45, Einsatz von Paris-Gare de Lyon) eingesetzt. Dieser Bestand konnte bis Mitte 2007 stabil gehalten werden. Von den ursprünglich 85 Triebwagen der Baureihe Z 6100 waren am 1. Januar 2007 noch 58 Garnituren im Betriebsdienst. Die Triebwagen sind in Paris-La-Chapelle beheimatet und werden ab Paris-Gare du Nord eingesetzt. Auch dieser Bestand konnte bis zur Jahresmitte konstant gehalten werden. Die SNCF beabsichtigt, sich kurzfristig von den letzten der ursprünglich 35 Triebwagen umfassenden der Baureihe Z 6300 zu trennen. Zum 1. Januar 2007 waren noch zwölf Garnituren im Betriebsdienst, die sich auf die EMT Thionville (9) und Paris-St. Lazare (3) verteilten. Im ersten Halbjahr 2007 wurde ein Z 6300 ausgemustert. Nachdem in 2005 fünf Z 6100 an die rumänische CFR verkauft wurden, folgten 2007 drei Z 6300.
Am 12. Januar 2007 verließ der erste modernisierte Doppelstock-Triebwagen der Baureihe Z 20500 das SNCF-Werk in St. Pierre-des-Corps. Die SNCF hat zwischen 1988 und 1998 insgesamt 91 vierteilige und 103 fünfteilige Garnituren für den Vorortverkehr von Paris in Dienst gestellt. 137 Triebwagen sollen einem umfangreichen Modernisierungsprogramm unterzogen werden, bei dem die Fahrzeuge eine neue Inneneinrichtung sowie die heutige Transilien-Farbgebung erhalten. Die Sitzplatzkonfiguration 2+3 bleibt erhalten, gleiches gilt für den Sitzabstand. Somit verfügt ein Triebwagen über 532 Sitzplätze in der 2.Klasse und 80 Sitzplätze in der 1. Klasse (vierteiliger Triebwagen) bzw. 816 Sitzplätze 2.Klasse (fünfteiliger Triebwagen).

Mit der Auslieferung der AGC mussten zahlreiche Caravelle-Triebwagen ihren Dienst quittieren. Am 13. Juni 2007 verlassen zwei AGC auf dem Weg von Roanne nach Lyon den Bahnhof Tarare.

Ein modernisierter Caravelle-Triebwagen der Baureihe X4630 überquert am 13. Juni 2007 auf dem Weg von Le-Puy-en-Velay nach Lyon die Steinbogenbrücke bei Aurec-sur-Loire.

Die Modernisierung von 91 der insgesamt 134 RATP-Triebwagen der Baureihe MS61 schreitet voran. Da die Triebwagen für eine Fahrspannung von 1 500V ausgerüstet sind, können sie ausschließlich auf der RER-Linie A Boissy-Saint-Léger – Saint-Germain-en-Laye eingesetzt werden. Im Rahmen der Verjüngungskur erhalten die Triebwagen neue Führerstände, eine neue Inneneinrichtung sowie eine neue Farbgebung.

Autorail à Grande Capacité

Im November 2006 hat die SNCF bei Bombardier weitere 112 Triebwagen der Bauart *Autorail á Grande Capacité* (AGC) bestellt. Diesem Auftrag folgten im April und Juli 2007 zwei weitere Tranchen von 67 bzw. 19 Triebwagen. Die SNCF wird insgesamt 698 AGC-Triebwagen in Betrieb nehmen. Zunächst waren 500 AGC-Triebwagen bestellt worden, die bis 2008 ausgeliefert werden. Die Folgebestellungen werden ab August 2009 übergeben. Die Nachbestellung beinhaltet eine Option auf weitere 200 Triebwagen. Bombardier liefert eine elektrische Variante (ZGC, ausgerüstet für 1 500V und 25kV, Baureihe Z 27500), eine Dieselversion (XZG, Baureihe X 76500) sowie eine Hybrid-Version (BGC). Die Hybrid-Version wird sowohl als Einsystemfahrzeug für 1 500 V (Baureihe B 81500) und als Zweisystemfahrzeug für 1 500 V und 25 kV (Baureihe B 82500) ausgeliefert. Die Hybrid-Variante wird 237 Triebwagen umfassen, die jedoch bislang nicht für beide Traktionsarten zugelassen sind. Daher werden die Triebwagen entweder als reine Diesel- oder Elektrotriebwagen in Berieb genommen. Die hybriden Zweisystem-Triebwagen der Baureihe B 82500 werden seit dem 10. Juni 2007 zwischen Paris-Est und Chalindrey eingesetzt. Die Neubautriebwagen verdrängen die bislang eingesetzten X 72500, die vom Departement Champagne-Ardennes zum Verkauf angeboten werden.
Die AGC-Triebwagen werden als dreiteilige (268) und vierteilige Version (411) ausgeliefert. Bei der vierteiligen Variante wird darüber hinaus zwischen der luxuriösen Fernverkehrs- und der zweckmäßigen Regionalverkehrs-Variante unterschieden. Die ersten AGC wurden 2004 in Betrieb genommen. Ende 2006 waren bereits 193 Triebwagen im Betriebsdienst: 91 XCG der Baureihe X 76500, 55 ZGC der Baureihe Z 27500 und 47 BCG der Baureihe B 81500. Ab diesem Zeitpunkt wurden pro Monat durchschnittlich acht Triebwagen an die SNCF übergeben. Seit Januar 2007 wurde die Produktion auf durchschnittlich zehn Triebwagen pro Monat erhöht. Die 2007 ausgelieferten AGC werden in den Departements Limousin, Bretagne, Pays-de-la-Loire und Ile-de-France eingesetzt. Als letztes Departement wird Poitou-Charentes in 2009 den ersten AGC einsetzen können.

Dieseltriebwagen

Mit der Auslieferung der AGC-Triebwagen konnte sich die SNCF in großem Umfang von alten Dieseltriebwagen trennen. Die letzten drei X 2700 (Rame á Grande Parcours, RGP), die seit März 2006 als Reserve beim EMT Lyon-Vaise hinterstellt waren, konnten im November 2006 ausgemustert werden. Die SNCF hat die Triebwagen zwischen 1955 und 1956 für den hochwertigen Schnellzugverkehr in Dienst genommen. Ihre ursprüngliche olivgrün-cremefarbene Lackierung verloren sie im Rahmen eines Modernisierungsprogramms Mitte der Achtziger Jahre. In diesem Zusammenhang haben die Triebwagen auch neue Führerstände erhalten. Das letzte Rückzugsgebiet war das EMT Lyon-Vaise, das die Triebwagen vorwiegend nach Bourg-en-Bresse eingesetzt hat. Die Triebwagen der Baureihe X 2800 verkehrten letztmalig am 10. Dezember 2006 auf der Strecke St. Claude – Dijon. Das Ausbesserungswerk Dijon stellte parallel die Wartung der letzten vier dort beheimateten X 2800 ein. Die letzten Einsatzstellen nach Dezember 2006 waren somit das EMT Lyon-Vaise (19) und Limoges (12). In den ersten sechs Monaten mussten in Limoges jedoch sechs X 2800 den Dienst quittieren. Lyon-Vaise setzt die X 2800 vorwiegend von Clermont-Ferrand nach Le Mont-Dore, Montluçon und Lyon ein, während die in Limoges beheimateten Triebwagen nach Angoulême, Bordeaux, Brive-la-Gaillarde und Montluçon/Ussel zum Einsatz kommen.

Im November 2006 wurden die letzten betriebsfähigen Triebwagen der Baureihe X 2700 ausgemustert. Am 22. Juni 1996 war X 2746 als TER Grenobles – Veynes bei Aspres unterwegs.

Der Stern der letzten Triebwagen der Baureihe X2800 sinkt unaufhaltsam. Die Ausmusterung der letzten Fahrzeuge ist für das Jahr 2008 vorgesehen. Am 14. Juni 2007 überquert X2839 auf dem Weg von Ussel nach Montluçon den Viadukt über den Tardes bei Evaux-les-Bains.

Die nicht-modernisierten Caravelle-Triebwagen sollen bis Ende 2007 abgestellt werden. Oben: der nicht modernisierte X 4363 macht sich am 13. Oktober 2001 im Regionalverkehr zwischen Sarreguemines und Strasbourg nützlich, aufgenommen bei Mommenheim. Unten: Kleider machen Leute – lediglich das Design wurde bei den in Lyon-Vaise beheimateten Caravelle-Triebwagen verändert, während die Inneneinrichtung beibehalten wurde. Zwei Triebwagen verlassen aus Sain Bel kommend am 13. Juni 2007 den Bahnhof L'Arbresle mit Ziel Lyon-St.Paul.

Nachdem die Corail-Wagen mehr und mehr im Regionalverkehr eingesetzt werden, trennt sich die SNCF von den letzten UIC- und USI-Wagen. Am 16. Juni 2007 war BB 567320 mit einem Regionalzug von Les Sables-d'Olonnes nach Nantes bei Olonne-sur-Mer unterwegs. Hinter der Lokomotive laufen vier USI-Wagen und ein Corail-Wagen.

Im Departement Region Rhône-Alpes werden sich die letzten grünen UIC- und USI-Wagen ebenfalls aus dem Regelverkehr verabschieden. Am 10. März 2002 wurde der Schnellzug Bourg-Saint-Maurice – Lyon Part-Dieu noch größtenteils aus den klassischen UIC- und USI-Wagen gebildet. Als Zuglok fungierte BB 22200, aufgenommen bei St.Michel de la Porte.

Unübersichtlich ist die Situation bei den Caravelle-Triebwagen. In den Jahren 1963 bis 1981 hat die SNCF 274 Triebwagen der Baureihe X 4300/4500 mit einer Leistung von 295 kW und mechanischer Übersetzung, 114 X 4630 mit einer Leistung von 295 kW und hydraulischer Übersetzung , 47 Triebwagen der Baureihe X 4750 mit einer Leistung von 412 kW und hydraulischer Übersetzung sowie 13 dreiteilige Triebwagen der Baureihe X 4900 mit einer Leistung von 590 kW und hydraulischer Übersetzung in Dienst gestellt. Äußerlich waren die Triebwagen nicht zu unterscheiden. In den Neunziger Jahren wurde ein Teil der Caravelle-Triebwagen einer Verjüngungskur unterzogen. Die Triebwagen haben eine neue Inneneinrichtung, neue Führerstände sowie eine neue Farbgebung erhalten. Von den wenigen nicht modernisierten Caravelle hat das EMT Strasbourg bis Juni 2007 einige Triebwagen planmäßig nach Sarreguemines eingesetzt. Die Einsatzstellen Nevers und Lyon-Vaise haben sich in 2007 von 40 X 4300/4500 getrennt. In 2008 werden weitere 20 und in 2009 die letzten 20 Caravelle abgestellt. Das EMT Lyon-Vaise verfügt darüber hinaus über eine kleine Serie von modernisierten Caravelle, die durch ihre blau-silbergraue TER-Farbgebung auffallen. Die vollständig umgebauten Caravelle sind in Sotteville, Metz, Nevers, Épernay, Logueau, Nantes, Rennes und Lyon-Vaise beheimatet.
Im Juni 2007 hat die SNCF in Kooperation mit den Departements Champagne-Ardennes und Poitou-Charentes einen Feldversuch mit 16 Triebwagen der Baureihe X 73500 gestartet. Die Triebwagen fahren mit einem Kraftstoff-Mix aus 70% Diesel und 30% Biodiesel.

Wagen

Im Januar 2007 hat Alstom den ersten von 48 Corail-Steuerwagen der Baureihe B7ux und B5uxh vorgestellt. 13 Steuerwagen erhalten darüber hinaus Drehgestelle mit einer Höchstgeschwindigkeit von 200 km/h. Die Konstruktion des Führerstands entspricht der neusten Crash-Norm, die dem Triebfahrzeugführer ein Maximum an Sicherheit bietet. Der Steuerwagen hält einem Aufprall auf ein stehendes Objekt von 85 Tonnen oder einem Frontalzusammenstoß von 54 km/h stand. Für den Probeeinsatz wurden vier Steuerwagen für Testfahrten herangezogen.
Im Januar 2007 hat sich das Departement Basse Normandie mit der SNCF über die Modernisierung von 150 Corail Intercités-Wagen verständigt. Die Wagen kommen derzeit auf den Strecken Paris – Caen – Cherbourg und Paris – Trouville-Deauville zum Einsatz. Das Departement trägt die Kosten in Höhe von € 44,7 Millionen. Die ersten modernisierten Wagen konnten bereits im März 2007 im Regelverkehr eingesetzt werden. Das Projekt soll bis Oktober 2008 abgeschlossen sein.
85 Corail-Wagen, die im Departement Alsace zwischen Strasbourg und Mulhouse/Basel im TER200-Verkehr eingesetzt werden, erhalten eine Verjüngungskur. Die für 200 km/h ausgelegten Reisezugwagen erhalten eine neue Inneneinrichtung sowie eine neue Farbgebung mit der Grundfarbe Blau. Bis zum 10. Juni 2007 waren 53 TER200-Wagen im Bestand der SNCF. Mit der Inbetriebnahme der LGV Est konnte der Wagenpark um 32 Wagen aufgestockt werden. 13 normale Corail-Wagen werden zu Steuerwagen (Baureihe B5uxh) umgebaut und gleichzeitig für 200 km/h zugelassen. Die Steuerwagen ergänzen später die TER200-Flotte, so dass zwischen Strasbourg und Mulhouse/Basel künftig mit Wendezügen gefahren werden kann.
Im Juni 2007 gab es umfangreiche Veränderungen im Corail-Verkehr. Mit der Inbetriebnahme der LGV Est konnten im Nordosten Frankreichs zahlreiche Corail-Wagen freigesetzt werden. Die Wagen wurden im gesamten Land verteilt und ersetzten ältere Sitzwagen der Gattungen UIC und USI aus den Fünfziger Jahren. Aktuell werden UIC und USI-Wagen nur noch als Verstärker und Reserveparks eingesetzt. 71 Corail-Wagen sowie 15 T2-Schlafwagen konnten bei der Marokkanischen Staatsbahn eine neue Heimat finden. Die Corail Téoz-Garnituren wurden im Fernverkehr zwischen Paris und Strasbourg abgezogen. Ihr Einsatz erfolgt seit Juni 2007 auf den Strecken Paris – Clermont-Ferrand und Paris – Limoges – Brive-la-Gaillarde – Toulouse. Die genannten Verkehre werden ab Dezember 2007 vollständig auf Corail Téoz-Wagen umgestellt.
Das Departement Rhône-Alpes hat aus Wagenmangel bei der SBB sieben UIC-Wagen (sechs

Die SNCF beabsichtigt, auch im Fernverkehr künftig verstärkt Wendezüge einzusetzen. Zu diesem Zweck werden Corail-Wagen zu Steuerwagen umgebaut. Am 12. Juli 2007 war ein Messzug zwischen Ambérieu und Culoz im Einsatz, der aus einem Corail-Steuerwagen, einem B5uxh-Wagen und der Ellok BB 7290 gebildet wurde. Die Aufnahme von Romain Viellard entstand im Bahnhof Ambérieu.

Nachdem die *Corail Téoz*-Wagen aus dem Fernverkehr zwischen Paris und Strasbourg abgezogen wurden, können alle Fernzüge auf der Strecke Paris – Toulouse mit den modernisierten Wagen gefahren werden. Am 15. Juni 2007 verlässt Sybic BB 26023 mit dem aus *Corail Téoz*-Wagen gebildeten D 3611 die imposante Bahnhofshalle von Limoges-Bénédictins mit Fahrtziel Toulouse.

Bpm51 2.Klasse und ein Bpm61 1.Klasse) angemietet, der auf der Strecke Lyon-Part-Dieu – Genève eingesetzt werden.
Ende Juli 2006 hat das Departement Provence-Alpes-Côte d'Azur die ersten modernisierten RRR-Wagen in Betrieb genommen. Bis 2009 werden insgesamt 17 dreiteilige Garnituren einer Verjüngungskur unterzogen. In diesem Zusammenhang erhalten die Wagen eine neue Inneneinrichtung mit mehr Beinfreiheit, eine Klimaanlage sowie eine neue Farbgebung. Im Dezember 2006 wurde die Modernisierung der 334 RIB/RIO-Wagen im bestand von Transilien (Vorortverkehr Paris) abgeschlossen. Diese Wagen haben ebenfalls eine neue Inneneinrichtung sowie eine neue Farbgebung im Transilien-Design erhalten. Die Wagen können somit noch bis längstens 2016 eingesetzt werden. Anschließend werden sie durch NAT-Triebwagen abgelöst.

SNCF-Schnelltram-Verkehre

Die SNCF hat im Mai 2007 insgesamt 31 Zweisystem-Triebwagen der Bauart *Citadis Dualis* bei Alstom bestellt. Darüber hinaus hält die SNCF eine Option auf weitere 169 Triebwagen. 24 *Citadis Dualis* sollen im Departement Rhône-Alpes eingesetzt werden und sind für 750 V und 25 kV ausgerüstet. Die übrigen sieben Triebwagen sind für das Departement Pays-de-la-Loire vorgesehen und sollen auf der wiedereröffneten Strecke Nantes – Chateaubriant eingesetzt werden. Der *Citadis Dualis* basiert auf dem Entwurf der *Citadis*, den Alstom zwischenzeitlich an 24 Straßenbahnbetriebe europaweit verkauft hat. Referenzverkehre sind Randstadrail (Niederlande) und der Regionalverkehr Kassel. Die 100 km/h schnellen Triebwagen werden im Departement Rhône-Alpes im Großraum Lyon eingesetzt. Im Departement Pays-de-la-Loire kommen die Neubaufahrzeuge im Großraum Nantes zum Einsatz. Der erste Triebwagen soll 2010 übergeben werden. Bislang werden Schnelltrams nur östlich von Paris eingesetzt. Seit dem 18. November 2006 setzt die SNCF auf der Strecke Aulnay-sous-Bois – Bondy 15 Schnelltram-Triebwagen der Bauart Avanto ein, die von Siemens geliefert wurden. Hierbei handelt es sich um fünfteilige Triebwagen mit einer Höchstgeschwindigkeit von 100 km/h und 242 Sitzplätzen. Die acht Kilometer lange Strecke Aulnay-sous-

Im November 2007 wurde das "Tram-Train"-Projekt mit der Inbetriebnahme der Strecke Aulnay-sous-Bois – Bondy abgeschlossen. Ein von Siemens an die SNCF gelieferter *Avanto*-Triebwagen verlässt am 11. August 2007 den Bahnhof Gargan mit Fahrtziel Aulnay-sous-Bois.

Bois – Bondy stellt die Verbindung zwischen den RER-Linien B und E her und wurde bislang von SNCF-Wendezügen befahren. Für den Schnelltram-Verkehr wurden die Strecken umgebaut und zweigleisig ausgebaut. Es wird ein Sechsminutentakt angeboten. In Frankreich sind weitere Projekte nach diesem Vorbild geplant. So ist ein Schnelltram-Einsatz auf den Strecken Nantes – Chateaubriant, St. Étienne – Firminy, Mulhouse – Kruth und Strasbourg – Molsheim sowie im Großraum Rouen geplant.

Übrige Gesellschaften

Die Chemin de Fer de Provence (CP) hat bei der CFD (ehemals: Soulé) zwei dreiteilige Schmalspurtriebwagen bestellt, die auf den zuvor an die Chemin de Fer de Corse gelieferten AMG 800 basieren. Die Triebwagen weichen jedoch hinsichtlich der Inneneinrichtung sowie der Farbgebung von den korsischen Schwesterfahrzeugen ab. Die Triebwagen sollen Ende 2008 ausgeliefert werden. Dem akuten Fahrzeugmangel versucht die CP mit zwei gebrauchten Steuerwagen begegnen, die von der Appenzellerbahn bzw. der Chemins de Fer du Jura übernommen wurden. In Verbindung mit den CP-Diesellokomotiven T62 und T66 können somit Wendezüge gefahren werden. Für den Personenverkehr auf der CP-Strecke Nice – Digne ist bis Ende Dezember 2007 Veolia im Auftrag des Departements Provence-Alpes-Côte d'Azur verantwortlich. Das Departement beabsichtigt jedoch, den Verkehr bereits zum 9. Dezember 2007 wieder in Eigenregie durchzuführen. Es ist geplant, die Verkehre bis St. Auban durchzubinden. Zu diesem Zweck muss die stillgelegte SNCF-Normalspurstrecke umgebaut werden.
Im Juni 2007 lieferte CFD Bagnères den ersten von zwölf zweiteiligen Dieseltriebwagen der Bauart AMG 800 an die Chermins de Fer de la Corse (CFC). Die Triebwagen sind mit einem 440kW starken Deutz-Dieselmotor und einer dieselhydraulischen Kraftübertragung ausgerüstet. Die Neubautriebwagen verfügen über 104 Sitzplätze und erreichen eine Höchstgeschwindigkeit von 100 km/h. Zwischen Juli 2007 und März 2008 werden die AMG800 im Rahmen eines Testbetriebs von Ajaccio eingesetzt. Anschließend ist eine Überführung in den Regeldienst vorgesehen. Aktuell sind fünf der insgesamt zwölf Triebwagen an die CFD übergeben. Die übrigen Triebwagen folgen bis Ende 2008.

CFD Bagnères baut für die Chemins de Fer de la Corse eine Serie neuer Dieseltriebwagen, die als Baureihe AMG 800 eingereiht werden. Didier Delattre konnte am 19. Juli 2007 einen AMG 800 in Ajaccio beobachten.

SCHWEIZ

Nach den Verlusten aus dem Geschäftsjahr 2005 konnte die Schweizerische Bundesbahn (SBB) im Jahr 2006 ein positives Ergebnis vortragen. Das Unternehmen hat einen Gewinn von 259 Millionen Schweizer Franken (156 Millionen €) erwirtschaftet, dem ein Minus von 166 Millionen Schweizer Franken (105 Millionen €) aus dem Jahr 2005 gegenübersteht. Das positive Ergebnis ist im Wesentlichen auf eine Kostenreduzierung im operativen Bereich um 2,6% sowie eine Umsatzsteigerung um 1,8% zurückzuführen. Sorgenkind im Konzern ist SBB Cargo. Obgleich der Verlust in Höhe von 166 Millionen Schweizer Franken aus dem Geschäftsjahr 2005 (105 Millionen €) auf 37 Millionen Schweizer Franken (22 Millionen €) reduziert werden konnte, muss die Güterverkehrssparte zur Gesundung weiter saniert werden. Die Beförderungsleistung von SBB Personenverkehr lag mit 213 Millionen Reisenden (14,27 Milliarden Personenkilometer) um 3,6% über dem Ergebnis aus dem Jahr 2005. SBB Cargo konnte die Transportleistung um 7,5% auf 12,34 Milliarden Tonnenkilometer steigern. Die Gewichtsbeschränkung für den Güterfernverkehr auf der Straße wirkt sich nach wie vor positiv auf den Schienengüterverkehr - vor allem im Transitverkehr - aus. Im Geschäftsjahr 2006 wurden 66% (2005 = 65%) aller Transitgüter mit einer Gesamttonnage von 25,2 Millionen Tonnen auf der Schiene befördert. Der Transit-Güterverkehr auf der Schiene stieg im Jahr 2006 um 6,5%. Eine große Nachfrage besteht nach wie vor in der Beförderung von Aufliegern (+ 11,6%). Die Einzelwagenverkehre gingen im gleichen Berichtszeitraum jedoch um 1% zurück. Im Vergleich zum Geschäftsjahr 2000 ist der Anteil an LKW im Transit durch die Schweiz um 16% zurückgegangen.

Mit dem Ziel, eine verbesserte Transparenz bei der Wirtschaftlichkeit zu erzielen, soll das fahrende Personal von SBB Personenverkehr ab Januar 2009 in die Business Units Fernverkehr und Regionalverkehr gegliedert werden. Die SBB erhofft sich mit dieser Maßnahme besser auf eventuelle Ausschreibungen vorbereitet zu sein.

Im Februar 2007 kündigte die SBB an, die Wartung der Triebfahrzeuge neu zu ordnen. SBB Cargo hat das Werk Basel-Wolf zu Gunsten des Baseler Rangierbahnhofs Muttenz aufgegeben. Die in Basel-Wolf frei gewordenen Kapazitäten werden nun von SBB Personenverkehr genutzt. Die Werke Rorschach und Weinfelden wurden zum Jahresende 2007 aufgelöst und im Werk Oberwinterthur zusammengeführt. Zu diesem Zweck hat SBB Personenverkehr das Werk ausgebaut. Ende 2008 wird das Werk Zürich Depot F ebenfalls geschlossen.

In der Nacht vom 18. auf den 19. Januar 2007 sorgte der Orkan *Kyrill* in zahlreichen europäischen Ländern für erhebliche Schäden. Obgleich die Sturmschäden an der Schweizer Bahninfrastruktur überschaubar geblieben sind, war die Appenzellerbahn von einem spektakulären Ereignis betroffen. Bei Wasserauen wurde der mit dem Motorwagen BDe 4/4 33 gekuppelte Steuerwagen ABt 133 durch eine Böe von den Gleisen geweht. Der Wagen kam auf der nahegelegen Straße zum Stehen. Bei dem Zwischenfall kamen keine Menschen zu Schaden.

Infrastruktur

Das Eisenbahnjahr 2007 war in der Schweiz durch die Inbetriebnahme des Lötschberg-Basistunnels - eine der beiden *Neuen Alpentransversalen* (NEAT) - geprägt. Die Arbeiten zum Bau des Tunnels wurden im Jahr 1994 aufgenommen und konnten planmäßig abgeschlossen werden. Die Baukosten lagen bei 4,3 Milliarden Schweizer Franken (2,58 Milliarden €). Der neue 34,6 km lange neue Lötschberg-Basistunnel ist zu ca. 2/3 Länge eingleisig ausgeführt und ist als zweite Strecke in der Schweiz mit ETCS ausgerüstet. Das nördliche Tunnelportal befindet sich bei Frutigen, das Südportal bei Raron im Rhônetal. Der Bahnhof Frutigen wurde im Rahmen des neuen Basistunnels neu angelegt. In Raron besteht Anschluss an die Strecke Sion – Visp, die in diesem Zusammenhang bis Visp dreigleisig ausgebaut wurde. Während die BLS Alptransit AG zu Beginn lediglich Testfahrten auf der NAT durchgeführt hatte, rollten die ersten Güterzüge der BLS AG ab 16. März 2007 versuchsweise in einem Zeitfenster von sechs Stunden durch den Tunnel. Es sollte festgestellt werden, ob der Betrieb durch den neuen Basistunnel reibungslos läuft, so dass eine Betriebsgenehmigung erteilt werden kann. Am 15. Juni 2007 wurde der neue Lötschberg-Basistunnel offiziell dem Betrieb übergeben. Für die Besucher wurden am Eröffnungstag Pendelzüge zwischen Frutigen und Visp angeboten, die im Halbstundentakt verkehrten. Der Betreiberin BLS steht somit für den Güterverkehr entweder die klassische Lötschberg-Strecke über den Berg oder die Strecke durch den Tunnel als Alternative zur Auswahl. Zum 9. Dezember 2007 wurde der Güterverkehr neu organisiert. Bis auf 40 Züge verkehren alle Züge einschließlich der CIS, EuroCity- und InterCity-Züge durch den Basistunnel. Besonderes Augenmerk legt die Betreiberin auf die Pünktlichkeit der Züge. Um den Betriebsablauf im eingleisigen Tunnel nicht zu behindern, werden alle Züge mit einer Verspätung von mehr als7 Minuten über die alte Bergstrecke geführt.

2016 soll mit dem 57 km langen neuen Gotthard-Basistunnel die zweite NEAT in Betrieb genommen werden. Im September 2006 konnte die westliche Tunnelröhre zwischen Bodio und Faido fertig gestellt werden. Somit ist ein Drittel des Tunnelneubaus vollendet. Noch vor Ende 2007 soll das schweizerische Bundesparlament einen Beschluss fassen, weitere vier Milliarden Schweizer Franken (2,41 Milliarden €) für den Neubau zur Verfügung zu stellen, da die Baukosten das Budget deutlich übersteigen.

Am 18. März 2007 wurde auf der *Neubaustrecke* Mattstetten – Rothrist das Zugsicherungssystem »ETCS Level 2« in Betrieb genommen. Parallel wurde die zur Sicherheit ebenfalls vorhandene ZUB/ETM abgeschaltet. ETCS wurde im Versuchsstadium bereits zum 2. Juni 2006 in betrieb genommen, jedoch lediglich in den Nachtstunden eingeschaltet. In den Folgemonaten wurde die tägliche Verfügbarkeit von ETCS Level 2 stundenweise gesteigert. Die schrittweise Einführung hat sich zur Vermeidung der hinlänglich bekannten Kinderkrankheiten offensichtlich bewährt, da nach der vollständigen Inbetriebnahme keine nennenswerten Störungen aufgetreten sind. Die Höchstgeschwindigkeit der Züge wurde zunächst auf 160 km/h begrenzt, konnte jedoch zum Fahrplanwech-

Obgleich der neue Lötschberg-Basistunnel bereits im Juni 2007 in Betrieb genommen wurde, erfolgte die fahrplantechnische Integration des Personen- und Güterverkehrs erst zum August 2007. Am 7. Juni 2007 verlässt Re 460 028 mit einem Sonderzug den Lötschberg-Basistunnel bei Raron. Die Lokomotive trägt die Werbeaufschrift "Entdecken Sie den Lötschberg-Basistunnel". Foto: Georg Trü

sel am 10. Dezember 2007 auf 200 km/h erhöht werden. Das Schweizer ETCS-Projekt kann als Musterbeispiel für eine erfolgreiche Inbetriebnahme auf einer sehr intensiv sowohl von Güter- als auch von Reisezügen genutzten Hauptstrecke gelten.
Am 2. Oktober 2006 wurde das zweite Streckengleis (2 km) zwischen Bubikon und Rüti ZH (Strecke Wetzikon – Rapperswil) in Betrieb genommen. In diesem Zusammenhang wurde die Linie S15 der S-Bahn Zürich am 10. Dezember 2006 in Betrieb genommen (s. Seite 246).
Im Juli und August 2008 wird die Strecke Delémont – Porrentruy – Delle im Rahmen von Modernisierungsarbeiten für den Gesamtverkehr gesperrt. Im Frühjahr 2007 hat die SBB den Neubau der Strecke Mendrisio – Varese (I) beschlossen. Die 17,7 km lange Strecke führt auf 6,5 km über schweizerisches Gebiet. 4,5 km verlaufen über die Trasse des heutigen eingleisigen Güteranschlusses Mendrisio – Stabio. Die Strecke wird zweigleisig ausgebaut und auf Schweizer Seite mit 15 kV Wechselstrom elektrifiziert. Die Arbeiten wurden bereits im Jahr 2007 aufgenommen und sollen im Dezember 2011 abgeschlossen sein. Der Schweizer Kanton Tessin hat somit eine direkte Anbindung an die Region Mailand sowie an den internationalen Flughafen Malpensa. Die Baukosten werden für den schweizerischen Abschnitt auf 137 Millionen Schweizer Franken (82 Millionen) kalkuliert. Die SBB wird im Rahmen dieses Projektes 68,25 Millionen Schweizer Franken (41 Millionen €) aufbringen. Die Restsumme wird vom Kanton Tessin getragen.
Die SBB hat nach Zustimmung des Kantons Zug beschlossen, das eingleisige Nadelöhr Cham – Rotkreuz (3,4 km) zweigleisig auszubauen. Die Baukosten belaufen sich auf 45 Millionen Schweizer Franken (27,1 Millionen €). Das zweite Streckengleis wird für die ab Dezember 2008 geplante Verdichtung der S-Bahn Baar – Rotkreuz auf einen Viertelstundentakt benötigt. Die Ausbauarbeiten wurden im Juni 2007 aufgenommen.
Bis spätestens 2010 soll der zwei Kilometer lange Abschnitt Lenzburg – Gexi um ein drittes Streckengleis erweitert werden. Somit können die Züge von und nach Wohlen künftig in Lenzburg unabhängig von der Belegung der zweigleisigen Hauptstrecke Zürich-Olten ankommen und abfahren. Die Kosten für den Bau belaufen sich auf 61 Millionen Schweizer Franken (36,7 Millionen €). Ab Dezember 2010 können die Züge zwischen Rotkreuz und Lenzburg in einem Halbstundentakt verkehren.
Die SBB wird in den kommenden Jahren rund 114 Millionen Schweizer Franken (36,8 Millionen €) in die Modernisierung der Strecke St. Gallen – St. Margrethen investieren. Bis Dezember 2010 wird ein zweites Streckengleis zwischen St. Gallen-St. Fiden und Engwil (3,3 km) in Betrieb genommen. Darüber hinaus wird der Bahnhof Goldach modernisiert. Der Ausbau der Strecke ist auch für den internationalen Fernverkehr zwischen München und Zürich von Bedeutung.
Das ursprüngliche Vorhaben, in Olten eine Hauptverkehrsleitstelle für das gesamte SBB-Netz einzurichten, wurde verworfen. Stattdessen werden Leitstellen in Zürich, Olten und Lausanne sowie untergeordnete in Pollegio/Tessin und Spiez (BLS) entstehen, die überregionale Aufgaben erfüllen. Lausanne wurde als erste neue Leitstelle Ende 2007 teilweise in Betrieb genommen. Olten und Zürich sollen in den kommenden zehn Jahren in Betrieb genommen werden, so dass die heutigen Fernsteuerzentren in Zürich Altstetten, Zürich Oerlikon, Winterthur, Kreuzlingen, St. Gallen, Chur, Rapperswil, Luzern, Arth Goldau, Basel, Biel und Bern geschlossen werden können.

Personenverkehr

Der ab 10. Dezember 2006 gültige Jahresfahrplan hatte keine großen Auswirkungen auf den Binnenverkehr in der Schweiz. Ein Großteil der IR-Züge Zürich – Locarno führen nun einen Panoramawagen der Gattung Typ Apm mit, der vormals in den EuroCity-Zügen nach Deutschland zum Einsatz kam. Die Züge der Linie S8 Luzern – Sursee verkehren montags bis freitags in einem Halbstundentakt. Der Halbstundentakt Lenzburg/Othmarsingen – Muri wurde bis Rotkreuz erweitert. Die Regionalzüge Olten – Solothurn sind an den Sonntagen bis Oberdorf durchgebunden. Im Netz der S-Bahn Zürich wurde Montag-Freitag die S15 Rapperswil – Zürich HB – Birmensdorf neu eingerichtet, die in einem Halbstundentakt verkehrt. Diese Linie wurde ab 10. Dezember 2007 ab/bis Affoltern am Albis verlängert. Die Linie S16 Herrliberg-Feldmeilen – Zürich HB – Zürich Flughafen ist montags bis freitags als Schnellzugverbindung bis Thayngen (D) verlängert. Die S16 verkehrt in einem Stundentakt ab/bis Thayngen. Die Linie S33 Winterthur – Schaffhausen verkehrt seit 10. Dezember 2006 auch an den Wochenenden in einem Halbstundentakt. Die Linie S26 Winterthur – Bauma – Rüti ZH verkehrt nur noch an den Wochenenden ab/bis Rapperswil, Mo-Fr wird die Verbindung mit der S15 hergestellt. Die Linie S 41 wurde zwischen Winterthur und Bülach montags bis freitags zu einem Halbstundentakt verdichtet. Neu ist die Linie S55 Oberglatt – Niederweningen, die in einem Stundentakt verkehrt. In Verbindung mit der Linie S5 konnte das Angebot zwischen Oberglatt und Niederweningen zu einem Halbstundentakt verdichtet werden. Darüber hinaus wurde das Nacht-Netz der S-Bahn Zürich ausgebaut. Im internationalen Reisezugverkehr gab es zum Fahrplanwechsel 2006/2007 folgende Änderungen:

Nachdem der Personenverkehr vor 15 Jahren eingestellt wurde, werden seit 10. Dezember 2006 wieder Personenzüge zwischen Boncourt und Delle (F) angeboten. Die Regionalzüge Biel – Delémont – Boncourt sind in einem Zweistundentakt bis Delle durchgebunden. Montags bis freitags werden zwölf, an den Wochenenden sechs Zugpaare angeboten. Der Abschnitt Delle – Belfort soll spätestens 2011 wiedereröffnet werden (s. Seite 209).

Die Cisalpino-Triebwagen der Baureihe ETR 470 wurden zwischen Zürich und Stuttgart durch siebenteilige ICE-T der DB-Baureihe 411 ersetzt. Zwischen den beiden Städten wird ein Zweistundentakt angeboten. Für die Erweiterung des Fahrplanangebotes hat die DB ihre fünf fünfteiligen schweiztauglichen ICE-T der Baureihe 415 in siebenteilige schweiztaugliche ICE-T der Baureihe 411 umgebaut. Da die Triebwagen nicht rechtzeitig zur Verfügung standen, musste in den ersten Monaten mit einem reduzierten Sitzplatzangebot gefahren werden. Die frei gewordenen ETR 470 werden für das Zugpaar CIS 155/154 Zürich – Milano – Trieste verwendet.

Das Angebot an ICE-Zügen zwischen Interlaken Ost und Berlin wurde um ein Zugpaar auf täglich vier Zugpaare erweitert. Parallel wurde das Angebot zwischen Chur und Hamburg um ein auf täglich drei Zugpaare reduziert. Das Zugpaar EC 9/8 wurde aufgegeben. Der ICE 4 Interlaken Ost – Wiesbaden verkehrt neu ab Wiesbaden Hbf. Der in der Wintersportsaison verlängerte ICE nach Chur endet/beginnt neu in Zürich HB.

Da die TGV-Triebwagen auf der Hochgeschwindigkeitsstrecke Mattstetten – Rothrist nicht zugelassen sind und auf der Hauptstrecke über Burgdorf keine geeigneten Trassen zur Verfügung stehen, wurde TGV 9284 Zürich – Paris Est montags bis freitags auf den Laufweg Bern – Paris Est reduziert. Seit dem 10. Juni 2007 verkehren die TGV der Relation Zürich – Paris über Basel, Strasbourg und die LGV Est. Somit konnte die Reisezeit um 90 Minuten auf vier Stunden 30 Minuten reduziert werden. In Kooperation mit der SNCF werden in den Relationen Zürich – Basel – Paris und Basel – Paris täglich zwei TGV-Paare angeboten. Zum 9. Dezember 2007 wurde das Angebot zwischen Basel und Paris um ein Zugpaar auf drei TGV erhöht. Diese Züge verkehren unter der Regie des schweizerisch-französischen Joint Ventures *Lyria*.

Der Nachtzug 468/469 Chur – Zürich – Paris wurde mit der Inbetriebnahme der LGV Est zum 10. Juni 2007 aufgegeben. Die EuroCity-Züge zwischen Belgien und der Schweiz haben aus gleichem Grund einen neuen Fahrplan sowie einen geänderten Laufweg erhalten. EC 90/91 *Vauban* Brüssel – Brig verkehrt seit dem 10. Juni 2007 ab/bis Interlaken Ost. EC 96/97 *Iris* Brüssel – Zürich verkehrt neu ab/bis Chur.

Der Nachtzug EN 313/314 Zürich – Roma wurde vom Gotthard abgezogen und verkehrt neu über die Lötschberg-Strecke und Brig. Die Wagengruppen Zürich – Venezia wurden aufgegeben. EN 311/312 Genève – Venezia wurde ebenfalls eingestellt. Die Kurswagen Genève – Rom aus EN 311/312 wurden an EN 313/314 übergeben und verkehren ab/bis Brig. Die Nachtzüge zwischen der Schweiz und Italien werden unter dem Markennamen *Luna* angeboten.

Baden-Württemberg hat das Angebot im Regionalverkehr zwischen Deutschland und der Schweiz reduziert. Das Angebot auf den von der deutschen SBB GmbH gefahrenen Linien S5 Steinen – Weil am Rhein und S6 Basel – Zell (S-Bahn Basel) wurde daher in den späten Abendstunden eingeschränkt.

Zwischen dem 31. März und dem 20. Oktober 2007 wurden täglich zwei Autopendelzüge in der

Mit der vollständigen Integration des neuen Lötschberg-Basistunnels in den Fahrplan wird die alte Lötschberg-Strecke seit dem 9. Dezember 2007 im internationalen Fernverkehr planmäßig nicht mehr befahren. Am. 11 März 2007 überquert EC 131 *Cisalpino Val d'Ossola* Basel – Milano den Luogelkin-Viadukt auf der Südseite der Lötschbergrampe.

Am 6. Februar 2005 legt sich ein Triebwagen der Baureihe ETR.470 als CIS Milano – Stuttgart in die bekannte Fotokurve bei Wassen an der Gotthard-Strecke. Der gesamte Cisalpino-Verkehr nach Basel und Zürich soll künftig durch den Lötschberg-Baseltunnel geleitet werden.

Relation Kandersteg – Iselle angeboten. Neben diesen durchgehenden Autozügen werden nach wie vor Autozüge zwischen Kandersteg und Goppenstein sowie zwischen Brig und Iselle angeboten.
Zwischen dem 15. September und dem 16. November 2007 wurden täglich zwei Reisezüge durch den neuen Lötschberg-Basistunnel angeboten. Hierbei handelte es sich um zwei NEAT Express-Züge in der Relation Brig – Spiez, die an den Wochenenden ab/bis Bern durchgebunden waren. Die Züge verkehrten auch zu Ausbildungszwecken der Triebfahrzeugführer.
Mit Beginn des Jahresfahrplans 2008 am 9. Dezember 2007 wurde die Streckenhöchstgeschwindigkeit auf der *Neubaustrecke* Mattstetten – Rothrist (Strecke Olten – Bern) mit der vollständigen Inbetriebnahme von ETCS Level 2 auf 200 km/h erhöht. Somit konnte die Reisezeit der Fernzüge über die NBS um 2 Minuten reduziert werden. Die Inbetriebnahme des Lötschberg-Basistunnels hat darüber hinaus weitreichende Folgen für den Fernverkehr in der Schweiz. Alle inländischen InterCity von und nach Brig und die CIS-Züge Basel –Milano verkehren neu durch den Lötschberg Basistunnel und können somit erheblich beschleunigt werden. Das Basisangebot besteht aus einem stündlich verkehrenden InterCity Romanshorn – Zürich HB – Bern – Visp – Brig, der um täglich vier CIS-Züge Basel SBB – Bern – Visp – Brig – Milano in Kombination mit den InterCity-Zügen Basel SBB – Brig ergänzt werden. Alle CIS in der Relation Basel – Milano werden mit ETR 470 gefahren. Die bislang aus Triebwagen gebildeten zwei Zugpaare Genève – Milano verkehren neu vorübergehend (bis zur Inbetriebnahme der neuen ETR 610) als lokbespannte Reisezüge und sind somit rund 40 Minuten langsamer.
Mit dem Abzug der InterCity-Züge von der alten Lötschberg-Strecke hat Frutigen bis auf die Abendstunden den Anschluss an das InterCity-Netz eingebüßt. Als Kompensation wird ein Stundentakt mit Regio-Express-Zügen in der Relation Bern – Spiez – Brig eingeführt. In der morgendlichen Hauptverkehrszeit fährt die BLS an Werktagen drei durchgehende Züge, abends werden vier durchgehende Zugpaare angeboten. Außerhalb der Verkehrsspitzen muss in Spiez umgestiegen werden. Lediglich an Sonntagen wird ein durchgehender Verkehr mit 16 Zugpaaren in der Relation Bern – Spiez – Brig angeboten. Sobald im Jahr 2011 ausreichend Trassen zur Verfügung stehen, kann die BLS das durchgehende Zugangebot wieder ausbauen. Das Zugpaar EN 352/353 *Johannes Kepler* verkehrt seit 9. Dezember 2007 neu ab/bis Basel SBB über Frankfurt/M, Fulda und Dresden nach Praha hl.n. Der Zug führt eine Wagengruppe Basel SBB – Moskwa, die von der RŽD gestellt werden.
Das Angebot an ICE von/nach Interlaken Ost soll weiter ausgebaut werden. Geplant sind vier Zugpaare ab/bis Berlin sowie je ein Zugpaar ab/bis Frankfurt/M und Hamburg. Einige Binnen-IC zwischen Basel SBB und Interlaken Ost sollen darüber hinaus mit DB-ICE gefahren werden.
Die drohende Einstellung des Personenverkehrs auf der Strecke Sissach – Läufelfingen – Olten (Linie S9 Teil der S-Bahn Basel) konnte in letzter Minute abgewendet werden. Die Strecke soll in den kommenden Jahren modernisiert werden.

Operators Güterverkehr
Hupac AG, einer der größten Intermodal-Anbieter in Europa, konnte seinen Marktanteil im Geschäftsjahr 2006 weiter ausbauen. Das Unternehmen konnte sein Transportaufkommen um 18% auf 612 000 TEU erhöhen. Gegenüber 2004 ist dies ein Plus von 55%. Der Transitverkehr durch die Schweiz konnte um 16,4% auf 458 000 TEU gesteigert werden. Im internationalen Verkehr zu bzw. von den deutschen und niederländischen Seehäfen konnte die Transportleistung um 24% auf 154 000 TEU ausgebaut werden. Hupac konnte im Geschäftsjahr 2006 einen Gewinn in Höhe von 6,96 Millionen Schweizer Franken (4,2 Millionen €) ausweisen (+ 7,4%). Das Unternehmen strebt ein jährliches Wachstum von 10% an und möchte bis 2010 eine Transportleistung von 928 000 TEU erreichen. Bis 2010 sollen darüber hinaus 3 000 neue Containertragwagen bestellt werden, so dass das Unternehmen über insgesamt 7 000 eigene Wagen verfügt.

Die von RAlpin betriebene *Rollende Landstrasse* Freiburg/Breisgau (D) – Novara (I), hat im Geschäftsjahr 2006 eine durchschnittliche Auslastung von 90% erreicht (+ 6%). An RAlpin ist Hupac mehrheitlich beteiligt. An Werktagen werden zehn Zugpaare angeboten. Zum 10. Dezember 2006 ist die Verantwortung der RAlpin-Züge auf dem genannten Abschnitt vollständig an SBB Cargo übergegangen. In der Schweiz werden die Züge von BLS Cargo als Frachtführer gefahren. Die Kapazität der RAlpin-Züge soll auf 200 000 LKW pro Jahr ausgebaut werden. Die Rollende Landstrasse über den Gotthard ist hingegen weniger erfolgreich. Täglich wird ein Zugpaar in der Relation Basel Kleinhüningen – Lugano sowie zwei Zugpaare von Singen/Hohentwiel (D) nach Milano Greco Pirelli angeboten. Die Auslastung auf diesen Strecken ist weiter rückläufig, was vor allem auf die Raumbegrenzung von 3,80 m im Gotthard zurückzuführen ist. Hupac verfügt hingegen über Tragwagen, die eine Gesamthöhe von 4,00 m erlauben. Diese Wagen sind jedoch in Italien und Deutschland nicht zugelassen.
Seit 1. September 2006 bietet Hupac einen neuen Intermodal-Verkehr zwischen Duisburg und Budapest an, der von der Wiener Lokalbahnen AG (WLB) gefahren wird. Die Züge verkehren in Deutschland unter der Regie von SBB Cargo.
Parallel haben die bislang über die Schweiz verkehrenden Hupac-Züge Antwerpen – Padova (I) Anfang September einen neuen Laufweg über den Brenner erhalten. Der seit 15. September 2006 drei Mal pro Woche verkehrende Containershuttle Rotterdam – Hamburg ist seit Januar 2007 bis Lübeck Skandinavienkai durchgebunden. Zu Beginn wurde das Zugpaar von r4c gefahren. Seit 1. Januar 2007 ist Veolia Cargo für den Zug verantwortlich. SBB Cargo fährt seit Oktober 2006 im Auftrag von Hupac drei Mal pro Woche einen Intermodal-Zug in der Relation Lübeck Skandinavienkai – Novara (I). Seit Februar 2007 wird ein sechs Mal pro Woche verkehrender Containershuttle zwischen Singen (D) und Brescia (I) angeboten. Der Zug wird von SBB Cargo gefahren. Am 21. März 2007 hat Hupac einen Containershuttle in der Relation Genk (B) – Verona (I) eingerichtet, der sechs Mal pro Woche verkehrt. Mit der Traktion zwischen Genk und Würzburg wurde die belgische Dillen & Lejeune Cargo (DLC) beauftragt. In Würzburg über TX Logistik den Zug bis Verona. Darüber hinaus wurde ein neuer Shuttle in der Relation Rotterdam – Duisburg – Budapest eingerichtet, der sechs Mal pro Woche verkehrt. Anfang April 2007 hat Hupac den Containerverkehr zwischen Antwerpen und dem französischen Perpignan aufgenommen. Die Relation wird vier Mal pro Woche angeboten und von SNCF Fret gefahren. Das Angebot auf der seit Mai 2005 angebotenen Relation Antwerpen – Schwarzheide – Warschau/Poznań/Slawków (PL) wurde erweitert. Statt bislang drei verkehren neu fünf Zugpaare pro Woche.
Bombardier hat im Auftrag von Hupac die 32 auf der Rollenden Landstrasse Freiburg – Novara eingesetzten Begleitwagen für den Einsatz im Lötschberg-Basistunnel umgerüstet. Die Wagen sind unter anderem mit Feuerlöschern, Rauchmeldern sowie einer Funksprecheinrichtung ausgerüstet.
Intercontainer-Interfrigo AG (ICF) konnte den Abwärtstrend im Geschäftsjahr 2006 offensichtlich bremsen. Nachdem im Jahr 2005 zahlreiche Verkehre zwischen Belgien, Frankreich, Spanien und Italien aufgegeben und die Terminals in Metz (F) und Herne (D) geschlossen wurden, musste das Geschäftsjahr 2005 mit einem Verlust von 5,6 Millionen € abgeschlossen werden. Die Transportleistung ging im Berichtszeitraum um 26% zurück. Im Geschäftsjahr 2006 konnte ICF nach erfolgter Restrukturierung einen Gewinn von 2,9 Millionen € ausweisen. Dennoch brachte der Rückzug aus einzelnen Märkten einen Rückgang beim Transportaufkommen auf 429 800 TEU (- 16,8%) mit sich, während der Umsatz 177 Millionen € auf 143 Millionen € zurück gegangen ist. Der Fokus des Unternehmens liegt nach der Reorganisation auf den Verkehren von und nach Südosteuropa und Russland. Am 10. Dezember 2006 stellte ICF sein Konzept für den durchgehenden Verkehr zwischen Deutschland und der Schweiz vor. Das Unternehmen hat sich von den zum Teil sehr langsamen Zügen getrennt, bei denen im gesamten Laufweg Wagengruppen beigestellt oder abgegeben werden konnten. Stattdessen werden beschleunigte Shuttlezüge ohne Zwischenhalt angeboten. Somit können mit weniger Fahrzeugen die gleiche Anzahl von Container transportiert werden - ein Vorteil, der sich mittelfristig bei dem akuten Mangel an Containertragwagen positiv auswirken könnte. Von Hamburg und Bremerhaven werden Shuttlezüge die ICF-Terminals im schweizerischen

Rekingen und Frenkendorf bedienen. Als Frachtführer für diese Verkehre wurde SBB Cargo verpflichtet, die sich gegen Railion – dem bisherigen Vertragsnehmer - durchsetzen konnte. Die Relation Rekingen/Frenkendorf – Hamburg/Bremerhaven wird elf Mal pro Woche und Richtung angeboten. Zwischen Rekingen und Wolfurt (A) werden zehn Zugpaare pro Woche und Richtung angeboten. Zwischen Rekingen und Niederglatt (CH) werden ebenfalls zehn Zugpaare pro Woche und Richtung angeboten. Zum 15. Januar 2007 hat ICF einen Shuttle in der Relation Wolfurt (A) – Antwerpen eingerichtet, der ein Mal pro Woche verkehrt. In Kopperation mit Hannibal SpA bietet ICF seit 9. Dezember 2007 fünf Mal pro Woche einen Containershuttle in der Relation Beimerstetten (D) – Melzo (I). Die Züge verkehren in den Nachtstunden und werden von SBB Cargo gefahren.

Güterverkehr

SBB Cargo konnte das Transportaufkommen im Geschäftsjahr 2006 um 7,5% auf 12,34 Milliarden Tonnenkilometer steigern. Trotz des Verlustes zahlreicher Verkehre und dem Sparprogramm »Fokus« zeigte sich auch der Binnengüterverkehr mit einem Plus von 6,5% sehr erfolgreich (4,145 Milliarden Tonnenkilometer). Im Transitverkehr konnte das Vorjahresniveau mit 3,965 Milliarden Tonnenkilometern erreicht werden. In den Nachbarländern Deutschland und Italien hat SBB Cargo die eigenen Ziele weit übertroffen. In Italien konnte das Unternehmen die Transportleistung um 16,8% auf 710 Millionen Tonnenkilometer, in Deutschland sogar um 29,5% auf 2,983 Milliarden Tonnenkilometer ausbauen. Rund ein Viertel des Gesamtverkehrs wird demnach in Deutschland erbracht. Ende 2006 fuhr SBB Cargo Deutschland 410 Züge pro Woche und konnte somit die Verkehrsleistung um 50 Züge im Vergleich zum Vorjahr steigern. SBB Cargo Italia fährt pro Woche 380 Züge (+ 120 Züge). Im ersten Halbjahr 2007 konnte der Marktanteil im Binnenverkehr gehalten werden, während die Verkehrsleistung in Deutschland und Italien weiter gewachsen sind. SBB Cargo Deutschland hat im ersten Halbjahr 2007 rund zwei Milliarden Tonnenkilometer (+ 43%) erbracht.

Die lange Zeit zum gewohnten Bild auf der alten Lötschberg-Strecke gehörende Doppeltraktion von Re 4/4 und Re 6/6 vor SBB Cargo-Zügen gehört nun ebenfalls der Vergangenheit an - Umleitungen ausgenommen. Eine als Re 10/10 bezeichnete Doppeltraktion ist am 11. März 2007 bei Frutigen auf dem Weg in Richtung Süden.

Es wurden pro Woche 435 Züge gefahren. In Italien konnte die Transportleistung um 64% auf 552 Millionen Tonnenkilometer ausgebaut werden. Hierzu wurden pro Woche 405 Züge gefahren. Obgleich die Verkehrsleistung deutlich gewachsen ist, entwickelten sich die Gewinne nicht in diesen Größenordnungen, was vor allem auf den aggressiven Wettbewerb und die daraus resultierenden Niedrigpreise zurückzuführen ist. Nachdem am 16. August 2007 im Rahmen einer Gesellschafterversammlung bekannt wurde, dass SBB Cargo im ersten Halbjahr 2007 einen Verlust vortragen wird, trat Direktor Daniel Nordmann zurück.
Im Binnenverkehr übernahm SBB Cargo zum 10. Dezember 2006 den Güterverkehr auf den Strekken der TPF (Transports Publics Fribourgeois). Seit Anfang Januar 2007 fährt SBB Cargo einmal pro Monat einen Altpapierzug in der Relation Horgen – Gisikon. Im Umlauf stehen Altpapierwagen, die ein Mal pro Monat durch SBB Cargo getauscht werden. Mit Stallinger Swiss Timber konnte das Unternehmen einen Verkehrsvertrag abschließen. SBB Cargo wird Holzzüge von verschiedenen Verladestellen in der Schweiz zum Stallinger-Sägewerk in Domat/Ems fahren. Darüber hinaus wird Schnittholz aus ganz Europa nach Domat gebracht. Geplant sind 30 Wagenladungen pro Tag. Die Verkehre wurden im Mai 2007 aufgenommen. Im Auftrag von StoraEnso werden ebenfalls seit Mai 2007 Papierrollen von Hagen (Westf) nach Zofingen gefahren. Parallel konnte von RTS der Holzhackschnitzelverkehr von Les Verrières und Bulle nach Luterbach und Menznau übernommen werden.
Im Transitverkehr durch die Schweiz gab es ebenfalls Veränderungen. Die Containerzüge Antwerpen – Padova (I) fahren seit September 2006 nicht mehr durch die Schweiz. Die Züge wurden von SBB Cargo über den Brenner gefahren. Mit eigenen Triebfahrzeugen wurden die Containerzüge zwischen Aachen (D) und Brennero (I) gefahren. Seit Anfang September 2006 fährt SBB Cargo im Auftrag von Hupac einen Containershuttle in der Relation Lübeck Skandinavienkai – Novara (I), der über Lötschberg und Simplon fährt. In den ersten Wochen wurde das Zugpaar ein Mal pro Woche gefahren. Seit 3. Oktober 2006 werden drei Zugpaare pro Woche und Richtung gefahren. Zwischen Lübeck Skandinavienkai und Hamburg wird NRS als Frachtführer eingesetzt (s. Seite 106). Im Rahmen eines Vertrages mit ICF fährt SBB Cargo seit 10. Dezember 2006 pro Woche elf Containerzugpaare in den Relationen Hamburg/Bremerhaven – Rekingen und Hamburg – Bremerhaven – Frenkendorf (s. Seite 164). Seit Ende Mai 2007 bietet SBB Cargo Einzelwagenverkehre bis Rotterdam an. In Kooperation mit Veolia Cargo und ECR wird seit Anfang Juli 2007 ein Mal pro Woche ein Ganzzug mit Haushaltsgeräten in der Relation Torino – Domodossola – Basel (– Thionville) gefahren. Unter dem Projektnamen *Alpine Freight Railway* bietet SBB Cargo seit 9. Dezember 2007 an Werktagen einen Containershuttle zwischen Beimerstetten (D) und Melzo (I) an, der im Auftrag von ICF und Hannibal SpA im Nachtsprung gefahren wird.
Die Entwicklung der Märkte Deutschland und Italien wird in den jeweiligen Länderkapiteln beschrieben.
Die Schweizer Bundesregierung hat beschlossen, ihre Anteile an der **BLS Cargo AG** zu veräußern. Der Staat hält es im Rahmen des liberalisierten Güterverkehrs in Europa für wenig sinnvoll, sowohl Anteile an der BLS Cargo AG als auch am Wettbewerber SBB Cargo zu halten. Somit wird der Staat seine Beteiligung lediglich an SBB Cargo halten und veräußert eine äußerst rentable Minderbeteiligung an der BLS. Im Geschäftsjahr 2006 konnte BLS Cargo AG den Trend der Vorjahre fortsetzen und Marktanteil und Ergebnis wieder steigern. Die Transportleistung konnte um 15% auf 3,255 Milliarden Tonnenkilometer gesteigert werden. Auf der eigenen Lötschberg-Strecke lag die Steigerung bei rund 26%, während die Transportleistung über den Gotthard sogar um 120% gesteigert werden konnte. Der Umsatz lag mit 185,8 Millionen Schweizer Franken (112 Millionen €) um 6% über dem Wert des Vorjahres. Aus diesem Umsatz konnte ein Gewinn von 9,4 Millionen Schweizer Franken (5,66 Millionen €) erwirtschaftet werden. Auf Grund der Inbetriebnahme des neuen Lötschberg-Basistunnels war das Jahr 2007 für BLS Cargo ein sehr bedeutendes Jahr. Seit 9. Juni 2007 fährt das Unternehmen einen Großteil der Züge durch den neuen Basistunnel. Die alte Strecke wird lediglich als Ausweichmöglichkeit bei Unregelmäßigkeiten oder Verspätungen genutzt. Um die Zuglast in Süd-Nord-Richtung von 1 300 auf 1 600 Tonnen erhöhen zu können, werden

Seit Januar 2007 hat BLS Cargo bei ATC die Elloks 185 576 und 577 angemietet. Patrick Rudin konnte 185 586 am 25. August 2007 bei Kumm fotografieren.

Güterzüge seit 5. März 2007 zwischen Domodossola und Goppenstein nachgeschoben. In Nord-Süd-Richtung wurden schwerere Züge bereits seit mehreren Jahren zwischen Spiez und Kandersteg nachgeschoben. Züge in Süd-Nord-Richtung konnten bereits seit geraumer Zeit ab Brig nachgeschoben werden. Der Einsatz einer Schiebelokomotive auf dem italienisch/schweizerischen Abschnitt zwischen Domodossola und Brig war bis Februar 2007 jedoch durch Cesifer abgelehnt worden. Die Schiebeloks zwischen Spiez und Kandersteg konnten mit der Inbetriebnahme des Lötschberg-Basistunnels abgezogen werden. Darüber hinaus konnten die Doppeltraktionen entfallen. Seit Mitte Januar 2007 hat BLS Cargo bei AngelTrainsCargo die Elloks 186 576 und 577 angemietet, die in den ATC-Hausfarben silbergrau-türkis gehalten und mit großen BLS-Logos versehen sind. Seit 2006 mietet BLS Cargo bei ATC die Elloks 185 525, 527, 535 und 536, die im Gegensatz zu ihren jüngeren Schwesterlokomotiven ein silbergrau-blaues Farbkleid haben. Im September 2007 wurden bei Bombardier zehn Elloks der Gattung TRAXX F140 MS bestellt, die ab November 2008 ausgeliefert werden. Die Maschinen werden als Dreisystemlokomotiven für 15 kV, 25 kV und 3 000V ausgerüstet und können somit in der Schweiz, Deutschland und Italien eingesetzt werden.
Im April 2006 hat BLS Cargo in Italien das Tochterunternehmen BLS Cargo Italia S.r.l. gegründet. Das Unternehmen soll Speditionsdienstleistungen im Grenzbahnhof Domodossola anbieten.
Die seit März 2006 in der Schweiz zugelassene **Brunner Railway Services GmbH** (BRS) wurde im Januar 2007 von Railion Deutschland übernommen. Railion erhofft sich nach der Übernahme einen Zugang zum Schweizer Einzelwagenverkehr, der mittelfristig auch auf internationale Relationen ausgebaut werden soll. Bislang war SBB Cargo bevorzugter Partner von Railion. Mit der Übernahme von BRS tritt SBB Cargo nun – wie bereits bei den Ganzzugverkehren geschehen - als Wettbewerber auf. Auf den langjährigen Partner BLS Cargo kann und wird Railion Deutschland auch nach der Übernahme von BRS nicht verzichten. Railion ist an BLS Cargo mit 20% beteiligt. Gemäß einer Vereinbarung mit SBB Cargo aus dem Jahr 2001 ist es BLS Cargo untersagt, im Einzelwagenverkehr mit SBB Cargo zu konkurrieren. Mit BRS haben sowohl BLS Cargo als auch Railion nun die Möglichkeit, ihre Marktanteile im Binnenverkehr auszubauen. Die Kooperation zwischen BRS und

HGK wurde beendet, neu ist SBB Cargo Partner der HGK in der Schweiz. Seit Mai 2007 firmiert Brunner Railway Services GmbH unter **Railion Schweiz GmbH** und ist somit in die Unternehmensstrukturen des Mutterhauses eingebunden.

Crossrail AG, gegründet von Regionalverkehr Mittelland (RM) und seit 1. Januar 2006 von der australischen Babcock & Brown übernommen, richtet den Unternehmensschwerpunkt stärker auf den Nord-Süd-Transit durch die Schweiz aus. Die KLV-Züge in der Relation Duisburg – Wiler wurden im Januar 2007 aufgegeben. Im März 2007 folgte die Einstellung der Züge Wiler – Domodossola. Die bislang eingesetzten Tragwagen werden nun in den Verkehren Duisburg – Domodossola eingesetzt, die bis Mai 2007 drei Mal pro Woche verkehrten. Seit dem Frühsommer 2007 werden pro Woche fünf Abfahrten pro Richtung angeboten. Als Folge der Neuausrichtung wurden die Kapazitäten im Crossrail-Terminal Wiler (Cargodrome) deutlich reduziert, obgleich der Shuttle Duisburg – Schweiz noch angeboten wird. Das Zugpaar hat jedoch als Zielbahnhof Aarau und wird im Auftrag von Hupac durch SBB Cargo gefahren. Im Juli 2007 wurde bekannt, dass die Spedition Ewals Cargo Care BV (ECC) alle Speditionsaktivitäten von Crossrail übernommen hat. Kerngeschäft ist der Haus-zu-Haus-Verkehr mit Wechselbrücken auf der Schiene zwischen Duisburg und Domodossola. Somit kann sich Crossrail ausschließlich auf die Aufgaben eines EVU konzentrieren. Die Crossrail-Niederlassungen in Duisburg und Domodossola wurden an ECC übertragen. Die wirtschaftliche Verantwortung für den Shuttle Duisburg – Domodossola ging ebenfalls auf ECC über, die den Verkehr zum 1. September 2007 ab/bis Novara anbietet. Seit Oktober 2007 verkehrt dieses Zugpaar sechs Mal pro Woche. Der einzige von Crossrail durchgeführte Binnenverkehr war der Holzverkehr Bulle/Les Verrières – Luterbach-Attisholz/Menznau, der im Auftrag von Railogistics (RTS-Gruppe) gefahren wurden. Dieser Verkehr konnte jedoch von RTS ab April 2007 in Eigenregie durchgeführt werden, nachdem das Unternehmen über eine ausreichende Anzahl von Triebfahrzeugen verfügte. Seit Mitte September 2006 führte Crossrail ein Mal pro Woche einen Schrott- und Altglas-Zug in der Relation Winterthur – Chiasso (– Camnago-Lentate). Der Verkehr wurde zuvor von RTS gefahren (s. Seite 256), der Verkehr wurde aber nach kurzer Zeit wieder eingestellt. Seit 10. Dezember 2006 bespannt Crossrail im Auftrag von Dillen & Le Jeune NV (DLC) den ECC-Stahlzug Genk (B) – Novara (I) zwischen Basel und Domodossola. Der sechs Mal pro Woche verkehrende Ganzzug wird in der Regel von einer der bei MRCE angemieteten Leasinglokomotiven 185 564, 566 und 567 bespannt. Seit Juni 2007 stehen darüber hinaus die von CB Rail gelieferten 185 578 – 581 zur Verfügung. Seit Juli 2007 hat Crossrail 185 567 an DLC vermietet. Die weiterhin von Crossrail im Auftrag von TXL/Trenitalia gefahrenen Ford-Autozüge (Dillingen –) Basel – Chiasso (– Civitavecchia/Carimate) wurden seit Dezember 2006 häufig mit den ex-RM Elloks Re 436 111-115 in Doppeltraktion bespannt. Im Oktober 2007 gab Crossrail bekannt, mit der belgischen Dillen & Le Jeune Cargo NV (DLC) zu fusionieren. Sofern die Kartellbehörden diesem Zusammenschluss zustimmen, ist eine Fusion zum 1. Januar 2008 geplant.

Seit April 2007 fährt Crossrail drei Mal pro Woche Holzhackschnitzel zwischen Buchs und Wiler. Hierbei handelt es sich um den ersten Regelverkehr, in dem die neuen Elloks der Baureihe E.484 eingesetzt werden. Crossrail hat über die Tochter Crossrail Italia Srl eine Zulassung in Italien beantragt, die am 22. März 2007 erteilt wurde. Sobald das erforderliche Sicherheitszertifikat ausgestellt ist, kann Crossrail in Italien die Geschäftstätigkeit aufnehmen. Für die Italien-Verkehre hat Crossrail Anfang 2007 die Elloks E.484.901 und 902 SE bei MRCE angemietet. Die Lokomotiven sind übergangsweise bei Serfer eingestellt und kommen ausschließlich zwischen Domodossola und Novara zum Einsatz (s. Seite 315). Zu einem späteren Zeitpunkt sollen E.484.903-905 (MRCE) die Flotte ergänzen.

Ende 2007 hat Crossrail bei CB Rail zwei Elloks der Baureihe 186 angemietet. Hierbei handelt es sich um TRAXX-Maschinen der Gattung F140 MS, die als Viersystemlokomotiven für 1,5 kV und 3 kV Gleichstrom, sowie für 15 kV und 25 kV Wechselstrom ausgerüstet sind. Weitere sechs baugleiche Lokomotiven sollen Anfang 2008 in Betrieb genommen werden. Crossrail beabsichtigt, diese Fahrzeuge durchgehend in den Verkehren Duisburg – Novara einzusetzen, so dass der Triebfahrzeugwechsel an den Landesgrenzen entfallen kann.

Crossrail bespannt seit September 2006 den ECC-Zug Genk – Novara im Abschnitt zwischen Basel und Domodossola. Am 11. März 2007 ist ein südgehender Zug bei Frutigen auf dem Weg nach Novara. Die beiden im Bild nicht sichtbaren Elloks der Baureihe 185 erhalten zwischen Spiez und Kandersteg Unterstützung durch eine Re 436, die als Schiebelok fungiert.

Crossrail hat die Verkehre Duisburg – Wiler und Wiler – Domodossola eingestellt, den Direktverkehr Duisburg – Domodossola hingegen jedoch ausgeweitet. Die SBB Cargo-Lok Re 482 002 (geleast durch RAG und vermietet an Crossrail) zieht mit einer Railion-Lok der Baureihe 185 am 11. März 2007 einen Crossrail-Zug bei Hohtenn in Richtung Italien.

Zwei bei MRCE geleaste Crossrail-Lokomotiven der Baureihe 185 ziehen einen ECC-Zug am 1. Juli 2007 von Novara kommend durch Preglia in Richtung Norden. Es führt 185 564.

Crossrail nahm im Jahr 2007 neue TRAXX-Elloks der Baureihe 185.2 in Betrieb, die bei der Schwester CB Rail geleast wurden. Am 1. Juli 2007 ziehen 185 581 und Re 482 002 (SBB Cargo) DGS 41367 Duisburg – Domodossola durch Preglia. 185 581 trägt eine Werbefolie des Crossrail-Kunden Ewals Cargo Care.

Rail4chem Transalpin AG (r4c) konnte einen attraktiven Verkehrsvertrag in der Schweiz gewinnen. Neben den bereits seit geraumer Zeit gefahrenen Ölzüge zwischen Großkorbetha und diversen Zielbahnhöfen in der Schweiz fährt r4c im Rahmen des Neuvertrages Ölzüge von einer Raffinerie im schweizerischen Cornaux zu sieben Bahnhöfen in der Ostschweiz und im Tessin. Zielbahnhöfe sind unter anderem Salez-Sennwald, St.Gallen und Mendrisio. Rail4chem ist darüber hinaus für die Rangierverkehre in den jeweiligen Abgangs- und Zielbahnhöfen verantwortlich. Pro Woche werden fünf Abfahrten ab Cornaux angeboten. Da r4c auf die Neuverkehre nicht vorbereitet war und keine geeigneten Triebfahrzeuge zur Verfügung hatte, war zunächst geplant, die bei Classic Rail eingestellten Elloks Ae 4/7 10950 (Baujahr 1931) und 11010 (Baujahr 1932) anzumieten. Die Loks wurden dafür mit ETM/ZUB ausgerüstet, waren aber bisher erst ein einziges Mal mit einem Zug von Basel nach Glattbrugg im Einsatz. Bislang setzte r4c die angemieteten Re $4/4^{I}$ 10009 oder 10039 als Schiebeloks für die Ölzüge zwischen Basel und Glattbrugg ein. Die beiden Lokomotiven werden als Re 416 626 und 628 geführt.
Die **RTS RailTraction Services AG**, Teil der R-Group, zu der auch Rexwal (Leasinggesellschaft für Güterwagen) und Railogistics (Spedition) gehören, fährt seit 10. Dezember 2006 im Auftrag von Railogistics Ganzzüge in der Relation Luterbach-Attisholz – Basel – Karlsruhe. Der Verkehr wurde zuvor von SBB Cargo gefahren. Da RTS in Deutschland als EVU nicht zugelassen ist, werden die Züge in Basel an die Albtal-Verkehrsgesellschaft (AVG) übergeben. Der im Herbst 2006 eingerichtete Schrott- und Altglaszug Winterthur – Camnago-Lentate wurde seit 1. September 2006 für zwei Wochen von RTS gefahren, bevor Crossrail diese Züge übernahm. Seit dem 2. Januar 2007 fährt RTS im Auftrag von Coop einen Containerzug von Niederbottigen nach Brig, der zuvor von SBB Cargo bespannt wurde. Seit Februar 2007 fährt RTS ein Mal pro Woche einen Containerzug in der Relation Weil am Rhein (D) – Bodio. Der im Januar 2006 eingerichtete und seit 2. August 2006 durch RTS gefahrene Kunstdünger-Ganzzug Roggwil – Visp wird nach wie vor durch das Unternehmen gefahren.
Nachdem RTS am 30. September 2006 mit 185 569 die erste MRCE-Leasinglokomotive in Betrieb genommen hatte, konnte ES 64 F4-096 an Dispolok zurückgegeben werden. Am 1. November 2006 gelangte mit 185 570 eine zweite MRCE-Lokomotive in den Bestand - am 17. Juni 2007 folgte 185 574.
TX Logistik Trans-Alpine Services AG (TXL) verfügt seit April 2007über die MRCE-Lokomotiven ES 64 F4-095-097 (Dispolok). Die Lokomotiven kommen vor den TXL-Containerzügen Basel – Luino zu Einsatz und ersetzen die *Taurus*-Lokomotiven der Gattung ES 64 U2. Seit 9. Dezember 2007 werden die Containerzüge nach Luino durchgehend ohne Triebfahrzeugwechsel in Basel und Gallarate mit den EF 64 F4-Maschinen bespannt. Es ist zu erwähnen, dass SBB Cargo für schwerere TXL-Züge Vorspannlokomotiven stellt. Dies geschieht als Ausgleich für die gleiche Dienstleistung, die TXL SBB Cargo auf dem Brenner zur Verfügung stellte (s. Seite 294).

Rollendes Material
Elektrische Lokomotiven
80 Lokomotiven der Baureihe Ae 610 (Ae 6/6) erhielten Verbesserungen beim Führerstand (neue Sitze, Frontscheiben, Scheibenwischer) und sollen noch einige Jahre im Dienst bleiben. Ab 2006 erhielten 13 Loks das neue SBB Cargo Design, aus Spargründen wurde aber die weitere Umbemalung eingestellt.
Ende 2006 übernahm SBB Cargo von SBB Personenverkehr 14 Lokomotiven der Baureihe Re 420 (Re $4/4^{II}$ 11231 – 11239, 11254 – 11257 und 11305).
SBB Cargo vermietete seit 1. Januar 2007 zwei Elloks der Baureihe Re 482 an Dillen & Lejeune Cargo (DLC) (s. Seite 89). Die Lokomotiven wurden im Güterverkehr zwischen Aachen und Basel eingesetzt. Nachdem die Elloks der Baureihe Re 482 eine Zulassung für Österreich erhalten haben setzt SBB Cargo diese Maschinen seit September 2006 auch in Österreich ein (s. Seite 294). Die SBB-Cargo-Lokomotive Re 482 028 wird seit Januar 2007 bei Chem-Oil Logistics AG, einem Joint Venture aus SBB und der Transpetrol GmbH, in den Bestandslisten geführt.

RTS hat drei TRAXX-Elloks der Baureihe 185.2 in Betrieb genommen, die bei MRCE geleast sind. 185 579 bespannte am 30. Juni 2007 den im Auftrag der Supermarktkette Coop gefahrenen Zug Brig – Niederbottigen, aufgenommen beim Überqueren des Luogelkin-Viaduktes auf der Südrampe der alten Lötschberg-Strecke.

Im Vorfeld des durchgehenden Verkehrs nach Italien setzt TXL in der Schweiz seit April 2007 die Lokomotiven ES 64 F4-095 bis 097 ein, die bei schweren Güterzügen über den Gotthard Vorspann durch SBB Cargo erhalten. Am 8. Mai 2007 unterstützt eine Re 420 die Planlok ES 64 F4-097 vor ihrem Containerzug in Richtung Chiasso, aufgenommen bei Scubiago. Foto: Bob Visser.

Im März 2007 hat Bombardier die Lokomotiven E 484.019-021 an SBB Cargo ausgeliefert. Die Maschinen ergänzen den Bestand der zuvor gelieferten E 484.001-018, die in Norditalien eingesetzt werden. Es handelt sich um Lokomotiven der Gattung TRAXX F140 MS, die für 15 kV und 25 kV Wechselstrom sowie für 3 kV Gleichstrom ausgerüstet und baugleich zu den E.186 sind, die Bombardier an Angel Trains Cargo (ATC) liefert. Im Juni 2007 hat ATC auf dem Gotthard Versuchsfahrten mit zwei Lokomotiven der Baureihe E.186 durchgeführt. Die Baureihe soll mittelfristig in der Schweiz zugelassen werden. Bereits im Dezember 2006 war E.186 101 im Rahmen von Zulassungsfahrten in der Schweiz zu Gast. Die Lokomotive gehört zu einer Serie von zehn TRAXX F140 MS-Maschinen (E.186 101-110), die für den Einsatz in Deutschland, Österreich, der Schweiz, Italien und in den Niederlanden (Betuweroute) vorgesehen ist.
Seit 31. August 2006 hat die SBB bei der SNCF eine Ellok der Baureihe BB 25500 angemietet, die im Berufsverkehr mit einer Garnitur von drei Bpm 51-Wagen zwischen Genève und La Plaine eingesetzt werden sollte (s. Seite 226). Seit 10. Dezember 2006 ist die Maschine in einem Umlauf mit einer Garnitur RIO-Wagen aus dem Bestand der SNCF auf der Strecke Genève – La Plaine – Bellegarde (F) anzutreffen. Die SBB wird bei der Fahrzeugindustrie 21 elektrische zweiachsige Rangierlokomotiven bestellen, die für 15 und 25 kV Wechselstrom ausgerüstet sind. Im März 2007 wurde die Industrie um die Abgabe eines Angebotes gebeten. Die Resonanz war jedoch vergleichsweise gering, da das Auftragsvolumen zu gering und die Anforderungen der SBB zu spezifisch sind. Nachdem sich Siemens, Bombardier und Alstom aus dem Vergabeverfahren verabschiedet haben, erhielt Stadler Winterthur den Auftrag. Die Serie soll zwischen Juli 2009 und Dezember 2010 ausgeliefert werden und die zwischen 1930 und 1951 beschafften elektrischen Rangierlokomotiven der Baureihe Ee 3/3 ersetzen. Die SBB verzichtet aus Umweltschutzgründen auf die Beschaffung von Diesellokomotiven. Im Juli 2006 übernahm SBB Personenverkehr elf Elloks der Baureihe Ee 3/3 von SBB Cargo. Die Lokomotiven werden jedoch bei Fristablauf abgestellt.
Seit 10. Juni 2007 werden die SNCF-Elloks der Baureihe BB 37000 planmäßig zwischen Basel und Buchs (SG) eingesetzt. Die Lokomotiven kamen bereits zuvor im Rahmen von Personalschulungs-

Im Mai 2007 waren die für ATC vorgesehenen Bombardier-Elloks 186 101 und 102 im Rahmen von Zulassungsfahrten auf dem Gotthard unterwegs. Bob Visser konnte die beiden Maschinen, denen aus Lastgründen sieben beladene Güterwagen beigestellt wurden, am 9. Mai 2007 bei Castione fotografieren.

Seit dem 10. Juni 2007 werden die SNCF Fret-Lokomotiven der Baureihe BB 37000 planmäßig zwischen Basel und Buchs (SG) eingesetzt. Im Rahmen von Personalschulungsfahrten waren BB 437058 und eine unbekannte Schwesterlokomotive am 31. Mai 2007 mit einem Güterzug bei Zeihen auf dem Weg nach Buchs (SG). Foto: Georg Trüb.

Elloks der Baureihe Ae 610 (Ae 6/6) erhalten eine Hauptuntersuchung. In diesem Zusammenhang erhalten die Lokomotiven die aktuelle SBB Cargo-Farbgebung. Bereits in den neuen Farben ist Ae 610 519 am 29. Juni 2007 mit einem Schotterzug bei Bürglen unterwegs. Foto: René Kaufmann.

Vossloh hat die letzte für SBB Cargo bestimmte Am 843 im Jahr 2007 ausgeliefert. Mit dem kurzen Güterzug 84735 ist Am 843 083 am 19. Juni 2007 bei Bilten auf dem Weg von Reichenburg nach Ziegelbrücke. Foto: René Kaufmann.

SBB Infrastruktur wird sich von den letzten betriebsfähigen Diesellokomotiven der Baureihe Bm 6/6 trennen. Mit einem Bauzug ist Bm 6/6 18506 am 26. Juni 1995 auf der *Seetal*-Strecke bei Ermensee im Einsatz. Foto: Patrick Rudin.

fahrten vor Güterzügen im grenzüberschreitenden Verkehr zwischen Frankreich und der Schweiz zum Einsatz. Pro Woche werden 41 Güterzüge ab und bis Buchs SG gefahren. Hierbei handelt es sich sowohl um gemischte Güterzüge als auch um Autozüge. Für den grenzüberschreitenden Einsatz wurden die Lokomotiven BB 37030-37060 mit den schweizerischen Zugsicherungseinrichtungen ausgerüstet. Sie verloren somit kurzzeitig ihre Zulassung für Frankreich, was den geplanten Einsatz zum 10. Dezember 2006 um rund sechs Monate verzögerte. Die BB 37000 ist für 15 und 25kV Wechselstrom sowie für 1,5 kV Gleichstrom ausgerüstet. Die SBB plant, einige Re 482 ebenfalls in Frankreich zuzulassen, so dass die BB 37000-Einsätze in der Schweiz kompensiert werden können. Der Einsatz der SNCF-Lokomotiven in der Schweiz ist ein Nebenprodukt des Joint Ventures Sibelit SA, an dem neben SNCF und SBB auch B Cargo (SNCB) und CFL beteiligt sind. Ziel des Joint Ventures ist die schnellere Abwicklung internationaler Güterzüge. Im Rahmen von Sibelit erfolgt bei einigen Güterzügen seit Dezember 2006 der Personalwechsel von SNCF- auf SBB-Personal erst im französischen Mulhouse statt bislang in Basel.

Diesellokomotiven

SBB Cargo hat seit Januar 2007 bei ATC drei Vossloh G 1000 angemietet, die bei der italienischen Tochtergesellschaft SBB Cargo Italia eingesetzt werden . (s. sEite 312). Die Lokomotiven tragen die Betriebsnummern Am 842 011-013 (in Italien D.100 001-003). 842 011 präsentiert sich im Design von SBB Cargo, während 842 012 und 013 die ATC-Hausfarben grün-silbergrau tragen. Am 27. Januar 2007 lieferte Vossloh die letzte von insgesamt 73 Diesellokomotiven der Baureihe Am 843 an SBB Cargo. Drei Maschinen wurden mit ETCS ausgerüstet, so dass sie auf der NBS Mattstetten – Rothrist eingesetzt werden können. Parallel hat Vossloh 14 baugleiche Lokomotiven an SBB Infrastruktur geliefert.
SBB Infrastruktur hat noch 2 Diesellokomotiven der Baureihe Bm 6/6 in Betrieb (für Lösch- und Rettungszüge). Die Lokomotiven Bm 6/6 18501-18504 wurden in den Jahren 1954 bis 1955 von SLM/BBC/SAAS an die SBB geliefert. Die zweite Serie (18505-18514) wurde zwischen 1960 und 1961 ausgeliefert. Die SBB beabsichtigt, im Jahr 2009 fünf dreiachsige Rangierlokomotiven in Betrieb zu nehmen. Eine Entscheidung über den Hersteller wurde bislang noch nicht getroffen.

Triebwagen

Die SBB hat im Rahmen des Joint Ventures *Lyria* den TGV POS-Triebwagen 4406 von der SNCF übernommen. Lyria ist die Betreibergesellschaft der TGV-Verkehre zwischen der Schweiz und Frankreich. Bei dem Triebwagen handelt es sich um das dritte Fahrzeug, dass die SBB von der SNCF übernommen hat. Bei den beiden zuvor übernommenen Fahrzeugen handelt es sich um die Dreisystem-TGV SudEst-Triebwagen 112 und 114, die zwischen Paris und Lausanne/Bern eingesetzt werden.
Die Umrüstung der 19 in der Schweiz zugelassenen ICE1 der DB-Baureihe 401 mit ETCS wurde Anfang 2007 abgeschlossen. Somit können die Triebwagen auch auf der NBS Rothrist – Mattstetten eingesetzt werden.
Von den 60 Doppelstock-Triebwagen der Baureihe RABe 514, die Siemens für die S-Bahn Zürich liefert, waren im April 2007 bereits 16 Garnituren übergeben. Die übrigen Fahrzeuge sollen bis 2008 folgen. Die vierteiligen RABe 514 verfügen über 74 Sitzplätze in der 1.Klasse und 314 Sitzplätze in der 2.Klasse. Mit einer Gesamtleistung von 3 200 kW wird eine Höchstgeschwindigkeit von 140 km/h erreicht. Die Triebwagen werden bsiher auf der S15 Rapperswi l- Affoltern am Albis, der S7 Rapperswil – Winterthur und der S 14 Zürich - Hinwil eingesetzt.
Im Dezember 2006 hat die SBB beschlossen, weitere Triebwagen für die S-Bahn Zürich zu beschaffen. Bei der Fahrzeugindustrie sollen 90 bis 120 neue Doppelstock-Triebwagen und 113 einzelne Mittelwagen bestellt werden, die ab 2010 in Betrieb genommen werden sollen. Obgleich Stadler bislang noch keine Doppelstockfahrzeuge geliefert hat, hat sich das Unternehmen um diesen Auftrag beworben und dazu auf eigene Rechnung einen Zug mit Aluminiumkasten „auf dem Papier“ entwickelt. Um den Auftrag bewerben sich darüber hinaus Bombardier und Siemens.

Die 113 Mittelwagen sollen in den mit Elloks der Baureihe 450 gefahrenen und aus Doppelstock-Wagen gebildeten Wendezügen eingesetzt werden. Ein Teil der Fahrzeuge wird bereits einem umfangreichen Modernisierungsprogramm unterzogen, wobei die Wagen eine Klimaanlage erhalten. Da die DPZ-Garnituren auf Grund der Bahnsteiglängen nicht verstärkt werden können, sollen die bestellten Wagen bisherige Zwischenwagen ersetzen, die anschließend einer Verjüngungskur unterzogen werden können. Diese Wagen sollen dann in Stämmen zu je zehn Wagen mit je einer Ellok der Baureihe Re 420 als Sandwich gefahren werden. Alternativ sollen Fünfwagengarinturen mit einer Re 420 und einem Steuerwagen (BDt) gebildet werden. Ihr Einsatz soll im Berufsverkehr als Verstärker erfolgen. Mit der Inbetriebnahme der neuen Fahrzeuge in 2015 können die einstöckigen Garnituren ausgemustert werden, die bislang noch im S-Bahn Verkehr eingesetzt werden. Dies betrifft 17 Triebwagen der Baureihe RABDe 510 (Baujahr 1965-1967) und 41 Garnituren der Baureihe RBe 540 (Baujahr 1963-1974).
Die SBB hat im Januar 2007 bei Bombardier 140 Mittelwagen für die Triebwagen der Baureihe RBDe 560 (NPZ) bestellt. Mit der Inbetriebnahme sollen die Wagen der Bauarten EWI und EWII ersetzt werden, die derzeit mit den NPZ-Triebwagen eingesetzt werden. Parallel dazu werden die NPZ-Trieb- und Steuerwagen einer Verjüngungskur unterzogen. In diesem Zusammenhang wird die Inneneinrichtung erneuert und eine Klimaanlage eingebaut. Bombardier wird die Wagenkasten in Ungarn fertigen, die Drehgestelle kommen aus dem Werk Siegen, während die Montage der Wagen im Bombardier-Werk Villeneuve (CH) stattfindet. Die Wagen sollen zwischen Juli 2008 und Juli 2012 an die SBB übergeben werden. Das von SBB und Trenitalia gegründete Joint Venture Tilo AG (Treni Regionali-Ticino-Lombardia), verantwortlich für den Regionalverkehr im schweizerischen Kanton Tessin und den anschließenden italienischen Strecken, setzt seit 20. März 2007 die ersten vierteiligen *FLIRT*-Triebwagen der Baureihe RABe 524 auf der Linie S1 Bellinzona – Chiasso ein. Seit Dezember 2007 wird der Gesamtverkehr auf der S1 mit den Neubautriebwagen abgewickelt. Anschließend werden die *FLIRT*-Triebwagen nach und nach auf der S 2 Bellinzona – Locarno und der S3 Bellinzona – Luino eingesetzt. Im Dezember 2008 soll die S1 über Chiasso bis in das italienische Albate-Camerlate verlängert werden. Ab Dezember 2010 ist eine nördliche Erweiterung von Bellinzona bis zum neuen Bahnhof Castione-Arbedo geplant.
Die SBB hat am 5. Oktober 2007 bei Stadler zwölf vierteilige *FLIRT*-Triebwagen bestellt, die bei der S-Bahn Luzern eingesetzt werden sollen. Die Neubautriebwagen ergänzen den Bestand an 82 zuvor von der SBB bestellten *FLIRT*-Triebwagen. Die Auslieferung soll ab 2011 erfolgen.
Unter der Regie der SBB-Tochter Thurbo AG wird ein Großteil des Regionalverkehrs in der Ostschweiz betrieben. Wie geplant konnten im Juni 2007 die letzten 80 zwei- bzw. dreiteiligen GTW - Triebwagen (RABe 526 701-780) in Betrieb genommen werden. Thurbo beabsichtigt, weitere zehn Mittelwagen bei Stadler zu bestellen, um insgesamt 39 dreiteilige GTW 2/8-Triebwagen bilden zu können. Jüngstes Einsatzgebiet ist die S26 Winterthur – Bauma – Rüti ZH (– Rapperswil), wo die Neubautriebwagen seit 10. Dezember 2006 die Triebwagen der Baureihe RBDe 560 ersetzen konnten. Thurbo verfügt neben den Neubautriebwagen über zehn im Jahr 1998 gelieferte GTW 2/6-Triebwagen (RABe 526 680-689) sowie über vier Steuerwagen der Gattung Bt 221-224, die aus der Konkursmasse der Mittelthurgaubahn AG stammen. Seit 10. Dezember 2006 wurden diese Fahrzeuge in festen Garnituren aus jeweils zwei gekuppelten Triebwagen und einem oder zwei Steuerwagen eingesetzt. Mit den Garnituren wurden Umläufe auf den Strecken Winterthur – Stein am Rhein und Weinfelden – Rorschach gefahren. Seit Dezember 2007 verkehren diese Trieb- und Steuerwagen auf Strecken ausgehend von Weinfelden.
Die vier aus der Konkursmasse der MThB stammenden NPZ-Triebwagen der Baureihe RBDe 566, die als RBDe 561 171-174 in den Bestandslisten geführt werden und zuletzt von Thurbo zwischen Konstanz und Engen eingesetzt wurden, sind im Jahr 2006 durch *FLIRT*-Triebwagen ersetzt worden. Seit 16. Oktober 2006 werden die NPZ-Triebwagen auf der Strecke Luzern – Wolhusen – Langenthal/ – Trubschachen eingesetzt. Dort wurden die NPZ-Triebwagen der Baureihe RBDe 560 ersetzt, die nun landesweit einige RBe 540 aus dem Plandienst verdrängen.
Mit der Verlängerung der S16 Herrliberg-Feldmeilen – Zürich HB – Zürich Flughafen in das deut-

sche Thayngen (D) kommen die *Mirage*-Triebwagen der Baureihe RABDe510 seit 10. Dezember 2006 erstmals in Deutschland zum Einsatz.
Die Dieseltriebwagen Bm 596 671-673 (GTW 2/6 der ersten Serie), die bis 10. Dezember 2006 von der SBB GmbH (Deutschland) im *Seehäsle*-Dienst Radolfzell – Stockach (D) eingesetzt wurden, wurden gemeinsam mit den ebenfalls auf dem *Seehäsle* eingesetzten SZU-Steuerwagen Bt 231 und 232 an die italienische Railconsult SpA verkauft. Im Juni 2007 traten die Fahrzeuge ihre Reise nach Italien angetreten, wo sie weiter verkauft werden sollen.

Wagen
Seit dem 6. November 2006 vermietet die SBB sieben Bpm51 und einen Am (UIC-Z1) an die SNCF. Die Wagen werden auf Grund eines Fahrzeugmangels der SNCF in einem TER-Umlauf zwischen Dijon und Lyon eingesetzt. Aus gleichem Grund werden seit September 2006 drei SBB-Wagen der Gattung Bpm 51 im Dienst Genève – La Plaine eingesetzt, die mit einer SNCF-Ellok der Baureihe BB 25500 bespannt werden. Diese Verkehre werden üblicherweise von elektrischen SBB-Triebwagen der Baureihe Bem 550 gefahren. Im Jahr 2007 feierte die Gotthard-Strecke ihr 125-jähriges Jubiläum. Aus diesem Anlass baute die SBB einen Wagen der Gattung *EW IV*, der als *PanGottardo* in einem Umlauf auf der Strecke Basel – Locarno – Zürich – Locarno – Basel eingesetzt wurde. Der Wagen entstand auf der Basis eines *Einheitswagens IV* (EW IV) und verfügt nach dem Umbau über einen großen Salon mit 26 drehbaren Sesseln.
Spätestens bis 2013 sollen die 508 EWIV modernisiert werden. Zunächst sollten lediglich 295 Wagen für den Einsatz auf der NBS Mattstetten – Rothrist mit geschlossenen Toilettensystemen und neuen Stoßdämpfern ausgerüstet werden. Die Wagen sind an der rot-schwarzen Farbgebung zu erkennen. Die Wagen haben darüber hinaus eine neue Inneneinrichtung erhalten. Die übrigen Wagen erhalten ebenfalls eine neue Farbgebung sowie eine neue Inneneinrichtung. Ihr Umbau erfolgt im Rahmen der anfallenden Revisionstermine.

Privatbahnen – Personenverkehr
AAR Bus + Bahn, Betreiber der Wynental- und Suhrentalbahn (WSB), hat bei Stadler zehn neue Steuerwagen bestellt, die mit den zwölf im Jahr 1979 von SWS gelieferten Triebwagen der Baurei-

Ende September 2007 wurde der erste von insgesamt 15 Zweisystem-*FLIRT* ausgeliefert, die für 15 und 25kV ausgerüstet sind. RABe 522 001 wird mit elf weiteren Triebwagen zukünftig auf dem französischen Abschnitt der S-Bahn Basel eingesetzt (S1 Mulhouse – Basel – Frick/Laufenburg). Am 2. Oktober 2007 konnte der Triebwagen bei Crans beobachtet werden. Foto: René Kaufmann.

Siemens liefert insgesamt 60 Doppelstock-Triebwagen der Baureihe RABe 514 an die SBB, die zukünftig bei der S-Bahn Zürich eingesetzt werden. Am 15. April 2007 ist RABe 514 006 auf der S33 bei Winterthur unterwegs. Foto: René Kaufmann.

he Be 4/4 eingesetzt werden sollen. Die Wagen werden über 52 Sitzplätze und eine Klimaanlage verfügen. Zwischen den Drehgestellen ist der Wagenkasten in Niederflurbauweise ausgeführt. Die Wagen sollen 2009 übergeben werden.

Die **BDWM Transport AG**, Betreiber der Meterspurstrecken Wohnen – Bremgarten West (7 km) und Bremgarten – Dietikon (12 km), hat im Oktober 2007 bei Stadler 14 zweiteilige elektrische Niederflur-Triebwagen bestellt. Die Wagen verfügen über 78 Sitzplätze in der 2.Klasse sowie 18 Plätze in der 1.Klasse und sind für eine Höchstgeschwindigkeit von 80 km/h ausgelegt. Mit der Inbetriebnahme der Neubaufahrzeuge im Jahr 2009 werden die 1993 in Dienst gestellten Triebwagen der Baureihe Be 4/8 an die AAR Bus + Bahn abgegeben. Die Triebwagen der Baureihe BDe 8/8 können somit abgestellt werden. 2006 war für die **BLS AG** das erste Geschäftsjahr nach der Fusion von BLS Lötschbergbahn AG und Regionalverkehr Mittelland (RM). Aus einem Umsatz von 142,8 Millionen Schweizer Franken (86 Millionen €) konnte ein Gewinn in Höhe von 15 Millionen Schweizer Franken (9 Millionen €) erwirtschaftet werden. Im Jahr 2006 nutzten 40,7 Millionen Fahrgäste die BLS (+ 4,3%). Die BLS ist seit der Fusion das größte private Eisenbahnunternehmen in der Schweiz. An dem Unternehmen sind der Kanton Bern mit 55,8% und die Schweiz mit 21,7% beteiligt. Die übrigen 22,5% liegen im Streubesitz zahlreicher Gemeinden und Privataktionären. Am 15. Juni 2007 wurde die *Neue Alpentransversale* (NEAT) im Zuge des Lötschberg zwischen Frutigen und Raron feierlich eröffnet. Die Neuordnung des Personenverkehrs erfolgte hingegen erst zum Fahrplanwechsel am 9. Dezember 2007 (s. Seite 248). Im Jahr 2009 soll die heutige BLS in eine Betriebsgesellschaft und Infrastrukturgesellschaft gegliedert werden. Das Unternehmen folgt somit der EU-Richtlinie. In der neuen BLS Netz AG wird die heutige BLS AlpTransit AG aufgehen; dieses Bauunternehmen kann mit der Fertigstellung der NEAT Lötschberg aufgelöst werden.

Von den 36 dreiteiligen elektrischen Triebwagen der Baureihe RABe 525 (NINA) werden 13 Triebwagen um einen Wagen ergänzt. Ein vierteiliger NINA verfügt über 195 Sitzplätze (vormals 152 Sitzplätze). Auf Grund der Fahrgaststeigerungen bei der S-Bahn Bern ist eine Kapazitätserweiterung der bislang eingesetzten dreiteiligen NINA-Triebwagen zwingend notwendig. Der erste vierteilige NINA wird seit Februar 2007 auf der S1 Thun – Bern – Fribourg/Laupen eingesetzt. Der letzte Triebwagen konnte im September 2007 in Betrieb genommen werden. Die Verstärkerwagen wer-

Die SBB hat bei der SNCF eine Garnitur RIO-Wagen einschließlich einer Ellok der BB 25500 angemietet, die den Mangel an Triebwagen der Baureihe Bem 550 ausgleichen soll. Am 26. Mai 2007 konnte die Garnitur als R 96764 Genève – Bellegarde bei Satigny beobachtet werden. Foto: Remi van Waes.

den von Bombardier Villeneuve (CH) geliefert. Aus gleichem Hause stammen die im Jahr 2007 in Betrieb genommenen zehn Jumbo-Wagen, die mit den Triebwagen der Baureihe RBDe 565 ebenfalls auf der S-Bahn Bern eingesetzt werden. Die RBDe 565 wurden im Dezember 2006 auf den Strecken Goppenstein – Brig und Spiez – Frutigen durch die baugleichen, jedoch jüngeren ehemaligen RM-Triebwagen der Baureihe RBDe 566 ersetzt. Die Jumbo-Wagen verfügen über 130 Sitzplätze in der 2.Klasse und sind in Niederflurbauweise ausgeführt. Die Triebwagen der Baureihe RBDe 565 mit Jumbo-Mittelwagen werden vorwiegend auf der S3 Biel – Bern – Belp eingesetzt. Anfang 2007 hat die BLS bei Bombardier Villeneuve 13 neue vierteilige NINA-Triebwagen (RABe 525 101-113) bestellt, die zwischen April und Dezember 2008 ausgeliefert werden. Technisch sind die Triebwagen ähnlich zu den bislang eingesetzten Schwesterfahrzeugen. Die Fahrzeuge unterscheiden sich u.a. durch eine geänderte Kopfform, Panoramafenster und einen 1.Klasse-Bereich mit 40 Sitzplätzen. In der 2.Wagenklasse werden 153 Sitzplätze zur Verfügung stehen. Die Triebwagen sollen in den RegionalExpress-Verkehren Bern-Spiez-Zweisimmen/-Frutigen-Brig über die alte Lötschberg-Route eingesetzt werden. Diese Verkehre ersetzen seit dem 9. Dezember 2007 die InterCity-Verkehre, die durch den Basistunnel geführt werden (s. Seite 248).
Die BLS hat aus dem Bestand der Thurbo AG die Steuerwagen Bt 201 und 202 übernommen und als 901 und 902 eingegliedert. Nach der Übernahme im Juli 2006 haben die Wagen das typische BLS-Farbkleid erhalten. Ein Wagen wird in den Verkehrsspitzen auf der Strecke Bern – Langnau – Bern, das Schwesterfahrzeug auf der Strecke Bern – Neuchâtel – Bern eingesetzt. Die **Chemin de fer Montreux-Oberland Bernois SA** (MOB) bietet seit dem 10. Dezember 2006 montags bis freitags einen 20/40-Minutentakt zwischen Montreux und Fontanivent (Strecke Montreux – Zweisimmen) an. Im Juni 2007 hat die MOB bei Raility AG (Biel) acht Panoramawagen bestellt, die zwischen Ende 2008 und 2010 ausgeliefert werden.
Die **Chemins de Fer Orbe-Chavornay** (OC) hat von der Sihltal-Zürich-Uetliberg-Bahn den Triebwagen BDe 4/4 513 einschließlich des Steuerwagens Bt 912 übernommen. Das Unternehmen konnte sich somit von dem aus dem Jahr 1920 stammenden Triebwagen BDe 4/4 13 trennen, der zuletzt lediglich als Reservefahrzeug vorgehalten wurde. Der ehemalige SZU-Triebwagen wurde bei

Seit März 2007 setzt Tilo die ersten *FLIRT*-Triebwagen der Baureihe RABe 524 im Regelverkehr ein. Ein Triebwagen war am 28. Juli 2007 auf der S1 von Bellinzona nach Chiasso unterwegs, als der Zug bei Capolago am Lago di Lugano fotografiert werden konnte.

Stadler umgebaut. Die elektrische Anlage wurde von 1200V (SZU) auf 700V geändert. Das Fahrzeug wird seit Mitte Dezember 2006 bei der OC im Plandienst eingesetzt. Anfang November 2006 wurde der Triebwagen Be 2/2 14 in einen Unfall verwickelt und erheblich beschädigt. Aus diesem Grund konnte der BDe 4/4 13 noch einige Wochen im Betriebsdienst angetroffen werden, bevor seine endgültige Abstellung erfolgte.

Am 1. Dezember 2006 hat der Kanton Thurgau das ursprünglich Vorhaben, den Personenverkehr auf der **Frauenfeld-Wil-Bahn AG** durch einen Bus zu ersetzen, wieder verworfen. Obgleich ein Busverkehr wirtschaftlicher ist, würde sich Zuverlässigkeit und Fahrzeit vor allem in den Wintermonaten deutlich verschlechtern. Der Kanton beabsichtigt darüber hinaus, in die Sicherheit bei den Bahnübergängen zu investieren.

Die zur **Matterhorn Gotthard Bahn** (MGB) gehörende **Gornergratbahn** (GGB) hat am 6. November 2006 den ersten von vier zweiteiligen Zahnradtriebwagen der Baureihe Bhe 4/6 3081-3084 in Betrieb genommen. Die übrigen drei Triebwagen hat Stadler in den Folgewochen übergeben und standen fristgerecht Ende 2006 zu Beginn der Wintersportsaison zur Verfügung. Die Triebwagen sind in Niederflurbauweise ausgeführt. Die MGB hat in Täsch einen neuen Bahnhof in Betrieb genommen. Da die parallel verlaufende Bundesstraße zwischen Täsch und Zermatt für den Autoverkehr gesperrt ist, bietet die MGB seit 9. Dezember 2007 täglich einen Viertelstundentakt rund um die Uhr an.

Der **Regionalverkehr Bern-Solothurn** (RBS), Betreibergesellschaft der Meterspurstrecke Bern – Solothurn, hat im August 2006 in Worb eine neue Wendeschleife in Betrieb genommen, die auch für die Straßenbahnen der Stadt Bern genutzt werden könnte. Ein Teil der RBS ist in das Straßenbahnnetz der Stadt Bern integriert. Anfang 2007 hat RBS bei Stadler sechs dreiteilige Niederflur-Triebwagen bestellt. Die als ABe 4/12 bezeichneten Triebwagen werden ab 2009 ausgeliefert. Sie sind

Nach der Fusion zwischen BLS und dem Regionalverkehr Mittelland werden die RM-Triebwagen im BLS-Nahverkehr zwischen Goppenstein und Brig eingesetzt. Die Aufnahme vom 10. März 2007 zeigt einen ehemaligen RM-Triebwagen der Baureihe RBDe 566 in BLS-Diensten im Bahnhof Goppenstein.

Die bei der BLS eingesetzten *Nina*-Triebwagen der Baureihe RABe 525 werden um zwei Mittelwagen verlängert. Am 30. Juni 2007 hat ein bereits um zwei Mittelwagen erweiterter Triebwagen eine Zulassungsfahrt von Bern nach Brig unternommen, aufgenommen bei der Ausfahrt aus Brig. Mit der Auslieferung von 13 neuen *Nina*-Triebwagen im Laufe des Jahres 2008 werden diese Triebwagen im Schnellzugdienst (Bern –) Spiez/Zweisimmen – Brig eingesetzt.

Die Meiringen-Innertkirchen Bahn (MIB) hat im Jahr 2007 den Triebwagen Be4/4 9 in Betrieb genommen. Am 31. März 2001 konnte der Triebwagen kurz vor Innertkirchen fotografiert werden. Foto: Patrick Rudin.

für eine Höchstgeschwindigkeit von 120 km/h ausgelegt und verfügen über 18 Sitzplätze in der 1.Klasse und 130 Plätze in der 2.Klasse.
Die **Rhätische Bahn AG** (RhB) konnte die Fahrgastzahlen im Jahr 2006 mit 90 Millionen Passagieren auf dem Niveau des Vorjahres halten. Die Beförderungsleistung lag mit 3,26 Millionen Personenkilometern über dem Wert des Vorjahres (3,16 Millionen). Im Güterverkehr konnte das Transportaufkommen von 699 000 auf 742 000 Tonnen ausgebaut werden. Obgleich die wirtschaftliche Lage des Unternehmens nach dem Gewinn von 722 000 Schweizer Franken (435 000 €) positiv ist, hat die RhB einen Personalabbau mit dem Ziel einer Gewinnmaximierung beschlossen. In den kommenden Jahren sollen 10% des Personalbestands abgebaut werden. In diesem Zusammenhang werden ausgewählte Bahnhöfe in unbesetzte Betriebstellen umgewandelt und das Ausbesserungswerk in Pontresina geschlossen. Im August 2007 konnte der 2,2 Kilometer lange zweigleisige Abschnitt zwischen Chur und Chur Obertor (Strecke Chur – Arosa) in Betrieb genommen werden. Bereits am 15. April 2007 konnte ein 2,3 Kilometer langer zweigleisiger Abschnitt bei Untervaz (Strecke Landquart – Chur) in Betrieb genommen werden. Am 5. Januar 2007 entgleiste ein Personenzug Chur – Disentis – Muster. Die Lokomotive (Ge $4/4^{II}$ 632) beschädigte bei der Einfahrt in eine Lawinengalerie einige Stützpfeiler, die das Dach zum Einsturz brachten. Trotz der schweren Schäden waren keine Todesopfer zu beklagen. Der Planbetrieb konnte nach fünf Tagen am 10. Januar 2007 wieder aufgenommen werden.
Die RhB wird einen Teil der bislang lokbespannten Reisezüge durch Neubautriebwagen ersetzen. Bei Stadler wurden im Juni 2007 15 dreiteilige Triebwagen bestellt, die für 11 kV und 1 000 V ausgerüstet sind. Die Fahrzeuge können somit auf dem gesamten RhB-Netz einschließlich der mit 1 000V elektrifizierten Bernina-Strecke eingesetzt werden. Die Triebwagen verfügen über eine Motorleistung von 2 600kW und erreichen eine Höchstgeschwindigkeit von 100 km/h. Zwischen den Drehgestellen sind die Neubaufahrzeuge in Niederflurbauweise ausgeführt. Ein Triebwagen verfügt über 80 Sitzplätze in der 2.Klasse und 24 Sitzplätze in der 1.Klasse. Stadler wird die Triebwagen

Die Chemins de Fer Orbe-Chavornay (OC) hat von der Sihltal-Zürich-Uetliberg-Bahn den Triebwagen BDe 4/4 513 einschließlich des Steuerwagens Bt 912 übernommen. Am 13. Mai 2007 der nun als BDe 4/4 15 und Bt 51 bezeichnete Triebwagen bei Orbe unterwegs. Foto: Patrick Rudin.

Im Herbst 2006 lieferte Stadler vier zweiteilige Zahnrad-Triebwagen der Baureihe Bhe 2/6 an die Gornergratbahn. Ein Bhe 2/6 ist am 28. Dezember 2006 auf dem Weg zur Bergstation des Gornergrats. Im Hintergrund ist das Matterhorn zu erkennen.

zwischen Mitte 2010 und Mitte 2011 ausliefern. Darüber hinaus wurden fünf vierteilige Triebwagen bestellt, die ausschließlich für 11kV ausgestattet und für den Regionalverkehr Schiers – Chur – Thusis vorgesehen sind. Die Triebwagen werden 2011 ausgeliefert und verfügen über eine Leistung von 1300kW. Es stehen 168 Sitzplätze in der 2. Klasse und 21 Plätze in der 1.Klasse zur Verfügung. Die Triebwagen werden mit Mitteln des Kantons Graubünden beschafft. Im Oktober 2007 hat die RhB bei Stadler weitere fünf vierteilige Triebwagen für die Hauptverkehre auf dem RhB-Stammnetz bestellt. Stadler wird die Triebwagen zwischen Juli 2011 und Juli 2012 an die RhB übergeben. Im Jahr 2008 sollen nach heutigem Planungsstand zwei weitere Fahrzeugbestellungen aufgegeben werden. Zum einen sollen 35 neue Schnellzugwagen beschafft werden, die zwischen Chur und St.Moritz eingesetzt werden sollen. Darüber hinaus sollen zehn fünfteilige Triebwagen (11kV) für die Verkehre Disentis – Chur – Landquart – Scuol-Tarasp in Auftrag gegeben werden. 2007 hat die RhB sechs neue Rangiertraktoren (Tm 2/2 115-120) in Betrieb genommen. Die Fahrzeuge wurden von Schöma geliefert.

Anfang Dezember 2006 hat Stadler den ersten von insgesamt elf vierteiligen *FLIRT*-Triebwagen (RABe 526 041-051) an die **Südostbahn AG** (SOB) ausgeliefert, die im Jahr 2004 gemeinsam mit einem Auftrag der TRN über einen *FLIRT* bestellt wurden (s. Seite 272). Die *FLIRT*-Triebwagen dieser Serie verfügen über vier Ein-/Ausstiegsbereiche, während die technisch identischen *FLIRT*-Triebwagen der SBB über acht Einstiegsbereiche pro Triebwagen verfügen. Den Fahrgästen stehen 24 Sitzplätze in der 1.Klasse und 153 Sitzplätze in der 2.Klasse zur Verfügung. Der letzte Triebwagen soll im März 2008 ausgeliefert werden. Seit dem 2. August 2007 werden fünf Triebwagen in einem Umlauf auf der S9 Wil – Nesslau, der S4 Uznach – St.Gallen sowie in den Verkehren Rapperswil – Arth-Goldau eingesetzt. Die *FLIRT*-Triebwagen ersetzen schrittweise die seit 1959 im Einsatz befindlichen Triebwagen der Baureihe BDe 4/4.

Die Strecke Aigle – Ollon – Monthey – Champéry, die aktuell von der **Transports Publics du Chablais** (TPC) betrieben wird, wurde in Aigle neu trassiert. Am 28. Oktober 2006 wurde eine Neubaustrecke in Betrieb genommen, die parallel zur SBB-Strecke angelegt ist.

Die **Transports Publics Fribourgeois** (TPF) hat die seit 2005 abgestellten Elloks Ae 417 191 und 192 (ex-DB 142 110 und 145) im Herbst 2006 an die Westfälische Almetalbahn verkauft (s. Seite

Die Rhätische Bahn hat neue Triebwagen bei der Industrie bestellt, die einen Großteil der heute noch lokbespannten Reisezüge ersetzen sollen. Am 5. August 2007 hatte die RhB-Lok 607 die Aufgabe, den *Bernina Express* Tirano – Chur bei Pontresina zu bespannen. Foto: Anton Engelbert.

Ein neuer bei der Südostbahn eingestellter *FLIRT* ist am 22. September 2007 bei Altmatt auf dem Weg von Biberbrugg nach Arth-Goldau. Foto: Patrick Rudin.

Im Herbst 2006 hat Transports Publics Fribourgeois (TPF) die im Jahr 2002 ausgemusterten Elloks der Baureihe Ae 417 (Ae 417 191 und 192) verkauft. Zuletzt haben die beiden Maschinen Personenzüge der TPF bespannt. Am 29. Juli 2002 konnte Patrick Rudin Ae 417 192 mit einem TRN-Steuerwagen bei Vuisternens fotografieren.

121). Bei den Maschinen lösten sich im Planbetrieb die Radreifen, so dass die Wartung sehr kostspielig war. Da die TPF den eigenen Güterverkehr aufgegeben hat und die Maschinen zuletzt lediglich als Reserve für lokbespannte Reisezüge vorgehalten wurden, hat man beschlossen, sich von den Lokomotiven zu trennen.

Die **Transports Vallée de Joux - Yverdon-les-Bains - Sainte-Croix** (TRAVYS) hat für die Meterspurstrecke Yverdon – Ste-Croix im September 2007 einen neuen Steuerwagen in Berieb genommen. Das Fahrzeug wurde von Stadler geliefert. Stadler lieferte im April 2007 einen neuen vierteiligen *FLIRT*-Triebwagen an die **Transports Regionaux Neuchatelois** (TRN). Der als RABe 527 331 bezeichnete Triebwagen wird seit Mitte Mai 2007 auf der Strecke Neuchâtel – Buttes eingesetzt. Der TRN-Triebwagen wurde parallel mit den elf *FLIRT*-Triebwagen für die SOB bestellt. Das Fahrzeug unterscheidet sich von den SOB-Fahrzeugen lediglich durch die Anzahl und Anordnung der Sitzplätze (24 Sitzplätze in der 1.Klasse und 160 in der 2.Klasse). 2008 wurden zwei weitere *FLIRT* bestellt.

Die **Zentralbahn AG**, unter anderem Betreibergesellschaft der Strecke Luzern – Stans – Engelberg (ex-LSE), hat Schwierigkeiten mit der Fertigstellung des 4105 m langen Tunnels Grafenort – Engelberg. Der Tunnel ersetzt den letzten Steigungsabschnitt mit 246 ‰. Nach erheblichen Wassereinbrüchen mussten die Arbeiten im April 2006 vorläufig eingestellt werden. Zu diesem Zeitpunkt waren bereits 3700 m des Tunnels im Rohbau fertig gestellt. Da ein Abdichten der Wassereinbruchsstellen auf Grund des hohen Wasserdrucks nicht möglich ist, hat man sich für ein Drainagesystem entschieden. Ursprünglich war geplant, den Tunnelneubau im Dezember 2006 in Betrieb zu nehmen. Heutigen Planungen zu Folge wird mit einer Inbetriebnahme frühestens im Dezember 2010 gerechnet. Auf Grund der Unregelmäßigkeiten sind die Baukosten um das Dreifache gestiegen.

Die Zentralbahn hat bei Stadler drei Wagengarnituren mit den Betriebsnummern ABt 941-943 bestellt, die im Herbst 2006 ausgeliefert wurden und auf der Strecke Luzern – Stans – Engelberg eingesetzt werden sollen. Da die Fahrzeuge auf der Strecke nach Engelberg erst nach Fertigstellung des Tunnels eingesetzt werden können, erfolgt ihr Einsatz vorübergehend im Regionalverkehr Luzern – Stans und Luzern – Giswil. Die Umläufe werden mit *Spatz*-Triebwagen der Baureihe ABe 130 gefahren. Eine Wagengarnitur verfügt über 18 Sitzplätze in der 1.Klasse und 111 Sitzplätze in der 2.Klasse.

Transports Régionaux Neuchâteloises (TRN) hat im Mai 2007 einen vierteiligen *FLIRT*-Triebwagen für die Strecke Neuchâtel – Buttes in Betrieb genommen. Der als RABe 527 331 bezeichnete Triebwagen verlässt am 1. Juli 2007 auf dem Weg nach Buttes den Bahnhof Champ-du-Moulin.

ÖSTERREICH

Das Geschäftsjahr 2006 war für die Österreichischen Bundesbahnen (ÖBB) sehr erfolgreich. Die Fahrgastzahlen stiegen um 2,2% auf 196 Millionen Reisende. Die für den Güterverkehr verantwortliche Rail Cargo Austria AG (RCA) konnte das Transportaufkommen um 4,8% auf 18,8 Milliarden Tonnenkilometern ausbauen, was vor allem auf dem Wachstum im intermodalen Verkehr zurückzuführen ist. Aus einem Gesamtumsatz der ÖBB in Höhe von 4,5 Milliarden € konnte ein Gewinn von 31,3 Millionen € erwirtschaftet werden. Das Ergebnis lag um 148% über dem Wert aus 2005. Trotz des positiven Ergebnisses wurde der Gewinn durch umfangreiche Investitionen in die Infrastruktur geschmälert. Die Mittel für die Instandhaltung wurden zum Teil mit Krediten finanziert, deren Zinsen das Ergebnis belastet. Obgleich der Vorstand einen Börsengang der ÖBB unterstützt, soll die ÖBB gemäß einem Regierungsbeschluss vorläufig nicht privatisiert werden.
Unter dem Namen Train Select wollen RCA und Railion Deutschland ein Joint Venture mit dem Ziel gründen, auf der Achse Salzburg – Wien – Ungarn Ganzzüge anzubieten, die mit den *open access operators* WLB, LTE und TXL/Boxxpress konkurrieren können. Bisher ist das Projekt aber nicht realisiert worden.
An Lokomotion hält Railion 30%. Um den EU-Richtlinien zu folgen wurde die Triebfahrzeugregistratur, bislang ein Bereich des Verkehrsministeriums, am 1. Juli 2007 in die Schieneninfrastruktur Dienstleistungs GmbH (SchIG) integriert. Im Januar 2007 verständigten sich ÖBB und das Salzburger Land über den Verkauf der Pinzgaubahn Zell am See – Krimml.
Das Bundesland wird im Lauf des Jahres 2008 Eigentümer der Schmalspurstrecke und wird den Personenverkehr – vorwiegend Ausflugsverkehr – künftig im Rahmen eines Vergabeverfahrens an einen Betreiber vergeben. Darüber hinaus soll der seit 2005 wegen Hochwasserschäden stillgelegte Abschnitt Mittersill – Krimml wieder aufgebaut werden. Neben der Pinzgaubahn wurden weitere touristisch genutzte Schmalspurstrecken von der ÖBB verkauft: Gmünd – Litschau, Gmünd – Groß Gerungs, Ybbstalbahn, Obergrafendorf – Mank, Mariazellerbahn, Schneeberger-Zahnradbahn.
Die ÖBB beabsichtigt, die Instandhaltung von Nebenbahnen zu reduzieren und somit zwischen 2007 und 2012 rund 25 Millionen € jährlich einsparen. Es ist davon auszugehen, dass dies unweigerlich die Stilllegung folgender Strecken zur Folge hat: Ried – Schärding, Haiding – Aschach, Vöcklabruck – Kammer/Schörfling, Schwarzenau – Waidhofen, Schwarzenau – Zwettl, Scheibbs – Kienberg-Gaming, Freiland – St. Aegyd, Groß Schweinbarth – Sulz und Klagenfurt – Rosenbach.
Am 1. September 2007 hat die ÖBB ein Rauchverbot in allen Reisezügen eingeführt.

Infrastruktur

Ende März 2007 präsentierte die österreichische Regierung einen neuen Investitionsplan für die Jahre 2007 bis 2012. Im Rahmen des Investitionspaketes sollen 9,9 Milliarden € in die Infrastruktur fließen. Somit steht der ÖBB ein deutlich höheres Budget im Vergleich zu den Vorjahren zur Verfügung. Folgende Bundesländer werden im Rahmen des Investitionsplans bis 2012 berücksichtigt:
Burgenland: Elektrifizierung der Strecke Wulkaprodersdorf – Eisenstadt – Neusiedl am See (Beginn: 2007, Fertigstellung: 2009, 33,2 Millionen €), die Elektrifizierung und Wiederinbetriebnahme der Strecke Deutschkreutz – Neckenmarkt-Horitschon (Beginn: 2008, Fertigstellung: 2009, 4,1 Millionen €) und Bau einer Verbindungskurve Müllendorf – Eisenstadt (Beginn: 2008, Fertigstellung: 2010, 17,6 Millionen €).
Kärnten: Fertigstellung des zweigleisigen Ausbaus der Südrampe der Tauernbahn zwischen Mallnitz und Pusarnitz (Beginn: 2002, Fertigstellung 2010, 195,3 Millionen €), Neubau der Koralmbahn Graz – Klagenfurt (Fertigstellung: 2018, 2,877 Milliarden €).
Niederösterreich: Neubau des Abschnitts Wien – St. Pölten im Zuge der Westbahn Wien – Linz

(Beginn: 2002, Fertigstellung 2013, 1,51 Milliarden €), Umbau des Flughafenbahnhofs Wien Schwechat (Beginn: 2004, Fertigstellung 2009, 112,9 Millionen €), Bau einer östlichen Verbindungskurve zum Wiener Zentralverschiebebahnhof (Beginn: 2005, Fertigstellung 2008, 11,1 Millionen €), Neubau des Bahnhofs St.Pölten (Beginn: 2006, Fertigstellung 2013, 208,1 Millionen €), Modernisierung des Semmering Gloggnitz – Mürzzuschlag (Beginn: 2006, Fertigstellung 2012, 112,7 Millionen €), Bau einer Verbindungskurve bei Absdorf-Hippersdorf als Verbindung zwischen den Strecken Wien – Krems a/d Donau und Wien – Sigmundsherberg. Somit entfällt der Fahrtrichtungswechsel in Absdorf-Hippersdorf (Beginn: 2007, Fertigstellung: 2010, 25,6 Millionen €), viergleisiger Ausbau der Strecke Ybbs an der Donau – Amstetten (Beginn: 2008, Fertigstellung 2013, 365,1 Millionen €), Neubau der Strecke Flughafen Wien Schwechat – Götzendorf (Beginnt: 2011, Fertigstellung: 2015, 145,2 Millionen €), zweigleisiger Ausbau der Pottendorferlinie Inzersdorf Metzgerwerke – Wampersdorf (Beginn: 2011, Fertigstellung: 2020, 493,9 Millionen €).
Oberösterreich: Modernisierung der Strecke Wels – Passau (Beginn: 2002, Fertigstellung: 2017, 275,9 Millionen €), viergleisiger Ausbau der Westbahn Wien – Linz: Bau einer 10,8 km langen Neubaustrecke als Umgehung von Enns (Beginn: 2002, Fertigstellung: 30. April 2007, 152,6 Millionen €), Bahnstrecke Asten-Fisching — Linz Kleinmünchen (Beginn: 2002, Fertigstellung: 2009, 296,3 Millionen €), Bahnstrecke Linz Kleinmünchen — Linz Hauptbahnhof (Beginn: 2011, Fertigstellung: 2015, 160 Millionen €), Linz – Selzthal: abschnittweise zweigleisiger Ausbau (Beginn: 2003, Fertigstellung: 2010, 83,5 Millionen €), Linz – Summerau: abschnittweise zweigleisiger Ausbau (Beginn: 2011, Fertigstellung: 2017, 242,5 Millionen €).
Salzburg: Dreigleisiger Ausbau der Strecke Salzburg – Freilassing (Beginn: 2007, Fertigstellung: 2013, 202 Millionen €) und Umbau des Bahnhofs Salzburg (Beginn: 2008, Fertigstellung: 2014, 266 Millionen €).
Steiermark: zweigleisiger Ausbau der Strecke Werndorf – Spielfeld-Straß (Beginn: 2006, Fertigstellung: 2015, 133 Millionen €) und Bau der Koralmbahn Graz – Klagenfurt (Fertigstellung: 2016, 4,9 Milliarden €).
Tirol: Viergleisiger Ausbau der Strecke Kufstein – Baumkirchen (Beginn: 1999, Fertigstellung: 2012, 2 Milliarden €), Modernisierung des Arlberg-Tunnel und Bau einer Festen Fahrbahn (Beginn: 2004, Fertigstellung: 2010, 203 Millionen €).
Vorarlberg: Ausbau der Strecke Bregenz – Bludenz für den Nahverkehr (Beginn: 2004, Fertigstellung: 2012, 188 Millionen €), Modernisierung der Strecke St. Margrethen – Lauterach (Beginn: 2010, Fertigstellung: 2013, 34 Millionen €), abschnittweise zweigleisiger Ausbau der Arlberg-Strecke zwischen Braz und Bludenz (Beginn: 2010, Fertigstellung: 2012, 23 Millionen €). Im August 2007 musste der Arlberg am Westhang wegen Bauarbeiten für mehrere Wochen gesperrt werden.
Wien: Bau des Lainzer Tunnels (12,8 km) als zweite Verbindung zwischen der West- und der Südbahn zur Entlastung der zum Teil eingleisigen Strecke Hütteldorf – Maidling (Beginn: 1999, Fertigstellung: 2013, 1,27 Milliarden €). Der Bau dieses Tunnels ist Gegenstand schwebender Gerichtsverfahren, die teilweise zur Änderung der Baupläne, jedoch auch zu einer deutlichen Verzögerung der Bauarbeiten führen. Zweigleisiger Ausbau der Pottendorferlinie Maidling – Inzersdorf Metzgerwerke (Beginn: 2002, Fertigstellung: 2009, 115 Millionen €), Modernisierung des Bahnhofs Wien Maidling (Beginn: 2002, Fertigstellung: 2008, 53 Millionen €), Modernisierung des Bahnhofs Wien Nord/Praterstern (Beginn: 2004, Fertigstellung: 2008, 133 Millionen €), Modernisierung der S80 (Wiener Schnellbahn) bis Stadlau (Beginn: 2006, Fertigstellung: 2011, 102 Millionen €), Bau eines neuen Containerterminals an der Donau bei Wien Freudenau (Beginn: Februar 2007, Fertigstellung: 2009, 98 Millionen €), Bau eines neuen Wiener Hauptbahnhofs (Beginn: 2007, Fertigstellung: 2015, 886 Millionen €) – das mit Abstand umfangreichste Bauvorhaben im Investitionsplan 2007 – 2012 . Die Arbeiten zum Bau des neuen Hauptbahnhofs wurden am 12. Juni 2007 aufgenommen. Der zehn Bahnsteiggleise umfassende Bahnhof entsteht am heutigen Südtiroler Platz und ersetzt die Kopfbahnhöfe Wien Süd und Wien Ost.

Nicht in den Investitionsplan fällt der Bau des Brenner-Basistunnels zwischen Innsbruck und Fortezza (I) (56 km). Im Juli 2007 einigten sich die Verkehrsminister von Österreich und Italien über die Finanzierung des Projekts. Die Baukosten in Höhe von rund 6 Milliarden € tragen Österreich und Italien jeweils zu einem Drittel. Für das letzte Drittel erhoffen sich die Länder eine Beteiligung seitens der EU. Der neue Basistunnel soll 2022 dem Berieb übergeben werden. Nachdem im Jahr 2005 beschlossen wurde, die Planung für den Bau eines neuen Semmering-Basistunnels wieder aufzunehmen, konnten die ersten Ergebnisse 2007 vorgestellt werden. Derzeit stehen vier Varianten zur Diskussion, die alle westlich des Bahnhofs Gloggnitz beginnen. Mit einer maximalen Steigung von 0,85% wird der Tunnel zwischen 25 und 28 km lang. Bei drei Trassen schließt der Tunnel westlich von Mürzzuschlag an die bestehende Semmering-Strecke an, während die vierte Variante östlich von Mürzzuschlag mündet. Im Frühjahr 2008 soll eine Entscheidung über die endgültige Streckenführung getroffen werden. Die Arbeiten sollen 2012 beginnen und 2020 abgeschlossen werden. Für das Projekt sind 1,25 Milliarden € veranschlagt.
Am 10. Dezember 2006 wurde der elektrische Zugbetrieb zwischen Retz und Šatov (CZ) aufgenommen. Zwischen dem 25. September 2006 und dem 10. Dezember 2006 musste der Gesamtverkehr auf Grund der Elektrifizierungsarbeiten eingestellt werden. Der Personenverkehr wird seit der Inbetriebnahme mit ÖBB-Wendezügen und Loks der Baureihe 1116 geführt. Auf dem tschechischen Teilstück Šatov – Znojmo kann der elektrische Zugbetrieb Ende 2008 aufgenommen werden. Zum 10. Dezember 2006 konnte darüber hinaus der elektrische Zugbetrieb zwischen Mistelbach und Laa a/d Thaya aufgenommen werden. Die 27 km lange Strecke war auf Grund der Elektrifizierungsarbeiten seit März 2006 für den Gesamtverkehr gesperrt. Mit der Aufnahme des elektrischen Zugbetriebs konnte die S2 der Schnellbahn Wien bis Laa a/d Thaya verlängert werden.
Die ÖBB hat die Triebfahrzeugunterhaltung in Selzthal im April 2007 eingestellt. Am 1. September 2006 wurden die letzten Elloks der Baureihe 1063 nach Linz und Graz umbeheimatet. Im Frühjahr verabschiedeten sich die letzten Lokomotiven der Baureihen 1142 und 2067 aus dem traditionsreichen Betriebswerk.

Personenverkehr

Am 11. September 2006 wurde das Fahrplanangebot auf der Strecke Linz-Urfahr – Aigen-Schlägl neu geordnet. Zwischen Linz-Urfahr und Rottenegg wird montags bis samstags ein Halbstundentakt angeboten, der in den Verkehrsspitzen auf einen Viertelstundentakt verdichtet wird. Somit verkehren zwischen Linz-Urfahr und Rottenegg statt bislang 41 nun 47 Zugpaare. Aigen-Schlägl wird alle zwei Stunden mit einem Schnellzug angebunden, der um zehn Minuten beschleunigt ist und nicht an allen Bahnhöfen hält. Der Fahrplanwechsel am 10. Dezember 2006 brachte einige Änderungen im Personenverkehr. Um die Anschlussmöglichkeiten an den Knotenbahnhöfen zu verbessern, wurde ein Großteil des Nahverkehrs vertaktet. Parallel konnten die Übergangsmöglichkeiten zu den Regionalbussen optimiert werden. Auf der Stammstrecke der Wiener S-Bahn von Wien Meidling nach Wien Floridsdorf wird in den Nächten von Freitag auf Samstag und von Samstag auf Sonntag ein 20-Minuten-Takt rund um die Uhr angeboten. Die S7 Floridsdorf – Flughafen Wien Schwechat wurde auf einen Halbstundentakt verdichtet. Zwischen Neusiedl am See und Wien werden in den Verkehrsspitzen zwei zusätzliche Züge angeboten. Zwischen Mürzzuschlag und Schladming konnte der Regionalverkehr zu einem Zweistundentakt verdichtet werden (Sprintertakt). Zwischen Klagenfurt und Villach verkehren täglich drei RegionalExpress-Züge (REX), die morgens, mittags und abends verkehren. Mit der Aufnahme des elektrischen Zugbetriebs von Mistelbach nach Laa an der Thaya konnte das S-Bahn-Netz bis Laa an der Thaya verlängert werden. Bis Wolkersdorf wird ein Viertelstundentakt angeboten, zwischen Wolkersdorf und Laa verkehren die Züge in den Verkehrsspitzen in einem Stundentakt. In den Zwischenzeiten wird ein Zweistundentakt angeboten. Mit der Aufnahme des elektrischen Zugbetriebs von Retz nach Šatov (CZ) verkehren die Züge in einem Zweistundentakt, der zwischen Wien und Retz zu einem Stundentakt verdichtet ist. Nach der Aufnahme des elektrischen Zugbetriebs nach Znojmo können die

Züge über Šatov nach Znojmo durchgebunden werden.

Auf der Westbahn zwischen Wien und Linz wurden die IC ab/bis Linz verlängert. Somit konnte das Fahrplanangebot zum 10. Dezember 2006 werktags um vier Zugpaare erweitert werden. Auf der Südbahn wurde ein neuer Schnellzug Wien – Graz mit einer Reisezeit von zwei Stunden 15 Minuten eingerichtet. Das Zugpaar ist gegenüber den bisher angebotenen Reisezügen um 20 Minuten beschleunigt. Im Fernverkehr wurde ein ICE Wien – Bregenz (IC 562/ 561) und Wien – München (EC 117/116) eingerichtet, die aus den drei von der DB übernommenen ICE-T der Baureihe 4011 gebildet werden. Das Zugpaar IC 2390/2391 Salzburg – Frankfurt/M wurde durch IC 390/391 Linz – Salzburg – München – Frankfurt/M – Leipzig ersetzt. Zwischen Wien und Prag verkehren die ČD-Pendolinos der Baureihe 680 in den Zugpaaren EC 73/72 und EC 75/74. EC 188/189 München – Bolzano wurde ab/bis Verona verlängert. Die EC/IC-Verkehre Wien – Budapest wurden um täglich zwei Zugpaare (IC 349/348 und EC 43/42) erweitert. Das Zugpaar D 2120/2131 Wien – Gmünd NÖ – Plzeň wurde aufgegeben, so dass lediglich das Zugpaar Praha – Gmünd NÖ den Grenzübergang nutzt. Zwischen Wien und Brno (CZ) werden drei neue Schnellzüge (D 270-275) angeboten.

Mit der Inbetriebnahme der LGV Est (Frankreich) verkehrten die Nachtzüge EN 262/263 *Orient-Express* Paris – Wien und CNL 312/313 *Donau-Kurier* Wien – Dortmund am 8. Juli 2007 das letzte Mal. Die Züge werden durch das Zugpaar EN 264/265 Wien – Strasbourg mit Kurswagen Wien – Dortmund ersetzt. Zwischen Wien und Budapest werden EC 42/43 *Franz Liszt* und IC 348/349 *Bela Bartok* zwei zusätzliche Zugpaare angeboten, so dass die beiden Hauptstädte nun in einem Zweistundentakt miteinander verbunden sind.

Zwischen dem 23 Dezember 2006 und dem 10. März 2007 verkehrte der für Skiurlauber eingerichtete Charterzug Rotterdam – San Candido/Zell am See. Der von der niederländischen Euro-

Mit der Ausweitung des EC/IC-Verkehrs Wien – Budapest sind die Regionalzüge Wien – Györ zum 9. Dezember 2007 entfallen. Am 1. Juli 2007 wartet 1116 007 mit R 9444 nach Wien in Komárom (HU) auf den Abfahrauftrag. Foto: Tobias Vanicek.

Seit 10. Dezember 2006 werden die drei bei der ÖBB eingestellten ICE-T-Triebwagen der Baureihe 4011 in einem Umlauf Wien nach Bregenz und München eingesetzt. Am 22. Dezember 2006 ist 4011 015 als ICE 562 Wien – Bregenz bei Flaurling unterwegs. Foto: Markus Inderst.

Für die Bespannung der Euro-Express-Treincharter Wintersportzüge Rotterdam – San Candido/Zell am See werden Elloks unterschiedlicher EVU eingesetzt. Am 17. Februar 2007 hatte die bei der HGK eingestellte 185 521 die Aufgabe, schneehungrige Touristen im D 13727 nach Zell am See zu bringen. Die Aufnahme von Markus Inderst entstand bei Langkampfen.

Express-Treincharter B.V. angebotene Sonderzug wurde zwischen Aachen und Innsbruck von verschiedenen privaten Lokomotiven bespannt. So waren unter anderem Elloks der Baureihe 482 (SBB Cargo) sowie die Baureihe 185 (HGK) zu sehen.
Zwischen Wien und Frankfurt/M wird seit 9. Dezember 2007 ein Zweistundentakt mit ICE-T der Baureihe 411 (DB) bzw. 4011(ÖBB) angeboten. Täglich verkehren sechs Zugpaare, von denen drei bis Dortmund durchgebunden sind. Die Triebwagen ersetzen zwei lokbespannte EC und zwei ICE1, die bis zum Fahrplanwechsel nach Hamburg bzw. Budapest durchgebunden waren.

Güterverkehr
Rail Cargo Austria AG (RCA) wird in den kommenden vier Jahr rund 400 Millionen € in neue Güterwagen investieren. Es sollen 5 100 neue Wagen für verschiedene Transportbereiche beschafft werden. RCA fährt im Auftrag der Wenzel Logistic GmbH seit Anfang 2007 fünf Mal pro Woche einen Ganzzug in der Relation Graz – Duisburg. Neu ist darüber hinaus ein drei Mal pro Woche eingerichteter Containerganzzug Krems a.d. Donau – Wels, der seit 4. April 2007 verkehrt. Zum 1. Oktober 2007 konnte das Angebot zwischen Rotterdam und Sopron ausgebaut und beschleunigt werden. Die Verkehre mit dem Namen *HungaRoExpress* werden im Auftrag der RCA-Tochter Raabersped GmbH in Kooperation mit Railion drei Mal pro Woche und Richtung gefahren.
Intercontainer Austria GmbH, an der die RCA-Tochter Ökombi (54%), Kombiverkehr (26%), MÁV (10%) und die GySEV (10%) beteiligt sind, hat sich auf unbegleitete Intermodalverkehre spezialisiert. Das Unternahmen konnte seinen Marktanteil in 2006 weiter ausbauen. Mit 430 000 TEU lag die Transportleistung um 16,4% über dem Wert aus 2005. Um dem Wettbewerb durch *open access operator* begegnen zu können, bietet ICA seinen Kunden häufiger Shuttlezüge an. 2006 wurden folgende Neuverkehre eingerichtet: Wien – Istanbul (TR), im Auftrag von Express-Interfracht und Lambach – Timişoara (RO), im Auftrag von Gartner. Darüber hinaus wird seit September 2006 im Auftrag von Essers/TRW die Relation Genk (B) – Oradea (RO) angeboten. Der zunächst ein Mal pro Woche eingerichtet Zug verkehr seit 10. Februar 2007 zwei Mal pro Woche. Neu sind ebenfalls die Shuttlezüge Wels – Ludwigshafen und Wels – Graz eingeführt. Die wöchentlichen Abfahrten der bestehenden Verkehre Wolfurt – Hamburg wurde erhöht. Seit Oktober 2006 verkehren die Ganzzüge Rotterdam – Wels vier Mal pro Woche. Im Februar 2007 kam eine weitere Abfahrt hinzu. Im Auftrag von TRW wird seit 15. Januar 2007 ein Mal pro Woche von Wolfurt nach Antwerpen (B) gefahren. Die in Kooperation mit der deutschen Kombiverkehr angebotenen Shuttlezüge Hamburg – Budapest (HU) haben einen Halt in Wels erhalten. Im Juni 2007 richtete ICA neue Shuttlezüge in den Relationen Constanţa (RO) – Oradea – Budapest (HU) und Nürnberg – Istanbul (TR) ein. Im Auftrag des Automobilherstellers Kia, der eine Werk im slowakischen Žilina in betrieb genommen hat, wurde ein Shuttle Koper (SLO) – Žilina (SK) eingerichtet.
Die RCA-Tochter **Ökombi AG** konnte das Geschäftsjahr 2006 mit einem positiven Ergebnis abschließen. Das Transportaufkommen bei den Rollende Landstrasse-Verkehren konnte um 39% auf rund 276 000 LKW gesteigert werden. Besonders gut entwickelte sich der Verkehr auf den Brenner Strecken. Zwischen Wörgl und Brennero wurden 84 517 LKW (+241%) und auf der Strecke Wörgl – Trento rund 32 000 LKW (+14%) befördert. Die Ökombi-Züge erreichten eine Auslastung von 80%. Mit dem Beitritt Rumäniens und Bulgariens zur EU am 1. Januar 2007 rechnete Ökombi mit einem Rückgang der LKW auf den RoLa-Strecken Wels – Arad (RO)und Wels – Oradea (BG), so dass beide Verkehre im Dezember 2006 eingestellt wurden. Der Verkehr Wels – Szeged (HU) wurde um drei Abfahrten auf zwei Zugpaare pro Tag reduziert. Die RoLa-Verkehre Wels – Maribor (SLO) und Graz – Regensburg konnten einen Zuwachs von 28% im Jahr 2006 verzeichnen. Die seit 30. Oktober 2006 wegen Arbeiten an der Tauernautobahn nur zeitweise gefahrene RoLa Salzburg – Villach (drei Zugpaare pro Tag) verkehrt nun regelmäßig. Seit Februar 2007 werden sieben Abfahrten pro Tag angeboten. Am 21. Dezember 2007 hat Ökombi versuchsweise eine RoLa Wels – Istanbul (TR) gefahren. Es folgten fünf weitere Abfahrten. Man musste jedoch feststellen, dass die Tarife zu den Preisen per LKW nicht wettbewerbsfähig waren, so dass die

RCA setzt vor den seit 4. April 2007 verkehrenden Containerzügen Krems an der Donau – Wels Diesellokomotiven der Baureihe 2143 ein. Am 20. Juni 2007 ist 2143 055 gemeinsam mit einer unbekannten Schwestermaschine bei Paufdorf auf dem Weg nach Wels. Foto: Paul Liebhart.

Bis Ende 2007 wird die letzte Ellok der Baureihe 1044 in der ursprünglichen Farbgebung von den Gleisen verschwunden sein. Am 25. Juni 2007 war 1044 040 in den alten Farben mit REX 7115 Wien FJB – Krems a/d Donau bei Klosterneuburg unterwegs. Die *Schlieren*-Wagen werden mit der Auslieferung neuer Triebwagen ebenfalls bald der Vergangenheit angehören. Foto: Paul Liebhart.

Verkehre nicht weiter angeboten wurden. Am 7. Mai 2007 wurde eine RoLa zwischen Regensburg (D) und Trento (I) eingerichtet. Hierbei handelt es sich um den ersten Verkehr, der Österreich nur als Transitland durchquert. Es werden im ersten Schritt zwei Abfahrten pro Tag angeboten. Darüber hinaus verfolgt Ökombi die Einrichtung eines RoLa-Verkehrs zwischen Neumünster und Regensburg. Am 9. Dezember 2007 wurde ein neuer Verkehr zwischen Wels und dem slowenischen Maribor eingerichtet. Täglich werden zwölf Abfahrten pro Richtung angeboten.

Fahrzeuge

Elektrische Lokomotiven

An den glasfaserverstärkten Führerständen (GFK) von 50 *Taurus*-Lokomotiven der Baureihe 1016 und den 282 Lokomotiven der Baureihe 1116 wurde festgestellt, dass sie auf Grund eines Produktionsfehlers Risse aufweisen. Siemens wird daher alle Lokomotiven mit neuen Köpfen ausstatten. Darüber hinaus hat man Haarrisse an den Lokrahmen festgestellt, die im Rahmen von Routineuntersuchungen behoben werden.

Nachdem die Baureihe 1116 im September 2006 eine eingeschränkte Zulassung für Tschechien erhalten hat, können die Maschinen seit 10. Dezember 2006 vor Güter- und Reisezügen zwischen Summerau und České Budějovice (CZ) sowie zwischen Wien und Břeclav angetroffen werden. Darüber hinaus werden die Lokomotiven seit 10. Dezember 2006 auch im innerdeutschen Verkehr vor dem Zugpaar IC 2082/2083 Berchtesgaden – Hamburg-Altona eingesetzt. Für den künftigen Einsatz im Railjet-Verkehr haben drei *Taurus*-Lokomotiven im März 2007 eine Versuchslackierung erhalten. Der Bevölkerung wurde somit die Möglichkeit gegeben, über das Design der neuen Qualitätszüge der ÖBB zu entscheiden. Im Rahmen dieses Projektes haben 1016 034, 035 und 1116 200 unterschiedliche Farbgebungen erhalten. Auf Grund einer Umfrage hat sich die Bevölkerung am 13. Mai 2007 für Design von 1116 200 entschieden. Seit April 2007 hat die ÖBB für einen Zeitraum von zwei Jahren 1116 233-238 an die deutsche ITL Eisenbahn GmbH vermietet (s. Seite 96).

Die Bevölkerung sollte über das Design der neuen Railjet-Züge entscheiden. Aus diesem Grund ließ die ÖBB drei Lokomotiven in verschiedenen Designs lackieren. Letztendlich konnte sich das Design von 1116 200 gegen die anderen Farbvarianten durchsetzen. Am 17. April 2007 war die Maschine mit IC 631 Wien – Klagenfurt bei Gumpoldskirchen unterwegs. Foto: Herwig Luttenberger.

Die beiden folgenden Aufnahmen zeigen die alternativen Designvorschläge. Oben: 1016 034 bespannte am 23. April 2007 bei Tullnerbach EC 162 *Transalpin* Wien West – Basel. Unten: 1016 035 hat am 22. Mai 2007 mit EN 247 Bregenz – Wien West den Bahnhof Wien Hütteldorf erreicht. Fotos: Christian Knop.

Seit Juni 2007 werden die Elloks der Baureihe 1216 im Korridorverkehr zwischen Lienz und Innsbruck eingesetzt. 1216 003 hatte am 21. August 2007 die Aufgabe, R 1871 nach Lienz bei Niederolang/Valdaora di sotto zu bespannen. Foto: Dr. Helmut Petrovitsch.

Am 7. April 2007 gaben sich 1216 001, 189 906 und 1822 001 in Lienz ein Stelldichein. Die ÖBB hat die Lokomotiven der Baureihe E.189 im Jahr 2007 an den Eigentümer zurückgegeben. Die noch verbliebenen Maschinen der Baureihe 1822 werden nur noch als Reserve vorgehalten. Foto: Markus Inderst.

Im Januar 2007 hat die ÖBB die letzten Elloks der Baureihe 1042.5 ausgemustert. Die letzte betriebsfähige Lokomotive bespannte gemeinsam mit einer 1116 am 2. Dezember 2006 G 54705, aufgenommen auf dem Semmering bei Schlöglmühl. Foto: Herwig Luttenberger.

Im Rahmen der Zulassung für Österreich bespannten die ATC-Lokomotiven E 186 126 und 127 am 27. April 2007 den IC 534. Planlok des InterCity war an diesem Tag die Railjet-Lok 1016 034. Martin Ostwald konnte die interessante Bespannung in Wien-Meidling fotografieren.

Die Lieferung der Baureihe 1216 (*Taurus* 3) durch Siemens an die ÖBB soll im Mai 2008 mit der 50. Lokomotive abgeschlossen werden. Einsatzschwerpunkt sind die Strecken Wörgl – Brennero, Villach – Tarvisio – Cervignano und Villach – Jesenice – Ljubljana (SLO). Zwischen Villach und Dobova (SLO) werden die Maschinen im Personenverkehr eingesetzt. Bei den übrigen Umläufen sind ausschließlich Güterzugleistungen vorgesehen. Die baugleiche SŽ-Baureihe 541 läuft im Gegenzug bis Villach. Darüber hinaus werden Reisezüge im Binnenverkehr Österreichs sowie Kohleganzzüge in der Relation Koper – Linz gefahren. ÖBB und SŽ haben sich am 16. November 2006 auf einen gegenseitigen Einsatz der Baureihe 1216/541 verständigt. Die Vereinbarung tritt am 10. Dezember 2006 in Kraft. Die Zulassung der Baureihe 1216 in Tschechien lässt jedoch noch auf sich warten. Im April 2007 hat die italienische Zulassungsbehörde Cesifer der Baureihe 1216 (in Italien als Baureihe E.190 bezeichnet) eine eingeschränkte Zulassung erteilt. Die Lokomotiven dürfen im italienischen Netz lediglich mit einer Geschwindigkeit von 120 km/h gefahren werden. Seit dem 2. April 2007 wird die Baureihe 1216 im Güterverkehr zwischen Villach und Cervignano (I) eingesetzt. Am 5. Juni 2007 sind die Personenzüge Lienz – San Candido – Fortezza – Innsbruck ebenfalls an die Baureihe 1216 gegangen. Seit Dezember 2007 hat die Reihe 1216 auch in Tschechien die Zulassung für die Strecken Summerau - České Budějovice (CZ) sowie Břeclav – Brno erhalten und wird dort im Schnellzugverkehr verwendet. Die Baureihe 1216 ist in drei Unterbaureihen gegliedert. Die erste Serie mit den Betriebsnummern 1216 001-025 sind für den Einsatz in Österreich, Deutschland, der Schweiz und Italien vorgesehen, während 1216 127-131 und 141-150 für Verkehre in Österreich, Deutschland und Slowenien ausgerüstet sind. 1216 226 sowie 232-240 kommen in Österreich, Deutschland, der Slowakei und Tschechien zum Einsatz. Die jeweiligen Serien unterscheiden sich lediglich in den unterschiedlichen Zugsicherungseinrichtungen. Alle Serien sind für 1 500/3 000V sowie 15 und 25kV ausgerüstet und erreichen mit einer Leistung von 6 000 kW eine Höchstgeschwindigkeit von 200 km/h. Da die Zulassung für die Slowakei auf sich warten lässt, wurden fünf Lokomotiven der dritten Serie vorübergehend mit den Zugsicherungseinrichtungen für Slowenien ausgerüstet (1216 127-131). Mit der Übernahme der Personenzüge Innsbruck – Lienz (I) durch die Baureihe 1216 am 5. Juni 2007 haben sich die vier MRCE-Dispoloks der Baureihe 1890 aus Österreich verabschiedet. Die Lokomotiven haben Anfang Juni 2007 die Heimreise nach Deutschland angetreten. Unter der Regie des neuen Mieters Lokomotion sind die die vier Maschinen jedoch wieder regelmäßig in Österreich zu Gast (s. Seite 101). Die ursprünglich eingesetzten ES 64 F4-006, 008-010 sollten im Dezember 2006 von Dispolok an Lokomotion verkauft werden. Übergangsweise stellte Dispolok der ÖBB für einige Monate vier andere Leasinglokomotiven zur Verfügung (ES 64 F4-015, 016, 032 und 033), die jedoch nicht in Italien zugelassen waren. Daher kamen ES 64 F4-006 und 008 bis Juni 2007 unter der Regie der ÖBB weiterhin zum Einsatz, während 032 und 033 Anfang März 2007 ohne ÖBB-Einsatz zu Dispolok zurückkehrten. ES 64 F4-015 und 016 traten die Heimreise Mitte April 2007, 006 und 008 im Laufe des Juni 2007 an.

Von den drei verbliebenen Elloks der Baureihe 1822 wurde 1822 003 im September 2006 als Ersatzteilspender für die beiden Schwesterlokomotiven 001 und 004 abgestellt. Seit 3. August 2007 werden die Lokomotiven jedoch nicht mehr planmäßig eingesetzt, so dass eine baldige Ausmusterung wahrscheinlich ist.

Die Zulassung der Baureihe 1216 für Italien verlief parallel zu der Zulassung der Trenitalia-Baureihe E.412 auf der Tauern-Strecke Tarvisio – Salzburg. Seit 2. April 2007 bespannen die beiden Baureihen RCA-Züge zwischen Tarvisio und Salzburg.

Der Umlauf der 18 Lokomotiven der Baureihe 1014 hat sich zum Fahrplanwechsel am 10. Dezember 2006 verändert. Da die Verkehre Wien Süd – Fertöszentmiklos (HU) und Wien Süd – Sopron (HU) – Deutschkreuz an Talent-Triebwagen der Baureihe 4124 übergegangen sind, haben die Maschinen die EURregio-Verkehre Wien Süd – Hegyeshalom – Tatabánya (HU) sowie die Pendelzüge Wien Süd – Wampersdorf – Wiener Neustadt übernommen. Darüber hinaus werden Umläufe zwischen Wien West und Petržalka (SK) gefahren.

Am 22. Januar 2007 hat sich die ÖBB von der letzten Lokomotive der Baureihe 1042.5 getrennt.

Die Lokomotiven der Unterserie waren im Gegensatz zu ihren Schwesterlokomotiven mit Drehgestellen für eine Höchstgeschwindigkeit von 150 km/h ausgerüstet. Von den Lokomotiven der Baureihe 1042.0 (Vmax 130 km/h) waren in Januar 2007 lediglich noch 17 Maschinen im Betriebsdienst. Zum 10.Dezember 2006 wurde nach zwei Jahren wieder ein eigener Umlauf für die letzten Vertreter aufgestellt, der Leistungen von Wien FJB nach Gmünd NÖ, Sigmundsherberg und Krems a/d Donau vorsieht. Die für den Wendezugverkehr umgebauten 172 Lokomotiven der Baureihe 1142 werden nach wie vor in vollem Umfange eingesetzt. Im Juni 2007 wurden zehn Lokomotiven mit Fristablauf ausgemustert, die jedoch Anfang 2008 im Rahmen der Fußballeuropameisterschaft Euro 2008 wieder reaktiviert werden sollten. Die Lokomotiven wurden jedoch bereits Anfang September 2007 wieder in Dienst gestellt, nachdem die ÖBB 15 Lokomotiven der Baureihe 1116 bis Dezember 2007 an Railion Deutschland vermietet hat.
Im vergangenen Jahr hat die ÖBB 1142 541, 551, 558, 563 und 629 an die schwedische Hector Rail verkauft. Hector Rail verfügt neben den bereits zuvor übernommenen 1142 645, 660 und 661 über acht Lokomotiven dieser Baureihe (s. Seite 30). 1142 588 ist ebenfalls bei Hector Rail im Einsatz, jedoch als Leasinglokomotive. Darüber hinaus wurden die drei seit 2004 abgestellten Lokomotiven der Baureihe 1012 an Hector Rail verkauft (s. Seite 30).
Nachdem im Dezember 2005 der Umbau von 91 Lokomotiven der Baureihe 1044.2 in die Baureihe 1144.2 abgeschlossen wurde, hat die ÖBB beschlossen, 1044 001-126 mit einer Mehrfachsteuerung auszurüsten. Die umgerüsteten Maschinen werden als Baureihe 1144 geführt.
Im Januar und Ende April/Anfang Mai 2007 wurden Testfahrten mit den Bombardier-Lokomotiven E.186 126 und 127 durchgeführt. Die Lokomotiven wurden im Rahmen der Fahrten auch vor Regelzügen eingesetzt und gehören zu einer Serie von 35 TRAXX-Lokomotiven, die an Angel Trains Cargo vermietet werden sollen. 126 und 127 gehören zu einer Unterserie von zehn Lokomotiven, die für einen Einsatz in Deutschland, Österreich und Polen vorgesehen sind. Im Oktober 2006 erteilte das österreichische Verkehrsministerium die Zulassung für die Railion-Lokomotiven der Baureihe 185.2 (TRAXX F140 AC2). Über die Zulassung der Baureihe 189 entbrannte hingegen ein Rechtsstreit. Im Jahr 2005 wurde eine Zulassung für Österreich abgelehnt, woraufhin Railion Klage beim österreichischen Gerichtshof einreichte. Das Verfahren endete mit einem Vergleich für beide Parteien, der eine Zulassung der Baureihe vorgesehen hat. Dennoch weigerte sich das österreichische Verkehrsministerium ohne Angabe von Gründen. In 2007 hat Railion Deutschland erneut Klage eingereicht. Eine Entscheidung ist bislang noch nicht getroffen worden.

Diesellokomotiven
Von den ursprünglich 72 Lokomotiven der Baureihe 2043 (Jenbacher Werke 1964-1977) waren Anfang 2007 noch 28 Lokomotiven im Betriebsdienst. Bis Ende 2007 wurde der Bestand jedoch um acht auf 20 Lokomotiven reduziert, da die Umläufe von den jüngeren Schwestermaschinen der Baureihe 2143 übernommen werden. Zum Fahrplanwechsel am 9. Dezember 2007 wurde kein eigener Umlauf für die Baureihe 2043 aufgestellt, so dass Einsätze nur noch bei Bedarf gefahren werden. Die Lokomotiven werden in Villach und Wels vorgehalten. Von Wels werden gelegentlich Güterzüge auf den Strecken Braunau – Steindorf und Braunau – Neumarkt, Wels Neumarkt und Neumarkt – Schärding gefahren. Von den ursprünglich 77 Lokomotiven der Baureihe 2143 (Jenbacher Werke 1965-1977) mussten in 2007 sechs Maschinen ihren Dienst quittieren. Sechs im Jahr 2007 abgestellte Rangierloks der Baureihe 2067 wurden an Rail Transport Service AG (RTS) verkauft. Die Lokomotiven erhalten in Rumänien eine Hauptuntersuchung.
Gmeinder hat für die Pinzgaubahn Zell am See – Krimml eine neue Diesellokomotive mit der Betriebsnummer 2096 001 an die ÖBB geliefert. Die Lok konnte jedoch auf Grund der hohen Achslast von 12,5 Tonnen bislang nicht in Betrieb genommen werden. Auf Grund von Instandhaltungsrückständen können aktuell auf der Pinzgaubahn nur Lokomotiven mit einer Achslast von maximal neun Tonnen eingesetzt werden. Die Lokomotive ist baugleich zu den vor einigen Jahren an die Zillertalbahn gelieferten Diesellokomotiven.

Die letzten Exemplare der Baureihe 2043 werden planmäßig nur noch vom Depot Wels eingesetzt. Mit dem *Erlebniszug* 6996 ist 2043 068 am 20. Juni 2007 bei Willendorf an der Donau unterwegs. Foto: Paul Liebhart.

Elektrische Triebwagen

Am 1. Juni 2007 hatte Bombardier 97 der insgesamt 140 *Talent*-Triebwagen Baureihe 4024 an die ÖBB ausgeliefert. Zum 10. Dezember 2006 haben die Neubautriebwagen einige Verkehre in Tirol übernommen. 36 *Talente* sind in Innsbruck beheimatet und ersetzen die Wendezüge zwischen Innsbruck und Ötztal/Landeck sowie zwischen Innsbruck und Brennero.

Bis Dezember 2006 waren 14 von 20 Zweisystem-*Talenten* der Baureihe 4124 (15kV und 25kV) an die ÖBB ausgeliefert. Die verbleibenden sechs Triebwagen folgten bis zum Frühjahr 2007. Seit dem 10. Dezember 2006 wird die Baureihe 4124 auf den Strecken Wien Süd – Neusiedl am See – Fertözentmiklos (HU) und Wien Süd – Ebenfurth – Sopron (HU) – Deutschkreuz eingesetzt.

Am 10. Dezember 2006 verabschiedeten sich die Triebwagen der Baureihe 4010 zwischen Wien und Graz, so dass lediglich noch Umläufe im InterCity-Verkehr auf den Strecken Graz – Salzburg, Graz – Innsbruck und Graz – Linz gefahren werden.

Im Dezember 2006 kauften die ÖBB zwei Triebwagen der Reihe 411 von der DB und reihten sie als 4011 091-092 in ihren Bestand. Ein Jahr später folgte der 4011 090. Die Wartung der Baureihe 4011 obliegt weiterhin der DB.

Dieseltriebwagen

Nachdem Siemens in den Jahren 2004/2005 insgesamt 20 Desiro-Triebwagen der Baureihe 5022 an die ÖBB geliefert hatte, wurden im Oktober 2005 weitere 40 Triebwagen bestellt, die zwischen Februar 2007 und März 2008 ausgeliefert werden. Die ersten 20 Triebwagen sind in Linz und Graz beheimatet und werden auf den Strecken Linz Urfahr – Aigen Schlägl, Graz – Szentgotthard, Fehring – Wiener Neustadt und Spielfeld Strass – Radkersburg eingesetzt. Zwölf Triebwagen aus der zweiten Serie werden in Villach für den Personenverkehr auf den Strecken Arnoldstein – Kötschach-Mauthen und Klagenfurt – Wolfsberg – Zeltweg beheimatet. Die Einsatzstelle Wels erhält

Seit 10. Dezember 2006 werden die Zweisystem-*Talent* der Baureihe 4124 in einem Umlauf von Wien nach Fertöszentmíklos (HU) und Deutschkreutz über Sopron (HU) eingesetzt. Ein 4124 verlässt am 26. Juni 2007 den Bahnhof Wallern mit Fahrziel Fertöszentmíklos.

15 Triebwagen für den Personenverkehr auf den Strecken Neumarkt-Kallham – Braunau und Schärding – Attnang-Puchheim. Wiener Neustadt wird aus der zweiten Serie 13 Triebwagen erhalten. Die zusätzlichen Triebwagen werden ausnahmslos die Diesellokbaureihen 2043 und 2143 ersetzen.

Wagen

Die zehn Doppelstock-Schlafwagen der Gattung WLABmz, die nach dem Zerfall der DACH Hotelzug AG an die ÖBB übertragen wurden, erhalten neue Drehgestelle. Parallel wird die dunkelblaue Farbgebung durch das ÖBB-Design ersetz. Der erste modernisierte Wagen konnte im September 2006 in Betrieb genommen werden.
Im Oktober 2006 lief bei Siemens die Produktion der Railjet-Wagen an. Zwischen 2008 und 2009 liefert das Unternehmen insgesamt 161 Reisezugwagen des neuen Premiumproduktes an die ÖBB. Für Test- und Zulassungsfahrten sollte im Frühjahr 2008 bereits eine dreiteilige Garnitur zur Verfügung stehen. Mit den Wagen werden 23 Wendezugstämme gebildet, die mit umgebauten *Taurus*-Lokomotiven der Baureihe 1116 (voraussichtlich 195-217) gefahren werden. Im Dezember 2008 sollen die ersten Railjet-Züge im Zweistundentakt in der Relation München – Wien – Budapest zum Einsatz kommen. Darüber hinaus haben die ÖBB bei Siemens eine zweite Serie von 308 Railjet-Wagen bestellt, aus denen 44 Garnituren gebildet werden können. Die Auslieferung soll zwischen 2010 und 2013 erfolgen. Auf Grund der Inbetriebnahme der Talent-Triebwagen der Baureihe 4024/4124 sowie der zweiten Serie von Desiro-Triebwagen der Baureihe 5022 geht der Bedarf an Reisezugwagen deutlich zurück. Davon betroffen sind vor allem die Schlieren-Wagen der Gattung 29-35. 48 Wagen wurden im Dezember 2006 ausgemustert und stehen zum Verkauf.

Seit Februar 2007 wird die zweite Serie von *Desiro*-Triebwagen an die ÖBB ausgeliefert. Ein 5022 verlässt auf dem Weg von Wiener Neustadt nach Aspang den Bahnhof Seebenstein.

Die Zillertalbahn hat neue Reisezugwagen in Betrieb genommen, die von der slowakischen ŽOS Vrútky geliefert werden. Mit der neuen Gmeinder-Diesellok D16 konnte Markus Inderst den neuen Steuerwagen am 22. August 2007 in Jenbach fotografieren.

Im März 2007 hat Trenitalia Passageri bei Bombardier weitere 150 Lokomotiven der Baureihe E.464 bestellt. Einschließlich des sechsten Bauloses verfügt Trenitalia über insgesamt 538 Lokomotiven dieser Baureihe, die bis März 2010 ausgeliefert wird. Trenitalia hat eine Option auf insgesamt 688 Maschinen, so dass ein siebtes Baulos zu den im Jahr 2000 verhandelten Konditionen wahrscheinlich ist. Die Baureihe E.464 verfügt lediglich über einen funktionsfähigen Führerstand und ist dementsprechend für den Wendezugeinsatz im Regionalverkehr vorgesehen. Die Bo'Bo'-Lokomotive verfügt über eine Leistung von 3 500 kW und erreicht eine Höchstgeschwindigkeit von 160 km/h.
Die Lokomotiven der Baureihe E.444R erhalten eine Farbgebung im Eurostar City-Design weiß-grau-rot.
Zehn Diesellokomotiven der Baureihe D.445 werden für Hilfszugdienste auf den *Direttissime* umgebaut. Die Lokomotiven können zukünftig im Sandwich eingesetzt werden und erhalten eine Funkfernsteuerung sowie einen verbesserten Generator für die elektrische Zugheizung.
Die Modernisierung der Diesellokomotiven Baureihe D.343 wurde kurzfristig wieder rückgängig gemacht. Anfang 2005 wurde die von Gredelj in Zagreb (Kroatien) modernisierte D.343.2016 (siehe Jahrbuch 2006, Seite 338) der Öffentlichkeit vorgestellt. Bei der Lokomotive wird es sich jedoch um Einzelgänger handelt, da TGL kein Geld für den Umbau weiterer Lokomotiven aufbringen kann.

Triebwagen

Trenitalia hat bei AnsaldoBreda vier Triebköpfe der Baureihe E.404.600 nachbestellt, um mit zwei bestehenden Wagengarnituren zwei zusätzliche ETR.500-Triebwagen bilden zu können. Die Mittelwagen stammen aus den Prototypen ETR.Y1 und Y2, die ohne Triebköpfe abgestellt waren.
Alstom ist mit der Auslieferung neuer Pendolino der Baureihe ETR.600 und Cisalpino der Baureihe ETR.610 deutlich hinter Plan. Der zweite ETR.600 aus einer Bestellung von zwölf Triebwagen verließ im Februar 2007 die Fabrik in Savigliano. Der erste von insgesamt 14 ETR.610 konnte im Juli

Trenitalia hat bei Bombardier weitere Elloks der Baureihe E.646 bestellt und verfügt somit über insgesamt 538 Lokomotiven. Mit einem *Regionale* von Napoli nach Roma ist E.464.221 am Abend des 21. Juni 2005 bei Fondi unterwegs.

Milano Centrale am 28. Juni 2007. Links wartet ein für den Einsatz auf der *Direttissima* Roma – Napoli umgebauter ETR.500 als ES 9433 auf die Ausfahrt nach Napoli. Rechts wartet E444R 029 auf weitere Aufgaben.

Der erste *Cisalpino Due*-Triebwagen der Baureihe ETR.610.001 war im Rahmen von Zulassungsfahrten im Juli 2007 in der Schweiz zu Gast. Am 12. Juli 2007 konnte der Prototyp zwischen Bettlach und Selzach (Strecke Grenchen Süd – Solothurn) beobachtet werden. Foto: Georg Trüb.

2007 an Trenitalia übergeben werden. Beide Triebwagen-Gattungen werden als siebenteilige Garnituren ausgeliefert, von denen vier Wagen über angetriebene Achsen verfügen. Mit einer Gesamtleistung von 5 500 kW erreichen die Triebwagen eine Höchstgeschwindigkeit von 250 km/h. Es stehen insgesamt 432 Sitzplätze zur Verfügung. Der ETR.610 wird als Dreisystemfahrzeug für 3 kV Gleichstrom, sowie 15 kV und 25 kV Wechselstrom ausgerüstet, während die Trenitalia-Triebwagen lediglich für 3 kV Gleichstrom und 25 kV Wechselstrom ausgerüstet sind. Beide Baureihen werden nicht vor 2008 im Plandienst anzutreffen sein – ein Jahr später als geplant. Als Grund werden Konstruktionsfehler bei den Drehgestellen angeführt, die nach Dauerbelastungstests Mängel zeigten und nachgebessert werden mussten. Im Januar 2007 wurden mit dem ersten Trenitalia-Triebwagen Zulassungsfahrten auf der *Direttissima* Roma – Napoli durchgeführt. Die Fahrten dienten in erster Linie zur Erprobung von Schnellfahrten unter 25 kV sowie zur Tauglichkeitsprüfung von ECTS. Im Mai 2007 folgten Testfahrten im süditalienischen Kalabrien. Im Juli 2007 wurde der ETR.610.001 für Testfahrten zwischen Grenchen Süd und Solothurn in die Schweiz eingesetzt.

Das Trevi-Konsortium (Alstom, Bombardier, Firema und AnsaldoBreda) wird 60 Triebköpfe der Baureihe E.404.600 (3 kV Gleichstrom und 25 kV Wechselstrom) liefern, die als Ersatz für die Baureihe E.404.100 (3 kV) und die 30 Hochgeschwindigkeits-Triebkopfzüge der Baureihe ETR.500 dienen, die für den Einsatz auf der mit 25 kV elektrifizierten neuen *Direttissime* Roma – Napoli und (Milano –) Novara – Torino benötigt werden. Im November 2006 war der Umbau der ersten von insgesamt 58 E.404.100 zu einer klassischen Lokomotive abgeschlossen. Jeweils zwei E.404.100 bilden mit Gran Confort- und UIC Z-Wagen Halbzüge, die seit 16. Dezember 2006 als Eurostar City eingesetzt werden (s. Seite 300). Für den neuen Einsatz müssen die elektrische Anlage verändert und neue Zug- und Stoßeinrichtugen angebracht werden. Darüber hinaus wird der Zugang zum Führerstand von der Wagenseite verschlossen. Mit den 58 Lokomotiven sollen 29 Garnituren mit jeweils zehn Wagen gebildet werden, die mit je einer E.404 (neu: E.414) an der Zugspitze und am Ende bespannt werden. Sie erhalten eine Farbgebung im Design der modernisierten Wagen.

Firema und Alstom wurden mit der Modernisierung von 15 Pendolino-Triebwagen der Baureihe ETR.480 beauftragt. Die Triebwagen werden für den Einsatz auf den neuen *Direttissime* vorbereitet und erhalten ECTS. Darüber hinaus erhalten die Triebwagen eine neue Inneneinrichtung sowie eine neue Farbgebung in silbergrau-schwarz. Die modernisierten Triebwagen werden als Baureihe ETR.485 geführt.

Die 99 acht Jahre alten für den Regionalverkehr beschafften Doppelstock-Triebwagen der Baureihe ALe.426/506 (*Treni alta Frequentazione*, TAF) erhalten eine neue Inneneinrichtung. Darüber hinaus werden die Eingangsbereiche neu gestaltet, um ein schnelleres Ein- und Aussteigen der Fahrgäste zu ermöglichen.

Die für die Tilo-Verkehre beschafften *FLIRT*-Triebwagen werden als ETR.150 in den Bestandslisten geführt. Die im Tessin für den Regionalverkehr zwischen der Schweiz und Italien eingesetzten Triebwagen warten noch auf ihre Zulassung durch Cesifer.

Die Auslieferung von insgesamt 213 *Minuetto*-Triebwagen durch Alstom schreitet zügig voran. Trenitalia wird sowohl Dieseltriebwagen (ALn.501) als auch elektrische Triebwagen (ALe.502) in Betrieb nehmen. Ein dreiteiliger *Minuetto* verfügt über 122 Sitzplätze, 24 davon in der 1.Klasse. Der elektrische ALe.502 verfügt über eine Gesamtleistung von 1 250 kW und erreicht eine Höchstgeschwindigkeit von 160 km/h. Die Dieselvariante erreicht mit einer Motorleistung von 1 120 kW eine Geschwindigkeit von 130 km/h.

Im Jahr 2007 wurden die bei Trenitalia eingesetzten Dieseltriebwagen ALn DAP 001-005 ausgemustert. Die Triebwagen waren Eigentum des Justizministeriums und wurden für Gefangenentransporte vorgehalten. In der Praxis wurden die Einzelstücke jedoch sehr selten eingesetzt. Über ihr weiteres Schicksal ist bislang noch nicht entschieden.

Ein *Minuetto*-Dieseltriebwagen der Baureihe ALn.501 ist am 14. Mai 2006 bei Saint-Dalmas-de-Tende (Strecke Ventimiglia – Cuneo) unterwegs.

Zum 10. Dezember 2006 führte Trenitalia zwischen Milano Centrale und Lecce die Zuggattung Eurostar City ein. Die eingesetzten Wagen haben eine neue Farbgebung erhalten, die zukünftig bei allen InterCity-Wagen Anwendung finden soll. Am 28. Juni 2007 ist ES City 9712 Lecce – Milano Centrale bei Castèl San Pietro unterwegs. Zuglok ist eine Maschine der Baureihe E.444R.

Wagen

Trenitalia hat weitere 150 Doppelstockwagen der Bauart *Vivalto* bestellt. Der Auftrag umfasst somit die Lieferung von insgesamt 300 Wagen, die von Co-Ri.Fer, einem Joint Venture aus Fervet, Officine Magliola, Officine Ferroviarie Veronesi und Rail Service International, gefertigt werden. Nachdem Mitte 2006 die ersten 150 Wagen zur Verfügung standen, begann Co-Ri.Fer im September 2006 mit der Auslieferung des zweiten Bauloses. Aus der ersten Serie wurden 30 Wagen als Steuerwagen mit 94 Sitzplätzen in der 2.Klasse ausgeliefert. Die Mittelwagen verfügen über 90 Sitzplätze in der 1.Klasse oder 125 Sitzplätze in der 2.Klasse. Die zweite Serie wird mit identischen Vorgaben geliefert und ist ebenfalls für eine Höchstgeschwindigkeit von 160 km/h zugelassen. Obgleich die *Vivalto*-Wagen Eigentum von Trenitalia sind, erfolgt die Finanzierung aus regionalen Mitteln der Provinzen Lombardia, Roma, Toscana und Emilia-Romagna.

Die Modernisierung von 45 Liegenwagen im Ausbesserungswerk Wittenberge (D) ist abgeschlossen. Die Wagen haben unter anderem eine Klimaanlage und eine neue Inneneinrichtung erhalten. Die modernisierten Wagen sind an der weiß-lila-gelben Farbgebung zu erkennen, die auch bei den Trenitalia-Schlafwagen verwendet wird.

Im Dezember 2006 wurde die erste Garnitur von Gran Confort- und UIC Z-Wagen vorgestellt. Die Wagen fallen durch ihre weiß-grau-rote Farbgebung auf. Für den Einsatz im Eurostar City-Verkehr haben die modernisierten Wagen eine neue Inneneinrichtung sowie eine Klimaanlage erhalten. Die Abteile wurden zu Gunsten von halboffenen Großraumbereichen ersetzt. Jeder Sitzplatz verfügt über einen Laptop-Anschluss. Insgesamt 901 Wagen werden dieser Verjüngungskur unterzogen. Sie werden zu festen Stämmen von je zehn Wagen konfiguriert. 29 Garnituren werden mit Lokomotiven der Baureihe E.414 als Halbzüge in den Eurostar City-Verkehren eingesetzt. Die übrigen 61 Stämme sollen mit Elloks im InterCity- und ICplus-Verkehr eingesetzt werden.

Open access operators – Güterverkehr

Del Fungo Giera SpA (DFG) hat weitere Diesellokomotiven der Baureihe D.753, bei Nordcargo angemietet. Ende 2006 wurde der Bestand um drei auf neun Lokomotiven erhöht, die als

Co.Ri.Fer wird insgesamt 300 Doppelstockwagen der Gattung *Vivalto* an Trenitalia ausliefern. Am 28. Juli 2007 verlässt ein aus *Vivalto*-Wagen gebildeter Regionalzug den Bahnhof Milano Centrale mit Fahrtziel Parma.

D.753.052-060 DG geführt werden. Zwei Maschinen mussten zwischenzeitlich die Nordcargo-Lackierung gegen das rote DFG-Design eintauschen. Daneben hat DFG im Jahr 2006 drei Vossloh-G2000 in Betrieb genommen und verfügt somit über vier Lokomotiven dieser Gattung, die als G2000-051-054 DG bezeichnet sind. Wie erwartet hat DFG im Oktober 2006 die Ellok E.474.003 DG in Betrieb genommen. Die drei Maschinen waren ursprünglich für SBB Cargo bestimmt und fallen durch das typische blau-rote SBB-Design auf. Nachdem SBB Cargo den Auftrag über 18 ES 64 F4 auf zwölf Maschinen reduziert hatte, wurden die übrigen Maschinen zum Verkauf angeboten. E.474.004 DG wurde im September 2007 an Nordcargo verkauft.

Ferrovia Centrale Umbria SpA (FCU) hat den Güterverkehr Anfang der Neunziger Jahre eingestellt. Mit dem Bau eines Industrieanschlusses bei Pierantonio (20 km nördlich von Perugia) an der FCU-Strecke Sansepolcro – Perugia – Terni beabsichtigt das Unternehmen, wieder in den Güterverkehr einzusteigen. Die Arbeiten zum Bau der Strecken sollen Ende 2007 aufgenommen werden.

Die **Ferrovie Emilia-Romagna SpA** (FER) fährt nach wie vor Tonerde-Züge in der Relation Roncafort (Trento) – Forlí. Die bislang eingesetzten Elloks der Baureihe E.640 wurden Ende 2006 durch Elloks der Baureihe E.645 ersetzt, die bei TGL angemietet wurden. Die FER verfügt über sechs von der Slowenischen Staatsbahn übernommene Elloks der Baureihe E.640 (ex-SŽ-Baureihe 342), die sich im Plandienst jedoch als sehr unzuverlässig zeigen.

NordCargo SpA (die ehemalige Ferrovie Nord Cargo) hat seit Mitte November 2006 die Ellok ES 64 F4 013 (E.189 913 FM) bei Dispolok angemietet. Die Lokomotive war zuvor an die Slowenische Staatsbahn vermietet und konnte nach Ablieferung der Baureihe 541 retourniert werden. Die Leasinglokomotiven Re 474 017 und 018 (SBB Cargo) wurden am 10. Dezember 2006 zurückgegeben, nachdem NordCargo die Railpin Huckepack-Züge Novara – Domodossola (– Freiburg) an SBB Cargo abgeben musste. SBB Cargo bespannt somit alle Ralpin-Züge südlich von Domodossola. Zuvor war Nordcargo für die Hälfte aller Ralpin-Züge verantwortlich, für deren Bespannung sowohl eigene als auch bei SBB Cargo und bei TGL angemietete Elloks herangezogen wurden. Seit Anfang Januar 2007 bespannt Nordcargo in Kooperation mit Ferrovia Adriatica Sangritana (FAS) einen zwei Mal pro Woche verkehrenden Autozug für Fiat und Peugeot in der Relation Pia-

Del Fungo Giera wird die Nordcargo übernommenen Diesellokomotiven der Baureihe D.753 in den eigenen Farben lackieren. Mit vereinten Kräften ziehen die bereits umlackierte DFG D.753.058 DG und D.753.060 DG einen Kesselwagenzug von Sannazaro nach Alessandria, aufgenommen am 16. Februar 2007 bei Ferrera. Foto: Stefano Paolini.

Del Fungo Giera verfügt neben den aus Tschechien übernommenen Diesellokomotiven auch über vier Vossloh MaK 2000. In Chiasso warten G2000-51 DG und eine unbekannte Schwestermaschine am 28. Juli 2007 auf weitere Aufgaben.

Del Fungo Giera verfügt über drei Elloks der Baureihe E.474. E.474.103 DG verlässt am 29. Juni 2007 mit einem Kesselwagenzug nach La Spezia den Bahnhof Alessandria.

zzano di Atessa – Chiasso (– Marckolsheim (F)). Auf dem neun Kilometer langen Abschnitt von Piazzano di Atessa zum Rangierbahnhof Fossacesia bespannt die FAS die Züge mit einer Diesellokomotive der Baureihe D.752. Im Abschnitt Fossacesia – Chiasso ist der Zug von einer NordCargo-Ellok bespannt. Seit Ende März 2007 fährt NordCargo in Kooperation mit BLS Cargo einen Güterzug in der Relation Anagni Fiuggi (bei Roma) – Chiasso – Basel (CH), der drei Mal pro Woche verkehrt. Der Zug transportiert Zucker und Stahlprodukte.
Seit August 2007 hat NordCargo bei Dispolok die Elloks ES 64 F4-009 und 094 angemietet und verfügt somit über neun Lokomotiven dieser Baureihe. Im Oktober 2007 hat NordCargo bei Siemens die ursprünglich für SBB Cargo bestimmte Re 474 008 gekauft. Die Lokomotive wurde nicht wie ursprünglich geplant an Del Fungo Giera geliefert. Parallel hat NordCargo beschlossen, bei ATC drei Elloks der Baureihe E.483 anzumieten und fünf Maschinen zu kaufen. Es handelt sich um Bombardier-Elloks der Gattung TRAXX F 140 DC, die lediglich für 3 000V ausgerüstet sind. Die ersten beiden als E.483.001 und 002 bezeichneten Lokomotiven wurden ab März 2007 im Rahmen von Zulassungsfahrten im RFI-Netz eingesetzt. Mit einer Zulassung durch Cesifer wird frühestens im Oktober 2007 gerechnet. Bombardier wird die Baureihe E.483 im Werk Vado Ligure fertigen. Es handelt sich neben Kassel um den zweiten Standort des Unternehmens, wo diese Baureihe gefertigt werden kann. Im Werk Vado Ligure werden darüber hinaus die für Trenitalia bestimmten E.464 gebaut (s. Seite 305).
Neu am italienischen Eisenbahnhimmel ist **Rail One SpA**, die seit Juni 2005 über eine Lizenz für den Güterverkehr verfügt. Ist. Das Unternehmen fährt seit 16. Januar 2007 den LNG-Kesselwagenzug in der Relation Domegliara (Verona) – Brindisi. Bis zur Einstellung des Verkehrs am 15. Februar 2007 verkehrte der Zug zwei Mal pro Woche. Rail One hatte für diesen Verkehr bei MRCE die Dispoloks E.189 930 und 931 (ES 64 F4 030 und 031) geleast.
Am 13. März 2007 fuhr **Railion Italia SpA** den ersten Güterzug zwischen Chiasso und Lonato (bei Brescia). Nach Castelguelfo, Desio und Torino nahm Railion Italia im Jahr 2007 in Anagni an der Strecke Roma – Cassino den vierten Railport in Betrieb. Für die Zustellung der Wagen nach Anagni wurde BLS Cargo/Nordcargo beauftragt (s. Seite 312). Seit Anfang Juli 2007 fährt Railion Italia zwei Mal pro Woche Autozüge in der Relation Torino – Domodossola – Basel – Bouchain (F), die in Kooperation mit BLS und der französischen ECR bespannt werden (s. Seite 215).
Bisher verfügte Railion Italia ausschließlich über neun Diesellokomotiven der Bauart Vossloh G2000 BB. Ende 2006 wurden vier Elloks der Baureihe E.483 in Betrieb genommen, die bei ATC angemietet wurden. Railion Italia beabsichtigt, künftig bei Railion Deutschland ausgemusterte Diesellokomotiven in Italien einzusetzen. Im Juli 2007 traten 225 091 und 092 die Reise nach Italien an. Mit einer Zulassung der Baureihe 255 wird jedoch nicht vor 2008 gerechnet.
Seit Februar 2007 fährt **Rail Traction Company SpA** (RTC) in Kooperation mit dem deutschen Partner Lokomotion (s. Seite 101) Autozüge in der Relation (München –) Brennero – Arena Po. Seit 17. September 2007 bietet RTC einen Intermodalzug zwischen Nola (Roma) und dem süditalienischen Gioia Tauro an, der fünf Mal pro Woche verkehrt. Auftraggeber ist Interporto Campano in Gioia Tauro. RTC stehen für die Verkehre sieben Elloks der Baureihe EU 43 zur Verfügung, die ursprünglich für die polnische PKP gebaut wurden. Darüber hinaus sind zehn Elloks der Baureihe ES 64 F4 (E.189) vorhanden, von denen fünf Eigentum von RTC stehen - die Übrigen sind von Dispolok geleast. Ferner befinden sich zwei Diesellokomotiven der Baureihe D.753 im Bestand. Um den entstandenen Mangel an Elloks auszugleichen, wurden Anfang Juni 2007 bei ATC die übrigen drei TRAXX-Elloks der Baureihe E.483 für einen Zeitraum von zehn Jahren angemietet. Die Lokomotiven sollen im Laufe des Jahres 2007 in Betrieb genommen werden und vorwiegend im Verkehr nach Mittel- und Süditalien eingesetzt werden.
Seit 10. Dezember 2006 fährt **SBB Cargo Italia SpA** (SCI) alle Ralpin-Huckepack-Züge der Relation Freiburg im Breisgau (Deutschland) – Novara im Abschnitt zwischen Domodossola und Novara. Damit hat NordCargo alle SBB Cargo-Verkehre verloren. SCI wird die Verkehre bis Ende 2009 durchführen. Die zuvor von SCI an NordCargo vermieteten Elloks Re 474 017 und 018 wurden an

Die vier FER-Lokomotiven der Baureihe E.640 erwiesen sich im Alltag als sehr störanfällig, so dass sie nach einigen Monaten durch TLG-Elloks ersetzt wurden. Die FER-Lokomotiven wurden zwischenzeitlich abgestellt. Am 8. April 2006 schien alles planmäßig zu verlaufen, als zwei E.640 mit G 52385 Roncafort – Fórli bei San Pietro in Casale fotografiert werden konnten.

Am 29. Juni 2007 verlässt die Railion Italia-Lok G2000-29 SF mit ihrem Güterzug den Bahnhof Alessandria mit Fahrtziel Domodossola. Links wartet eine bei TGL eingestellt E.652 auf ihren Triebfahrzeugführer.

Seit 10. Dezember 2006 werden alle Rollende Landstrasse-Züge des Ralpin-Verkehrs Freiburg im Breisgau (D) – Novara durchgehend von SBB Cargo gefahren. Am 30. Juni 2007 ist E.474.005 SR mit einem RoLa-Zug auf dem Weg nach Novara, aufgenommen bei der Durchfahrt durch Pettenasco am Lago di Orte.

SBB Cargo Italia verfügt seit Dezember 2006 über drei Vossloh MaK 1000, die bei ATC geleast wurden. Am 28. Juli 2007 präsentiert sich D.100.102 im Depot Chiasso dem Fotografen.

SCI zurückgegeben, um den gestiegenen Bedarf an Elloks auszugleichen. SCI hat die die Ralpin-Verkehre Triebfahrzeugführer bei NordCargo angemietet. Seit Oktober 2006 bietet Hupac einen neuen Containerzug in der Relation Novara – Lübeck Skandinavienkai an, der drei Mal pro Woche verkehrt und durchgehend von SBB Cargo gefahren wird. Die Elloks der Baureihe E.484 sind neben dem Einsatz auf der Strecke Bellinzona – Luino – Gallarate nun auch vor Güterzügen nach Chiasso und Domodossola anzutreffen. Somit ist vor dem Intermodalzug Novara – Chiasso – Lübeck abwechselnd eine Ellok der Baureihe Re 474 oder Re 484 anzutreffen.
Mit dem zweiten neuen Hupac-Containerzug in der Relation Antwerpen – Padova, der im Oktober 2006 eingerichtet wurde, hat SCI ein neues Verkehrsgebiet erschlossen. Bislang war das Unternehmen lediglich im Großraum Milano anzutreffen. Im italienischen Abschnitt setzt SCI eine Ellok der Baureihe E.484 ein. Zwischen der Schweiz und Aachen obliegt die Traktion einer SBB Cargo-Ellok der Baureihe 482. Im ersten Quartal 2007 konnte SCI die Anzahl der Zugleistungen von 380 auf 405 Züge erhöhen. Neuer Zielbahnhof ist Lonato. Die Anzahl der Züge zwischen Domodossola und Torino wurde ebenfalls erhöht. Lonato wird von SCI zwei Mal pro Woche von Chiasso aus angefahren. In Lonato betreibt Lonato SpA ein neues Terminal. Neben Lonato und Torino werden Wagenladungen nach Desio und Brescia gefahren, wo die Ladung auf LKW umgeladen wird. Brescia wird seit Mai 2007 mit einem aus der Schweiz kommenden Mineralwasserzug angefahren. In Torino hat SCI eine Diesellokomotive stationiert, die Holzzüge zwischen Torino und der Burgo-Papierfabrik in Verzuolo bespannt. Diesen Verkehr konnte SCI am 2. April 2007 übernehmen. SBB Cargo/SCI fahren drei Mal pro Woche einen Holzzug von der Schweiz aus nach Verzuolo. Seit Anfang Juli 2007 fahren SCI/SBB Cargo ein Mal pro Woche einen Ganzzug mit Haushaltsgeräten in der Relation Torino – Domodossola – Basel (– Thionville), der in Kooperation mit der französischen ECR gefahren wird (s. Seite 215). Seit Mitte September 2007 fahren SBB Cargo/SCI im Auftrag von CFL Cargo sechs Stahlzüge pro Woche in der Relation Basel – Domodossola – Torino.
SBB Cargo hat SCI die Vossloh MaK 1000 D-Dieselloks 100 001-003 SR zur Verfügung gestellt. Hierbei handelt es sich um Am 842 001-003, die von ATC geleast sind. Die Lokomotiven, die im Dezember 2006 an SBB Cargo geliefert wurden, kommen unter anderem von Chiasso aus nach Desio und Oggiono zum Einsatz. Darüber hinaus werden die Lokomotiven im Holzverkehr von Torino nach Verzoulo eingesetzt. Zwei der drei Lokomotiven tragen die ursprüngliche ATC-Farbgebung, während die dritte Maschine im SBB Cargo-Design unterwegs ist. Von Chiasso aus werden nach wie vor drei Vossloh G 2000 (Baureihe Am 840) nach Oggiono und Lecco eingesetzt.
Die TGL-Tochter **Servizi Ferroviari SpA** (Ser.Fer) fährt seit Januar 2007 im Auftrag von Crossrail den Ewals Cargo Care-Stahlzug Novara – Domodossola (– Genk (B)). Die durch Crossrail von MRCE geleasten Bombardier-Elloks der Gattung TRAXX F 140 MS (E.484 901-905 SE, ausgerüstet für 15 kV und 3 000 V), wurden von Crossrail an Ser.Fer untervermietet. Da diese Züge nachts verkehren, sind die schwarzen E.484 nur im Fall von Verspätungen bei Tageslicht zu sehen. Obgleich die Lokomotiven sowohl für den Einsatz in der Schweiz und Italien vorbereitet sind, werden sie ausschließlich südlich von Domodossola eingesetzt. Wie lange ihr Einsatz bei Ser.Fer andauert, ist derzeit unklar. Die Crossrail-Tochter **Crossrail Italia Srl** ist seit dem 22. März 2007 in Italien zugelassen. Mit der Ausstellung des Sicherheitszertifikates Ende 2007 kann das Unternehmen in Eigenregie Güterzüge in Italien bespannen. Der Crossrail-Shuttle Duisburg – Domodossola verkehrt seit Mai 2007 fünf Mal pro Woche. Die kommerzielle Verantwortung für diese Züge ging im Juli 2007 auf Ewals Cargo Care BV über. Zum 1. September 2007 sind die Züge bis Novara durchgebunden. Seit 1. Oktober 2007 wird in dieser Relation eine sechste Abfahrt angeboten. Mit dem Ausbau der Verkehre gibt es weitere Einsatzmöglichkeiten für die Crossrail-Lokomotiven E.484 901-905 SE, von denen bis Ende August 2007 lediglich 901 und 902 im Einsatz waren. Ende 2007 wurden die ersten von insgesamt acht E.186 an CB Rail übergeben. Die Lokomotiven werden künftig durchgehend vor den Zügen Novara – Deutschland eingesetzt.
SFI-Monferail SpA, an der die SNCF-Tochter Fret SNCF Italie beteiligt ist, setzt seit Juni 2007 die

Elloks BB 336300-DG neben den im Jahr 2006 von TGL übernommenen Stahlzüge Modane – Avigliana (Torino) auch vor Zügen zwischen Modane und Alessandria ein. Alessandria ist der südlichste Wendepunkt der BB 36000 von Fret SNCF. Im April 2007 wurden Schulungsfahrten mit der Baureihe BB 336300-DG zwischen Domodossola, Milano und Novara durchgeführt. SFI-Monferail beabsichtigt, künftig diese Zielorte anzufahren.
Sistemi Territoriali SpA (ST) hat im April 2007 ihren Bestand an Diesellokomotiven der Baureihe D.753 um zwei auf insgesamt sieben Maschinen erhöht. Die aus dem Bestand der ČD übernommenen D.753.737 und 753.738 wurden als D.753.006 SI und 007 SI bei ST in Betrieb genommen. ST hat die Lokomotiven über den Zwischenhändler CZ Loko (vormals ČMKS) gekauft, wo die Maschinen mit einem Caterpillar-Dieselmotor ausgerüstet wurden.
Trentino Trasporti SpA, bisher ausschließlich im Personenverkehr tätig, beabsichtigt, vier Diesellokomotiven für die Bespannung von Güterzügen auf der RFI-Strecke Venezia – Primolano – Trento zu beschaffen. Die Fahrzeugindustrie wurde Mitte 2007 um die Abgabe eines Angebotes gebeten. Im Jahr 2007 hat Cesifer zwei Unternehmen als EVU in Italien zugelassen. Die in Pozzolo Formigaro beheimatete **Tiber Co SpA** ist vorwiegend im Rangierverkehr auf Anschlussgleisen tätig. Als zweites Unternehmen wurde die in Genova beheimatete **InRail SpA** zugelassen. Tiber Co SpA wurde im Jahr 2007 in **Linea Srl** umbenannt. Das Unternehmen übernahm die Diesellokomotiven D.753.703 und 704 (ex-ČD) aus dem Bestand von Hupac SpA, die zukünftig in Asti stationiert sind. Die Lokomotiven haben eine orange-anthrazitfarbene Lackierung erhalten. Seit Ende August 2007 fährt Linea als erste Verkehre Zementzüge zwischen Ospitaletto/Travagliato und Lecco Maggianico.

Privatgesellschaften - Personenverkehr
Azienda Trasporti Collettivi e Mobilità SpA (ATCM), verantwortlich für den Personenverkehr auf der Strecke Modena – Sassuolo, hat die beiden dreiteiligen elektrischen Triebwagen der Baureihe ALe 088 (Firema 1984) modernisiert. Die Triebwagen haben eine neue Inneneinrichtung, neue

Die einzigen Züge, die Ser.Fer zwischen Domodossola und Novara im Auftrag von Crossrail mit Elloks der Baureihe E.484.900 bespannt, verkehren in den Nachtstunden. Stefano Paolini hatte am 5. Juni 2007 Glück, als der von E.484.902 bespannte ECC-Zug (Genk –) Domodossola – Novara auf Grund einer Verspätung in Arona bei Tageslicht zu fotografieren war.

SNCF Fret fährt mit der Zulassung von SFI-Monferail SpA eigene Güterzüge in Italien. Am 12. Oktober 2006 ist BB 436335 gemeinsam mit einer Schwesterlokomotive bei Bruzolo auf dem Weg nach Avigliana. Foto: Stefano Paolini.

Fenster, eine Klimaanlage sowie einen Zugzielanzeiger erhalten. Darüber hinaus wurden die Führerstände neu gestaltet. Bei den Triebwagen wurde das im RFI-Netz vorgeschriebene Zugsicherungssystem eingebaut. Die Triebwagen fallen durch die neue silberblaue Farbgebung auf. ATCM beabsichtigt, die Triebwagen künftig gemeinsam mit den beiden im Juli 2007 bei Alstom bestellten *Minuetto*-Triebwagen im durchgehenden Verkehr von Modena nach Bologna und Suzzara einzusetzen. Die vier elektrischen Triebwagen der Baureihe ALe 228 (ex-SNCB) wurden ebenfalls modernisiert. Sie haben eine neue gelbe Farbgebung erhalten und sollen auch in Zukunft ausschließlich auf der Strecke Modena – Sassuolo eingesetzt werden. Die im Juli 2007 bei Alstom bestellten elektrischen *Minuetto*-Triebwagen sollen im Jahr 2009 ausgeliefert werden.

Ferrotramviaria SpA – Ferrovia Bari Nord hat am 4. April 2006 auf dem 28 km langen Abschnitt Ruvo – Pelese (Strecke Bari – Bitonto – Barletta) ein zweites Streckengleis in Betrieb genommen. Bei Alstom wurden im Juni 2006 drei elektrische Triebwagen der Baureihe ELT 207-209 nachbestellt, die baugleich zu den sechs in den Jahren 2005 – 2006 ausgelieferten Triebwagen der Baureihe ELT 201-206. Die zweite Serie wird ab Ende 2007 ausgeliefert. Es handelt sich um dreiteilige Triebwagen mit der Achsfolge Bo' Bo' + 2' 2'+ Bo' Bo', die mit einer Gesamtleistung von 1 280 kW eine Höchstgeschwindigkeit von 110 km/h erreichen. Die Triebwagen verfügen über 138 Sitzplätze.

Am 20. November 2006 wurde die von der **Ferrovia Adriatico-Sangritana SpA** (FAS) betriebene Strecke San Vito – Lanciano für den Gesamtverkehr stillgelegt. Die Strecke zeichnete sich durch ihren Kehrtunnel aus. Die als Ersatz vorgesehene sieben Kilometer lange Neubaustrecke von San Vito (an der verlegten RFI-Strecke Ortona – Casalbordino) nach San Vito Cittá konnte auf Grund administrativer Probleme bislang noch nicht in Betrieb genommen werden. AnsaldoBreda hat zwischenzeitlich mit der Auslieferung von vier umgebauten Triebwagen der Baureihe ALe 056 begonnen. Die Auslieferung verzögerte sich auf Grund von organisatorischen Problemen bei Ansaldo-Breda um mehrere Jahre. Der Prototyp konnte im August 2004 präsentiert werden, so dass von

Linea srl übernahm von Hupac die Diesellokomotiven D.753.303 und 304. Die Lokomotiven bespannen in der Regel montags bis freitags einen Güterzug von Ospitaletto Travagliato nach Lecco. Am 6. September 2007 konnte Stefano Paolini die beiden Maschinen mit G 61400 nach Lecco bei Palazzolo sull'Oglio fotografieren.

einer zügigen Auslieferung der übrigen Fahrzeuge zu rechnen ist. Die umgebauten Triebwagen sind sowohl für den Verkehr auf der Strecke San Vito – Lanciano als auch für den Nahverkehr auf den anschließenden RFI-Strecken San Vito – Termoli und San Vito – Pescara – Teramo vorgesehen.

Die **Ferrovie della Calabria SpA** (FC), Betreibergesellschaft der 950 mm-Schmalspurstrecken Cosenza – Catanzaro Città – Catanzaro – Lido, Cosenza – San Giovanni in Fiore und Sinopoli – Gioia Tauro – Cinquefrondi (222 km), hat die Fahrzeugindustrie zur Abgabe eines Angebotes für die Lieferung von fünf zweiteiligen Dieseltriebwagen aufgefordert. Vier Triebwagen sollen mit einem Zahnradantrieb ausgestattet sein.

Die **Ferrovie del Gargano SpA** (FG), Betreiber der mit 3 000 V elektrifizierten Normalspurstrecke San Severo – Peschici Calanella (79 km), hat im September 2006 bei Stadler drei dreiteilige *FLIRT*-Triebwagen einschließlich einer Option auf weitere drei Triebwagen bestellt, die im Herbst 2007 ausgeliefert werden sollen. Die Triebwagen erreichen mit einer Motorleistung von 2 600 kW eine Höchstgeschwindigkeit von 160 km/h.

Die vier im Jahr 1995 von der Ferrovia Centrale Umbre (FCU) übernommenen elektrischen Triebwagen der Baureihe E.101-104 einschließlich der Beiwagen R.211-213 sollen modernisiert werden. Am 1. März 2007 wurde das erste, fest gekuppelte Duo der Öffentlichkeit präsentiert. Die Fahrzeuge erhalten eine neue Inneneinrichtung, neue Fenster, eine Klimaanlage sowie elektronische Zugzielanzeiger. Sie fallen durch ihre neue rot-weiße Farbgebung auf und werden zukünftig als ALe 200.001-003e + Le200.001-003 bezeichnet. Die aus dem Jahr 1981 stammenden elektrischen Triebwagen ALe 80.01-06 werden ebenfalls modernisiert. Am 30. Oktober 2006 wurde die FG-Strecke Sannicandro – Canano Varano nach einer Neutrassierung wieder in Betrieb genommen. Die 1967 stillgelegte Strecke Foggia – Lucera (17 km) wird elektrifiziert. Die Arbeiten sind jedoch nach dem Konkurs des Bauträgers ins Stocken gekommen.

ATCM hat die ehemaligen SNCB-Triebwagen der Baureihe Ale.228 modernisieren lassen. In diesem Zusammenhang haben die betagten Fahrzeuge eine neue Farbgebung erhalten. Am 28. Juni 2007 verlässt Ale.228.064 den Bahnhof Modena Centrale mit Ziel Sassuolo.

Die **Ferrovie della Sardegna SpA** hat am 3. August 2007 die 950 mm Schmalspurstrecke Mandas – Arbatax wieder in Betrieb genommen. Die Strecke musste Anfang November 2006 nach einem Erdrutsch für den Gesamtverkehr gesperrt werden.

Die **Ferrovie del Sud Est SpA** (FSE) wird die Strecke Bari Sud Est – Mungivacca – Putignano – Martina Franca (121 km) elektrifizieren. Der elektrische Zugbetrieb soll 2011 aufgenommen werden. Ende 2007 wird die polnische Pesa den ersten von insgesamt 13 dreiteiligen dieselhydraulischen Triebwagen ausliefern. Die Triebwagen wurden bereits im Juni 2006 bestellt und basieren auf den Triebwagen der PKP-Baureihe SA 133. Ein Triebwagen verfügt über 134 Sitzplätze der 2.Klasse und 21 Sitzplätze der 1.Klasse. Die zwischen den Drehgestellen in Niederflurbauweise ausgeführten Triebwagen erreichen eine Höchstgeschwindigkeit von 120 km/h.

Die **Ferrovie Emilia-Romagna SpA** (FER) wird die zehn im Jahr 2004 von der Slowenischen Staatsbahn übernommenen elektrischen Triebwagen der Baureihe 315 nicht modernisieren. Die Triebwagen trafen im Jahr 2005 in Italien ein und sind seitdem abgestellt. Im April 2007 wurden die Triebwagen nach Poznań überführt, wo sie bei Pesa als Ersatzteillieferant für die baugleichen EN57 der PKP dienen werden (s. Seite 357).

Im Frühjahr 2007 hat Corifer die ersten von fünf *Vivalto*-Doppelstockwagen ausgeliefert, die im Jahr 2005 bestellt wurden. Zwei *Vivalto* werden als Steuerwagen ausgeführt. Sie sind für den Einsatz auf der Strecke Bologna – Portomaggiore vorgesehen, die derzeit elektrifiziert wird. Seit September 2007 werden die *Vivalto*-Wagen in Trenitalia-Verkehren Bologna – Padova eingesetzt, die mit Elloks der Baureihe E.464 bespannt werden. Die FER verfügt über sechs Lokomotiven dieser Gattung, die bis zur Aufnahme des elektrischen Zugbetriebs zwischen Bologna und Portomaggiore in den Trenitalia-Umläufen der Baureihe E.464 von Bologna aus eingesetzt werden. Die FER beabsichtigt, weitere sechs E.464 zu bestellen.

Die beiden GTW 2/6-Triebwagen, die Stadler im Jahr 2006 an die **Ferrovia Udine-Cividale Srl**

Die FAS hat die kurvenreiche Strecke von San Voto Marittima nach San Vito Cittá im November 2006 durch eine neue, begradigte Strecke ersetzt, die jedoch im Oktober 2007 noch nicht dem Betrieb übergeben war. Zwei nicht umgebaute OM-Triebwagen der Baureihe Ale.01-11 sind am 2. August 2004 auf der alten Strecke unterwegs.

AnsaldoBreda lieferte im Jahr 2007 modernisierte ehemalige SNCB-Triebwagen an die FAS. Der Prototyp präsentierte sich am 2. August 2004 dem Fotografen in Lanciano.

Privatgesellschaften – Personenverkehr

Die **Györ-Sopron-Ebenfurti Vasút** (GySEV) hat zum 10. Dezember 2006 die in Ungarn gelegene Strecke Szombathely – Szentgotthard von der MÁV übernommen. Ein Großteil der Reisezüge auf dieser Strecke wurden mit ÖBB-Fahrzeugen in durchgehenden Relationen Graz – Szentgotthard – Szombathely (Baureihe 2016 und *Desiro*-Triebwagen der Baureihe 5022) gefahren. Einen geringen Teil stellt die GySEV mit Diesellokomotiven der Baureihe M41, die von der MÁV angemietet wurden. Güterzüge werden in der Regel mit MÁV-Diesellokomotiven der Baureihe M62 gefahren. Die GySEV beabsichtigt, die Strecke bis 2010 zu modernisieren und somit leistungsfähiger zu machen. Mit dem Einsatz der ÖBB-Baureihe 4124 auf den Strecken Wien Süd – Neusiedl am See – Fertözentmiklos und Wien Süd – Ebenfurth – Sopron – Deutschkreuz konnten die zuvor im Großraum Sopron eingesetzten GySEV-Dieseltriebwagen der Baureihe 5047/5147 aus den Umläufen verdrängt werden. Die Triebwagen werden seit 10. Dezember 2006 auf den Strecken Wulkaprodersdorf – Neusiedl am See und Eisenstadt – Wulkaprodersdorf – Ebenfurth – Wiener Neustadt eingesetzt.

Nachdem die **Stern & Hafferl Verkehrsgesellschaft mbH** (StH) die Stilllegung des Personenverkehrs auf der ÖBB-Strecke Lambach – Haag im Dezember 2005 um ein Jahr verschoben hat, wurde die Gnadenfrist im Dezember 2006 um ein weiteres Jahr verlängert. 2008 soll die Strecke auf den Abschnitt Neukirchen – Haag verkürzt werden, um die teure Einbindung in die Westbahn zu vermeiden. Letztere wird modernisiert und für 200 km/h ertüchtigt.

Die **Zillertaler Verkehrsbetriebe AG** baut den Abschnitt Ziller – Ramsau (Strecke Jenbach – Mayrhofen) zweigleisig aus. Im Anschluss soll das zweite Streckengleis zwischen Kaltenbach und Aschau gebaut werden. Am 14. April 2007 traf die von Gmeinder gebaute Diesellok D15 bei der Zillertalbahn ein. Die Schwesterlokomotive D16 wurde Ende 2007 ausgeliefert. Beide Lokomotiven sind identisch zu den bereits in Betrieb befindlichen D13 und D14, die 2005 ausgeliefert wurden. Im April 2007 lieferte die slowakische ŽOS Vrútky den ersten Steuerwagen an die Zillertalbahn. Insgesamt werden acht Neubauwagen in Betrieb genommen, drei davon als Steuerwagen, aus denen zwei Zuggarnituren gebildet werden können. Mit den neuen Wagen soll ab 9. Dezember 2007 ein Halbstundentakt zwischen Jenbach und Mayrhofen angeboten werden.

Open access Güterverkehrsgesellschaften

Die deutsche **Lokomotion Gesellschaft für Schienentraktion mbH** (s. Seite 101) fährt seit 16 April 2007 drei Mal pro Woche einen neuen Güterzug in der Relation München – Koper (SLO). Der Zug fährt über Salzburg und die Tauern-Strecke bis Jesenice (SLO), wo er von der SŽ übernommen wird.

Die **LTE Logistik und Transport GmbH** (LTE) musste zum 10. Dezember 2006 die Containerzüge Kalsdorf (Graz) – Neuss (D) an RCA abgeben. Die von der LTE in Kooperation mit r4c gefahrenen Getreidezüge Budapest – Heygeshalom – Rotterdam haben sich im vergangenen Jahr positiv entwickelt. Seit Herbst 2006 werden im Durchschnitt acht Zugpaare pro Woche gefahren. Drei Zugpaare werden mit LTE-Lokomotiven der Baureihe 185 bespannt, die von Budapest bis Emmerich am Zug bleiben. Die übrigen Zugpaare werden zwischen Budapest und Hegyeshalom von den ungarischen open access operators CER oder Floyd gefahren. Zwischen Hegyeshalom und Emmerich ist LTE der Frachtführer, der zu diesem Zweck bei r4c Lokomotiven der Baureihe 185 angemietet hat. Seit 18. Mai 2007 fährt LTE im Rahmen eines Neuverkehrs Zement von Tschechien über Břeclav nach Kleinschwechat. LTE hat im tschechischen Abschnitt Viamont als Frachtführer eingesetzt. Die Züge verkehren in der Regel zwei Mal pro Woche. Unverändert blieben die seit Juni 2006 gefahrenen Ethanol-Züge Kikinda (Serbien) – Hegyeshalom – Krems a/d Donau. In 2007 konnte LTE einen Vertrag über zur Überführung von neuen Kesselwagen aus Rumänien nach Deutschland gewinnen. Der Vertrag umfasst die Überführung von 5 000 Kesselwagen. Aktuell verkehren pro Woche durchschnittlich zwei Züge. Darüber hinaus wird durchschnittlich alle zehn Tage Getreide von Korneuburg nach Rotterdam gefahren. Seit August 2007 fährt die LTE in Kooperation mit CTL Logistics S.A. und der Deutschen Eisenbahnbetriebe Mittlerer Neckar GmbH

Seit 16. April 2007 bietet die Lokomotion Gesellschaft für Schienentraktion mbH einen neuen Güterzug in der Relation München – Koper (SLO) an, der über die Tauern-Strecke geführt wird. Am 27. Juni 2007 hat die bei MRCE Dispolok geleaste E.189 909, die noch mit ÖBB-Logos versehen ist, den Bahnhof Jesenice mit Fahrtziel München verlassen.

LTE Logistik und Transport GmbH hat mit 185 524 eine dritte TRAXX-Ellok in Betrieb genommen. Mit einem Getreidezug nach Ungarn ist 185 524 am 14. August 2007 bei Wien-Unter St. Veit unterwegs. Foto: Herwig Luttenberger.

LTE hat im Februar 2007 eine zweite Diesellok der Bauart ER20 in Betrieb genommen. Mit einem Schadwagenzug wartet 2016 904 am 11. Juni 2007 in Strasshof auf die Weiterfahrt in die Slowakei. Foto: Martin Oswald.

RTS verfügt seit 2007 über vier ehemalige ÖBB-Diesellokomotiven der Baureihe 2143. Am 20. April 2007 hat 2143 005 drei Schotterwagen bei der Firma Hengl in Limberg-Maissau abgeholt. Foto: Paul Liebhart.

Zwei Mal pro Woche fährt RTS einen Schlackezug von Linz über den Arlberg nach Löruns. Am 29. Juli 2007 ist RTS 1216 901 mit G 47892 nach Löruns bei Flaurling unterwegs. Foto: Dr. Helmut Petrovitsch.

(EMN) Getreidezüge von Hegyeshalom über Passau nach Kehl. Für diese Verkehre hat die EMN bei MRCE die Dispolok ES 64 F4-010 angemietet.
Seit 1. November 2006 hat LTE bei Angel Trains Cargo eine dritte Ellok der Baureihe 185 (185 524) angemietet, die gemeinsam mit den Schwestermaschinen 185 528 und 529 vorwiegend im Getreideverkehr eingesetzt wird. Darüber hinaus wurde der Bestand an Diesellokomotiven ausgebaut. Seit November 2006 hat das Unternehmen bei Dispolok ER20-006 angemietet. Ende Februar 2007 wurde bei Siemens 2016 904 gekauft, die ursprünglich als DE 2005-05 an die NordOstseeBahn (NOB) geliefert werden sollte. Mit der Übernahme der 2016 904 konnte ER20-006 am 5. März 2007 an Dispolok retourniert werden. Die LTE verfügt darüber hinaus über 2016 903, 2150 901 und 902 (Vossloh G1206) sowie über 2170 001 (Vossloh G1700).
Die **Rail Transport Service GmbH** (RTS) ist Teil des Baukonzerns Swietelsky Baugesellschaft GmbH. Das Unternehmen ist neben Bauzügen immer häufiger in anderen Verkehren anzutreffen. Der seit April 2006 zweimal pro Woche verkehrende Schlackezug Linz – Löruns (Bludenz) wurde anfangs mit der bei Dispolok angemieteten *Taurus*-Ellok ES 64 U2-017 bespannt. Nachdem die Lokomotive im März 2007 für die Ecco Cargo-Verkehre abgezogen werden musste (s. Seite 89), kam vorübergehend ER20-004 zum Einsatz. Mit der *Taurus*-Bespannung wurde über den Arlberg gefahren, wobei der Zug zwischen Landeck und Bludenz auf Grund der Steigungen und Mangels einer Schiebelok in drei Teilen gefahren werden musste. Mit dem Einsatz der ER20-004 musste nun der Weg über Linz, Neumarkt, Simbach, München, Lindau und Bregenz nach Bludenz gewählt werden, da die Diesellok für den Einsatz am Arlberg zu schwach ist. Die Bemühungen von RTS, dem Ecco Cargo-Netzwerk beizutreten, hatten kaum begonnen, da endeten sie Ende März 2007 bereits wieder. Die Schlackezüge Linz – Löruns fuhren ab dem 1. April 2007 wieder mit Elloks über den Arlberg. RTS konnte jedoch im Rahmen des Ecco Cargo-Netzwerks zum 1. Januar 2007 die Zubringerzüge *Ecco Cargo Celtic* Freilassing – Salzburg-Liefering (fünf Mal pro Woche) und *Ecco Cargo Attergau* Freilassing – Hallein/Frankenmarkt/Vöcklamarkt/Steyermuhl, zwei Mal pro Woche) übernehmen. In Freilassing besteht Anschluss an den Ecco Cargo Austria, der ebenfalls seit 1. Januar 2007 von RTS Germany GmbH gefahren wird (s. Seite 114). Ende März 2007 wurde der

In Mai 2007 hat Siemens den *Eurorunner* 2016 905 an RTS ausgeliefert. Mit einem kurzen Bauzug ist die Lokomotive am 26. Juli 2007 bei Silberwald im Einsatz. Foto: Christian Knop.

Verkehrsvertrag zwischen RTS und der Salzburger Eisenbahn-TransportLogistik GmbH (SETG) jedoch wieder gekündigt. Seit Anfang 2007 werden in unregelmäßigen Abständen Holzzüge von Flensburg nach Gratwein-Gratkorn gefahren. Im Juli/August 2007 wurden im Auftrag von CTL Getreidezüge in der Relation Kehl – Linz – Heyeshalom (– Ungarn) gefahren. Seit Mai 2007 überführt RTS im Rahmen eines Vertrages mit Stadler neue FLIRT-Triebwagen von Herstellerwerk in Buchs nach Hegyeshalom, wo die Neubautriebwagen zur Ablieferung an die MÁV übergeben werden (s. Seite 395).
RTS hat im zurückliegenden Jahr den Bestand an Lokomotiven weiter ausgebaut. Die drei ehemaligen ÖBB-Diesellokomotiven 2143 005, 007 und 032 werden hauptsächlich im Bauzugverkehr eingesetzt. In 2007 übernahm RTS aus dem Bestand der ÖBB mit 2143 003 eine vierte Lokomotive dieser Baureihe. Im Dezember 2006 wurden bei Siemens die ersten Elloks bestellt. Es handelt sich um zwei Lokomotiven der Gattung ES 64 U4, die baugleich zu den ÖBB-Lokomotiven der Baureihe 1216 sind. Da die Lokomotiven aus der laufenden Produktion für die ÖBB entnommen wurden, standen die Fahrzeuge der RTS kurzfristig zur Verfügung. 1216 901 wurde Ende April 2007, 1216 902 im August 2007 an die RTS ausgeliefert. Am 21. Mai 2007 lieferte Siemens mit 2016 905 einen Eurorunner an die RTS. Aus dem Bestand der ÖBB wurden sechs Rangierloks der Baureihe 2067 übernommen, die in Rumänien eine Hauptuntersuchung erhalten haben.
Die **Salzburger LokalBahn GmbH** (SLB) musste die zum Ecco Cargo-Neztwerk gehörenden Zubringerverkehre Freilassing – Salzburg-Liefering (*Ecco Cargo Celtic*) und Freilassing – Hallein/Frankenmarkt/Vöcklamarkt/Steyermuhl (*Ecco Cargo Attergau*) zum 1. Januar 2007 an die RTS abgeben. Nach der Kündigung des RTS-Vertrags zum 31. März 2007 konnte die SLB jedoch wieder in diese Verkehre einsteigen. Zum 1. Mai 2007 mussten die Leistungen jedoch wieder an die WLB abgegeben werden.
Seit Anfang September 2006 ist **SBB Cargo Deutschland GmbH** in Österreich aktiv. Im Auftrag von Hupac fährt das Unternehmen drei Mal pro Woche Containerzüge in der Relation Antwerpen – Padova (I), die über den Brenner gefahren werden. Als Traktion werden Elloks der Baureihe Re 482 eingesetzt, die somit erstmals in Österreich planmäßig anzutreffen sind. Seit 1. September

Zwei der insgesamt fünf WLB-Containerzüge zwischen Duisburg und Wien werden von SBB Cargo gefahren. Martin Oswald konnte die SBB Cargo-Lok 482 042 am 27. Juli 2007 mit einem WLB-Containershuttle in Wien-Erdberger Lände fotografieren.

2006 fährt die WLB im Auftrag von Hupac Intermodalzüge von Duisburg nach Budapest. Da WLB die sechs Zugpaare pro Woche nicht mit eigenen Traktionsmitteln fahren kann, greift das Unternehmen bei zwei Zugpaaren auf SBB Cargo-Lokomotiven der Baureihe Re 482 zurück, die zwischen Duisburg und Wien zum Einsatz kommen. 482 035-049 wurden für diese Verkehre mit den österreichischen Zugsicherungseinrichtungen ausgerüstet.

TX Logistik Austria GmbH (TXL) musste zum 18. Dezember 2006 die Tonerde-Verkehre Limburg – Brennero – Dinazzano (I) an Railion abgeben. Hupac hat ihr Netzwerk in 2006/2007 weiter ausgebaut. Für die Containerzüge Antwerpen – Padova (I) stellt TXL zwischen Kufstein und Brennero die Schiebelokomotive. Seit 10. Dezember 2006 verkehrt ein zweites Zugpaar zwischen Lübeck Skandinavienkai und Verona. Der Containershuttle Wanne-Eickel – Verona (I) wurde auf acht Abfahrten pro Woche und Richtung aufgestockt. Die Züge werden in Österreich und Deutschland von TXL gefahren.

Seit dem 21. März 2007 fährt TXL im Auftrag von Hupac sechs Mal pro Woche einen Containerzug in der Relation (Genk –) Würzburg – Verona. Hierbei handelt es sich um einen bestehenden Verkehr, der zwischen Genk (B) und Würzburg von der belgischen DLC gefahren wird.

TXL fährt seit April 2007 ein Mal pro Woche Flüssiggas von Linz nach Ungarn. Zum Einsatz kommen Wagen der tschechischen Viamont, die von einer TXL-Lokomotive der Baureihe 185 bespannt werden. Im Grenzbahnhof Hegyeshalom wird der Zug an die MÁV übergeben. Zwischen September 2006 und März 2007 hat TXL bei der WLB eine *Taurus*-Ellok angemietet, die vorwiegend zwischen Kufstein und Brennero eingesetzt wurde. Die bei Dispolok geleasten *Taurus*-Elloks ES 64 U2-006, 008 und 009 sind seit Anfang Dezember 2006 an Boxxpress untervermietet. TXL ist Anteilseigner an Boxxpress. Aus dem Bestand der ÖBB wurden seit Mitte Januar 2007 zunächst drei 1144 angemietet. Im Laufe des Jahres folgten weitere zwei Lokomotiven der gleichen Baureihe, die vorwiegend im Autoverkehr zwischen Brennero und Zielorten in Deutschland eingesetzt werden. Die Trenitalia-Elloks der Baureihe E.412 kommen in Österreich sowohl vor TXL- als auch vor RCA-Zügen zum Einsatz. Zwischen RCA und Trenitalia werden diese Einsätze auf Basis von gefahrenen Achskilometern abgerechnet. Nachdem im Mai 2006 der Einsatz auf der

TX Logistik setzt die Elloks der Baureihe E.412 in Österreich auch auf der Tauern-Strecke ein. Am 11. März 2007 ziehen zwei E.412 einen Autozug durch Brixlegg in Richtung Italien. Foto: Markus Inderst.

Brennerstrecke Brennero – Kufstein begonnen hatte, kommen die Lokomotiven seit 2. April 2007 auch auf der Tauern-Strecke Tarvisio – Villach – Salzburg (– Deutschland) zum Einsatz. Pro Tag werden mehrere RCA-Güterzüge mit Lokomotiven der Baureihe E.412 über die Tauern-Strecke gefahren.

Die **Wiener Lokalbahnen AG** (WLB) konnte im Geschäftsjahr 2006 rund 150.000 TEU befördern. Der Gesamtumsatz lag bei 28 Millionen €. Im Streben nach weiteren Marktanteilen will das Unternehmen seine Position im Südosteuropaverkehr weiter ausbauen. Zu diesem Zweck wurde Anfang September 2007 die Tochter **WLB Cargo AG** gegründet. In Ungarn strebt man eine Kooperation mit PannonRail Vasútépítő Kft an, nach die WLB 34% der Anteile übernommen hat. Im Auftrag von Hupac wird seit 1. September 2006 ein Containershuttle zwischen Duisburg und Budapest gefahren. In Deutschland wurde für diesen Neuverkehr SBB Cargo Deutschland GmbH als Frachtführer eingesetzt. In den ersten Wochen waren vier Abfahrten pro Woche disponiert. Zum 22. November 2006 wird der Verkehr um ein Zugpaar Wien – Duisburg ergänzt. Zwei Zugpaare werden mit SBB Cargo-Lokomotiven der Baureihe Re 482, die übrigen Züge mit *Taurus*-Elloks gefahren. Auf Grund "administrativer Probleme" liefen die WLB-*Taurus*-Lokomotiven zwischen Februar und August 2007 nicht mehr bis Budapest. Stattdessen mussten die Züge im ungarischen Abschnitt von der MÁV gefahren werden. Neben den mit dem so genannten Bosporus-Paket ausgerüsteten ES 64 U2-060 und 064 wurde in 2007 ein dritter *Taurus* mit der Betriebsnummer ES 64 U2-068 in Dienst gestellt. Seit 22. November 2006 fährt die WLB im Auftrag von Hupac Güterzüge zwischen Wien und Krems a/d Donau. Zum Einsatz kommt eine Diesellokomotive der Baureihe V100. Zum 1. Mai 2007 hat die WLB den *Ecco Cargo Celtic* Freilassing – Salzburg-Liefering (fünf Mal pro Woche) und den *Ecco Cargo Attergau* Freilassing – Hallein/Frankenmarkt/Vöcklamarkt/Steyrmühl (zwei Mal pro Woche) von der SLB übernommen. Zum Einsatz kommt eine in Freilassing beheimatete V100 der WLB. Seit Mai 2007 fährt die WLB im Auftrag der Mittelweserbahn GmbH Holzschnitzelzüge zwischen Vöcklamarkt und verschiedenen Orten in Deutschland.

ITALIEN

Entsprechend vieler anderer europäischer Länder hat auch Italien keine vollständige Trennung von Verwaltung, Netz und Betrieb vorgenommen. Unter der Holding Ferrovie dello Stato SpA (FS) gibt es die Bereiche Rete Ferroviarie Italiane SpA (RFI), verantwortlich für die Verwaltung und Instandhaltung des Netzes einschließlich der für die Hochgeschwindigkeitsstrecken (Direttissime) zuständigen Tochter TAV, sowie Trenitalia SpA, verantwortlich für den Betrieb. Trenitalia ist wiederum in Passageri und Trenitalia Global Logistics (TGL, Güterverkehr) gegliedert.
Im Geschäftsjahr 2006 musste die FS-Gruppe Schulden in Höhe von 1,8 Milliarden € vortragen. An diesem Ergebnis ist Trenitalia mit 1,3 Milliarden € beteiligt. Das negative Ergebnis hat zahlreiche Ursachen. So werfen Experten dem Unternehmen vor, mit der Regierungsübernahme von Silvio Berlusconi im Dezember 2001 keine Tariferhöhungen im Personenverkehr durchgeführt zu haben. Dies hat zur Konsequenz, dass eine Bahnreise in Italien rund 50% preiswerter als in Deutschland oder den Niederlanden ist. Darüber hinaus wurden die staatlichen Subventionen erheblich reduziert. Gestiegene Personalkosten und ein Rückgang der Transportleistung im Güterverkehr haben ebenfalls zu dem schlechten Ergebnis beigetragen. Der seit September 2006 amtierende Direktor der FS, Innocenzo Cipolletta, warnte in diesem Zusammenhang vor einem drohenden Bankrott der italienischen Eisenbahn und kündigte an, die drohende Zahlungsunfähigkeit durch drastische Tariferhöhungen im Personenverkehr abzuwenden. Im Januar 2007 folgten diesen Worten Taten. Die Tarife im Fernverkehr wurden um zehn bis 15% erhöht. Um aus der Gefahrenzone zu gelangen, muss die FS im kommenden Geschäftsjahr rund vier Milliarden € aufbringen. Da staatliche Mittel auf Grund der Genehmigung durch das Europäische Parlament kurzfristig nicht zur Verfügung stehen, sind Tariferhöhungen weitaus einfacher und schneller umzusetzen. Darüber hinaus sollen die Kosten erheblich reduziert werden. So sollen rund 10 000 Planstellen abgebaut werden. Darüber hinaus dürfen keine Aufträge an Beratungsunternehmen vergeben werden. Im Güterverkehr soll die Anzahl der Güter- und Rangierbahnhöfe deutlich reduziert werden. 300 der insgesamt 360 Gütertarifpunkte weisen rote Zahlen aus, so dass eine Zusammenlegung und Stilllegung sinnvoll erscheint. Ferner beabsichtigt die FS mit einem Relikt aus der Dampflokzeit zu brechen. Bislang gilt in Italien die Vorschrift, dass ein Triebfahrzeug stets mit zwei Triebfahrzeugführern zu besetzen ist. Ob diese Maßnahme kurzfristig umzusetzen ist, bleibt anzuwarten. Schon jetzt haben die Gewerkschaften mit Streiks gedroht, sollte die FS dieses Vorhaben umsetzen. Trotz des schlechten Gesamtergebnisses konnte Trenitalia die Verkehrsleistung im Geschäftsjahr 2006 erhöhen. Im Güterverkehr konnte das Transportaufkommen um 2,8% auf 70,6 Millionen Tonnen erhöht werden. Die Transportleistung lag mit 20,86 Milliarden Tonnenkilometer um 3,7% über dem Wert aus 2005. Trenitalia Passageri konnte die Beförderungsleistung um 4,5% auf 540,2 Millionen Reisende steigern. Mit 46,43 Milliarden Personenkilometern blieb dieser Wert jedoch auf Vorjahresniveau.
Die Region Emilia-Romagna hat den Regionalverkehr in 2007 ausgeschrieben. In der letzten Bieterrunde waren CTI (Consorzio Trasporti Integrati) und Veolia vertreten. In diesem Vergabeverfahren waren erstmals ausländische Anbieter zugelassen. Im Finale konnte sich CTI gegen Veolia durchsetzen. Das Unternehmen wird ab 2008 für einen Zeitraum von drei Jahren den Regionalverkehr in der Region übernehmen. CTI wurde im Jahr 2005 gegründet. An dem Unternehmen sind Trenitalia und die Societa Ferroviaria Passeggeri (SFP) beteiligt. Letztgenannter Anteilseigner ist ein Joint Venture aus der FER (72%), ACT Reggio Emilia (20%) und ATCM Modena (8%).
Bis 2010 soll nach einer EU-Vorgabe der inländische Personenverkehr innerhalb der Europäischen Union liberalisiert sein. Experten gehen davon aus, dass Trenitalia einem erheblichen Wettbewerb ausgesetzt wird. Im Dezember 2006 wurde das Joint Venture Nuovo Trasporto Viaggiatori (NTV) gegründet. An NTV sind Reset 2000 [einer der Anteilseigner von RTC] (5%), Finanziaria Sviluppo, Fa.Del. und Servizi Imprenditoriali [Betreiber des Intermodalterminals in Nola] (je

31,66%) beteiligt. Das Unternehmen wurde im Februar 2007 als EVU in Italien zugelassen und plant, ab 2010 eigene Verkehre auf dem italienischen Hochgeschwindigkeitsnetz anzubieten. Das Unternehmen hat bei Alstom 25 AGV-Hochgeschwindigkeitstriebzüge bestellt, die bis 2010 zur Verfügung stehen sollen. NTV beabsichtigt, Schnellverkehre auf den Strecken Milano – Napoli, Roma – Bologna – Venezia und Roma – Napoli – Bari anzubieten. Im Januar 2007 haben FS und Poste Italiane ein Joint Venture für logistische Dienstleistungen gegründet. Im Rahmen dieser Kooperation wird die FS alle Logistiktöchter in die FS Logistica einbringen.
Am 9. Februar 2007 unterzeichneten die FS, die Russische Staatsbahn (RŽD) und das Ingenieurbüro Finmeccanica einen Kooperationsvertrag zur Entwicklung von Hochgeschwindigkeits-Projekten in Russland.
Am frühen Morgen des 13. Dezember 2006 stießen auf dem Brenner bei Borghetto sull'Adige zwei Güterzüge zusammen. Ein von E.405 032 bespannter TGL-Kesselwagenzug fuhr auf einen von Rail Traction Company gefahrenen Güterzug auf, der vor einem Haltesignal zu stehen gekommen war. Die beiden Triebfahrzeugführer des TGL-Güterzuges kamen bei diesem Zusammenstoß ums Leben. Wegen der Bergungsarbeiten musste der Brenner für zwei Tage für den gesamten Zugverkehr gesperrt werden. Auf Grund der niedrigen Außentemperaturen kam es glücklicherweise nicht zu einer Explosion der beschädigten Kesselwagen.

Hochgeschwindigkeitsstrecken – Direttissime
Wie bereits erwähnt, wird in Italien am Bau eines T-förmigen Hochgeschwindigkeitsnetzes gearbeitet. Dies soll aus den Strecken Torino – Milano – Bologna – Firenze – Roma – Napoli und Genova – Milano – Venezia gebildet werden. Neben der Strecke Firenze – Roma, die in den Achtziger Jahren gebaut und mit 3 kV Gleichstromelektrifiziert ist, werden die Strecken Roma – Napoli und Torino – Novara mit 25 kV Wechselstrom elektrifiziert. Die Baukosten für dieses Projekt drohen jedoch ins uferlose zu steigen, da der Trassenverlauf mehrmals nach Projektvergabe geändert wurde. Für den Bau der Strecken Torino – Milano – Napoli und Padova – Venezia Mestre (dem ersten Abschnitt der Verbindung Genova – Milano – Venezia) waren 2001 zunächst 6,1 Milliarden € veranschlagt. Nach letzten Schätzungen werden die Baukosten rund 31 Milliarden € verschlingen. Hinzu kommen die Kosten für den Bau der Strecken Milano – Verona (4,7 Milliarden €), Verona – Padova (2,6 Milliarden €) und Milano – Genova (4,7 Milliarden €).
Schrittweise wird das Fahrplanangebot auf der am 22. Dezember 2005 eröffneten *Direttissima* Roma – Napoli (204 km) erweitert. Hierbei handelt es sich um die erste mit 25 kV Wechselstrom elektrifizierte Hochgeschwindigkeitsstrecke. Darüber hinaus ist die Verbindung als erste italienische Schnellfahrstrecke mit ETCS "Level 2" ausgerüstet. In der Praxis treten keine nennenswerten Störungen auf. Hierbei ist jedoch die im Gegensatz zur schweizerischen Neubaustrecke Mattstetten – Rothrist (Schweiz) oder dem Lötschberg-Basistunnel geringe Zugdichte zu berücksichtigen.
Am 19. November 2006 wurde eine Verbindungskurve von Pagnatoro nach Capua in Betrieb genommen, die als Verknüpfung der Hochgeschwindigkeitsstrecke mit der Hauptstrecke Strecke Roma – Cassino – Caserta dienen wird. Somit können die Eurostar Italia-Züge Roma – Bari die Schnellfahrstrecke von Roma bis Pagnatoro nutzen. Die Reisezeit zwischen Roma und Caserta reduziert sich somit um 40 Minuten auf eine Stunde.
Am 11. September 2006 wurde der erste 15 km lange Abschnitt der *Direttissima* Milano – Bologna zwischen Lavino (bei Bologna) und Modena Est in Betrieb genommen. Vorerst ist die Strecke lediglich eingleisig befahrbar und wird daher ausschließlich von Güterzügen frequentiert. Die Neubaustrecke ist vorläufig noch mit 3 000V elektrifiziert, obgleich letztendlich unter 25 kV gefahren werden soll. Somit werden Störströme im Signalsystem durch die 25 kV-Fahrspannung im vorläufigen Betrieb vermieden. Die Streckenhöchstgeschwindigkeit ist auf 200 km/h begrenzt. Darüber hinaus wird die Strecke nicht, wie zunächst beabsichtigt, mit ETCS ausgerüstet. Die 182 km lange *Direttissima* Milano – Bologna, die weitgehend parallel zur bestehenden Hauptstrecke trassiert ist, wird abschnittsweise bis 2008 in Betrieb genommen.

Am 30. Dezember 2006 wurden die beiden zusätzlichen Streckengleise zwischen Padova und Venezia Mestre (25 km) in Betrieb genommen. Zunächst erfolgte die Freigabe für den Güterverkehr. Am 11. März 2007 folgte die Freigabe für den Personenverkehr. Die beiden Hauptgleise sind parallel zur bisherigen Strecke trassiert. Während die alten Hauptgleise lediglich für eine Höchstgeschwindigkeit von 140 km/h ausgelegt sind, kann die neue Strecke mit Geschwindigkeiten von bis zu 220 km/h befahren werden. Mit der Inbetriebnahme ist der erste Abschnitt der Direttissima Milano – Venezia fertig gestellt. Das Teilstück ist zunächst mit 3 000V elektrifiziert. Eine Umstellung auf 25 kV erfolgt mit der Inbetriebnahme der noch fehlenden Bauabschnitte. Bei diesen handelt es sich um die Teilstücke Padova – Verona und Verona – Milano, die frühestens 2011 in Betrieb genommen werden sollen.
Innerhalb des Projektes zum Bau eines T-förmigen Hochgeschwindigkeitsnetzes liegt für den Abschnitt Milano – Genova bislang noch keine Baugenehmigung vor. Die Achse Novara – Milano (Direttissima Torino – Milano) soll in der zweiten Hälfte des Jahres 2009 in Betrieb genommen werden, während die Strecke Bologna – Firenze bereits Anfang 2009 fertig gestellt sein wird.
Die beiden im Bau befindlichen Alpentransversalen, der Brenner-Basistunnel und der Fréjus-Basistunnel, werden in einem separaten Kapitel betrachtet. Der Bau des Fréjus-Basistunnels (53 km) als Teil der LGV Lyon – Torino (s. Seite 205) stößt bei der italienischen Bevölkerung auf erheblichen Widerstand. Zahlreiche Städte und Gemeinden haben sich zu einer Bürgerinitiative no-TAV zusammengeschlossen. Im Rahmen regelmäßiger Kundgebungen und Demonstrationen konnte die Bewegung bereits erste Erfolge verbuchen. Das Verkehrsministerium prüft eine geänderte Trassenführung im Großraum Torino, bei der das Tunnelportal von Susa nach Chiomonte verlegt werden soll.

Übrige Infrastruktur

Die geplante drei Kilometer lange Brücke zwischen dem italienischen Festland und Sizilien über die Strasse von Messina beschäftigt auch weiterhin die Gemüter. Nachdem das Projekt im Jahr 2006 auf Grund zahlreicher Proteste aus der Bevölkerung gestoppt wurde, machen sich derzeit sizilianische Politiker für eine rasche Realisierung des Projektes stark. Trotz zahlreicher politischer Kundgebungen scheint das Projekt jedoch gescheitert zu sein. Die veranschlagten Baukosten in Höhe von rund 4,4 Milliarden € fließen in andere Bahninfrastrukturprojekte.
Im Jahr 2011 soll eine größtenteils neue trassierte Hauptstrecke von Varese (I) nach Mendrisio (CH) in Betrieb genommen werden. Die 17,7 km lange Neubaustrecke wird größtenteils auf italienischem Hoheitsgebiet verlaufen (11,2 km). Die Baukosten werden mit 204 Millionen € budgetiert. Im Frühjahr 2007 wurden die Arbeiten zum Bau der Strecke auf schweizerischem Gebiet aufgenommen (s. Seite 245). Ende 2007 sollte der Startschuss in Italien fallen.
Die Hauptstrecke Roma – Caserta – Foggia – Bari soll in den kommenden Jahren modernisiert werden. Der kurvenreiche und eingleisige Abschnitt Caserta – Benevento – Foggia wird teilweise begradigt und zweigleisig ausgebaut. Das Projekt ist mit 5,3 Milliarden € veranschlagt.
Die Strecke Cancello – Torre Annunziata Centrale (31 km) wurde im Juni 2007 auf Grund von Modernisierungsarbeiten für den Gesamtverkehr gesperrt. Bislang ist unklar, wann der Zugbetrieb wieder aufgenommen werden kann. Zwischen Verona und Bologna (115 km) wurden im vergangenen Jahr einige zweigleisige Abschnitte in Betrieb genommen. Im April 2007 konnte das zweigleisige Teilstück zwischen San Giovanni in Persiceto und Crevalcore (13 km) dem Betrieb übergeben werden, so dass die Strecke Bologna – San Felice sul Panaro (43 km) nun durchgehend zweigleisig befahrbar ist. Die neuen Teilstücke sind für Geschwindigkeiten bis zu 200 km/h ausgebaut. Mit der Inbetriebnahme des zweigleisigen Abschnitts zwischen San Felice und Poggio Rusco im Juni 2008 und sowie zwischen Poggio Rusco und Nogara im Dezember 2008 ist die Strecke somit durchgehend zweigleisig befahrbar.
Am 18. Juni 2006 wurde die 4,8 km lange eingleisige Anschlussstrecke zwischen Mantova und dem Intermodal-Terminal in Valdarno in Betrieb genommen.

Im Dezember 2006 wurde der erste Abschnitt der *Direttissima* Milano – Mestre (– Venezia) zwischen Padova und Mestre in Betrieb genommen. Die für Geschwindigkeiten bis 220 km/h ausgelegte Neubaustrecke verläuft parallel zur alten Trasse. Auf der Neubaustrecke ist ein ETR.500 am 28. Juni 2007 bei Marano unterwegs.

Das zweite Streckengleis der Po-Brücke zwischen Occhiobello und Pontelagoscuro (Strecke Bologna – Padova) wurde am 31. August 2006 in Betrieb genommen. Nach der Inbetriebnahme der neuen Brücke im Jahr 2001 konnte zunächst nur ein Streckengleis für den Betrieb freigegeben werden. Mit der Aufnahme des zweigleisigen Betriebs konnte der Flaschenhals auf der sonst durchgehend zweigleisig befahrbaren Hauptstrecke beseitigt werden. Die Brücke ist für Geschwindigkeiten bis 180 km/h zugelassen.

Der zweigleisige Neubau der Hauptstrecke Genova – Ventimiglia schreitet voran. Da die ursprüngliche Trasse eingleisig und eng dem Küstenverlauf folgt, ist ein zweigleisiger Ausbau nicht machbar. Die neuen Streckenabschnitte verlaufen größtenteils in Tunneln. Derzeit wird ein 18,8 km langes Teilstück zwischen San Lorenzo Cipressa und Andora gebaut, das zu 86% unterirdisch angelegt ist. Die Neubaustrecke soll 2009 in Betrieb genommen und für eine Höchstgeschwindigkeit von 200 km/h ausgelegt werden. Bis 2012 soll das letzte Teilstück zwischen Finale Ligure Marina und San Lorenzo Cipressa (50 km) fertig gestellt werden, das ebenfalls zweigleisig und größtenteils als Tunnelstrecke gebaut wird. Mit der Inbetriebnahme des letzten Teilstücks ist die 147 km lange Hauptstrecke Genova – Ventimiglia (147 km) durchgehend zweigleisig befahrbar.

Der 17 km lange Abschnitt Settingiano – Catanzaro (Strecke Lamezia Terme – Catanzaro Lido) wird modernisiert und zweigleisig ausgebaut. Die Strecke soll im Jahr 2008 dem Betrieb übergeben werden.

Bereits im Jahr 1975 hat das Verkehrsministerium grünes Licht für den zweigleisigen Ausbau des Abschnitts zwischen Catania Centrale und Catania Ognina (2,5 km) gegeben. Der Auftrag wurde jedoch erst im vergangenen Jahr ein Bauunternehmen vergeben. Kernstück des Projektes ist ein 1,3 km langer Tunnel unter dem Stadtzentrum von Catania mit drei Haltepunkten. Die neue Tunnelstrecke soll 2010 in Betrieb genommen werden.

Bereits im Jahr 1985 wurden die Arbeiten zu einer 20 km langen Neubaustrecke zwischen Ferrandina (Strecke Metaponto – Battipaglia) nach Matera vergeben. Auf Grund aufeinanderfolgender

Insolvenzen der jeweils mit dem Bau beauftragten Unternehmen konnte die eingleisige Strecke bislang nicht realisiert werden. Nachdem nun erneut ein Auftrag vergeben wurde, hofft man mit der Fertigstellung der Strecke im Jahr 2009. Im Streckenverlauf wird ein 6,5 km langer Tunnel gebaut. In Venusio wird eine Umsteigemöglichkeit zur FAL-Schmalspurstrecke Matera – Altamurta – Bari geschaffen.
Am 17. September 2006 wurde der seit Juni 2005 für den Gesamtverkehr gesperrte Abschnitt Reggio Calabria Pellaro – Melito Porto Salvo (20 km) im Zuge der Strecke Reggio Calabria – Taranto nach Abschluss der Modernisierungsarbeiten wieder in Betrieb genommen. Der Abschnitt wurde teilweise zweigleisig ausgebaut und mit einem neuen Signalsystem ausgerüstet. Darüber hinaus wurden die Bahnübergänge durch Brücken und/oder Unterführungen ersetzt. Mit der Inbetriebnahme konnte ein Halbstundentakt im Vorortverkehr zwischen Rosarno und Melito Porto Salvo eingerichtet werden. Bis Ende 2007 sollen die Elektrifizierungsarbeiten auf dieser Strecke ebenfalls abgeschlossen sein, so dass künftig elektrische Triebfahrzeuge im Vorortverkehr eingesetzt werden können. Die Verlängerung nach Taranto wird hingegen nicht elektrifiziert.
Im Oktober 2006 haben sich RFI und das Verkehrsministerium über die Modernisierung des 34 km langen Abschnitts Termoli – Lesina (Strecke Bologna – Lecce) verständigt. Der kurvenreiche Abschnitt soll begradigt und zweigleisig ausgebaut werden. Mit der Fertigstellung des Projektes wird in 2011 gerechnet. Bis auf den elf Kilometer lange eingleisigen Abschnitt Apricena – San Severo ist die Strecke somit durchgehend zweigleisig befahrbar.
Bei Busto Arsizio kreuzen die RFI-Strecke Milano – Domodossola und die LeNord-Strecke Saronno – Novara. Dieser Zustand soll mit dem Bau einer Verbindungskurve beseitigt werden, so dass künftig Züge aus Gallarate kommend sowohl nach Novara als auch nach Saronno fahren können.
Im Juli 2007 wurde die Elektrifizierung (3 000V) der Strecke Chivasso – Ivrea abgeschlossen. Der elektrische Zugbetrieb wurde zum Fahrplanwechsel am 9. Dezember 2007 aufgenommen.
Im August 2006 konnten sich RFI und die Region Calabria über den künftigen Betrieb des Rangierbahnhofs San Fernandino verständigen. Aus dem siebengleisigen Güterbahnhof wird der Hafen von Gioia Tauro bedient. Die Anschlussbahn nach Rosarno zur Hauptstrecke Salerno – Reggio di Calabria wurde im Dezember 2005 elektrifiziert.
Im März 2007 wurde im Großraum Verona ein neues Intermodalterminal bei Sommacampagna (Strecke Venezia – Milano) in Betrieb genommen, dass von Duss Italia Terminal betrieben wird. Das Terminal wird sechs Mal pro Woche von Kombiverkehr/RTC angefahren.
Am 10. Juni 2007 wurden zwei zusätzliche Streckengleise zwischen Milano und Treviglio (34 km) in Betrieb genommen, so dass der viergleisige Zugbetrieb aufgenommen werden konnte.
Die RFI hat die Genehmigung zum Bau einer Neubaustrecke von Fara Sabina-Montelibretti (Strecke Roma – Firenze) nach Rieti (50 km) erhalten. Der erste Bauabschnitt umfasst das Teilstück bis Osteria Nuova (22,3 km). Die Neubaustrecke dient vor allem dem Pendlerverkehr.

Personenverkehr

Zum 24. September 2006 wurde das Fahrplanangebot im Fernverkehr über die Direttissima Roma – Napoli erweitert. Zwei Eurostar Italia-Züge (ES) der Relation Milano – Napoli werden seit Herbst über die Hochgeschwindigkeitsstrecke geführt. Die Reisezeit wurde jedoch erst zum Fahrplanwechsel am 10. Dezember 2006 angepasst. Mit der vollständigen Umstellung aller Eurostar Italia-Züge zwischen Milano und Napoli zum 10. Juni 2007 nutzen täglich 14 Zugpaare die Schnellfahrstrecke.
Am 10. Dezember 2006 hat Trenitalia mit dem Eurostar-City eine neue Zugkategorie eingeführt. Als erstes Zugpaar wurde ES 9711/9712 zwischen Milano Centrale und Lecce in diese Produktgruppe integriert. Zum Einsatz kommen modernisierte Gran Confort- und UIC Z-Wagen in neuer Farbgebung. Zum 10. Juni 2007 folgten zwischen Milano Centrale und Venezia S.L. drei, zwischen Milano Centrale – Genova Brignole ein Zugpaar. Die Eurostar City-Züge werden im Fahrplan als ES bezeichnet.

Die Triebköpfe der Baureihe E.404 werden zu Lokomotiven der Baureihe E.414 umgerüstet und somit für den Einsatz in den neuen Eurostar City-Verkehren vorbereitet. Am 28. Juli 2007 verlässt der ES City 9705 nach Venezia S.L. den Bahnhof Milano Centrale.

Die Schnellzüge Venezia S.L. – Verona P.N. – Milano Centrale, Milano Centrale – Bologna – Ancona und Bologna – Venezia S.L. verkehren neu unter dem Markennamen Treni Regionale Veloce (RV). Zwischen Roma Termini und Ancona wurde ein Regional-Schnellzug R 12133/12134 Gentile da Fabriano eingerichtet, der ausschließlich Wagen der 1.Klasse führt. Auf Grund der reduzierten Haltebahnhöfe ist dieses Zugpaar gegenüber den mit ETR.450 gefahrenen Eurostar Italia-Züge deutlich beschleunigt. Für dieses Zugpaar wurden einige Wagen der Bauart X modernisiert.
Das TrenOK-Zugpaar 9315/9316 Roma Tiburtina – Milano Lambrate wurde zum 7. Januar 2007 aufgegeben. Somit verbleibt lediglich die Relation Roma Termini – Bari Centrale. Der TrenOK wird aus einem farblich angepassten ETR.450 gebildet und ist ausschließlich über das Internet zu einem deutlich reduzierten Fahrpreis buchbar. TrenOK wurde im Jahr 2004 als Alternative zu dem schnell wachsenden Markt der Low-Cost-Fluggesellschaften geschaffen. Trenitalia gab wirtschaftliche Gründe für die Einstellung der Relation Milano – Roma an.
Darüber hinaus wurden folgende Fahrplanänderungen zum 10. Dezember 2006 in Italien wirksam:
Das Cisalpino-Zugpaar CIS 154/155 Zürich – Venezia wurde ab/bis Triest verlängert.
Die im EN 313/314 *Luna* mitgeführten Wagengruppen Basel – Roma verkehren neu über die Lötschberg- und Simplon-Route. Das Zugpaar führt darüber hinaus Wagengruppen Genève – Roma Termini und Zürich – Roma Termini.
Das Zugpaar EC 189/188 *Val Gardena* München – Bolzano wurde ab/bis Verona verlängert.
Einige Fernzüge zwischen Roma und Süditalien wurde zunächst eingestellt, jedoch zum 1. Februar 2007 wieder aufgenommen. Hierbei handelt es sich um ein Zugpaar Roma – Catanzaro Lido und ein IC-Zugpaar Reggio di Calabria – Milano/Torino.

Zwischen Bolzano und San Candido werden täglich 18 durchgehende Regionalzüge angeboten. Somit entfällt das Umsteigen in Fortezza.
Ein Intercity in der Relation Roma Termini – Benevento wurde durch einen Interregionale ersetzt.
Zwischen Roma Termini und Venezia S.L. wurde das Angebot an Eurostar Italia-Zügen um zwei auf täglich zehn Zugpaare ausgebaut.
Zwischen Roma Termini und Torino Porta Nuova verkehrt ein Eurostar Italia-Zugpaar über Genova und Pisa. Die übrigen Zugpaare verkehren weiterhin über Piazenca und Bologna.
Seit 11. Juni 2007 wird zwischen Genova Brignole und Milano Porto Garibaldi ein Eurostar Italia angeboten, der ohne Halt verkehrt. Das Zugpaar wird aus einem ETR.485 gebildet und benötigt für die Strecke 70 Minuten. In Verbindung mit der Eröffnung des Lötschberg-Basistunnels (s. Seite 244) wurde der internationale Fernverkehr zwischen Italien und der Schweiz zum 9. Dezember 2007 neu geordnet. Die bislang lokbespannten Cisalpino zwischen Milano und Basel wurden durch ETR.470 ersetzt, die aus den Verkehren Milano – Genève abgezogen wurden. Zwischen Milano und Genève kommen künftig lokbespannte Reisezüge zum Einsatz, mit denen sich die Fahrzeit um 40 Minuten verlängert.

Güterverkehr
Die tschechische Spedition Cechofracht bietet seit Oktober 2006 einen Güterzug Ostrava – Milano Buccinasco an. Unter dem Namen Italia Express wird die Strecke vier Mal pro Woche und Richtung gefahren. Hauptkunden sind metallverarbeitende Unternehmen in Italien, die ihre Produkte nach Tschechien und Südpolen exportieren. Im italienischen Abschnitt wird der Zug von TGL, in Österreich von RCA und in Tschechien von der ČD gefahren.
Anfang Mai 2007 hat Cemat in Kooperation mit TGL einen Containershuttle zwischen dem Interporto-Terminal in Bologna und dem ungarischen Saioszenpeter (bei Miskolc) eingerichtet. In Slowenien werden diese Züge von der SŽ, in Ungarn von der MÁV gefahren. Derzeit ist pro Woche ein Zugpaar disponiert.
Anfang Mai 2007 hat Ökombi eine Rollende Landstrasse (RoLa) zwischen Regensburg (D) und Triest eingerichtet. Hierbei handelt es sich um den ersten Ökombi-Verkehr, der nicht in Österreich beginnt oder endet. Täglich wird ein Zugpaar gefahren, das in den Nachtstunden verkehrt. RCA ist als Frachtführer nördlich des Brenners, TGL südlich des Brenners eingesetzt. Mit der Einführung dieses Verkehrs bietet Ökombi täglich 40 RoLa-Züge über den Brenner an. In den kommenden Jahren soll das Angebot weiter ausgebaut werden, da die Brenner-Autobahn nach wie vor sehr stark belastet ist.

Fahrzeuge

Lokomotiven
AnsaldoBreda liegt mit der Auslieferung der 24 Lokomotiven der Baureihe E.403, die äußerlich identisch zu den Maschinen der Baureihe E.402b sind, mehr als ein Jahr im Rückstand. Drei Lokomotiven haben zwar zwischenzeitlich die Werkshallen verlassen, doch mit einem Planeinsatz bei Trenitalia Passageri ist derzeit nicht zu rechnen. Die Lokomotiven waren lediglich zu Testfahrten auf den Gleisen zu sehen. Im Gegensatz zu den Schwesterlokomotiven der Baureihe E.402b ist die E.403 neben 1,5 kV und 3 kV Gleichstrom auch für 25 kV Wechselstrom ausgestattet und kann somit auf den neuen *Direttissime* in Italien eingesetzt werden. Mit einer Leistung von 5 600 kW erreicht eine E.403 eine Höchstgeschwindigkeit von 180 km/h. Die Achsfolge ist Bo'Bo'.
Nachdem die Baureihe E.412 seit Mai 2006 bereits vereinzelt nördlich des Brenners bis Deutschland zum Einsatz kam, konnte ab dem 14. November 2006 nach der Ausbildung deutscher Triebfahrzeugführer ein planmäßiger Umlauf bis nach Deutschland aufgestellt werden. Das Vorhaben, die Lokomotiven bis Wanne-Eickel einzusetzen, wurde jedoch wieder verworfen, so dass der nördlichste Wendepunkt Regensburg Ost ist. Zum Fahrplanwechsel am 10. Dezember 2006 standen alle 20 Lokomotiven für einen durchgehenden Einsatz nach Österreich und Deutschland zur Verfü-

Seit Dezember 2006 verfügt Trenitalia lediglich noch über einen kleinen Reservebestand von Elloks der Baureihe E.424. Die letzten Vertreter dieser Baureihe konnten bis zuletzt vor Personenzügen zwischen Novara und Domodossola angetroffen werden. Am 13. Juni 2006 erreicht E.424.304 mit R 10376 nach Domodossola den Bahnhof Orte-Miasino.

gung. Seit dem 2. April 2007 werden im Umlauf auch Güterzüge auf der Tauern-Strecke Tarvisio – Villach – Salzburg gefahren, obgleich Österreich die Maschinen auf Grund des hohen Achsdrucks nicht so gerne sieht. Die Zulassung der E.412 für die Tauern-Strecke ist in Zusammenhang mit der Zulassung der Baureihe 1216 (E.190) in Italien zu sehen. Es ist davon auszugehen, dass die italienische Cesifer einer Zulassung der ÖBB-Lokomotiven nicht entsprochen hätte, wenn ein Einsatz der E.412 über die Tauern-Bahn nicht erfolgt wäre. Die ÖBB-Baureihe 1216 ist seit Anfang April 2007 in Italien zugelassen und wird planmäßig seit dem 16. April 2007 vor Personenzügen der Relation Innsbruck – San Candido (I) – Lienz eingesetzt. Die Lokomotiven haben die Baureihen 1822 und 1241 verdrängt (s. Seite 282). Der Umlauf zwischen Innsbruck und Lienz wird planmäßig von den Lokomotiven E.190.001-005 gefahren. Die ursprünglich für den durchgehenden Verkehr zwischen Österreich und Tschechien bestimmten E.190.125-140 wurden auf Grund von Schwierigkeiten bei der Zulassung in Tschechien (s. Seite 379) ebenfalls für die Italien-Verkehre umgerüstet und sind vorwiegend auf der Strecke (Salzburg –) Tarvisio – Cervignano anzutreffen.
Die letzten Vertreter der Baureihe E.424 werden seit 10. Dezember 2006 planmäßig nicht mehr eingesetzt. Von dieser zwischen 1943 und 1950 in 158 Exemplaren beschafften Baureihe wurden in den Neunziger Jahren 105 Lokomotiven modernisiert. Die nicht modernisierten Maschinen verschwanden bereits im Jahr 2001. In Alessandria werden noch 20 Lokomotiven als Reserve vorgehalten.
Stark ausmusterungsgefährdet sind die Lokomotiven der Baureihe E.645/646. Von der für den Güterverkehr bestimmten E.645 wurden zwischen 1959 und 1965 insgesamt 97 Lokomotiven in Dienst gestellt. Von der für den Personenverkehr bestimmten E.646 beschaffte die FS zwischen 1961 und 1967 insgesamt 198 Maschinen. Da die Lokomotiven nicht mit SCMT ausgerüstet sind, ist ihr Schicksal in Italien besiegelt. SCMT ist seit dem 1. Juli 2008 für alle Triebfahrzeuge im RFI-Netz vorgeschrieben. Zum 30.Juni 2007 mussten E.645.001-032 und 101-105 den Dienst quittieren. Im Dezember 2007 folgten E.645.033 – 093. Die letzten Vertreter der Baureihe E.646 werden im Frühjahr 2008 von den Gleisen verschwinden, so dass dieses Kapitel ebenfalls beendet ist.

Ende 2007 wurden die letzten betriebsfähigen Elloks der Baureihe E.645/646 aus den Plandiensten abgezogen. Oben: E.645.105 nachte sich am 13. Juni 2006 vor einem Güterzug nach Domodossola bei Cuzzago nützlich. Unten: Am 29. Juni 2007 ist E.646.151 mit R10383 Domodossola – Novara bei Caltignaga unterwegs.

Im Jahr 2006 hat die Ferrovie des Sud Est (FSE) zwei Diesellokomotiven der Baureihe D.753 von Hupac SpA übernommen. Mit einem Personenzug von Bari nach Martina France wartet D.753.702 am 25. Juni 2006 in Noci auf die Weiterfahrt. Foto: Paolo Gregoris.

FER verfügt über sechs Elloks der Baureihe E.464 und wird eine weitere Serie von sechs Lokomotiven bestellen. Am 25. Juni 2007 ist die an Trenitalia vermietete E.464.903 mit R 11545 Piacenza – Bologna bei Samoggia unterwegs. Foto: Quintus Vosman.

ausgeliefert hat, wurden im Frühjahr 2007 in Betrieb genommen. Die als Baureihe ATR.100 bezeichneten Triebwagen sind baugleich zu den GTW2/6 von Sistemi Territoriali (s. Seite 326). Neben den Neubautriebwagen werden bei der FUC weiterhin Dieseltriebwagen der Baureihe ALn.663 eingesetzt. Die erst zehn Jahre alten Triebwagen sind noch zu jung um bereits abgestellt zu werden.
Die Modernisierung von drei der zehn Dieseltriebwagen der Baureihe D1-D10 (Fiat, 1962) und fünf der sieben Dieseltriebwagen der Baureihe M.001-007 (Fiat, 1972) im Auftrag der **Gruppo Torinesi Trasporti SpA** (GTT) wurde im Laufe des Jahres 2007 abgeschlossen. Die Fahrzeuge haben jeweils zwei neue Fiat-Dieselmotoren mit einer Leistung von je 176 kW erhalten. Darüber hinaus haben die Triebwagen eine neue Bremsanlage, eine neue Inneneinrichtung sowie eine Klimaanlage erhalten. Die übrigen Triebwagen werden nicht modernisiert, erhalten jedoch wie ihre modernisierten Schwesterfahrzeuge eine neue Farbgebung. Ihr Einsatz erfolgt auf der Strecke Settimo Torinese – Canavese.
Die Auslieferung von 27 Doppelstock-Triebwagen der Bauart TSR (Treno per Servizi Regionali) durch das Konsortium AnsaldoBreda/Firema/Keller an **LeNord SpA** (ehemals Ferrovie Nord Milano = FNM) verzögert sich weiterhin. Im August 2006 wurde ein erster dreiteiliger Triebwagen geliefert, der einem umfangreichen Test- und Zulassungsprogramm unterzogen wurde. Von den als Baureihe EB.710 bezeichneten Triebwagen hat LeNord SpA neun fünfteilige und 18 dreiteilige Triebwagen bestellt. Auf Grund der Verzögerungen bei AnsaldoBreda liegt die Auslieferung bereits heute mehr als ein Jahr hinter den Planungen. LeNord hat sechs weitere Triebwagen der Baureihe E.760 bestellt. Die Triebwagen werden als Flughafenzubringen zum Mailänder Flughafen Malpensa eingesetzt. Während die Baureihe EB.710 für eine Geschwindigkeit von 160 km/h zugelassen ist, erreichen die übrigen TSR-Triebwagen lediglich eine Höchstgeschwindigkeit von 140 km/h. Die 28 Bpm-Wagen aus dem Bestand der SBB, die LeNord bis Juni 2007 angemietet hat, werden auf Grund der Verzögerungen bei den TSR-Triebwagen länger eingesetzt werden. Die ersten Wagen konnten im Juli 2007 zurückgegeben werden. Zuvor kamen die Wagen in den Zügen Milano – Varese und Milano – Laveno-Mombello zum Einsatz, die von Elloks der Baureihen E.630 und E.640 bespannt wurden. Die in den Zwanziger Jahren in Betrieb genommenen Triebwagen der Baureihe EB.700/730/740 einschließlich der Mittel- und Steuerwagen werden ebenfalls länger als vorgesehen im Plandienst eingesetzt. Derzeit geht man von einer Ausmusterung der Fahrzeuge im Herbst 2008 aus. Der Gemeinderat von Varese und der Provinzrat der Lombardei haben sich über den Bau eines neuen Bahnhofs in Varese geeinigt, der nach seiner Fertigstellung im Jahr 2010 von allen LeNord- und Trenitalia-Zügen angefahren werden soll. Die Züge beider Gesellschaften bedienen derzeit unterschiedliche Bahnhöfe in Varese. Die Dieseltriebwagen der Baureihe ALn.668, die LeNord auf der Strecke Brescia – Edolo einsetzt, sollen modernisiert werden. Sie erhalten eine neue Inneneinrichtung, eine Klimaanlage sowie eine neue Farbgebung.
MetroCampania Nord Est Srl. (MCNE) hat im Juli 2007 den Bau des 1,3 Kilometer langen Abschnitts Di Vittorio – Secondigliano (1,3 km) im Zuge der Strecke Napoli – Giugliano – Aversa ausgeschrieben. Die Strecke wird unterirdisch verlaufen. Die gesamte Strecke soll 2011 in Betrieb genommen werden. Im Januar 2008 wurde der erste von insgesamt neun zweiteiligen elektrischen Triebwagen der Bauart Alfastar an MCNE geliefert.
Metroferro Romaa SpA (Met.Ro) hat für die Strecke Roma – Civitacastellana – Viterbo im Jahr 2005 die Fahrzeugindustrie zur Abgabe von Angeboten für die Lieferung von zehn dreiteiligen elektrischen Triebwagen aufgefordert. Das Vergabeverfahren musste jedoch eingestellt werden, da keine Angebote abgegeben wurden. Eine neue Ausschreibung im Jahr 2007 hatte zur Folge, dass Firema Trasporti die geforderten Triebwagen liefern wird.
Sistemi Territoriali SpA (ST), Betreibergesellschaft der Strecken Venezia Mestre – Adria und Rovigo – Chioggia, hat im September 2006 bei Stadler zwei vierteilige *FLIRT*-Triebwagen bestellt, die Ende 2008 mit der Aufnahme des elektrischen Zugbetriebs des elf Kilometer langen Abschnitts Venezia Mestre – Mira (Strecke Mestre – Adria) ausgeliefert werden sollen. Die Triebwagen wer-

Die Ferrovia Udine-Cividale setzt seit April 2007 die neuen Dieseltriebwagen der Baureihe ATR.100 (GTW 2/6) auf ihrer Strecke ein. Ein ATR.100 präsentiert sich am 27. Juni 2007 in Cividale dem Fotografen.

Der erste TSR-Triebwagen der Baureihe EA.710 zeigt sich am 1. August 2006 im Ausbesserungswerk von LeNord in Novate Milanese. Foto: Maurizio Tolini.

Auf Grund der verzögerten Auslieferung der für LeNord bestimmten TSR-Triebwagen werden die Triebwagen der Baureihe EB.700/730/740 länger als geplant im Einsatz bleiben. Am 12. Juni 2006 sind zwei Altbautriebwagen mit zwei ehemaligen SBB-Wagen der Bauart *Einheitswagen I* bei Caronno-Corbellaro auf dem Weg von Milano Cadorna nach Varese.

Im Juli 2007 traten die ersten der insgesamt 28 durch LeNord bei der SBB angemieteten Bpm-Wagen ihre Heimreise in die Schweiz an. E.640.04 hatte am 12. Juni 2006 eine Garnitur SBB-Wagen am Haken, als der Zug bei Vedano auf dem Weg von Milano Cardona nach Laveno-Mombello fuhr.

Der bei LeNord zwischen Brescia und Edolo eingestellte Triebwagen ALn.668.131 hat als erstes Fahrzeug seiner Baureihe eine neue Farbgebung erhalten. Brescia, 8. September 2007. Foto: Stefano Paolini.

Mit den vierteiligen GTW 2/6 wurden am 26. Juli 2007 Personalschulungsfahrten zwischen Piove di Sacco und Mestre durchgeführt. Im Bahnhof Piove di Sacco geben sich ein GTW 2/6 und ein ALn.88 von Sistemi Territoriali ein Stelldichein.

den im Vorortverkehr nach Adria sowie auf der Strecke Venezia Mestre – Padova eingesetzt werden.

Die beiden dreiteiligen GTW 2/6 (ATR.110.2) sowie die beiden sechsteiligen GTW 4/12 (ATR.120.4), die Stadler in den Jahren 2006/2007 an ST ausgeliefert hat, wurden im September 2007 in Dienst gestellt. Stadler hat mit dieser Variante den ersten sechsteiligen GTW 4/12 ausgeliefert, bei dem es sich um zwei GTW 2/6-Triebwagen handelt (Achsfolge 2'Bo'2'+2'Bo'2'), bei denen die Führerstände zwischen den beiden Triebwagen entfernt wurden. Ein sechsteiliger GTW 4/12 verfügt über 245 Sitzplätze. Mit einer Gesamtleistung von 1 560 kW wird eine Höchstgeschwindigkeit von 140 km/h erreicht. Die neuen Stadler-Triebwagen ersetzen sieben ALn.668 1400 und 1700-Triebwagen, die ST im Jahr 2004 von Trenitalia übernommen hatte.

Societá Automobilistica Dolomiti Ferrovia del Renon SpA (SAD), Betreiber der im Mai 2005 für den Personenverkehr wiedereröffneten Strecke Merano – Mallés, bietet seit 1. Februar 2007 in Kooperation mit Trenitalia einen Zweistundentakt an, in dem die Züge von Merano nach Bolzano verlängert wurden. Somit kommen die GTW 2/6-Triebwagen von SAD (Baureihe ATR.100.0) auch auf RFI-Gleisen zum Einsatz.

Societá per l'Esercizio di Pubblici Servizi SpA (Sepsa), Betreiber des Personenverkehrs auf den Strecken Napoli Montesanto – Torregaveta und Napoli Montesanto – Marina di Licola – Torregaveta, hat eine Zulassung für das RFI-Netz erhalten. Im April 2006 übernahm Sepsa von Metrocampania Nordest SpA (MCNE) einen Triebwagen der Bauart E82B (Firema). Sepsa verfügt somit über 14 Triebwagen dieser Baureihe. Das Unternehmen beabsichtigt, vier neue zweiteilige elektrische Triebwagen zu bestellen. Der Auftrag soll eine Option auf weitere acht Triebwagen beinhalten.

Societá Subalpina di Imprese Ferroviarie SpA (SSIF) betreibt in Kooperation mit der schweizerischen FART die Schmalspurstrecke (1 000 mm) Domodossola – Locarno. Auf Basis des Triebwagens ABe 8/8 einschließlich drei Beiwagen hat Officine Ferroviarie Veronesi einen neuen Triebwagen gebaut. Der dreiteilige Triebwagen verfügt über große Panoramafenster und ist daher besonders für den touristischen Verkehr geeignet. Der Triebwagen wurde Anfang 2007 in Dienst gestellt. In den Folgemonaten wurden weitere drei nahezu baugleiche vierteilige Triebwagen in Betrieb genommen. Alle vier Triebwagen haben eine elektrische Anlage von Škoda (Tschechien) erhalten, die auch die Drehgestelle lieferte.

Die **Südtiroler Transportstrukturen SpA** (STA) hat im Juni 2007 bei Stadler acht *FLIRT*-Triebwagen der Baureihe ETR.150 bestellt, die sowohl für 15 kV Wechselstrom als auch für 3 kV Gleichstrom ausgerüstet sind und auf der Strecke Merano – Bolzano – San Candido – Lienz eingesetzt werden sollen. Die Triebwagen werden ab September 2008 ausgeliefert. Stadler wird vier vierteilige, zwei fünfteilige und zwei sechsteilige Triebwagen sowie zwei zusätzliche Mittelwagen als Verstärker liefern. Die *FLIRT*-Triebwagen sollen zu einer Angebotsverbesserung führen, da bislang neben den zwei durchgehenden Zügen Lienz – Fortezza – Innsbruck keine Direktzüge über den Grenzübergang San Candido/Sillian angeboten werden. Reisende müssen stets in San Candido umsteigen.

Trentino Trasporti SpA (TT) beabsichtigt, die Schmalspurstrecke Trento – Marilleva um sieben Kilometer von Marilleva bis Fucine zu verlängern. Die Neubaustrecke soll über zwei Kilometer unterirdisch angelegt werden und in Fucine in einem Tiefbahnhof enden. Darüber hinaus wird über eine Verlängerung in das zwölf Kilometer entfernte Ponte di Legno nachgedacht. In Ergänzung zu den sechs *Minuetto*-Dieseltriebwagen der Baureihe MD-Tn 01 – 06, die im Jahr 2005 in Betrieb genommen wurden und auf der Strecke Trento – Venezia zum Einsatz kommen versehen, sind weitere vier baugleiche Triebwagen bei Alstom bestellt, die im Frühjahr 2008 ausgeliefert werden.

Die SSIF hat im Jahr 2007 vier Panoramatriebwagen in Betrieb genommen. Oben: der erste Triebwagen entstand auf dem Rahmen eines Triebwagens der Baureihe Abe 8/8. Am 1. Juli 2007 fühlte sich ein alter Abe 8/8 in der Gesellschaft von zwei neueren Triebwagen im Werk Domo Vigezzo wohl. Unten: ein von Officine Veronesi/Škoda gelieferter Neubautriebwagen erreicht auf der Fahrt nach Locarno am 29. Juli 2007 den Bahnhof Malesco.

SPANIEN

Die Fahrgastzahlen der Spanische Staatsbahngesellschaft Renfe Operadora lagen im Berichtsjahr 2006 mit 515 Millionen Reisenden um 2% über dem Wert des Vorjahres. Der im Jahr 2005 deutlich eingebrochene Güterverkehr (Renfe Mercancías) konnte sich 2006 stabilisieren. Das Ergebnis lag mit 24,9 Millionen Tonnen um 0,7% leicht über dem des Vorjahres. Das Direktorium der Renfe verpflichtete sich im November 2006 gegenüber der Regierung, die fünf Sparten Cercanías, Regionales, Larga Distancia, Mercancías und Operadora innerhalb der kommenden fünf Jahre in die Gewinnzone zu führen. Während Operadora, Larga Distancia und Mercancías das Ziel ohne Zuschüsse erreichen müssen, wird die Wirtschaftlichkeit und Vertragsvergabe des Nahverkehrs (Cercanías) und der regionalen Verkehre (Regionales bzw. Media Distancia) in die Verantwortung der Provinzen übertragen. Gemäß der Übereinkunft hat die Renfe für das Geschäftsjahr 2007 ein Budget in Höhe von 1,2 Milliarden € erhalten, 16,6% mehr als im Geschäftsjahr 2006. Die Gelder sollen vor allem in die Beschaffung neuer Fahrzeuge, aber auch in den Schuldenabbau gesteckt werden.

Infrastruktur – Hochgeschwindigkeitsstrecken (LAV)

Die Investitionen in das spanische Schienennetz werden gemäß des im Juli 2005 präsentierten Plan Estratégico de Infraestructuras (PEIT), dem strategischen Verkehrsplan Spaniens für die Jahre 2006-2020 durchgeführt. Der PEIT sieht Aufwendungen im Gesamtwert von 249 Milliarden € vor, von denen 109 Milliarden EUR in den Ausbau des Schienennetzes fließen werden. Neben dem Bau von mindestens 9.000 km Neubaustrecke - ausschließlich in Normalspur - wird in großem Umfang in den Bau von Spurwechselanlagen investiert. Somit kann das überwiegend in Normalspur ausgeführte Hochgeschwindigkeitsnetz besser in die bestehende Breitspurinfrastruktur eingebunden werden. Bis 2010 werden 1.150 km neue Hochgeschwindigkeitsstrecken (LAV = Linea de Alta Velocidád) in Betrieb genommen. Mitte Dezember 2006 wurde das LAV-Netz um 201 km erweitert. Am 17. Dezember 2006 wurde der 110 km lange Abschnitt Córdoba – Antequera-Santa-Ana im Zuge der LAV Córdoba – Malaga dem Betrieb übergeben. Parallel wurde die Bahnhöfe Puente Genil Herrera und Antequera Santa Ana in Betrieb genommen. In Antequera befinden sich zwei Spurwechselanlagen, eine nach dem System Talgo und eine weitere nach dem System Brava von CAF. Bis zur Inbetriebnahme des 55 km langen Neubauabschnitts Antequera Santa Ana – Málaga am 23. Dezember 2007 werden alle Talgo-Züge nach Málaga über die Schnellfahrstrecke bis Antequera geführt um dort über die Spurwechselanlage des Systems Talgo in das Breitspurnetz einfädeln zu können.

Am 18. Dezember 2006 wurde der Abschnitt Puigverd – Camp de Tarragona (91 km) im Zuge der LAV Madrid – Barcelona in Betrieb genommen. Zunächst war die Streckenhöchstgeschwindigkeit auf 200 km/h begrenzt. Seit 7. Mai 2007 ist die Strecke durch den Betreiber für 300 km/h freigegeben. Bei Roda de Bara befinden sich ebenfalls je eine Spurwechselanlage nach dem System Talgo und CAF, die von den Zügen der Relation Madrid – Barcelona genutzt wird. Der neu in Betrieb genommenen AVE Bahnhof Camp de Tarragona befindet sich ca. 10 km westlich der Stadt Tarragona. Am 21. Dezember 2007 sollte der Abschnitt Camp de Tarragona – Barcelona (97 km) dem Betrieb übergeben werden. Im Oktober 2007 jedoch gab es zwischen der Station Barcelona-Bellvitge und dem Bahnhof-Barcelona Sants nach Bohrarbeiten mehrere Absenkungen. Diese führten zu einer vorübergehenden Einstellung des Bahnverkehrs in diesem Bereich. Die Bauarbeiten an der LAV Strecke ruhten ebenfalls für einige Wochen. Daher musste die für den 21. Dezember 2007 angestrebte Eröffnung des AVE Verkehrs bis Barcelona in das Jahr 2008 verschoben werden

Der Bau der LAV (Barcelona –) Figueres – Perpignan (44,4 km) einschließlich der zwei 8,3 km langen Tunnelröhren zwischen Spanien und Frankreich geht zügig voran. Sofern es nicht zu unvorhergesehenen Beeinträchtigungen kommt, soll die Strecke Ende 2009 in Betrieb genommen werden. In Figueres wird es Spurwechselanlagen geben, da der südliche Abschnitt der LAV voraussichtlich erst im Jahr 2012 in Betrieb genommen werden kann. Brennpunkt ist vor allem Girona, wo unter der bestehenden Trasse ein 4 km langer Tunnel gebaut werden muss. Darüber hinaus ist die Anbindung der LAV Barcelona – Perpignan an die die LAV Barcelona – Madrid problematisch. Im Stadtgebiet von Barcelona

wird zwischen den Bahnhöfen Sants und dem neu zu errichtenden Bahnhof La Sagrera ein 5,6 Kilometer langer Eisenbahntunnel gebaut. Da der Tunnel in unmittelbarer Nähe zur bekannten Kathedrale La Sagrada Familia verlaufen wird, befürchtet man Beschädigungen an den Fundamenten des Bauwerks durch die Erschütterungen während der Tunnelbohrarbeiten. Dennoch werden die Arbeiten Anfang 2008 aufgenommen. In Can Tunis - dort besteht bereits ein Betriebswerk für Breitspurfahrzeuge – wird ein weiteres Betriebswerk für AVE Fahrzeuge gebaut. Dieses wird die AVE Fahrzeuge beheimaten, die Barcelona anlaufen. Zu diesem Zweck wurde abgehend bei Joan Despi eine 5,9 km lange Stichstrecke nach Can Tunis in Regelspurweite gebaut. Das Werk wird bis zu acht Hochgeschwindigkeitstriebwagen gleichzeitig behandeln können.
Im September 2007 wurde der Startschuss für eine westliche Umfahrung Barcelonas in Regelspur gegeben. Neben der bestehenden Güterumfahrung in Breitspur wird ein drittes Gleis in Regelspur gebaut. Gleichzeitig wird auch ein knapp 4 km langes eingleisiges Stück der Breitspurstrecke zweigleisig ausgebaut. Die Neubaustrecke bekommt in El Papiol Anschluss an die LAV Barcelona-Tarragona und in Mollet Anschluss an die LAV Barcelona-Figueres. Die Fertigstellung soll zum Ende des Jahres 2010 erfolgen.
Die Neubaustrecke von Madrid-Chamartin nach Valladolid ging am 22. Dezember 2007 in Betrieb. Die zwischenzeitlich aufgetretenen Schwierigkeiten in den Bereichen der beiden langen Tunnel konnten behoben werden. Mit den 28 km langen beiden Tunnelröhren des Guadarrama Tunnels entstand der längste Eisenbahntunnel Spaniens. Er wurde mit vier Tunnelbohrmaschinen von beiden Seiten aus gebohrt. Mit der Eröffnung dieser Strecke hat sich die Fahrzeit zwischen Madrid-Chamartin und Valladolid auf eine Stunde verringt. Die neue Umspuranlage bei Valladolid bearbeitet beide Systeme.
2010 soll die LAV Léon – Oviedo (125 km) in Betrieb genommen werden. Bedeutendstes Bauwerk ist der 25 km lange Pajares-Tunnel zwischen Pola de Gordón und Telledo. Die beiden Röhren diese Tunnels werden mit Hilfe von fünf Tunnelbohrmaschinen mit einem Rohdurchmesser von ca. 9,6 m erstellt.
Im Jahr 2007 wurden die ersten Aufträge für den Bau der Neubaustrecke Bilbao – Vitoria/San Sebastian (das so genannte 'Baskische Y') vergeben. Die Auftragsvergabe erfolgte vier Abschnitte des Flügels nach Vittoria. Während der Bau des Flügels nach Vitoria beschlossen ist, muss eine Entscheidung über den Ast nach San Sebastian noch gefällt werden. Das Vorhaben zum Bau einer LAV Cantábrico von Ferrol über Oviedo/Gijón und Santander nach Bilbao wurde zunächst auf Eis gelegt. Der ADIF wurde im Januar 2007 seitens des Verkehrsministeriums der Auftrag für die Planung dieser Strecke entzogen.
Ende März 2007 erteilte der spanische Verkehrsminister dem Netzbetreiber ADIF die Freigabe, die ersten Aufträge für den Bau der LAV Madrid – Cáceres – Mérida – Badajoz (– Portugal) vergeben zu dürfen. Dieses erste Baulos umfasst den zukünftigen Streckenteil zwischen Badajoz und Montijo (20,2 km).
Neben dem Bau von Hochgeschwindigkeitsstrecken in Normalspur investiert Spanien auch in den Ausbau seines Breitspurnetzes. Vorrangiges Ziel ist die Erhöhung der Streckenhöchstgeschwindigkeit. Zwischen Sevilla und Cádiz wird die Breitspurstrecke zweigleisig ausgebaut und zum Teil neu trassiert. Es werden neue Schwellen eingebaut, die ein spätere einfache Umrüstung auf Normalspur zulassen. Die Höchstgeschwindigkeit auf dieser Strecke kann somit 220 km/h betragen. Im Rahmen der Verlängerung der LAV Madrid – Sevilla bis Cádiz (152 km) konnten am 27. Juli 2007 zwei Teilstücke in Betrieb genommen werden, Bahia Sur – Cortadura (Cádiz) (8 km) und Jerez de la Frontera – Puerto de Santa Maria (14,6 km). Dort entstand auch das zur Zeit längste Brückenbauwerk der spanischen Eisenbahnen mit einer Länge von 3.221 m. Bis Ende 2007 wurden 64,4 km modernisiert.
Die Breitspurstrecke (Sevilla –) Utrera – Antequera – Granada wird ebenfalls ausgebaut und für eine Höchstgeschwindigkeit von 220 km/h ertüchtigt. Bislang ist lediglich ein kurzer Abschnitt bei La Roda de Andalucia zweigleisig ausgebaut. Das Teilstück La Roda de Andalucia – Osuna (128 km) soll neu trassiert und zweigleisig ausgebaut werden. Heutigen Planungen zu Folge soll zwischen Marcena und Sevilla eine vollständig neue Nahverkehrsstrecke gebaut werden, die auch den Flughafen San Pablo (Sevilla) anbinden wird.
Die Breitspurstrecke Madrid – Córdoba, Teil der im Rahmen von PEIT geplanten Schnellfahrstrecke

Madrid – Jáen, soll zwischen Alcazar de San Juan und Manzanares (47 km) modernisiert werden. Die Strecke wird teilweise neu trassiert und für Geschwindigkeiten von bis 250 km/ ertüchtigt werden. Im gesamten Streckenverlauf werden Bahnübergänge durch Brücken oder Unterführungen ersetzt. Im zweiten Schritt soll der Ausbau der Teilstücke Espeluy – Jáen und Espeluy – Córdoba öffentlich ausgeschrieben werden. Zwischen Madrid und Aranjuez werden zwei weitere Gleise nur für den Nahverkehr gebaut.
Der Umbau der Strecke La Coruña – Vigo (*Eje Atlantico*) soll 2013 abgeschlossen sein. Im Rahmen der Begradigung des Streckenverlaufs werden zahlreiche neue Tunnel entstehen. Von einer Elektrifizierung sieht man derzeit jedoch noch ab. Im April 2007 wurde ein 6,5 km langer neuer Abschnitt bei Queixas in Betrieb genommen, so dass zwischenzeitlich 38,5 km Strecke fertig gestellt sind.
Die Strecke Teruel – Zaragoza (173 km) wird modernisiert und für Geschwindigkeiten bis zu 220 km/h ausgebaut. Die Abschnitte Zaragoza – Muel (16 km) und Cella – Villafranca del Campo (27 km) sind bereits in Betrieb. Zwischen dem 9. Juli und 11. Oktober 2007 musste der Zugverkehr auf Grund von Bauarbeiten vollständig eingestellt werden.
Die Arbeiten zum Ausbau der Strecke Medina del Campo – Zamora – Ourense wurden in 2007 wieder aufgenommen, nachdem die Arbeiten 2004 eingestellt wurden. Zunächst soll der Abschnitt Medina del Campo – Zamora (92 km) ausgebaut werden. Für das Projekt stehen insgesamt 370 Millionen € zur Verfügung.
Unter dem Arbeitstitel LAV Levante wird die Breitspurstrecke Madrid – Valencia für Geschwindigkeiten bis 200 km/h ausgebaut. Derzeit wird an zahlreichen Streckenabschnitten mit einer Gesamtlänge von 104 km gebaut.

Übrige Infrastruktur

Im November 2006 erteilte das spanische Verkehrsministerium die Genehmigung zum Bau einer 8,8 km langen Neubaustrecke zwischen Madrid Chamartin und dem Terminal 4 des Madrider Flughafens Barajas. Die Kosten für den Bau sind mit 165 Millionen € veranschlagt. Mit einer Fertigstellung wird in 2010 gerechnet. Die Flughafenzüge sollen vom Bahnhof Chamartin für 1,9 km über die bestehende Breitspurstrecke Madrid – Valladolid geführt werden und anschließend auf die östliche Ringbahn verschwenken. Diese wird auf einem Abschnitt von 2,2 km viergleisig ausgebaut. Die Anbindung des Flughafens erfolgt über eine 4,7 km lange Neubaustrecke, die überwiegend als Tunnelstrecke ausgeführt wird. Beim Bau des Terminals 4 wurde bereits ein unterirdischer Flughafenbahnhof in das Konzept eingeplant. Die Baukosten werden mit 600 Millionen € veranschlagt.
Am 17. Oktober 2006 wurde auf dem Abschnitt Chinchilla de Aragón – Cartagena (230 km, Strecke Madrid – Cartagena) eine neue Signaltechnik in Betrieb genommen.
Die entlang der Costa del Sol verlaufende Strecke Málaga – Fuengirola wird über Fuengirola hinaus bis Mijas (20,7 km) verlängert. Die Verlängerung wird größtenteils als Tunnelstrecke gebaut. Lediglich 500 Streckenmeter werden nicht unterirdisch verlaufen. Die Arbeiten sollen bereits Ende 2007 aufgenommen werden. Mittelfristig ist eine weitere Verlängerung über Mijas bis Algeciras geplant. Die bestehende Strecke Málaga – Fuengirola wird abschnittsweise zweigleisig ausgebaut.
Im Februar 2007 wurde eine neue 17,6 km lange Güterzugstrecke von Castellbisbal (Verzweigung der Ringstrecke Barcelona und der Breitspurstrecke nach Tarragona) zum Hafen von Barcelona und den Containerterminals in C'an Tunis und Morrot in Betrieb genommen. Am 24. März 2007 wurde in El Prat de Llobregat ein neuer unterirdischer Renfe-Bahnhof für beide Spurweiten eröffnet. Dadurch können AVE Züge schon hier halten, um Reisenden einen schnelleren Übergang zum Flughafen Barcelona zu ermöglichen.

Personenverkehr

Die Renfe betreibt hat für die Regionalverkehre zwischen Madrid und Ciudad Real/Puertollano sowie von Córdoba nach Sevilla und zwischen Madrid und Toledo den neuen Markennamen Avant eingeführt. Der am 17. Dezember 2006 eröffnete Abschnitt der neuen LAV Córdoba – Málaga wird derzeit lediglich von täglich vier Talgo 200-Zugpaaren der Relation Madrid – Málaga befahren. Zwei Zugpaare Madrid – Córdoba – Málaga werden vorerst über die Breitspurstrecke geführt. Mit der Inbetriebnahme

Am 19. Dezember 2006 wurde der Abschnitt Lleida – Roda de Bara im Zuge der LAV Madrid – Barcelona in Betrieb genommen. Am 23. Mai 2007 ist 102 007 als AVE 9886 Camp de Tarragona – Madrid bei La Plana auf der Strecke Lleida – Tarragona unterwegs. Foto: Remi van Waes.

des ersten Abschnitts der LAV Córdoba – Málaga reduziert sich die Reisezeit zwischen den beiden Städten um 20 bis 30 Minuten. Der schnellste Zug benötigt für die Strecke Madrid – Málaga nur 3 Stunden 47 Minuten. Nach der Eröffnung der LAV bis Malaga Maria Zambrano wird die Fahrtzeit Madrid – Malaga nur noch drei Stunden betragen. Die Züge des Talgo 200 nach Málaga entfallen dann. Der Nachtzug Madrid – Algecirás wurde zum Fahrplanwechsel aufgegeben. Algeciras ist seit Ende Dezember 2006 zwei Mal täglich mit einer Talgo-Tagesverbindung an die spanische Hauptstadt angebunden.

Mit der Inbetriebnahme des Abschnitts Lleida – Roda de Bara (LAV Madrid – Barcelona) am 19. Dezember 2006 sind alle fünf AVE-Züge Madrid – Lleida bis Camp de Tarragona verlängert. Die sieben mit Triebwagen der Baureihe 120 gefahrenen Alvia-Züge Madrid – Barcelona werden seit Dezember 2006 östlich von Lleida über die Neubaustrecke geführt um bei Roda de Bara auf die bestehende Breitspurstrecke nach Barcelona zu verschwenken. Auf Grund der geänderten Streckenführung reduzierte sich die Reisezeit bei den Alvia-Verkehren um 45 Minuten. Die Reisezeit Madrid – Barcelona beträgt somit nur noch 4 Stunden 17 Minuten.

Zum Fahrplanwechsel am 10. Dezember 2006 wurden nachstehende Fahrplanänderungen wirksam:

- Der Schnellverkehr zwischen Madrid und Toledo wurde um zwei zusätzliche Abfahrten erweitert. Im Berufsverkehr werden einzelne Zugpaare aus zwei Triebwagen der Baureihe S104 gebildet, so dass sich das Sitzplatzangebot deutlich vergrößert hat.
- Bei einigen Altaria-Verkehren wurden die Talgo VII-Garnituren durch Talgo VI-Stämme ersetzt, da die Talgo VII-Züge zur Bildung von Triebwagen der Baureihe 130 (Talgo 250) benötigt werden.
- Durch den Einsatz von Diesellokomotiven der Baureihe 334 auf der Strecke Madrid – Cartagena mit einer Höchstgeschwindigkeit von 200 km/h konnten die Altaria-Züge um 20 bis 35 Minuten beschleunigt werden. Der schnellste Zug benötigt zwischen beiden Städten 4 Stunden 27 Minuten.

Die bei Acciona Rail Services eingestellte 333.382 ist am 3. Mai 2007 mit einem Kohlezug auf dem Weg von Gijón nach La Robla. Hierbei handelt es sich um den ersten planmäßigen Verkehr des *open access operators* Acciona, der im Januar 2007 aufgenommen wurde. Die Aufnahme von Philip Wormald entstand in Villamanin.

- Auf der Strecke Madrid – Linares – Almeria werden nach wie vor zwei tägliche Altaria-Zugpaare angeboten. Die Wagengruppen nach Granada werden jedoch nicht mehr angeboten, da Granada zukünftig zwei Mal täglich über Córdoba und Antequera-Santa Ana an die spanische Hauptstadt angebunden ist. In Antequera-Santa Ana wird in Richtung Madrid auf die LAV-Strecke verschwenkt. Zum Einsatz kommen Talgo VI-Garnituren, die zwischen Antequera-Santa Ana und Granada von Diesellokomotiven bespannt werden. Trotz des Umweges reduziert sich die Reisezeit zwischen Madrid und Granada um 80 Minuten auf 4 Stunden 40 Minuten. Von den beiden Zugpaaren Madrid – Linares – Almeria wird ein Zugpaar aus Talgo VII-Wagen gebildet, während Talgo 278/277 nach wie vor mit einer Talgo III-Garnitur gefahren wird.

Güterverkehr

Im Oktober 2006 führte **Renfe Mercancías** einen neuen Containerzug Barcelona – Madrid ein, der fünf Mal pro Woche verkehrt. Im Februar 2007 wurde der Containershuttle Madrid – Cádiz aufgegeben. Renfe Mercanías gab als Einstellungsgrund mangelnde Auslastung an. Der wahre Grund liegt jedoch in einer Preiserhöhung von rund 50%, die zahlreiche Stammkunden verprellt hat. Gleiches betrifft den Milchzug Aranda de Duero – Madrid, der bislang drei Mal pro Woche verkehrte. Das Zugpaar fuhr letztmalig am 1. Februar 2007. Am 11. Juni 2007 wurde ein neues Containerzugpaar in der Relation Madrid – Mérida – Lisboa eingeführt. Das Zugpaar ist zwei Mal pro Woche disponiert.
Die **Deutsche Bahn AG** hat im Zuge des Ausbaus internationaler Kooperationen in 2007 zahlreiche Aktivitäten unternommen. Am 26. Juli 2007 gab das Unternehmen bekannt, 55% von **Transportes Ferroviarios Especiales S.A.** (Transfesa) zum Preis von 150 Millionen € übernommen zu haben. Transfesa beschäftigt 1 200 Mitarbeiter und konnte im Geschäftsjahr 2006 einen Umsatz von 290 Millionen € ausweisen. Das Unternehmen zeichnet sich durch einen umfangreichen Park an Güterwagen mit austauschbaren Radachsen, die vor allem in der Automobillogistik eingesetzt werden können.

Construrail fährt seit Februar 2007 Containerzüge in der Relation Valencia – Madrid. Die Züge werden von Diesellokomotiven der Baureihe 333.3 bespannt, die bei Continental Rail angemietet wurden. Bei Getafe ist 333.381 am 18. Mai 2007 mit ihrem Containerzug auf dem Weg von Madrid Puerto Seco nach Valencia. Foto: Remi van Waes.

Transfesa ist jedoch nicht als EVU in Spanien zugelassen. Das Tochterunternehmen Activa Rail S.A. hat hingegen eine Lizenz in Spanien beantragt. Es ist davon auszugehen, dass unter der Regie von Activa Rail zukünftig internationale Güterzüge in der Relation Spanien – Frankreich – Deutschland angeboten werden. Renfe und SNCF halten jeweils 20% an Transfesa. Da die Renfe befürchtet, an Einfluss zu verlieren, beabsichtigt das Unternehmen die Anteile der SNCF zu übernehmen. Neben Transfesa konnte die Deutsche Bahn AG im September 2007 **Spain-TIR S.A.** übernehmen. Der ehemalige Familienbetrieb konnte im Geschäftsjahr 2006 einen Umsatz von 240 Millionen € ausweisen. Spain-TIR bietet vorwiegend Speditionsdienstleistungen an und soll in die DB AG-Tochter Schenker Logistics integriert werden.

Open access operators – Güterverkehr

Zum Zeitpunkt der Drucklegung dieses Jahrbuchs waren sieben EVU in Spanien als Güterverkehrsunternehmen zugelassen. Neben der Renfe Operadora sind weitere sechs Anbieter im Güterverkehrsmarkt aktiv. Weitere vier Unternehmen haben eine Zulassung mit entsprechendem Sicherheitszertifikat beantragt. Die ersten kommerziellen Aktivitäten der neuen Eisenbahngesellschaften begannen Ende 2006. Da die Renfe an den meisten Unternehmen bis zu 49% beteiligt ist, kann von einem echten Wettbewerb zum Platzhirschen Renfe kaum die Rede sein.

Acciona Rail Services S.A. (ARS), Teil des Baukonzerns Acciona, ist der zweite vollständig zugelassene freie Anbieter in Spanien. Das Unternehmen verfügt seit der Zulassung über zwei Neubau-Diesellokomotiven der Baureihe 333.3 (Vossloh Valencia) mit den Betriebsnummern 333.382 und 383, die im Dezember 2006 in Betrieb genommen wurden. Seit Ende Januar 2007 setzt ARS diese Loks in Doppeltraktion vor Kohleganzzügen zwischen dem Hafen von Gijón und La Robla ein. Die Züge werden im Auftrag von Unión Fenosa gefahren und verkehren in der Regel zwei Mal pro Tag. Darüber hinaus plant ARS die Einführung von Containerganzzügen zwischen Barcelona und Zaragoza.

Comsa Rail Transport S.A. konnte einen Verkehrsvertrag für den Transport von Zement in Seecontainern von El Musél (Gijon) nach Valladolid gewinnen. Der Verkehr mit einem Transportvolumen von jährlich 390 000 Tonnen startete im August 2007.
Vossloh Valencia lieferte im November 2006 zwei Neubau-Diesellokomotiven der Baureihe 333.3 an **Continental Rail S.A.**. Sie entsprechen der RENFE Baureihe 333.3. und sind mit 333.38071 und 381 bezeichnet. Die Lokomotiven verfügen über eine Motorleistung von 1 875 kW und erreichen eine Höchstgeschwindigkeit von 120 km/h. Continental Rail, Teil der ACS-Gruppe und für diese im Bahnbau tätig, war im Oktober 2005 als erstes EVU in Spanien neben der Renfe zugelassen. Das Unternehmen verfügt seit November 2006 über das notwendige Sicherheitszertifikat. Neben den bereits genannten Lokomotiven der Baureihe 333.3 verfügt Continental Rail über 14 englische Diesellokomotiven der Baureihe Class 37 und zwei Class 58.
Die beiden Diesellokomotiven der Baureihe 333.3 von Continental Rail sind derzeit an die **Construrail S.A.**, ein Joint Venture aus ACS (51%) und Renfe (49%), vermietet. Construrail verfügt ebenfalls über eine Zulassung und ein Sicherheitszertifikat und fährt seit 15. Februar 2007 zwei Mal pro Woche einen Containershuttle zwischen Madrid und Valencia. In Valencia betreibt ACS einen eigenen Containerterminal. Seit 20. April 2007 fährt dieser Zug drei Mal pro Woche. Am 1. Juli 2007 wurde ein zwei Mal pro Woche disponierter Containershuttle Valencia – Valladolid-Argales eingeführt.

Fahrzeuge - Lokomotiven

Im November 2006 hat Renfe Mercancías bei Bombardier 100 Elloks der Bauart TRAXX F140 DC bestellt. Die als Baureihe 253 geführten Maschinen werden in Breitspur ausgeliefert und sind für eine Fahrspannung von 3 000V zugelassen. Mit einer Leistung von 4 000 kW erreicht eine 253 eine Höchstgeschwindigkeit von 140 km/h. Während die ersten zehn Lokomotiven bei Bombardier in Kassel gebaut werden, erfolgt die Montage der übrigen 90 Maschinen im Renfe-Hauptwerk Villaverde. Als Zulieferer für die Baureihe 253 tritt nahezu die gesamte spanische Eisenbahnindustrie auf. An der Produktion ist CAF mit 28%, Talgo mit 23%, Alstom mit 19%, Siemens mit 14%, Bombardier mit 13% und Vossloh mit 3% beteiligt. Die Auslieferung der Maschinen erfolgt zwischen März 2008 und Ende 2010. Im Rahmen des Auftrags ist Bombardier auch für die Wartung der Lokomotiven in den ersten 14 Jahren verantwortlich. Die Baureihe 253 soll zunächst die neun Maschinen der Baureihe 279 (Baujahr 1967-'68) und deren Schwesterbaureihe 289 (Baujahr 1969-'72, neun Loks sowie neun Doppelloks) ersetzen. Später wird sich die Renfe Schritt für Schritt von den Maschinen der Baureihe 269.0 (97 Loks, Baujahr 1973-'78) trennen.
Die ersten von Vossloh Valencia gebauten Diesellokomotiven der Baureihe 334 sind seit Ende November 2006 im Planbetrieb anzutreffen. Die Renfe hat insgesamt 28 Lokomotiven dieser Baureihe bestellt. Der Umlauf sieht vorwiegend Altaria-Züge der Relation Madrid – Murcia/Cartagena vor. Mit der fortschreitenden Auslieferung werden die Neubaulokomotiven Zug und Zug auch Leistungen im Talgo-Verkehr auf den Strecken Madrid – Badajoz, Madrid – Zamora – Ourense – La Coruña und Madrid – Burgos – Bilbao übernehmen. Die Baureihe 334 entspricht der Euro 4000 aus dem Hause Vossloh. Die vierachsigen Lokomotiven (Achsfolge Bo'Bo') verfügen über eine Motorleistung von 2 390 kW und erreichen eine Höchstgeschwindigkeit von 200 km/h. Unter dem Namen Erion haben Vossloh Spanien und die Renfe ein Joint Venture gegründet, an dem Vossloh 51% der Anteile hält. Erion wird für die Wartung der Diesellokbaureihen 333 und 334 verantwortlich sein.
Mit der Auslieferung der Baureihe 334 werden die letzten Lokomotiven der Baureihe 354 aus dem Plandienst verschwinden. Krauss-Maffei lieferte zwischen 1983 und 1984 acht dieser Lokomotiven an die Renfe, deren Lichtraumprofil den Talgo-Garnituren angepasst wurde. Ende 2006 waren lediglich 354 006 und 008 im aktiven Betriebsdienst. Der Planeinsatz endete bereits zum 10. Dezember 2006. Als Reserve wurden 354 001, 006 und 008 vorgehalten und immer wieder vor Reisezügen eingesetzt. Das offizielle Ende dieser legendären Lokomotiven kam Ende Dezember 2007.

AVE-Triebwagen

Seit Oktober 2006 werden einige Triebwagen der Baureihe S102 zu Verkehrsspitzen zwischen Madrid und Lleida als Doppeleinheit gefahren. Bis zu diesem Zeitpunkt waren die Triebwagen nicht für den

Für die Neubaulokomotiven der Baureihe 334 wurde im Jahr 2007 ein erster Umlauf aufgestellt, der vor allem die Bespannung der *Altaria*-Züge Madrid – Cartagena vorsah. Am 30. März 2007 bespannte eine den *Altaria* 228 Madrid – Cartagena, aufgenommen bei Cieza.

Die neuen Diesellokomotiven der Baureihe 334 lösen die *Talgo*-Lokomotiven der Baureihe 354 ab, die sich somit aus dem Plandienst verabschieden. Am 31. März 2007 wartet 354.008 im Bahnhof Cartagena vor einer Talgo Pendular-Garnitur auf weitere Aufgaben.

Einsatz als Doppeleinheit zugelassen. Die Renfe verfügt derzeit über 16 Triebwagen der Baureihe 102. Zwischen August 2008 und Dezember 2010 liefern Talgo und Bombardier eine zweite Serie von 30 Triebwagen der Baureihe 102 an die Renfe.
Seit dem 22. Juni 2007 setzt die Renfe die Velaro E-Triebzüge der Baureihe S103 im Plandienst sowohl auf der AVE Madrid – Sevilla als auch auf der AVE Madrid – Camp de Tarragona ein. Die Renfe hat insgesamt 26 dieser Triebwagen bei Siemens zu bestellt. Die Baureihe S103 entspricht dem deutschen ICE 3 und ist für eine Höchstgeschwindigkeit von 300 km/h zugelassen. Im März 2001 hatte die Renfe eine erste Serie von 16 Triebwagen der Baureihe S103 bestellt. Im Dezember 2005 wurde die Option auf weitere 10 Einheiten gezogen. Alle 26 Triebwagen sollen bis Ende 2008 im Plandienst eingesetzt werden. Mitte 2007 waren bereits 18 Triebwagen ausgeliefert.
Im Dezember 2006 hat Alstom die ersten von insgesamt 13 Triebwagen der Baureihe S104 ausgeliefert, nachdem bei der Renfe bereits eine erste Serie von 20 Triebwagen (u.a. auch von CAF) im Einsatz ist, die zwischen 2004 und 2006 ausgeliefert wurden. Die Triebwagen sind für die Regionalverkehre auf den AVE-Strecken vorgesehen und sind derzeit auf den Strecken Madrid – Toledo, Madrid – Puertollano und Córdoba – Sevilla im Einsatz. Seit Februar 2007 sind die 12 für die Alvia-Verkehre Madrid – Barcelona beschafften Triebwagen der Baureihe 120 aus der ersten Serie auf der AVE Madrid – Camp de Tarragona für Geschwindigkeiten bis 250 km/h zugelassen. Bislang waren die Triebwagen wegen fehlender ETCS lediglich für 200 km/h zugelassen. Die Triebwagen haben verstellbare Radachsen, so dass ein Einsatz sowohl auf der normalspurigen AVE als auf dem klassischen Breitspurnetz möglich ist. Auf Grund der höheren Geschwindigkeit auf den LAV-Strecken konnte die Reisezeit der Alvia-Züge zwischen Madrid und Barcelona auf 3 Stunden 20 Minuten reduziert werden. Im Oktober 2006 begann CAF mit der Auslieferung von 21 Triebwagen der Baureihe 120 aus der zweiten Serie. Der letzte Triebwagen soll Ende 2010 an die Renfe übergeben werden. Die Baureihe 120 verfügt als erster Triebwagen über angetriebene und verstellbare Radachsen nach dem von CAF entwickelten System Brava. Über ein ähnliches System verfügen die seit Dezember 2007 im Planbetrieb eingesetzten Triebwagen der Baureihe 130. Hersteller ist hier die Herstellergruppe Talgo/Bombardier. Ein Triebwagen der Baureihe 130 besteht aus Talgo VII-Wagen mit jeweils einem Motorwagen an der Spitze und am Ende der Garnitur. Die 22 bereits im Dienst befindlichen Talgo VII-Garnituren werden zuerst für die Bildung der Triebwagen verwendet. Die Renfe hat bei der Fahrzeugindustrie zwei weitere Serien der Baureihe 130 in Auslieferung. Zunächst wird bis Juni 2008 eine Serie von 44 Triebköp-

Hochgeschwindigkeitstriebzüge der RENFE

Baureihe	100	101	102	103	104	120	130	140
Baujahr	1992	1997	2005-'10	2007-'08	2004-'08	2006-'10	2006-'10	2008-'11
Zahl	18	6	46	26	33	75	45	34
Wagenzahl	10	10	14	8	4	4	13	5
Hersteller	Alstom	Alstom	Talgo/ Bombardier	Siemens	Alstom/ CAF	CAF	Talgo/ Bombardier	CAF
Einstellbare Achsen	nein	nein	nein	nein	nein	ja	ja	ja
Spannung	25 kV	3000V	25 kV	25 kV	25 kV	25kV/ 3000V	25kV/ 3000V	25 kV/ 3000V
Vermögen (kW)	8800	4150	8000	8800	4400	4000	4800	2400
Vmax (km/h) AVE	300	-	330	350	250	250	250	200
Vmax (km/h) Breitspur	-	220	-	-	-	220	220	200
Sitzplätze 2. Klasse	212	212	196	264	206	156		240

Am 25. Mai 2007 wartet der Velaro E-Triebwagen 103 007 im Bahnhof Camp de Tarragona auf den bevorstehenden Planeinsatz. Seit Juni 2007 werden die Hochgeschwindigkeitstriebwagen planmäßig in Spanien eingesetzt. Foto: Remi van Waes.

Seit Dezember 2006 liefert Alstom eine zweite Serie von 13 Triebwagen der Baureihe 104 an die Renfe. Am 28. Mai 2006 hat ein Triebwagen der Baureihe 104 Toledo mit Ziel Madrid verlassen.

Der Triebwagen 120 007 überquert als *Alvia* 1109 Madrid – Barcelona den Viadukt *Pont de Candi* bei Villaverd (Strecke Lleida – Tarragona, LAV Madrid – Barcelona). Foto: Remi van Waes.

fen an die Renfe übergeben, gefolgt von einer weiteren Serie von 46 Triebköpfen und 54 Talgo-Mittelwagen, die ab Dezember 2007 ausgeliefert werden. Das letzte Fahrzeug soll im August 2009 in Betrieb genommen werden. Seit dem 9. Dezember 2007 wird die Baureihe 130 planmäßig in den Verkehren Madrid – Valladolid – Gijón, Madrid – Pamplona/Logroño, Madrid – Vitoria und Madrid – Málaga/Cádiz/Huelva eingesetzt.
Im Juli 2006 hat die Renfe bei CAF zwei Serien von Neubautriebwagen für den Fernverkehr bestellt. Es handelt sich um 23 fünfteilige Breitspurtriebwagen, die als Baureihe 449 geführt werden sollen, sowie um 34 fünfteilige Triebwagen der Baureihe 140. Die Baureihe 140 ist mit verstellbaren Radachsen nach dem System von CAF ausgerüstet. Die Industrie wird die beiden Baureihe zwischen Juli 2008 und Februar 2011 ausliefern. Die Baureihe 449 wird für Geschwindigkeiten bis 160 km/h, die Baureihe 140 für eine Höchstgeschwindigkeit von 200 km/h ausgelegt sein.

Übrige Triebwagen

Die *Civia*-Triebwagen sind eine Gemeinschaftsentwicklung der spanischen Hersteller von Eisenbahntechnik. Im Jahr 2000 startete die Renfe das Projekt Tren 2000 (spätere Baureihen 462-465) und ließ sich von den Firmen CAF/Siemens, Alstom und Bombardier einen Nahverkehrstriebwagen in Modulbauweise entwickeln. Die erste Bestellung lief über 14 Einheiten und umfasste 3 zweiteilige Einheiten (462), 3 dreiteilige Einheiten (463), 5 vierteilige Einheiten (464) und 3 fünfteilige Einheiten (465). Die Zahl der Sitzplätze variiert von 178 (Zweiteiler) bis 377 Sitzplätze (Fünfteiler). Die Erprobung der Fahrzeuge fand in den Nahverkehrszonen Madrid, Asturien und Sevilla statt. Am 14. Oktober 2003 wurde ein zweiter Auftrag über insgesamt 83 Einheiten an die Firmen CAF/Siemens (43) und Alstom (40)

Am 16. Mai 2007 war 130 003 im Rahmen einer Zulassungsfahrt bei Campo de Criptana auf dem Weg von Albacete nach Alcazar de San Juan. Foto: Remi van Waes.

vergeben. Die Angaben über die Aufteilung auf die Baureihen wurden später geändert, so dass erst die Auslieferungen ab Ende 2006 ein genaues Bild über die Statistik der einzelnen Baureihen ergeben werden. Die Firma CAF/Siemens erhielt zunächst einen Auftrag über 40 Einheiten. Dieser wurde später um weitere drei Einheiten aufgestockt. So werden von CAF/Siemens neun dreiteilige und 34 fünfteilige Einheiten hergestellt. Es wurden bei CAF auch mehrere Zwischenwagen bestellt, um die Reihe 462 zur 463, sowie die Reihe 464 zur Reihe 465 zu machen. Am 10.1.2006 wurde durch die Renfe ein dritter Auftrag an CAF/Siemens und Alstom erteilt. Er umfasst die Lieferung weiterer 80 Einheiten. Davon werden 40 fünfteilige Einheiten von CAF/Siemens gebaut werden. Alstom zeichnet für 11 fünfteilige und 28 vierteilige Einheiten sowie eine dreiteilige Einheit verantwortlich. Die Auslieferungen sollen von 2008 bis 2010 erfolgen. Am 30.10 2007 wurde ein weiterer Auftrag über je 30 fünfteilige Einheiten (Reihe 465) an CAF/Siemens und Alstom vergeben. Damit sind bis jetzt 237 verschiedenen Einheiten der CIVIA Baureihe bestellt worden. Sie werden zum einen für Verkehrsleistungen der ständig wachsenden Netze der Nahverkehrszonen benötigt, aber auch für neue Nahverkehrszonen, wie beispielsweise in Zaragoza, wo zur EXPO 2008 eine weitere Zone des Nahverkehrs eingerichtet wird. In zweiter Linie ist dann daran gedacht, die mittlerweile stark überalterten Einheiten der Reihe 440 abzulösen.
Renfe Regionales hat im Juli 2006 bei CAF 50 dreiteilige Breitspur-Dieseltriebwagen der Baureihe 599 bestellt, die zwischen Juli 2008 und Februar 2011 ausgeliefert werden sollen. Zuvor lieferte CAF 21 Triebwagen der Baureihe 598, deren Entwurf größtenteils übernommen wurde. Ein Triebwagen der Baureihe 599 verfügt über eine Motorleistung 1 356 kW und erreicht eine Höchstgeschwindigkeit von 160 km/h. Den Reisenden stehen insgesamt 188 Sitzplätze zur Verfügung.

Privatbahnen

Im Oktober 2006 wurden die Arbeiten zum Bau eines 2 700 m langen Tunnels im Stadtgebiet von Bilbao zwischen den Bahnhöfen Basurto und Concordia im Zuge der von der FEVE (**Ferrocarril de Via**

Estrecha) betriebenen Strecke Bilbao – Santander/Léon aufgenommen. Der zweigleisige Ausbau zwischen Xubia und El Ferrol ist finanziell abgesichert, so dass die Arbeiten aufgenommen werden können. Im März 2007 wurde in Oviedo ein weitere neuer Tiefbahnhof in Betrieb genommen. Für die Strecke zwischen Santander und Oviedo wurde die durchgehende Elektrifizierung angekündigt. Das betrifft den noch nicht elektrifizierten Bereich zwischen Infiesto (Asturien) und Cabezón de la Sal (Cantabrien).

Im Herbst 2006 lieferte Suncove (Sunsundegui) neun zweiteilige elektrische Triebwagen der Baureihe 3625-3642 an die FEVE. Diese sind in El Berron beheimatet sind und sollen auf der Strecke Gijón – Aviles eingesetzt werden. Zwölf der 22 vorhandenen Triebwagen der Reihe 3500 werden mit neuen Wechselstrommotoren ausgerüstet, da die Beschaffung von Ersatzteilen für die Gleichstromantriebe sehr schwierig ist. Darüber hinaus hat die FEVE bei Suncove 12 neue Dieseltriebwagen bestellt, die ab 2008 ausgeliefert werden sollen. Sie ergänzen die 12 Triebwagen der Baureihe 2600, die zwischen 1999 und 2000 aus dem Umbau alter MAN-Triebwagen der Baureihe 2300 entstanden sind. vier Triebwagen der Baureihe 2600 werden im Plandienst auf den Strecken Trubia – Collanzo (4), Cistierna – León (4) und Cartagena – Los Nietos (4) eingesetzt.

Die FGC (**Ferrocarriles de la Generalitat de Catalunya**) hat bei CAF eine zweite Serie von neun dreiteiligen Triebwagen der Baureihe 213 bestellt. Die FGC verfügt derzeit über 33 Triebwagen de Baureihe 213, von denen zwischen 1997 und 1998 20 Exemplare, zwischen 2004 und 2005 weitere 13 Triebwagen ausgeliefert wurden. Die Triebwagen sind für den Einsatz auf der Meterspurstrecke Barcelona – Manresa/Igualada vorgesehen. Nach der vollständigen Abnahme der Nachbestellung Ende 2007 sollen die zehn Meterspurtriebwagen der Baureihe 211, die zwischen 1987 und 1988 von MTM geliefert wurden, ihren Dienst quittieren. Die Triebwagen werden als Ersatzteilspender für die 20 baugleichen Schwesterfahrzeuge der Baureihe 111 dienen, die auf der Normalspurstrecke Barcelona Plaça de Catalunya – Terrassa/Sabadell eingesetzt werden.

Die Renfe hat bei der Industrie weitere Triebwagen der Bauart *Civia* bestellt. Am 15. Mai 2005 hat ein *Civia* den Bahnhof Villaverde Alto südlich von Madrid verlassen.

Durch den Bau der LAV Tarragona-Barcelona mußte die Meterspurstrecke der FGC im Bereich Martorell zwischen dem im Jahr 2003 völlig neu gestaltetem Bahnhof Martorell Enlac und dem Bahnhof Martorell Villa neu verlegt werden. Es entstand auch eine neue Brücke über den Llobregat. Der zweigleisige Ausbau der Meterspurstrecke bis Olesa de Montserrat schreitet weiter voran. Nach dem Stadtbereich von Andreu de la Barca wird auch in Paleja die Strecke unterirdisch neu verlegt. Der Bahnhof Paleja wird ebenfalls ein unterirdischer Bahnhof. Mit der seiner Fertigstellung wird noch im Jahr 2008 gerechnet.

Die FGV (**Ferrocarriles de la Generalidad Valencia**) baut ihr Netz der Tram Alicante zwischen El Campello und Altea weiter zu einer zweigleisigen Strecke für höhere Geschwindigkeiten aus. Für den Verkehr auf der Stammstrecke Alicante – Denia setzt die FGV zwischen Alicante und Altea den neuen Elektrotriebwagen der Reihe 4100 ein. Von diesem lieferte Vossloh España im Jahr 2007 neun Einheiten an die FGV aus. 2006 und 2007 baute Suncove sechs der acht Triebwageneinheiten der Reihe 2300 zu Einheiten der neuen Reihe 2500 um. Diese werden zusammen mit den zwei noch verbliebenen Triebwageneinheiten der Reihe 2300 auf den noch nicht elektrifizierten Streckenbereichen bis Denia eingesetzt.

SFM (**Serveis Ferroviaris de Mallorca**) hat am 3. März 2007 den unterirdischen Bahnhof am Plaça de España in Palma de Mallorca in Betrieb genommen. Von den zehn Bahnsteiggleisen werden vorläufig nur vier Gleise für den Regelverkehr genutzt. Ein Gleis ist für die SFM-Züge nach Sa Pobla und Manacor vorgesehen, während die drei anderen Gleise für die Metro zur Universität zur Verfügung stehen. Die restlichen Gleise gelten bereits heute als Vorgriff auf neue Metrolinien zum Flughafen und nach El Arenal.

Für die Schmalspurstrecke Barcelona – Martorell hat die FGC neue Triebwagen beschafft, mit denen die Triebwagen der Baureihe 211 ersetzt werden sollen. Ein aus der letzten Serie stammender Triebwagen ist am 1. Oktober 1995 bei St. Boi unterwegs.

Die FGV wird die Schmalspurstrecke Alicante – Denia bis Altea als Schnelltramstrecke umbauen. Im Dezember 2006 konnte der erste Abschnitt zwischen Alicante und El Campello in Betrieb genommen werden. Einer der neun Schnelltram-Triebwagen der Baureihe 4100 konnte am 30. März 2007 zwischen Alicante und El Campello beobachtet werden. Mit der Aufnahme des Schnelltram-Betriebs enden die Dieseltriebwagen aus Denia bereits in El Campello.

Sunsundequi hat für die FGV-Triebwagen der Baureihe 2300 neue Wagenkästen konstruiert. Die modernisierten Triebwagen werden zwischen El Campello und Dénia eingesetzt. Am 26. Mai 2007 hat ein modernisierter 2300 den Bahnhof Benissa erreicht. Foto: Illya Vaes.

PORTUGAL

Die Portugiesische Staatsbahn Comboios de Portugal (CP) hat im Geschäftsjahr 2006 mit 133 Millionen Reisenden rund 2% mehr Fahrgäste als im Vorjahr befördert. Mit einem Plus von 0,3% auf 2,43 Milliarden Tonnenkilometer lag das Wachstum in Güterverkehr nicht ganz so hoch. Im Oktober 2006 feierte die CP ihr 150-jähriges Jubiläum. Im gleichen Monat stellte das Unternehmen den Investitionsplan für den Zeitraum von 2007 bis 2015 vor, der vor allem Investitionen in die Infrastruktur vorsieht, und sich in drei Bereiche gliedert: Bereich 1 umfasst die Investitionen in das Hochgeschwindigkeitsnetz des Landes, Bereich 2 umfasst Bauvorhaben im Breitspurnetz für den Güterverkehr, Bereich 3 sieht umfangreiche Investitionen im regionalen Streckennetz vor (siehe Kapitel: Infrastruktur).

Infrastruktur

Am 21. Juni 2007 hat die portugiesische Regierung entschieden, dass die Kosten der drei Hochgeschwindigkeitsstrecken Lisboa – Badajoz (– Madrid) (207 km, Regelspur mit 25 kV/50 Hz), Lisboa – Porto (313 km, Regelspur mit 25 kV/50 Hz), Porto – Valença (– Vigo), diese jedoch in Breitspur, von privaten Investoren getragen werden sollen. Die Ausschreibung, die für den Zeitraum 2008/9 geplant ist, umfasst neben dem Bau auch die Wartung und den Betrieb der Strecken über einen Zeitraum von 40 Jahren. Das Vergabeverfahren ist in fünf Teilprojekte gegliedert: Vigo – Porto (800 Mio. €), Porto – Pombal (1,7 Mrd. €), Pombal – Lisboa (2,1 Mrd. €), Lisboa – Poceirao (1,6 Mrd. €) und Poceirao – Caia (1,7 Mrd. €).

Die beiden Regelspur-Hochgeschwindigkeitsstrecken sind die ersten privaten Eisenbahnprojekte des Landes. In Lisboa und Porto sollen mit öffentlichen Geldern neue Hochgeschwindigkeits-Bahnhöfe gebaut werden. Die Ausschreibung umfasst darüber hinaus den Bau von privat finanzierten Bahnhöfen in Évora, Leiria, Braga und Valença. Die Arbeiten zum Bau der Hochgeschwindigkeitsstrecke Lisboa – Badajoz sollen 2010 aufgenommen und spätestens 2013 abgeschlossen werden. Der Bau der Strecke Lisboa – Porto soll 2012 beginnen und 2015 abgeschlossen werden. Bei der in Breitspur ausgeführten Schnellfahrstrecke Nine – Valença handelt es sich den Neubau der bestehenden Strecke Porto – Vigo (Spanien), die neu trassiert und für Geschwindigkeiten von bis zu 250 km/h ausgebaut wird. Dieses vollständig aus öffentlichen Mitteln (2 Mrd. €) finanzierte Projekt soll 2013 abgeschlossen sein. Die Reisezeit Porto – Vigo wird nach Abschluss der Arbeiten um zwei Stunden auf rund 60 Minuten reduziert.

Am 26. Juni 2007 wurde die Strecke Figueira da Foz – Cantanhede auf Grund von Bauarbeiten für einige Monate für den Gesamtverkehr gesperrt. 2007 wurde der Bau einer 15 km langen eingleisigen elektrifizierten Strecke von Gaia (Hauptstrecke Lisboa – Porto) zum Hafen von Aveiro ausgeschrieben. Parallel dazu entsteht bei Gaia entsteht ein neues Containerterminal. Der Investitionsplan sieht darüber hinaus folgende Projekte vor:

Bau einer neuen für den Güterverkehr vorgesehenen Breitspurstrecke von Évora nach Elvas;
Modernisierung der Abschnitts Ovar – Gaia im Zuge der Hauptstrecke Lisboa – Porto;
Elektrifizierung der Linha da Beira Baixa zwischen Castelo Branco und Guarda;
Bau einer neuen Güterzugstrecke von Coina zu den Hochöfen von Siderurgia Nacional.

Personenverkehr

Am 5. November 2006 wurde der Personenverkehr Casa Branca – Évora wieder aufgenommen, nachdem die Strecke am 9. April 2006 auf Grund von Bauarbeiten vorübergehend stillgelegt wurde. Mit der Wiederinbetriebnahme der Strecke werden drei durchgehende InterCity-Züge Lisboa – Évora angeboten, die aus Corail-Wagen gebildet werden. Die Bespannung obliegt einer Diesellokomotive der Baureihe 1930.

Am 22. April 2007 wurde das Zugangebot zwischen Lisboa und Faro von täglich zwei auf täglich sechs Zugpaare erweitert. Einige Züge der Relation Lisboa-Oriente – Porto Campanhã wurden so beschleunigt, dass die Reisezeit auf 2 Stunden 35 Minuten reduziert werden konnte. Die beschleunigten Züge werden aus *Alfa Pendular*-Triebwagen der Baureihe 4000 gebildet. Einzelne Zugpaare sind bis Faro durchgebunden, so dass erstmals ein durchgehender Verkehr Porto – Faro angeboten wird. Das am Wochenende verkehrende Nachtzugpaar 20570/20670 Comboio Azul Porto – Faro wurde aufgegeben.

Open access Güterverkehr

Seit 2007 sind die ersten privaten Güterverkehrsanbieter in Portugal aktiv. Die Mota-Engil-Gruppe, ein Bahnbauunternehmen, beabsichtigt, eine Lizenz für das Konsortium **Cargorail S.A.** zu beantragen. An Cargorail sind die Tochterunternehmen Ambiente & Servicos (70%) und Ferrovias (30%) beteiligt. Cargorail beabsichtigt, Bauzüge zukünftig in Eigenregie zu fahren.

Die portugiesische Aufsichtsbehörde INTF hat der spanischen **Comsa S.A.** eine Zulassung für das portugiesische Netz erteilt.

Takargo S.A. hat ebenfalls eine Lizenz erhalten und beabsichtigt darüber hinaus, auch eine Zulassung für Spanien zu beantragen. Das Unternehmen plant, ab 2008 die ersten Verkehre in Portugal aufzunehmen. Vorgesehen sind Güterzüge zwischen Setúbal und Leixões. 2009 sollen die Aktivitäten auf den spanischen Markt ausgeweitet werden. Im Fokus ist die Relation Lisboa/Sines – Badajoz – Madrid/Valencia. Für die Verkehre sollen Vossloh-Lokomotiven der Baureihe Euro 4000 bei Angel Trains Cargo (ATC) angemietet werden. Im Jahr 2006 hat ATC bei Vossloh vorsorglich 18 Lokomotiven bestellt. Die Lieferung umfasst sowohl Normalspur- als auch Breitspur-Lokomotiven. 2010 soll eine Rollende Landstrasse zwischen Irún/Hendaye und Lisboa eingerichtet werden. Für diese Verkehre wurden 40 Modalohr-Wagen bei der Fahrzeugindustrie bestellt.

Fahrzeuge

Die CP hat bei Siemens weitere zehn Lokomotiven der Baureihe LE 4600 bestellt, so dass insge-

Die CP hat einige Elloks der Baureihe 2600 an Cargo abgegeben. Am 16. Juli 2000 war eine 2600 mit IR 825 Lisboa – Porto bei Espinho im hochwertigen Personenverkehr anzutreffen.

samt 25 Elloks dieser Baureihe in Betrieb genommen werden. Die ersten Maschinen waren bereits Mitte 2007 im Siemens-Werk zur Auslieferung bereit. Eine Übergabe der Lokomotiven erfolgt jedoch gemäß Vertrag erst ab Juli 2008. Die ersten drei Lokomotiven werden in München gebaut, während die übrigen 22 Maschinen bei EMEF in Portugal montiert werden. Die vierachsigen Maschinen (Bo'Bo') verfügen über eine Motorleistung von 4 600 kW und erreichen eine Höchstgeschwindigkeit von 140 km/h.
Von den 21 vorwiegend im Personenverkehr eingesetzten Elloks der Baureihe 2600 (Alstom, 1984 - 1986) wurden acht Lokomotiven an CP Cargas (Güterverkehr) abgegeben. In diesem Zusammenhang wurde Übersetzung der Maschinen geändert, so dass sich die Höchstgeschwindigkeit von bislang 160 auf 100 km/h reduziert. Darüber hinaus wurden die Maschinen mit einer Mehrfachsteuerung für den Einsatz in Doppeltraktion ausgerüstet. Drei Elloks der Baureihe 5600, bislang ausschließlich im Güterverkehr eingesetzt, kommen seit Dezember 2006 auch im Personenverkehr in der Relation Lisboa – Porto zum Einsatz.
Die CP hat drei Triebwagen der Baureihe 9400 an die peruanische Eisenbahngesellschaft Crosland Tecnica verkauft. Die Triebwagen werden in Peru im Ausflugsverkehr von Cuzco nach Machu Pichu eingesetzt. Die Triebwagen wurden zwischen 1966 und 1968 von Duro Dakovic mit einer Spurweite von 760 mm an die damalige JZ (Jugoslawien) geliefert. 1980 übernahm die CP die Triebwagen. In diesem Zusammenhang wurden sie für eine Spurweite von 1 000 mm umgebaut. Der Verkauf nach Peru bescherte den betagten Triebwagen wieder ihre ursprüngliche Spurweite. Die drei restlichen Schmalspurtriebwagen der Baurehe 9400 wurden an die Staatsbahn von Mozambique verkauft. Am 13. Februar 2007 fuhr ein LRV 9500 zwischen Tua und Mirandela in einen Erdrutsch. Bei dem Unglück waren drei Todesopfer und zwei Verletzte zu beklagen. Die Mitte der Achtziger Jahre in Dienst gestellten Corail-Wagen werden modernisiert. Mit dem Einbau einer neuen Bremsanlage kann die Höchstgeschwindigkeit von derzeit 160 auf 200 km/h erhöht werden. Die ersten modernisierten Wagen sind seit Dezember 2006 mit Elloks der Baureihe 5600 auf der Hauptstrecke Lisboa – Porto im Einsatz.

Zwei ehemalige jugoslawische Schmalspurtriebwagen der Baureihe 9400 warten am 19. Juli 2000 in Regua auf weitere Einsätze. Die CP hat diese Triebwagen zwischenzeitlich an die peruanische Crosland Tecnica verkauft.

BALTIKUM

Estland

Die politischen Beziehungen zwischen Estland und Russland wurden im vergangenen Jahr ernsthaft auf die Probe gestellt. Nachdem Ende April 2007 ein Denkmal der Roten Armee in der estnischen Hauptstadt Tallinn entfernt wurde, kam es zu einem Protest der in Estland lebenden Russen (300 000 von insgesamt 1,3 Millionen Einwohnern). Bei den Ausschreitungen gab es einen Toten und 57 Verletzte zu beklagen. Russland übte daraufhin erheblichen politischen Druck auf Estland aus, der auch Auswirkungen auf den Eisenbahnverkehr hatte. Die Russische Staatsbahn (RŽD) hielt nach den Ausschreitungen Güterzüge an der russisch-estnischen Grenze für mehrere Tage fest. Ab dem 26. März 2007 wurden die von EVR Express, einem Joint Venture von EVR und Edelaraudtee, gefahrenen Fernzüge Tallinn – Moskva eingestellt. Offiziell wurden für die Einstellung der Fernzüge wirtschaftliche Gründe angegeben. Es ist jedoch offensichtlich, dass die Verkehre auf Grund der politischen Krise zwischen beiden Ländern aufgegeben werden mussten. Nach fünf Tagen konnten die Verkehre am 31. März 2007 wieder aufgenommen werden. Der im September 2004 eingestellte Nachtzug Tallinn – St. Petersburg soll spätestens im Dezember 2007 wieder aufgenommen werden.

Edelaraudtee beabsichtigt, in 2009 einen Fernzug Tallinn – Tartu – Riga (Lettland) einzuführen. Dies wäre seit mehreren Jahren wieder der erste Fernzug, der baltische Staaten miteinander verbindet, nachdem das Fernzugpaar Tallinn – Riga – Vilnius nach nur einem Jahr in 1999 wieder eingestellt wurde. Edelaraudtee bietet bislang lediglich Reisezüge zwischen Tallinn und Tartu an. Die Beförderungsleistung lag in 2006 bei 1,9 Millionen Reisenden.

Der vorherrschende Disput zwischen dem Netzbetreiber Eesti Raudtee (ER) und Edelaraudtee gipfelte in der Wiederverstaatlichung des Unternehmens. Bis Dezember 2006 war Baltic Rail Services (Rail World-Gruppe) mit 66% an ER beteiligt. Die übrigen 34% blieben seit 2001 in Staatshand. ER wurde die Auflage erteilt, das Netz für private Verkehre zu öffnen. Mit der Begründung, ER dulde im eigenen Netz keinen Wettbewerb, wurde die Liberalisierung des ER-Netzes unterbunden. ER gab vor, dass Trassenentgelte in keinem Verhältnis zu der Investition stehen. Im Januar 2007 kaufte der Staat das Anteilspaket der ER für 2,35 Milliarden Kronen (150 Millionen €) zurück. BRS hatte in 2001 für das Anteilspaket lediglich 680 Millionen Kronen (43 Millionen €) aufbringen müssen.

Der neue Aufsichtsrat der ER wird die Neugliederung des Unternehmens begleiten. Künftig sollen eigenständige Gesellschaften für die Infrastruktur und den Betrieb verantwortlich sein. Letztere soll mittelfristig an einen privaten Investor verkauft werden. Unter der Führung von BRS konnte die wirtschaftliche Lage des Unternehmens deutlich verbessert werden, was sich auf den Verkaufspreis auswirken wird. In 2006 lag die Transportleistung im Güterverkehr bei 44,8 Millionen Tonnen (10,1 Milliarden Tonnenkilometer).

Lettland

Die Lettische Staatsbahn Latvijas Dzelzceļš (LDZ) beförderte im Jahr 2006 rund 27,4 Millionen Reisende, was einem Wachstum von 5,7% im Vergleich zu 2005 entspricht. Der Güterverkehr hingegen musste Einbußen in Höhe von 14,8% auf 15,2 Milliarden Tonnenkilometer hinnehmen, was vor allem auf den Wettbewerb zurückzuführen ist. Im Dezember 2006 gründete die estnische Eesti Raudtee in Lettland unter dem Namen Livonia Rail Service SIA ein Tochterunternehmen, welches zunächst im Speditionsbereich tätig sein soll. Im Gegenzug gründete die LDZ zum 1. Juli 2007 die SIA LDZ Cargo, die ebenfalls Speditionsdienstleistungen auf dem Markt anbietet.

Die LG-Tochter UAB Vilnius lieferte im Frühjahr 2007 die erste modernisierte Doppellok der Baureihe 2M62US an die LDZ. Die LDZ-Lokomotiven werden entsprechend den 2M62-Doppelloks der LG überholt. Die Maschinen unterscheiden sich lediglich in der Motorleistung. Während die 30 LG-Lokomotiven mit Zwölfzylinder-Caterpillar-Motoren der Bauart CAT 3512 mit einer Leistung von 2 x 1700 kW ausgestattet sind, verfügen die LDZ-Lokomotiven über Sechzehnzylinder-Caterpillar-Motoren der Bauart CAT 3516 mit einer Leistung von 2 x 2240 kW.

Estland: Eesti Raudtee wurde im Januar 2007 wieder in Staatshände gegeben. Mit vereinten Kräften ziehen die EVR-Lokomotiven 1531 und 1547 ihren Kesselwagenzug in Richtung Tallin. Die Aufnahme entstand am 19.Juni 2007 zwischen Tapa und Lehtse. Foto: Petr Štefek.

Lettland: Latvijas Dzelzcelš (LDz) lässt die Dieseltriebwagen der Baureihe DR1A modernisieren. Am 21. Juni 2007 verlässt DR1A-227 den Bahnhof Krustpils. Foto: Petr Štefek.

Litauen: TEP70BS-002 stammt aus einer Serie von vier Lokomotiven, die Kolomna im Jahr 2006 an Lietuvos Geležinkeliai (LG) geliefert hat. Die ansprechend lackierte Lokomotive hat am 16. Juni 2007 Zug 19 Vilnius – Klaipeda zwischen Radviliškis und Šilenai bespannt. Foto: Petr Štefek.

Litauen: Die erste von Siemens für die Lietuvos Geležinkeliai (LG) gelieferte Diesellok der Baureihe ER20-CF (Gattung *EuroRunner*) präsentierte sich am 5. Oktober 2007 im Depot Vilnius den interessierten Fotografen. Foto: Siemens.

Litauen

Die Litauische Staatsbahn Valstybine Imone Lietuvos Geležinkeliai (LG) beförderte im Jahr 2006 6,1 Millionen Reisende, was einem Rückgang um 7,8% entspricht. Im Gegensatz zum lettischen Nachbarn konnte der Güterverkehr mit 12,9 Milliarden Tonnenkilometern ein Plus von 3,5% ausweisen.

Am 15. Dezember 2006 hat die LG bei der tschechischen ČKD Vagónka zwei dreiteilige elektrische Breitspur-Triebwagen (1 520 mm) bestellt, die auf dem Entwurf der ČD-Baureihe 471 basieren (s. Seite 382). Die Triebwagen sollen in Litauen als Baureihe 575 eingereiht und im Personenverkehr zwischen Vilnius und Kaunas eingesetzt werden. Die Triebwagen verfügen über eine Leistung von 2 000 kW und erreichen eine Höchstgeschwindigkeit von 160 km/h. Der erste Triebwagen soll im September 2008 an die LG übergeben werden. Die ersten Planeinsätze sollen bereits im Frühjahr 2009 erfolgen.

Mitte August 2007 wurde die erste von insgesamt 34 Diesellokomotiven der Baureihe ER20-CF an die Litauische Staatsbahn übergeben. Die Lokomotive verließ das Siemens-Werk in München-Allach am 18. August und wurde über Mukran nach Klaipeda überführt. Die Lokomotive wurde im deutschen Abschnitt auf Hilfsdrehgestellen gefahren und im Fährhafen Mukran umgespurt. Am 5. Oktober 2007 konnte die Lokomotive in Vilnius der Öffentlichkeit vorgestellt werden. Die ER20-CF basiert auf dem Entwurf des *Eurorunner*, unterscheidet sich jedoch von ihren Schwesterlokomotiven durch eine geänderte Kopfform. Darüber hinaus sind die litauischen Lokomotiven als sechsachsige Maschinen mit der Achsfolge Co'Co' ausgeführt. Die Maschinen verfügen über eine Leistung von 2 000 kW und erreichen eine Höchstgeschwindigkeit von 120 km/h. Die übrigen 33 Lokomotiven sollen bis 2009 ausgeliefert werden. Die LG wird die Neubaulokomotiven zunächst im Güterverkehr einsetzen, wo sie vor allem die älteren Lokomotiven der Baureihe TEP60 (Kolomna, Baujahr 1960) ersetzen werden.

Die Reederei DFDS/Lisco – Betreibergesellschaft der Eisenbahnfähre Klaipeda – Mukran (D), hat den Fährverkehr im Januar 2007 ab/bis Baltisk (Kaliningrad) erweitert. Baltisk wird vom Fährschiff "Vilnius" bedient, das eine Kapazität für 90 Breitspurwagen, 180 LKW und 120 Passagiere bietet.

Litauen: Die modernisierte Doppellok 2M62U-0386M rangiert am 16. Juni 2007 im Güterbahnhof des Chemiewerks Achema in Jonava. Foto: Petr Štefek.

POLEN

Im Jahr 2006 konnten die Polnischen Staatsbahnen Polskie Koleje Państwowe (PKP) zum ersten Mal seit 17 Jahren ein Wachstum im Personenverkehr verzeichnen. Mit einem Plus von 1,7 Millionen Reisenden nutzten 2006 insgesamt 219,7 Millionen Fahrgäste die polnische Eisenbahn. Der Zuwachs resultiert jedoch nicht aus dem für den Regionalverkehr zuständigen PKP Przewozy Regionalne (PKP PR). Auf Grund der Einstellung von zahlreichen Verkehren musste bei PKP PR ein Rückgang der Fahrgastzahlen um 1,2 Millionen Reisende verzeichnet werden. Erfolgreich konnte sich hingegen PKP Intercity im Markt behaupten. Im ersten Quartal 2007 wurden 8% mehr Reisende befördert. PKP Intercity geht davon aus, in 2007 erstmals einen Gewinn erzielen zu können. PKP Cargo hat das Transportaufkommen im Geschäftsjahr 2006 um 6,2 Millionen Tonnen auf insgesamt 156 Millionen Tonnen steigern können. Gemeinsam mit PKP Intercity soll PKP Cargo durch die polnische Regierung an die Börse gebracht werden. Während PKP Intercity bereits 2009 börsennotiert sein soll, wird PKP Cargo ein Jahr später folgen. Die polnische Regierung beabsichtigt, mit den Einnahmen die Defizite im Staatshaushalt reduzieren zu können.
Die PKP erhielt für 2007 vom Staat Zuschüsse in Höhe von 371 Millionen Złoty (98,6 Millionen €). Dies entspricht einer Budgetaufstockung um 17% im Vergleich zum Vorjahr. Aus diesen Geldern sollen 200 Millionen Złoty (53,2 Millionen €) in den Ausgleich von Defiziten beim überregionalen und internationalen Personenverkehr fließen – der Regionalverkehr ist davon ausgenommen, da dieser durch die Regionen finanziert wird. Mit den verbleibenden Mitteln sollen Angebote und Reisevergünstigungen ausgeglichen werden. Der Netzbetreiber PKP PLK hat in 2007 staatliche Mittel in Höhe von 380 Millionen Złoty (101 Millionen €) für die Instandhaltung und Modernisierung des Netzes erhalten.
Zum 1. Juni 2007 hat WARS – Betreiber der Speisewagen in den rund 40 Fernreisezügen in Polen – den Vertrag mit PKP PR gekündigt, nachdem PKP PR die Preise einseitig angehoben hat. Mit der Preiserhöhung waren die Wagen für WARS nicht mehr wirtschaftlich zu betreiben.
Die Fährgesellschaft Polska Zegluga Morska hat für das Tochterunternehmen Unity Line das 21 Jahre alte Fährschiff Sea Wind aus dem Bestand der Silja-Line übernommen. Das zuvor zwischen Stockholm und Turku eingesetzte Schiff wird unter neuer Flagge zwischen Trelleborg und Świnoujście verkehren. PZM wird zwei neue Fähren in Betrieb nehmen. Das Fährschiff Wolin kann 100 LKW, 50 Eisenbahnwaggons und 400 Reisende aufnehmen.

Infrastruktur

Der internationale Fußballbund Fifa hat 2007 Polen und die Ukraine als Austragungsort für die Fußballeuropameisterschaft 2012 gewählt. Bis 2012 werden in Polen umfangreiche Investitionen in das Schienennetz getätigt. Zu den Austragungsstätten in Polen zählen Warszawa, Gdynia, Zopot, Poznań, Gorzów und Katowice. Die Bahnhöfe dieser Städte werden umfangreich modernisiert. Der Hauptbahnhof von Katowice befindet sich bereits im Bau. Der Neubau wird zum Teil aus privaten Mitteln finanziert. Der Bahnhof von Szczecin wird ebenfalls modernisiert, da hier zahlreiche Fußballfans aus Deutschland erwartet werden. In das Modernisierungsprogramm fallen darüber hinaus die Bahnhöfe von Warszawa Zachodnia und Warszawa Wschodnia. Ende 2007 sollen die Arbeiten zum Ausbau und zur Modernisierung der Hauptstrecke Warszawa – Gdańsk aufgenommen werden. Während der zweijährigen Bauarbeiten bleibt die Strecke für den Gesamtverkehr gesperrt. Der Zugverkehr wird in dieser Zeit über Bydgoszcz und Toruń umgeleitet, wodurch sich die Reisezeit um 90 Minuten verlängert. Diese drastische Maßnahme ist notwenig, um die Modernisierung rechtzeitig abschließen zu können.
Das Vorhaben zum Bau einer aus EU-Mitteln finanzierten gabelförmigen Hochgeschwindigkeitsstrecke Warszawa – Kalisz mit Schenkeln nach Wrocław und Poznań musste reduziert werden.

Letzten Plänen zu Folge soll der Ast nach Wrocław vorerst nicht gebaut werden. Die somit frei werdenden Mittel sollen in den Ausbau der Schnellfahrstrecke CMK Warszawa – Zawiercie fließen. Geplant ist eine Verlängerung der Schnellfahrstrecke von Zawiercie bis Katowice mit einem Abzweig zur Hauptstrecke nach Kraków. Darüber hinaus soll die CMK mit 25kV elektrifiziert werden. Mit der Änderung der Fahrdrahtspannung von 3 000V soll die Streckengeschwindigkeit von heute 160 km/h auf 300 km/h erhöht werden. Im Frühjahr 2007 wurden die Elektrifizierungsarbeiten an der Hauptstrecke Węgliniec – Stjanów (– Horka) angeschlossen. Der elektrische Zugbetrieb wird jedoch erst nach Abschluss der Elektrifizierungsarbeiten des deutschen Teilstücks Grenze – Horka – Knappenrode (– Hoyerswerda) in 2013 aufgenommen. Deutschland und Polen investieren in die Modernisierung zahlreicher Grenzübergänge. Die Strecke Szczecin – Angermünde soll zweigleisig ausgebaut und elektrifiziert werden. Darüber hinaus soll die Strecke für eine Geschwindigkeit von 160 km/h ertüchtigt werden. Die Arbeiten sollen 2011 aufgenommen werden. Die Strecke Zgorzelec – Görlitz (D) soll durchgehend elektrifiziert und für eine Höchstgeschwindigkeit von 160 km/h ausgebaut werden.
Es gibt Pläne für den Bau eines Eisenbahnkorridors zwischen Litauen und der Slowakei, der größtenteils aus EU-Mitteln finanziert werden soll. Dieser Korridor soll auf polnischem Gebiet über Białystok, Radom, Kielce, Tarnów und Muszyna verlaufen. Größte Investition im Rahmen des Projektes ist der Bau einer 40 km langen zweigleisigen Neubaustrecke zwischen Busko-Zdroj und Ząbno, für die Kosten in Höhe von 300 Millionen € veranschlagt werden.
Am 15. Januar 2007 wurde die Modernisierung eines der beiden zweigleisigen Eisenbahntunnel im Stadtzentrum von Warszawa abgeschlossen. Der mit neuer Signaltechnik ausgestattete Tunnel ermöglicht eine Verdichtung der Zugfolge von drei Minuten (vorher: fünf Minuten). Darüber hinaus konnte die Streckengeschwindigkeit auf 80 km/h heraufgesetzt werden, so dass die Kapazität der Tunnelstrecke deutlich erhöht werden konnte.
Der in der Nacht vom 18. auf den 19. Januar 2007 über weiten Teilen Westeuropas hereingebrochene Orkan Kyrill hat in Polen erhebliche Schäden an der Bahninfrastruktur verursacht. Zahlreiche Strecken in West- und Südpolen mussten auf Grund umgestürzter Bäume für den Zugverkehr gesperrt werden. Betroffen waren unter anderem die Hauptstrecken Poznań – Rzepin (– Frankfurt/Oder) und Poznań – Szczecin. Die Strecke Kraków – Zakopane wurde nach dem Abknicken zahlreicher Oberleitungsmasten gesperrt.

Personenverkehr

Am 17. September 2006 wurde die 750 mm Schmalspurstrecke Pleszew Wąskotorowy – Pleszew Miasto für den Personenverkehr eröffnet. Zunächst werden täglich fünf Zugpaare angeboten. Zum 24. Oktober 2006 wurde das Zugangebot um ein Zugpaar auf täglich sechs Zugpaare erweitert, jedoch durch Ausfall des hier eingesetzten MBxd2-216 bedingt Ende April 2007 wieder eingestellt. Die Strecke ist als Dreischienengleis verlegt.
Zum Fahrplanwechsel am 10. Dezember 2006 traten folgende Fahrplanänderungen in Kraft:

- EC 108/109 Comenius Kraków – Praha hl.n. führt Kurswagen ab/bis Wien. Neu angeboten wird ein PKP Intercity Kraków – Burgas (BG), der ein Mal pro Woche verkehrt.
- Neu angeboten werden zwei tägliche Zugpaare Opole – Katowice – Raciborz – Ostrava (CZ), die aus polnischen Triebwagen der Baureihe EN57 gebildet werden.
- Die deutsche Niederbarnimer Eisenbahn AG (NEB) übernahm von DB Regio den Personenverkehr auf der Ostbahn Berlin-Lichtenberg – Müncheberg – Küstrin-Kietz – Kostrzyn (PL). Wegen der fehlenden Zulassung der NEB als EVU in Polen war bis zuletzt ungewiss, ob das Unternehmen zwischen Küstrin-Kietz und Kostrzyn fahren durfte. Da die eingesetzten Talent-Dieseltriebwagen bereits in Polen zugelassen waren, konnte die NEB auf Grund politischer Interventionen beschleunigt zugelassen werden und somit bereits vom ersten Verkehrstag an Züge nach Polen anbieten.

Seit 10. Dezember 2006 fährt die NEB täglich mit *Talent*-Triebwagen nach Polen. Die NEB übernahm den Regionalverkehr Berlin-Lichtenberg – Küstrin-Kietz – Kostrzyn (PL). Am 17. September 2007 verlässt ein NEB-*Talent* den polnischen Bahnhof Kostrzyn in Richtung Berlin.

Die Wojewodschaft Lubuskie hat einen neuen zweiteiligen Dieseltriebwagen der Baureihe SA 133 in Betrieb genommen. Der von Pesa gelieferte SA 133-003 wartet am 18. Juni 2007 in Niegosławice auf die Ausfahrt nach Zielona Gora. Die Strecke Żagań– Niegosławice wurde am 10. Dezember 2006 für den Personenverkehr wiedereröffnet.

- DB Regio fährt mit Triebwagen der Baureihe 628 täglich alle zwei Stunden in der Relation Lübeck – Güstrow – Neubrandenburg – Szczecin.
- Die täglich fünf tschechischen Zugpaare Jeseník (CZ) – Krnov (CZ), die im polnischen Korridorbahnhof Głuchołazy ohne Verkehrshalt die Fahrtrichtung wechseln, haben im polnischen Głuchołazy einen Verkehrshalt bekommen. Der Grenzübergang war seit 1945 lediglich für den Korridorverkehr zwischen Tschechien geöffnet. Die Wojewodschaft Opolskie will Geld für die Wiedereröffnung der Strecke Nysa – Głuchołazy Zdrój zur Verfügung stellen, wodurch eine neue Verbindung zwischen Polen und Tschechien entstehen würde. An den Wochenenden werden zwei Zugpaare Opole Główne – Ostružná (CZ) angeboten. Der Lokwechsel findet in Głuchołazy statt.
- In Polen ist die Finanzierung des Regionalverkehrs durch die Wojewodschaften – nahezu ganz in Händen der PKP PR – nach wie vor mangelhaft. Die Wojewodschaften schließen mit der PKP PR weiterhin Jahresverträge ab, die von PKP PR unter Androhung der Einstellung des Zugbetriebs diktiert werden. Auf Grund der kurzen Vertragslaufzeiten wird jedes Jahr eine umfangreiche Liste von Strecken erstellt, auf denen der Personenverkehr eingestellt werden soll. Der Personenverkehr Lódz – Zgierz – Łowitz Glówny wurde eingestellt, was einer Schließung der Strecke gleichkommt. Zwischen 1. Februar und 30. September 2007 verkehrten täglich abermals zwei Zugpaare.
- Auf der Strecke Białystok – Ełk wurde ein Großteil der Personenzüge aufgegeben. Geblieben sind drei Schnellzugpaare sowie ein Regionalzugpaar. Nachdem die Wojewodschaft Podlaskie mit der PKP PR einen Verkehrsvertrag für 2007 abgeschlossen hat, verkehren seit 19. März 2007 täglich vier weitere Regionalzugpaare.
- Der Personenverkehr auf der Strecke Kutno – Płock wurde ebenfalls eingestellt. Ausnahme ist ein durchgehendes Zugpaar Płock - Poznań Glówny. Der Personenverkehr Nysa – Brzeg wurde ebenfalls eingestellt, nachdem der Zugverkehr erst im Februar 2005 wieder reaktiviert werden konnte. Der Rotstift erfasste auch die Personenzüge Herby Nowe – Herby Stare (2,4 km) und Sandomierz – Ostrowiec Świętokrzyski. Bereits zum 1. Juni 2007 konnte der Zugverkehr auf der Strecke Herby Nowe – Herby Stare wieder aufgenommen werden.
- Obgleich die Wojewodschaft Opolskie am 10. Dezember 2006 den Personenverkehr Opole Glówny – Biskupice Olawskie abbestellt hat, werden seit dem 1. Februar 2007 wieder Personenzüge angeboten, die bis Jelcz Laskowice durchgebunden sind. Somit wird die Strecke Biskupice Oławskie – Jelcz Laskowice wieder von Personenzügen befahren.
- Für den Personenverkehr wiedereröffnet wurde die Strecke Żary – Węgliniec. Es werden täglich zwei Zugpaare ab und bis Zielona Góra angeboten. Gleiches gilt für die Strecke Żagań – Niegosławice, die ebenfalls mit zwei Zugpaaren pro Tag bedient wird. Die Wojewodschaft Lubuskie hat Neubautriebwagen der Baureihe SA133 in Betrieb genommen, so dass wiedereröffnete Nebenstrecken wirtschaftlicher bedient werden können.

Die Strecke Szczytno – Pisz wurde am 1. Februar 2007 für den Personenverkehr stillgelegt, nachdem die Wojewodschaft Warmińsko-Mazurskie den Personenverkehr bei PKP PR abbestellt hat. Gleiches gilt für den Personenverkehr zwischen Brodnica und Działdowo. Zwischen dem 23. Juni und dem 2. September 2007 wurde ein Schnellzugpaar in der Relation Warszawa Zachodnia – Kołobrzeg über diese Strecke umgeleitet. Darüber hinaus wurde die Strecke Toruń – Sierpc zum 1. Februar 2007 für den Personenverkehr stillgelegt. Auf dem anschließenden Teilstück Sierpc – Nasielsk setzt Koleje Mazowieckie nach wie vor ehemalige DB-Triebwagen der Baureihe 627/628 ein. Grund für die Einstellung des Personenverkehrs war eine unerwartet hohe Subventionsforderung von PKP PR an die Wojewodschaft Kujawsko-Pomorskie. Proteste seitens der Reisenden halfen: Am 12. März 2007 wurde der Personenverkehr mit zwei Zugpaaren in der Relation Toruń – Sierpc wieder aufgenommen. Die drei Zugpaare Toruń – Lipno sind jedoch aus dem Fahrplan gestrichen. Auf Initiative der Wojewodschaft Wielkopolskie wurde der Personenverkehr auf der

Strecke Piła Główny – Wałcz zum 1. Februar 2007 mit täglich sechs Zugpaaren wieder aufgenommen. Die Strecke wurde in 2000 für den Personenverkehr stillgelegt.
Zum 19. März 2007 wurden alle Reisezüge zwischen Jelenia Góra und Szklarska Poręba Górna aufgegeben. Ausnahme bildet ein durchgehendes Zugpaar Poznań – Szklarska Poręba Górna. Ursache für die Abbestellung des Personenverkehrs ist die Reduzierung der Finanzmittel durch die Wojewodschaft Dolnośląskie.
Seit dem 6. Mai 2007 ist die Strecke Międzylesie – Lichkov (CZ) auf Grund von Elektrifizierungsarbeiten für den Zugverkehr gesperrt. Die an den Wochenenden verkehrenden Regionalzüge wurden bereits zum 31. März 2007 ausgesetzt. Der Schnellzug 250/251 Poznań – Praha hl.n. verkehrte letztmalig am 6. Mai 2007.
Zum 27. Mai 2007 wird mit dem D10/11 Polonez wieder ein direkter (Nacht)zug Warszawa – Moskwa angeboten, der 2005 mangels Auslastung aufgegeben wurde. Das Zugpaar wird aus Schlafwagen der RŽD gebildet, die durch Sitzwagen und einen Speisewagen im Abschnitt Warszawa – Terespol von der PKP ergänzt werden.
Am 1. Juni 2007 wurde die Strecke Kępno – Wieluń Dąbrowa für den Personenverkehr wieder in Betrieb genommen.
Zwischen dem 9. Juni und Ende September 2007 wurde ein Nachtzugpaar D 320/321 Berlin Hbf – Ełk angeboten.
Mit dem Jahresfahrplan 2007/2008, der ab 9. Dezember 2007 gültig ist, treten folgende Änderungen im Fernverkehr in Kraft:

- Das Zugpaar EN 349/348 *Jan Kiepura* Moskwa – Warszawa – Frankfurt/M verkehrt neu nach Amsterdam CS und erhält Wagengruppen in den Relationen Warszawa – München und Warszawa – Basel SBB.
- Ein neuer EuroCity *Josef Bem* Warszawa – Kraków – Muszyna – Košice – Miskolc – Budapest keleti pu. wird eingeführt.
- Das Zugpaar D 35/36 *Jan Chelmonski* Kiev – Warszawa wird bis Wrocław durchgebunden. Tatsächlich fährt dieser Zug seit Herbst 2006 lediglich bis zur polnisch-ukrainischen Grenze, nachdem sich ein Unfall auf Grund der Drehgestelle ereignet hat. Die im D 35/36 eingesetzten Wagen sind mit verstellbaren Drehgestellen der Bauart SUW 2000 ausgestattet, die einen Tausch der Drehgestellte an der Grenze zur Ukraine überflüssig machen. Seit Herbst 2006 müssen die Reisenden an der Grenze umsteigen.
- Der Schnellzug R 57102/75103 *Bachus* Zielona Góra – Gdynia erhält Wagengruppe ab/bis Frankfurt/Oder. Zwischen Zielona Gora und Frankfurt/Oder wird ein zweites Zugpaar eingerichtet.
- Zwischen Warszawa und Kraków wird ein Zweistundentakt eingerichtet.
- Zwischen Kraków und Zgorzelec wird ein neues Zugpaar angeboten.
- Zwischen Warszawa und Grudziądz wird ein neues Zugpaar angeboten.

Güterverkehr
PKP Cargo hat mit einem akuten Wagenmangel zu kämpfen, so dass nicht alle Verkehre durchgeführt werden können. Ursache sind vor allem finanzielle Engepässe, so dass anstehende Hauptuntersuchungen nicht durchgeführt werden können. 45% der Transportleistung von PKP Cargo ist Steinkohle. 2006 mussten 2,5 Millionen Tonnen auf Grund von Kapazitätsproblemen abgelehnt werden. Im Zusammenhang mit dem Ausbau des internationalen Güterverkehrs beabsichtigt PKP Cargo, zwischen acht und zehn neue Logistikzentren in Polen in Betrieb zu nehmen. Die ersten Knotenpunkte sollen in Poznań und Małaszewicze (Terespol) entstehen. Darüber hinaus sollen neue Containertragwagen beschafft werden.

Fahrzeuge
Elektrische Lokomotiven
Am 20. November 2006 hat PKP Cargo die letzte Lokomotive der Baureihe EU06 abgestellt. 1962

Die PKP PR lässt 74 Elloks der Baureihe EU07 modernisieren. Am 8. September 2007 wartet die modernisierte und mit neuer Farbgebung versehene EP07-1003 (ex-EU07-486) im Ausbesserungswerk Wrocław Główny auf die Abnahmefahrt. Foto: Krzysztof Malinowski.

Die erste von NEWAG modernisierte Diesellok der Baureihe ST44 verlässt am 11. August 2007 das Herstellerwerk in Nowy Sącz. Die Lokomotive ist für CB Rail bestimmt und trägt die Betriebsnummer 311D-01. Foto: Krzysztof Malinowski.

hat English Electric/Vickers insgesamt 20 Lokomotiven dieser Baureihe an die PKP geliefert. Auf Grund akuten Fahrzeugmangels hat sich die PKP jedoch entschieden, eine EU06 wenige Wochen später wieder zu reaktivieren. Nach erfolgter Zwischenuntersuchung wurden in 2007 weitere fünf Lokomotiven in Betrieb genommen.
PKP Intercity und ČD planen, ihre Triebfahrzeuge zukünftig durchgehend zwischen Warszawa und Praha einzusetzen. Im Rahmen der Zulassung waren im September 2006 EU07-540 und EP09-034 im Prüfzentrum Cerhenice zu Gast. Die Lokomotiven sind bereits mit tschechischen Stromabnehmern und entsprechenden Zugsicherungseinrichtungen ausgerüstet. Im Gegenzug hat die ČD-Maschine 163 048 im Werk DPOV Přerov die polnischen Zugsicherungseinrichtungen und Stromabnehmer erhalten. Im Oktober und November 2006 war die Lokomotive im Rahmen des Zulassungsverfahrens in Polen anzutreffen. Der durchgehende Einsatz von tschechischen Lokomotiven nach Polen soll bereits im Dezember 2007 umgesetzt werden. Die ČD wird insgesamt drei Lokomotiven der Baureihe 163 für den Einsatz in Polen umrüsten. Ihr Einsatz soll vor den Fernzügen R 200/201 Silesia und EC 108/109 Comenius Kraków – Praha hl.n. im Abschnitt Kraków – Ostrava erfolgen. Ein grenzüberschreitender Einsatz der polnischen Lokomotiven scheint jedoch zunächst nicht realisiert zu werden, da die Maschinen das Signalsystem in Tschechien beeinflussen. Die polnischen EP09 sollen im durchgehenden Fernverkehr zwischen Warszawa und Praha hl.n. verkehren. Die Baureihe ET22 ist als erste Serie seit dem 2. Mai 2007 in Tschechien zugelassen. Voraussetzung ist jedoch, dass die Lokomotiven mit der tschechischen Zugsicherungseinrichtung ausgerüstet sind. Darüber hinaus ist die Höchstgeschwindigkeit von 120 auf 100 km/h reduziert, da der für das ČD-Netz angebrachte Stromabnehmer mit Kohleschleifstücken verfügt, die eine Reduzierung der Motorleistung um 15% zur Folge hat. Die Zulassung erfolgte auf Antrag der tschechischen OKD Doprava, die in Kooperation mit PKP Cargo durchgehende Güterzüge zwischen Polen und Tschechien fährt. Am 30. Mai 2007 bespannte eine ET22 erstmals einen Güterzug in Tschechien. Die Lokomotive wurde von einem Triebfahrzeugführer der OKD Doprava gefahren.
Die in Polen eingesetzten Lokomotiven sind unabhängig ihres Einsatzgebietes buchmäßig bei PKP Cargo. Dies betrifft auch die bei PKP Intercity und PKP PR eingesetzten Triebfahrzeuge. Die schlechte Finanzlage bei PKP PR führt demzufolge zu einer übermäßigen Verschuldung des Eigentümers PKP Cargo. Als Konsequenz räumt PKP Cargo den im Personenverkehr eingesetzten Lokomotiven bei Hauptuntersuchungen keine Priorität ein. Diese Politik hatte zur Folge, dass in 2006 ein Großteil der Baureihe EU07 wegen Fristablauf angestellt werden musste. Um die Situation zu entspannen, hat PKP PR in 2006 eine Einmalzahlung in Höhe von 100 Millionen Złoty (26,5 Millionen €) erhalten. Mit dieser Summe sollen 74 Lokomotiven der Baureihe EU/EP07 übernommen und hauptuntersucht werden. Die Transaktion soll bis Ende 2007 abgeschlossen sein, so dass zum Fahrplanwechsel am 9. Dezember 2007 alle EU/EP07 wieder betriebsfähig sein sollten. Die Revision der Lokomotiven musste durch PKP PR öffentlich ausgeschrieben werden. Daher werden die Hauptuntersuchungen von insgesamt vier Unternehmen durchgeführt: ZNTK Olesnica, ZNTK Mińsk Mazowieckie, HCP (Cegielski) und Reloc Craiova (Rumänien). Im Rahmen der Hauptuntersuchung erhalten die Lokomotiven eine Klimaanlage, elektrische Scheibenwischer sowie Halogenscheinwerfer. Die Maschinen werden im bestand von PKP PR zukünftig als EP07-1001 – 1074 geführt und fallen durch Farbgebung in rot-crème auf.
PKP Intercity beabsichtig, neue Triebfahrzeuge zu beschaffen. Zunächst sollen zehn Lokomotiven bei der Fahrzeugindustrie bestellt werden, die im EC-Verkehr Warszawa – Poznań – Berlin zum Einsatz kommen sollen.

Diesellokomotiven

Da eine Ausmusterung der Baureihe ST44 bei PKP Cargo geplant war, wurden die Maschinen in den zurückliegenden Jahren auf Verschleiß gefahren und auf eine Hauptuntersuchung verzichtet. Auf Grund des akuten Triebfahrzeugmangels haben einzelne Vertreter dieser Baureihe im Herbst 2006 eine Zwischenuntersuchung erhalten. Die Lokomotiven fallen durch ihre grüne Farbgebung auf. 20 ehemalige DB-220 (äqivalent der PKP-ST44, Typ M62) sind von CB Rail übernommen worden. Die Lokomotiven erhalten bei NEWAG in Nowy Sącz ab Mai 2007 neue Fahrmotoren (General Electric), einen neuen Generator sowie einen neuen Dieselmotor. Die als 311D bezeichneten remotorisierten M62 verfügen über eine Leistung von 2 013 kW und sind somit deutlich leistungsfähiger als die mit Kolomna-Motoren (1 470 kW) ausgerüsteten Schwesterlokomotiven. CB Rail hat für die 311D eine Zulassung in Deutschland beantragt und beabsichtigt, die Lokomotiven im deutschen Leasingmarkt anzubieten. Im Juni 2007 stand das erste Fahrzeug mit der Betriebsnummer 311D-01 für Testfahrten zur Verfügung.

Elektrische Triebwagen

Im Hinblick auf die Austragung der Fußball-Europameisterschaft in Polen und der Ukraine im Jahr 2012 wird in Polen in neue Fahrzeuge investiert. Die polnische Regierung sowie die EU stellen der PKP 380 Millionen € für die Beschaffung von 20 Schnelltriebwagen zur Verfügung. Bis Ende 2007 soll im Rahmen eines öffentlichen Vergabeverfahrens der Hersteller ausgewählt werden. Bereits Ende der Neunziger Jahre gab es Überlegungen zur Beschaffung von 16 Schnelltriebwagen mit Neigetechnik, die jedoch nie realisiert wurden. Damalige Studien haben ergeben, dass ein wirtschaftlicher Einsatz der Neubaufahrzeuge nur mit Geschwindigkeiten von 200 km/h erreicht werden kann. Da sich der Zustand des Netzes in den letzten Jahren deutlich verschlechtert hat, ist von einem wirtschaftlichen Einsatz nicht auszugehen. Experten gehen dennoch von einer Anschaffung der Fahrzeuge aus, um auf die Liberalisierung des Personenverkehrs in 2010 vorbereitet zu sein. Einige Triebwagen der Baureihe EN57 sind für den grenzüberschreitenden Verkehr mit Tschechien mit neuen Stromabnehmern umgerüstet worden. Seit 10. Dezember 2006 werden die Triebwagen im Regionalverkehr nach Ostrava (CZ) eingesetzt (siehe ...). Die 75 von ZNTK Minsk Mazowieckie/Pesa/Newag modernisierten EN57 standen der PKP im November 2007 vollständig zur Verfügung. Die Triebwagen haben neue Führerstände und eine neue Inneneinrichtung erhalten. Entgegen der ursprünglichen Planung wurde aus Kostengründen auf den Einbau neuer Kunststofffenster verzichtet. Die modernisierten Triebwagen werden als Unterbaureihe EN57-2000 geführt.

Am 15. März 2007 haben SKM Trójmiasto und ZNTK Mińsk Mazowieckie eine Vereinbarung über die Modernisierung von vier EN57 unterzeichnet. Der Umbau wird sowohl von der polnischen Regierung als auch aus EU-Mitteln finanziert. Die Triebwagen erhalten eine neue Inneneinrichtung, eine neue elektrische Anlage sowie eine neue Anfahrsteuerung. Szybka Kolej Miejska Warszawa (SKM Warszawa) hat sich im März 2007 mit NEWAG über die Modernisierung von zwei EN57 verständigt. Die Modernisierung gleicht einem Neubau, da lediglich Rahmen und Drehgestelle verwendet werden. Als Baumuster dient der zuvor von NEWAG an die SKM gelieferte Triebwagen 14WE-01-06. Die modernisierten EN57 sind für eine Höchstgeschwindigkeit von 160 km/h ausgelegt und verfügen über 184 Sitzplätze in der 2.Klasse. Die zwei Triebwagen wurden nach Umbau im Juli bzw. August 2007 in Betrieb genommen. Damit verfügt sie über acht 14WE.

Die beiden in 1990 von Pafawag an die PKP gelieferten Prototypen der Baureihe EW60 wurden nach sechsjähriger Abstellzeit in 2007 an Koleje Mazowieckie (KM) verkauft. Die Baumusterfahrzeuge wurden bei ZNTK Mińsk Mazowiecki mit elektropneumatischen Bremsen, neuen Führerständen sowie einer neuen Inneneinrichtung mit Klimaanlage ausgestattet und fallen durch ihre auffällige Farbgebung in den KM-Farben weiß-gelb-grün auf. Seit Mai 2007 sind die Fahrzeuge im Plandienst auf dem KM-Netz anzutreffen. Im Frühjahr 2007 lieferte Pesa vier elektrische Triebwagen der Baureihe EN81 an die Wojewodschaft Małopolskie. Die Fahrzeuge entsprechen den in 2005 gelieferten EN 81-001-004. 001 und 002 sind in der Wojewodschaft Małopolskie, 003 und 004 in der Wojewodschaft Świętokrzyskie im Einsatz. Die zweite Serie (Betriebsnummern EN81-005 – 008) sollen im Regionalverkehr von Kraków ausgehend eingesetzt werden. Ein EN81 verfügt über 60 Sitzplätze und erreicht mit einer Motorleistung von 560 kW eine Höchstgeschwindigkeit von 120 km/h.

Ende 2007 sind bereits 75 Triebwagen der Baureihe EN57 von der PKP modernisiert worden. Zwei modernisierte EN57 sind am 22. Juni 2007 bei Pisary zwischen Kraków und Katowice unterwegs.

Einer der beiden zusätzlich an SKM Warszawa gelieferten Triebwagen der Bauart 14WE ist am 9. September 2007 zwischen Piastow und Pruszkow unterwegs. Foto: Petr Štefek.

Einer der beiden Prototypen der Baureihe EW60, die Koleje Mazowieckie übernommen hat, sind am 6. September 2007 bei Miedniewice auf der Strecke Warszawa – Skierniewice im Einsatz. Foto: Petr Štefek.

Pesa liefert insgesamt elf elektrische Neubautriebwagen der Baureihe ED74 an die PKP, die vornehmlich zwischen Warszawa und Łódz eingesetzt werden sollen. Am 21. Juni 2007 hat ED74-001 im Rangierbahnhof Kraków Prokocim erste Gehversuche unternommen.

Im Juni 2007 verließ der erste von insgesamt elf für PKP PR bestimmten dreiteiligen Triebwagen der Baureihe ED74 die Werkshallen von Pesa. Die Triebwagen sollen auf der Strecke Warszawa – Łodz eingesetzt werden und verfügen über 182 Sitzplätze in der 2.Klasse und 20 Sitzplätze in der 1.Klasse. Mit einer Motorleistung von 2 000 kW erreicht ein ED74 eine Höchstgeschwindigkeit von 160 km/h. Die aus EU-Mitteln finanzierten Neubautriebwagen werden bis ende 2007 ausgeliefert sein. Erster Einsatztag zwischen Warszawa und Łodz war am 23. august 2007.
Im November 2006 hat Stadler einen Teil des PKP-Werks in Siedlce angemietet. Stadler wird im Werk Siedlce die Endmontage der für den polnischen Markt bestimmten *FLIRT*-Triebwagen durchführen. Wenige Wochen später hat Stadler in Polen eine Tochtergesellschaft gegründet, so dass die Auslieferung der Triebwagen im Mai 2007 beginnen konnte. Stadler hält die Niederlassung in Polen aus Wettbewerbsgründen für zwingend notwendig. Die Produktionskosten eines *FLIRT*-Triebwagens sollen nach Unternehmensangaben auf Grund der niedrigen Lohnkosten auf dem Niveau eines vergleichbaren Pesa-Triebwagens liegen. Erster Auftrag für Stadler ist die Lieferung von 14 vierteiligen *FLIRT*-Triebwagen, von denen zehn für die Wojewodschaft Mazowieckie und vier für die Wojewodschaft Śląskie bestimmt sind. Der erste polnische *FLIRT* soll voraussichtlich im November 2007 ausgeliefert werden. Ein Triebwagen verfügt über 212 Sitzplätze in der 2.Wagenklasse.

Dieseltriebwagen

Von den sieben im Jahr 2005 durch Zachodniopomorskie von DB Regio übernommenen Triebwagen der Baureihe SA110 (ex-DB 624) musste ein Fahrzeug im Juli 2006 nach einem Brand abgestellt werden.
ZNTK Poznań, Hersteller der Regiotramp-Triebwagen der Baureihen SA105 und SA108, hatte erhebliche Schwierigkeiten, die letzten Lieferverträge mit den Wojewodschaften Podlaskie (drei SA105) und Wielkopolska (zwei SA105) einzuhalten. Als Ursache werden "organisatorische Probleme" angegeben. Die zwei bereits ausgelieferten SA105 für die Wojewodschaft Wielkopolska waren Ende 2006 mit Schäden oder Fristablauf abgestellt. Die Umläufe wurden von lokbespannten Zügen übernommen. Die Lieferschwierigkeiten bringen ZNTK Poznań in erhebliche Schwierigkeiten. Die Wojewodschaft Wielkopolskie droht mit einer Vertragsstrafe von 2,1 Millionen Złoty (557 000 €), die den Hersteller in den Konkurs bringen könnte. Im September 2006 hat die Wojewodschaft Lubuskie bei Pesa vier zweiteilige Neubautriebwagen bestellt, die als Baureihe SA133 geführt werden sollen. Pesa hat die ersten beiden Fahrzeuge im November/Dezember 2006, den dritten Triebwagen in 2007 ausgeliefert. Der letzte SA133 wird in 2008 erwartet. Der SA133 ist zwischen den Drehgestellen in Niederflurbauweise ausgeführt. Mit einer Leistung von 2x382 kW wird eine Höchstgeschwindigkeit von 120 km/h erreicht. Drei der vier Triebwagen verfügen über 120 Sitzplätze, der vierte Triebwagen verfügt über 130 Sitzplätze. Im Planbetrieb werden die Neubautriebwagen auf den Strecken Żary – Żagań – Niegosławice, Żary – Węgliniec und Kostrzyn – Gorzów – Krzyż eingesetzt. Ein weiterer SA133 wurde Ende 2006 an die Wojewodschaft Podlaskie für den Einsatz auf der Strecke Bialystok – Suwałki geliefert. Zwei weitere Triebwagen hat Pesa im Februar 2007 an die Wojewodschaft Malopolskie geliefert. Mit den Triebwagen werden die Zubringerwerkehre zwischen Kraków und dem Flughafen Balice gefahren. Die Wojewodschaft Wielkopolskie hat ebenfalls im Februar 2007 einen SA132 in Betrieb genommen. Die Wojewodschaft hält eine Option auf weitere sieben Triebwagen. Die Wojewodschaft Opolskie hat bei Pesa einen vierten Triebwagen der Baureihe SA103 bestellt, der im Februar 2007 ausgeliefert wurde. Die Baureihe SA103 wird auf den Strecken Nysa – Opole und Nysa – Kędzierzyn Koźle eingesetzt.

Wagen

Ende März 2007 konnte Cegielski die Modernisierung von 81 Wagen für die PKP PR abschließen. Die Wagen haben eine neue Inneneinrichtung, neue Fenster sowie ein neues Toilettensystem erhalten. 24 Wagen wurden zu Großraumwagen umgestaltet und bieten somit auch Stauraum für

Am 1. Mai 2007 von der Wojewodschaft Podlaskie beschaffte SA133-002 auf der Strecke Suwałki – Białystok bei Płociczno unterwegs. Foto: Krzysztof Malinowski.

Im Mai 2006 wurde die bislang für militärische Zwecke vorgehaltene Strecke zum Flughafen Balice (Kraków) für den regulären Personenverkehr in Betrieb genommen. Mit zwei Dieseltriebwagen wird ein Halbstundentakt zwischen Flughafen und Hauptbahnhof angeboten. Am 22. Juni 2007 war SA133-004 bei Kraków Mydlniki auf dem Weg nach Kraków Głowny.

Rollstühle. Das Modernisierungsprogramm wurde aus EU-Mitteln finanziert. Der Einsatz der modernisierten Wagen ist für die Fernreisezüge Pogoń Warszawa – Białystok, Konopnicka Warszawa – Białystok, Hańcza Warszawa – Šeštokai, Krakowianka Kraków – Kolobrzeg, Roztocze Wrocław – Przemyśl, Bieszczady Gliwice – Przemyśl, Swiatowid Szczecin – Przemyśl und Galicia Szczecin – Przemyśl vorgesehen.
PKP Intercity hat FPS, ein Tochterunternehmen von Cegielski, mit der Modernisierung von 238 Wagen beauftragt. Der Auftrag umfasst 187 Sitz-, 11 Restaurant- und 40 Schlafwagen.

Privatgesellschaften – Personenverkehr
Im Juni 2007 hat das Joint Venture aus der britischen **Arriva Plc** und **PCC Rail SA** das Vergabeverfahren für den Regionalverkehr in der Wojewodschaft Kujawsko-Pomorskie gewonnen. Der Betreibervertrag mit einer Laufzeit von drei Jahren beginnt am 10. Dezember 2007. Im Rahmen des Joint Ventures stellt Arriva die Fahrzeuge, bestehend aus den zehn aus dem Bestand der Danske Statsbaner (DSB) übernommenen zweiteiligen MR/MRD-Triebwagen, die zuvor im Arriva-Werk Neustrelitz (D) eine Hauptuntersuchung erhalten haben. In diesem Zusammenhang haben die Triebwagen eine neue Farbgebung in weiß-türkis erhalten. Der erste MR/MRD-Triebwagen traf Ende Mai 2007 im Rahmen der Zulassung in Polen ein. Neben den zehn ehemaligen DSB-Triebwagen stehen dem Joint Venture 13 Triebwagen der Baureihe SA106 aus dem Eigentum der Wojewodschaft zur Verfügung.
Veolia, bereits seit acht Jahren in Polen als Busunternehmen aktiv, hat für den polnischen Schienenverkehr ein Tochterunternehmen unter dem Namen Connex **Koleje Polskie** (CKP) gegründet, welches auf die Zulassung als EVU wartet. Auf Grund des Widerstands aus dem Verkehrsministerium gestaltet sich die Zulassung äußerst schwierig. So ist die CKP unter anderem aufgefordert, einen Nachweis über ausreichend Fahrzeuge zur Durchführung eines Regionalverkehrs zu erbringen. Es ist davon auszugehen, dass die CKP erst eine Zulassung erhalten wird, wenn konkrete Aussichten zur Übernahme eines Verkehrsvertrages in Polen bestehen. Aktuell bietet die CKP bei Ausschreibungen in den Wojewodschaften Pomorskie und Śląskie. Darüber hinaus hat sich die CKP an dem Vergabeverfahren zur Wiederaufnahme des Personenverkehrs zwischen Bytom und Gliwice beteiligt, musste jedoch bereits aus dem Bieterkreis ausscheiden. Um den Personenverkehr bewerben sich nun noch PKP PR und PCC Rail (über ihr Tochterunternehmen Kolej Nadwiślanska Sp. z o.o.).
Koleje Mazowieckie (KM), seit 1. Januar 2005 für den Regionalverkehr in der Wojewodschaft Mazowieckie verantwortlich, hat von der Europäischen Investitionsbank die Zusage für ein Darlehen von 200 Millionen Złoty (52 Millionen €) für die Finanzierung einer Serie neuer Doppelstockwagen erhalten. Im Juli 2007 wurde bei Bombardier eine Serie von 37 Doppelstockwagen bestellt. Die Wagen entsprechen im Wesentlichen den Modellen, die Bombardier an DB Regio geliefert hat. Die ersten Wagen sollen bereits 2008 ausgeliefert werden. Von den 37 Wagen werden 11 als Steuerwagen gefertigt und sind ausschließlich mit Sitzplätzen in der 2.Klasse ausgestattet. Ihr Einsatz erfolgt im Regionalverkehr von Warszawa nach Ciechanów, Siedlce und Radom.
SKM Trójmiasto und PKP PR haben sich im Dezember 2006 darauf verständigt, ihre Verkehre besser aufeinander abzustimmen. Als erste Folge hieraus hat PKP PR den Personenverkehr Słupsk – Gdańsk am 10. Dezember 2006 eingestellt und an die SKM Trójmiasto übertragen. Der neue Betreiber hat die Frequenz um täglich zehn Zugpaare ausgebaut. SKM Trójmiasto hat im Gegenzug den Personenverkehr Gdańsk – Tczew – Smętowo an die PKP PR übertragen.
Szybka Kolej Miejska Warszawa (SKM Warszawa) wurde im Februar 2004 von der Stadt Warschau, der Wojewodschaft Mazowieckie und den umliegenden Gemeinden gegründet. Das Unternehmen tritt als Wettbewerber zu PKP PR auf und wirbt für schnelle Vorortverbindungen im Großraum der Hauptstadt. SKM Warszawa hat ihren ersten Verkehr am 5. Oktober 2005 mit einem 20-Minutentakt Warszawa Zachodnia – Warszawa Wschodnia – Falenica aufgenommen.
Am 1. Juni 2006 wurde der Verkehr bis Pruszków verlängert. Auf Grund rückläufiger Fahrgastzah-

Am 17.Juni 2007 verlässt die bei Rail Polska eingestellte M62-1300 den polnisch-deutschen Grenzbahnhof Gubin, während sich 060DA-1392 von PTKiGK Rybnik mit ihrem Kesselwagenzug noch etwas gedulden muss. Der Grenzübergang Guben/Gubin wird von sehr vielen polnischen *open access operators* genutzt.

Seit Juli 2007 verfügt die CTL Logistics über die erste von MRCE Dispolok angemietete ES64 F4. Die in CTL-Farben gehaltene E.189 911 präsentiert sich mit reichlich Betriebsspuren versehen am 24. August 2007 im Hafen von Gdynia. Foto: Jacek Goździewicz.

len ist die finanzielle Lage des Unternehmens angespannt, so dass im Frühjahr 2007 Konkurs angemeldet werden musste. Ob und in welcher Form das Unternehmen bestehen bleibt, ist bislang unklar. Experten gehen davon aus, dass die Fahrzeuge an die KM übertragen und die SKM Warszawa anschließend liquidiert wird.
Die im Jahrbuch 2007 angekündigte Übernahme der **PKP Warszawska Kolej Dojazdowa** (WKD) – Betreiber der mit 600V elektrifizierten Strecke Warszawa – Grodzsisk Mazowieckie (33 km) einschließlich der Nebenbahn Milanówek – Grodoów – durch die Stadt Warszawa (33%), die Wojewodschaft Mazowieckie (33%) und die umliegenden Gemeinden (34%) scheint an der PKP zu scheitern, die sich weigert, die entsprechende Infrastruktur abzugeben. Im Februar 2007 zeichnete sich jedoch ab, dass die PKP einer Übernahme zustimmen wird, sofern eine Beteiligung der Stadt Warszawa außen vor bleibt. Somit würden die Wojewodschaft Mazowieckie 66% der Anteile an dem Unternehmen halten. Sofern eine Übernahme in dieser Form zustande kommen sollte, stehen umfangreiche Investitionen an. Es ist geplant, zwölf neue elektrische Triebwagen zu beschaffen. Darüber hinaus soll der Personenverkehr auf der Strecke Podkowa Leszna – Miłanówek wieder aufgenommen werden und ein Großteil der Bahnhöfe mit Park+Ride-Einrichtung ausgerüstet werden.

Open access operators – Güterverkehr
Der private Güterverkehr ist im Vergleich zu anderen europäischen Ländern am stärksten ausgeprägt. Im Jahr 2005 wurden 269,6 Millionen Tonnen Güter auf der Schiene transportiert. An diesem Volumen hat PKP Cargo einen Anteil von 55% (149,9 Millionen Tonnen), während 45% (119,7 Millionen Tonnen) auf private EVU fallen. Ein Teil der privaten Verkehre findet auf eigenen Netzen der Betreiber statt, vorwiegend im Großraum Katowice. Im PKP-Netz wickeln die Privaten etwa 16,8% des Güterverkehrs ab und belegen damit Platz Eins in Europa, dicht gefolgt von Deutschland mit einem Anteil von 15% (Stand 2005). Polen hat am 1. Januar 2007 den übrigen EU-Ländern folgend den Binnenmarkt für ausländische EVU geöffnet. Somit ist es ausländischen Unternehmen gestattet, Binnenverkehre in Polen durchzuführen. Experten gehen davon aus, dass zahlreiche EVU Interesse am polnischen Güterverkehrsmarkt haben, obgleich bislang lediglich die britische Freightliner diesen Schritt gewagt hat. Railion als größter europäischer Anbieter hat bislang lediglich über eine Kooperation mit einem polnischen EVU Aktivität gezeigt.
Größter *open access operator* in Polen ist die **CTL Logistics S.A.** Das Unternehmen hält 5,6% am gesamten Güterverkehrsmarkt in Polen. In 2006 hat CTL erste Verkehre von und nach Weißrussland und in die Ukraine aufgenommen. Das Transportvolumen wurde in 2006 auf rund 200 000 Tonnen beziffert. Der deutsche Arm des Unternehmens, die CTL Rail GmbH, wächst schnell. Seit der Gründung des Unternehmens im Jahr 2003 konnte CTL Rail eine Transportleistung von 8,2 Millionen Tonnenkilometer bewältigen. Im Jahr 2006 lag die Transportleistung bei 430 Millionen Tonnenkilometer angewachsen, während für das Geschäftsjahr 2007 937 Millionen Tonnenkilometer erwartet werden. Am 4. September 2007 hat CTL Logistics S.A. das Sicherheitszertifikat für das niederländische Netz von IVW und ProRail erhalten. CTL beabsichtigt, kurzfristig lukrative Verkehre von und zu den Häfen Amsterdam und Rotterdam zu gewinnen. Um dem Wachstum in den Märkten Polen, Deutschland und den Niederlanden gewachsen zu sein, müssen neue Triebfahrzeuge beschafft werden, die aus betriebswirtschaftlichen Gründen voraussichtlich geleast werden. Um das notwendige Kapital aufzubringen, erwägt das Unternehmen einen Börsengang an die polnische Börse. Zur PKP Cargo hat die CTL ein gespanntes Verhältnis. Das Verhältnis drohte zu eskalieren, als CTL im Juli 2007 dem Autohersteller KIA einen Ganzzug mit Autoteilen aus der Slowakei nach Kaliningrad (Russland) angeboten hat. Die RŽD hat den Zug auf Grund einer Vorgabe von PKP Cargo mit dem Argument abgelehnt, CTL habe für den Grenzverkehr keine Betriebserlaubnis. Der festgehaltene Zug wurde nach einem mehrstündigen Aufenthalt jedoch nach Kaliningrad gefahren. Es blieb jedoch bei diesem einzigen Zug. Mit diesen Methoden versucht PKP Cargo, private Anbieter im Güterverkehr fernzuhalten.

CTL Logistics hat die bei der ČD angemieteten Elloks der Baureihe 182 in zwei unterschiedlichen Farbgebungen im Einsatz. Oben: 182 085 konnte am 26. April 2007 kurz nach der Auslieferung durch das ČD-Werk DPOV Přerov fotografiert werden. Foto: Petr Štefek. Unten: Am 20.Juni 2007 sonnt sich die in den neuen CTL-Farben gehaltene 182 120 gemeinsam mit anderen Elloks im PCC Rail-Werk in Sosnowiec Jęzor.

CTL beabsichtigt, sowohl Siemens-Lokomotiven der Gattung ES 64 F4 (Baureihe 189) als auch Bombardier-Maschinen der Bauart TRAXX-Elloks einzusetzen. Zu Testzwecken war 186 126 im März 2007 in Polen im Einsatz. So wurde unter anderem ein 3 200 Tonnen-Zug zwischen Dąbrowa Górnicza und Bydgoszcz bespannt. Am 5. Juli 2007 erhielt ES 64 F4 – 011 (189 911, MRCE) eine Zulassung für Polen, so dass die Lokomotive nun im grenzüberschreitenden Verkehr zwischen Polen und Deutschland eingesetzt werden kann. Die Lok trägt die neue schwarz-silbergraue Lackierung der CTL. Die Zulassung wurde zunächst für sechs Monate befristet erteilt. Sofern keine Unregelmäßigkeiten entstehen, soll die Betriebserlaubnis unbefristet verlängert werden. Von den 50 MRCE-Lokomotiven der Gattung ES 64 F4, die von Siemens ab 2008 ausgeliefert werden, sind zehn Lokomotiven als ES 64 F1 ausschließlich für eine Fahrspannung von 3 000V ausgerüstet und sind vorwiegend für den polnischen Binnenmarkt vorgesehen. Die CTL Car Transport Logistics GmbH, Teil der CTL-Gruppe, versucht sich seit April 2007 als Anbieter in der Neuwagenlogistik. Bei der ČD hat CTL aktuell 13 Lokomotiven der Baureihe 182 angemietet (Stand: Ende 2006). Der Mietvertrag umfasst jedoch insgesamt 30 Maschinen. Die übrigen Lokomotiven sollen in 2007 von der CTL übernommen werden, müssen jedoch vorab im ČD-Werk DPOV Přerov einer Hauptuntersuchung unterzogen werden. Die angemieteten Lokomotiven erhalten die CTL-Hausfarben anthrazit-silbergrau. Aus dem Bestand der Slowakischen Staatsbahn ZSCS werden baugleiche Lokomotiven der Baureihe 181 übernommen. Anfang 2007 waren bereits sechs 181er bei der CTL im Einsatz. Im April 2007 war eine TRAXX-Lokomotive der Gattung F 140 MS (Bombardier) zu Testzwecken in Polen zu Gast. Die Lokomotive, die im Bestand von Angel Trains Cargo (ATC) ist, bespannte einige Güterzüge und verblieb anschließend zu Zulassungszwecken in Polen. Bombardier liefert zehn TRAXX-Lokomotiven an ATC (s. Seite 7), die mit den Zugsicherungseinrichtungen für Polen, Österreich und Deutschland ausgerüstet sind. Die Zweisystemmaschinen sind für eine Fahrspannung von 15kV und 3 000V ausgelegt.

Im Jahr 2006 hat die britische Freightliner Ltd. hat unter dem Namen **Freightliner PL spółka z o.o.** ein Tochterunternehmen in Polen gegründet. Das Unternehmen ist seit 2007 als erstes aus-

Die für Freightliner PL vorgesehenen *Class* 66 wurden auf dem Seeweg in die Niederlande gebracht, um bei Nedtrain in Tilburg mit den notwendigen Zugsicherungseinrichtungen ausgerüstet zu werden. Am 13. Juni 2007 konnten FPL EU05, EU04 und EU08 im Werk Tilburg angetroffen werden. Foto: Vasco de Cocq.

ländisches EVU in Polen zugelassen und verfügt über sieben *Class* 66 (Bauart JT42CWRM), die über ATC geleast sind. Die ersten vier Lokomotiven trafen im Februar 2007 aus Kanada in Rotterdam ein, wo sie für den Einsatz in Polen umgerüstet wurden. Im August 2007 traten die ersten vier Lokomotiven die Reise nach Polen an, wo sie als Baureihe 29 in Betrieb genommen wurden. Freightliner PL verfügt darüber hinaus über 432 neue Kohlewagen (Greenbrier). Bei den Wagen handelt es sich um eine Neukonstruktion, die über rund 1/5 mehr Ladekapazität im Vergleich zu den üblicherweise eingesetzten Kohlewagen verfügen. Mit diesen Wagen erhofft sich Freightliner einen Wettbewerbsvorteil. Ziel ist es, die Kohleverkehre zwischen Oberschlesien (Katowice) und dem Hafen von Gdańsk übernehmen zu können. Am 1. September 2007 startete der Kohlenverkehr zwischen Bogdanka und Kozienice. Es fahren 3-4 Züge täglich.

Das PKP-Tochterunternehmen **PKP Linia Hutnicza Szerokotorowa spółka z o.o.** (LHS), Eigentümer und Betreiber der 1979 in Betrieb genommenen eingleisigen Breitspurstrecke (1 520 mm) Slawków – Hrubieszów (Ukraine), sieht sich einem hohen Transportwachstum gegenüber gestellt. Im Jahr 2006 hat das Unternehmen 7,3 Millionen Tonnen Güter befördert (2005: 2,2 Millionen Tonnen). Die Strecke wurde ursprünglich für den Transport von Steinkohle aus den Tagebauen in der Region Katowice in die damalige Sowjetunion gebaut. Heute werden neben Steinkohle auch andere Güter über die LHS angefahren. Der Anstieg der Verkehre sowie die geringen Kreuzungsmöglichkeiten führen zu häufigen Verspätungen, so dass man intensiv an einem Ausbau der Kreuzungs- und Überholmöglichkeiten arbeitet. So werden bislang stillgelegte Kreuzungsbahnhöfe wieder in Betrieb genommen und weitere Kreuzungsbahnhöfe gebaut. Durchschnittlich fahren täglich acht Zugpaare, die Prognosen sprechen jedoch von zukünftig 14 Zugpaaren. Der russische Hersteller Briansk lieferte in 2008 sechs neue Diesellokomotiven der Baureihe TEM18, die vorwiegend im schweren Rangierdienst eingesetzt werden sollen. Die sechsachsigen Lokomotiven verfügen über eine Motorleistung von 882 kW. LHS plant, mittelfristig zehn neue Streckenlokomotiven mit einer Leistung von 3 000 kW bei der Fahrzeugindustrie zu bestellen.

Lotos Kolej hat bei Specjalny Transport Kolejowy unter anderem 181 074 für die Bespannung der Kesselwagenzüge zwischen Gdańsk und Śląsk angemietet. Am 27. Januar 2007 leistet die Maschine Vorspann vor 060DA06123, die mit einem Kesselwagenzug von Gdańsk Olszynka nach Czechowice-Dziedzice bei Pruszcz Gdański unterwegs ist. Foto: Krzysztof Malinowski.

Lotos Kolej spółka z o.o. ist ein relativ kleiner *open access operator*. 2006 beförderte das Unternehmen 2,6 Millionen Tonnen, vorwiegend petrochemische Produkte aus der Lotos-Ölraffinerie in Gdańsk. Im Herbst 2006 hat Lotos bei **Specjalny Transport Kolejowy sp. z o.o.** (STK) drei Elloks der ČD-Baureihe 181 angemietet. STK hat die Lokomotiven über den Zwischenhändler Alza angemietet. Die Lokomotiven kommen unter anderem vor dem Chemiependel Gdańsk – Czechowice Dziedzice zum Einsatz. Seit 2006 sind darüber hinaus zwei Diesellokomotiven der Baureihe M62 im Bestand von Lotos, obgleich das Unternehmen bereits in 2005 alle M62 gegen Lokomotiven der Baureihe 060DA aus dem Bestand von PCC Rail eingetauscht hat. Über einen polnischen Zwischenhändler hat Lotos Kolej seit Mai 2007 die ehemalige ZSSK-Diesellokomotive 781 368 angemietet. Die Lokomotive wurde im November 2005 an die ŽOS Zvolen verkauft, bevor sie im Mai 2007 an einen polnischen Zwischenhändler gegangen ist.
Orlen KolTrans sp. z o.o. fährt eigene Petrochemiezüge von den eigenen Raffinerien in Płock zu unterschiedlichen Bestimmungsbahnhöfen in Polen. Neben den zwischenzeitlich zehn Diesellokomotiven der Baureihe M62 verfügt Orlen KolTrans seit 2006 darüber hinaus über eine Elektrolokomotive mit der Betriebsnummer 3E-100 (ex-PKP). Die Lokomotive war zuvor Eigentum des Eisenbahnmuseums in Jaworzyna Śląska. Das Einzelstück wird vorwiegend im Chemieverkehr zwischen Płock und Warszawa bzw. Wizów eingesetzt.
PCC Szczakowa S.A. tritt seit November 2006 lediglich als Holdinggesellschaft auf. Für den Eisenbahnbetrieb ist die Tochter PCC Rail S.A. verantwortlich. Das Unternehmen hat im Februar 2007 mit Railion Deutschland ein Joint Venture mit dem Namen **East West Railways Sp. z o.o.** (EWR) gegründet und eine Zulassung als EVU in Polen beantragt. Railion und PCC beabsichtigen, noch vor Ende 2007 unter der Regie von EWR internationale Güterverkehre zwischen Deutschland und Polen aufzunehmen. EWR wird über 20 Diesellokomotiven der Baureihe 232 aus dem Bestand von Railion Deutschland verfügen. Für die Zulassung der Lokomotiven wurden bereits 232 154, 293 und 579 umgerüstet. Die Lokomotiven fallen durch ihre rot-weiße Farbgebung auf. Die übrigen 17 Lokomotiven folgten im Laufe des Jahres 2007. PCC Rail selbst hat im Jahr 2007 sieben gebrauchte Diesellokomotiven der Baureihe 232 sowie vier Diesellokomotiven

Orlen KolTrans hat als erste Lokomotive eine Ellok aus einem Eisenbahnmuseum erworben. Die als 3E-100 bezeichnete Lokomotive ist am 1. April 2007 gemeinsam mit der Diesellok T4480-053 vor einem Kesselwagenzug Trzebinia – Płock bei Dąbrowa Górnicza Południowa im Einsatz. Foto: Krzysztof Malinowski.

der Baureihe M62 aus dem Bestand von Edelaraudtee (Estland) übernommen. Die Lokomotiven wurden auf Normalspur umgerüstet und haben ein blau-oranges Farbkleid erhalten. Im Jahr 2006 beförderte PCC Rail 700 000 Tonnen zwischen Deutschland und Polen. Das Unternehmen hat sich zum Ziel gesetzt, das Transportvolumen im Geschäftsjahr 2007 auf 1,5 Millionen Tonnen auszubauen und im Rahmen der Kooperation EWR weiter zu steigern. PCC Rail ist nach CTL Logistics der zweitgrößte *open access operator* in Polen. Das Transportvolumen am gesamten Güterverkehr in Polen lag 2005 bei rund 4%. Ende August 2007 hat PCC Rail die Mehrheit an der PTKiGK Rybnik S.A. übernommen.

Im Juni 2005 hat PCC Rail den ersten Containershuttle zwischen Brzeg Dolny und dem VGN-Terminal im Hafen von Świnoujście gefahren. Bereits im Dezember 2005 folgte ein zweiter Containershuttle zwischen Płock Trzepowo und Großlehna (D). Der Shuttle Brzeg Dolny – Świnoujście verkehrt zwei Mal pro Woche. Im Oktober 2006 wurde die PCC-Tochter PCC Kolchem mit der Durchführung des Containershuttles nach Großlehna beauftragt. Das Zugpaar ist vier Mal pro Woche disponiert und verkehrt über den Grenzübergang Gubin/Guben, wo die Mitteldeutsche Eisenbahngesellschaft (MEG) den Zug übernimmt. Seit Oktober 2006 ist ein Teil dieser Züge ab/bis Neuss (D) durchgebunden. Im November 2006 wurde der dritte PCC Rail-Containershuttle eingerichtet. Er verbindet das Euroterminal in Sławków mit dem BCT-Terminal in Gdynia. Die zunächst ein Mal pro Woche eingerichtete Verbindung wurde bereits Anfang 2007 auf drei Zugpaare pro Woche ausgebaut. In den zurückliegenden Monaten hat PCC Rail den Fahrzeugpark um weitere Lokomotiven der Baureihe 181 erweitert. Ende 2006 verfügte PCC Rail über 16 Lokomotiven der Baureihe, die aus dem Bestand der ČD stammen. Weitere vier Lokomotiven folgten bis zum 31. Juli 2007. Um weitere Verkehre aufnehmen zu können, plant PCC Rail bei ATC Lokomotiven der Bauart TRAXX anzumieten, sobald diese dem polnischen Markt zur Verfügung stehen.

Kopalnia Piasku Kuźnica Warężyńska S.A. und **Przedsiębiorstwo Transportu Kolejowego i Gospodarki Kamieniem S.A. Zabrzu** (PTKiGK Zabrze) haben am 1. Januar 2007 zur Przedsiębiorstwo Transportu Kolejowego Holding SA (PTKH) fusioniert. Die PTKH verfügt wie der Wettbe-

PCC Rail verfügt über einige Diesellokomotiven der Baureihe 232, die sowohl in Polen als auch in Deutschland zugelassen sind. Im PCC-Werk in Sosnowiec Jęzor präsentiert sich BR232-446 am 20. Juni 2007 dem Fotografen.

PCC Rail Szczakowa ist neben PKP Cargo das bislang einzige EVU, welches Intermodalzüge in Polen fährt. Seit November 2006 bietet das Unternehmen zwei Mal pro Woche einen Shuttle von Slawków (Katowice) nach Gdynia an. Am 19.Juni 2007 bespannte PCC Rail Szczakowa-Ellok 3E den Shuttle nach Slawków, aufgenommen bei Mrzygłód.

Bei polnischen *open access operators* sind insgesamt 57 Lokomotiven der Baureihen 181/182, die aus dem Bestand der ČD oder ZSCZ stammen. Am 20. Juni 2007 wartet die bei PTKiGK Zabrze eingestellte 182-053 mit einer Ellok der Baureihe 3E und einem Kohleganzzug in Ruda Śląska auf die Ausfahrt in Richtung Torún.

Die bei PCC Rail Szczakowa eingesetzten Elloks der Baureihe 181 sind bei der ČD gemietet. Im Werk Sosnowiec Jęzor bereitet sich 181.078 am 20. Juni 2007 für den nächsten Einsatz vor.

Mit einem Kohlezug von Dąbrowa Górnicza Huta Katowice nach Dąbrowa Górnicza Południowa legt sich die bei PTKiGK Zabrze eingestellte 4E-004 am 1. April 2007 in die Kurve. Foto: Krzysztof Malinowski.

Nachdem sich die ÖBB von den Elloks der Baureihe 1822 trennen möchte, werden die formschönen Maschinen eine neue Zukunft in Polen haben. PTKiGK Rybnik hat insgesamt drei Lokomotiven von der ÖBB gekauft. Am 20.Juni 2007 präsentierte sich 1822.005 im Ausbesserungswerk Rybnik Kłokocin dem Fotografen.

Rail Polska hat eine Ellok der Baureihe 140 in Betrieb genommen, die zuvor bei der ZSCS im Bestand war. In den Farben des neuen Eigentümers präsentiert sich 140 097 am 14. September 2007 im ČD-Ausbesserungswerk ČMŽO Přerov. Foto: Stan Zapletal.

werber CTL über einige Elloks der Baureihe 182. Es handelt sich um neun Maschinen, die von der slowakischen ZSCS gekauft wurden. Bevor die Lokomotiven nach Polen verkauft wurden, haben sie im Werk ZOS Zvolen eine Hauptuntersuchung erhalten. Die PTKH soll mittelfristig verkauft werden.

Die **Przedsiębiorstwo Transportu Kolejowego i Gospodarki Kamieniem S.A. Rybniku** (PTKiGK Rybnik) überlegt, die drei bis Frühjahr 2007 bei der ÖBB zwischen Innsbruck und Lienz (I) eingesetzten Elloks der Baureihe 1822 (siehe....) zu übernehmen. Im September 2005 traten bereits 1822 002 und 005 die Reise nach Polen an, wo sie vor allem im Kohlverkehr von Rybnik in den Norden des Landes eingesetzt werden. Ende August 2007 hat PCC S.A. die Mehrheit an der PTKiGK Rybnik übernommen.

Rail Polska sp. z o.o., seit 2003 als EVU in Polen zugelassen, hat die Transportleistung in 2006 um 55% auf 1,5 Millionen Tonnen gesteigert. Rail Polska hat über den tschechischen Zwischenhändler On-Track im Juni 2006 die ex-ČD Elloks 140 059 und 097 übernommen. Die Maschinen wurden zur Hauptuntersuchung in das Ausbesserungswerk nach Přerov gebracht. Dort wurden die Maschinen für den Einsatz in Polen vorbereitet und präsentieren sich in den Hausfarben des neuen Eigentümer in rot-gelb. Die 2004 von Eesti Raudtee (Estland) übernommenen zehn M62 und zehn 2M62 erhalten seit Januar 2006 eine Hauptuntersuchung und werden für den Einsatz in Polen umgerüstet. Die ersten zehn Lokomotiven konnten bereits 2006 in Betrieb genommen werden und werden als M62M in den Bestandslisten geführt. Neben dem Umbau auf Normalspur haben die Lokomotiven gebrauchte General Motors-Dieselmotoren erhalten, die beim amerikanischen Schwesterbetrieb Montreal, Maine & Atlantic Railroad gekauft wurden. Die Doppelloks 2M62 wurden getrennt, wobei die blinden Seiten mit neuen Führerständen ausgerüstet wurden. Die M62M-Loks verfügen über eine Motorleistung von 2208 kW und sind somit deutlich stärker als die M62-Schwesterlokomotiven.

Das **Trakcja Polska PRKE**-Tochterunternehmen **PRKiL**, das wie die Muttergesellschaft zum spanischen Comsa-Konzern gehört und seit Mai 2006 als EVU in Polen zugelassen ist, hat aus Rumänien zwei Diesellokomotiven der Baureihe ST43 übernommen. Die Lokomotiven sind in den Hausfarben des Unternehmen lackiert und im Plandienst anzutreffen.

PRKiL, ein Tochterunternehmen der spanischen Comsa, hat im Jahr 2007 zwei Diesellokomotiven der Baureihe ST 43 von PKP Cargo übernommen. Die beiden Maschinen waren am 21. Juni 2007 im Depot Sosnowiec Jęzor abgestellt.

TSCHECHIEN

Die Fahrgastzahlen der Tschechischen Staatsbahn České dráhy (ČD) lagen im Jahr 2006 mit 180 Millionen Reisenden um 1,5% über dem Wert des Vorjahres. Der Güterverkehr von ČD Cargo konnte mit 16,3 Milliarden Tonnenkilometern ein Plus von 2,4% verzeichnen. Die Parlamentswahlen im September 2006 hatten eine Veränderung in der Regierungsbildung zur Folge. Die neue Rechtsregierung beabsichtigt, die Liberalisierung des Netzes zu beschleunigen. Der neue Verkehrsminister Aleš Řebíček hatte 1992 Viamont gegründet. Das Unternehmen ist heute einer der größten *open access operator* in Tschechien. Im Juli 2007 verabschiedete die Regierung das Vorhaben, ČD Cargo zum 1. April 2008 in einer selbstständigen Gesellschaft auszugliedern. Zum 1. Januar 2008 ist die Infrastrukturverwaltung der ČD in der staatlichen Správa železniční dopravní cesty (SŽDC) aufgegangen. Die heutige ČD ist nach diesen Strukturveränderungen nur noch für den Personenverkehr verantwortlich. Die eigenständige ČD Cargo wird rund 13 500 Mitarbeiter aus dem Gesamtbestand von 57 000 Arbeitnehmern sowie 10% des Anlagevermögens übernehmen. In letzter Instanz beabsichtigt der Staat, die verbliebenen Anteile der ČD Cargo an einen Investor abzutreten.
Der ČD stand in 2007 ein Budget in Höhe von 2,71 Milliarden Kronen (98 Millionen €) zur Verfügung. 84% waren für Investitionen in den Fahrzeugpark vorgesehen. Dies betrifft sowohl die Beschaffung neuer Fahrzeuge – hier vor allem der Kauf der elektrischen Triebwagen der Baureihe 471 - als auch die Modernisierung des heutigen Fahrzeugparks. Im Mai 2007 erteilte die Europäische Kommission der Regierung die Genehmigung, die ČD bei der Anschaffung neuer Reisezugwagen finanziell zu unterstützen. Der Hersteller Eurofima wird auf Grund eine Staatsanleihe in Höhe von 30 Millionen € neue Reisezugwagen an die ČD liefern.

Infrastruktur

Die ČD hat das Unternehmen Kapsch CarrierCom beauftragt, die Hauptstrecke Kolín – Břeclav mit GSM-R auszurüsten. Bereits zuvor hat das Unternehmen den Auftrag zur Ausrüstung der Strecke Děčín – Praha – Kolín mit GSM-R erhalten. Im Zusammenhang mit der Modernisierung der Strecke Praha – Děčín (– Dresden) wird vor allem an dem Ausbau des Abschnitts Ústí nad Labem – Děčín sowie dem Bau eines neuen Bahnhofs in Ústí nad Labem gearbeitet. Derzeit sind nachstehende Großprojekte zur Elektrifizierung in Tschechien in Planung oder Ausführung:

- Am 4. September 2006 wurden die Arbeiten zur Elektrifizierung (25kV) der 50 km langen eingleisigen Strecke České Budějovice – České Velenice aufgenommen. Mit der Aufnahme des elektrischen Zugbetriebs im Mai 2008 wird sich die Reisezeit in der Relation Wien – Gmünd NÖ – Praha um zehn Minuten reduzieren. Nach Abschluss der Arbeiten folgt das Teilstück České Velenice – Veselí nad Lužnicí (55 km).
- Im Dezember 2006 wurde der elektrische Zugbetrieb (3 000V) auf der eingleisigen, 27 km langen Strecke Ostrava-Svinov – Opava východ aufgenommen. Darüber hinaus wurde Oberbau und Signaleinrichtungen erneuert. Mit der Anhebung der Höchstgeschwindigkeit auf 100 km/h konnte die Reisezeit um 15 – 20 Minuten reduziert werden.
- Im Dezember 2006 startete der elektrische Dienst auf der mit 15kV elektrifizierten Strecke Retz (A) – Šatov; die Elektrifizierung der anschließenden Bahnstrecke nach Znojmo wird im Jahr 2008 fertig sein.
- Im November 2007 konnten die Elektrifizierungsarbeiten an der Strecke Ostrava hl. n. – Ostrava-Kunčice (7 km, 3 000V) abgeschlossen werden. Der anschließende Abschnitt nach Frýdek-Místek (14 km) sowie die Strecken Lysá nad Labem – Milovice (5 km), Otrokovice – Zlín – Vizovice (25 km, zweigleisiger Ausbau) und Kutná Hora – Kutná Hora město (2 km) werden ebenfalls elektrifiziert. Noch vor Ende 2007 werden die Arbeiten zur Elektrifizierung der Strecke Letohrad – Lichkov – Grenze Polen (23 km, 3 000V) sowie der Strecke Zábřeh na Moravou – Šumperk (13 km, 3 000V) aufgenommen.
- Sobald die Finanzierung geregelt ist, wird die Strecke Brno – Náměšť nad Oslavou (43 km), Teil der Verbindung Brno – Okříšky – Jihlava, mit 25kV elektrifiziert.

Am 1. November 2006 wurde mit der Modernisierung des Knotens Kolín begonnen. Die Arbeiten umfassen auch den Ausbau der Strecken Děčín – Nymburk – Havlíčkúv Brod – Brno und Praha – Pardubice – Přerov – Ostrava. Die Strecken werden mit einer neuen Signaltechnik ausgerüstet. Der Bahnhof wird nach Abschluss der Arbeiten mit Geschwindigkeiten bis zu 160 km/h passierbar sein. Im Oktober 2008 sollen die Arbeiten abgeschlossen sein. Die Strecke Hostivice – Středokluky wurde auf Grund des schlechten Oberbaus 1992 für den Gesamtverkehr stillgelegt. Im September 2006 wurden die Arbeiten zum Wiederaufbau aufgenommen. Die Sanierung des Prager Hauptbahnhofs Praha hl.n. begann im Dezember 2006 und wird voraussichtlich bis 2011 dauern. In diesem Zusammenhang wird vor allem der Empfangsbereich umgestaltet. Ladenpassagen und Einzelhandelsgeschäfte sollen das Bild des neuen Hauptbahnhofs prägen. Am 1. September 2006 wurde mit der Modernisierung der zweigleisigen Verbindungsstrecke Praha-Libeň – Praha-Běchovice (8,8 km), Teil der Hauptstrecke Praha – Kolín, begonnen. Oberbau und Oberleitung werden erneuert, so dass die Strecke für Geschwindigkeiten bis 160 km/h zugelassen werden kann. Darüber hinaus wird ein drittes Streckengleis die Durchlässigkeit erhöhen. Die Arbeiten sollen im September 2009 abgeschlossen sein. Am 18. Januar 2007 konnte der 17,4 km lange Abschnitt Přerov – Olomouc (Hauptstrecke Přerov – Česká Třebova) nach erfolgter Modernisierung dem Betrieb übergeben werden. Im betreffenden Streckenabschnitt wurden der Oberbau sowie die Fahrleitung (3 000V) erneuert. Darüber hinaus wurde eine neue Signaltechnik eingerichtet. Somit konnte die Streckengeschwindigkeit von 120 auf 160 km/h heraufgesetzt werden. Ferner wurde das Teilstück Krasikov – Zábřeh na Moravě (14,6 km) am 29. März 2007 nach erfolgtem Ausbau auf 160 km/h dem Betrieb übergeben.
Am 1. März 2007 wurden die Arbeiten zur Neutrassierung des 11,7 km langen Teilstücks Doubí u Tábora – Tábor (Strecke Praha – České Budějovice) aufgenommen. Der Abschnitt wird begradigt. Darüber hinaus werden Oberbau und Fahrleitung sowie die Signaltechnik der gesamten Strecke erneuert. Nach Abschluss der Arbeiten im Juli 2009 kann die Streckenhöchstgeschwindigkeit von 100 auf 160 km/h heraufgesetzt werden. Ferner wird die Strecke durchgehend zweigleisig ausgebaut.
Am 1. April 2007 wurde die Modernisierung des 7,1 km langen eingleisigen Abschnitts Březno – Chomutov (Hauptstrecke Chomutov – Praha) nach sieben Jahren abgeschlossen. Größtes Projekt war der Bau eines 1 758 m langen Tunnels im Zuge der Begradigung der Strecke. Durch einen Tunneleinsturz verzögerte sich die Fertigstellung des Projektes um rund drei Jahre. Die Strecke ist nun für eine Höchstgeschwindigkeit von 100 km/h zugelassen. Die durchgehende Elektrifizierung mit 3 000V erfolgt jedoch erst zu einem späteren Zeitpunkt. Am 26. April 2006 konnte die Sanierung der 8,9 km langen Strecke Břeclav – Kúty (– Slowakei) abgeschlossen werden. Die Strecke ist nun für eine Höchstgeschwindigkeit von 160 km/h ausgelegt. Im Herbst 2007 wurde mit der Modernisierung des Bahnhofs Břeclav begonnen. Die Oberleitung sowie die Signaltechnik des Bahnhofs werden erneuert. Darüber hinaus werden die Bahnsteiganlagen dem heutigen Standard angepasst. Nach Abschluss der Arbeiten im Jahr 2009 kann der Bahnhof mit Geschwindigkeiten bis zu 140 km/h durchfahren werden.

Personenverkehr
ČD und ÖBB führten am 10. Dezember 2006 drei neue tägliche Zugpaare Brno – Wien ein. Als neue Nachtzugverbindung wurde in Kooperation mit DB Autozug das Zugpaar EN 352/353 *Johannes Kepler* Praha hl.n. – Wiesbaden eingeführt. Zwischen Katowice (PL) und Ostrava wurden montags bis freitags zwei durchgehende Zugpaare angeboten, die mit PKP-Triebwagen der Baureihe EN57 gefahren werden. Die ČD-Pendolinos der Baureihe 680 erreichen im Jahresfahrplan 2007 erstmals auch Wien. Gefahren werden die Zugpaare EC 73/72 und EC 75/74 in der Relation Wien - Praha. Auf den nachfolgenden sechs Strecken wurde der Personenverkehr zum 10. Dezember 2006 eingestellt: Bečváry – Bošice (11 km), Straškov – Libochovice (23 km), Krupá – Kolešovice (12 km), Kaštice – Kadaň předměsti (27 km), Vilémov u Kadaně – Kadaňský Rohozec (9 km) und Čelákovice – Mochov (4 km). Erstmals ist der polnische Bahnhof Głuchołazy wieder von Tschechien aus erreichbar. Die ČD-Züge Mikulovice – Krnov hielten seit Kriegsende 1945 nur aus betrieblichen Gründen ohne Zu- und Ausstieg von Reisenden. Darüber hinaus wurde die 800 m lange Stichstrecke Loket – Loket-předměstí wieder in Betrieb genommen.

Am 9. Dezember 2007 wurde auf folgende Strecken den Verkehr eingestellt: Čižkovice – Obrnice, Děčín – Oldřichov u Duchcova und Chomutov – Vejprty. Zwischen Žatec und Deštnice und zwischen Podbořany und Žatec západ wurde der regionale Verkehr eingestellt.

Ausschreibungen Personenverkehr und open access operators

Am 10. Dezember 2006 übernahm Viamont den Personenverkehr auf der Strecke Karlovy Vary – Mariánské Lázně. Viamont konnte sich in dem Vergabeverfahren gegen die ČD durchsetzen und wird den Personenverkehr bis 2010 durchführen. Ursprünglich sollte Viamont die Verkehre bereits im Dezember 2005 übernehmen. Auf Grund der verspäteten Ausschreibung war es Viamont nicht möglich, fristgerecht Trassen bei der ČD zu bestellen. Somit konnte sich die ČD noch ein weiteres Jahr den Personenverkehr sichern. Viamont setzt für die Verkehre bei der Vogtlandbahn angemietete *Regiosprinter* ein. Im Mai und Juli 2006 hat die Region Karlovy Vary den Regionalverkehr in ihrem Verantwortungsbereich ausgeschrieben. Zu einem erwarteten Betreiberwechsel kam es jedoch nicht. Die Region Liberec hat den Personenverkehr auf der Strecke Liberec – Harrachov einschließlich der Nebenstrecken nach Josefův Důl und Železný Brod ausgeschrieben. Da die Vergabevorschriften jedoch nicht eingehalten wurden, wird die ČD nach wie vor als Betreiber eingesetzt.

Am 6. Juni 2007 hat Veolia Transport Česká republika a.s. ein Angebot für den Personenverkehr auf der Strecke Praha – Rudná u Prahy – Beroun zum 1. Januar 2009 abgegeben. Die ČD beabsichtigte zunächst, die Verkehre einzustellen. Nach erheblichen Protesten aus der Bevölkerung hat sich die Regionalverwaltung entschlossen, den Personenverkehr öffentlich auszuschreiben. Veolia beabsichtigt, den Gesamtverkehr mit Dieseltriebwagen der Bauart *Desiro* abzuwickeln.

Railtrans s.r.o. kündigte bereits in 2006 an, zum Fahrplanwechsel ab 10. Dezember 2006 private Reisezüge zwischen Praha Holešovice und Ostrava Svinov unter dem Produktnamen *RT Express* anzubieten. Das Vorhaben scheiterte jedoch mangels geeigneter Triebfahrzeuge. Zunächst war beabsichtigt, bei MRCE fünf Elloks der Baureihe ES 64 F4 anzumieten. Da die Lokomotiven jedoch noch keine Zulassung für Tschechien haben, ist das Vorhaben zunächst auf unbefristete Zeit verschoben. Railtrans plant, einen Zweistundentakt mit Sechswagen-Garnituren einzuführen. Zu diesem Zweck stehen dem Unternehmen bereits 30- 35 Reisezugwagen aus dem Bestand der deutschen Euro Express zur Verfügung.

Güterverkehr

Im Dezember 2006 gründete die ČD das Tochterunternehmen ČD DUSS Terminal als Betreiber des intermodalen Terminals in Lovosice. Mit der DUSS (Deutsche Umschlaggesellschaft Schiene-Strasse) hat die ČD einen Kooperationsvertrag geschlossen. Das Terminal wird seit Oktober 2005 drei Mal pro Woche von Intermodalzügen der deutschen Kombiverkehr aus Duisburg, Hamburg (seit Juni 2006 drei Mal pro Woche) und Antwerpen/Zeebrugge (seit 1. August 2006 zwei Mal pro Woche) angefahren. Seit Oktober 2006 laufen umfangreiche Umbauarbeiten zur Kapazitätserweiterung und Modernisierung des Terminals. 2008 sollen pro Woche 28 Züge abgefertigt werden.

Güterverkehr – open access operators

Ostravská dopravní společnost a.s. (ODOS) verfügt über vier Elloks der Baureihe 140 und vier Diesellokomotiven der Baureihe 750, die im Februar 2006 von der ZSCS (SK) übernommen wurden. Im Februar 2007 folgte aus dem Bestand der ZSCS die Ellok 182 166, die anschließend bei ŽOS Vrútky in den ODOS-Farben weiß-blau lackiert wurde. ODOS war bis 2007 eine Tochter der tschechischen Spedition NH Trans. Zwischenzeitlich hat sich jedoch auch die ČD in die ODOS eingekauft.

OKD Doprava a.s. fährt in Kooperation mit der Bayerischen Cargobahn GmbH (BCB) seit Januar 2007 ein Mal pro Woche einen Kokszug in der Relation Ostrava – Neuburg an der Donau (D). Vor den Kokszügen Zdzieszowice (PL) – Chałupki – Bohumín – Ostrava-Bartovice werden seit 30. Mai 2007 PKP-Lokomotiven der Baureihe ET22 eingesetzt (s. Seite 379).

SD - Kolejová doprava a.s., ein Tochterunternehmen der Braunkohlemine Severočeské doly, ist seit August 2006 in Tschechien als EVU zugelassen. Das Tochterunternehmen SD-KD nahm den Güter-

Zahlreiche Dieselstrecken in Tschechien werden in den kommenden Jahren elektrifiziert. Dies betrifft auf die internationale Strecke (Retz –) Šatov – Znojmo, die mit 15kV elektrifiziert wird. Mit Erscheinen des Jahrbuchs 2008 dürfte die Aufnahme im Bahnhof Znojmo bereits historischen Wert haben. Am 12. Juni 2002 wartet eine Diesellok der Baureihe 742 mit ihrem Personenzug auf die Ausfahrt nach Brno. Foto: Derk Luijt.

Aus dem Bestand der slowakischen ZSCS hat ODOS die Ellok 182 166 übernommen, die als erste Lokomotive in den neuen ODOS-Hausfarben lackiert wurde. Am 25. August 2007 ist sie mit einem Güterzug zwischen dem polnischen Chałupki und Bohumín-Vrbice unterwegs. Foto: Tomaš Kuchta.

Seit 30. Mai 2007 fährt OKD Doprava in Kooperation mit PKP Cargo Kohlezüge zwischen dem polnischen Zdzieszowice und Ostrava-Bartovice. Die Züge werden durchgehend mit PKP-Lokomotiven der Baureihe ET22 bespannt. Am 7. Juni 2007 ist die ET22 1118 mit einem Kohlezug bei Ostrava-Vitkovice unterwegs. Foto: Petr Štefek.

Viamont übernimmt von der ZSCS Diesellokomotiven der Baureihe 753. Mit einem leeren Getreidezug sind zwei dieser Loks zwischen Stružnice und Česká Lípa unterwegs. Die Wagen werden in Mimo und Liberec beladen, um anschließend nach Rotterdam gebracht zu werden. Die Aufnahme entstand am 11. März 2007. Foto: Petr Kadeřavek.

verkehr zum Januar 2007 auf. Zunächst wurden lediglich eigene Wagen zur Reparatur in das OOS-Werk nach Ostrava zu bringen. Der erste planmäßige Güterzug verkehrte am 20. Februar 2007, bespannt mit einer Ellok der Baureihe 184.5 aus eigenem Bestand.

Viamont a.s. hat von der ZSCS (SK) die Diesellokomotiven 753 052 und 753 168 übernommen. Die Maschinen haben bei ŽOS Zvolen einen Caterpillar-Motor erhalten und werden seither als 753 723 und 753 724 in den Bestandslisten geführt. Zuvor hat OKD Doprava (753 703 – 714) und Unipetrol Doprava (753 715-721) ihre Diesellokomotiven mit identischen Motoren der Bauart Caterpillar ausgestattet.

Fahrzeuge - Lokomotiven

Die ÖBB-Lokomotiven der Baureihe 1116 sind nach zahlreichen Hürden nun mit Einschränkungen in Tschechien zugelassen. Seit 10. Dezember 2006 kommen die österreichischen Stiere planmäßig im Personenverkehr auf den Strecken Summerau (A) – Horní Dvořiště – České Budějovice und Wien – Břeclav zum Einsatz. Bereits Mitte 2007 sollte die Baureihe durch Lokomotiven der Baureihe 1216 ersetzt werden. Da die Zulassung ähnlich schleppend verläuft – die Baureihe 1216 verursacht Störströme, die Einfluss auf die Signalanlagen haben – wird die Baureihe 1116 noch einige Monate planmäßig in Tschechien anzutreffen sein. Seit dem 2. Mai 2007 sind die PKP-Elloks der Baureihe ET22 in Tschechien zugelassen, sofern diese mit den tschechischen Zugsicherungssystemen und Stromabnehmer mit Kohleschleifstücken ausgerüstet sind. Die Lokomotiven sind in Tschechien auf eine Geschwindigkeit von 100 km/h begrenzt. Darüber hinaus darf lediglich mit 85% der Motorleistung gefahren werden. Seit dem 30. Mai 2007 ist die Baureihe ET22 planmäßig unter der Zulassung von OKD Doprava in Tschechien vor Kokszügen nach Ostrava-Bartovice anzutreffen (s. Seite 379). Mehr über den grenzüberschreitenden Einsatz polnischer Lokomotiven in Tschechien auf Seite 355.

Anfang 2007 lieferte ČZ LOKO (die frühere ČMKS-Lokomotivy Česká Třebová) zwei von der ČD im Jahr 2006 bestellte Rangierloks der Baureihe 709. Die zweiachsigen Lokomotiven haben eine Leistung von 405 kW und sind in den hellblau-dunkelblauen Hausfarben von ČD Cargo lackiert. Die Lokomotiven werden seit März 2007 im Bahnhof Ústi nad Labem für Rangierdienste eingesetzt. Seit dem 15. Juni 2007 ist die Siemens Diesellokomotive der Bauart ER20 in Tschechien zugelassen. Für den Einsatz auf Hauptstrecken müssen die Maschinen mit GSM-R ausgestattet sein. Die Zugheizungsanlage darf nur auf Stecken eingeschaltet werden, die mit 25kV elektrifiziert sind, da es bei Strecken mit 3 000V zu Störströmen in der Signaltechnik kommen kann. Der erste planmäßige Einsatz war die Bespannung eines IGE Bahntouristik-Sonderzuges am 7. Juni 2007, der von ER20-013 bespannt wurde. Der Zug fuhr in Tschechien unter der Zulassung von Railtrans.

Elektrische Triebwagen

Die slowakische Zulassung der sieben Pendolino-Triebwagen der Baureihe 680 erfolgte im Herbst 2006, so dass die Baureihe erstmals planmäßig ab 10. Dezember 2006 als SuperCity in der Relation Praha – Bratislava (SuperCity 134/135 *Slovenská Strela*) eingesetzt werden konnte. Die Fahrzeuge haben ebenfalls eine Zulassung für Österreich erhalten, so dass ebenfalls seit 10. Dezember 2006 das Zugpaar EC 72/73 *Johann Gregor Mendel* und EC 74/75 *Smetana* zwischen Praha und Wien als SuperCity gefahren wird. Unverändert sind die Triebwagen als Supercity zwischen Praha und Ostrava anzutreffen. In dieser Relation wird seit Dezember 2006 ein Zweistundentakt angeboten. Die Reisezeit konnte um 13 Minuten auf drei Stunden und neun Minuten reduziert werden. Im Rahmen von Zulassungsfahrten war ein 680 im Herbst 2006 in Deutschland zu Gast. Befahren wurden die Strecken Leipzig – Wurzen, Pirna – Schöna und Lüneburg – Uelzen. Im Dezember 2006 erteilte das EBA eine vorläufige Zulassung in Deutschland, die nach weiteren Testfahrten in eine unbeschränkte Zulassung umgewandelt wurde. Bislang ist jedoch unklar, wann die Fahrzeuge auf der Strecke Praha – Berlin eingesetzt werden. Die PKP hat der ČD angeboten, die Triebwagen der Baureihe 680 in zwei täglichen Zugpaaren zwischen Praha und Warszawa als Alternative zu den *Low-Cost-Carriern* anzubieten. Im Herbst 2006 lieferte ČKD Vagonka (Unternehmensteil von Škoda) den letzten von insgesamt 25 Doppelstocktriebwagen der Baureihe 471 aus der ersten Serie. Unmittelbar anschließend folgte die

SD-KD ist als Privatbahn nun auch im tschechischen Netz zugelassen. Am 29. Mai 2007 wartet SD-KD 184 501 mit einem Kohlezug im Güterbahnhof Záboří nad Labem auf die Weiterfahrt, als sie von einem Pendolino-Triebwagen der Baureihe 680 als SC 507 Praha – Ostrava überholt wird. Foto: Petr Kadeřavek.

Die ČD beabsichtigt, die Vorserien-Lokomotiven der Baureihe 180 auszumustern. Die Museumslok E698 002 ist am 27. Mai 2007 mit einem Güterzug bei Újezd u Chocne im Einsatz. Foto: Tobias Vanicek.

Seit 10. Dezember 2006 sind die ÖBB-Lokomotiven der Baureihe 1116 eingeschränkt in Tschechien zugelassen. Mit einem Personenzug nach Österreich verlässt 1116 226 am 19. April 2007 den Bahnhof Břeclav. Foto: Josef Rákos.

Als erster Triebwagen wurde 471 025 von ČKD Vagonka mit neu designtem Führerstand ausgeliefert. Am 5. August 2007 war der Triebwagen auf der seit Dezember 2006 elektrifizierten Strecke Ostrava-Svinov – Opava-Východ unterwegs. Foto: Petr Štefek.

Die ČD nahm im Jahr 2007 die ersten dreiteiligen *Regionova*-Triebwagen in Betrieb. Im Rahmen einer Zulassungsfahrt war 814 201/202 am 13. März 2007 auf der steigungsreichen Strecke Šumperk – Ostružná im Einsatz. Die Aufnahme entstand unweit des Bahnhofs Ostružná. Foto: Tomaš Kuchta.

Auslieferung der zweiten Serie. Die Triebwagen unterscheiden sich vor allem durch das neue Design der Wagenkästen. Die zweite Serie wird vor allem aus EU-Mitteln finanziert, was die Auslieferung deutlich beschleunigt. Die Triebwagen mit den Betriebsnummern 471 026-030 wurden in 2007 an die ČD übergeben. Ihr Einsatzgebiet ist vor allem der Großraum Ostrava. Ein Triebwagen der Baureihe 471 verfügt über eine Leistung von 2 000 kW und erreicht eine Höchstgeschwindigkeit von 140 km/h. Den Reisenden stehen 23 Sitzplätze in der 1.Wagenklasse und 287 Plätze in der 2.Klase zur Verfügung.

Dieseltriebwagen

2005 beschloß die ČD, bei Pars nova (Šumperk) 100 Schienenbusse der Baureihe 810 einschließlich der Beiwagen (Baureihe 010) zu zweiteiligen Triebwagen umzubauen. Die neuen Triebwagen werden als Baureihe 814 (*Regionova*) in den Bestandslisten geführt. Nachträglich wurde der Auftrag zu Gunsten von 80 zweiteiligen und 26 dreiteiligen Triebwagen geändert. Die dreiteiligen Triebwagen, bei denen der Mittelwagen in Niederflurbauweise ausgeführt ist, werden als Baureihe 814.2 bezeichnet. Der erste dreiteilige *Regionova* wurde im Februar 2007 an die ČD ausgeliefert. Da von den sechs Achsen eines dreiteiligen Triebzugs zwei Achsen angetrieben sind (2x242 kW), verfügen diese über eine bessere Anfahrleistung im Vergleich zu den zweiteiligen Triebwagen. Im Mai 2007 wurde ein erster Umlauf für die dreiteiligen Triebwagen auf den Strecken Liberec – Nová Paka, Liberec – Hrádec nad Nisou und Liberec – Frýdlant v Čechach – Černousy (Depot Liberec) und auf der Strecke Hodonín – Veselí nad Moravou – Vrbovce (Depot Veselí nad Moravou). Der letzte *Regionova* soll 2010 übergeben werden. Sie erreichen eine Höchstgeschwindigkeit von 80 km/h. Ein zweiteiliger Triebwagen verfügt über 96 Sitzplätze, ein dreiteiliger Triebwagen über 135 Plätze.

Siemens hat zwölf neue Schlafwagen an die ČD geliefert, die für den internationalen Fernverkehr vorgesehen sind. Die Aufnahme von Petr Kadeřavek entstand am 25. März 2007.

Der Umlauf der letzten Triebwagen der Baureihe 830 von Děčín nach Rumburk und Ústí nad Labem-Střekov konnte auch in 2007 eingehalten werden. Von den sieben in Děčín beheimateten Triebwagen waren jedoch lediglich ein bis zwei Fahrzeuge einsatzbereit, so dass in der Regel nur der Umlauf nach Rumburk gefahren wurde. Die modernisierten Schwestertriebwagen der Baureihe 831 sind lediglich noch in Šumperk und Klatovy beheimatet. In Klatovy wurde für die Triebwagen jedoch kein eigener Umlauf aufgestellt, so dass Einsätze nur bei Bedarf gefahren wurden. Šumperk setzt die Triebwagen noch auf der Strecke nach Olomouc und Jeseník ein. Für diesen Umlauf werden planmäßig drei Triebwagen benötigt. Mittelfristig werden die letzten 830/831 durch die *Regionova*-Triebwagen ersetzt. Experten gehen von einem Planende der Nähmaschinen zum Fahrplanwechsel im Dezember 2008 aus.

Wagen

Im November 2006 lieferte Siemens den ersten von insgesamt zwölf Schlafwagen der Bauart WLABmz 173.1 an die ČD. Die Wagen sind baugleich zu den vor einigen Jahren an die DB gelieferten Schlafwagen der Gattung WLABmz. Die Wagen werden bei der Siemens-Tochter TVT Nova im slowenischen Maribor gebaut. Die Wagen verfügen über drei DeLuxe-Schlafkabinen, die mit einer Wasch-/Duschzelle ausgerüstet sind, sowie über neun Economy-Kabinen. Insgesamt stehen den Reisenden 36 Schlafplätze zur Verfügung. Die Wagen kommen in den Zügen EN 352/353 *Johannes Kepler* Praha – Wiesbaden/München, NZ 378/379 *Kopernikus* Praha – Berlin – Dortmund und R 374/375 *Pannonia* Praha – Budapest zum Einsatz.

SLOWAKEI

Die Fahrgastzahlen der Slowakische Staatsbahn Železničná spoločnošt Slovensko a.s. (ZSSK) gingen im Geschäftsjahr 2006 um 4,7% auf 46,7 Millionen Reisende zurück. Dennoch blieb die Beförderungsleistung mit 2,18 Milliarden Personenkilometern nahezu auf dem Wert des Vorjahres (+0,9%). Das Geschäftsjahr 2006 musste die ZSSK jedoch mit einem Verlust von 94,5 Millionen Kronen (28 Millionen €) abschließen. Im Vergleich zum Vorjahr konnte der Verlust jedoch deutlich verringert werden, was vor allem auf die gestiegenen Subventionen für den Personennahverkehr auf Nebenstrecken zurückzuführen ist.
Die Güterverkehrssparte ZSCS konnte sich in 2006 weiter behaupten. Die Transportleistung konnte um 6,1% auf 9,89 Milliarden Tonnenkilometern gesteigert werden. Nach dem Regierungswechsel im Juni 2006 wurde erwartungsgemäß das Management des Netzverwalters ŽSR sowie der ZSSK und ZSCS ausgetauscht. Der ZSCS wurde von der slowakischen Wettbewerbsaufsicht eine Strafe wegen Machtmissbrauchs auferlegt. Anlass zur Klage war ein Verkehrsvertrag zwischen LTE Slovakia und dem Zementhersteller Holcim. In 2004 hatte LTE Slovakia die Zementverkehre für Holcim zwischen Rohožník und Wien aufgenommen. Holcim musste die Verträge jedoch auf Grund des Drucks der ZSCS bereits wenige Woche später wieder kündigen. Die Kartellbehörde erlegte der ZSCS für dieses wettbewerbswidrige Verhalten ein Bußgeld in Höhe von 7,5 Millionen Kronen (2,2 Millionen €) auf.
Im Oktober 2006 ratifizierte die EU das Vorhaben der slowakischen Regierung, den Ausbau des kombinierten Ladungsverkehrs finanziell zu unterstützen. Ziel ist es, bestehende Verkehre von der Straße auf die Schiene oder auf das Binnenschiff zu verlagern. Die neue Regierung beabsichtigt, zwischen 2008 und 2012 insgesamt 14,6 Milliarden Kronen (433 Millionen €) in den Ausbau der Infrastruktur sowie in neue Fahrzeuge zu investieren. Einen Großteil der Gelder stellt die EU zur Verfügung.

Infrastruktur

In Bratislava entsteht bis 2015 ein integriertes Bus/Straßenbahn-Netz. Teil dieses Projektes ist eine Schnellbahn von Bratislava nach Petržalka. Zu diesem Zweck muss eine Brücke über die Donau gebaut werden. Die Trasse wird als Dreischienengleis mit 1 435 mm und 1 000 mm konzipiert. Darüber hinaus beteiligt sich die EU jeweils hälftig an nachstehenden Infrastrukturprojekten im Großraum der Hauptstadt. Bedeutendes Vorhaben ist die Modernisierung und Elektrifizierung (15 kV) des Abschnitts zwischen Devinska Nová Ves (Strecke Bratislava – Brno) und dem österreichischen Grenzbahnhof Marchegg (2,4 km). Die Arbeiten konnten im Herbst 2007 aufgenommen werden. Ein weiteres Projekt ist der Bau eines 5,6 km langen Donautunnels zwischen Predmestie und Petržalka. Darüber hinaus soll der internationale Flughafen über eine 1,5 km lange Stichstrecke vom Bahnhof Nové Mesto angebunden werden. Die drei Großprojekte sollen 2015 fertig gestellt werden. Die Modernisierung des Eisenbahntunnels im Stadtzentrum von Bratislava ist noch nicht abgeschlossen. Im Herbst 2006 führten die Ausbauarbeiten zu erheblichen Beeinflussungen des Eisenbahnverkehrs, da gleichzeitig ein Tunnelgleis sowie ein Teil der Bahnsteige des Hauptbahnhofs für den Verkehr gesperrt werden mussten. Die Arbeiten sollen nun Anfang 2008 abgeschlossen werden. Am 10. Dezember 2006 wurde der elektrische Zugbetrieb (25 kV) auf der 22 km langen eingleisigen Strecke Zvolen – Banská Bystrica aufgenommen. Die Strecke wurde darüber hinaus mit neuer Signal- und Sicherheitstechnik ausgerüstet. An dem Streckenausbau hat sich die EU mit 75% beteiligt.

Personenverkehr

Im Dezember 2006 wurden die sechs Dieseltriebwagen der Baureihe 840 von Zvolen nach Poprad umbeheimatet. Die Triebwagen werden seit 10. Dezember 2006 von Poprad aus nach Tatranská Lomnica, Plaveč und Lipany eingesetzt.

Am 20. Mai 2007 wurden zwei ehemalige NS-Triebwagen der Baureihe Plan U (Betriebsnummern 125 und 193) von den Niederlanden in die Slowakei überführt. Im Bahnhof Kúty wartet die bei BRKS eingestellte 771 507 mit den beiden Triebwagen auf die Weiterfahrt nach Bratislava. Foto: Quintus Vosman.

Seit Juni 2007 hat BRKS bei MRCE Dispolok die Diesellok ER20-014 angemietet. Im Rahmen einer Zulassungsfahrt konnte die Lokomotive gemeinsam mit einer BRKS-230 in Bratislava Ustredna Nakladna Stanica beobachtet werden. Foto: Kees Sinke.

Die neue Regierung steht dem Vorhaben der ZSSK skeptisch gegenüber, verlustbringende Regionalverkehre einzustellen. Ursprünglichen Planungen zu Folge sollten zum 10. Dezember 2006 rund 200 Regionalzüge ersatzlos gestrichen werden. Bei weiteren 250 Verbindungen sollten die Anzahl der Haltebahnhöfe deutlich reduziert werden. Die Regierung untersagte dieses Vorhaben und stockte parallel die Finanzmittel für die ZSSK auf. Dennoch wurde der Personenverkehr auf der Strecke Rimavská Sobota – Poltár endgültig eingestellt, nachdem der letzte Reisezug bereits im Jahr 2000 auf Grund des schlechten Oberbaus verkehrte.
Seit dem 10. Dezember 2006 erreicht ein tschechischer Pendolino-Triebwagen der Baureihe 680 als SuperCity SC 134/135 *Slovenská Strela* Bratislava – Praha hl.n. die slowakische Hauptstadt (s. Seite 382).

Open access operators – Personenverkehr
Die Bratislavská regionálna koľajová spoločnosť a.s. (BRKS) stellte den Personenverkehr auf den Strecken Bratislava – Zohor – Záhorska Ves und Zohor – Rohožnik im Oktober 2005 ein, da die Kommunen keine Gelder für den Schienenverkehr bereit gestellt haben. Die BRKS konzentriert sich seither auf den Güterverkehr, obgleich Pläne zum Einstieg in den Personenverkehr nach wie vor existieren. Im Mai 2007 wurden die ersten beiden Plan U-Dieseltriebwagen (125 und 193) aus dem Bestand der NSR übernommen. Bevor die Triebwagen nach Bratislava überführt wurden, haben sie bei Nedtrain im niederländischen Zwolle eine Hauptuntersuchung erhalten. Den beiden Vorläufern werden weitere vier Triebwagen folgen. Bislang ist unklar, wann und wo die BRKS die Triebwagen einsetzen wird.

Open access operators – Güterverkehr
Die **Bratislavská regionálna koľajová spoločnosť a.s.** (BRKS) ist eine der Beteiligungsgesellschaften am Joint Venture United Railways. Weitere Anteilseigner sind Central-European Railway Transport, Trading and Service Co. (CER, Ungarn) und Servtrans Invest SA (Rumänien). Mit dem neuen Unternehmen hoffen die drei Gesellschafter, internationale Verkehre zu gewinnen. Die BRKS konnte ihren Marktanteil im Güterverkehr weiter ausbauen. Derzeit verfügt das Unternehmen über vier von der ČD angemietete Elektrolokomotiven (230 041, 230 065, 182 080 und 182 099) sowie über 14 Diesellokomotiven (770 527 und 528, 771 170, 507, 512 und 513, 740 658, 722, 770 und 800 sowie 742 513, 523, 525 und 541). Ein Teil der Diesellokomotiven sind über ŽOS Vrútky angemietet. Seit dem 23. Juni 2007 hat die BRKS bei MRCE die *Hercules*-Diesellok ER20-014 geleast.
LTE Slovakia s.r.o. ist ein Tochterunternehmen der österreichischen LTE-Logistik und Transport GmbH. Aus dem Bestand von ŽOS Loko hat das Unternehmen in 2006 drei Diesellokomotiven der Baureihe 740 (541, 711 und 833) angemietet. Im Gegensatz zu der Anmietung von Triebfahrzeugen über die österreichische Mutter kann LTE Slovakia mit den Leasinglokomotiven Güterverkehre wirtschaftlicher anbieten. Die Lokomotiven werden vorwiegend im Getreideverkehr nach Petržalka eingesetzt. Dort werden die Züge von LTE Österreich übernommen und nach Rotterdam gebracht. Darüber hinaus fährt LTE Slovakia Ölzüge in der Relation Kúty – Bratislava sowie zwei Mal pro Woche Petrolkoks zwischen Žiar nad Hronom und Burghausen.
Seit 2006 ist **Spoločnosť Lokorail a.s.** als EVU in der Slowakei zugelassen. Bereits zum 24. November 2006 wurde der erste Regelverkehr aufgenommen. Es handelt sich um Kunstdüngerzüge zwischen Bratislava-Pálenisko und Trnovec nad Váhom, die zuvor unter der Regie von ZSCS durchgeführt wurden. Lokorail setzt eine von der ČD gemietete Ellok der Baureihe 230 ein.

Fahrzeuge
Die 50 Doppelloks der Baureihe 131, die ab 1980 in Dienst gestellt und von der ZSCS im Güterverkehr auf der mit 3000V elektrifizierten, steigungsreichen Strecke Čadca – Žilina – Poprad – Košice – Čierna nad Tisou eingesetzt werden, werden bis 2011 mit einem elektrodynamischen Bremssystem ausgerüstet. Im November 2006 hat die ZSSK den bei ŽOS Zvolen umgebauten Dieseltriebwa-

LTE Slovakia hat drei Diesellokomotiven der Baureihe 740 in Betrieb genommen. Am 24. März 2007 bespannten 740 883 und 541 einen aus der Slowakei kommenden Kesselwagenzug, aufgenommen Budapest-Ferencváros. Foto: Ferenc Joó.

Eine ZSCS-Doppellok der Baureihe 131 bespannte am 23. Juni 2007 bei Vydrník einen Kohlezug (Strecke Košice – Poprad – Žilina).

Der Prototyp 813 001/002 wartet am 18. September 2007 in Žilina als OS 3808 auf die Ausfahrt nach Rajec. Foto: Stan Zapletal.

gen 813 001 vorgestellt. Das Fahrzeug entstand aus dem Umbau von zwei Beiwagen der Baureihe 011. Der Prototyp wird durch einen 275 kW starken MAN-Motor mit einem hydraulischen Voith-Getriebe angetrieben. Da sich das Vorserienmodell im Alltag gut bewährt, hat die ZSSK bei ŽOS Zvolen weitere elf Triebwagen bestellt. Das erste Serienfahrzeug soll noch in 2007 ausgeliefert werden.

Im November 2006 waren die DB-Diesellokomotiven 218 431 und 432 im Rahmen eines Testbetriebs mit drei Bombardier-Doppelstockwagen unter anderem in der Slowakei im Einsatz. Am 15. November 2006 wurde eine Pressefahrt zwischen Bratislava und Vrútky durchgeführt. Die ZSSK beabsichtigt, eine Serie von Doppelstockwagen für den Nahverkehr zu beschaffen. Mit der Pressefahrt erhofft sich Bombardier größere Chancen im Rahmen der Ausschreibung. Das Unternehmen tritt im Rahmen der Ausschreibung gemeinsam mit ŽOS Trnava auf. In Trnava sollen die neuen Fahrzeuge gefertigt werden. Die ZSSK beabsichtigt, insgesamt 82 Doppelstockwagen zu beschaffen, von denen 21 als Steuerwagen ausgeführt werden sollen. Die Neubauwagen sollen mit Elloks der Baureihen 163, 263 und 363 in Wendezugformation eingesetzt werden. Zu diesem Zweck müssen einige Lokomotiven dieser Baureihen mit der entsprechenden Wendezugsteuerung umgerüstet werde.

Die ZSSK lässt bei ŽOS Vrútky 27 Schlafwagen der Bauart Bc zu Sitzwagen der Gattung B (19), Bg (4) und Bd (4) umbauen. Die Wagen haben eine neue Inneneinrichtung sowie ein geschlossenen Toilettensystem erhalten und kommen vorwiegend auf den Strecken Bratislava – Prievidza und Bratislava – Zvolen – Brezno – Košice zum Einsatz. Der Umbau konnte Ende 2007 abgeschlossen werden. Im Juni 2007 hat ŽOS Vrútky mit der Auslieferung einer Serie neuer Reisezugwagen begonnen. Das Unternehmen liefert fünf Sitzwagen 1.Klasse (Ampeer) und 20 Sitzwagen 2.Klasse (Bmpeer) für dem Einsatz im InterCity-Verkehr Bratislava – Košice aus. Bei den Neubauwagen liefert Siemens (Graz) die Drehgestelle. Darüber hinaus werden bei ŽOS Vrútky neun Liegewagen der Gattung BRcm in sieben Restaurantwagen (WRRmeer), einen Tanzwagen (SRm) und einen Konferenzwagen (SRm) umgebaut. Die Wagen erhalten Siemens-Drehgestelle, die für eine Höchstgeschwindigkeit von 160 km/h ausgelegt sind.

UNGARN

Die Ungarische Staatsbahn Magyar Államvasutak (MÁV) musste in 2006 erneut einen Rückgang der Fahrgastzahlen verzeichnen. Mit 119,9 Millionen Reisenden liegt der Wert um 0,3% unter den Zahlen von 2005. MÁV Cargo Zrt., seit dem 1. Januar 2006 als eigenständiges Unternehmen innerhalb der Staatsholding eingebunden, konnte hingegen ein Plus von 7,8% im Vergleich zum Vorjahr erzielen. Die Transportleistung lag in 2006 bei 9,18 Milliarden Tonnenkilometer. MÁV Cargo Zrt. konnte im ersten Jahr der Eigenständigkeit einen Umsatz von 312 Millionen € erwirtschaften, aus dem ein Unternehmensgewinn in Höhe von 11,4 Millionen € resultiert. Somit sind die Voraussetzungen für den Verkauf des Unternehmens geschaffen worden. Die MÁV beabsichtigt aus dem Verkaufserlös einige Darlehen abzulösen. Die Staatsholding hat Verbindlichkeiten von rund 500 Millionen €. Aus dem Verkauf der MÁV Cargo Zrt. werden ersten Schätzungen zur Folge etwa 390 Millionen € erzielt. Um das Unternehmen bewarben sich insgesamt zwölf Interessenten, darunter die Deutsche Bahn AG und ein Konsortium von Rail Cargo Austria und GySEV. Die Bewerbungsfrist endete am 19. Oktober 2007, den Zuschlag erhielt das zuletzt genannte Konsortium. Neben dem klassischen Schienengüterverkehr gehören zur MÁV Cargo Zrt.-Gruppe die Bilk Kombiterminal Rt. (Containerterminal Budapest), MÁV Kombiterminal Kft. (regionale Containerterminals), MÁVTRANSSPED Kft. (Spedition) und MÁV Raktar Kft. (Beteiligungen). 2007 präsentierte MÁV Cargo seine Geschäftsstrategie für die kommenden sieben Jahre. Bis 2014 soll ein Budget von 65 Millionen € in den ungarischen Schienengüterverkehr investiert werden. Das Unternehmen beabsichtigt vor allem, neue Triebfahrzeuge für den grenzüberschreitenden Güterverkehr zu beschaffen. Die MÁV wurde im Oktober 2006 von der ungarischen Wettbewerbsbehörde wegen eines Verstoßes gegen die Wettbewerbsregeln zu einer Strafe von 1 Milliarden Forint (3,7 Millionen €) verurteilt. Bis Anfang 2006 hatte der Güterverkehrsbereich mit zahlreichen Auftraggebern Exklusivverträge angeschlossen. Von anderen EVU wurden bei der Anmietung von Triebfahrzeugen aus dem Bestand der MÁV überhöhte Sicherheiten abverlangt. Nach der Verselbständigung der MÁV Cargo Zrt. sollen mittelfristig auch die Bereiche MÁV SzeSza (Personenverkehr), MÁV GU (Traktion) und MÁV PU (Infrastruktur) folgen. So folgte bereits zum 1. Juli 2007 MÁV SzeSza dem Beispiel der Cargo-Schwester und firmiert seither als MÁV Start Zrt. Das Unternehmen wird zukünftig sämtliche Fahrzeuge als Aktivposten übernehmen. Aus organisatorischen Gründen müssen die Fahrzeuge vorerst bei der MÁV angemietet werden. Aus diesem Grund ist das Unternehmen zur Aufrechterhaltung des Betriebs auf Darlehen angewiesen. Zwischen MÁV Start Zrt. und dem Staat bestehen keine Vereinbarungen über die Finanzierung von unwirtschaftlichen Verkehren – ein Umstand, der auch vor der Verselbständigung bestand. Experten fordern hier eine schnelle Regelung dieses Umstandes, da andernfalls MÁV Start Zrt. auf einen Konkurs zusteuert. Bislang scheint unumgänglich, dass zahlreiche Verkehre zum Fahrplanwechsel am 9. Dezember 2007 eingestellt werden müssen. Zum 1. Mai 2007 wurden die Fahrpreise im Personenverkehr um durchschnittlich um 17% erhöht.

Infrastruktur

Die MÁV beabsichtigt, zahlreiche Hauptstrecken mit Zugbahnfunk (GSM-R) auszurüsten. Um den Auftrag hat sich unter anderem Kapsch/Nortel und Siemens beworben. Zwischen dem 16. April und 9. Juni 2007 war der Bahnhof Győr auf Grund von Gleisbauarbeiten teilweise gesperrt. Die Nahverkehrszüge Celldömölk – Győr wendeten in einem anderen Bahnhof, während die Züge auf der Hauptstrecke Győr – Tatabánya – Budapest in Győr nicht hielten. Die Umbauarbeiten stehen in Zusammenhang mit der Modernisierung der Hauptstrecke Budapest – Hegyeshalom. Die Strecken Budaors – Biatorbágy und Komárom – Győrszentiván werden ebenfalls modernisiert. Die Bahnhöfe Győr und Komárom erhalten darüber hinaus eine neue Signaltechnik. Ferner wird der Donauhafen bei Gönyű über eine 9 km lange Anschlussbahn an den Bahnhof Győr angebunden. Die Neubaustrecke soll 2008 dem Betrieb übergeben werden. Am 10. Dezember 2006 wurde der zweigleisige Abschnitt zwischen Kiskunfélegyháza und Városföld (Strecke Cegléd – Szeged) in Betrieb genommen. Das Teilstück ist für eine Geschwindigkeit von 160 km/h ausgebaut. Auf Grund der durch den zweigleisigen

Abschnitt entstandenen zusätzlichen Kreuzungsmöglichkeiten auf der sonst eingleisigen Strecke konnte der InterCity-Verkehr Budapest – Szeged zu einem Stundentakt verdichtet werden. Die Strecke Szajol – Békéscsaba wird bis 2009 durchgehend zweigleisig ausgebaut. Die Strecke wird ebenfalls für Geschwindigkeiten bis 160 km/ ertüchtigt. Hierbei handelt es sich um die erste Strecke in Ungarn, die mit ETCS Level 2 ausgestattet ist. Im August 2007 wurde an der Strecke Budapest – Cegléd – Szolnok bei Szemeretelep ein neuer Bahnhof in Betrieb genommen. Von diesem Bahnhof ist der Terminal 1 des internationalen Flughafen Ferihegy in 3 Minuten zu Fuß zu erreichen. Die Station sollte bereits im Mai 2007 eröffnet werden, was jedoch auf Grund von Verzögerungen bei der Fertigstellung verschoben werden musste. Ein Flughafen-Shuttle von Budapest ist derzeit nicht geplant, so dass Reisende von und zum Flughafen auf die Nahverkehrszüge ab/bis Monor, Albertirsa, Cegléd und Szolnok angewiesen sind. Dennoch existieren nach wie vor Pläne zum Bau einer direkten Flughafenanbindung. Nach Inbetriebnahme des Bahnhofs Szemeretelep scheint eine Realisierung jedoch in weite Ferne gerückt zu sein. Im Rahmen des Ausbaus der Strecke Budapest – Cegléd – Szolnok werden die Gleisanlagen des Bahnknotens Cegléd umgestaltet.
2008 soll die Arbeiten zur Modernisierung der Strecke Boba – Hodoš (SLO) abgeschlossen sein. Zwischen Zalaegerszeg und Andráshida wird die Strecke neu trassiert. Darüber hinaus wird die Strecke mit einer neuen Signaltechnik ausgerichtet.
Noch vor Ende 2007 sollen die Arbeiten zur Elektrifizierung der Strecke Győr – Celldőmőlk aufgenommen werden. Parallel wird der Oberbau erneuert, so dass die Streckengeschwindigkeit auf 120 km/h heraufgesetzt werden kann. Darüber hinaus wird der Knoten Rákospalota-Újpest (Strecke Budapest – Szob) mit einer neuen Signaltechnik ausgerüstet. Die Hauptstrecke Budapest – Székesfehérvár wird für eine Höchstgeschwindigkeit von 160 km/h ausgebaut.

Personenverkehr

Am 10. Dezember 2006 wurde auf der Hauptstrecke Budapest – Győr (– Wien) sowie auf zahlreichen Strecke in Ostungarn ein Taktfahrplan eingeführt, nachdem sich dieses Konzept auf der Pilotstrecke Budapest – Sturovo als Erfolg erwiesen hatte. Das Vorhaben, auf allen Strecken in Ungarn einen Taktfahrplan einzuführen, musste hingegen aus Kostengründen zurückgestellt werden. Der Takt hat zur Folge, dass die InterCity-Züge der Relationen Budapest Nyugati pu. – Szeged, Budapest Nyugati

Für den SPNV am 3. März 2007 stillgelegte Strecken

Strecke	Länge (km)	Zahl der Züge pro Tag	für Güterverkehr weiterhin im Gebrauch
Kőrnye – Pápa	86	5-6	Franciavágás – Pápa
Pápa – Csorna	37	7-8	ja
Zalabér-Batyk – Zalaszentgrót	6	9-11	ja
Lepsény – Hajmáskér	31	6	Papkeszi – Hajmáskér
Sellye – Villány	58	4	Sellye – Vajszló Villány – Harkány
Diósjenő – Romhány	18	7	ja
Kisterenye – Kál-Kápolna	55	5	Kál-Kápolna – Recsk-Parádfürdő
Mezőcsát – Hejőkeresztúr	17	5	-
Kazincbarcika – Rudabánya	15	4-5	ja
Nagykálló – Nyiradony	23	2	-
Murony – Békés	8	5-6	ja
Kunszentmiklós-Tass – Dunapataj	50	4-5	Kunszentmiklós-Tass – Solt
Fűlőpszállás – Kecskemét alsó	39	4	Kecskemét alsó – Izsák
Kiskőrős – Kalocsa	31	4	ja

pu. – Nyiregyháza und Budapest Keleti pu. – Miskolc jede Stunde verkehren. Das Angebot an InterCity-Zügen ist um rund 30% gestiegen. Die für den 10. Dezember 2006 angekündigte Stilllegung von 28 Nebenstrecken wurde auf politischen Druck zunächst bis auf weiteres ausgesetzt. Dennoch standen die Signale für einen Großteil der aufgeführten Nebenstrecken ab 4. März 2007 auf Halt. Fünf Strecken, auf denen bereits seit längerem Schienenersatzverkehr durchgeführt wurde, konnten formell stillgelegt werden. Darüber hinaus traf es 14 Strecken, die zukünftig nicht mehr auf der Schiene bedient werden. Die 19 stillgelegten Strecken haben eine Gesamtlänge von 686 km. Eine detaillierte Übersicht ist aus der Tabelle ersichtlich.

Güterverkehr

Die CFR-Ellok 40-0832 hat als erste rumänische Lokomotive Ende Februar 2007 eine Zulassung für Ungarn erhalten. Seit 12. März 2007 setzt CFR Marfă die Maschine regelmäßig zwischen Debrecen und dem ungarisch/rumänischen Grenzbahnhof Curtici ein. Zunächst werden die Züge in Ungarn mit ungarischen Triebfahrzeugführern gefahren. Mittelfristig ist jedoch geplant, rumänische Personale einzusetzen. Aktuell werden mit CFR Marfă-Lokomotiven täglich zwei Umläufe ab/bis Debrecen gefahren. Seit Mai 2007 fährt Cemat SpA (Italien) ein Mal pro Woche einen Containershuttle zwischen Sajószentpéter (Miskolc) und Bologna (I).

Open access operators – Güterverkehr

Am 5. Januar 2007 erhöhte **boxXpress.de GmbH** die Zugfrequenz im Containerverkehr auf der Achse Hamburg – Hegyeshalom – Budapest von zwei auf vier Zugpaare pro Woche. Als Frachtführer ist TX Logistik AG (TXL) eingesetzt, die für die Verkehre auf die MRCE-Dispoloks ES 64 U2-065 und 066 zurückgreift. Diese Lokomotiven sind neben den Lokomotiven 062 und 063 mit dem sogenannten Bosporus-Paket für einen Einsatz in Deutschland, Österreich und Ungarn ausgerüstet. Bei den Lokomotiven mit den Ordnungsnummern 065 und 066 handelt es sich um die ehemaligen 043 und 044, die mit einem dritten Stromabnehmer und der ungarischen Zugsicherungseinrichtung ausgestattet wurden. Nachdem die Lokomotiven 045 – 047 aus den Abellio-Verkehren Essen – Hagen (s. Seite 123) freigeworden sind, konnte auch diese Lokomotiven mit dem Bosporus-Paket ausgestattet werden. Die stehen nun TXL unter den Ordnungsnummern 067 – 069 zur Verfügung. Mit den an die Wiener Lokalbahn AG vermieteten 060 und 064 und der 061, die bei der BDZ (Bulgarien) im Einsatz ist, sind zehn Taurus-Lokomotiven für den Einsatz in Ungarn umgerüstet.

Central-European Railway Transport, Trading and Service Co. (CER) hat im März 2007 mit PCC Rail (Polen), Servtrans Invest S.A. (Rumänien) und Bratislavská regionálna koľajová spoločnosť a.s. (BRKS, Slowakei) das Joint Venture United Railways gegründet. Das Unternehmen beabsichtigt, internationale Transportlösungen aus einer Hand anzubieten. Als ersten Auftrag konnte CER Stahlverkehre im Auftrag von Mittal Steel zwischen Dąbrowa Górnicza Towarowa (PL) und der Mittal Steel-Fabrik im rumänischen Galaţi (RO) gewinnen. CER fährt diese Züge auf dem ungarischen Teilabschnitt zwischen Komárom und Curtici.

Floyd Kft. hat aus dem Bestand einer Raffinerie im rumänischen Brazi die Diesellokomotive 060-DA-001 übernommen. Die Maschine wird seit Februar 2007 in Ungarn eingesetzt. Die Getreideverkehre von Ungarn nach Rotterdam unter Regie von rail4chem konnten in 2007 weiter ausgebaut werden. Vor verschiedenen Verladenbahnhöfen in Ungarn werden die Wagen nach Hegyeshalom gebracht, um dann ihre Reise nach Rotterdam fortzusetzen. Als Frachtführer sind in Österreich LTE und in Ungarn CER und Floyd eingesetzt. Während die wöchentlich drei Planzüge nach Hegyeshalom von CER gefahren werden, ist für die Bedarfsverkehre – in der Regel bis zu fünf Zügen pro Woche – Floyd als Frachtführer eingesetzt.

Magyar Magánvasút Zrt. (MMV) hat von der rumänischen SAAF die ex-CFR Diesellokomotive 60-0155 übernommen. Die Maschine hat bei Softronic eine Hauptuntersuchung erhalten und präsentiert sich nun in den Hausfarben des neuen Eigentümers. MMV hat die Lokomotive unter der Betriebsnummer 92 55 0600155 in Dienst gestellt. In den MVV-Farben präsentiert sich die ebenfalls von der SAAF im März 2007 gekaufte Ellok 91 55 0400 628. Hierbei handelt es sich um die ehemalige CFR 40-0628,

Der Bereich Personenverkehr der MÁV (MÁV SzeSza) wurde am 1. Juli 2007 verselbstständigt und firmiert nun als MÁV Start Zrt. Ein ehemaliger DB-Steuerwagen, der als Fahrradwagen genutzt wird, ist bereits unter der neuen Unternehmensbezeichnung am Schluss von P 8801 Celldömölk – Pécs eingereiht, aufgenommen am 27. August 2007 in Tapolca. Foto: Ferenc Joó.

Seit März 2007 fährt CFR Marfă mit Elloks der Baureihe 40 Güterzüge zwischen Rumänien und Ungarn. Am 15. März 2007 wartet CFR Marfă 40-0832 in Lökösháza auf die Rückfahrt nach Rumänien. Foto: Csaba Prohászka.

Magyar Magánvasút Zrt hat im Jahr 2007 ehemalige CFR-Lokomotiven in Betrieb genommen. Oben: Diesellok 9255 0600 1055-9 präsentiert sich am 24. Februar 2007 im Werk Hátvon dem Fotografen. Foto: Ferenc Jóo. Unten: Ellok 9155 400 628 wird mit ihrem Güterzug am 1. Juli 2007 im Bahnhof Komárom von MÁV-V63 152 überholt. Foto: Tobias Vanicek.

die bei SCRL Braşov eine Hauptuntersuchung erhalten hat. Die MMV fährt überwiegend Kokszüge zwischen dem Grenzbahnhof Komárom und den Hochöfen in Dunaújváros.
Seit August 2007 mietet die **Wiener Lokalbahnen AG** (WLB) eine dritte *Taurus*-Ellok (ES 64 U2-068) vom MRCE, ausgerüstet mit *Bosporus*-Pakket. Längere Zeit wurden diese Loks nur in Österreich und Deutschland eingesetzt, seit august 2007 jedoch auch wieder in Ungarn. Die Containerzüge Rotterdam/Hamburg/Bremerhaven – Bilk (Budapest) werden seit Februar 2007 auf dem ungarischen Abschnitt von der MÁV bespannt. Die WLB setzt die Taurus-Maschinen auf Grund von „administrativer Problemen" nicht in Ungarn ein.
Im vergangenen Jahr haben zwei Unternehmen eine Zulassung als EVU erhalten. **Mátrai Erőmű Zrt**., Betreiber eines Kohlekraftwerks in Visconta, verfügt über eine Flotte von Diesellokomotiven der Baureihe A25, die der MÁV-Baureihe M44 entspricht. Die Zulassung als EVU erfolgte im September 2006. Bislang fährt Mátrai Erőmű Zrt. noch keine eigenen Züge. Als weiteres Unternehmen ist **Szentesi Vasitepito Zrt.**, ein Bahnbauunternehmen, seit November 2006 in Ungarn als EVU zugelassen.

Fahrzeuge - Lokomotiven

Seit dem 4. März 2007 werden ÖBB-Lokomotiven der Baureihe 1116 auch im ungarischen Binnenverkehr eingesetzt. Die Umläufe sehen jeweils ein Zugpaar auf den Strecken Budapest – Nagykata und Budapest – Szazhalombatta vor. Im grenzüberschreitenden Verkehr mit Österreich werden unter anderem EC/IC-Züge zwischen Budapest und Wien bespannt. Das Stilllager in Budapest wird für diese Füllleistungen verwendet.
Am 6. April 2006 präsentierte Bombardier in Budapest die TRAXX-Ellok 146 211. MÁV GU beabsichtigt, mittelfristig einen Großteil der über 30 Jahre alten Baureihe V43 zu ersetzen, von denen aktuell 338 Lokomotiven im Betriebsdienst sind. Im August 2007 hat MÁV GU einen Auftrag zur Lieferung einer ersten Serie von 25 Lokomotiven ausgeschrieben. Die Lokomotiven sollen als Zweisystemvariante für 25kV und ein weiteres Stromsystem ausgeführt werden.
Die Modernisierung verschiedener Diesellokbaureihen bei der MÁV schreitet voran. Das Verjüngungsprogramm umfasst vor allem die Baureihen M41, M44, M47 und M62, die mit Caterpillar-Motoren ausgestattet werden. Zwischen dem 27. Oktober und dem 13. November 2006 waren die DB-Diesellokomotiven 218 431 und 432 im Rahmen von Test- und Präsentationsfahrten mit drei Bombardier-Dop-

Floyd hat aus dem Bestand einer rumänischen Raffinerie die Diesellok 060-DA-001 übernommen. Am 3. Februar 2007 wartet die Lokomotive mit einem Trafowagen, der für das Kernkraftwerk Páks bestimmt ist, im Bahnhof Budapest-Kelenföld auf den Abfahrauftrag. Foto: Ferenc Joó.

pelstockwagen unter anderem in Ungarn zu Gast. Die Garnitur wurde auf unterschiedlichen Strecken im Plandienst eingesetzt. Die Fahrgäste wurden während der Einsätze zu ihrer Meinung befragt. Die Einsätze fanden auf Initiative von Bombardier statt. Das Unternehmen versucht, auf diese Art und Weise Aufträge für den Bau der erfolgreichen Doppelstockwagen gewinnen zu können.

Triebwagen

Am 12. Dezember 2006 traf der erste für die MÁV bestimmte *FLIRT*-Triebwagen der Baureihe 5341 in Ungarn ein. Das Fahrzeug wurde umgehend dem üblichen Zulassungsverfahren unterzogen. Der zweite *FLIRT*-Triebwagen traf Anfang Februar 2007 ein. Stadler hatte sich mit der MÁV darauf verständigt, dass die ersten beiden Triebwagen im März 2007 dem Planbetrieb zur Verfügung stehen müssen. Am 6. April 2007 konnten die beiden Triebwagen im Plandienst auf den Strecken Budapest-Deli p.u. – Pusztaszabolcs – Dunaújváros/Sárbogárd und Budapest-Deli p.u. – Székesfehérvár eingesetzt werden. Die Zulassung der Fahrzeuge verlief ohne nennenswerte Schwierigkeiten. Lediglich die Kapazität der vierteiligen Einheiten wurde bemängelt. Aus diesem Grund werden oftmals zwei Garnituren gekuppelt gefahren. Mittelfristig ist vorgesehen, zusätzliche Mittelwagen als Verstärkung bei Stadler zu bestellen, so dass sechsteilige Einheiten gebildet werden können. Sobald ausreichend Triebwagen zur Verfügung stehen, werden die *FLIRT*-Triebwagen auch auf der Strecke Budapest-Deli p.u. –Tatabánya eingesetzt. Die MÁV-Version des FLIRT verfügt über 211 Sitzplätze 2.Klasse. Mit einer Motorleistung von 2 000kW wird eine Höchstgeschwindigkeit von 160 km/h erreicht. Stadler wird insgesamt 30 Triebwagen an die MÁV ausliefern. Pro Monat sind zwei Triebwagen geplant. Für die Wartung der Neubaufahrzeuge hat Stadler in Pusztaszabolcs eine Triebwagenhalle gebaut. Im Juni 2007 gab die MÁV eine Folgebestellung über 30 Triebwagen auf. Für die Lieferung dieser Triebwagen wird Stadler in Székesfehérvár ein Werk bauen.

Neben dem *FLIRT* hat der *Talent* (Baureihe 5342) in Ungarn Einzug gehalten. Die MÁV ist dem *Talent* gegenüber deutlich kritischer eingestellt, da Bombardier die Lieferung von zehn Triebwagen mit politischem Druck durchgesetzt hat. Das Unternehmen hat die Ausschreibung in erster Instanz verloren und anschließend die Vergabe des Auftrags an den Wettbewerber Stadler angefochten. Bombardier konnte die Fahrzeuge kurzfristig liefern. Die ersten beiden *Talent*-Triebwagen trafen im Juli 2006 in Ungarn ein und sollten bereits im Oktober 2006 im Plandienst eingesetzt werden. Auf Grund von Schwierigkeiten bei der Zulassung konnten die Triebwagen jedoch nicht wie geplant eingesetzt werden. Am 22. März 2007 wurde ein erster kleiner Umlauf zwischen Budapest-Deli p.u., Tatabánya und Oroszlány eingerichtet, musste jedoch kurzfristig nach Problemen mit der Bremsanlage wieder ausgesetzt werden. Die für Ungarn produzierten *Talent*-Triebwagen sind baugleich zu den Fahrzeugen, die Bombardier an die ÖBB (Baureihe 4824) geliefert hat und sind als Zweisystemfahrzeuge sowohl für 15 als auch 25kV ausgerüstet. Die vierteiligen *Talent*-Triebwagen verfügen über 174 Sitzplätze 2.Klasse. Mit einer Leistung von 1 520kW erreichten die Triebwagen eine Höchstgeschwindigkeit von 140 km/h.

Von den 40 russischen Dieseltriebwagen der Baureihe 6341, die Metrovagonmash vor einigen Jahren an Ungarn geliefert hat, sollen 20 Garnituren um einen dritten Wagen verstärkt werden. Darüber hinaus sollen bauliche Änderungen vorgenommen werden. So werden bei allen Triebwagen die Puffer zwischen den Wagen entfernt, da sich die Pufferteller bei Kurvenfahrten ineinander verschoben haben, was mitunter zu Entgleisungen führte.

Wagen

Im April 2007 hat die MÁV TZV Fredelj (Zagreb) mit der Modernisierung der letzten fünf von insgesamt 20 Z2-Wagen beauftragt. Die Wagen wurden 1989 von der damaligen jugoslawischen Goša an die MÁV geliefert und werden vorwiegend im InterCity- und EuroCity-Verkehr eingesetzt. Die Wagen erhalten ein geschlossenes Toilettensystem, neue Einstiegstüren, eine Klimaanlage sowie ein Fahrgastinformationssystem.

Im Frühjahr 2007 hat die MÁV die ersten elektrischen *Talent*-Triebwagen der Baureihe 5342 sowie die ersten *FLIRT*-Triebwagen der Baureihe 5341 in Betrieb genommen. Oben: zwei *Talent*-Triebwagen erreichen am 24. Juni 2007 auf der Fahrt von Budapest-Deli nach Oroszlány den Bahnhof Tatabanya. Unten: ein *FLIRT*-Triebwagen ist am 25. Juni 2007 auf der Strecke Budapest Deli – Dunaújváros bei Pusztaszabolcs im Einsatz.

RUMANIEN

Die Rumänische Staatsbahn Căile Ferate Române (CFR) wurde im Rahmen der Umstrukturierung in eine Holding mit den getrennt voneinander operierenden Unternehmen CFR Călători S.A. (Personenverkehr), CFR Marfă S.A. (Güterverkehr) CFR S.A. (Infrastruktur) und SFT-CFR S.A. (Tourismus) gegliedert. Die Fahrgastzahlen von CFR Călători lagen mit 93 Millionen Reisenden (8 Milliarden Personenkilometer) in 2006 um 1,9% über dem Wert des Vorjahres. Der Güterverkehr CFR Marfă schnitt deutlich schlechter ab. Das Transportaufkommen lag mit 11,57 Milliarden Tonnenkilometern 10,5% unter dem Wert aus 2005. Dem Beispiel anderer europäischer Bahnen folgend soll die Güterverkehrssparte CFR Marfă an einen privaten Investor verkauft werden.

Infrastruktur

Die zweite kombinierte Straßen-/Schienenbrücke über die Donau zwischen Bulgarien und Rumänien wird zwischen Calafat und dem bulgarischen Vidin gebaut. Die Arbeiten zu dem 1 971 m langen Bauwerk wurden am 13. Mai 2007 aufgenommen. Mit einer Fertigstellung wird in 2010 gerechnet (s. Seite 410).
Die Modernisierung der Hauptstrecke Bucureşti – Braşov schreitet voran. 2007 wurden entsprechende Aufträge für den Ausbau des Abschnitts Câmpina – Predeal (48 km) vergeben. Das Projekt umfasst die Erneuerung des Oberbaus, der Fahrleistung sowie der Signaltechnik. Mit einer Fertigstellung wird bis 2010 gerechnet. Die Strecke wird nach Abschluss der Arbeiten für eine Höchstgeschwindigkeit von 160 km/h ausgelegt sein. Im Januar 2007 wurden die Aufträge zur Modernisierung der Strecke Fundulea – Feteşti vergeben. Der Oberbau sowie die Fahrleitung werden erneuert. Für die Modernisierung des internationalen Korridors Curtici – Constanţa, die 2013 abgeschlossen sein soll, werden Finanzmittel in Höhe von 3,5 Milliarden € benötigt. Von der Gesamtsumme werden rund 2,5 Milliarden € durch die EU bereit gestellt, während die Restsumme durch die rumänische Regierung aufgebracht wird. Im Rahmen des Ausbaus wird die Streckenhöchstgeschwindigkeit auf 160 km/h heraufgesetzt. Der Abschnitt Bucureşti – Constanţa wird als Schnellfahrstrecke für 200 km/h ausgebaut.

Personenverkehr

Zum 10. Dezember 2006 wurden zwei neue Schnellzüge Bucureşti Nord – Timişoara eingeführt. Die Züge werden als lokbespannte Wagenzüge gebildet und verfügen über einen höheren Anteil an Sitzplätzen in der 1.Wagenklasse. Die Verkehrsminister Bulgariens und Rumäniens haben sich auf die Einführung eines Regionalverkehrs Bucureşti Nord – Videle – Giurgiu – Ruse (BUL) verständigt. Die neuen Züge sollen zum Fahrplanwechsel am 9. Dezember 2007 eingerichtet werden.
Die CFR beabsichtigt, in den Großräumen Timişoara und Sibiu ein Netz von Vorortverkehren nach dem Muster der deutschen S-Bahnen einzurichten.

Open access operators – Personenverkehr

S.C. Keolis firmiert seit Anfang 2007 unter **Regio Trans s.r.l.** Die Namensänderung wurde auf Grund einer Forderung der ehemaligen französischen Mutter umgesetzt. Am 1. Dezember 2006 übernahm Regio Trans den Personenverkehr auf den Strecken Braşov – Zărneşti (27 km), Braşov – Întorsura Buzăului (36 km) und Sfântu Gheorghe – Covasna – Breţcu (66 km). In 2007 folgten die Strecken Sigişhoara – Odorhei (48 km), Alba Iulia – Şibot – Cugir (38 km), Alba Iulia – Zlatna (41 km), Arad – Nădlac (52 km), Blaj – Târnăveni – Praid (113 km), Buziaş – Gătaia – Jamu Mare (56 km) und Voiteni – Gătaia – Berzovia – Resiţa Nord (61 km). Bei öffentlichen Ausschreibungen geht das Unternehmen häufig als Gewinner aus dem Rennen, da sich die CFR von diesen Verkehren trennen möchte und dementsprechend keine wettbewerbsfähigen Angebote abgibt. Regio Trans setzt im Regionalverkehr acht von der SNCF übernommene Dieseltriebwagen der Baureihe X4500 Caravelle ein. Im März 2007 folgten auf Grund der Neuverkehre die Triebwagen X 4340, X4297 und X4413. Hierbei handelt es sich um Fahrzeuge, die vor wenigen Jahren noch von der SNCF moder-

Das italienische Gleisbauunternehmen Salcef wurde neben anderen Unternehmen mit der Modernisierung der Hauptstrecke Bucureşti Nord – Constanţa beauftragt. Am 16. Juni 2006 wartet eine Salcef-Diesellok (ex-FS D.341) mit einem Bauzug in Jegălia auf den nächsten Einsatz. Foto: Mircea Dorobantu.

Seit Juni 2007 bietet Regio Trans einen Schnellzugverkehr zwischen Bucure ti Nord und Braşov an. In diesen Verkehren werden modernisierte *Caravelle*-Triebwagen aus dem Bestand der SNCF (Baureihe X4300) eingesetzt. Einer der Triebwagen verlässt am 22. Juni 2007 als Schnellzug nach Braşov den Bahnhof Bucureşti Nord.

nisiert und mit einer neuen Inneneinrichtung sowie neuen Führerständen ausgerüstet wurden. Die Triebwagen werden seit Juni 2007 als Regio Trans-Schnellzug zwischen Braşov und Bucureşti Nord eingesetzt. Regio Trans übernahm im Dezember 2006 von SNCF Fret die Ellok BB 425518. Die Lokomotive soll mittelfristig im Schnellzugverkehr Braşov – Bucureşti Nord eingesetzt werden und somit die Caravelle-Triebwagen ablösen. Es ist geplant, weitere elf Lokomotiven der gleichen Baureihe von SNCF Fret zu übernehmen.
Obgleich Regio Trans mit Abstand der größte *open access operator* im Personenverkehr ist, sind zwei weitere Unternehmen in Rumänien aktiv. **Servtrans Invest S.A.** betreibt Reisezüge in der Relation Roşiori N – Coşteşti (64 km). Zum Einsatz kommen Reisezugwagen, die von einer Diesellokomotive der Baureihe 80 (ex-CFR) bespannt werden.
SC Via Terra Spedition s.r.l. gewann die Ausschreibung für den Verkehr auf der Strecke Ciumeghiu – Holod – Vaşcău (101km). Das Unternehmen übernahm den Verkehr von der CFR zum 1. Mai 2007. Bislang ist nicht bekannt, welche Fahrzeuge zum Einsatz kommen.

Güterverkehr
Am 8. September 2006 wurde ein neuer Intermodalzug zwischen Oradea und dem belgischen Genk (B) eingeführt. Der Zug verkehrt ein Mal pro Woche und wird unter dem Namen T-Rex vermarktet. Seit dem 1. Juli 2007 verkehrt das Zugpaar zwei Mal pro Woche. In Rumänien fingiert die CFR als Frachtführer, während die Züge in Ungarn von der MÁV, in Österreich von RCA, in Deutschland von Railion und in Belgien von B-Cargo gefahren werden.
CFR Marfă fährt seit dem 12. März 2007 mit eigenen Maschinen durchgehende Güterzüge von und nach Debrecen (s. Seite 391). Zunächst werden die CFR-Lokomotiven in Ungarn von MÁV-Personalen gefahren. Sobald ausreichend rumänische Triebfahrzeugführer ausgebildet sind, wird die CFR die Züge mit eigenen Personalen fahren. Im Rahmen der Neuverkehre wurde die Grenzkontrollen im ungarisch-rumänischen Grenzbahnhof Curtici (Strecke Arad – Budapest) zusammengefasst, so dass die Abfertigung um rund eine Stunde beschleunigt werden konnte.

Open access operators – Güterverkehr
Nachdem **Calea Ferată Îngustă s.r.l.** (CFI) aus dem Bestand der ÖBB im Juli 2006 bereits die Diesellokomotiven 2143 004, 010, 012 und 077 übernommen hat, folgten im Februar 2007 die Maschinen 2143 008, 014, 023 025 und 031. Die ersten beiden Lokomotiven verließen im Juni 2007 nach erfolgter Hauptuntersuchung das Marub-Werk in Braşov mit den neuen Betriebsnummern 97 53 2143 004 und 010. Auffällig ist die altmodisch anmutende grau-weiße Farbgebung. Marub hat die Lokomotiven mit neuen Fahrmotoren (Bauart Caterpillar, 1 020 kW) sowie mit einer neuen Fahrmotorsteuerung ausgerüstet. Die CFI vermietet die Lokomotiven an Dritte, so dass ein Einsatz auch außerhalb Rumäniens möglich ist, sofern die Lokomotiven eine Zulassung für das jeweilige Land besitzen. 97 53 2143 004 und 010 wurden im Juni 2007 nach Szombathely (Ungarn) überführt. Im April 2007 übernahm die CFI von der ÖBB fünf Rangierlokomotiven der Baureihe 2067 (Ordnungsnummern 023, 060, 062, 083 und 091). Die Lokomotiven sollen bei Petroutilaj in Câmpina eine Hauptuntersuchung erhalten und anschließend in Rumänien eingesetzt werden.
Das in Turnişor ansässige Stahlwerk **SC Constructii Cai Ferate** hat die vor 15 Jahren stillgelegte Strecke Selimbar – Cisnadie (6 km) für fünf Jahre von der CFR gepachtet. Die Strecke wird auf eigene Rechnung aufgearbeitet, so dass das Unternehmen dort eigene Züge fahren kann.
Grup Feroviar Roman S.A. (GFR), der größte open access operator in Rumänien, hat von der HŽ 19 ausgemusterte Elloks der Baureihe 1141 übernommen. Bereits zuvor hatte die CFR aus dem Bestand der ZŠ 19 sechsachsige Elloks der Baureihe 461 übernommen.
Servtrans Invest S.A., der zweitgrößte open access operator in Rumänien, fährt seit 2006 Stahl von Dąbrowa Górnicza Towarowa (PL) zum Mittal Steel-Werk im rumänischen Galaţi. Während Central-European Railway Transport, Trading and Service Co. (CER) in Ungarn als Frachtführer eingesetzt wird, hat Servtrans in der Slowakei Bratislavská regionálna koľajová spoločnosť a.s. (BRKS), in Tschechien die ČD und in Polen PCC Rail eingesetzt. Mit der CER und BRKS hat Serv-

Calea Feratǎ Îngustǎ s.r.l. hat von der ÖBB einige Diesellokomotiven der Baureihe 2143 übernommen, die nach erfolgter Hauptuntersuchung nun privaten EVU zur Vermietung angeboten werden. Am 1. Juni 2007 präsentieren sich 2143.010 und 2143.004 in den Farben des neuen Eigentümers im Depot Braşov dem Fotografen Silviu Darlea.

Die bei Siftrans eingestellte modernisierte Ellok 47-1001 rangiert im September 007 im Depot Arad. Die Lokomotive wurde von Softronic mit einer IGBT-Steuerung ausgerüstet. Foto: Silviu Darlea.

trans im März 2007 das Joint Venture United Railways gegründet. Das Unternehmen wird internationale Transportlösungen aus einer Hand auf dem Markt anbieten.
Softronic Craiova hat im Auftrag von **Softrans s.r.l.** die Ellok 40-0916 modernisiert. Die Lokomotive hat unter anderem eine IGBT-Steuerung erhalten und wird bei Softrans unter der Betriebsnummer 47-1001 eingesetzt. Mit der neuen Technik konnte die Leistung von 5 100 auf 7 000 kW erhöht werden. Die Lokomotive fällt durch ihre blau-orange Farbgebung auf.

Fahrzeuge

CFR Marfă beabsichtigt, von Softronic fünf Elloks der Baureihe 40 mit IGBT-Steuerung ausrüsten zu lassen. Die Lokomotiven werden bei der CFR mit den Betriebsnummern 47-001-005 geführt.
Seit Januar 2007 ist Diesellok der Baureihe JT42CWRM (*Class* 66) in Rumänien zugelassen. Zuvor war die bei HHPI in Deutschland eingesetzte *Class* 66 29 001 zu Testfahrten in Rumänien zu Gast.
Im gleichen Monat schloss EMD die Modernisierung von 59 Diesellokomotiven der Baureihen 60 (Güterversion, neu: Baureihe 65) und 62 (Personenverkehr, neu: Baureihe 63) ab. Von den alten Lokomotiven wurden nur Rahmen und Drehgestelle verwendet.
Nachdem die CFR Călători am 6. Oktober 2006 fünf elektrische Triebwagen aus dem Bestand der SNCF übernommen hat (Betriebsnummern Z6106, 6107, 6111, 6117 und 6120) und als Baureihe 58 in Betrieb genommen hat, folgten Anfang 2007 acht von der CFL übernommene Triebwagen mit den Betriebsnummern 251-256 und 261-262. Die ebenfalls als Baureihe 58 geführten Triebwagen werden auf den Strecken Cluj – Dej – Beclean pe Someş – Bistriţa, Cluj – Războieni – Teiuş – Vinţu de Jos und Bucureşti Nord – Ploieşti eingesetzt. Auf der Strecke Bucureşti Nord – Braşov wurden die Triebwagen aus den Umläufen abgezogen, da die Steigungen für die schwach motorisierten Moulinex-Triebwagen zu stark waren.
Im Oktober 2006 hat Stadler im Bahnhof Bucureşti Nord den *FLIRT*-Triebwagen RABe 521 011 (SBB) vorgestellt. Stadler erhofft sich mit dieser Marketingmaßnahme einen Auftrag von der CFR, sobald die Finanzierung neuer elektrischer Triebwagen geklärt ist.
Die CFR hat von der DB AG sechs ausgemusterte InterRegio-Wagen 1.Klasse (Bauart Aimz261.2) übernommen.

Die Inox-Triebwagen der CFR (Baureihe 58) werden seit Oktober 2006 planmäßig eingesetzt. Der Triebwagen 58 0005 (ex-SNCF Z6100) wartet am 11. Juli 2007 in Bucureşti Nord auf neue Fahrgäste. Foto: Mircea Dorobantu.

SLOWENIEN

Die Fahrgastzahlen der Slowenischen Staatsbahn Slovenske Železnice (SŽ) sind im Jahr 2006 um 2,5% auf 16 Millionen Reisende gestiegen. Im Güterverkehr konnte das Transportaufkommen um 4,3% auf 17 Millionen Tonnen (3,3 Milliarden Tonnenkilometer) gesteigert werden. Auf Grund der Steigerungen im Personen- und Güterverkehr konnte der Verlust von 13 Millionen € in 2005 auf 250 000 € in 2006 reduziert werden. Am 31. Januar 2007 hat das slowenische Parlament ein Gesetz zur Umstrukturierung des Bahnwesens ratifiziert. Bereits 2003 wurden Betrieb und Infrastruktur organisatorisch getrennt. Für die Verwaltung und Instandhaltung des Netzes ist seither die AZP verantwortlich. Da die AZP lediglich eine Verwaltungsinstanz ist, wird die SŽ mit der Ausführung von Aufgaben durch die AZP beauftragt. Im Rahmen der Reorganisation wurde die Infrastrukturverwaltung wieder der SŽ übertragen, während die Instandhaltung nun dem Verkehrsministerium obliegt. Die AZP ist in der heutigen Struktur für die Sicherheit und die Trassenvergabe verantwortlich.

Infrastruktur

Am 30. August 2006 haben Vertreter Sloweniens, Österreichs und Tschechiens einen „letter of intent" für die Modernisierung des Schienenkorridors Koper – Ljubljana – Maribor (– Graz – Linz – Praha) unterzeichnet. Für den Ausbau der Hauptstrecke Koper – Divača werden bis Januar 2009 insgesamt 43 Millionen € bereitgestellt. Ein Großteil der Mittel fließt in die Erneuerung der Signal- und Sicherheitseinrichtungen, so dass die Durchlässigkeit der Strecke erhöht werden kann. Darüber hinaus werden die Abstellmöglichkeiten in Divača, Koper und Hrpelje Kozina erweitert werden. Da die eingleisige und steigungsreiche Strecke kaum zusätzliche Trassen für das gestiegene Güterverkehrsaufkommen vom und zum Hafen von Koper bietet, denkt man bereits seit Jahren über eine Neubaustrecke nach. Ersten Plänen zu Folge war eine neue eingleisige Strecke geplant, die größtenteils unterirdisch verlaufen sollte. Zwischenzeitlich wird jedoch eine zweigleisige Neubaustrecke favorisiert.
Im Dezember 2006 wurden die Arbeiten zur Modernisierung der Strecke Pragersko – Ormož aufgenommen. Bis 2008 werden Oberbau und Signaltechnik erneuert. Bis 2012 soll die gesamte Strecke bis zum slowenisch-ungarischen Grenzbahnhof Hodoš modernisiert und elektrifiziert werden.

Güterverkehr

Seit 16. April 2007 betreibt die deutsche Kombiverkehr einen neuen Containershuttle Koper – Jesenice – München, der dreimal pro Woche angeboten wird. In Slowenien werden diese Züge von der SŽ gefahren, zwischen Jesenice und München obliegt die Traktion der deutschen Lokomotion-Gesellschaft für Schienentraktion mbH.
Unter der Schirmherrschaft der EU wurde das Singer-Projekt (Slovenian intermodal Gateway to European Rail) lanciert. Ziel des Projektes ist die Verlagerung des Güterverkehrs von der Straße auf die Schiene. Mit dem Beitritt Sloweniens zur EU im Jahr 2004 brach der Intermodalverkehr auf der Schiene von und nach Koper nahezu vollständig ein, da der LKW-Verkehr für viele Unternehmer die wirtschaftlichste Variante darstellt. Die Folge: kilometerlange Staus und eine erhebliche Umweltbelastung durch den Schwerlastverkehr. Das Singer-Projekt favorisiert einen unbegleiteten Intermodalverkehr auf der Schiene. Bis einschließlich 2008 werden insgesamt 17 Millionen € als Betriebskostenzuschuss für neue Schienenverkehre bereit gestellt.
Obgleich das slowenische Netz auch *open access*-Anbietern im Güterverkehr zugänglich ist, hat der Hausherr SŽ bislang noch keinen Wettbewerber zu fürchten. Dieser Zustand wird jedoch nicht lange anhalten, da bereits in 2007 vier ausländische EVU bei der AZP eine Lizenz beantragt haben. Hierbei handelt es sich um drei Unternehmen aus Österreich sowie ein EVU aus Italien. Die Namen wollte AZP bislang noch nicht bekannt geben. Experten gehen davon aus, dass die neuen Betreibergesellschaften vorwiegend Intermodalverkehre von und nach Koper anbieten werden.

Fahrzeuge

Am 25. Mai 2007 lieferte Siemens die letzte von insgesamt 20 Elloks der Baureihe 541 an die SŽ. Eine zweite Serie von insgesamt zwölf Lokomotiven wurde im September 2007 bei Siemens bestellt.

Die Strecke Pragersko – Ormož wird modernisiert. In diesem Zusammenhang wird das alte Einfahrtsignal von Ormož durch ein modernes Lichtsignal ersetzt. Am 3. September 2007 verlässt die SŽ-Diesellok 644 022 mit einem Güterzug den Bahnhof Ormož. Foto: Karl Arne Richter.

Die Neubaulokomotiven der Baureihe 541 werden vorwiegend auf der für den Güterverkehr wichtigen Hauptstrecke nach Koper eingesetzt. Am 27. Juni 2007 müht sich 541 102 mit einem Containerzug nach Koper bei Podpeč durch die schwierige Topografie der Landschaft.

Die Lokomotiven der Baureihe 541 werden seit dem 10. Dezember 2006 sowohl in Slowenien als auch im grenzüberschreitenden Verkehr mit Österreich eingesetzt. Bespannt werden Personen- und Güterzüge. Bislang ist ein Einsatz der SŽ-Loks in Österreich auf den Grenzbahnhof Villach begrenzt. Ausnahme ist aktuell ein täglich verkehrender Kohleganzzug Koper – Linz, der durchgehend von einer Maschine der Baureihe 541 bespannt wird. Die österreichischen Schwestermaschinen der Baureihe 1216 werden im Gegenzug im grenzüberschreitenden Verkehr mit Slowenien eingesetzt (s. Seite 404). Mit einer Motorleistung von 6 400 kW erreicht eine Lok der Baureihe 541 eine Höchstgeschwindigkeit von 200 km/h. Die Viersystemlokomotiven sind für 1500 und 3000 V Gleichstrom sowie für 15 und 25 kV Wechselstrom ausgerüstet. Die Lokomotiven mit den Ordnungsnummer 001-010 sind mit den Zugsicherungssystemen für Slowenien, Kroatien, Österreich und Deutschland ausgerüstet, während die Lokomotiven mit den Ordnungsnummern 101-110 zusätzlich über die Zugsicherungseinrichtungen für Italien und Ungarn verfügen. Eine Zulassung für die letztgenannten Länder war für Herbst 2007 angestrebt. Mit einer Zulassung für Italien sollen die SŽ-Loks der Baureihe 362 im Güterverkehr zwischen Zalog und Cervignano (I) ersetzt werden. Mit der Auslieferung der 30 elektrischen *Desiro*-Triebwagen der Baureihe 312/317 in den Jahren 2000/2001 konnte ein Großteil der Baureihe 311/315 (*Gomulka*) ausgemustert werden. Im Bestand sind lediglich noch sechs Triebwagen, die in den Verkehrsspitzen im Großraum Ljubljana eingesetzt werden. Um die letzten Vertreter dieser Baureihe zu ersetzen sowie den Bedarf an elektrischen Triebwagen für die Strecke Pragersko – Hodoš zu decken, beabsichtigt die SŽ, 20 elektrische Neubautriebwagen zu bestellen, die zwischen 2009 und 2012 ausgeliefert werden sollen. Anfang Juli 2007 präsentierte Stadler einen *FLIRT*-Triebwagen der Baureihe RABe 524 (Version Tilo) in Ljubljana, während Alstom im März 2007 einen *Minuetto*-Triebwagen der Baureihe ALe.502 (Version Trenitalia) vorstellte. Stadler und Alstom bewerben sich mit diesen Modellen um den Zuschlag, während Siemens mit dem elektrischen Talent ins Rennen geht.

Mit der Indienststellung der Baureihe 541 wurden die Altbaulokomotiven der Baureihe 362 aus zahlreichen Verkehren verdrängt. Am 26. Juni 2007 ist 362 023 mit EC 151 *Emona* Wien – Ljubljana im Tal der Sava bei Trbovlje unterwegs.

KROATIEN

Die Kroatische Staatsbahn Hrvatska Željeznice (HŽ) konnte das Geschäftsjahr 2006 mit einem Gewinn von 27 Millionen € abschließen. Dieses Ergebnis ist zum einen auf Kostenreduzierungen vor allem im Personalbereich zurückzuführen. Darüber hinaus konnte das Verkehrswachstum im Schienenverkehr erheblich zu dem positiven Ergebnis beitragen. Die Fahrgastzahlen konnten in 2006 um 16% auf 46 Millionen Reisende gesteigert werden. Die Beförderungsleistung lag mit 1,36 Milliarden Personenkilometern um 8,1% über dem Wert des Vorjahres. Die Transportleistung im Güterverkehr konnte 16,6% auf 3,3 Milliarden Tonnenkilometer gesteigert werden.
Im April 2007 haben HŽ und die Deutsche Bahn ein Abkommen über eine intensivere Zusammenarbeit geschlossen. Die Deutsche Bahn wird der HŽ als Berater beim Ausbau des Güterverkehrs, im Marketing und bei der Ausbildung zur Seite stehen.
Im Rahmen der weiteren Liberalisierung wurden im Dezember 2006 unterhalb der HŽ Holding vier neue Tochtergesellschaften gegründet, die für die Bereiche Personenverkehr, Güterverkehr, Traktion und Infrastruktur verantwortlich sind. Die Kroatische Regierung hat ein Investitionsprogramm für die Jahre 2007 bis 2012 erstellt, das Investitionen in Höhe von 9,6 Milliarden Kuna (1,3 Milliarden €) für den Ausbau und die Modernisierung des Netzes vorsieht.

Infrastruktur
Am 20. November 2006 wurde die wieder aufgebaute Donaubrücke zwischen Erdut und Bogojevo (Serbien) im Zuge der Strecke Vinkovci – Subotica (Serbien) dem Betrieb übergeben. Die Brücke wurde im Zuge der Kriegshandlungen zwischen Serbien und Kroatien schwer beschädigt. Planmäßiger Betrieb war bisher aber nicht zu verzeichnen. Zum 1. Dezember 2006 wurde der elektrische Zugbetrieb zwischen Strizivojna-Vrpolje, Slavonski Šamac und der Grenze zu Bosnien-Herzegowina aufgenommen. Die Fahrleitung wurde während des Bürgerkriegs in den Neunziger Jahren schwer beschädigt und musste daher bis zum Wiederaufbau abgeschaltet werden. Die Strecke Osijek – Vinkovci (33 km) wird wieder aufgebaut. Seit 1998 wird lediglich der Abschnitt Osijek – Brijest als Anschluss für den Güterverkehr genutzt. Die Arbeiten konnten am 7. Mai 2007 aufgenommen werden, die erste durchgehende Befahrung des neuen Streckengleises fand am 3. April 2008 statt.
Die HŽ hat das Ingenieurbüro IGH im Mai 2006 mit der Ausarbeitung eines Konzeptes zum Bau einer Neubaustrecke Karlovac – Rijeka (121 km) beauftragt. Parallel soll die Strecke Karlovac – Zagreb – Koprivnica – Botovo (– Ungarn) (148 km) modernisiert werden. Die Arbeiten sollen bereits Ende 2007 aufgenommen werden. Anfang 2007 wurde das Bauvorhaben mit einem Auftragswert von 15 Milliarden Kuna (2 Milliarden €) ausgeschrieben. Das Projekt soll 2014 abgeschlossen sein. Zu diesem Zeitpunkt wird die heutige Strecke weitestgehend überflüssig. Die Reisezeit zwischen der Hauptstadt Zagreb und der Hafenstadt Rijeka wird sich von heute 3 Stunden 45 Minuten auf weniger als eine Stunde reduzieren. Die Zeitersparnis resultiert vor allem aus der begradigten Streckenführung, die zum Teil im Tunnel ausgeführt ist. Der Ausbau dient vor allem dem Güterverkehr und der somit verbesserten Anbindung des Hafens von Rijeka. Die Streckenkapazität soll von heute 5 Millionen auf 25 Millionen Tonnen ausgebaut werden.
Nachdem im Juni 2006 die Arbeiten zur Modernisierung der stillgelegten Strecke Savski Marof – Kumrovec – Imeno (Slowenien) aufgenommen wurden, konnte bereits zum 29. September 2006 die Elektrifizierung (25kV) des Abschnitts Savski Marof – Sutla fertig gestellt werden. Der elektrische Zugbetrieb wurde am 10. Dezember 2006 mit einem Vorortverkehr Zagreb – Sutla aufgenommen. Die Inbetriebnahme des Abschnitts Sutla – Kumrovec musste bislang verschoben werden. Dabei sollen die ersten vier Kilometer bis Vukovo Velo elektrifiziert werden, so dass der Vorortverkehr von und nach Zagreb durchgebunden werden kann. Zwischen Vukovo Velo und Kumrovec soll mit Dieseltriebwagen gefahren werden – allerdings liegen Teilstücke zwischen Harmica und Vukovo Selo auf slowenischem Territorium. Wegen Differenzen liegen die Arbeiten brach.

Nachdem der Neubau der Strecke Karlovac – Rijeka beschlossen ist, sind die Tage der alten eingleisigen Bergstrecke über Moravice gezählt. Am 16. Juni 2006 mühen sich 1061 102 und eine unbekannte Schwestermaschine mit einem Kohlezug von Rijeka kommend bei Meja landeinwärts.

Personenverkehr

Am 10. Dezember 2006 wurden folgende Fahrplanänderungen wirksam:

- Der Vorortverkehr zwischen Kaštel Stari und Split wurde um täglich sieben Zugpaare ausgebaut. Zum Einsatz kommen Dieseltriebwagen der Baureihe 7122.
- Die Vorortzüge Zagreb – Dobova wurden bis Sutla durchgebunden. Zum Einsatz kommen elektrische Triebwagen der Baureihe 6111.
- Einer der drei ICN-Züge Zagreb – Split, die mit Neigetechnik-Triebwagen der Baureihe 7123 gefahren werden, verkehrt künftig nur noch in der Hauptsaison. Ein Triebwagen der Baureihe 7123 wurde bei einem schweren Unfall am 24. November 2006 auf der Fahrt von Zagreb nach Split südlich von Knin beschädigt. Der Triebwagen kollidierte an einem unbeschrankten Bahnübergang mit einem LKW. Bei dem Unfall waren ein Toter und zwei Schwerverletzte zu beklagen. Der Triebwagen ist seitdem abgestellt.
- Die internationalen Züge 158/159 *Croatia* Zagreb – Wien Süd und 212/213 *Mimara* Zagreb – Villach (– München) wurden zu EuroCity-Zügen aufgewertet. Der EC 52/53 *Goldoni* Budapest – Zagreb – Ljubljana – Venezia musste diesen Status einbüßen und verkehrte im Fahrplanjahr 2007 als IC 1252/1253 im Zeitraum 23. Juni bis 2. September 2007. In der übrigen Zeit wird das Zugpaar IC 200/201 *Kvarner* Budapest – Zagreb angeboten. Das Nachtzugpaar B 258/259 Sarajevo – Budapest verkehrt neu als Tagesverbindung.
- Am 16. April 2007 wurden ein neuer Nachtzug Zagreb – Sarajevo und ein neuer IC 1552/1553 Orljava Zagreb – Požega (Serbien) eingeführt. Der InterCity wird aus einem Neigetechnik-Triebwagen der Baureihe 7123 gebildet und ist zwischen Nova Kapela-Batrina und Zagreb mit IC 550/551 Slavonija vereint.

Güterverkehr
Auf Grund der schlechten Auslastung hat die HŽ im Dezember 2006 die Rollende Landstrasse Spacva – Vinkovci – Zagreb – Ljubljana aufgegeben.

Fahrzeuge
Am 7. Mai 2007 hat die HŽ die Fahrzeugindustrie zur Abgabe eines Angebotes über die Lieferung von 15 vierachsigen Dreisystem-Lokomotiven aufgefordert, die für 3000 V, 15 und 25kV vorgesehen sind. Die Lokomotiven sollen im internationalen Verkehr nach Slowenien (3000 V) und Ungarn (25 kV) sowie im durchgehenden Verkehr auf der Strecke Zagreb – Moravice – Rijeka (3000 V bzw. 15kV) eingesetzt werden. Bombardier bietet im Rahmen der Ausschreibung ein Modell auf Basis der TRAXX-Serie an, während Siemens sich mit einem *Taurus*-Entwurf bewirbt, der kürzlich an die SŽ (Baureihe 541) und die ÖBB (Baureihe 1216) geliefert wurde.
Die HŽ hat 19 im Krieg beschädigte und seitdem abgestellte Elloks der Baureihe 1141 an die rumänische *open access*-Gesellschaft Grup Feroviar Roman S. A. (GFR) verkauft. Die Maschinen verließen Kroatien zwischen Juli und September 2006. Im Bestand der HŽ befinden sich 25 Elloks der Baureihe 1141.0, zehn Maschinen der Baureihe 1141.1, 17 Lokomotiven der Baureihe 1141.2 und 14 Maschinen der Baureihe 1141.3. Insgesamt stehen 68 Lokomotiven dem Betriebsdienst zur Verfügung.

BOSNIEN-HERZEGOVINA

Die in Bosnien-Herzogovina operierenden Eisenbahngesellschaften Željeznice Federacije Bosne i Herzegovine (ŽFBH) und Željeznice Republike Srpske (ŽRS) konnten in 2006 erneut eine Steigerung im Personenverkehr verzeichnen. Die ŽFBH konnte die Verkehrsleistung um 33% auf 30 Millionen Personenkilometer steigern, während die ŽRS ein Wachstum um 4,1% auf 36 Millionen Personenkilometer ausweisen konnte. Im Güterverkehr war die Entwicklung weniger positiv. Die Transportleistung ging bei der ŽFBH um 10,5% auf 682 Millionen Tonnenkilometer, bei der ŽRS um 1% auf 407 Millionen Tonnenkilometer zurück.
Zum 10. Dezember 2006 wurde das Nachtzugpaar B 258/259 Sarajevo – Budapest in einen Tageszug umgewandelt. Am 16. April 2007 wurde ein neuer Nachtzug Sarajevo – Zagreb eingeführt, der in Doboj Anschluss an den Nachtzug von/nach Beograd hat. Zum 9. Dezember 2007 soll der Personenverkehr Ploče – Metkovic (HŽ) bis in das bosnische Mostar verlängert werden.
Die Ausschreibung für eine Revision von sechs Elektrolokomotiven der ŽFBH-Baureihe 441 konnte das Werk DPOV Přerov der Tschechischen Staatsbahn (ČD) für sich entscheiden. Die Lokomotiven sind seit den Bürgerkriegsunruhen in den Neunziger Jahren mit erheblichen Schäden abgestellt. Im April 2007 wurden die Lokomotiven nach Tschechien überführt. Im Bestand der ŽFBH befinden sich aktuell 48 Elloks der Baureihe 441.
Die bei Patentes Talgo SA bestellten neun Talgo-Garnituren sollen zwischen 2010 und 2011 ausgeliefert werden. Die vier Liege- und Schlafwagenzüge werden zuerst übergeben, anschließend folgen die fünf Tageszüge. Die Finanzierung der Fahrzeuge erfolgte mit Mitteln eines spanischen Geldinstitutes.

SERBIEN

Die Staatsbahn der Republik Serbien Železnice Srbje (ŽS) konnte die Fahrgastzahlen im Jahr 2006 um 4,9% auf 14,1 Millionen Reisende steigern. Im Güterverkehr lag die Verkehrsleistung mit 4,2 Milliarden Tonnenkilometern um 21,5% über dem Wert des Vorjahres. Am 15. September 2006 wurde die 1999 im Rahmen der Kriegseinwirkungen zerstörte Eisenbahnbrücke über die Sava bei Ostružnica wieder in Betrieb genommen. Die Brücke liegt an der westlichen Tangente der Hauptstadt Belgrad. Mit dem Wiederaufbau können Güterzüge direkt an Belgrad vorbei geführt werden. Am 20. November 2006 wurde die Donaubrücke zwischen Bogojevo und Erdut (Kroatien) im Zuge der Strecke Subotica – Vinkovci (Kroatien) wieder in Betrieb genommen. Der Wiederaufbau wurde zum Teil aus Mitteln der Regierungen von Norwegen und Belgien finanziert. Bislang ist nur Güterverkehr über diesen Übergang vorgesehen, fand bisher aber praktisch nicht statt.
Die Hauptstrecke Niš – Dimitrovgrad (– Kalotina, BDŽ) wird derzeit elektrifiziert und ist während der Modernisierungsarbeiten zeitweise für den Gesamtverkehr gesperrt. Die Arbeiten umfassen auch eine Erneuerung der Brückenbauwerke. Teilabschnitte mit einer Gesamtlänge von 59 km werden neu trassiert, während auf den verbleibenden 41 km der Oberbau erneuert wird. Die Strecke soll Ende 2008 nach Abschluss der Elektrifizierungsarbeiten (25 kV) dem Betrieb übergeben werden.
Auf Grund des schlechten Oberbaus musste die Strecke Stalać – Kraljevo im Mai 2007 stillgelegt werden. Das Zugpaar Niš – Bar (ŽCG) wird seitdem über Lapovo und Kragujevac umgeleitet.

Personenverkehr
Im Sommer 2007 wurden dem Zugpaar D 335/334 Hellas Express Beograd – Thessaloníki erstmals Autotransportwagen beigestellt. Gleiches gilt für das Zugpaar D 292/293 Beograd - Varna (Bulgarien).
Im Laufe des Jahres 2006 wurde der Personenverkehr auf den Nebenstrecken Šabac – Zvornik (Bosnien) und Zrenjanin – Vršac – Bela Crkva eingestellt.

Güterverkehr
In Kooperation mit der ŽCG fährt die ŽS seit Dezember 2006 zwei Mal pro Woche einen Containerzug in der Relation Beograd – Bar.

Fahrzeuge
Die ŽS-Ellok 441-707 hat im April 2007 bei der slowakischen ŽOS Vrútky eine Hauptuntersuchung erhalten, nachdem zwischen Juli 2006 und Februar 2007 bereits vier Schwesterlokomotiven dortselbst einer Revision unterzogen wurden. Die ŽS beabsichtigt, zehn Mehrsystem-Lokomotiven für den Einsatz im internationalen Güterverkehr zu beschaffen.
Die zehn zwischen 2005 und 2006 aus Schweden übernommenen Dieseltriebwagen der Baureihe Y1 (ŽS-Baureihe 710) sind aktuell in Zaječar (6) und Kraljevo (4) beheimatet. Ihr Einsatz erfolgt im Regionalverkehr auf den Strecken Lapovo – Kraljevo – Čačak, Kraljevo – Požega, Niš – Prahovo und Zaječar – Majdanpek.

Kosovo
In der Autonomen Serbischen Provinz Kosovo ist ein Bahnunternehmen der UN-Friedensmission UNMIK aktiv, das seit Anfang 2006 den Namen Kosovo Railways J.S.C./Hekurudhat e Kosovës Sh.A./Kosovske Železnice D.D. trägt. Ferner soll ein InterCity Skopje – Kosovo Polje – Beograd angeboten werden. Seit Dezember 2006 werden zwischen Skopje und Priština zwei Intercitys angeboten. Somit ist das Kosovo erstmals wieder per Bahn an die Ehemalige Jugoslawische Republik Mazedonien angeschlossen. Zum Einsatz kommen unter anderem ehemalige SJ-Wagen, die von einer der insgesamt vier NoHAB-Diesellokomotiven der Baureihe Di.3 (ex-NSB) bespannt werden. Von den vier Di.3 sind jedoch lediglich zwei Lokomotiven betriebsbereit. Die MŽ setzt bis zum Grenzbahnhof Đeneral Jankovic/Han i Elezit Diesellokomotiven der Baureihe 661 ein.
Wiederaufgenommen wurde der Personenverkehr nach Peć/Peje; je ein Schnell- und ein Lokalzugpaar von Kosove Polje/Fushë Kosovë werden mit den gebrauchten Triebwagen aus Schweden (Y 1) gefahren, von denen die KŽ/HeK im Jahr 2007 vier Stück erworben hat.

MONTENEGRO

Die Montenegrinische Staatsbahn Železnice Crne Gore (ŽCG) arbeitet intensiv an der Modernisierung und Elektrifizierung der Strecke Podgorica – Nikšič. Der erste Abschnitt Podgorica – Spuž wird im Dezember 2007 dem Betrieb übergeben. Die Arbeiten sollen bis 2009 abgeschlossen sein.
Zum Juli 2006 sollte gemäß einer im Mai 2006 getroffenen Vereinbarung zwischen den Verkehrsministern von Montenegro und Albanien der Personenverkehr auf der Strecke Podgorica – Tuzi (ZCG) – Bajzie (HSH) – Shkodër wieder aufgenommen werden. Es war beabsichtigt, täglich zwei Zugpaare anzubieten. Bislang wurden die Züge jedoch nicht in verkehr gesetzt.
Die Firma Reloc im rumänischen Craiova modernisiert zwei Elektrolokomotiven der Baureihe 461. Die ŽCG verfügt über 16 dieser sechsachsigen Lokomotiven, die von Electroputere in Rumänien nach einer Lizenz der schwedischen ASEA gebaut wurden.

EHEMALIGE JUGOSLAWISCHE REPUBLIK MAZEDONIEN

Auf Grund von Unruhen zwischen Albanern und mazedonischer Bevölkerung hat die Staatsbahn der Ehemaligen Jugoslawischen Republik Mazedonien Makedonski Železnici (MŽ) auf der Strecke Skopje – Gostivar – Kičevo über mehrere Jahre keinen Zugbetrieb durchgeführt. Im August 2006 wurde der Personenverkehr zunächst versuchsweise mit drei Zugpaaren pro Tag wieder aufgenommen. Zum Einsatz kommen unter anderem Dieseltriebwagen der Baureihe 712. Der ausschließlich an Wochenenden angebotene Personenverkehr Skopje – Titov Veles – Kočani wurde am 10. Dezember 2006 mangels geeigneter Fahrzeuge eingestellt. Gleiches gilt für einzelne Zugpaare des Binnenverkehrs auf der Hauptstrecke Tabanovci – Skopje – Gevgelija.
Neu aufgenommen wurde ein Nachtzug in der Relation Skopje – Kraljevo – Bar (Montenegro), der ausschließlich aus Liegewagen gebildet wird. Ebenfalls neu angeboten werden zwei Intercitys in der Relation Skopje – Priština (Kosovo). Auf dieser Relation handelt es sich um die ersten Reisezüge seit der Einstellung des Personenverkehrs in 1999.

BULGARIEN

Im Jahr 2006 beförderte die Bulgarische Staatsbahn Bulgarski Durzhavni Zheleznitsi (BDŽ) 34,65 Millionen Reisende, was einem Plus von 2,7 % im Vergleich zum Vorjahr entspricht. Im Güterverkehr konnte die Verkehrsleistung um 4,7 % auf 5,22 Milliarden Tonnenkilometern ausgebaut werden. Die Bulgarische Regierung hat zum 1. Januar 2007 die Aufgliederung der BDŽ umgesetzt. Der bisherigen Organisation, die nun in eine Holding umgewandelt wurde, sind nun vier eigenständige Gesellschaften angegliedert, die jeweils für den Personen- und Güterverkehr, Traktion und Infrastruktur verantwortlich sind. Der Infrastruktur unterstehen neben der Netzverantwortung auch die Energieversorgung, Telekommunikation, Verkehrsleitung und Trassenmanagement. Am 18. September 2006 unterzeichneten die BDŽ und die Deutsche Bahn AG einen Kooperationsvertrag. Die DB wird im Rahmen dieser Kooperation Beratungsleistungen für die BDŽ erbringen. Darüber hinaus beabsichtigen die Bahnverwaltungen, direkte Reisezüge zwischen den beiden Ländern einzuführen. Auf Grund des Zustroms von Bulgaren nach Westeuropa erwarten die Unternehmen in diesem Markt erhebliche Potenziale.

Infrastruktur

Am 13. Mai 2007 begann der Bau einer zweiten Straßen-/Schienenbrücke über die Donau zwischen Bulgarien und Rumänien. Das 1 971 Meter lange Bauwerk wird die bulgarische Stadt Vidin mit dem rumänischen Calafat verbinden. Einzige derzeitige Donauquerung ist die Eisenbahnbrücke zwischen Ruse und Giurgiu (Rumänien). Die neue Brücke, deren Fertigstellung für 2010 geplant ist, soll die heutige Fährverbindung über die Donau ersetzen, die nur ein Mal täglich verkehrt und als reine Autofähre ausgelegt ist. Die Brücke wird nach Plänen der spanischen FCC gebaut. Um das Bauwerk an die heutige Infrastruktur anzubinden, muss eine 15 km lange Neubaustrecke gebaut werden. Die daran anschließende elektrifizierte Bahnstrecke Vidin – Mezdra – Sofia soll bis Mitte 2009 modernisiert werden. Die Pläne für eine dritte Straßen-/Schienenbrücke über die Donau zwischen Bulgarien und Rumänien liegen ebenfalls bereit. Dieses Bauwerk sollte zwischen Silistra und Calarasi entstehen.
Die Modernisierung und Elektrifizierung der Strecke Plovdiv – Svilengrad (– Türkei) schreitet voran. 2008 soll das erste Teilstück zwischen Krumovo und Parvomai in Betrieb genommen werden. Im Jahr 2009 folgt nach den derzeitigen Plänen der Abschnitt von Parvonai zur türkischen Grenze. Die Bulgarische Regierung hat den Bau des ersten intermodalen Terminals des Landes gebilligt, das bei Sofia entstehen soll. Die Arbeiten sollten noch im Jahr 2007 aufgenommen worden sein. Mit der Fertigstellung wird bis zum Jahr 2009 gerechnet.

Personenverkehr

Die Verkehrsminister Bulgariens und Rumäniens haben sich auf die Einführung eines Regionalverkehrs Ruse – Giurgiu – Videle – Bucuresti verständigt. Die Züge sollen aus bulgarischen oder rumänischen Desiro-Triebwagen gebildet werden. Zum Fahrplanwechsel im Dezember 2007 wurden diese Züge allerdings noch nicht in Verkehr gesetzt.
Diskutiert wird derzeit über die Wiederaufnahme des Personenverkehrs auf der Strecke von Nova Zagora nach Simeonovgrad.

Güterverkehr

Die BDŽ hat als versuchsweise einen Hausmüllzug in der Relation Sofia – Kremikovtzi gefahren. Da die Probeverkehre sehr erfolgreich verliefern, sollen die Ganzzüge ab 2008 regelmäßig Hausmüll von Sofia nach Karlovo und Plovdiv bringen.

Güterverkehr – open access operators

Nach **Logistic Center Romania/Bulgaria Srl** (LCRB), **Bulmarket DM** und der Bulgarian Railway Company AD (**Bulgarska Železoptna kompania** – BŽK, Teil der rumänischen Grup Feroviar Roman), die bereits zuvor eine Zulassung für das bulgarische Schienennetz erhalten hatten (siehe Jahrbuch 2007), hat nun die **Global Rail Trans AD** (Teil des Stahlkonzerns Kremikovtzi, der wieder-

um zu Mittal Steel gehört) eine Zulassung als EVU in Bulgarien beantragt. Man geht von einer Zulassung im Jahr 2008 aus.
Die LCRB hat für ihre Verkehre in Bulgarien Bedarf an Elektrolokomotiven. Zu diesem Zweck hat das Unternehmen aus dem Bestand der DSB im Jahr 2007 sechs Lokomotiven der Reihe EA (3002, 3003, 3005, 3006, 3008 und 3009) übernommen. Henschel/Scandia hat diese Lokomotiven ab 1984 an die DSB geliefert. Während die 3008 als Ersatzteilspender dient, wurden die fünf Schwesterlokomotiven im DSB-Werk København überholt, bevor sie im Juli 2007 ihre Reise in den Osten angetreten haben. Die Lokomotiven können in Bulgarien eingesetzt werden, da sie für 25 kV ausgerüstet sind.
Seit dem 28. Februar 2007 ist für die LCRB im Bahnhof Pirdop die ehemalige Railion-Lokomotive 171 008 abgestellt. Von den ursprünglich elf bis Dezember 2004 auf der mit 25 kV elektrifizierten Rübelandbahn eingesetzten Lokomotiven hat Railion acht Exemplare für die bulgarische Tochter LCRB reserviert. Da die LCRB nach wie vor nicht für das gesamte Netz in Bulgarien zugelassen ist, beschränkt sich der Einsatz der Lokomotiven derzeit bestenfalls auf den Bahnhofsbereich von Pirdop, wo die LCRB für eine Kupfermine den Gesamtverkehr auf einer Anschlussbahn durchführt.
BŽK hat von Porterbrook Leasing die englischen Elloks *Class* 87 012 und 87 019 übernommen. Die Lokomotiven wurden im März 2007 nach Bulgarien überführt. Die BŽK beabsichtigt, weitere neun *Class* 87 über Porterbrook anzumieten. Die Lokomotiven wurden in Großbritannien zuletzt von Virgin Trains auf der WestCoastMainline eingesetzt. BR Crewe/GEC lieferten in den Jahren 1973/74 insgesamt 35 Exemplare dieser Baureihe an die damalige British Rail. Mit Auslieferung der *Class* 390 Virgin Pendolino-Triebwagen konnten die Elektrolokomotiven in Großbritannien abgestellt werden. Unter der Regie von BŽK sollen die *Class* 87 im rumänisch-bulgarischen Grenzbahnhof Ruse Güterzugleistungen übernehmen.

Fahrzeuge

Bei den Elloks der Reihen 44 (89 Stück) und 45 (60 Stück), die in den Achtziger Jahren von Škoda

Bulmarket DM übernahm von der DSB sechs Elloks der Baureihe EA. Am 21. Mai 2007 warten die für Bulgarien bestimmten EA 3005 und 3006 im DSB-Werk København auf die Abreise. Die Lokomotiven tragen bereits deutliche Zeichen der Abstellung. Foto: Allan Støvring-Nielsen.

Die BDZ ist eine der osteuropäischen Eisenbahngesellschaften, die zahlreiche Reisezugwagen aus dem Bestand der Deutschen Bahn übernommen hat. Mit einer Garnitur *Halberstädter* wartet die modernisierte 44.001 am 10. März 2007 im Hauptbahnhof von Sofia auf den Abfahrauftrag. Foto: John Krijgsman.

(Tschechien) geliefert wurden, musste im Jahr 2002 die zulässige Höchstgeschwindigkeit auf 100 km/h herabgesetzt werden. Zu diesem Zeitpunkt hatte man Haarrisse an den Radreifen der Maschinen festgestellt. Diese Mängel konnten zwischenzeitlich behoben werden, sodass die Lokomotiven wieder mit 130 bzw. 110 km/h eingesetzt werden.
Im November 2006 hat die BDŽ mit BDŽ-Končar (Sofia) eine Vereinbarung über die Modernisierung von zwölf Elloks der Baureihe 46 geschlossen. Zuvor wurden bereits acht Lokomotiven dieser Baureihe bei Rade Končar in Zagreb modernisiert. Die Maschinen werden als Baureihe 46.2 in den Bestandslisten geführt. BDŽ-Končar ist ein Joint Venture, das 2006 gegründet wurde, um von den im Vergleich zu Kroatien niedrigeren Lohnkosten profitieren zu können.
Die Versuchsfahrten mit dem Dispolok-*Taurus* ES 64 U2-061 in Bulgarien konnten nicht wie geplant durchgeführt werden, da sich die Vertragsparteien nicht über die Versicherungsprämien einigen konnten, die nicht im Mietpreis eingeschlossen waren. Im September 2007 war die Lokomotive schließlich im Einsatz zu beobachten.
Im Dezember 2007 hat Siemens den ersten elektrischen *Desiro*-Triebwagen der Reihe 9452 an die BDŽ geliefert. Insgesamt wurden 15 drei- und zehn vierteilige Triebwagen bestellt. Die Triebwagen haben eine Leistung von 2 000 kW und erreichen eine Höchstgeschwindigkeit von 160 km/h. Die dreiteiligen Garnituren verfügen über 190 Sitzplätze, die vierteiligen Triebwagen über 254 Sitzplätze. Die Neubaufahrzeuge werden in Varna beheimatet. Die BDŽ hat die Fahrzeugindustrie zur Abgabe eines Angebotes über die Modernisierung von 30 Diesellokomotiven der Baureihe 07 aufgefordert, die in den Siebziger Jahren von der ukrainischen Fahrzeugschmiede Lugansk geliefert wurden.
Die BDŽ will über einen Zwischenhändler 100 Einheitswagen I aus dem Bestand der SBB anmieten. Damit soll der derzeitige Mangel an Reisezugwagen ausgeglichen werden. Der Mietbeginn ist derzeit noch unklar. Aus dem Bestand der DB AG wurden 40 InterCity-Wagen übernommen. Die ersten Wagen trafen im Sommer 2007 in Bulgarien ein. Ihr Einsatz erfolgt im hochwertigen Schnellzugdienst, bislang in den Zügen *Tschaika* (Sofia – Burgas) und *Diana* (Sofia – Jambol), da die Wagen für eine Höchstgeschwindigkeit von 200 km/h zugelassen sind.

GRIECHENLAND

Die Umstrukturierung der Griechischen Staatsbahn Organismos Sidirodromon Ellados (OΣE) zur Erfüllung der EU-Richtlinien 2001/12, 2001/13 und 2001/14, die unter anderem eine strikte organisatorische Trennung von Infrastruktur und Betrieb vorschreiben, konnte in 2006 nicht umgesetzt werden, sondern erst zum 20. Januar 2007. An diesem Tag wurde die bisherige OΣE in eine Holding umgewandelt, die in EDISY S.A. (verantwortlich für Instandhaltung und Betrieb der Bahninfrastruktur) und TrainOΣE S.A. (verantwortlich für den Personen- und Güterverkehr) gegliedert ist. Proastiakos S.A., verantwortlich für den Athener Vorortverkehr, ist im April 2007 in der TrainOΣE S.A. aufgegangen.
2006 stagnierte die Verkehrsleistung der OΣE. Es wurden zehn Millionen Fahrgäste befördert, was einer Steigerung von nur 0,5% gegenüber dem Vorjahr entspricht. Der Güterverkehr hingegen konnte die Transportleistung im Jahr 2006 um 15,6% zu auf 3,5 Millionen Tonnen ausbauen. Betrachtet man die Transportleistung jedoch in Tonnenkilometern, so ist ein Rückgang um 2,6% auf 22,2 Millionen Tonnenkilometer zu verzeichnen.

Infrastruktur
Am 29. August 2007 verkehrte erstmals ein elektrischer Zug zwischen Thessaloníki und Litochoro (Hauptstrecke nach Athen). Am 11. September 2007 wurde auf dieser Strecke ein Vorortverkehr mit elektrischen *Desiro*-Triebwagen der Baureihe 460 eingerichtet. Somit ist das erste Teilstück der Hauptstrecke Athen – Thessaloniki elektrisch befahrbar. Die Verlängerung des elektrischen Zugbetriebs von Litochoro in Richtung Süden ist bis zur Elektrifizierung der im Jahr 2003 in Betrieb genommenen Neubaustrecke Evangelismos – Leptokaria nicht möglich. Die Baumaßnahmen wurden jedoch bereits beschlossen, so dass mit der Aufnahme des elektrischen Zugbetriebs auf der Neubaustrecke Ende 2008 gerechnet werden kann. Im März 2007 begannen die Arbeiten zum Ausbau des letzten eingleisigen Abschnitts der Hauptstrecke Athen – Thessaloníki. Die eingleisige

Am 11. September 2007 wurde der elektrische Zugbetrieb zwischen Thessaloníki und Litochoro aufgenommen. Am 29. August 2007 wurde mit einem elektrischen *Desiro*-Triebwagen der Baureihe 460 Testfahrten durchgeführt, aufgenommen im Endbahnhof Litochoro. Foto: Nikos Papaletsos.

Bergstrecke wird durch eine 52 km lange, zweigleisige Neubaustrecke von Leianokladi nach Domokos ersetzt. Mit der Inbetriebnahme im Jahr 2013 kann der durchgehende elektrische Betrieb zwischen den beiden Städten aufgenommen werden - knapp zehn Jahre nach Auslieferung der für diese Strecke benötigten elektrischen Triebfahrzeuge.
Die Normalspurstrecke Athen – Korinth, die im September 2005 eröffnet wurde, soll bis Patras verlängert werden. Am 14. Juni 2007 wurde die Bahnstrecke Korinth – Kiato (25 km) in Betrieb genommen. Umsteigebahnhof zwischen Regel- und Schmalspur ist seither Kiato. Mit der Inbetriebnahme der Neubaustrecke konnte die Reisezeit zwischen Athen und Patras um 20 Minuten reduziert werden.
Am 19. Januar 2007 wurde die Strecke Aminteo – Kozani für den Verkehr freigegeben. Die Strecke war auf Grund von Modernisierungsarbeiten zwei Jahre gesperrt. Wenige Monate vorher - 27. Oktober 2006 - wurde die Strecke Aminteo – Florina ebenfalls nach erfolgter Modernisierung wieder in Betrieb genommen. Im Hinblick auf die Parlamentswahlen im September 2007 hat die Rechtsregierung mit Unterstützung lokaler Wahlkampfhelfer beschlossen, die Meterspurstrecke (Kalamata –) Asprochoma – Messini (5 km) wieder in Betrieb zu nehmen. Die Arbeiten hierzu wurden prompt aufgenommen, so dass die 1976 stillgelegte Strecke bereits am 12. September 2007 anlässlich eines großen Volksfestes für einige Tage wieder in Betrieb genommen werden konnte. Die endgültige Betriebsaufnahme ist für 2009 vorgesehen. Am 16. März 2007 wurde der Zugbetrieb zwischen Volos und Kalambaka wieder aufgenommen, nachdem die Strecke im Oktober 2006 nach heftigen Regenfällen auf Grund einer schwer beschädigten Brücke stillgelegt werden musste. Am 16. April 2007 musste der Zugbetrieb auf der Schmalspurstrecke Diakofto – Kalavrita vorübergehend eingestellt werden, da ein neues Zahnradsystem eingerichtet wird. Zum Redaktionsschluss war die Strecke noch nicht dem Betrieb übergeben worden. Die 1988 stillgelegte Meterspurstrecke Pirgos – Katakolo (13 km) wurde am 15. Juni 2007 nach erfolgtem Umbau wieder in Betrieb genommen.
Am 10. Dezember 2006 wurde der elektrische Zugbetrieb zwischen dem Flughafen Spata und dem Umsteigebahnhof Neratziotissa (20 km) aufgenommen. Ursprünglich war geplant, bereits zu den Olympischen Sommerspielen 2004 einen durchgehenden elektrischen Zugbetrieb Athen – Spata

Die neue Normalspurstrecke Athene – Korinth wird schrittweise in westliche Richtung verlängert. Die Aufnahme vom 1. Oktober 2006 zeigt zwei Triebwagen der Baureihe 560.1 auf dem Weg nach Korinth. Foto: Nikos Kantiris.

anzubieten. Zum Einsatz kommen elektrische *Desiro*-Triebwagen der Baureihe 460. Da die Fahrzeuge von Neratziotissa kommend nicht aus eigener Kraft zur Wartung ins Werk Agios Johannis Rentis fahren können, werden sie von einer Diesellokomotive geschleppt. 2004 war der Fahrdraht lediglich zwischen Spata und Plakentias (13 km) verlegt. 2005/2006 folgte die Elektrifizierung des anschließenden sieben Kilometer langen Abschnitts. Nach Athen muss im Bahnhof Neratziotissa auf einen Dieselzug umgestiegen werden.
Am 4. Juni 2007 wurde die Normalspurstrecke Athen – Piraeus auf der Trasse der ehemaligen Meterspurstrecke eröffnet. Der frühere Schmalspurbahnhof in Piraeus wurde am 22. Dezember 2006 zum letzten Mal von Meterspurzügen angefahren und danach wegen Umbauarbeiten für sechs Monate geschlossen. Im November 2006 gab das griechische Verkehrsministerium bekannt, dass die im Jahr 1958 stillgelegte Meterspurstrecke Koropi – Lavrio (33 km) auf Regelspur wieder aufgebaut werden soll. Mit einer Inbetriebnahme wird in 2012 gerechnet. Zu diesem Zeitpunkt soll der Athener Vorortverkehr bis Lavrio verlängert werden. Im Rahmen von Modernisierungsarbeiten wurde die Strecke Inoi – Chalkida am 18. Juni 2007 für den Zugbetrieb geschlossen. Bis 2009 wird die Strecke elektrifiziert, mit einem neuen Oberbau versehen und neue Signalanlagen errichtet.

Personenverkehr

Seit dem 26. August 2006 verkehrt sonntags ein Personenzug Leianokladi – Athen. Am 5. Juni 2007, einen Tag nach der offiziellen Eröffnung, wurde der Athener Vorortverkehr über die neue Normalspurstrecke Athen – Piraeus aufgenommen. Es wird ein Halbstundentakt angeboten, wobei einige Züge ab Piraeus bis zum Flughafen Spata oder nach Korinth durchgebunden sind. Seit dem 15. Juni 2007 verkehren vier neue tägliche Zugpaare vom Hafen Katakolo über die wiedereröffnete Schmalspurstrecke nach Pirgos und weiter nach Olympia. Die Züge werden vorwiegend von Kreuzfahrttouristen genutzt, die Landausflüge nach Olympia gebucht haben.
Am 10. September 2007 wurde zwischen Thessaloníki und Litochoro ein Nahverkehr mit elektrischen *Desiro*-Triebwagen der Baureihe 460 eingeführt. Es werden täglich 16 Zugpaare angeboten, die im Stundentakt verkehren. In den Verkehrsspitzen werden Verstärkerzüge eingesetzt.

Die Dieseltriebwagen der Baureihe 621 werden seit Oktober 2006 auf der Strecke Aminteo – Florina eingesetzt. Am 8. Juni 2007 wartet ein Triebwagen der Baureihe 621 in Florina auf die Rückfahrt nach Aminteo. Foto: Nikos Papaletsos.

Am 19. März 2007 traf der erste von Stadler für die Schmalspurstrecke Diakopto – Kalavrita bestimmte Triebwagen in Kalavrita ein. Foto: Kostas Kakavas.

Fahrzeuge

Die Auslieferung von 15 zweiteiligen Dieseltriebwagen der Baureihe 621 durch Hellenic Shipyards wurde Ende 2006 abgeschlossen. Bis auf den Führerstand sind die Fahrzeuge baugleich zu den zwölf Triebwagen der Baureihe 620, die die ΟΣΕ 1990 in Betrieb genommen hat. Die Triebwagen wurden 1997 als Folgebestellung bei Hellenic Shipyards bestellt, konnten jedoch auf Grund jahrelanger interner Schwierigkeiten nicht ausgeliefert werden. Die Triebwagen der Baureihe 621 verfügen über eine Motorleistung 610 kW und erreichen eine Höchstgeschwindigkeit von 120 km/h. Ende August 2006 haben die Triebwagen die lokbespannten Züge zwischen Athen und Chalkida abgelöst. Anfang September 2006 wurden Planleistungen auf der Strecke Thessaloniki – Edessa – Aminteo übernommen. Nach Abschluss der Modernisierungsarbeiten im Januar 2007 wurden drei Zugpaare bis Kozani durchgebunden (s. Seite 414).

Im Juli 2006 mussten die zwölf Meterspur-Triebwagen der Baureihe 560.2 (Gattung GTW 2/6) kurzfristig abgestellt werden, da die Triebwagen auf Grund ihres Eigengewichtes Oberbauschäden verursachten. Unter Auflagen konnten die Fahrzeuge Ende 2006 wieder in Betrieb genommen werden: die Höchstgeschwindigkeit in Weichenbereichen wurde herabgesetzt, die Kraftstoffmenge wurde um 50% reduziert und es dürften künftig keine Stehplätze vergeben werden. Stadler lieferte im März 2007 den ersten von insgesamt vier neuen im Jahr 2004 bestellten Schmalspur-Dieseltriebwagen für die Zahnradbahn Diakopto – Kalavrita (750 mm). Der erste Triebwagen wurde vor der Überführung nach Griechenland im Januar 2007 auf der Museumsbahn Ochsenhausen – Warthausen getestet. Die dreiteiligen Triebwagen verfügen über 104 Sitzplätze. Die Höchstgeschwindigkeit ist im Zahnradabschnitt auf 25 km/h, im Adhäsionsbetrieb auf 60 km/h festgelegt. Derzeit stehen die Fahrzeuge gemeinsam mit den alten Fahrzeugen im Depot Diakopto und warten auf den Abschluss der Modernisierungsarbeiten auf der Strecke. Im Frühjahr 2008 sollen die Neubaufahrzeuge in den Regelbetrieb gehen.